全国普通高等中医药院校药学类专业“十三五”规划教材（第二轮规划教材）

有机化学

（第2版）

（供中药学、药学、制药技术、制药工程及相关专业使用）

主　　编　赵　骏　杨武德

副 主 编　黄家卫　陈胡兰　沈　琤　钟益宁　房　方　李　玲

编　　者　（以姓氏笔画为序）

王新灵（河南中医药大学）　方　方（安徽中医药大学）
尹　飞（天津中医药大学）　杨武德（贵州中医药大学）
李　玲（湖南中医药大学）　邹海舰（云南中医药大学）
沈　琤（湖北中医药大学）　张淑蓉（山西中医药大学）
张园园（北京中医药大学）　张京玉（河南中医药大学）
陈胡兰（成都中医药大学）　陈晓东（江西中医药大学）
林玉萍（云南中医药大学）　罗国勇（贵州中医药大学）
郑　彧（辽宁中医药大学）　房　方（南京中医药大学）
房士明（天津中医药大学）　赵　骏（天津中医药大学）
钟益宁（广西中医药大学）　施小宁（甘肃中医药大学）
权　彦（陕西中医药大学）　徐秀玲（浙江中医药大学）
高　颖（长春中医药大学）　黄家卫（浙江中医药大学）
盛文兵（湖南中医药大学）　寇晓娣（天津中医药大学）
蔡梅超（山东中医药大学）

中国健康传媒集团
中国医药科技出版社

内容提要

本教材为“全国普通高等中医药院校药学类专业‘十三五’规划教材（第二轮规划教材）”之一，依照教育部相关文件精神，根据本专业教学要求和课程特点，结合《中国药典》（2015 年版）编写而成。全书共分十八章，以官能团为主线，较系统地介绍基本类型有机化合物的命名、结构、合成、反应及其反应机理。本书每一章都附有一定数量的思考题及参考答案，书后附有以反应类型为主线、对全书化学反应的总结。本书为书网融合教材，即纸质教材有机融合电子教材、教学配套资源和数字化教学服务（在线教学、在线作业、在线考试）。

本教材注重学习能力的培养，实用性强，主要供中医药院校中药学、药学、制药技术、制药工程及相关专业使用，也可作为医药行业考试与培训的参考用书。

图书在版编目（CIP）数据

有机化学／赵骏，杨武德主编. —2 版. —北京：中国医药科技出版社，2018. 8
全国普通高等中医药院校药学类专业“十三五”规划教材（第二轮规划教材）
ISBN 978-7-5214-0261-2

Ⅰ. ①有…　Ⅱ. ①赵…　②杨…　Ⅲ. ①有机化学-中医学院-教材　Ⅳ. ①O62

中国版本图书馆 CIP 数据核字（2018）第 097894 号

美术编辑　陈君杞
版式设计　诚达誉高

出版　**中国健康传媒集团**｜中国医药科技出版社
地址　北京市海淀区文慧园北路甲 22 号
邮编　100082
电话　发行：010-62227427　邮购：010-62236938
网址　www. cmstp. com
规格　889×1194mm　1/16
印张　29¼
字数　620 千字
初版　2015 年 2 月第 1 版
版次　2018 年 8 月第 2 版
印次　2022 年 10月第 7 次印刷
印刷　三河市百盛印装有限公司
经销　全国各地新华书店
书号　ISBN 978-7-5214-0261-2
定价　65. 00 元

获取新书信息、投稿、为图书纠错，请扫码联系我们。

全国普通高等中医药院校药学类专业“十三五”规划教材（第二轮规划教材）

编写委员会

全国普通高等中医药院校药学类专业“十三五”规划教材（第二轮规划教材）

出版说明

“全国普通高等中医药院校药学类‘十二五’规划教材”于2014年8月至2015年初由中国医药科技出版社陆续出版，自出版以来得到了各院校的广泛好评。为了更新知识、优化教材品种，使教材更好地服务于院校教学，同时为了更好地贯彻落实《国家中长期教育改革和发展规划纲要（2010－2020年）》《“十三五”国家药品安全规划》《中医药发展战略规划纲要（2016－2030年）》等文件精神，培养传承中医药文明，具备行业优势的复合型、创新型高等中医药院校药学类专业人才，在教育部、国家药品监督管理局的领导下，在“十二五”规划教材的基础上，中国健康传媒集团·中国医药科技出版社组织修订编写“全国普通高等中医药院校药学类专业‘十三五’规划教材（第二轮规划教材）”。

本轮教材建设，旨在适应学科发展和食品药品监管等新要求，进一步提升教材质量，更好地满足教学需求。本轮教材吸取了目前高等中医药教育发展成果，体现了涉药类学科的新进展、新方法、新标准；旨在构建具有行业特色、符合医药高等教育人才培养要求的教材建设模式，形成“政府指导、院校联办、出版社协办”的教材编写机制，最终打造我国普通高等中医药院校药学类专业核心教材、精品教材。

本轮教材包含47门，其中39门教材为新修订教材（第2版），《药理学思维导图与学习指导》为本轮新增加教材。本轮教材具有以下主要特点。

一、教材顺应当前教育改革形势，突出行业特色

教育改革，关键是更新教育理念，核心是改革人才培养体制，目的是提高人才培养水平。教材建设是高校教育的基础建设，发挥着提高人才培养质量的基础性作用。教材建设以服务人才培养为目标，以提高教材质量为核心，以创新教材建设的体制机制为突破口，以实施教材精品战略、加强教材分类指导、完善教材评价选用制度为着力点。为适应不同类型高等学校教学需要，需编写、出版不同风格和特色的教材。而药学类高等教育的人才培养，有鲜明的行业特点，符合应用型人才培养的条件。编写具有行业特色的规划教材，有利于培养高素质应用型、复合型、创新型人才，是高等医药院校教育教学改革的体现，是贯彻落实《国家中长期教育改革和发展规划纲要（2010－2020年）》的体现。

二、教材编写树立精品意识，强化实践技能培养，体现中医药院校学科发展特色

本轮教材建设对课程体系进行科学设计，整体优化；对上版教材中不合理的内容框架进行适当调整；内容（含法律法规、食品药品标准及相关学科知识、方法与技术等）上吐故纳新，实现了基础学科与专业学科紧密衔接，主干课程与相关课程合理配置的目标。编写过程注重突出中医药院校特色，适当融入中医药文化及知识，满足21世纪复合型人才培养的需要。

参与教材编写的专家以科学严谨的治学精神和认真负责的工作态度，以建设有特色的、教师易用、学生易学、教学互动、真正引领教学实践和改革的精品教材为目标，严把编写各个环节，确保教材建设质量。

三、坚持“三基、五性、三特定”的原则，与行业法规标准、执业标准有机结合

本轮教材修订编写将培养高等中医药院校应用型、复合型药学类专业人才必需的基本知识、基本理论、基本技能作为教材建设的主体框架，将体现教材的思想性、科学性、先进性、启发性、适用性作为教材建设灵魂，在教材内容上设立“要点导航”“重点小结”模块对其加以明确；使“三基、五性、三特定”有机融合，相互渗透，贯穿教材编写始终。并且，设立“知识拓展”“药师考点”等模块，与《国家执业药师资格考试考试大纲》和新版《药品生产质量管理规范》（GMP）、《药品经营管理质量规范》（GSP）紧密衔接，避免理论与实践脱节，教学与实际工作脱节。

四、创新教材呈现形式，书网融合，使教与学更便捷、更轻松

本轮教材全部为书网融合教材，即纸质教材与数字教材、配套教学资源、题库系统、数字化教学服务有机融合。通过“一书一码”的强关联，为读者提供全免费增值服务。按教材封底的提示激活教材后，读者可通过PC、手机阅读电子教材和配套课程资源，并可在线进行同步练习，实时反馈答案和解析。同时，读者也可以直接扫描书中二维码，阅读与教材内容关联的课程资源（“扫码学一学”，轻松学习PPT课件；“扫码练一练”，随时做题检测学习效果），从而丰富学习体验，使学习更便捷。教师可通过PC在线创建课程，与学生互动，开展在线课程内容定制、布置和批改作业、在线组织考试、讨论与答疑等教学活动，学生通过PC、手机均可实现在线作业、在线考试，提升学习效率，使教与学更轻松。此外，平台尚有数据分析、教学诊断等功能，可为教学研究与管理提供技术和数据支撑。

本套教材的修订编写得到了教育部、国家药品监督管理局相关领导、专家的大力支持和指导；得到了全国高等医药院校、部分医药企业、科研机构专家和教师的支持和积极参与，谨此，表示衷心的感谢！希望以教材建设为核心，为高等医药院校搭建长期的教学交流平台，对医药人才培养和教育教学改革产生积极的推动作用。同时精品教材的建设工作漫长而艰巨，希望各院校师生在教学过程中，及时提出宝贵的意见和建议，以便不断修订完善，更好地为药学教育事业发展和保障人民用药安全有效服务！

中国医药科技出版社
2018年6月

前言

PREFACE

本教材是“全国普通高等中医药院校药学类专业‘十三五’规划教材（第二轮规划教材）”之一。依照教育部相关文件和精神，根据本专业教学要求和课程特点，结合《中国药典》（2015年版），由全国二十多所中医药院校的有机化学专家、教授在第一版的基础上，总结经验联合编写而成。

2017年中国化学会有机化合物命名审定委员会对1980年《有机化合物命名原则》做了更新修订，正式发行出版《有机化合物命名原则》（2017）。我们依据最新命名原则对《有机化学》（第2版）教材中各章节有机化合物名称做了相应修订，同时增补英文命名，命名均以中英文对照形式出现，方便读者对新版命名原则的理解和掌握。与此同时对教材中部分知识拓展内容进行增补更新，将近期中医药发展与有机化学相关的新内容、新趋势呈献给每位读者。

教材编写力求取材适当、由浅入深、重点突出、说理清晰、通俗易懂，内容简练且具有一定广度和深度，从而达到现代药学发展的需求。本教材编写遵循以学生发展为目标，以培养学生自主能力为途径的教学理念，在保证有机化学系统性的基础上，将理论性较强的内容分散安排；在收集记实材料方面力求一定的广度和适用性，在理论阐述方面具有一定深度，同时也能使学生容易学习。

本教材首先注重突出药学特色，在每章开头都引入一些学生有所了解且与本章相关的药物的例子，章后设有相关化合物在医药领域的应用，以激发学生学习的主动性和积极性，提高对该章类型的有机化合物的关注度，从而达到掌握的目的。

其次，在快速变化、知识剧增、信息海量的时代，本教材注重引导学生如何学习，学会储存知识；会学获取知识的方法与能力。因此，在每章前设有要点导航，重点内容后设有思考题，章后设有重点小结以及知识拓展内容，最后附有对全书反应类型的总结。这样既扩大学生的知识面，又提高学生学习有机化学的兴趣，便于学生掌握学习方法和总结、归纳，以掌握有机化学的基本知识和理论。本书为书网融合教材，即纸质教材有机融合电子教材、教学配套资源和数字化教学服务（在线教学、在线作业、在线考试）。

另外，结合着本教材单独编写了《有机化学学习指导》一书，书中搜集了各参编院校近年来本科生有机化学结课考试题和参考答案，以及研究生入学考试题和参考答案，促进各院校师生相互学习，共同提高；满足学生考研的需要，提高学生解题能力。

全书共分十八章，以官能团为主线，较系统地介绍了基本类型有机化合物的命名、结构、合成、反应及其反应机理。其中羟基酸、氨基酸内容放在羧酸一章中介绍；羰基酸放在“碳负离子反应及其在化学合成中的应用”一章中介绍，该章内容具有一定的深度；并强调有机化学与药学相关学科的联系，以及在化学药物、天然药物中的应用；体现宽口径，大专业，中西药为一体的的教学模式特点。

第二版教材编写分工如下：第一章尹飞、寇晓娣、赵骏、房士明，第二章陈胡兰、权彦，第三章郑彧、邹海舰，第四章房方，第五章沈峥，第六章蔡梅超，第七章方方，第八章王新灵、陈晓东，第九章高颖，第十章林玉萍，第十一章盛文兵，第十二章张淑蓉，第十三章黄家卫、徐秀玲，第十四章张京玉，第十五章施小宁，第十六章钟益宁，第十七章杨武德、罗国勇，第十八章李玲，全书反应类型总结由方方编写。

由于编写时间仓促，编者水平有限，教材中可能会出现一些不妥之处，敬请各校师生批评指正，以使本教材质量不断提高。

编　者

2018 年 6 月

目录
CONTENTS

第一章　绪　论

要点导航

1. 掌握　有机化学结构式的表示方法，共价键的断裂方式和有机反应的类型。

2. 熟悉　共价键的形成、性质以及诱导效应、共轭效应；熟悉有机化学常用的酸碱理论、亲电试剂和亲核试剂；熟悉有机化合物分子间作用力。

3. 了解　有机化合物特点、分类、研究方法以及有机化学在医药领域的重要性。

扫码“学一学”

第一节　有机化合物和有机化学

有机化学是涉及大量天然物质和合成物质的独特学科，这些物质直接关系到人类的衣、食、住、行。有机化合物给我们带来光明，当你注视书时，你的眼睛正使用一种有机化合物将光转变为神经刺激，使你知道看见了什么。有机化合物保护我们的健康，如青霉素的发现，开辟了一条新的治病途径，拯救了成千上万的生命。有机化合物淀粉、纤维素为生命提供了能源等。这些有机化合物都含有碳、氢元素，有的还含有氧、氮、硫、磷和卤素等，因此人们将碳氢化合物及其衍生物称为有机化合物，简称为有机物。有机化学的研究对象是有机化合物，是研究有机化合物组成、结构、性质、合成、反应机制以及化合物之间相互转变规律的一门科学。有机化合物这一名词在有机化学学科发展的不同时期有着不同的含义，随着科学发展的进步，它逐步由表及里、由浅入深，不断被赋予新的内容和含义。

一、有机化学的发展

“有机化学”一词于1806年首次由瑞典的贝采里乌斯（J. J. Berzelius）提出，当时是作为无机化学的对立物而被命名的。那时许多化学家都相信，只有在生物体内才能存在有机化合物，无机化合物则存在于无生命的矿藏中，这就是当时的“生命力”学说。

1828年德国化学家维勒（F. Wöhler）用加热的方法使氰酸铵转化成了尿素，尿素是有机物，而氰酸铵是无机物。维勒的实验给予“生命力”学说一次强烈冲击。随后，1845年德国化学家柯尔贝（H. Kolbe）用二硫化碳、氯气和水合成了醋酸，1854年法国化学家伯赛罗（P. E. M. Berthelot）合成了脂肪。后来糖、胺类等有机物也相继合成，这一系列的实验事实使生命力学说受到了彻底的打击，从此打破了只能从生物体获取有机化合物的禁锢，促进了有机化学的发展，开辟了人工合成有机化合物的新时期。由此可知，有机化合物已经不是原来的含义，但由于有机化学和有机化合物这些名词沿用已久，并被广泛接受，因而保留沿用至今。

在18世纪末，化学家们已经分离出了许多的有机物，并对它们作了一些定性的描述。

但是不知如何表示有机物分子中各原子间的关系，这些困惑着当时的化学工作者。到 1830 年，德国化学家李比希（J. von Liebig）发展了碳氢分析法；1883 年法国化学家杜马（J. B. A. Dumas）建立了氮分析法。这些有机物定量分析方法的建立，使化学家们能够得出有机化合物的实验式。

1848 年，法国科学家巴斯德（L. Pasteur）发现了酒石酸的旋光异构现象。1858 年，德国化学家凯库勒（F. A. Kekule）等提出了碳是四价的概念，并第一次用短线"—"表示"键"。他还提出了在一个分子中碳原子可以相互结合，且碳原子之间不仅可以单键结合，还可以双键或叁键结合，并提出了苯的结构。1874 年，荷兰化学家范特霍夫（J. H. van't Hoff）和法国化学家列别尔（J. A. Le Bel）分别独立地提出了碳价四面体学说，即碳原子占据四面体的中心，它的 4 个价键指向四面体的 4 个顶点。这一学说揭示了有机物旋光异构现象的原因，也奠定了有机立体化学的基础，推动了有机化学的发展。

在这个时期，有机物结构的测定、分类以及化学合成方面都取得了很大的进展。但有关价键的本质问题还没有得到解决。1916 年，路易斯（G. N. Lewis）等人在原子结构理论的基础上，提出了价键的电子理论。到 20 世纪 60 年代，在大量有机合成反应经验的基础上，伍德沃德（R. B. Woodward）和霍夫曼（R. Hoffmann）认识到化学反应与分子轨道的关系，他们研究了电环化反应、σ 键迁移重排和环加成反应等一系列反应，提出了分子轨道对称守恒原理。

自 1958 年破译了第一个蛋白质内的氨基酸顺序，1965 年我国化学家邢其毅和汪猷组织完成第一个牛胰岛素的合成，到 1972 年由 R. B. Woodward 和瑞士有机化学家埃申莫瑟（A. Eschenmoser）领衔完成了具有 2^9（512）个异构体的维生素 B_{12}全合成。1982 年完成了被称为"绝望化合物"具有 2^{18}（2621144）个异构体红霉素的全合成。1989 年哈佛大学岸义人（Yoshito Kishi）教授组织合成了海葵毒素，海葵毒素的全合成曾经被认为是全合成的珠穆朗玛峰，这源于它的巨大分子量和多达 64 个的不对称中心和 7 个骨架内双键（*Z*、*E*），其异构体数为 2^{71}个，接近阿佛加德罗常数（6.02×10^{23}），是目前已发现的最复杂的有机物，这些标志着有机合成由必然王国达到了自由王国。到目前为止有机化合物数目大约在八千多万种，而且这个数字每年都在迅速增长。

有机合成的发展推动了有机结构理论的发展和完善，结构理论明确了有机化合物结构与性质的依存关系，不仅解释了许多现象，而且预言了一些新事物，在有机化学发展中起着指导作用。量子力学的应用，使人们对原子和分子结构的认识更加深化。近代波谱技术的发展使鉴定有机化合物结构的工作进展迅速。实验手段的改善和反应机制的阐明等都极大地促进有机化学蓬勃发展。

如今，有机化学已发展为理论与实验并重，且和其他学科相互渗透、交叉，并不断孕育着新分支的学科。以有机化学为基础的医药、农药、石油化工等已经成为国民经济的支柱产业，在未来，有机化学将在生命科学、环境保护以及能源开发方面发挥着极其重要的作用。

二、有机化合物的特性

有机化合物种类繁多的主要原因是由碳原子的结构特征决定的。碳在周期表中位于第二周期，ⅣA 族，最外层有 4 个电子，不易得失电子，因此只能与其他原子形成四个共价

键，而且碳原子之间可以形成单键、双键和叁键。其连接方式可以连成直链，也可以有支链，还可以成环，因此，有机化合物虽然组成元素少（C、H、O、N、P、S、X 等），但可以形成成千上万的有机化合物。

有机化合物的特性是由有机化合物的分子中的化学键型所决定，有机化合物中原子间主要以共价键相结合，决定了有机化合物和无机物之间有不同的特性，一般有以下特点。

1. 可燃烧性 绝大多数有机物对热不稳定，易燃烧。但也有极少数例外，不易燃烧，如 CCl_4，可用作灭火剂。

2. 难溶于水 大多有机化合物一般难溶于水，易溶解于有机溶剂中。因为有机化合物分子中多为共价键，分子没有极性或极性小，依据“相似相溶”原理，有机物通常难溶于极性大的水中。当然也有例外，如低分子量醇、醛、酮、羧酸以及氨基酸、糖类化合物易溶于水。

3. 熔、沸点低 多数有机化合物熔、沸点低，易挥发，有机物常温下一般为气体、液体和低熔点的固体，其熔点多在 300℃以下，这是由于有机物分子间力主要是范德华力。

4. 反应速度慢 大多数有机化合物的反应速度慢。化学反应的实质是旧键的断裂和新键的形成，无机物和有机物相比而言，离子键在水中容易断裂和形成，而共价键的断裂和形成都比较困难，所以无机物反应速度快，而有机物反应速度慢。因此在进行有机反应时，常采用加热、加催化剂或光照等手段，以加快反应速度。此性质也有例外，如三硝基甲苯（TNT）等可以发生瞬间爆炸。

5. 反应产物复杂，副反应多 有机化合物是由较多的原子结合而成的一个复杂分子，所以当它与某种试剂反应时，分子的各部分可能都受到影响，各部分都有可能发生反应，在主反应的同时，还常伴有多种副产物的产生，要想除去这些副产物要经历复杂的分离和纯化。而无机反应往往是按某反应式定量进行。

6. 同分异构现象 在有机化合物中普遍存在着异构现象，这是由碳原子成键特点决定的。有机化合物所含原子种类相同，每种原子数目也相同，其原子可能会有不同的结合方式，从而形成具有不同结构的分子，即同分异构现象。

1-1 构成有机化合物的元素种类远比无机化合物少，但有机化合物的数目却远比无机化合物繁多，为什么？

第二节 有机化合物的化学键

扫码“学一学”

化学键是相邻的两个或多个原子（或离子）间强烈的相互作用力的统称。化学键一般可以分为三大类，分别为：离子键（ionic bond）、共价键（covalent bond）和金属键（metallic bond）。其中共价键是有机化合物中最常见的化学键。

在 20 世纪初，化学家将量子力学和化学以一定的处理方式相结合得到了两种理论：价键理论（Valence Bond Theory，简称 VB 理论）与分子轨道理论（Molecular Orbital Theory，

简称 MO 理论），用以对共价键的本质和形成进行解释。两者各有特点，可以相互补充。

一、价键理论

（一）经典价键理论

价键理论，也称为电子配对法。其核心就是指通过电子配对共用，使体系能量降低，从而形成稳定的共价键。电子的配对有以下三个必要条件。

（1）配对电子必须自旋相反。

（2）一个未成对电子只能配对一次，即共价键具有饱和性。

（3）电子配对只有沿着电子云密度大的方向进行时，才能得到有效的重叠，从而形成稳定的共价键，即共价键具有方向性。如图 1-1 所示，氢原子与氯原子必须沿键轴方向进行重叠，才能得到稳定的氯化氢分子。

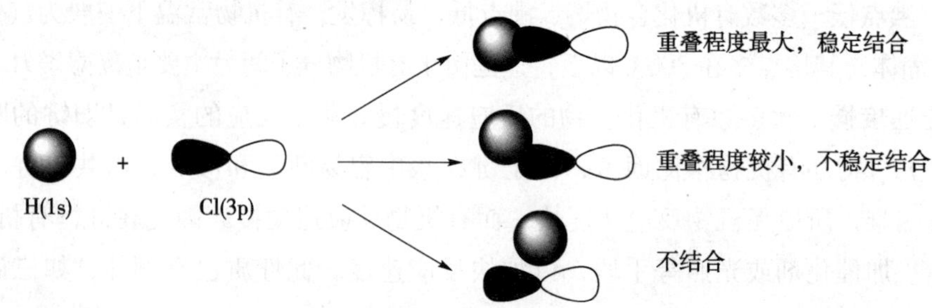

图 1-1 共价键的方向性

根据原子轨道最大重叠原理，成键时轨道之间可有两种不同的重叠方式，从而形成两种类型的共价键：σ 键和 π 键。σ 键是指原子轨道沿着键轴方向进行重叠并形成沿键轴呈圆柱形对称分布的成键电子云，s-s（图 1-2）、s-p、p-p 等原子轨道间均可形成 σ 键。形成 σ 键的两原子核间电子云密度最大，结合比较牢固，两个成键原子围绕键轴做相对转动时，不会破坏键的对称性，因此 σ 键可以自由旋转。π 键是指两个互相平行的原子轨道侧面重叠，形成垂直于键轴并呈镜面反对称分布的成键电子云，两个相互平行的 p 轨道之间可形成 π 键（图 1-3）。π 键的电子云分布在键轴的上、下两方，重叠程度小于 σ 键，受到的约束也较小，其电子的能量较高，流动性较大，性质也较活泼。π 键是在 σ 键的基础上构建的，因而只能与 σ 键共存，它常存在于具有双键或叁键的有机物分子中。π 键不能自由旋转，在化学反应中稳定性较差，容易被破坏而与其他原子形成新的共价键。

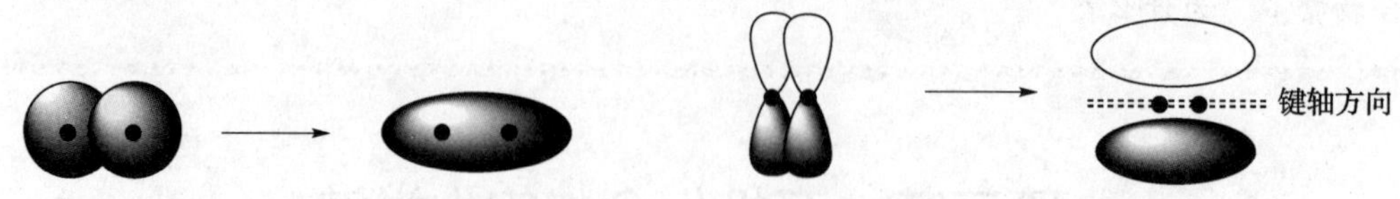

图 1-2 两个 s 轨道形成 σ 键　　图 1-3 两个 p 轨道形成 π 键

（二）杂化轨道理论

价键理论对共价键的本质和特点做了有力的论证，但它在解释原子的价键数目及分子空间结构时却遇到了困难。例如碳原子的价电子排布是 $2s^22p^2$，按电子排布规律，只有 2 个 p 电子未成对，而许多含碳化合物中碳都呈四价而不是二价。为了解释这些现象，鲍林（L. Pauling）等人提出了杂化轨道概念，丰富和发展了价键理论。杂化轨道理论的要

点如下。

（1）同一原子中几个能量相近的不同类型的原子轨道可以进行线性组合，重新分配能量和确定空间方向，组成数目相等的新原子轨道，这种轨道重新组合的方式称为杂化（hybridization），杂化后形成的新轨道称为杂化轨道（hybrid orbital）。杂化后的电子云类似葫芦型。

（2）杂化轨道更有利于原子轨道间最大限度地重叠，因而杂化轨道比原来轨道的成键能力更强。

（3）杂化轨道之间在空间取最大夹角分布，使相互间的排斥能最小。不同类型的杂化轨道之间夹角不同，成键后所形成的分子就具有不同的空间构型。

下面以碳原子为例，对杂化轨道的形成过程进行说明。未成键碳原子的核外电子排布为 $1s^2 2s^2 2p_x^1 2p_y^1$，它与其他原子成键时，首先碳原子的 1 个 2s 电子跃迁到 2p 轨道（图 1-4）。然后 2s 轨道与 2p 轨道进行杂化，共有 3 种杂化形式：1 个 s 轨道与 3 个 p 轨道进行杂化，得到 4 个在空间成正四面体形的 sp^3 杂化轨道（图 1-5）；1 个 s 轨道与 2 个 p 轨道进行杂化得到 3 个在空间成平面三角形的 sp^2 杂化轨道，剩余 1 个未参加杂化的 p 轨道垂直于 sp^2 杂化轨道所在平面（图 1-6）；1 个 s 轨道与 1 个 p 轨道进行杂化得到 2 个在空间成直线形的 sp 杂化轨道，剩余 2 个未参加杂化的 p 轨道分别垂直于 sp 杂化轨道所在直线（图 1-7）。

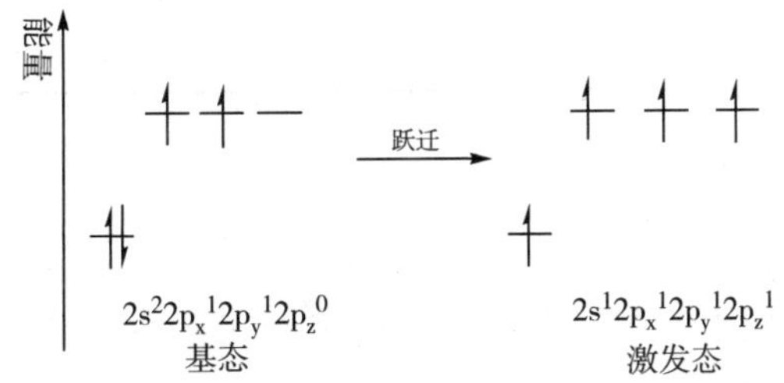

图 1-4 碳原子 2s 轨道的 1 个电子跃迁到 2p 轨道

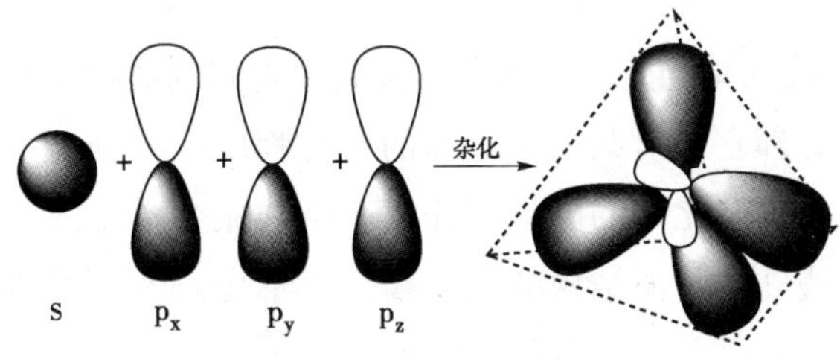

图 1-5 碳原子的 sp^3 杂化

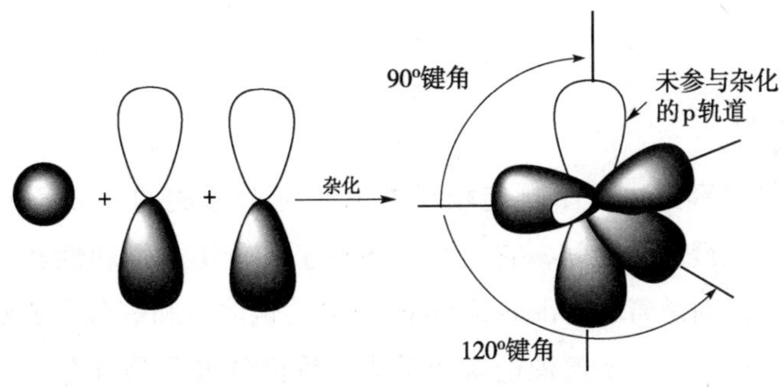

图 1-6 碳原子的 sp^2 杂化

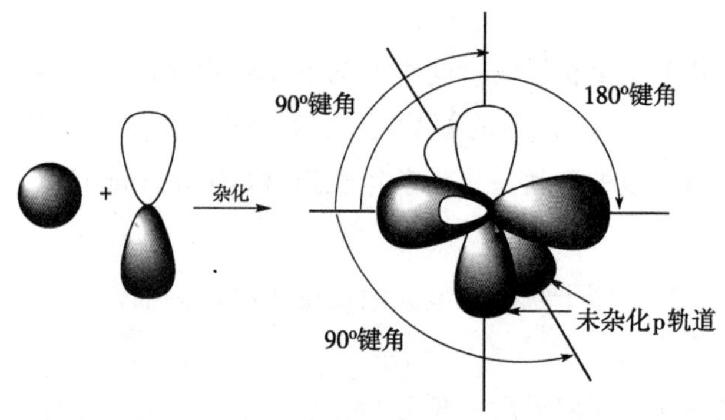

图 1-7 碳原子的 sp 杂化

只要能量相近的原子轨道就能发生杂化，不仅碳原子能发生，而且像 O、N、B、S 之类的原子轨道也能发生杂化。sp^3 杂化成正四面体，sp^2 杂化成平面三角形，sp 杂化成直线形。上述三种杂化轨道的主要特点可总结如表 1-1。

表 1-1 杂化轨道的类型及特点

类型	轨道夹角	几何形状	未杂化 p 轨道数
sp^3	109°28′	正四面体	0
sp^2	120°	平面三角形	1
sp	180°	直线形	2

（三）共振论

共振论是 1931 年鲍林提出的一种分子结构理论，它是价键理论的延伸和发展。当一个分子、离子或自由基的结构不能用经典的路易斯结构式正确地描述时，可以用多个路易斯式表示，这些路易斯式称为共振结构式。 ⟷ 在共振结构式之间用双箭头“⟷”联系。分子的真实结构是这些共振结构共振得到的共振杂化体。每个共振结构对共振杂化体的贡献不同，即它们对共振杂化体的参与程度有差别。共振结构越稳定，对共振杂化体的贡献越大。共振杂化体的能量较任何一个共振结构为低。共振结构的书写除符合价键规则外，还必须遵守各共振结构的原子核位置不变，各共振结构的配对电子数或未共享电子数不变的原则。

共振论的优点是利用电子式对共轭体系中的电荷分配位置等进行定性的描述，应用起来很方便，实用性强。

二、分子轨道理论

价键理论认为共价键是由两个自旋相反的电子配对形成的，分子中的价电子被定域（localization）在两个成键原子之间，它较好地解释了共价键的饱和性和方向性。但对于具有不饱和键的分子，特别是离域（delocalization）的共轭体系和氧分子的顺磁现象，价键理论无法作出满意的解释。分子轨道理论认为形成共价键的电子是分布在整个分子之中，考虑了全部原子轨道之间的相互作用，较全面地反映了分子中化学键的本质。分子轨道理论的基本要点如下。

（1）分子中的电子不从属于某一个特定的原子，而是在整个分子范围内运动。每个电子的运动状态，可用波函数 Ψ 来描述，这个 Ψ 称为分子轨道（molecular orbital）。与原子轨道相比，分子轨道是多中心的，电子云分布在多个原子核的周围，而原子轨道是单中心的，电子云分布在一个原子核的周围。

（2）分子轨道由形成分子的原子轨道线性组合（linear combination of atomic orbitals，LCAO）而成，分子轨道数目与原子轨道总数相等。假设以 ψ_1 和 ψ_2 分别代表两个原子轨道，当它们重叠时，可形成两个分子轨道。其中一个分子轨道是由两个原子轨道的波函数相加组成 $\psi=\psi_1+\psi_2$，称为成键轨道（bonding orbital）；另一个分子轨道由两个原子轨道的波函数相减组成 $\psi^*=\psi_1-\psi_2$，称为反键轨道（antibonding orbital）。

（3）由原子轨道线性组合成分子轨道，还必须遵循以下三条原则。①能量相近原则：原子轨道的能量相近，才能有效地形成化学键；②最大重叠原则：成键原子轨道的重叠要最大，才能形成稳定的分子轨道；③对称性原则：成键的两个原子轨道，必须是位相相同的部分相互重叠才能形成稳定的分子轨道，称为对称性匹配。

依照分子轨道学说，当成键轨道的电子数大于反键轨道和非键轨道的电子数时，原子间共价键的形成是由于电子转入成键的分子轨道的结果。以氧原子为例，氧原子核外有 2 个位于 2s 轨道的电子和 4 个位于 2p 轨道的电子。

图 1-8 为氧气分子的分子轨道能级图。由图中可看出，2 个 s 原子轨道形成 σs 成键轨道（波函数相加）和 σs* 反键轨道（波函数相减）2 个分子轨道；2 个 p 原子轨道以“头碰头”的方式线性组合后得到 σp 和 σp* 2 个分子轨道；2 个 p 轨道以“肩并肩”的方式线性组合，则得到成键 πp 和反键 πp* 2 个分子轨道。2 个氧原子各有 3 个 p 原子轨道，故可以形成 6 个分子轨道，即 σp_x、σp_x^*、πp_y、πp_y^*、$\pi p_z b$、πp_z^*，其中 3 个是成键轨道，3 个是反键轨道。电子填充结果存在 2 个单电子，因此氧分子存在顺磁性。

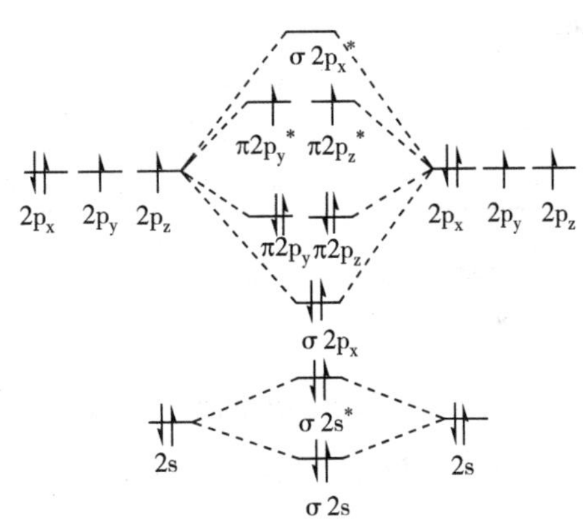

图 1-8 氧分子分子轨道能级图

价键理论和分子轨道理论都是以量子力学的波动方程为理论依据，它们用不同的方法揭示了共价键的本质。价键理论对分子结构的描述简单直观，容易理解，分子轨道理论则对存在电子离域现象分子结构的解释较为完美。

扫码“学一学”

第三节 共价键的性质

表征化学键性质的物理量称为键参数。共价键的键参数主要有键能、键长、键角、键的极性及键的极化性。

一、键能、键长、键角

1. 键能（bond energy） 键能是指将以共价键结合的化合物分子（气态）断裂变成原子状态（气态）时所吸收的能量，其单位为 kJ/mol。对于双原子分子，键能就等于分子的

离解能（dissociation energy）；对于多原子分子，其键能则是断裂分子中相同类型共价键离解能的平均值。例如1摩尔气体甲烷分子分解成4摩尔氢原子和1摩尔碳原子时，所需吸收的热量为1661.04kJ，故C—H键的键能为1661.04/4＝415.26kJ/mol，但当甲烷中的4个C—H键依次断裂时，所需的离解能分别为：

$$CH_4 \longrightarrow \cdot CH_3 + H\cdot \qquad D_1=435.14kJ/mol$$
$$\cdot CH_3 \longrightarrow \cdot \dot{C}H_2 + H\cdot \qquad D_2=443.50kJ/mol$$
$$\cdot \dot{C}H_2 \longrightarrow \cdot \dot{\underset{\cdot}{C}}H + H\cdot \qquad D_3=443.50kJ/mol$$
$$\cdot \dot{\underset{\cdot}{C}}H \longrightarrow \cdot \dot{\underset{\cdot}{C}}\cdot + H\cdot \qquad D_4=338.90kJ/mol$$

同一种共价键在不同的多原子分子中的键能虽有差别，但差别不大。我们可以用不同分子中同一种键能的平均值作为该键的键能。一般键能愈大，键愈牢固。常见共价键的键能、键长数据见表1-2。

表1-2　常见共价键的键能和键长

共价键	键能（kJ/mol）	键长（pm）	共价键	键能（kJ/mol）	键长（pm）
C—C	347.27	154	C—F	485.34	142
C═C	605.61	134	C—Cl	338.90	177
C≡C	836.80	120	C—Br	300.51	191
C—H	414.22	109	C—I	217.57	212
C—O	359.82	144	C═O	736.38（醛）	120
C—N	305.43	147	C≡N	891.19	115
C—S	271.96	182	O—H	464.40	97

2. 键长（bond length）　分子中两成键原子的核间距离称为键长，其单位为pm（$1pm=10^{-12}m$）。光谱及衍射实验的结果表明，同一种键在不同分子中的键长几乎相等。一般情况下，当两原子形成同型共价键时，键长愈短，键愈牢固。

3. 键角（bond angle）　分子中同一原子形成的两个共价键之间的夹角称为键角。例如：

H, C, H, H, H 109°28′　　H_3C—O—CH_3 110°　　H, H, C═O 121° 118°

键角是反映分子空间构型的一个重要参数。一般而言，根据分子中的键角和键长可确定分子的空间构型。

二、键的极性、极化性

1. 键的极性（bond polarity）　键的极性是由于成键原子的电负性不同而引起的。当成键原子的电负性相同时，核间的电子云密集区域在两核的中间位置，两个原子核正电荷所形成的正电荷重心和成键电子对的负电荷重心恰好重合，这样的共价键称为非极性共价键（nonpolar covalent bond）。当成键原子的电负性不同时，核间的电子云密集区域偏向电负性较大的原子一端，使之带部分负电荷，而电负性较小的原子一端则带部分正电荷，键的正电荷重心与负电荷重心不重合，这样的共价键称为极性共价键（polar covalent bond）。键的

极性大小，主要取决于成键原子电负性差，电负性差越大，键的极性越强。

键的极性大小可用偶极矩（dipole moment）来度量。即正电中心或负电中心上的电荷值 q 与两个电荷中心之间的距离 d 的乘积，称为偶极矩，用 μ 表示。

$$\mu = q \times d$$

偶极矩的单位为 D［Debye（德拜）］。偶极矩是有方向性的，用 $+\!\!\longrightarrow$ 表示，箭头所示方向是从正电荷到负电荷的方向。

分子的极性与键的极性关系密切。对双原子分子来讲，键的极性就是分子的极性。例如：

H—H　　$\overset{\delta^+}{H}$—$\overset{\delta^-}{Cl}$　　$\overset{\delta^+}{H}$—$\overset{\delta^-}{Br}$

μ=0　　μ=1.03D　　μ=0.78D

而多原子分子的极性，则是由各极性共价键偶极矩的向量和决定。例如：

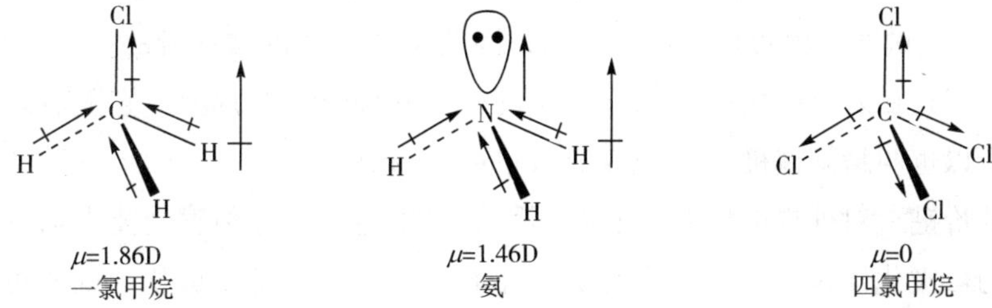

偶极矩的向量和为零的分子是非极性分子，偶极矩的向量和不等于零的分子是极性分子。偶极矩越大，分子的极性越强。表 1-3 列出了一些常见化合物的偶极距。

表 1-3　某些化合物的偶极距

化合物	μ/D	化合物	μ/D
H_2	0	丙酮	2.80
I_2	0	乙醇	1.70
CO_2	0	苯酚	1.70
CH_4	0	苯	0
O_2	0	苯胺	1.51
CO	0.12	乙酰苯胺	3.55
HI	0.38	磺胺	5.37
HBr	0.78	硝基苯	4.19
PCl_3	0.90	邻二硝基苯	0.30
HCl	1.03	间硝基苯	3.80
HCN	2.93	对二硝基苯	6.00
CH_3Br	1.78	去氢胆甾醇	1.81
CH_3COOH	1.40	胆甾醇	1.99
NH_3	1.46	阿司匹林	2.80
CH_3OH	1.68	雄甾酮	3.70
CH_3Cl	1.86	甲基酮	4.17
H_2O	1.84	非那西汀	5.67
HCN	2.93	苯巴比妥	1.16
乙醚	1.14	巴比妥	1.10

2. 键的极化性（bond polarizability） 分子在外界电场（试剂、溶剂、极性容器）的影响下，键的极性发生一些改变，这种现象叫键的极化。例如：正常情况下 Br—Br 键无极性，$\mu=0$，但当外界负（或正）电场接近时，由于受到 Nu^-（或 E^+）的诱导，引起正负电荷中心分离，出现了偶极矩 μ。

如：

$$\underset{\mu=0}{\text{Br—Br}} \longrightarrow \underset{\mu>0}{\overset{\delta^-}{\text{Br}}\text{—}\overset{\delta^+}{\text{Br}}}\ Nu^-$$

再如：

$$\underset{\mu=0}{\text{Br—Br}} + \text{FeBr}_3 \longrightarrow \underset{\substack{\mu>0 \\ \text{过渡态}}}{\overset{\delta^+}{\text{Br}}\text{----Br--}\overset{\delta^-}{\text{FeBr}_3}} \longrightarrow Br^+ + FeBr_4^-$$

这种由于外界电场的影响使分子（或共价键）极化而产生的偶极矩叫作诱导偶极矩（induced dipole moment），也称为诱导极化。它与极性共价键的偶极矩 μ 不同，在极性共价键中，μ 是由于成键原子电负性不同引起的，因此是属于共价键本身的特性，是永久性的。而诱导偶极矩则是在外界电场的影响下产生的，是一种暂时的现象。它随着外界电场的消失而消失，所以也叫瞬间偶极矩（transient dipole moment）。

不同的共价键，对外界电场的影响有不同的感受能力，这种感受能力通常叫作可极化性。共价键的可极化性越大，就愈容易受外界电场的影响而发生极化。键的可极化性与成键电子的流动性有关，即与成键原子的电负性及原子半径有关。成键原子的电负性愈大，原子半径愈小，则对外层电子束缚力愈大，电子流动性愈小，共价键的可极化性就小；反之，可极化性就大。键的可极化性对分子的反应性能起重要作用。共价键的极化性是引起化学反应发生的主要原因之一。例如：

C—X　键的极性：C—F>C—Cl>C—Br>C—I

C—X　键的可极化性：C—I>C—Br>C—Cl>C—F

C—X　键的化学活性：C—I>C—Br>C—Cl>C—F

三、共价键断裂方式及有机化学反应类型

1. 共价键的断裂方式 有机化合物化学反应的实质是旧共价键的断裂和新共价键的形成。在有机反应中，由于分子的结构不同及反应条件的不同，共价键的断裂方式可分为2种。

（1）均裂　共价键的断裂是以成键的一对电子平均分给两个原子或原子团，即A∶B→A˙+B˙，这种断裂方式叫均裂（homolytic cleavage），均裂产生的带单电子的原子或原子团，称之为自由基（free radical）或游离基（radical），自由基是非常活泼中间体。

（2）异裂　共价键的断裂是成键的一对电子被某一原子或原子团所独占，即A∶B→A^++B^-，这种断裂方式称为异裂（heterolytic cleavage）。异裂产生正、负离子，这些离子一般不稳定，为活泼中间体。

2. 有机化学反应类型 有机化合物化学反应根据反应活性中间体不同可分为如下3类。

（1）自由基型反应　由自由基引发的反应称为自由基型反应或游离基型反应（radical reaction）。自由基一般在光照、加热、自由基引发剂的条件下产生，绝大多数自由基中间体

是不稳定的，非常活泼，极易发生反应。

（2）离子型反应　由异裂产生离子而引发的反应称为离子型反应（ionic reaction）。离子型反应一般在酸、碱或极性溶剂催化下进行，有正或负离子中间体产生，根据反应试剂的类型不同又分为亲电反应（electrophilic reaction）和亲核反应（nucleophilic reaction）。

（3）协同反应　旧键的断裂和新键的形成同时进行，没有活泼中间体自由基或离子生成，这种同步完成的反应叫协同反应（concerted reaction）或周环反应（pericyclic reaction）。例如共轭烯烃与不饱和烃在加热或光照条件下进行的反应，其特点为一步反应，有一个环状过渡态。

$$\text{丁二烯} + \text{乙烯} \xrightarrow[\text{或光照}]{\text{加热}} [\text{过渡态}] \longrightarrow \text{环己烯}$$

过渡态

1-2　具有极性共价键的分子一定是极性分子吗？请举例说明。

1-3　判断下列化合物是否是极性分子。

Br_2　　HCl　　CH_3OH　　CH_4　　CH_3NH_2　　H_2O　　CH_3OCH_3

CO_2　　$CH\equiv CH$　　$(H_3C)(H)C=C(CH_3)(H)$（顺式）　　$(H)(H_3C)C=C(CH_3)(H)$（反式）　　（环己烷衍生物：CH_3、CH_3、H、H）　　（环己烷衍生物：CH_3、H、H、CH_3）

第四节　电子效应

扫码“学一学”

有机化合物分子中原子间的相互影响，是有机化学中极为重要和普遍存在的现象。关于分子中原子间相互影响问题的实质，一般用电子效应和空间效应来描述，电子效应说明了分子中电子云密度的分布对分子性质所产生的影响，包括诱导效应和共轭效应两种类型。

由于成键原子电负性的不同或者外加电场的存在，都可以引起共价键产生极性。而这种极性是可以在分子内部传递的。传递的方式有两种：一种称为诱导效应（inductive effect），另一种称为共轭效应（conjugative effect）。电子效应是有机化学中的重要理论之一，有机化学中的许多问题都可用这一理论加以解释。

一、诱导效应

诱导效应是由于成键原子的电负性不同，而使整个分子的电子云沿碳链向某一方向偏移的现象。诱导效应用符号 I 表示，用“—►”表示电子移动的方向。例如，氯原子取代了烷烃碳上的氢原子后：

$$-\overset{|}{\underset{|}{C}}{}^{\delta\delta\delta^+} \longrightarrow \overset{|}{\underset{|}{C}}{}^{\delta\delta^+} \longrightarrow \overset{|}{\underset{|}{C}}{}^{\delta^+} \longrightarrow Cl^{\delta^-}$$

由于氯的电负性较大，吸引电子的能力较强，电子向氯偏移，使氯带部分负电荷（δ^-）、碳带部分正电荷（δ^+）。带部分正电荷的碳又吸引相邻碳上的电子，使其也产生偏移，也带部分正电荷（$\delta\delta^+$），但偏移程度小一些，这样依次影响下去。诱导效应沿着碳链移动时减弱得很快，一般到第三个碳原子后，就很微弱，可以忽略不计。这种没有外电场存在的诱导效应称为静态诱导效应，有外电场存在的诱导效应称为动态诱导效应。

静态诱导效应与动态诱导效应不同之处在于：静态诱导效应是由于分子内极性共价键的存在（亦可视为是一种内在电场）而导致的，是分子固有的性质；动态诱导效应是在发生化学反应时，由于外界电场的出现而发生的，通常只是在进行化学反应的瞬间才表现出来。静态诱导效应对化合物反应活性的影响具有两面性，在一定条件下可增加反应活性，也可能会降低反应活性；而动态诱导效应所起的作用大多是加速反应的进行。

诱导效应的大小和方向与原子或原子团的电负性大小有关。通常以 C—H 键中的氢原子为标准，规定 I=0。若一个电负性比氢小的原子或基团，称为斥电子基，由斥电子基引起的诱导效应称为斥电子诱导效应(+I)。若一个电负性比氢大的原子或基团，称为吸电子基，由吸电子基引起的诱导效应称为吸电子诱导效应（-I）。下面是一些原子或基团诱导效应的大小次序：

吸电子基团：$—NO_2>—CN>F>Cl>Br>I>—C\equiv CH>—OCH_3>—C_6H_5>—CH=CH_2>H$

斥电子基团：$(CH_3)_3C—>(CH_3)_2CH—>CH_3CH_2—>CH_3—>H$

诱导效应对有机酸的酸性强弱影响很大。凡是能引起羧基碳原子上电子云密度降低的诱导效应（-I）都能使酸性增强；反之，凡是能引起羧基碳原子电子云升高的诱导效应（+I）都会使酸性减弱。而且这种影响愈大，酸性强弱的变化就愈大。例如，氯原子取代乙酸的 α-H 后，生成氯乙酸，由于氯的-I 效应通过碳链传递，使羧基中 O—H 键极性增大，氢更容易以质子形式解离下去，从而酸性增强，致使 $ClCH_2COOH$ 的酸性强于 CH_3COOH 的酸性。

$$Cl \leftarrow CH_2 \leftarrow \overset{\overset{\displaystyle O}{\|}}{C} \leftarrow O \leftarrow H$$

二、共轭效应

由于共轭体系的存在，发生原子间的相互影响而引起电子云密度平均化的效应，导致有机化合物在物理和化学性质上表现出的一系列特殊性，这种现象叫作共轭效应，用符号 C 表示。共轭效应是指键的极性通过分子中的共轭体系传递。因此共轭效应并不存在于所有的有机物中，而只存在于具有共轭体系的分子中。根据共轭体系发生离域的电子类型不同，可大致将共轭体系分为以下几类：π-π 共轭体系，p-π 共轭体系，σ-π、σ-p 超共轭体系。

1. π-π 共轭体系 单键与重键交替排列的体系为 π-π 共轭体系。可用来解释有机分子的一些特殊性质。如：

$H_2C=CH—CH=CH_2$	$H_2C=CH—C\equiv C—CH_3$	（苯环结构式）	$H_2C=CH—CH=O$
丁-1,3-二烯	戊-1-烯-3-炔	苯	丙烯醛

最简单的 π-π 共轭体系是丁-1,3-二烯 $CH_2=CH—CH=CH_2$。

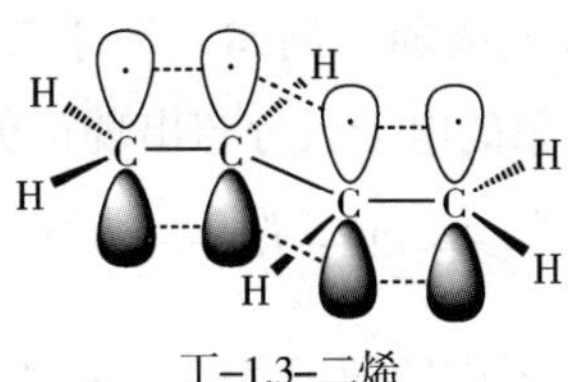
丁-1,3-二烯

丁-1,3-二烯分子中的四个 p 轨道彼此平行，相互重叠，结果使 π 电子的离域范围增大，从而使丁-1,3-二烯分子具有一些特殊的性质。

2. p-π 共轭体系 p 轨道通过单键与重键相连的体系。可用来解释具有未共用电子对的 O、N、X 等原子与重键相连的体系，而产生的一些特殊性。如氯乙烯 $CH_2═CHCl$ 分子中的氯有特殊的稳定性。

p-π 共轭体系中存在着 p 轨道与 π 轨道间的重叠，结果会导致 p 电子和 π 电子的离域。应当明确的是，p-π 共轭体系中 p 轨道上可有一对电子如氯乙烯，还可以没有电子，如烯丙基正离子（$CH_2═CH—CH_2^+$）。

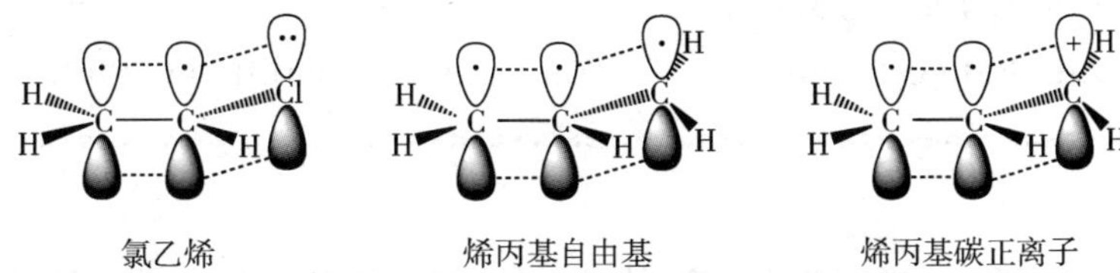
氯乙烯　　烯丙基自由基　　烯丙基碳正离子

3. σ-π 超共轭体系 C—Hσ 键通过单键与重键相连的体系，可解释一些含重键化合物的稳定性。如丙烯比乙烯稳定是因为丙烯中存在 σ-π 超共轭。

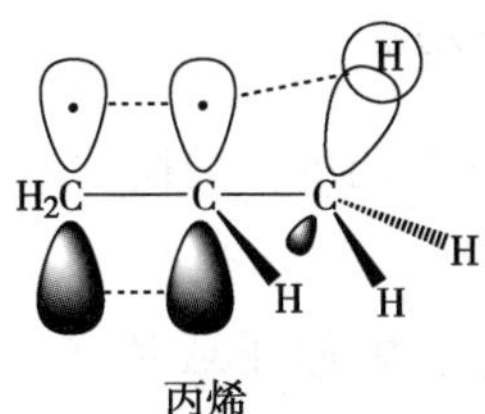
丙烯

4. σ-p 超共轭体系 当 C—Hσ 键通过单键与 p 轨道相连的体系，可解释碳正离子的稳定性。

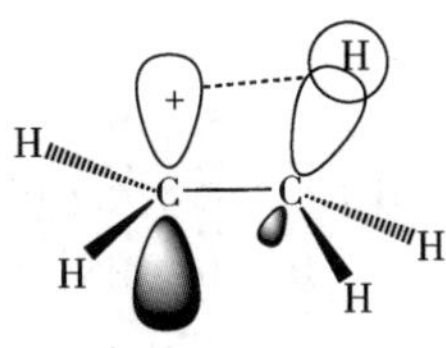
乙基正离子

σ-π 共轭效应和 σ-p 超共轭效应都是部分共轭，比 π-π、p-π 共轭效应弱得多。

共轭效应和诱导效应一样存在方向性，斥电子时为正共轭效应（+C），吸电子时为负共轭效应（-C）。一般用弯键头表示共轭体系中电子云转移的方向。例如：

$H_2C═CH—CH═O$　　$H_2C═CH—\ddot{Cl}$　　$H_3C—CH═CH_2$

由于共轭效应主要通过重叠的轨道使电子在共轭链上传递，因此共轭效应出现正负电

荷交替现象，而且不因共轭链增长而减弱。例如1,3-丁二烯与HBr发生加成反应时，在外电场正电荷（质子）作用下，共轭体系的电子云分布出现正负电荷的交替排列。

$$\overset{\delta^+}{CH_2}=\overset{\delta^-}{CH}-\overset{\delta^+}{CH}=\overset{\delta^-}{CH_2}\quad H^+$$

诱导效应和共轭效应同属于分子中原子间相互影响的电子效应，二者的不同之处在于：诱导效应是由于成键原子电负性的不同而产生的，通过静电诱导传递所体现的；而共轭效应则是在特殊的共轭体系中，通过电子的离域所体现的。通常在讨论诱导效应和共轭效应时，一般是分别讨论，但很多时候在一个分子中既有诱导效应，还存在共轭效应，它们相互影响，相互制约。

1-4　解释丙酸和乙酸的酸性大小。

1-5　比较下列化合物的酸碱性。

CH_3CO_2H　ICH_2CO_2H　$BrCH_2CO_2H$　$ClCH_2CO_2H$　Cl_2CHCO_2H　Cl_3CCO_2H

第五节　有机化合物结构的表示方法及分类

一、有机化合物结构的表示方法

有机化合物结构表示方法常用的有两种：结构的二维平面表示法和三维立体表示法。

（一）构造式表示方法

构造式是在二维平面上表示分子中原子或原子团的连接方式和排列次序。表示构造式常用电子式、结构式、结构简式和键线式，根据需要选择合适的表示方式。

1. 电子式（路易斯结构式）　两个原子之间用两个圆点表示形成共价键的两个电子。例如：

```
                 H  H          H   H   H
H:C::C:C:C:H      H : C : C : C : O : H
  ..  ..  ..  ..          ..  ..  ..  ..
  H   H  H  H          H   H   H
```

丁-1-烯　　丙-1-醇　　环戊烷

2. 结构式　用短线表示分子中原子或原子团的连接方式和排列次序。例如：

```
          H  H         H  H  H
          |  |         |  |  |
H—C=C—C—C—H     H—C—C—C—OH
  |  |  |  |         |  |  |
  H  H  H  H         H  H  H
```

丁-1-烯　　丙-1-醇　　环戊烷

3. 结构简式　为了方便书写，省略碳与氢之间的键线，或者将碳氢单键和碳碳单键的

键线均省略的方法称为结构简式。例如：

$CH_2{=}CH{-}CH_2{-}CH_3$

$CH_2{=}CHCH_2CH_3$

丁-1-烯

$CH_3{-}CH_2{-}CH_2{-}OH$

$CH_3CH_2CH_2OH$

丙-1-醇

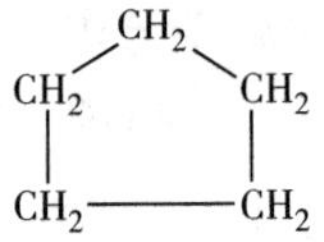

CH_2	CH_2	CH_2
CH_2		CH_2

环戊烷

4. 键线式 只表示出碳骨架及除碳、氢原子以外的原子或原子团与碳原子的连接关系，在链或环的端点、折角处表示一个碳原子。例如：

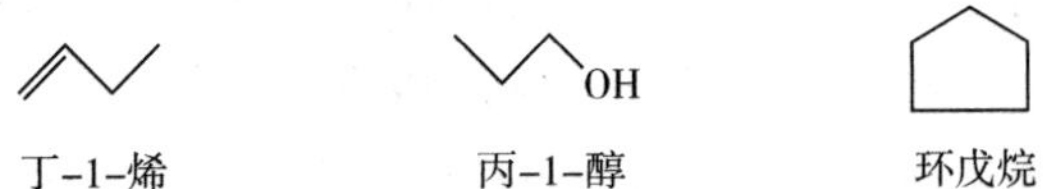

丁-1-烯　　丙-1-醇　　环戊烷

（二）立体结构的表示方法

许多分子具有三维空间结构，需要表示出分子的立体结构。常用的表示方法有楔形透视式、锯架投影式、纽曼投影式、费歇尔投影式（详见第七章）。

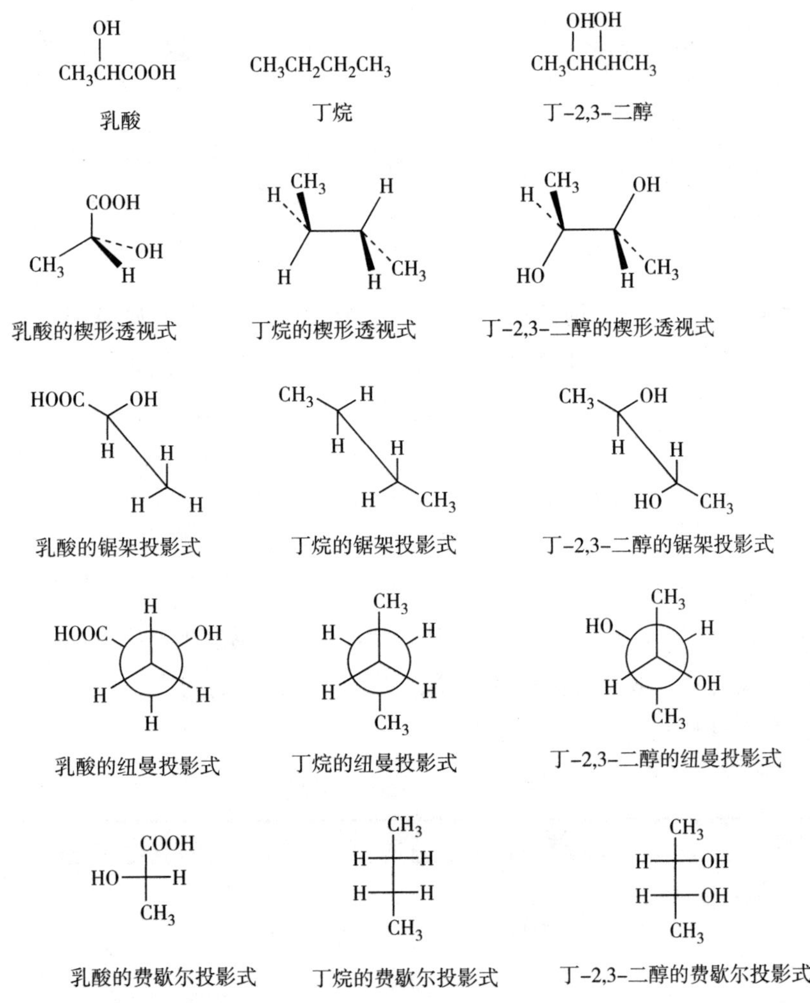

二、有机化合物的分类

已确定结构的有机物有几千万个，为了学习和使用上的方便，通常将它们分为若干类，以便更好地、深入了解每一类有机物的共性和个性以及它们之间的变化规律。有机化合物

通常采用按碳骨架分类和按官能团分类两种方法。

（一）按碳骨架分类

按碳骨架的不同通常可将有机物分为开链化合物、碳环化合物和杂环化合物三类。

1. 开链化合物 碳原子以张开的链状骨架方式连接的化合物称为开链化合物，这类化合物最初是从油脂中发现的，又称为脂肪族化合物（aliphatic compounds）。例如：

$CH_3CH_2CH_2CH_3$	$CH_2=CHCH_2CH_3$	$CH_3CH_2CH_2CH_2OH$
丁烷	丁-1-烯	丁-1-醇

2. 碳环化合物 碳原子连接成环状骨架的化合物称为碳环化合物，可以分为以下两类。

（1）脂环族化合物 这类化合物可以看成是脂肪族化合物两端连接在一起而成的环状化合物，其性质与脂肪族化合物相似，称为脂环族化合物（alicyclic compounds）。例如：

环戊烷 环己烯 环辛炔

（2）芳香族化合物 芳香族化合物（aromatic compounds）是指苯及化学性质类似于苯的化合物。例如：

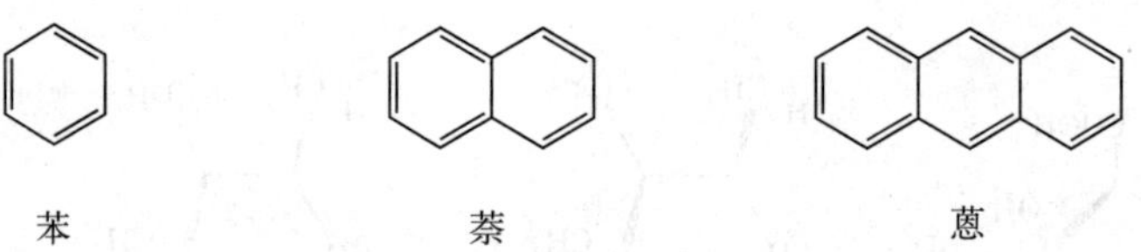

苯 萘 蒽

3. 杂环化合物 这类化合物具有环状结构，但成环原子不仅有碳原子，还含有其他杂原子如 O、N、S 等，称为杂环化合物（heterocyclic compounds）。例如：

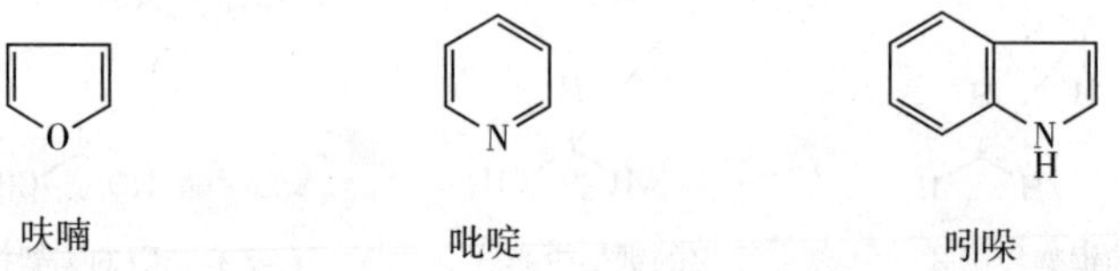

呋喃 吡啶 吲哚

（二）按官能团分类

官能团（functional group）是指分子中比较活泼并且容易发生反应的原子或原子团。含有相同官能团的化合物一般具有类似的性质，所以可以把它们归为一类进行研究。常见的重要官能团如表 1-4 所示。

表 1-4 一些重要官能团

结 构	名 称	结 构	名 称
$>C=C<$	双键	$-CH(OR)(OR)$	缩醛基
$-C\equiv C-$	叁键	$>C(OR)(OR)$	缩酮基

续表

结 构	名 称	结 构	名 称
$-OH$	羟基	$>C{=}N-NH$	腙基
$-X$	卤素	$>C{=}N-OH$	肟基
$-\overset{\vert}{\underset{\vert}{C}}-O-\overset{\vert}{\underset{\vert}{C}}-$	醚基	$-\overset{O}{\overset{\Vert}{C}}-OH$	羧基
$-\overset{\vert}{\underset{\vert}{C}}-O-O-\overset{\vert}{\underset{\vert}{C}}-$	过氧基	$R-\overset{O}{\overset{\Vert}{C}}-$	酰基
$-OX$	次卤基	$-\overset{O}{\overset{\Vert}{C}}-OR$	酯基
$-NH_2$	氨基	$-\overset{O}{\overset{\Vert}{C}}-O-\overset{O}{\overset{\Vert}{C}}-$	酸酐基
$=NH$	亚氨基	$-\overset{O}{\overset{\Vert}{C}}-NH_2$	胺酰基
$-NHOH$	羟氨基	$-C{\equiv}N$	氰基
$-NH-NH_2$	肼基	$-NO_2$	硝基
$-\overset{O}{\overset{\Vert}{C}}-H$	醛基	$-NO$	亚硝基
$-\overset{O}{\overset{\Vert}{C}}-$	羰基	$-SO_3H$	磺酰基

三、有机化合物的研究方法

研究未知有机化合物一般需要如下过程。

1. 分离提纯 需要测定结构的有机化合物必须是纯净的，不论是从自然界还是人工合成得到的有机物总会含有一定量的杂质，除去这些杂质需要分离提纯。分离提纯有机化合物的方法有很多种，可根据需要采用不同的方法，如重结晶、蒸馏等。

纯化后的有机化合物是否达到纯度要求，需要做纯度检验，因为纯的有机化合物有固定的物理常数，如物质的熔点、沸点等。测定这些物理常数是检验有机化合物纯度的有效方法。另外，近年来常采用气相和液相色谱法来检验有机化合物的纯度，色谱法样品的用量少，检测速度快且准确。

2. 实验式和分子式的确定

（1）得到纯净物后，首先进行元素定性分析，找出分子中存在哪几种原子。

（2）然后进行元素定量分析，找出各种原子的相对数目，即确定实验式，实验式能说明该分子中各元素原子数目的比例，但不能确定分子式。

（3）确定各种原子的准确数目，给出分子式，因此需要测定其分子量。测定分子量的方法很多，有蒸汽密度法、凝固点下降法等，但近年来多采用质谱、气-质、液-质等色谱方法。

3. 结构式的确定 最后要确定其结构式，由于有机化合物中普遍存在同分异构现象，分子式相同的有机化合物，其结构往往不止一个，因此还需要利用物理和化学的方法来确

定其结构式。近年来，人们常采用的物理方法有红外光谱、紫外光谱、核磁共振谱、质谱、单晶 X-射线衍射等，来确定有机化合物的结构。

如果分离提纯的是已知化合物，那么在纯化后测定其物理常数和典型的光谱数据，再与相关手册或文献数据对照，即可知该化合物的结构。

扫码“学一学”

第六节　有机酸碱理论简介

有机化合物的化学性质与有机物的酸碱性有关，因此简单介绍有机化学常用到的酸碱理论，对于理解有机化学反应是很有必要的。常用于有机化学中的酸碱理论有勃朗斯特（Johann Nicolaus Brønsted，1879－1947）酸碱理论和路易斯（Gilbert Newton Lewis，1875－1946）酸碱理论。

一、勃朗斯特酸碱理论

芬兰化学家勃朗斯特（Brønsted）在 1923 年与美国化学家洛瑞（Lowry）同时提出了质子酸碱理论。认为凡能给出质子的分子或离子都是酸，凡能与质子结合的分子或离子的都是碱，即酸是质子的给予体，碱是质子的接受体。当 HCl 溶于水时，发生了酸碱反应。

$$\underset{\text{酸}}{HCl} + \underset{\text{碱}}{H_2O} \rightleftharpoons \underset{\text{共轭酸}}{H_3^+O} + \underset{\text{共轭碱}}{Cl^-}$$

有机酸可以是下面的有机物：

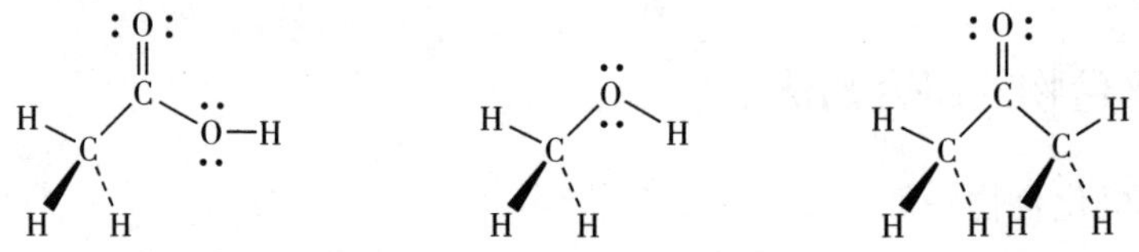

乙酸　　甲醇　　丙酮

有机碱可以是负离子（B^-）或含有孤对电子对的分子。例如：

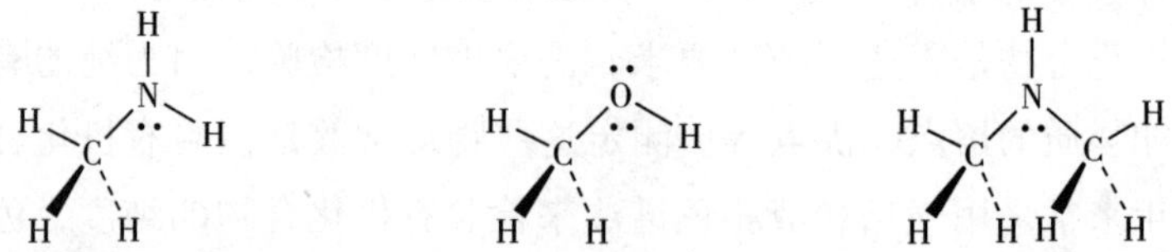

甲胺　　甲醇　　二甲胺

酸碱反应是两个共轭酸碱对之间的质子传递反应。酸释放出质子后产生的酸根，即为该酸的共轭碱；碱与质子结合后形成的质子化合物，即为该碱的共轭酸。例如：

$$CH_3\overset{O}{\overset{\|}{C}}OH + H_2O \rightleftharpoons H_3O^+ + CH_3COO^-$$

$$H_2O + CH_3NH_2 \rightleftharpoons CH_3NH_3^+ + OH^-$$

$$\underset{\text{酸}}{H_2SO_4} + \underset{\text{碱}}{CH_3OH} \rightleftharpoons \underset{\text{碱的共轭酸}}{CH_3OH_2^+} + \underset{\text{酸的共轭碱}}{HSO_4^-}$$

需要注意的是水既可以是酸，也可以是碱。

酸碱强度可以在很多溶剂中测定，但最常用的是在水溶液中，通过酸的离解常数 *K*a 来测定。

$$HA + H_2O \rightleftharpoons A^- + H_3O^+$$

$$K_a = \frac{[H_3O^+][A^-]}{[HA]}$$

酸性强度可用 pK_a 表示，pK_a = −lgK_a。pK_a 越小，酸性越强；pK_a 越大，酸性越弱。常见无机酸：H_2SO_4、HNO_3、HCl 的 pK_a 值在 2～9 之间；有机酸较弱，其 pK_a 值在5～15之间。溶液的酸性用 pH 表示（pH = −lg［H^+］），酸碱强度是由其结构决定的。

一个化合物的酸性主要取决于其解离出 H^+后留下的负离子（共轭碱）的稳定性。负离子（共轭碱）越稳定，就意味着 A^-与 H^+结合的倾向越小，共轭酸的酸性就越大。

$$HA \rightleftharpoons H^+ + A^-$$

二、路易斯酸碱理论

凡是能提供质子的物质均可作为酸，这是勃朗斯特质子酸碱理论。而在有机化学中常用到的酸碱理论还有美国物理化学家路易斯的电子酸碱理论。认为凡是能提供一对电子的分子、离子或原子团，即电子对的给予体，称之为 Lewis 碱；凡是能接受电子并形成共价键的分子、离子或原子团，即电子对的接受体，称之为 Lewis 酸。

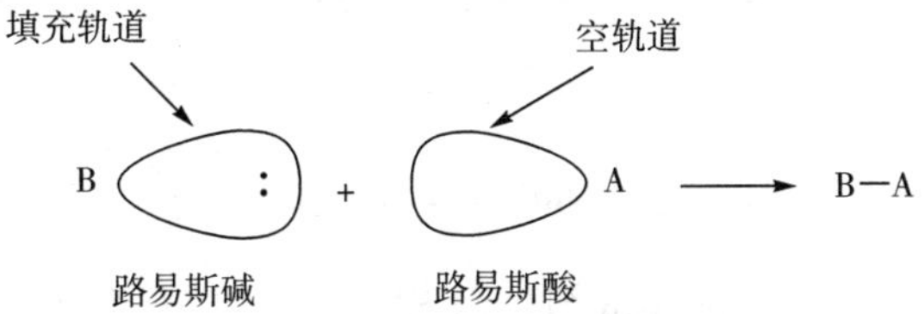

Lewis 酸可为中性分子、正离子和金属化合物，例如：

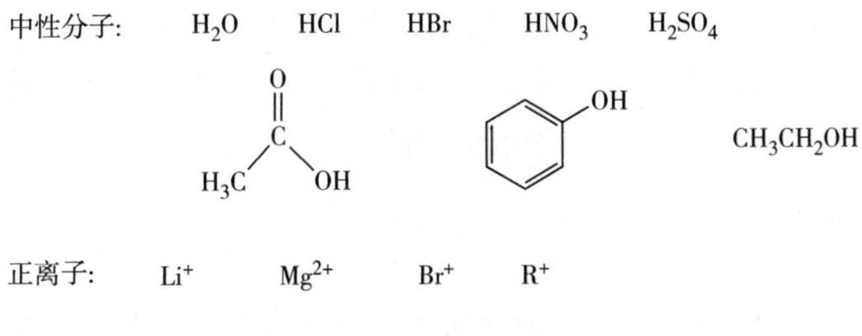

金属化合物：$AlCl_3$ BF_3 $TiCl_4$ $FeCl_3$ $ZnCl_2$

Lewis 碱为具有未共用电子对的化合物、负离子、烯或芳香化合物。

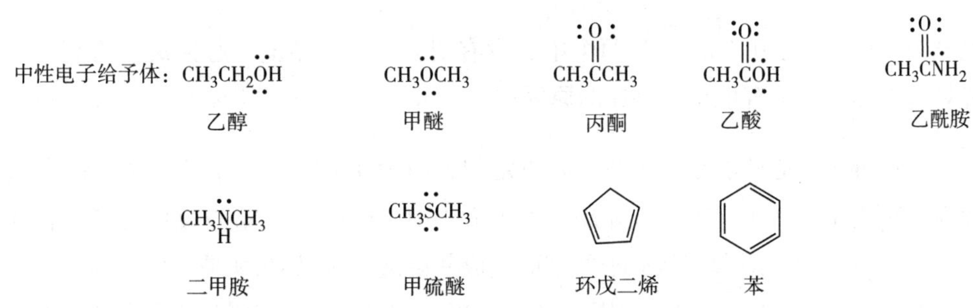

负离子：R^-、OH^-、RO^-

Lewis 酸碱反应：

$$\overset{\delta^-}{Cl}-\overset{\delta^+}{H} + :\ddot{O}-H \ (\text{with } H) \rightleftharpoons H-\ddot{O}^+(H)-H + Cl^-$$

路易斯酸　　路易斯碱

$$AlCl_3 + :N(CH_3)_3 \rightleftharpoons Cl_3\overset{-}{Al}-\overset{+}{N}(CH_3)_3$$

路易斯酸　　路易斯碱

一般我们所说的酸碱都是离子论或质子论范畴的酸或碱，当使用路易斯酸或碱这个名称时，它和一般所指的酸或碱有所不同。Lewis 酸碱理论扩大了酸碱的种类和范围，这对解释有机化学中的一些特殊性质很有用。在 Lewis 酸碱理论看来，只要接受电子对的离子或分子都是酸，而给予电子对的都是碱。有时它的产物不是水，往往是配合物，其中电子对的“供”和“受”是关键因素。

三、亲电试剂和亲核试剂

路易斯酸能接受外来电子对，具有亲电性，在有机化学反应中，叫作亲电试剂（electrophilic reagent）；路易斯碱能给出电子对，具有亲核性，在反应中，叫作亲核试剂（nucleophilic reagent）。

$$\overset{\delta^+}{CH_3}-\overset{\delta^-}{I} + OH^- \longrightarrow CH_3OH + I^-$$

在此反应中 OH^- 提供了电子，是亲核试剂；而 CH_3I 异裂后得到的 CH_3^+ 接受了电子，所以是亲电试剂。

对于一个分子来讲，通常既具有亲电反应中心，又具有亲核反应中心，而在大多数情况下，其中一个反应性能较大，这就决定了该分子是属于亲电试剂，还是亲核试剂。以 Br_2、HBr、H_2O 和 HCN 为例讨论在异裂反应中的试剂。

$$Br:Br \longrightarrow :\ddot{Br}^+ + :\ddot{Br}:^-$$

溴分子在异裂反应中分裂为正离子和负离子，在这两个离子中，正离子 Br^+ 具有较高能量，反应性能较大，所以溴分子是亲电试剂。

在 HBr 分子中，由于亲电中心 H^+ 比亲核中心 Br^- 活泼得多，所以 HBr 具有亲电性能，为亲电试剂。在水分子中 $\overset{\delta^+}{H}-\overset{\delta^-}{OH}$ 两个中心没有明显区别，亲电中心活泼性不高，这就解释了烯烃与水加成必须有催化剂存在的原因。

$\overset{\delta^+}{H}-\overset{\delta^-}{CN}$ 分子反应性能是由亲核中心决定的，因为在 CN^- 离子中碳原子上的自由电子对的存在，决定了 $C\equiv N^-$ 的能量和反应能力大于 H^+ 离子，CN^- 进攻反应分子的正性部分（亲电中心），并以电子对和其他原子共享而生成共价键，所以 HCN 是亲核试剂。

常见的亲电试剂：X_2、HOX、HX、$AlCl_3$、BF_3、ArN_2^+、R_4N^+、NO_2^+ 等。

常见的亲核试剂：$NaNH_2$、C_2H_5ONa、CH_3COONa、NaOH、NaCN、RMgX、NH_3、RNH_2 等。

1-6 H_2N^- 是一个比 OH^- 更强的碱，它们的共轭酸 NH_3 和 H_2O 哪个酸性更强？为什么？

1-7 下列化合物哪些可作为亲电试剂或是亲核试剂，或两者均是？

①Br_2 ②NaCN ③$(CH_3)_2CHOH$ ④$AlCl_3$

第七节 有机化学与药学之间的关系

扫码“学一学”

有机化学是医药专业一门重要的基础课，今天人们的生活，与有机物息息相关。

从100多年前，由动植物中提取染料和药物，到今天通过有机合成方式获得西药，都与有机化学有关。远古时代人们就得知某些天然物质可以治疗疾病与伤痛，如我们所熟知的饮酒止痛、大黄导泻、楝实驱虫、柳树退热等，都是我国劳动人们长期实践总结出来的医学经验。现代研究证实在大黄、楝实、柳皮等天然植物中含有一些有机活性成分，可以选择作用在机体的某个部位而引起有机化学反应。

随着中药研究的深入，更强调阐明中药的药效物质基础，从而探索中药防治疾病的原理。中药药效物质基础就是中药及其复方中发挥药效作用的化学成分，其中有机化合物成分占绝大多数，有机化学是从分子角度研究了中药药效物质基础，从而促进了中药研究的发展。

与中药专业相关的中药药理、中药炮制学、中药制剂学、中药鉴定学、中药质量检测、中药保管等都应用了有机化学的基本理论和实验技能，特别是对中药有效成分的研究，要经过提取、分离、结构测定、人工合成等过程，所有这些研究内容，都离不开有机化学的基本理论和实验技能。

有机化学的基本理论、基本性质可解释药物的一些特殊现象。如电子效应是有机化学中较为重要的基本理论，这种效应在有机药物分子中普遍存在，并直接影响药物的性质。例如对氨基苯甲酸乙酯可作为局部麻醉药，而对硝基苯甲酸乙酯则不可以，其原因是对氨基苯甲酸乙酯分子中氨基的斥电子的 $p-\pi$ 共轭效应，比吸电子的诱导效应大得多。因此总的电子效应为供电子效应，使得酯羰基碳原子的正电子降低，致使对氨基苯甲酸乙酯分子水解速度减慢，而具有了临床价值。对硝基苯甲酸乙酯分子中硝基的吸电子诱导和 $p-\pi$ 共轭效应同向，使其酯羰基碳原子上正电性增强，致使水解速度增加，而不宜用于临床。

化学结构修饰对提高药物的稳定性，改善药物溶解性，延长药物作用时间，减少副作用，清除药物不良味觉都有重要的实际意义。有机药物化学结构的修饰方法有成盐、成酯、成酰胺等，这些都是有机化学中重要的化学反应类型。例如水杨酸有解热镇痛作用，但对胃肠道刺激很大，因此，通过酰化反应修饰成乙酰水杨酸即阿司匹林，使其成为广泛使用于临床的解热镇痛药。另外若水杨酸进行酯化修饰为水杨酸酯，即冬青油，则为扭伤的外用药。

有机化学是一门与药学密切相关的学科。药学中的许多重要发现和突破，都包含了大

量与有机化学有关的研究工作。相信随着有机化学的发展，我们能在更深层次上研究开发传统中药和创新新药，人类将逐渐战胜各种疾病。

知识拓展

屠呦呦发现青蒿素

2015年中国药学家屠呦呦因“青蒿素的发现”获得诺贝尔生理学或医学奖。这是我国科学界首次获得这一享誉全球的大奖，是我国相关科学工作者团结协作、攻坚克难，集体智慧与奋斗的结晶。青蒿素的发现是我国中医药民族瑰宝的价值体现，屠呦呦根据东晋葛洪《肘后备急方》中“青蒿一握，以水一升渍，绞取汁，尽服之”的描述获得启发，改用乙醚提取药材，成功获得临床有效的乙醚中性提取物，并最终成功分离得到有效成分青蒿素。青蒿素的结构测定过程涉及有机反应、波谱鉴定、单晶衍射等，其中有机反应发挥了重要的基础作用。青蒿素的抗虐活性在于分子中的过氧桥键，而过氧桥键的存在则是通过碘化钠的颜色反应和三苯磷的还原反应证实的。双氢青蒿素则是青蒿素与$NaBH_4$的还原产物。此外通过有机化学反应发现了青蒿素中的内酯结构以及合成了脱氧青蒿素。所以说在当时的历史条件下，正是由于有机化学反应发挥了关键的基础作用，才最终通过波谱鉴定法和单晶衍射法确定青蒿素的正确结构。

青蒿素 Artemisinin　　双氢青蒿素 Dihydroartemisinin　　脱氧青蒿素 Deoxyartemisinin

重点小结

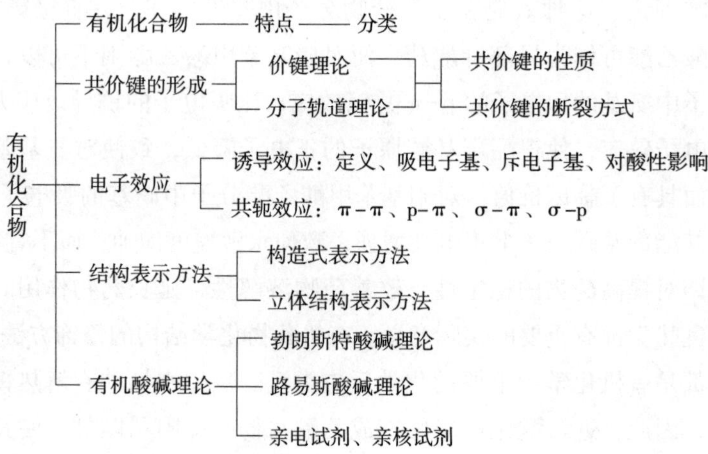

扫码“练一练”

第二章　烷　烃

要点导航

1. **掌握**　烷烃的结构、异构、命名及主要理化性质。
2. **熟悉**　烷烃卤代的自由基反应机理，自由基的稳定顺序。
3. **了解**　烷烃在医学领域的应用。

分子中只含有碳氢两种元素的化合物称为碳氢化合物，简称为烃。烃是一类最简单的有机化合物，其他有机化合物可以看作是烃的衍生物。

烷烃（alkane）是指分子中的碳原子以单键相连，其余价键全部为氢原子所饱和的烃，烷烃又称饱和脂肪烃。医药中常用的液体石蜡、固体石蜡和凡士林等都是烷烃的混合物。

扫码“学一学”

第一节　烷烃的结构

甲烷是最简单的烷烃。根据原子杂化轨道理论，甲烷分子中的碳原子以 sp^3 杂化，为了使电子云之间的排斥力达到最小的稳定状态，四个 sp^3 杂化轨道分别伸向正四面体的四个顶点，再分别与四个氢原子的 s 轨道沿轨道轴方向“头碰头”重叠成键，生成四个碳氢 σ 键；C—H 键的键长为 110pm，∠HCH 为 109.5°，四个氢原子位于以碳原子为中心的正四面体的四个顶点。所以甲烷分子是正四面体结构（图 2-1）。

乙烷分子中的两个碳原子之间各以一个 sp^3 杂化轨道相互重叠形成 C—Cσ 键，其余的三个 sp^3 杂化轨道分别与三个氢原子的 s 轨道重叠形成 6 个 C—Hσ 键；以每一个碳为中心，都是四面体构型（图 2-2）。乙烷分子中 C—C 键长为 154pm，C—H 键长为 110pm，键角也接近 109.5°。

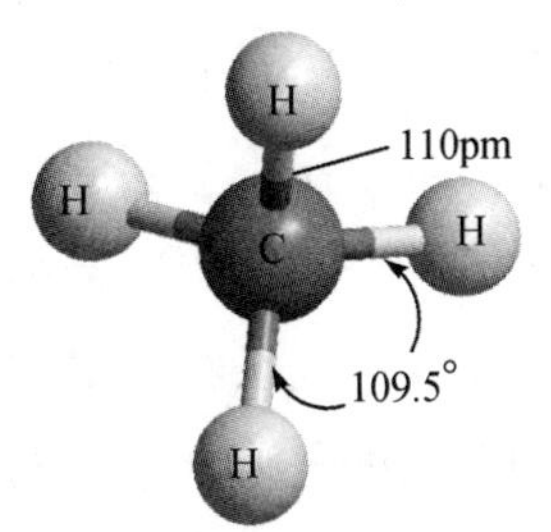

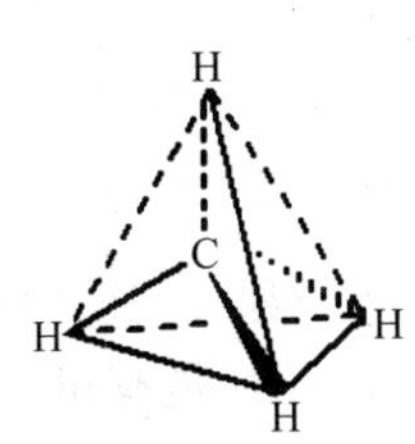

图 2-1　甲烷分子的空间结构

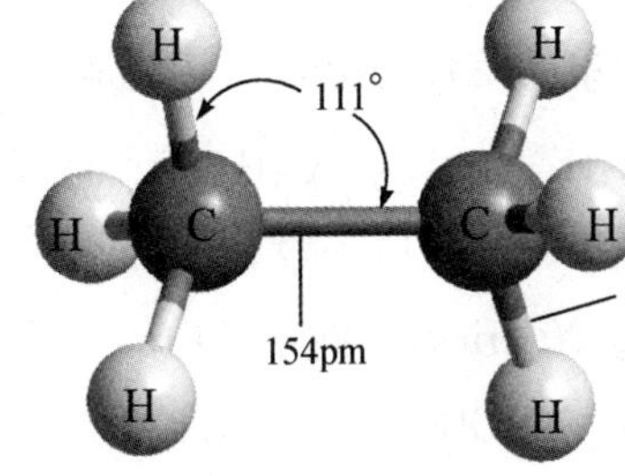

图 2-2　乙烷分子的空间结构

其他烷烃的结构与乙烷相似，由于各个碳原子上所连的四个原子或原子团不完全相同，其键角稍有变化，但仍接近于 109.5°。以每一个碳为中心，都呈四面体构型；除乙烷外，

烷烃分子中的碳原子并不排布在一条直线上，而是以锯齿形的形式存在（图 2-3）。

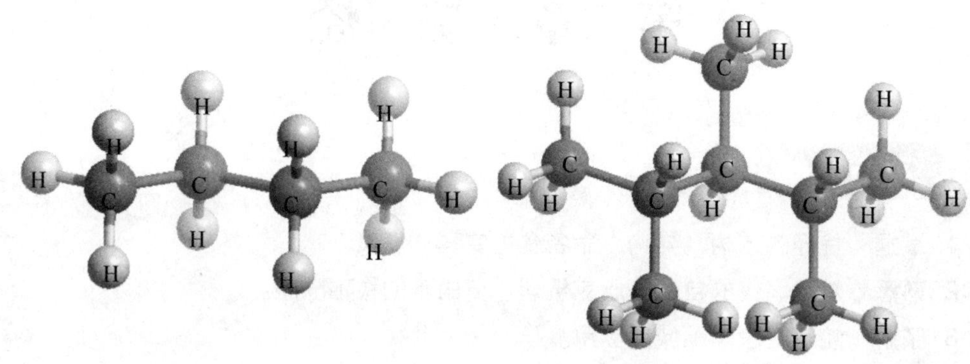

图 2-3 其他烷烃分子中碳链的锯齿形状

综上，烷烃分子中的碳原子在成键时都是采取 sp^3 杂化，各原子之间均以 σ 单键相连，分子中的键角均接近 109.5°。由于 σ 键是两个成键原子的原子轨道和杂化轨道沿键轴方向的最大限度重叠，键能较大，这样的键相对牢固稳定；σ 键电子云沿键轴方向呈近似圆柱形对称分布，当成键原子绕键轴旋转时，不会改变成键轨道的电子云重叠程度，所以 σ 键的成键原子可绕键轴自由旋转。

2-1 为何烷烃的碳链排列一般为锯齿形？

2-2 用杂化轨道理论阐述丙烷分子的形成。

扫码“学一学”

第二节 烷烃同系列和同分异构体

一、同系列和同系物

最简单的烷烃是甲烷，其次是乙烷、丙烷、丁烷、戊烷等，它们的分子式分别为 CH_4、C_2H_6、C_3H_8、C_4H_{10}、C_5H_{12}等，可用同一个通式（C_nH_{2n+2}）来表示，即在含 n 个碳原子的烷烃分子中，氢原子数为 $2n+2$ 个。具有相同通式和结构特征的一系列化合物称为同系列（homologous series），同系列中的各化合物互称为同系物（homolog）。相邻的同系物在组成上只相差一个 CH_2，这个 CH_2 称为系列差。同系列是有机化学化合物存在的普遍现象。同系物的结构相似，其化学性质也相近。

二、同分异构现象

甲烷、乙烷、丙烷中的碳原子和氢原子，都只有一种连接方式，丁烷可有两种，而戊烷有三种。

$CH_3CH_2CH_2CH_3$ 正丁烷

$CH_3CH(CH_3)CH_3$ 异丁烷

$CH_3CH_2CH_2CH_2CH_3$ 正戊烷

$CH_3CH_2CH(CH_3)CH_3$ 异戊烷

$H_3C—C(CH_3)_2—CH_3$ 新戊烷

像丁烷、戊烷这样，存在分子式相同而结构不同的多个化合物的现象，称为同分异构现象。分子式相同而结构不同的这些化合物，互称为同分异构体。这种异构现象是由于组成分子的原子或原子团连接次序不同引起的，属于构造异构。随着分子中碳原子数目的增加，同分异构体的数目会很快地增加（表 2-1）。

表 2-1 烷烃的同分异构体数目

碳原子数目	异构体数目	碳原子数目	异构体数目
4	2	12	355
5	3	13	802
6	5	14	1858
7	9	15	4347
8	18	20	366319
9	35	25	36797588
10	75	30	4111646763
11	159		

从烷烃的同分异构体可以看出，烷烃分子中各个碳原子所连接的原子或基团的情况并不是完全等同的，据此，把碳原子分为伯（primary，以 1°表示）、仲（secondary，2°）、叔（tertiary，3°）、季（quaternary，4°）4 类。

$$\overset{1}{C}H_3—\overset{2}{C}(\overset{6}{C}H_3)(\overset{7}{C}H_3)—\overset{3}{C}H(\overset{8}{C}H_3)—\overset{4}{C}H_2—\overset{5}{C}H_3$$

只与一个碳原子直接相连的碳原子，称为伯碳原子，如上式中的 C-1、C-5、C-6、C-7、C-8；与两个碳直接相连的碳原子称为仲碳原子，如上式中的 C-4；与三个碳原子直接相连的碳原子称为叔碳原子，如上式中的 C-3；与四个碳原子直接相连的碳原子称为季碳原子，如上式中的 C-2。

连接在伯、仲和叔碳原子上的氢，分别称为伯氢、仲氢和叔氢；伯碳上连接 3 个伯氢，仲碳上连接 2 个仲氢，叔碳上连接 1 个叔氢。不同类型的氢原子的反应活性不同。

思考题

2-3 写出庚烷（C_7H_{16}）的同分异构体。

扫码“学一学”

第三节　烷烃的命名

有机化合物的数目繁多，结构复杂，为了识别它们，必然要求有一个合理的方法来命名；有机化合物命名法的基本要求是：简单通用，且名称与结构须一一对应、没有重名、已知结构的能够写出名称、已知名称的能够写出结构。

常用的命名法有普通命名法和系统命名法。烷烃的命名法是其他有机化合物命名法的基础。

一、普通命名法

通常把烷烃称为“某烷”，“某”指的是烷烃中碳原子的数目。含1～10个碳原子的烷烃分别用天干名称甲、乙、丙、丁、戊、己、庚、辛、壬、癸表示。含10个以上碳原子的烷烃用中文小写数字十一、十二等表示。如甲烷（CH_4）、乙烷（C_2H_6）、丙烷（C_3H_8），十二烷（$C_{12}H_{26}$）、二十烷（$C_{20}H_{42}$）等，以此类推。

为了区分异构体，命名时遵循以下方法。

1. 用“正”表示不含支链的直链烷烃，也可用“n”表示（n取自英文“normal”的首字母），但常可省略。如：

$CH_3CH_2CH_2CH_3$　正丁烷

$CH_3CH_2CH_2CH_2CH_3$　正戊烷

2. 对于带支链的烷烃，则遵循如下两个规则。

（1）若在链的一端含有原子团 $H_3C—CH(CH_3)—$，且无其他侧链的烷烃，则按碳原子总数称为异某烷（“异”字可用“i”或“iso”表示）。如：

$CH_3—CH(CH_3)—CH_3$　异丁烷（isobutane）

$CH_3—CH(CH_3)—CH_2—CH_3$　异戊烷（isopentane）

$H_3C—CH(CH_3)—CH_2CH_2CH_3$　异己烷（isohexane）

（2）若具有 $H_3C—C(CH_3)_2—$ 且无其他侧链的含五个或六个碳原子的烷烃，分别命名为新戊烷（“新”字也可用“neo”表示）。

$H_3C—C(CH_3)_2—CH_3$

新戊烷（neopentane）

2017年增补修订的《有机化合物命名原则》规定，带支链的烷烃，仅下列几个化合物的普通命名法的名称保留使用，且仅限于其上不含取代基。其他烷烃按系统命名法命名。

$(CH_3)_2CH\ CH_3$	异丁烷	isobutane
$(CH_3)_2CHCH_2CH_3$	异戊烷	isopentane
$(CH_3)_4C$	新戊烷	neopentane
$(CH_3)_2CH—(CH_2)_2CH_3)$	异己烷	isohexane

为了更好学习系统命名法，先需要认识烷基。

二、烷基的命名

烃分子中去掉一个氢原子所剩下的原子团称为烃基。脂肪烃去掉一个氢原子所剩下的原子团称为脂肪烃基，通常用 R-表示。烷基是烷烃分子中去掉一个氢原子所剩下的原子团，采用加后缀“基”的方式进行命名（中文后缀“基”，英文后缀“-yl”），并在烷烃名称后，相应的后缀“基”前标注位次。1-位基时，位次可省略，烷烃衍生的各种取代基名中，中文天干烷烃的“烷”字可省略（表 2-2，2-3）。

表 2-2 简单的烷基

烷 烃		烷 基	
甲烷（methane）	CH_4	甲基（methyl）	$CH_3—$
乙烷（ethane）	CH_3CH_3	乙基（ethyl）	$CH_3CH_2—$
丙烷（propane）	$CH_3CH_2CH_3$	丙基（propyl）	$CH_3CH_2CH_2—$
丁烷（butane）	$CH_3\ CH_2CH_2CH_3$	丁基（butyl）	$CH_3—CH_2—CH_2—CH_2—$

取代基上还有其他取代基的，英文命名中部分保留了俗名命名，但在中文中仅部分保留相应的俗名，其余则采用系统命名。

表 2-3 取代基上还有其他取代基的烷基

取代基	中文俗名	中文系统名	英文俗名
$(CH_3)_2\ CH—$	异丙基	丙-2-基	isopropyl
$(CH_3)_2CH\ CH_2—$	异丁基	2-甲基丙基	isobutyl
$CH_3CH_2\ CH\ (CH_3)\ —$	仲丁基	1-甲基丙基	*sec*-butyl
$(CH_3)_3\ C—$	叔丁基	1,1-二甲基乙基	*tert*-butyl
$(CH_3)_2CHCH_2CH_2—$	异戊基	3-甲基丁基	isopentyl
$CH_3CH_2C\ (CH_3)_2—$	叔戊基	1,1-二甲基丙基	*tert*-pentyl
$(CH_3)_3C—\ CH_2—$	新戊基	2,2-二甲基丙基	neopentyl

三、系统命名法

系统命名法是在 1892 年日内瓦的一次国际化学会议上首次确立的。后来由国际纯粹和应用化学联合会（International Union of Pure and Applied Chemistry，IUPAC）作了多次修改（最近一次在 2013 年），所以也称为 IUPAC 命名法。中国化学会根据这个命名法的原则，结合中国文字的特点，于 1960 年制定了《有机化学物质的系统命名原则》，1980 年经增补修订为《有机化学命名原则》，2017 年再次增补修订为《有机化合物命名原则》。

（一）直链烷烃的命名

直链烷烃碳数自 C_1 至 C_{10} 用天干“甲、乙、丙、丁、戊、己、庚、辛、壬、癸”加

“烷”字命名，C_{11}及以上用相应的中文数字加“烷”字命名（表 2-4）。

表 2-4 直链烷烃的名称

碳数	名称	英文名称	碳数	名称	英文名称
1	甲烷	methane	11	十一烷	undecane
2	乙烷	ethane	12	十二烷	dodecane
3	丙烷	propane	13	十三烷	tridecane
4	丁烷	butane	20	二十烷	icosane
5	戊烷	pentane	21	二十一烷	henicosane
6	己烷	hexane	22	二十二烷	docosane
7	庚烷	heptane	23	二十三烷	tricosane
8	辛烷	octane	30	三十烷	tricontane
9	壬烷	nonane	40	四十烷	tetracontane
10	癸烷	decane	100	百烷	hectane

（二）支链烷烃的命名

带支链的烷烃按支链为取代基的方式命名，该化合物中最长的链称主链，以此主链的名称为母体［(词根（后缀)］，主链上的支链作为取代基，取代基（以前缀形式）加在母体（词根）前，并标明在主链上的位次。主链的编号应使支链的位次最低，在有多条支链时，则采用最低（小）位次组的编号程序。各支链取代基名称在 IUPAC 英文命名中按英文首个字母顺序在前缀中依次排列，但《有机化学命名原则》（1980）中则按其立体化学顺序规则中的大小，自小至大在前缀中依次排列。2017 年修订建议按取代基英文名称的首字母顺序在前缀中依次排列。当支链上还有支链时，按类似方式进行进一步命名。命名时按照下列三个步骤进行。

1. 选择主链［确定词根（母体)］

（1）选择分子中最长的碳链为主链，根据主链碳原子总数称为“某烷”，作为词根/母体。例如，下面的化合物主链有 6 个碳原子，词根（母体）为己烷（hexane）。

$$\overrightarrow{CH_3CH_2CHCH_2CH_2CH_3}$$
$$\qquad |$$
$$CH_3$$

（2）如果有多条碳链等长，则选择含取代基最多的碳链为主链。例如，下面的化合物（两条最长碳链，均为 6 个碳），则选择含 2 个取代基的碳链为主链，词根（母体）为己烷（hexane）。

$$CH_3CH_2CHCH_2CH_2CH_3$$
$$|$$
$$H_3C—CH$$
$$|$$
$$CH_3$$

2. 主链编号 将主链碳原子用阿拉伯数字编号时遵循如下两点规则。

（1）从距取代基最近的一端开始编号，如下列化合物 A。

（2）有多条支链时，则采用最低（小）位次组的编号程序。

①若两端到第一个取代基的距离相同，则使第二个取代基编号最小，以此类推，如下列化合物 B、C、D。

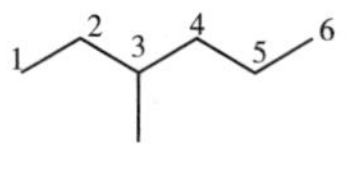

(A) 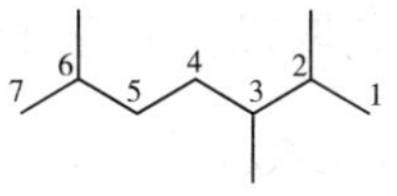　　　　(B)

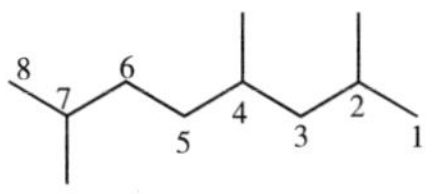

(C) 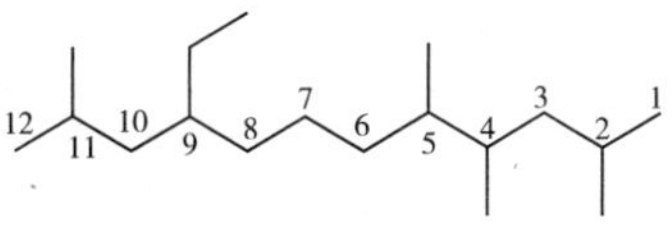　　　　(D)

②若从两端编号所有取代基的位次均相同，只是取代基不同，则按取代基英文名称的字母顺序先后编号，如下列化合物 E、F、G。

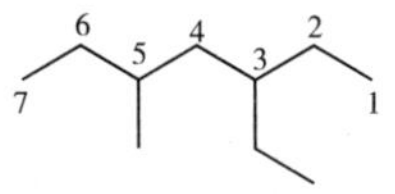

(E) 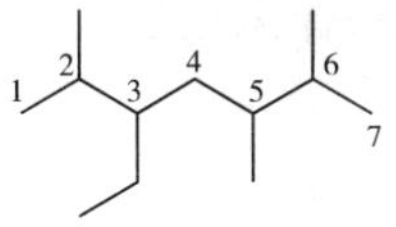　　　　(F)

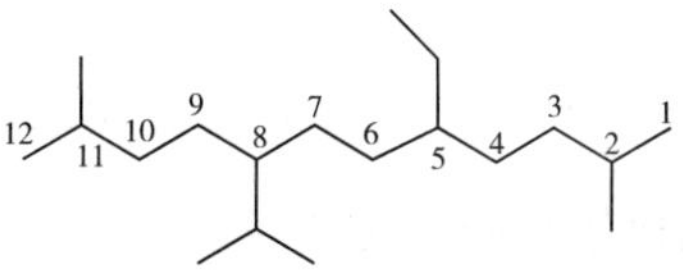

(G)

E 和 F 中，乙基 ethyl 优先于甲基 methyl；G 中，乙基 ethyl 优于丙基 propyl。

③支链中还有取代基时，取代基编号时通常总是将连接点（带游离价键）编为 1 位，如下列化合物 H。

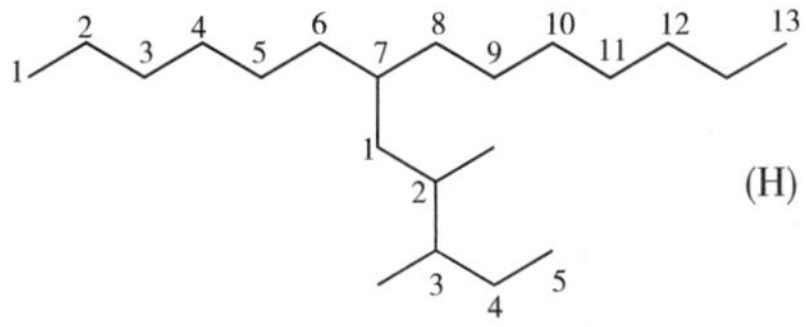

(H)

3. 名称书写　将取代基的位次、名称写在词根（母体）名称之前并遵循如下四个规则。

（1）表示取代基位置的阿拉伯数字在前，取代基在后；阿拉伯数字与中文字之间用英文连接号“-”分开。

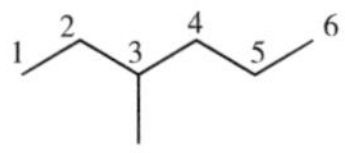

3-甲基己烷
3-methylhexan

（2）相同的取代基合并，数目用中文小写数字二、三、四、五表示（相当于英文中所采用的希腊文字母的前缀："mono-""di-""tri-""tetra-""penta-"等），写在取代基前面，各取代基的位次分别标出，阿拉伯数字之间用“,”分开。

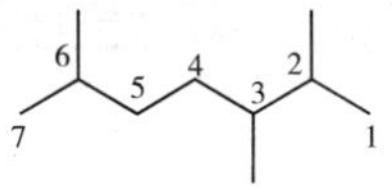

2,3,6-三甲基庚烷
2,3,6-trimethylheptane

（3）支链中还有取代基时，此取代基全名放在括号中。

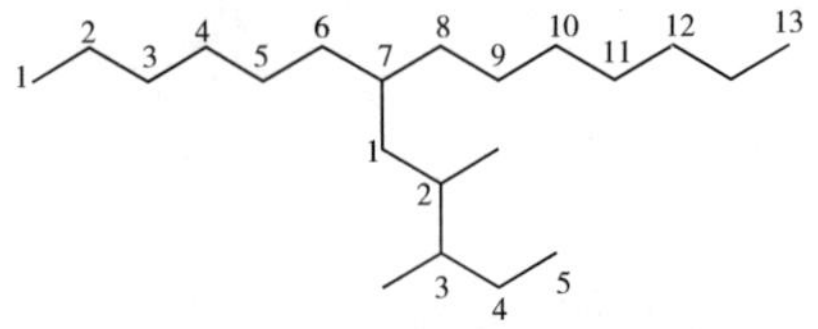

7-(2,3-二甲基戊基)十三烷
7-(2,3-dimethylpentyl)tetradecane

（4）不同取代基的先后顺序，按其英文首字母顺序的排列次序。不同情况下的排列次序规定如下：①表示原子和未进一步取代的取代基等的简单前缀可按其英文字母的顺序依次排列，表示它们个数的复数字头不计入字母顺序。化合物命名中原子和基团位次（locants of atoms and groups）的标明一律采用位次数字插入代表它们的名称之前。

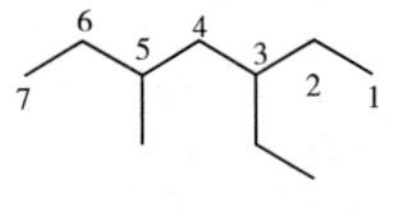

3-乙基-5-甲基庚烷
3-ethyl-5-methylheptane

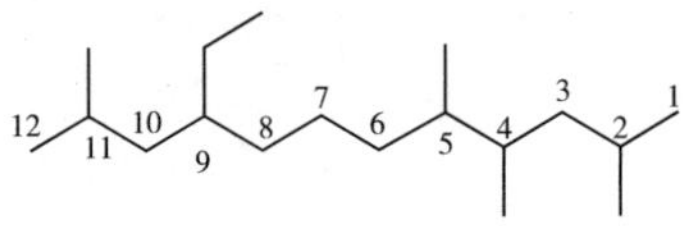

9-乙基-2,4,5,11-四甲基十二烷
9-ethyl-2,4,5,11-tetramethyldodecane

②有进一步取代的取代基则比较它们的完整名称。

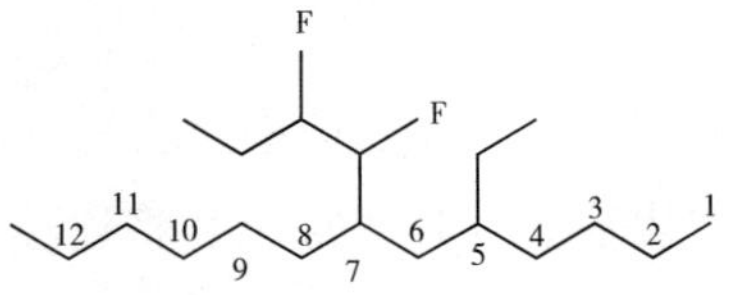

7-(1,2-二氟丁基)-5-乙基十二烷
7-(1,2-difluorobutyl)-5-ethyldodecane

③当 2 个取代基名称相同，但其中数字位次不同，则按此数字小大前后排列。

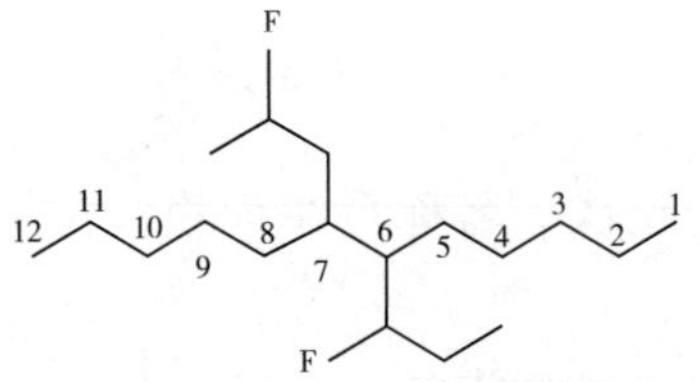

6-(1-氟丙基)-7-(2-氟丙基)十二烷
6-(1-fluoropropyl)-7-(2-fluoropropyl)dodecane

2-4　用系统命名法命名庚烷（C_7H_{16}）的同分异构体。

第四节　烷烃的构象

有机分子中，当以 σ 单键相连接的两个碳原子，围绕 C—C 单键旋转时，两个碳原子上连接的原子或原子团会出现无数的空间排布方式，这种排布方式称为构象；这种仅由于

围绕单键旋转，使分子中各原子或原子团在空间产生的不同排布方式，称为构象（conformation）异构；构象异构属于立体异构（stereoisomer）的一种。每种排布方式都是有机分子在空间的构象。

一、乙烷的构象

不同的构象异构体常用锯架透视式（Sawhares）或纽曼投影式（Newman projection）表示。乙烷是含有 C—C 单键的最简单烷烃，其典型构象只有以下两种。

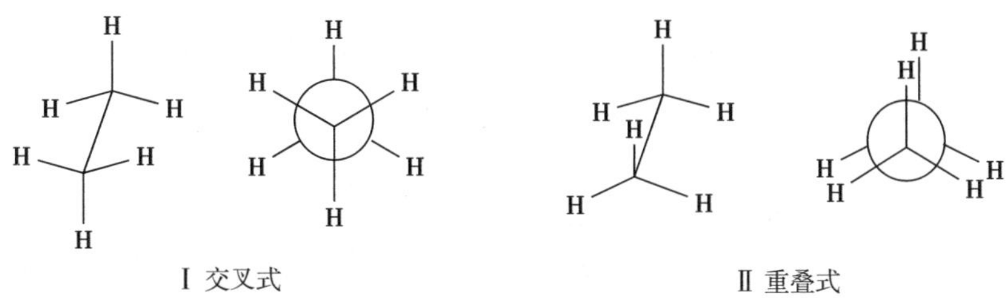

在Ⅰ中，两个碳原子所连接的氢原子处于交叉的位置，这种构象称为交叉式（gauche form）；氢原子彼此相距很远，C—H 键上的 σ 电子对的相互斥力最小，能量最低，稳定性最大，为优势构象。在Ⅱ中，两个碳原子所连接的氢原子两两相对重叠，C—H 键上的 σ 电子对的相互斥力最大，这种构象称为重叠式（eclipsed form）。重叠式构象具有较高的内能，是一种相对不稳定的构象。其他构象的能量介于两者之间。

交叉式构象与重叠式构象的内能虽不同，但差别较小，约为 12.6kJ/mol；即由重叠式转变为交叉式，要放出 12.6kJ/mol 的能量；由交叉式转变为重叠式必须吸收12.6kJ/mol的能量。这个能量很小，按分子物理学中的能量均分定理，分子在常温下的平动能约为 80kJ/mol，足以使 C—C 键快速地“自由”旋转。所以，室温下，乙烷分子是交叉式、重叠式以及介于它们两者之间的许多构象异构体的平衡混合物，不能进行分离。

乙烷分子中 C—C 键相对旋转时，分子内能的变化如图 2-4 所示。

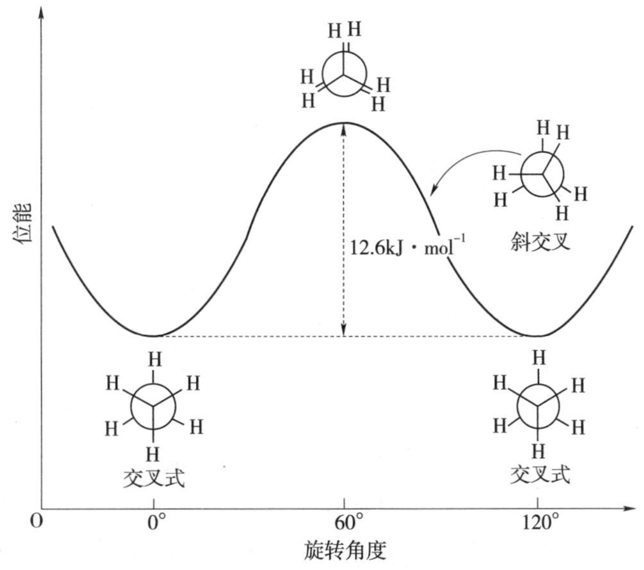

图 2-4 乙烷中 C-1 和 C-2σ 单键旋转过程中的能量曲线

二、丁烷的构象

丁烷可以看作是乙烷分子中两个碳原子上的一个氢原子被甲基取代而得。当丁烷的 C_2—C_3 键轴旋转时，可以有四种典型构象：全重叠式、邻位交叉式、部分重叠式和对位交叉式。

Ⅰ 对位交叉式　Ⅱ 部分重叠式　Ⅲ 邻位交叉式　Ⅳ 全重叠式

在对位交叉式中，两个甲基及氢原子都相距最远，彼此间的斥力最小，能量最低，最稳定，是丁烷的优势构象；在邻位交叉式中氢原子相距最远，但两个甲基相距比对位交叉式近，能量较低，是较稳定的构象；部分重叠式的两个甲基虽比邻位交叉式远一点，但两个甲基都和另一碳原子上的氢原子处于相重叠的位置，距离较近，能量较高，属不稳定构象；全重叠式中两个甲基及氢原子都处于重叠位置，距离最近，斥力最大，能量最高，是丁烷中最不稳定的构象。这四种构象的位能高低次序为全重叠式>部分重叠式>邻位交叉式>对位交叉式，其能量曲线如图 2-5 所示。

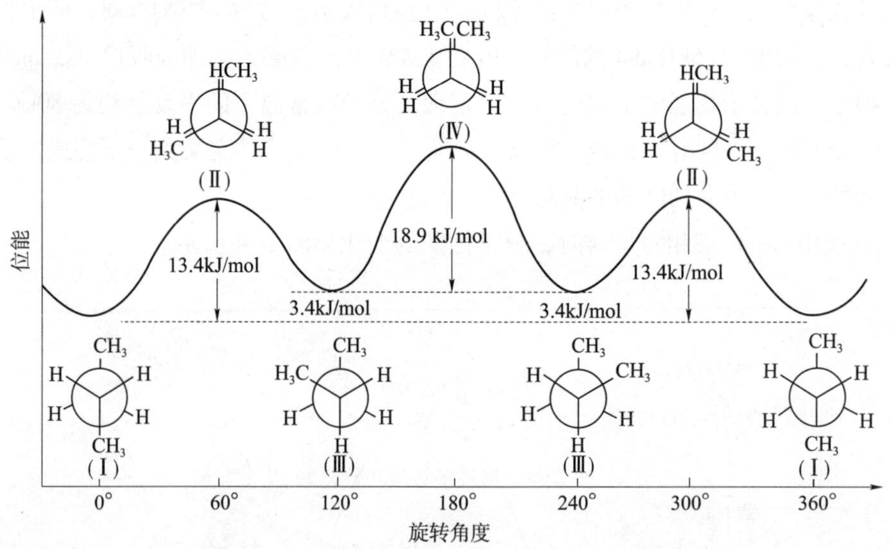

图 2-5　围绕正丁烷中 C-2 和 C-3σ 单键旋转过程中的能量曲线

丁烷各构象之间的能量差也不是太大（最大约 21kJ/mol），在室温下它们能迅速地相互转变，而不能分离。

通常，构象异构一般是多种异构体的动态平衡体系，各构象异构体之间能量差（能垒）较小，相互转化较为容易，因此各构象异构体不容易分离，故视为同种物质。链状化合物的优势构象类似于正丁烷对位交叉式的构象，所以直链烷烃都呈锯齿状。但是，分子主要以其优势构象存在，并不意味着其他的构象式不存在，只是所占比例较少而已。

2-5 写出戊烷的主要构象式（纽曼投影式）。

扫码“学一学”

第五节 烷烃的物理性质

有机化合物的物理性质通常包括化合物的物态、沸点、熔点、相对密度和溶解度等。这些物理常数是用物理的方法测定的，可从化学和物理手册中查到。一种化合物的物理常数对于化合物的鉴别或纯度检验具有一定的意义。

1. 物质的状态 在常温常压下，含 1～4 个碳原子的烷烃是气体，5～16 个碳原子的是液体，18 个碳原子以上的是固体。

2. 沸点 直链烷烃的沸点随着相对分子质量的增加而升高，但不是简单的直线关系，每增加一个 CH_2 所引起的沸点升高是逐渐减小的，这是因为 CH_2 在不同分子中，引起的质量增加率不同。

液体沸点的高低决定于分子间作用力的大小，分子间作用力越大，沸点就越高。直链烷烃的偶极矩都等于零，分子间作用力主要是色散力，直链烷烃的相对分子量越大，色散力也越大，因此，直链烷烃的沸点随着相对分子质量的增加而升高。色散力只有在近距离内才能有效，随着距离的增大而减弱。在含支链的烷烃分子中，由于支链的阻碍，分子靠近的程度不如直链烷烃，范德华力弱，所以直链烷烃的沸点高于其异构体。例如：

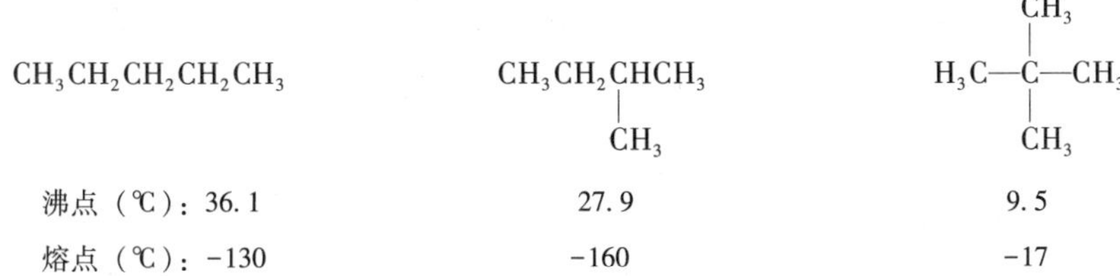

沸点（℃）：36.1　　27.9　　9.5

熔点（℃）：-130　　-160　　-17

表 2-3 列出了含 1～20 个碳原子的直链烷烃的主要物理常数。

表 2-3 直链烷烃的物理常数

碳原子数	名称	结构简式	m. p.（℃）	b. p.（℃）	D_4^{20}	n_D^{20}
1	甲烷	CH_4	−182.5	−164	0.466	
2	乙烷	CH_3CH_3	−183.3	−88.6	0.572	
3	丙烷	$CH_3CH_2CH_3$	−189.7	−42.1	0.5005	
4	丁烷	$CH_3(CH_2)_2CH_3$	−138.3	−0.5	0.6012	
5	戊烷	$CH_3(CH_2)_3CH_3$	−129.7	36.1	0.6262	1.3575
6	己烷	$CH_3(CH_2)_4CH_3$	−95.0	68.9	0.6603	1.3749
7	庚烷	$CH_3(CH_2)_5CH_3$	−90.6	98.4	0.6838	1.3876
8	辛烷	$CH_3(CH_2)_6CH_3$	−56.8	125.7	0.7025	1.3974
9	壬烷	$CH_3(CH_2)_7CH_3$	−51	150.8	0.7176	0.4054
10	癸烷	$CH_3(CH_2)_8CH_3$	−29.7	174.0	0.7298	1.4119

续表

碳原子数	名称	结构简式	m. p. (℃)	b. p. (℃)	D_4^{20}	n_D^{20}
11	十一烷	$CH_3(CH_2)_9CH_3$	−25.6	195.9	0.7402	1.4176
12	十二烷	$CH_3(CH_2)_{10}CH_3$	−9.6	216.3	0.7487	1.4216
13	十三烷	$CH_3(CH_2)_{11}CH_3$	−5.5	235.4	0.7564	1.4233
14	十四烷	$CH_3(CH_2)_{12}CH_3$	5.9	253.7	0.7628	1.4290
15	十五烷	$CH_3(CH_2)_{13}CH_3$	10	270.6	0.7685	1.4315
16	十六烷	$CH_3(CH_2)_{14}CH_3$	18.2	287	0.7733	1.4345
17	十七烷	$CH_3(CH_2)_{15}CH_3$	22	301.8	0.7780	1.4369
18	十八烷	$CH_3(CH_2)_{16}CH_3$	28.2	316.1	0.7768	1.4349
19	十九烷	$CH_3(CH_2)_{17}CH_3$	32.1	329.7	0.7774	1.4409
20	二十烷	$CH_3(CH_2)_{18}CH_3$	36.8	343	0.7868	1.4425

3. 熔点 将直链烷烃的熔点与其碳原子数作图，如图 2-6 所示，直链烷烃的熔点从 4 个碳原子开始是随着碳原子数目的增加而升高，但是，偶数的升高多一些。这是因为在晶体中，分子间作用力不仅取决于分子的大小，还与晶体中碳链的空间排布有关；凡对称性高的物体必然紧密排列，分子亦如此，紧密的排列必然导致分子间作用力的增大。例如戊烷的三种异构体中以新戊烷的熔点最高。

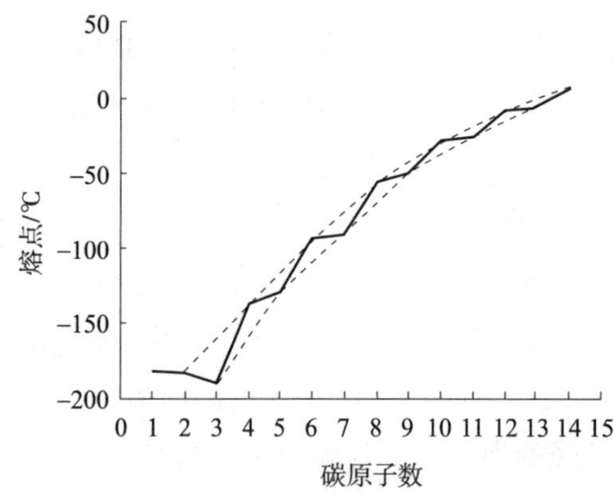

图 2-6 烷烃的熔点曲线

偶数烷烃对称性较高，在偶数烷烃分子中，碳链的排列比奇数烷烃更紧密，分子间的色散力也更大，因此，偶数烷烃的熔点比奇数烷烃的熔点升高多一些。

4. 相对密度 直链烷烃的相对密度随着相对分子质量的增加而增大，但都小于 1；这是由于分子间作用力随着相对分子质量的增加而增大，使分子间的距离相对减小，相对密度增大。

5. 溶解度 烷烃都难溶于水，易溶于有机溶剂，尤其是烃类；在弱极性或非极性溶剂的溶解度比在极性溶剂中的溶解度大。这是“相似相溶”经验规律的实例之一。

2-6 估计下列烷烃沸点高低的顺序，按从高到低排列。

a. 2-甲基戊烷 b. 正己烷 c. 正庚烷 d. 正壬烷

第六节 烷烃的化学性质

烷烃分子中只含有 C—C 键和 C—H 键，且都是 σ 键，键能较大；碳原子和氢原子的电负性差异不大，在C—H键中 σ 电子云较均匀地分布在两个原子核之间，所以烷烃中的

C—H及 C—C 键都是非极性键。所以烷烃分子在常温下都非常稳定，不与强酸、强碱、强氧化剂、强还原剂等发生反应。但在一定条件下，如适当的温度、压力和催化剂的作用下，烷烃也可以发生卤代、燃烧等反应。

扫码“学一学”

一、自由基取代反应

有机分子中的原子或原子团被其他原子或原子团替代的反应叫作取代反应；被卤素原子取代的反应称为卤代反应或卤化反应。

（一）甲烷的氯代反应

甲烷与氯在强光照射下，剧烈反应，甚至引起爆炸，生成碳和氯化氢。

$$CH_4+2Cl_2 \xrightarrow{\text{强光}} C+4HCl+\text{热量}$$

在紫外光、热的作用下，甲烷分子中的氢原子可以被氯原子取代，生成一氯甲烷和氯化氢。

$$CH_4+Cl_2 \xrightarrow{\text{紫外光}} CH_3Cl+HCl$$

甲烷的卤代反应较难停留在一取代物阶段，生成的一氯甲烷容易继续氯代生成二氯甲烷、三氯甲烷和四氯甲烷。

$$\underset{\substack{\text{一氯甲烷}\\ \text{b. p. }-24.2℃}}{CH_3Cl} \xrightarrow[\text{紫外光}]{Cl_2} \underset{\substack{\text{二氯甲烷}\\ \text{b. p. }40.2℃}}{CH_2Cl_2} \xrightarrow[\text{紫外光}]{Cl_2} \underset{\substack{\text{三氯甲烷}\\ \text{b. p. }61.2℃}}{CHCl_3} \xrightarrow[\text{紫外光}]{Cl_2} \underset{\substack{\text{四氯化碳}\\ \text{b. p. }76.8℃}}{CCl_4}$$

甲烷的氯代反应得到的是四种氯代产物的混合物。利用它们沸点的差别，通过精馏可得纯品。其中二氯甲烷、三氯甲烷是实验室常用溶剂。如果欲得到单一产物，控制反应物比例可使其中一种氯代烷为主产物。

（二）甲烷氯代反应的机理

化学反应的本质是分子发生碰撞，促使旧键的断裂和新键的生成；一次碰撞就生成产物的是简单反应（基元反应），需多次碰撞反应才能生成产物的是复杂反应；化学反应方程式仅表示化学反应的反应物与生成物，以及它们之间的量比关系，与化学反应所经历的真实过程无关。

化学反应从反应物到生成物所经过的途径与过程称为反应机理（reaction mechanism）或反应历程，是了解有机反应的重要内容。研究反应机理的目的在于理解和掌握反应的本质，帮助我们认清各种反应之间的内在联系，以便归纳总结和记忆有机化学反应，更好地控制和利用反应。

1. 自由基取代反应机理 甲烷的氯代反应有如下一些实验事实：①甲烷与氯气在室温和黑暗中长期保存，不反应；②甲烷经光照后与氯混合，不反应；③氯经光照后，与甲烷在黑暗中立即混合，立即反应；④反应需要光照或加热到 450℃ 才发生；⑤有少量氧存在会使反应延迟一段时间，即反应有一个诱导期；⑥有少量乙烷副产物生成。

以上实验事实提示：甲烷与氯的反应条件需要光照或加热到 450℃ 才发生；实验②不反应，而实验③反应，说明氯分子经光照是反应关键的第一步。于是化学家推测甲烷的卤代反应机理为如下。

有机化学反应的本质是旧键的断裂和新键的生成，在一定的反应条件下优先断裂的一定是最弱的化学键。由于C—H的键能是411kJ/mol，Cl—Cl的键能是240kJ/mol，因此，在光照或者高温条件下，首先是Cl—Cl键发生断裂；由于两个氯原子没有区别，Cl—Cl键的断裂方式只能是均裂，生成两个氯自由基（Cl·）。

$$Cl:Cl \xrightarrow{紫外光} 2Cl\cdot \qquad (1)$$

反应由此开始，这一步叫作链的引发。氯自由基非常活泼，它能夺取甲烷分子中的一个氢原子生成氯化氢和甲基自由基。

$$\cdot Cl+CH_4 \longrightarrow HCl+\cdot CH_3 \qquad (2)$$

甲基自由基也非常活泼，当它和氯分子碰撞时，它能夺取氯分子中的一个氯原子生成一氯甲烷和一个新的氯自由基。

$$\cdot CH_3+Cl_2 \longrightarrow CH_3Cl+\cdot Cl \qquad (3)$$

新产生的氯自由基可以不断重复反应（2）和（3），就生成了大量的一氯甲烷。只要有少量的氯自由基产生，就能使反应连续进行下去，重复进行反应，整个反应就像一个链锁，一环扣一环地不断进行下去。这种反应称为自由基链反应（free radical chain reaction）。反应（1）称为链引发阶段，反应（2）和（3）称为链增长阶段。甲烷的氯代反应是由自由基引起的取代反应，所以称之为自由基取代反应。

在链增长阶段，当一氯甲烷达到一定浓度时，氯自由基也可以和一氯甲烷作用，氯原子夺取一氯甲烷分子中的一个氢原子生成一分子氯化氢和氯甲基自由基（$\cdot CH_2Cl$），氯甲基自由基再和氯分子作用生成二氯甲烷和一个新的氯自由基，这个反应可以继续下去，直至生成三氯甲烷和四氯化碳。

$$CH_3Cl+Cl\cdot \longrightarrow \cdot CH_2Cl+HCl \qquad (4)$$
$$\cdot CH_2Cl+Cl_2 \longrightarrow CH_2Cl_2+Cl\cdot \qquad (5)$$
$$CH_2Cl_2+Cl\cdot \longrightarrow \cdot CHCl_2+HCl \qquad (6)$$
$$\cdot CHCl_2+Cl_2 \longrightarrow CHCl_3+Cl\cdot \qquad (7)$$
$$CHCl_3+Cl\cdot \longrightarrow \cdot CCl_3+HCl \qquad (8)$$
$$\cdot CCl_3+Cl_2 \longrightarrow CCl_4+Cl\cdot \qquad (9)$$

反应（4）至（9）是链增长阶段的过程，从机理角度阐述了连锁反应的产物是混合物。

这个反应不会无限度地进行下去，由于高活性的自由基在体系中虽浓度极低，但也会有自由基间的碰撞，这种自由基间发生碰撞会引起反应链的终止。自由基相互结合为分子，整个反应就逐渐停止，这个阶段叫链的终止阶段（10）至（12）。

$$\cdot Cl+\cdot Cl \longrightarrow Cl_2 \qquad (10)$$
$$\cdot CH_3+Cl\cdot \longrightarrow CH_3Cl \qquad (11)$$
$$\cdot CH_3+\cdot CH_3 \longrightarrow CH_3CH_3 \qquad (12)$$

由于反应（12）式的存在，因此导致其产物中总会有少量的乙烷出现。

总之甲烷的卤代反应机理包括三个阶段：链的引发、链的增长、链的终止，也适用于甲烷的溴代和其他烷烃的卤代。

链引发 $Cl:Cl \xrightarrow{紫外光} 2Cl\cdot$

链增长 $\cdot Cl + CH_4 \longrightarrow HCl + \cdot CH_3$

$\cdot CH_3 + Cl_2 \longrightarrow CH_3Cl + \cdot Cl$

链终止

$\cdot CH_3 + Cl\cdot \longrightarrow CH_3Cl$

$\cdot CH_3 + \cdot CH_3 \longrightarrow CH_3CH_3$

链终止阶段是比较漫长的，人们经常通入氧气使自由基反应迅速结束，通过氧分子与自由基结合，而达到终止反应的目的。这就不难理解实验（5）的延迟现象了，当体系中有少量氧气时，氧与甲基自由基生成新自由基：

$$\cdot CH_3 + O—O \longrightarrow CH_3—O—O\cdot$$

新生成自由基活性很低，几乎不能使连锁反应进行下去，相当于终止了一条链反应，大大减慢反应速度。如果体系中的氧是少量的，完全消耗，则体系中还有氯自由基存在，则反应又会继续进行反应，只是使反应延迟；如果氧的量很多，则整个体系反应终止，这种抑制作用是自由基反应的一个特征。

2. 过渡态理论与活化能 过渡态理论认为：化学反应是一个反应物到产物逐渐过渡的连续过程；反应物到产物的转变过程中，经历了原子的排列，并看成是一个“真实分子”的状态，这个中间状态，就称为过渡态（transition state）。

甲烷与氯自由基开始反应时，氯原子沿 C—H 键靠近氢原子，到一定距离时，C—H键逐渐减弱，而氢原子和氯原子之间的新键开始形成，即形成过渡态；过渡态用“$\neq$”表示。

$$Cl\cdot + H—CH_3 \longrightarrow \left[\overset{\delta\cdot}{Cl}\cdots H\cdots \overset{\delta\cdot}{CH_3}\right]^{\neq} \longrightarrow Cl—H + \cdot CH_3$$

过渡态

研究反应过程中体系能量的变化，是以反应进程为横坐标，势能为纵坐标，得到反应体系的势能变化的位能图（图 2-7）。

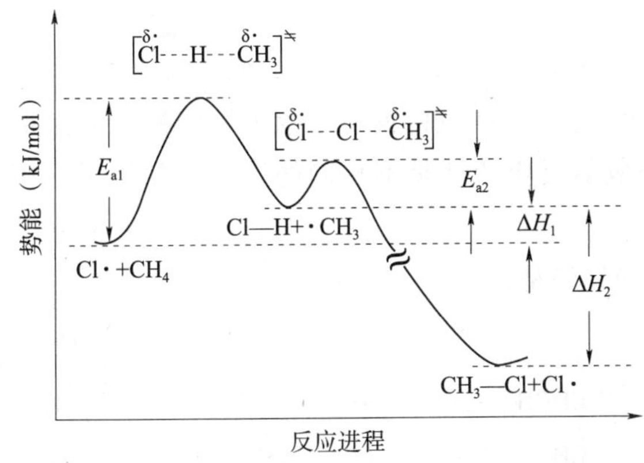

图 2-7 甲烷和氯自由基反应生成一氯甲烷的能量曲线图

由图 2-7 可以看出，当甲烷和氯自由基靠近时，体系能量逐渐升高，形成过渡状态时，体系能量最高，然后随着甲基自由基和 H—Cl 键逐渐形成，体系能量逐渐降低，直至生成甲基自由基和氯化氢，生成的甲基自由基称为中间体；由于甲基自由基具有强烈的电子配

对倾向，很快与氯分子反应，又形成新的过渡态，进而转变成产物。

在反应中，过渡态是从反应物到产物的一个中间状态，过渡态在决定反应速率方面起着很重要的作用，但是过渡态只能短暂存在，其寿命几乎为零，目前还无法分离得到。而在反应过程中生成的甲基自由基等，为活性中间体，能量比反应物高，是真实存在的，可获得。中间体有确切的能量和一定的几何形状，中间体比过渡态稳定。

反应物和产物之间的能量差称为反应热 ΔH。反应物和过渡状态之间的能量差称为活化能（energy of activation），用 E_{act} 或 E_a 表示。活化能是形成过渡状态所必需的最低能量，是反应进程中的一个能量最高的状态，是反应必须克服的能垒，E_a 大小决定反应速度，是衡量反应活性的标准。如果过渡态越稳定，E_a 越小，反应速度越快。甲烷氯代反应的（2）（3）的活化能和反应热为：

		ΔH(反应热)	E_a(活化能)	
$Cl\cdot + H-CH_3 \longrightarrow$	$Cl-H + \cdot CH_3$			(2)
439.3kJ/mol	431.8kJ/mol	+7.5kJ/mol	+16.7kJ/mol	
$CH_3\cdot + Cl-Cl \longrightarrow$	$CH_3-Cl + Cl\cdot$			(3)
242.7kJ/mol	355.6kJ/mol	−112.9kJ/mol	+8.3kJ/mol	

活化能大反应不易进行，活化能小反应容易进行，反应（3）的活化能比反应（2）小得多，又是放热反应，因此，这步反应容易进行。

在一个多步反应中，整个反应的速率决定于其中最慢的一步。在生成 CH_3Cl 的反应中，反应（2）的活化能比反应（3）大，所以，甲烷与氯自由基生成甲基自由基的反应（2）是决定速率的步骤。

（三）其他烷烃的氯代反应

其他烷烃同样可发生氯代反应，可取代分子中不同的氢，得到各种氯代烃，产物较复杂。例如丙烷氯代，能生成两种一氯代产物。

$$CH_3CH_2CH_3 + Cl_2 \xrightarrow[25℃/CCl_4]{光} \underset{43\%}{CH_3CH_2CH_2Cl} + \underset{57\%}{CH_3\underset{\displaystyle Cl}{\underset{|}{C}}HCH_3}$$

在丙烷分子中一共有 6 个伯氢，2 个仲氢，如果从氢原子被取代的概率讲，伯氢和仲氢被取代概率应为 3∶1，但实验得到的两种一氯丙烷产物分别为 43% 和 57%，这一事实说明，丙烷分子中两类氢的反应活性是不相同的。伯氢和仲氢的相对反应活性比大致为 43/6∶57/2＝1∶3.7。

异丁烷的一氯代反应结果是：

$$CH_3\underset{\displaystyle CH_3}{\underset{|}{C}}HCH_3 + Cl_2 \xrightarrow{光} \underset{64\%}{CH_3\underset{\displaystyle CH_3}{\underset{|}{C}}HCH_2Cl} + \underset{36\%}{CH_3\overset{\displaystyle Cl}{\overset{|}{\underset{\displaystyle CH_3}{\underset{|}{C}}}}CH_3}$$

在异丁烷分子中有 9 个伯氢和 1 个叔氢，伯氢和一个叔氢被取代的概率为 9∶1。而实际上这两种产物分别为 64% 和 36%。伯氢和一个叔氢的相对反应活性大致为 64/9∶36/1＝1∶5.1。通过大量烷烃氯代反应的实验表明，各种氢原子的活性次序为：3°H>

2°H>1°H>甲基氢。

1. 反应活性与自由基稳定性的关系 由于烷烃被夺取一个氢原子后形成自由基，因此，必须首先考察生成各种烷基自由基的难易程度。

同一类型的键，发生均裂时，键的离解能越小，则生成的自由基越稳定，也越容易生成，如表 2-4。

表 2-4 不同类型的自由基的生成反应

不同烷烃发生的均裂反应	自由基类型	离解能（kJ/mol）
$CH_3—H \longrightarrow \cdot CH_3 + \cdot H$	甲基自由基，1°伯自由基	$\Delta H = 435.1$
$CH_3CH_2—H \longrightarrow CH_3CH_2\cdot + \cdot H$	乙基自由基，1°伯自由基	$\Delta H = 410$
$CH_3CH_2CH_2—H \longrightarrow CH_3CH_2CH_2\cdot + \cdot H$	丙基自由基，1°伯自由基	$\Delta H = 410$
$CH_3CH(CH_3)CH_2—H \longrightarrow CH_3CH(CH_3)CH_2\cdot + \cdot H$	异丁基自由基，1°伯自由基	$\Delta H = 410$
$CH_3CH(H)CH_3 \longrightarrow CH_3\dot{C}HCH_3 + \cdot H$	异丙基自由基，2°仲自由基	$\Delta H = 397.5$
$CH_3C(CH_3)(H)CH_3 \longrightarrow CH_3\dot{C}(CH_3)CH_3 + H\cdot$	叔丁基自由基，3°叔自由基	$\Delta H = 380.7$

从上述反应的 ΔH 数值，可以看出，形成各种类型自由基所需要的能量是按下列次序减小的：甲基自由基>1°自由基>2°自由基>3°自由基；形成自由基所需要的能量越低，自由基越容易形成，所含有的能量就低，结构就越稳定。所以自由基的稳定性是 3°>2°>1°>甲基自由基，因此，各种氢原子的活性次序为：3°H>2°H>1°H>甲基氢。

自由基越稳定，其能量越低，则过渡态的能量也降低，反应的活化能低，反应速度就快。自由基的稳定性也可以从电子效应（诱导效应和共轭效应）得到解释。研究证实，自由基的结构是平面结构，其中心碳原子为 sp^2 杂化，未成对的电子占据 p 轨道，有得电子倾向，因此凡是能够产生斥电子的因素都能让自由基更稳定。

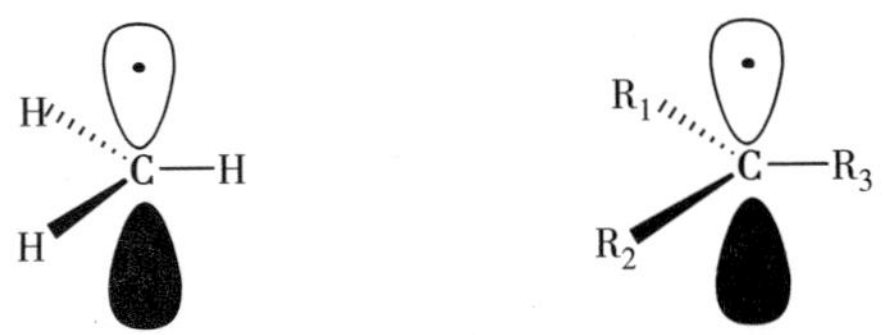

如表 2-4 中，叔丁基自由基中有三个甲基对 sp^2 杂化的中心碳原子自由基产生+I 效应，有 9 个 α-C—Hσ 键可以和 p 轨道发生 σ-p 超共轭效应（+C）；异丙基自由基和乙基自由基分别 2 个和 1 个甲基对 sp^2 杂化的中心碳原子自由基产生+I 效应，分别有 6 个和 3 个 α-C—Hσ 键发生 σ-p 超共轭效应（+C）；而甲基自由基没有+I 效应和超共轭效应（+C）。所以其稳定性顺序为：叔丁基自由基>异丙基自由基>乙基自由基>甲基自由基。

从键的离解能和自由基的稳定性方面，都很好地解释各种氢原子的活性次序为：3°H>2°H>1°H>甲基氢。

2. 卤素的活性及反应选择性 烷烃也可以发生溴代反应，条件和氯代反应相似，但是烷烃的溴代反应比氯代反应缓慢，生成相应的溴代物的比例也不同。例如异丁烷的溴代反应，几乎只有叔氢原子被溴取代。

$$CH_3CH(CH_3)CH_3 + Br_2 \xrightarrow[127℃]{光} CH_3C(CH_3)(Br)CH_3 + CH_3CH(CH_3)CH_2Br$$

99%　　痕量

溴代产物的比例与氯代产物有显著的差别。氯代反应得到的混合物没有一种异构体占很大优势；而溴代产物中，有一种产物占绝对优势。因此，溴代反应有高度选择性。

溴代反应有高度选择性的原因是溴的反应活性小。一般而言，反应活性大的，选择性就差；反应活性小的，选择性就好。溴原子的活性小于氯原子，溴原子只能取代烷烃中较活泼的氢原子（3°H 和 2°H），而氯原子能够取代烷烃中的各种氢原子。

卤素与烷烃反应的活化能分别为：

F	5. 0kJ/mol	Cl	16. 7kJ/mol
Br	78kJ/mol	I	140kJ/mol

所以，卤素与烷烃反应的相对活性顺序是：氟>氯>溴>碘。

烷烃的氟代反应非常剧烈并放出大量热，不易控制，有时会引起爆炸，因此在实际应用中用途不大。烷烃的碘代反应的活化能很大，同时反应中产生的 HI 是强还原剂，可把生成的 RI 还原成原来的烷烃。因此，烷烃的卤代反应通常是指氯代和溴代。

二、氧化反应

通常将有机化学反应中引入氧或脱去氢的反应叫氧化，引入氢或脱去氧的反应叫还原。烷烃在常温常压下，不与空气中的氧反应，但如果点火引发，烷烃可以燃烧，生成二氧化碳和水，并放出大量热，这就是汽油作为内燃机燃料的基本原理，反应的重要性不在于生成二氧化碳和水，而是反应中放出大量热，由于压力增加产生机械能。

$$C_nH_{2n+2}+\frac{3n+1}{2}O_2 \longrightarrow nCO_2+(n+1)H_2O+\text{能量}$$

如果控制条件氧化，烷烃可制备酸、醇等。

$$RCH_2CH_2R' \xrightarrow[107\sim110℃]{MnO_2} RCOOH+R'COOH$$

2-7　写出光照条件下，下列烷烃进行一氯代反应，可能得到的全部产物。

(1) 戊烷　　(2) 2-甲基戊烷

(3) 2,2-二甲基丁烷　　(4) 2,3-二甲基丁烷

第七节　烷烃的来源及在医药领域的应用

烷烃主要来源于沼气、天然气和石油加工。动物类粪便、植物落叶、杂草等隔绝空气经发酵，得到气体，其中65%是甲烷；天然气广泛存在于自然界，其中主要成分是低碳数

的烷烃，常常含 75% 的甲烷、15% 的乙烷和 5% 的丙烷；石油主要成分是链烷烃、环烷烃和芳香烃，还含有少量的氧、硫和氮；植物来源的烷烃主要是直链烷烃，如成熟水果中主要含有 C_{27}～C_{33} 的烷烃。

医药中常用的液体石蜡、凡士林和固体石蜡等都是石油加工的副产品，是分子量分布不同的烷烃的混合物。

液体石蜡可用作软膏、擦剂和化妆品的基质，它在肠内不被消化，吸收极少，对肠壁和粪便起润滑作用，且能阻止肠内水分吸收，软化大便，使之易于排出，被用作泻药。此外，20 世纪 20 年代，液体石蜡作为填充剂，一度被广泛应用，并持续数十年，直至普遍报导该材料易引起石蜡瘤，才停止使用。液体石蜡按纯度被分为粗制石蜡油和精制石蜡油。粗制石蜡油在医学上被认为是“致癌物质”，曾轰动全国的“毒大米”就是掺入了粗制的工业石蜡油。

凡士林是一种油脂状的石油产品，在特性上极具润滑性和防水性。将其涂于皮肤表面可形成一层保护膜，使皮肤不易受汗渍、尿液等机械性刺激，并防止因皮肤干燥而出现的一系列皮肤问题。医用凡士林敷料被广泛应用于皮肤的灼伤、烫伤及手术后的创面组织保护中。

固体石蜡在药剂中主要用作软膏基质、增硬成分和缓释材料。在食品工业中用于制造胶姆糖、糯米红纸的防粘剂等。在日化工业中用于制造霜剂、唇膏等化妆品。

知识拓展

凡士林及其应用

凡士林的发现早在 1859 年，其原名为“petroleum jelly”，其中“petroleum”是石油，而“jelly”则是像果酱般的胶状物，原本为石油探钻的副产品之一。之后，有一位名为 Robert Chesebrough 的科学家将这些白色的胶状物分离出来，并将之命名为“Vaseline（凡士林）”。

科学家对凡士林进行了仔细研究，发现凡士林里除了极具化学惰性的碳氢化合物之外，一无所有。它不亲水，涂抹在皮肤上可以保持皮肤湿润，使伤口部位的皮肤组织保持最佳状态，加速了皮肤自身的修复能力。另外，凡士林并没有杀菌能力，它只不过阻挡了来自空气中的细菌和皮肤接触，从而降低了感染的可能性。凡士林的很多“疗效”都和这两个特性有关。

重点小结

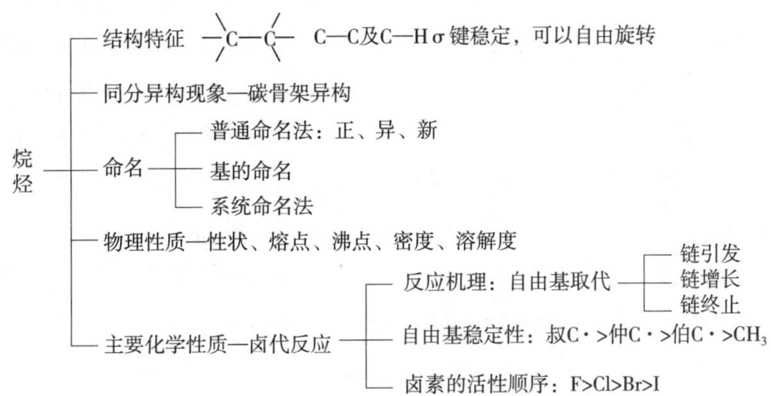

扫码“练一练”

第三章　烯　烃

要点导航

1. **掌握**　烯烃的结构、命名、异构及主要理化性质。
2. **熟悉**　烯烃亲电加成的反应机理，碳正离子的稳定顺序。
3. **理解**　马氏规则及理论解释。
4. **了解**　烯烃的一般制备及其在医药领域的用途。

分子中含有碳碳双键（C═C）的烃称为烯烃（alkene）。含有一个碳碳双键的链状烯烃称为单烯烃，其结构通式为 C_2H_{2n}。这一章主要介绍单烯烃。碳碳双键性质活泼，是很多化学反应的桥梁，因此碳碳双键是一类重要的官能团。在很多药物及天然产物中都能发现碳碳双键的存在，例如：具有护眼功能的维生素 A，分子中有五个碳碳双键；橘皮中具有芳香气味以及镇咳、化痰作用的主要成分——柠檬烯，分子中有两个碳碳双键。

扫码“学一学”

第一节　烯烃的结构与异构

一、烯烃的结构

单烯烃中，双键碳为 sp^2 杂化，三个 sp^2 杂化轨道处于同一平面，未参与杂化的 p 轨道与该平面垂直（图 3-1）。

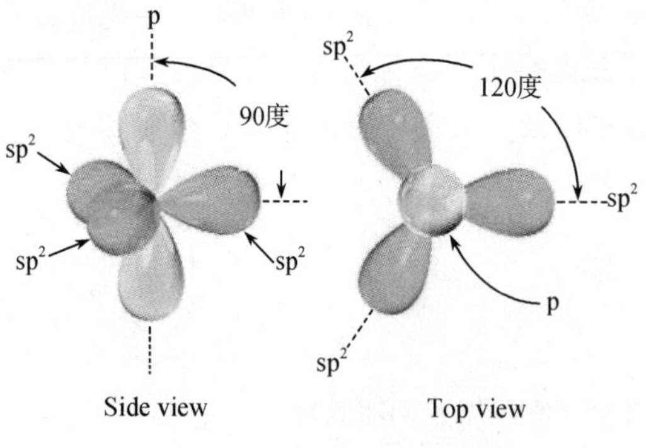

图 3-1　sp^2 杂化轨道示意图

在成键时，两个双键碳原子各用一个 sp^2 杂化轨道，通过轨道轴方向“头碰头”重叠形成一个 C—Cσ 键，在形成 σ 键的过程中，两个垂直于杂化轨道平面的 p 轨道相互接近，进而“肩并肩”重叠构成 π 键。双键碳原子上其余的 sp^2 杂化轨道与氢原子或其他碳原子成 σ 键而构成不同的烯烃分子。由于 π 键是通过侧面重叠形成的，双键碳原子无法像 σ 键那样沿键轴方向“自由”旋转，否则将会导致轨道重叠部分变小，进而导致 π 键的断裂，因此双键不能沿键轴方向自由旋转。由于 π 键形成时轨道的重叠度小，故 π 键没有 σ 键稳定。烯烃中的碳碳双键是由一个 σ 键和一个 π 键共同组成的，这一点从碳碳双键的键能（682kJ/mol）小于两个碳碳单键的键能之和（368×2=736kJ/mol）即可得到证明。图 3-2 是乙烯分子的结构示意图。

图 3-2 乙烯分子的结构示意图

二、烯烃的异构

烯烃的异构现象比烷烃复杂。含相同数目碳原子的烯烃，除与烷烃一样存在碳链异构外，还有因双键官能团在碳链中的位置不同而引起的位置异构。

$H_2C=CH-CH_2-CH_3$　丁-1-烯

$H_3C-CH=CH-CH_3$　丁-2-烯

$H_2C=C(CH_3)-CH_3$　2-甲基丙烯

当两个双键碳分别连有不同的原子或基团时，单烯烃会产生顺反异构。

顺丁-2-烯（两个 CH_3 在双键同侧，两个 H 在同侧）

反丁-2-烯（CH_3 与 CH_3 在双键异侧）

在有机分子中，由于 π 键存在，阻碍了双键的自由旋转，使烯碳上所连的原子或原子团在空间有两种排列方式，这种异构现象就叫顺反异构，也称几何异构。将相同原子或原子团在双键同侧的称为顺式；在双键异侧的（两侧）称为反式。由于 π 键存在，顺、反两个异构只有在键断裂情况下，才可发生相互转化的，否则两个异构体不能相互转化。

是不是所有含双键的化合物都有顺反异构。观察乙烯、丙烯、2-甲基丁-2-烯有无几何异构现象，它们在空间只有一种排布方式，无顺、反异构的区别。由此可见，只有双键的任何一个碳原子上的所连的两个原子或原子团不相同时，才有顺反异构现象。

$H_2C=CH_2$　乙烯

$H_2C=CH-CH_3$　丙烯

$(CH_3)_2C=CH-CH_3$　2-甲基丁-2-烯

$R^1R^2C=CR^3R^4$　$R^1 \neq R^2$ 或 $R^3 \neq R^4$ 有顺反异构

扫码“学一学”

第二节 烯烃的命名

一、普通命名法

烯烃的普通命名法和烷烃的类似，用正、异、新字来区别不同的碳架。该法仅适应于简单烯烃。例如：

$H_2C=CH-CH_2-CH_2-CH_3$　（正）戊烯

$H_2C=C(CH_3)-CH_2-CH_3$　异戊烯

二、烯基的命名

烯烃去掉烯碳上的一个氢原子，称为某烯基（-enyl）。烯基编号时从带有自由价的碳原子开始。下面是四种烯基的普通命名法和系统命名法。

	$H_2C{=}CH-$	$H_3C-CH{=}CH-$	$H_2C{=}CH-CH_2-$	$H_2C{=}C(CH_3)-$
普通命名法：	乙烯基	丙烯基	烯丙基	异丙烯基
系统命名法：	乙烯基	1-丙烯基	2-烯丙基	1-甲基乙烯基

三、系统命名

烯烃的系统命名与烷烃类似，主要原则如下。

（1）确定母体　选择含有碳碳双键的、支链最多的、最长碳链作为主链，按主链所含碳原子数称为“某烯”。主链超过十个碳，要在“烯”字前加上“碳”字，如十一碳烯。

（2）编号　从靠近双键的一端开始，并兼顾取代基的编号尽可能小。

（3）名称书写　依次将取代基的位次、数目和名称以及双键的位置写在母体名称之前。

①取代基的列出次序，按取代基英文的首字母顺序排列。

②双键的位置以双键的两个碳原子中编号较小的一个，用阿拉伯数字标在母体之前，用短线与“某烯”连接。

$\overset{3}{C}H_3\overset{2}{C}H{=}\overset{1}{C}H_2$

丙烯
propene

$\overset{1}{C}H_3\overset{2}{C}H(CH_3)\overset{3}{C}H_2\overset{4}{C}H{=}\overset{5}{C}H\overset{6}{C}H(CH_2CH_3)\overset{7}{C}H_2\overset{8}{C}H_3$

6-乙基-2-甲基辛-4-烯
6-ethyl-2-methyloct-4-ene

四、几何异构的表示

一些比较简单的顺反异构体，可以在名称前加“顺”“反”字表示，其结构中相同的原子或基团在双键的同侧称为顺式，在异侧的称为反式，如顺丁-2-烯、反丁-2-烯。

顺丁-2-烯
cis-but-2-ene

反丁-2-烯
trans-but-2-ene

然而，当双键上的两个碳原子连接的四个原子或基团不相同时，如 2-氯-戊 2-烯、2-氯-1-溴丙烯等，就不能采用简单的“顺”“反”异构来描述，而是根据 IUPAC 的规定采用（*Z*）、（*E*）来表示几何异构体的构型。

2-氯戊-2-烯
2-chloropent-2-ene

1-溴-2-氯-丙烯
1-bromo-2-choropropene

Z 是德语“Zasamman”的第一个字母，是“在一起”的意思。*E* 是德语“Entgegen”的第一个字母，是“相反”的意思。*Z* 或 *E* 所表示的几何异构体的构型是要由顺序规则来决定。

所谓“顺序规则”就是把各种取代原子或原子团按先后顺序排列的规则，其主要内容如下。

（1）把各种取代原子按其原子序数由大到小排列成序，原子序数大的优先。例如，氯（17）、溴（35）、碘（53）三种元素的原子，按原子序数由大到小排列，为 I>Br>Cl。若原子序数相同，则按原子量大小来排列。如 $^{14}C>^{13}C$。

（2）如果相连的第一个原子相同，则将与第一个原子相连的其他原子序数逐个比较，按原子序数大小排出优先顺序；如果还相同，那就继续比较第二个、第三个…原子的原子序数，直到有差别为止。

例如，$—CH_2CH_3>—CH_3$ 第一个原子都是碳原子，就必须再比较以后的原子，在 $—CH_3$ 中，与碳相连的是 3 个 H 而在 $—CH_2CH_3$ 中，与第一个碳原子相连的是 1 个 C、2 个 H，其中碳的原子序数大于氢，所以 $—CH_2CH_3$ 优先于 $—CH_3$。

又如，$—\underset{\displaystyle CH_3}{\underset{|}{CH}}—CH_3 > —CH_2CH_2CH_3$ 第一个原子都是碳，在丙基中与第一个碳原子相连的是 1 个 C、2 个 H，在异丙基中与第一个碳原子相连的是 2 个 C、1 个 H，所以 $—\underset{\displaystyle CH_3}{\underset{|}{CH}}—CH_3$（异丙基）优先于 $—CH_2CH_2CH_3$（丙基）。

（3）当取代原子团为不饱和原子团时，应把双键或叁键原子看做连有两个或三个相同的原子。

例如：$—CH{=}CH_2$ 相当于 $—\overset{\displaystyle (C)}{\overset{|}{C}H}—\overset{\displaystyle (C)}{\overset{|}{C}H_2}$

$—C{\equiv}CH$ 相当于 $—\underset{\displaystyle (C)}{\underset{|}{\overset{\displaystyle (C)}{\overset{|}{C}}}}—\underset{\displaystyle (C)}{\underset{|}{\overset{\displaystyle (C)}{\overset{|}{C}}}}—H$

按此，$—CH{=}CH_2$ 中为 C、C、H，$—C{\equiv}CH$ 中为 C、C、C，故 $—C{\equiv}CH$ 优先于 $—CH{=}CH_2$。

例如：$—\underset{|}{C}{=}O$ 相当于 $—\underset{|}{\overset{\displaystyle (O)}{\overset{|}{C}}}—\overset{\displaystyle (C)}{\overset{|}{O}}$

$—C{\equiv}N$ 相当于 $—\underset{\displaystyle (N)}{\underset{|}{\overset{\displaystyle (N)}{\overset{|}{C}}}}—\underset{\displaystyle (C)}{\underset{|}{\overset{\displaystyle (C)}{\overset{|}{N}}}}$

比较 $—\overset{\displaystyle O}{\overset{\|}{C}}—OH$ 和 $—\overset{\displaystyle O}{\overset{\|}{C}}—H$ 优先顺序。

$—\overset{\displaystyle O}{\overset{\|}{C}}—OH$ 相当于 $—\underset{\displaystyle (O)}{\underset{|}{\overset{\displaystyle (O)}{\overset{|}{C}}}}—OH$ O、O、O

$\overset{O}{\overset{\|}{—C—H}}$ 相当于 $—\overset{(O)}{\underset{(O)}{C}}—H$ O、O、H

所以 $—\overset{O}{\overset{\|}{C}}—OH > —\overset{O}{\overset{\|}{C}}—H$ 。

确定两个异构体哪个是"*Z*"，哪个是"*E*"时，按顺序规则，分别比较两个烯碳（双键碳）连接基团的优先顺序，两个优先基团在双键同侧的为 *Z* 构型，在双键的异侧为 *E* 构型。

（*Z*）或反-3-甲基戊-2-烯
(*Z*)-3-methylpent-2-ene

（*Z*）或顺-2-溴-3-甲基戊-2-烯
(*Z*)-3-bromo-3-methylpent-2-ene

特别注意：*Z*、*E* 构型要加括号，顺、反不加括号；存在多个顺反双键时，*Z*、*E* 要加双键原子编号，顺、反不加，但按编号大小次序列出。顺、反和 *Z*、*E* 是两种不同表示顺反异构体的方法，它们之间没有必然联系。例如：（2*E*,4*Z*）或顺、顺-3-甲基己-2,4-二烯。

3-1　判断下列化合物有无顺反异构

3-2　命名下列化合物

(1)　(2)　(3)

第三节　烯烃的物理性质

烯烃的沸点和密度随着其分子量的增加而增加。C_4 以下的烯烃是气体，C_5～C_{18} 的烯烃是易挥发的液体，C_{18}以上的烯烃是固体。烯烃难溶于水而溶于非极性有机溶剂。一些烯烃的物理常数如表 3-1。

表 3-1 某些烯烃的物理常数

名称	沸点（℃）	熔点（℃）	密度（g/L）
乙烯	-104	-160	0.00126（0℃）
丙烯	-48.2	-185	0.609（-47℃）
丁-1-烯	-6.3	-185.4	0.594（20℃）
戊-1-烯	29.2	-138	0.644（20℃）
己-1-烯	64	-68.5	0.673（20℃）
庚-1-烯	95	-119	0.703（19℃）
辛-1-烯	121.3	-101.7	0.714（20℃）
壬-1-烯	146	-81.7	0.731（20℃）
癸-1-烯	170.3	-66.3	0.740（20℃）
1-十一碳烯	189	-49.2	0.763（20℃）
1-十二碳烯	213.4	-35.2	0.758（20℃）
1-二十四碳烯	390	45	0.804（20℃）
2-甲基丙烯	-6.6	-140.4	0.594（20℃）
2-甲基戊-1-烯	61.5	-135.7	0.681（20℃）
顺丁-2-烯	3.7	-138.9	0.621（20℃）
反丁-2-烯	0.9	-105.6	0.640（20℃）

烯烃与烷烃类似，属于极性较小的有机物，但烯烃的偶极矩比烷烃稍大。这是由于烯烃分子中存在着易流动的 π 电子，比烷烃更容易被极化。而且烯烃分子中的双键碳原子为 sp^2 杂化，s 的成分高于烷烃的 sp^3 杂化碳，电负性略大。例如，丙烯分子就具有 $\mu=0.35D$ 的偶极矩。丙烯中的甲基碳原子为 sp^3 杂化，双键碳原子为 sp^2 杂化，sp^2 杂化碳的电负性大于 sp^3 杂化碳，所以甲基与双键碳原子间的 σ 键电子偏向于双键碳原子而形成偶极。

烯烃的顺反异构体在偶极矩方面表现出一定差异，一般结构比较对称的烯烃分子，其顺式异构体的偶极矩总是要大于反式异构体。这是因为偶极矩为矢量，反式异构体由于键矩相反，相互抵消，故偶极矩等于零；顺式异构体的键矩不能相互抵消，具有一定的偶极矩。因此，在一般情况下，顺式异构体因其偶极矩较大，其沸点总是高于反式异构体。例如，顺丁-2-烯的沸点就比反丁-2-烯的高。

$\mu=0.33D$ 顺丁-2-烯 沸点3.7℃

$\mu=0$ 反丁-2-烯 沸点0.9℃

顺反异构体往往可通过比较其偶极矩和沸点来确定其构型是顺式还是反式。

第四节 烯烃的化学性质

有机化学是官能团化学，官能团的化学性质决定了该化合物能够发生的化学反应，烯烃中的官能团是碳碳双键，碳碳双键是烯烃类化合物的反应中心。

扫码“学一学”

碳碳双键的特点：①由于形成 π 键的两个 p 轨道重叠度很小，所以，π 键不如 σ 键牢固，易断裂，因而易发生氧化反应；②由于 π 电子云受核的束缚力小，电子流动性大，所以易被极化，因此，烯烃易受亲电试剂进攻，发生亲电加成反应；③由于 α 氢受双键的影响而活泼，所以易于发生自由基型的取代反应。基于烯烃的结构其可能的化学性质见图 3-3。

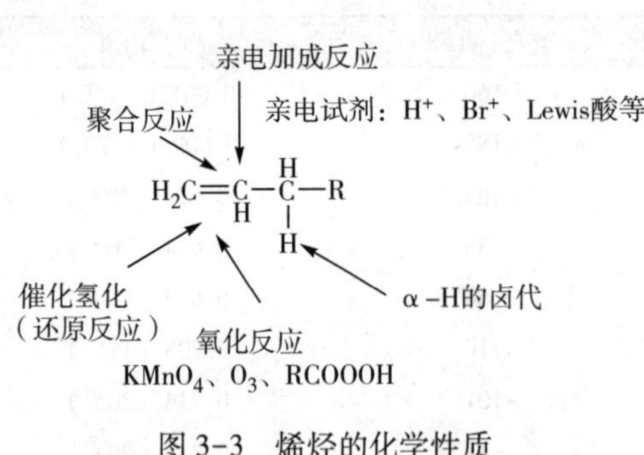

图 3-3　烯烃的化学性质

一、加成反应

两个或多个分子相互作用，生成一个加成产物的反应称为加成反应（addition reaction）。加成反应可以是离子型的、自由基型的和协同反应。离子型加成反应是化学键的异裂引起的。分为亲电加成（electrophilic addtion）和亲核加成（nucleophilic addtion）。烯烃最典型的化学性质是发生亲电加成。

（一）亲电加成反应

亲电加成反应是烯烃非常重要的性质，通过化学键异裂产生的带正电的原子或基团进攻不饱和键而引起的加成反应称为亲电加成反应，即由亲电试剂所引起的加成反应。在反应过程中，能接受或共用其他分子电子的试剂，就称为亲电试剂。一般常见的亲电试剂有：卤素（X_2）、卤化氢（HX）、H_2SO_4、H_2O、次卤酸（HOX）等。

烯烃中的 π 键很容易被极化，而极化后的 π 电子会偏向于双键的一侧，使其成为富电子体系。在发生化学反应时，烯烃容易受到亲电试剂的进攻，也就是一个 π 键断裂，两个一价原子或基团分别加到双键碳原子上，形成两个新的 σ 键，从而生成饱和化合物。

1. 与卤素的加成　烯烃可与卤素进行加成反应，生成邻二卤代烷。该反应可用于制备邻二卤化物。

$$\rangle C=C\langle + X_2 \longrightarrow \rangle \underset{X}{\underset{|}{C}}-\underset{X}{\underset{|}{C}}\langle$$

不同卤素与烯烃反应活性不同，卤素与烯烃反应活性次序为：$F_2>Cl_2>Br_2>I_2$。

氟与烯烃的加成反应非常剧烈，反应放出的大量热会使烯烃分解。碘和烯烃反应速度很慢，反应中以脱卤素逆反应为主，烯烃和溴或氯的加成反应比较平稳，在室温下即可进行，也是最常见的卤素加成反应。

不同结构的烯烃发生加成的活性也不一样，烯烃与卤素加成烯烃活性次序：

$$R_2C=CR_2 > R_2C=CH_2 > R-CH=CH_2 > CH_2=CH_2 > CH_2=CHCl > F_2C=CF_2$$

从上述结果可以看出，随双键碳上烷基增加，反应速率加快。烷基具有斥电子诱导效应，可以使双键电子云密度增大，烷基取代越多，反应速率越快。卤素的吸电子诱导效应大于斥电子共轭效应，当其与双键相连时会降低双键的电子云密度，大大降低反应速率。

烯烃与卤素加成生成二卤化物，这两个卤原子是同时加上去的，还是分步加上去的，

可通过实验来确定。

乙烯通入单纯的氯化钠水溶液时，不发生反应，若把溴溶解在氯化钠水溶液中，再通入乙烯进行反应，所得到的产物除预期的1,2-二溴乙烷外，还有1-溴-2-氯乙烷、2-溴乙醇反应如下。

$$H_2C{=}CH_2 + Br_2 \xrightarrow[H_2O]{NaCl} BrCH_2CH_2Br + BrCH_2CH_2Cl + BrCH_2CH_2OH$$

根据实验可以得出如下推论：①烯烃与溴的加成反应是分步进行的，如果反应是一步完成，即两个溴原子同时加上去，那产物只有1,2-二溴乙烷；②既然反应是分步进行的，由于水溶液中的负离子也可以分别加到双键碳上，所以反应中先加到乙烯分子中的一定是Br^+，然后才是Br^-和其他负离子分别加到乙烯双键的另一端，生成混合物。

明确了两个卤原子的加成顺序之后我们再通过一个实验来看看两个卤原子的加成方式。环烯与卤素反应，往往以反式加成为主。例如：

$$\text{环己烯} \xrightarrow[3℃]{Br_2/CCl_4} \text{反-1,2-二溴环己烷}$$

从实验结果可以看出，环己烯与溴反应主要是反式加成产物，说明这个反应是有立体选择性的，也就是溴的加成是有方向性的，只有两个溴原子对双键进行反式加成才能得到相应的实验结果。

因此推测烯烃亲电加成反应机理是：第一步，在极性条件，烯烃的π电子容易极化，极化后使双键的一个碳原子带微量的负电荷（δ^-），一个碳原子带微量的正电荷（δ^+），当非极性的溴分子向乙烯的π电子云靠近，由于受π电子的影响而发生极化，靠近π电子的溴原子带部分正电荷，极化的结果使溴溴键发生异裂，溴正离子进攻烯烃带微量的负电荷的碳，π键打开，一个带着负电荷烯碳与溴正离子结合，另一个烯碳带上正电荷，生成α溴代碳正离子，由于溴原子上有孤电子对，其所在轨道与碳正离子的空p轨道有部分重叠，形成一个相对稳定的环状中间体——溴鎓离子。

$$C{=}C + Br{-}Br \xrightarrow{-Br^-} [\text{正碳离子}] \longrightarrow [\ ] \longrightarrow \text{溴鎓离子}$$

正碳离子　　　　溴鎓离子

第二步，反应中生成的溴负离子从位阻较小的反面进攻溴鎓离子中的一个碳原子，使得溴鎓离子开环，得到加成产物。结果是亲电试剂的两个部分分别加在烯烃平面的两边，得到反式加成产物。

$$Br^- + \text{溴鎓离子} \xrightarrow{快} Br{-}C{-}C{-}Br\ (\text{反式}) + Br{-}C{-}C{-}Br\ (\text{反式})$$

控制整个反应速率的是反应中相对较慢的第一步反应，这一过程由亲电试剂进攻而引起，故称为亲电加成反应。

除了这些证明溴鎓离子反应机理的实验现象外，诺贝尔化学奖得主欧拉（Olah）在液态二氧化硫中捕获到SbF_5与溴结合成稳定的溴鎓离子，证明了溴鎓离子的存在，印证了烯

烃与溴发生亲电加成机理的正确性。

$$(CH_3)_2CF{-}CHBr{-}CH_3 \xrightarrow[\text{Liquid } SO_2]{SbF_5} \text{溴鎓离子} \quad SbF_6^-$$

卤素中的溴与碘、次卤酸中的次溴酸、次碘酸以及 ICl、IBr 等与烯烃的加成主要是通过鎓离子进行。由于溴、碘的原子半径较大，形成三元环时张力较小，加之它们的电负性较小，较易给出电子而成环。而卤素中的氟与氯由于原子半径小电负性大，形成三元环时张力较大，所以它们一般不通过鎓离子中间体进行反应，主要是通过碳正离子中间体完成反应。

烯烃的亲电加成反应机理可概括表示如下：

$$>C{=}C< + E{-}Nu \longrightarrow \pi\text{-络合物} \longrightarrow \text{碳正离子} + Nu^- \longrightarrow \text{反式加成产物} + \text{顺式加成产物}$$

π-络合物　碳正离子　反式加成产物　顺式加成产物

其中 E-Nu 代表亲电试剂，E 为试剂的亲电部分，Nu 为试剂的亲核部分。

从这一过程可以看出，由于碳正离子为平面构型，当它与 Nu^-结合时，Nu^-可从此平面的上方或下方进攻，因此既可以生成顺式加成产物，也可以生成反式加成产物。至于具体是以反式加成产物为主还是以顺式加成产物为主，这要视反应物与反应条件而定。

2. 与卤化氢加成　烯烃可与卤化氢加成生成相应的邻位卤代烷。通常是将干燥的卤化氢气体直接与烯烃混合进行反应，有时也使用某些中等极性的化合物如醋酸等作溶剂，一般不使用卤化氢水溶液，防止水与烯烃发生副反应。

$$>C{=}C< + HX \longrightarrow >CH{-}CX<$$

实验结果表明，不同卤化氢在反应中的活性次序是：HI>HBr>HCl，这与其酸性强度次序相符合。质子作为亲电试剂，给出质子能力越强的卤化氢活性也越高。

与卤素不同，卤化氢是不对称的亲电试剂，当它与对称烯烃乙烯加成时，只能生成一种加成产物：

$$CH_2{=}CH_2 + HX \longrightarrow CH_3CH_2X$$

而与不对称烯烃如丙烯加成时，则有可能生成两种不同的加成产物：

$$CH_3CH{=}CH_2 + HX \longrightarrow CH_3CHXCH_3 \ \text{或}\ CH_3CH_2CH_2X$$

实验结果表明，卤化氢与不对称烯烃的加成方向具有选择性，卤化氢中的氢总是加到不对称烯烃中含氢较多的双键碳上。这一规律是俄国化学家马尔柯夫尼可夫（V · Markovnikov）于 1869 年提出的，简称马氏规则。例如：

$$CH_3CH_2CH{=}CH_2 + HBr \longrightarrow CH_3CH_2\underset{}{\overset{Br}{\overset{|}{C}}}HCH_3 \quad (80\%)$$

$$(H_3C)_2C{=}CH_2 + HCl \longrightarrow (H_3C)_2\overset{}{C}(Cl){-}CH_3 \quad (\approx 100\%)$$

马氏规则是在大量实验事实的基础上总结出来的经验规律，从理论上对马氏规则进行解释，可从反应中间体——碳正离子稳定性的角度加以理论解释。例如，不对称烯烃与不对称亲电试剂 HNu 加成时，有以下两种反应途径。

$$RCH{=}CH_2 + H^+ \xrightarrow[\text{慢}]{(a)} R{-}\overset{+}{C}H{-}CH_2(H)\ (\mathrm{I}) \xrightarrow[\text{快}]{Nu^-} R{-}CH(Nu){-}CH_2(H)$$

$$RCH{=}CH_2 + H^+ \xrightarrow[\text{慢}]{(b)} R{-}CH(H){-}\overset{+}{C}H_2\ (\mathrm{II}) \xrightarrow[\text{快}]{Nu^-} R{-}CH(H){-}CH_2(Nu)$$

这是两个相互竞争的反应，产物的分配取决于它们的反应速率。在这两个反应中，反应物是相同的，所不同的是中间体——碳正离子的结构，而且生成碳正离子这一步又都是决速一步，因此，碳正离子的稳定性成为决定反应速率的关键。在一般有机化学反应中，生成较稳定的中间体所需的反应活化能越低，则反应速度越快，因而越容易形成产物。

从诱导效应方面分析：甲基为斥电子基，碳正离子所连斥电子基越多，碳正离子的缺电子程度就越低，越稳定。如果碳正离子与吸电子基相连，正电荷增加，则使正离子越不稳定。从共轭效应方面分析：因为碳正离子的碳原子是以 sp^2 杂化形式存在，所以它呈平面三角形，正电荷位于 p 轨道上，其中相邻碳上三个 C—Hσ 键与 p 轨道部分重叠，构成 σ-p 超共轭体系，超共轭效应是指 C—Hσ 键上的电子向 p 轨道流动，使 p 轨道上的正电荷的缺电子程度降低，正电荷所在的 p 轨道通过单键所连的 C—Hσ 键越多，碳正离子就越稳定。$(CH_3)_3C^+ > (CH_3)_2CH^+ > CH_3CH_2^+ > CH_3^+$。

在上述反应中，碳正离子Ⅰ属于2°碳正离子，其稳定性要大于碳正离子Ⅱ（属于1°碳正离子），因而途径（a）的反应速率要比途径（b）快，所以这一反应的主要产物是符合马氏规则的。

综上所述，不对称烯烃与不对称试剂进行的亲电加成反应，按马氏规则的方向进行，其理论依据是碳正离子稳定性。

3-3 推测下面反应的主要产物，并给予合理解释。

$$F_3C{-}CH{=}CH_2 + H^+ \xrightarrow{(a)} F_3C{-}CH(H){-}\overset{+}{C}H_2\ (\mathrm{I}) \xrightarrow{Nu^-} F_3C{-}CH(H){-}CH_2(Nu)\ (\mathrm{III})$$

$$F_3C{-}CH{=}CH_2 + H^+ \xrightarrow{(b)} F_3C{-}\overset{+}{C}H{-}CH_2(H)\ (\mathrm{II}) \xrightarrow{Nu^-} F_3C{-}CH(Nu){-}CH_2(H)\ (\mathrm{IV})$$

3-4 如何解释下面的实验结果？

$$Cl-CH=CH_2+HCl \longrightarrow Cl_2CHCH_3$$

由于不同碳正离子的稳定性有所差别，因此烯烃在与卤化氢加成时可能发生碳正离子重排反应，重排成更稳定的碳正离子中间体后生成的产物，其产物为反应的主要产物。例如：

$$H_3C-CH(CH_3)-CH=CH_2 \xrightarrow{HCl} H_3C-CH(CH_3)-CHCl-CH_3 + H_3C-CCl(CH_3)-CH_2-CH_3$$

（后者：主要）

$$H_3C-CH(CH_3)-CH=CH_2 \xrightarrow[-Cl^-]{HCl} H_3C-CH(CH_3)-\overset{+}{C}H-CH_3 \xrightarrow{-Cl^-} H_3C-CH(CH_3)-CHCl-CH_3$$

$$\downarrow \text{1，2-H迁移}$$

$$H_3C-\overset{+}{C}(CH_3)-CH_2-CH_3 \xrightarrow{-Cl^-} H_3C-CCl(CH_3)-CH_2-CH_3$$

氢离子首先进攻不对称烯烃电子云密度较高的烯碳，根据马氏规则选择生成2°碳正离子中间体。这时2°碳正离子中间体的邻位碳是一个3°碳（体积大，空间拥挤），如果其上面的一个氢带着一对电子转移到2°碳正离子上，那么3°碳就变成了一个新的3°碳正离子，3°碳正离子比2°碳正离子稳定性好，而且缓解了基团的相互排斥，因此这个新的碳正离子结合氯负离子形成主要产物2-甲醛-2-氯丁烷。

这种邻近原子之间的迁移称为1,2迁移（1,2-shift），这是常见的迁移。通常把基团迁移称之为重排（rearrangement）。发生重排的条件：①必须有碳正离子产生；②碳正离子相邻处有拥挤基因（空间拥挤，斥力大，不稳定）；③重排后形成更稳定的碳正离子。需要注意的是，只要有碳正离子中间体出现，就可能有1,2重排现象。甲基也可带着一对电子发生类似的氢的重排。

$$(CH_3)_3C-CH=CH_2 + H-Cl \longrightarrow (CH_3)_3C-\overset{+}{C}H-CH_3 \longrightarrow (H_3C)_2\overset{+}{C}-CH(CH_3)-CH_3$$

1,2-R shift

$$\xrightarrow{Cl^-} (H_3C)_2CCl-CH(CH_3)-CH_3$$

3. 与硫酸加成 烯烃与浓硫酸加成时，氢离子作为亲电试剂首先加到烯碳上，生成碳正离子，而后硫酸氢根负离子再与生成的碳正离子结合生成硫酸氢酯，该酯很容易发生水解反应而得到醇，与卤化氢反应类似，都是由氢离子作为亲电试剂引发的反应，因此加成方向遵循马氏规则。例如：

$$CH_2{=}CH_2 \xrightarrow[0\sim15℃]{98\%H_2SO_4} CH_3CH_2OSO_3H \xrightarrow[90℃]{H_2O} CH_3CH_2OH + H_2SO_4$$

$$(CH_3)_2C{=}CH_2 \xrightarrow[25℃]{50\%H_2SO_4} (CH_3)_2C(OSO_3H){-}CH_3 \xrightarrow[\triangle]{H_2O} (CH_3)_2C(OH){-}CH_3$$

利用这一反应可由烯烃制得醇，称为烯烃的间接水合法。由于生成的硫酸氢酯可溶于浓硫酸，故实验中也常利用这一性质来除去烷烃等某些不活泼有机化合物中少量的烯烃杂质。

4. 与水加成 烯烃在一般情况下与水不发生反应，但在催化剂的存在下可发生加成，反应产物也是醇。例如，乙烯与水蒸气混合，在磷酸、硅藻土催化剂的存在下，于280～300℃、7～8MPa时反应，可发生加成而生成乙醇。

$$CH_2{=}CH_2 \xrightarrow[280\sim300℃,\ 7\sim8MPa]{H_3PO_4-硅藻土} CH_3CH_2OH$$

这一方法称为烯烃直接水合法，加成方向遵循马氏规则。

5. 与卤素水溶液反应 烯烃与卤素水溶液（HOBr、HOCl）进行加成反应，生成β-卤代醇，均为反式加成产物。例如：

$$CH_3CH{=}CH_2 \xrightarrow{H_2O,\ Cl_2} CH_3CH(OH)CH_2Cl$$

1-氯丙-2-醇

$$CH_2{=}CH_2 + HOCl \longrightarrow H_2C(Cl){-}CH_2(OH)$$

2-氯乙醇

$$CH_3CH{=}CH_2 + HOBr \longrightarrow H_3C{-}CH(OH){-}CH_2Br$$

1-溴丙-2-醇

这类反应仍遵循马氏规则，试剂中带正电荷的部分（X^+，相当于酸或水中的H^+）加到含氢较多的双键碳上。

碘通常难与一般烯烃加成，但氯化碘（ICl）及溴化碘（IBr）等卤间化合物比较活泼，可定量地与双键加成。

$$>C{=}C< + IX \longrightarrow >C(I){-}C(X)<$$

IX中的I相当于次卤酸中的卤素，为带正电荷的部分I^+，IX的反应活性也与次卤酸类似。这一反应常用于测定油脂或石油中不饱和化合物的含量。

（二）催化加氢

烯烃可与氢气加成生成相应的烷烃，此反应不仅可用于合成烷烃，也可用于将化合物分子中的碳碳双键转变成碳碳单键。

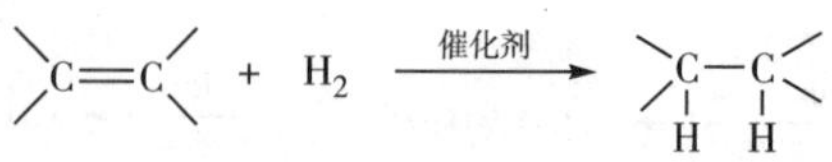

$$>C{=}C< + H_2 \xrightarrow{\text{催化剂}} >\underset{H}{C}-\underset{H}{C}<$$

这一反应是放热反应，但没有催化剂存在，即使是在200℃高温下，仍不能反应。由于催化剂可降低反应活化能，使反应变得易于进行，所以烯烃的加氢需在催化剂的催化下才能迅速进行，因此这一反应也称为催化氢化。常用的催化剂有铂、钯、镍，还有铑、钌等。

催化氢化反应机理一般认为：催化剂将烯烃和氢吸附在它的表面，这是一种化学吸附。吸附后的氢分子原子之间的σ键变弱，几乎以原子状态被吸附在催化剂表面，烯烃的π键打开与金属表面成键，氢逐步转移到烯碳上，氢是在烯烃被吸附的一侧加成，属于顺式加成。

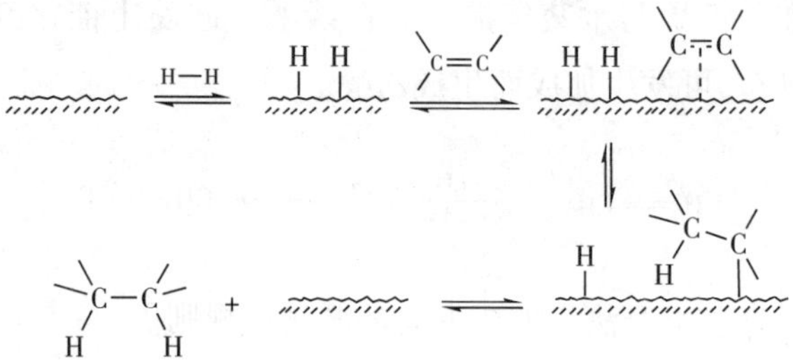

催化剂作用是降低反应的活化能，使反应在较温和的条件下进行（图3-4）。

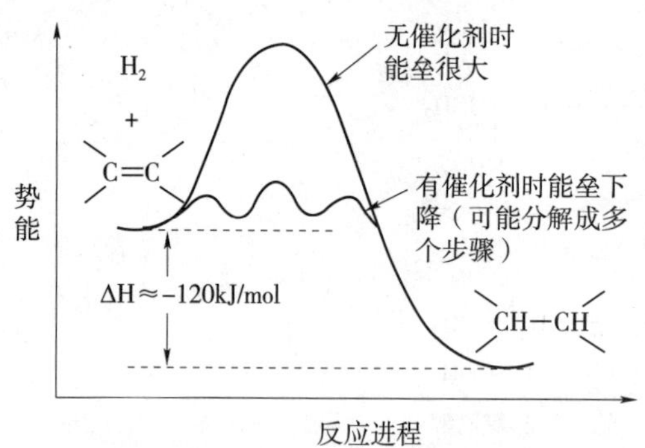

图3-4　烯烃催化氢化活化能变化图

烯烃催化氢化可定量的得到烷烃，根据反应中消耗的氢气量可以测定分子中双键的数目。烯烃的氢化反应是一个放热反应，1mol不饱和化合物氢化时所放出的热量称为氢化热，一般烯烃分子中每个双键的氢化热都比较接近，约为126kJ/mol。氢化热常常可以提供有关不饱和化合物相对稳定性的信息，氢化热越高，内能大，体系不稳定，反之体系稳定。例如，顺丁-2-烯和反丁-2-烯氢化后都得到丁烷，前者的氢化热（119.7kJ/mol）大于后者（115.5kJ/mol）说明反丁-2-烯比顺丁-2-烯稳定。这是因为在顺式异构体中两个体积较大的甲基位于双键同侧，比在反式异构体中的距离近，相互排斥作用较大的缘故。表3-2列出了一些常见烯烃的氢化热。

表3-2　烯烃的氢化热

烯烃	氢化热（kJ/mol）	烯烃	氢化热（kJ/mol）
乙烯	137.2	反丁-2-烯	115.5
丙烯	125.9	异丁烯	118.8
丁-1-烯	126.8	顺戊-2-烯	119.7
戊-1-烯	125.9	反戊-2-烯	115.5
庚-1-烯	125.9	2-甲基丁-1-烯	119.2
3-甲基丁-1-烯	126.8	2,3-二甲基丁-1-烯	117.2
3,3-二甲基丁-1-烯	126.8	2-甲基丁-2-烯	112.5
顺丁-2-烯	119.7	2,3-二甲基丁-2-烯	111.3

从表中还可以看出，烯烃的稳定性除了受双键构型的影响外，还与双键在分子中所处的位置有关；连接在双键碳上的烷基数目越多，烯烃就越稳定。

（三）自由基加成反应

不对称烯烃与溴化氢的加成存在过氧化物效应。即在过氧化物存在时，溴化氢与不对称烯烃的加成是反马氏规则的。这一反应，不是按亲电加成反应历程进行，而是按自由基加成反应历程进行的。例如，有过氧化物存在时，丙烯与溴化氢的反应历程如下。

$$ROOR \longrightarrow 2RO\cdot \quad (RO\cdot \text{表示自由基})$$

$$RO\cdot + HBr \longrightarrow Br\cdot + RO:H$$

$$CH_3CH{=}CH_2 + Br\cdot \longrightarrow \underset{(\text{I})}{CH_3\dot{C}HCH_2Br} + \underset{(\text{II})}{CH_3\overset{Br}{\overset{|}{C}}H\dot{C}H_2}$$

$$CH_3\dot{C}HCH_2Br + HBr \longrightarrow CH_3CH_2CH_2Br + Br\cdot$$

决定反应方向的关键因素是反应生成的中间体自由基的稳定性。由于自由基稳定性次序也为：3°自由基>2°自由基>1°自由基>·CH_3

因此，自由基（Ⅰ）（2°自由基）比（Ⅱ）（1°自由基）稳定性高，所以反应按反马氏规则方向进行。

从上述烯烃的各种加成来看，真正决定反应方向的是中间体的稳定性。因此，不对称试剂与不对称烯烃加成时，反应优先按照能生成稳定中间体的方向进行。

（四）硼氢化反应

烯烃能与硼氢化合物发生加成，一般是以乙硼烷（B_2H_6）与烯烃反应，生成的产物是烷基硼烷。这一反应称为硼氢化反应（hydroboration）。

$$RCH{=}CH_2 + \underset{\text{乙硼烷}}{B_2H_6} \xrightarrow{0℃} \underset{\text{三烷基硼烷}}{(RCH_2CH_2)_3B}$$

这一反应是分步进行的。反应时，乙硼烷首先离解成甲硼烷（BH_3），甲硼烷随即与烯烃进行加成。

$$RCH{=}CH_2 + B_2H_6 \longrightarrow \underset{\text{一烷基硼烷}}{RCH_2CH_2BH_2} \xrightarrow{RCH{=}CH_2} \underset{\text{二烷基硼烷}}{(RCH_2CH_2)_2BH} \xrightarrow{RCH{=}CH_2} \underset{\text{三烷基硼烷}}{(RCH_2CH_2)_3B}$$

由于反应非常迅速，通常无法分离得到一烷基硼烷和二烷基硼烷，只能得到三烷基硼烷。

不对称烯烃与硼烷加成时，反应的择向性是按照反马氏规则。因为硼在 BH_3 分子中呈六电子状态，具有空 p 轨道，缺电子程度较高，表现出亲电性，加之硼烷体积较大，因此加成时硼加到电子云密度较大而空间位阻较小的含氢较多的双键碳上。

实验证明，烯烃的硼氢化反应是一个顺式反马氏加成，反应中并不生成碳正离子中间体，不属于亲电加成；反应是通过形成一个四中心过渡态历程进行的，为协同反应。

$$>C{=}C< \xrightarrow{\overset{\delta^-\ \ \delta^+}{H-BH_2}} \underset{\text{四中心过渡态}}{\begin{matrix} H\cdots B- \\ \vdots \quad \vdots \\ >C{=}C< \end{matrix}} \longrightarrow \begin{matrix} H\quad B- \\ | \quad | \\ -C-C- \end{matrix}$$

因而在这一反应中不会发生碳正离子重排，而且由于四元环的张力问题，如果发生反式加成，那么这一扭曲形态的过渡态能量很高，是难以稳定存在的，因此它是一个典型的顺式加成反应。

烷基硼烷是一类非常活泼的有机化合物，通过它可以制备许多不同类型的化合物。例如，将烷基硼烷在碱性条件下进行氧化和水解可得到伯醇。

$$(RCH_2CH_2)_3B \xrightarrow{H_2O_2,\ ^-OH} 3RCH_2CH_2OH+H_3BO_3$$

这一反应与硼氢化反应合起来称为烯烃的硼氢化-氧化反应，其反应选择性与烯烃的酸催化水合反应方向正好相反，相当于烯烃与水按反马氏规则进行加成。例如：

$$R—CH═CH_2 \xrightarrow[②H_2O_2,\ ^-OH]{①B_2H_6} RCH_2CH_2OH$$

$$CH_3\underset{\underset{CH_3}{|}}{C}═CHCH_3 \xrightarrow[②H_2O_2,\ ^-OH]{①B_2H_6} CH_3\overset{\overset{CH_3}{|}}{C}H\underset{\underset{OH}{|}}{C}HCH_3$$

烯烃的硼氢化-氧化反应在有机合成中是一个非常有用的反应，它被广泛用于由碳碳双键化合物来制备伯醇，这一反应可以与烯烃的酸催化水合反应互补。

二、α-H 卤代反应

与碳碳双键（官能团）直接相连的第一个饱和碳原子，称为α-C，α-C 上的氢称为α-氢（α-H）。α-H 比较活泼，这是因为双键碳为 sp^2 杂化，而α-C 为 sp^3 杂化。双键碳的电负性比α-C 大，造成 C—C 键上的电子云向双键碳偏移，从而使α-C 的周围电子云密度降低，使得αC—H 键的极性增大，易于断裂，故α-H 的活性较大。另一方面，由于α-H 离去后生成的是烯丙基自由基，由于其位于α-C 上的单电子处于 p 轨道，可以和与其相邻的双键发生 p-π 共轭，使其缺电子程度大幅下降，稳定性高于其他烷基自由基（烯丙基自由基>3°自由基>2°自由基>1°自由基>·CH_3），也使得烯烃在发生卤代反应时，主要以α-H 卤代为主。例如：丙烯与氯气在常温下主要发生亲电加成反应，但在高温下却以α-氢的卤代为主。

$$\overset{\alpha}{CH_3}CH═CH_2+Cl_2 \xrightarrow{500℃} \underset{\text{3-氯丙烯（82\%）}}{ClCH_2CH═CH_2}+HCl$$

这一反应与烷烃在光照下的卤代反应相似，属于自由基取代反应。自由基取代反应和亲电加成反应在这里是竞争反应，那个中间体稳定，就以那个反应为主要产物，按照自由基取代反应历程进行，得到的中间体为烯丙基自由基，可形成 p-π 共轭而使自由基中间体稳定，而按照亲电加成反应历程进行，得到的烷基仲碳正离子，仲碳正离子是通过σ-p 超共轭使体系稳定，其稳定性不如烯丙基自由基，因此更有利于取代反应的进行。

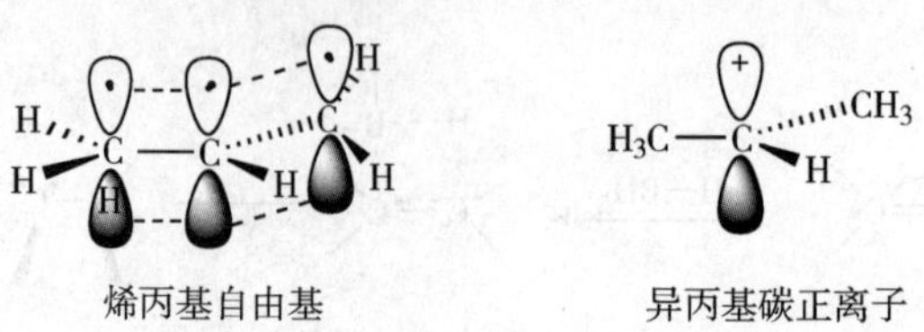

烯丙基自由基　　　　异丙基碳正离子

N-溴代丁二酰亚胺（NBS），是一个很好的溴化剂。用NBS进行溴化需用引发剂，NBS和反应中生成的HBr作用得到溴，而在NBS中一般都有痕量的HBr或Br_2。

$$H_3C-CH=CH_2 + \text{NBS} \longrightarrow BrCH_2-CH=CH_2$$

NBS

三、氧化反应

有机化学中的氧化反应通常是指有机物分子获得氧或失去氢的反应。烯烃的碳碳双键由于是富电子体系，因而很容易被氧化剂氧化，其氧化产物随所用氧化剂和氧化条件的不同而改变。

1. 高锰酸钾氧化　在中性或碱性条件下，烯烃可被冷的稀高锰酸钾溶液氧化生成顺式邻位二元醇。

$$>C=C< + KMnO_4 \xrightarrow{\text{中性或碱性}} >\underset{OH}{C}-\underset{OH}{C}<$$

$$RCH=CH_2 + MnO_4^- \longrightarrow \left[\text{环状锰酸酯}\right] \xrightarrow[OH^-]{H_2O} \underset{OH}{RCH}-\underset{OH}{CH_2} + MnO_2$$

反应后高锰酸钾溶液紫色消失，因此用碱性高锰酸钾溶液可鉴别碳碳双键的存在，该反应叫作拜耳试验（Baeyer test）。

如果使用氧化性很强的酸性高锰酸钾溶液氧化烯烃，则分子中的碳碳双键全部断裂，根据烯烃结构的不同可生成酮、酸及二氧化碳等。例如：

$$R-CH=CH_2 \xrightarrow[H^+]{KMnO_4} R-COOH + CO_2$$

$$R-CH=CH-R' \xrightarrow[H^+]{KMnO_4} R-COOH + R'-COOH$$

$$RR'C=CH-R'' \xrightarrow[H^+]{KMnO_4} RR'C=O + R''-COOH$$

其中有两个氢的双键碳被氧化成碳酸，进而很快地分解为二氧化碳和水。有一个氢的双键碳被氧化成羧酸，而没有氢的双键碳被氧化成酮。根据这些氧化产物，可以推测烯烃的结构。

2. 臭氧氧化　臭氧是亲电试剂，在低温下（-80℃）将含有臭氧的氧气通入液体烯烃或烯烃的非水溶液（如二氯甲烷、甲醇等），烯烃即与臭氧发生加成，生成臭氧化物。将臭氧化物在还原剂（Zn）或二甲硫醚的存在下进行水解，可得到醛、酮等羰基化合物，这一反应称为烯烃的臭氧化反应。

$$\mathrm{>C{=}C<} + O_3 \longrightarrow \text{(臭氧化物)} \longrightarrow \mathrm{>C{=}O} + \mathrm{O{=}C<}$$

臭氧化物

不同的烯烃经臭氧化、还原水解反应后，可得到不同的醛、酮。例如：

$$\mathrm{H_3C(H)C{=}CH_2} \xrightarrow[\text{②}H_2O,\ Zn]{\text{①}O_3} \mathrm{H_3C(H)C{=}O} + \mathrm{O{=}CH_2}$$

$$\mathrm{H_3C(H)C{=}C(CH_3)_2} \xrightarrow[\text{②}H_2O,\ Zn]{\text{①}O_3} \mathrm{H_3C(H)C{=}O} + \mathrm{O{=}C(CH_3)_2}$$

根据烯烃臭氧化所生成的醛、酮的结构，可以推知原来烯烃的结构或双键的位置，这是臭氧氧化反应的主要用途之一。

3-5 推测结构

$$X \xrightarrow{O_3} \xrightarrow[H_2O]{Zn} \text{环戊酮} + \text{丙酮}$$

X = ?

3. 过氧化物氧化 烯烃在过氧化物的作用下生成环氧化物的反应称为环氧化反应。

可进行该反应的过氧化物有：过氧化氢（H_2O_2）、过氧醇（ROOH）、过氧酸（RCOOOH）。它们的氧化能力顺序是：RCOOOH>H_2O_2>ROOH。由于过氧酸的氧化能力强，烯烃一般都是在过氧酸的作用下反应生成环氧化物，比较常见的过氧酸有过乙酸、过氧苯甲酸和间氯过氧苯甲酸等。

$$\mathrm{>C{=}C<} \xrightarrow[\text{室温}]{RCOOOH} \mathrm{>C\text{—}C<}\ (\text{O 桥连})$$

工业制备环氧乙烷的方法主要有氯醇法和氧化法，目前比较常用的方法是银催化剂参与下的乙烯直接氧化法。

$$\mathrm{>C{=}C<} \xrightarrow[Ag]{O_2} \mathrm{>C\text{—}C<}\ (\text{O 桥连})$$

四、聚合反应

由小分子烯烃化合物聚合生成大分子或高分子化合物的反应称为聚合反应。小分子化合物称为单体。大分子化合物称为高分子化合物或聚合物，也称高聚物。在大分子化合物中小分子单元称为链节，链节的数目称为聚合度。例如，乙烯聚合生成聚乙烯。

$$nCH_2{=}CH_2 \xrightarrow[O_2]{200\sim300℃} \text{-}[CH_2-CH_2]\text{-}_n \quad \text{聚乙烯}$$

单体 高聚物 链节 n表示聚合度

烯烃的聚合反应分为离子型聚合、自由基型聚合及配位络合聚合反应，它们都包括链引发、链增长、链终止三个阶段的反应。

1. 离子型聚合反应 离子型聚合反应包括正离子聚合和负离子聚合两大类，这里我们主要介绍通过形成碳正离子来增长碳链的正离子聚合反应。在低温下，BF_3 醇络合物（提供 H^+）催化异丁烯聚合反应属于阳离子型聚合反应。

$$H_2C{=}C(CH_3)_2 \xrightarrow{\text{酸催化剂}} \left[H_3C-\overset{+}{C}(CH_3)_2 \xrightarrow{H_2C=C(CH_3)H} (H_3C)_3C-\overset{H_2}{C}-\overset{+}{C}(CH_3)_2 \right] \longrightarrow \text{-}[\overset{H_2}{C}-C(CH_3)_2]\text{-}_n$$

2. 自由基型聚合反应 自由基型聚合反应是单体在光、热、辐射、引发剂的作用下，使单体分子活化为活性自由基，用自由基引发，使链增长、自由基碳链不断增长的聚合反应。需要特别注意的是由于自由基的稳定性问题，对于不对称烯烃进行自由基聚合反应时产物存在选择性，例如丙烯的自由基聚合反应。

$$BzO^{\cdot} + H_2C{=}CHCH_3 \longrightarrow BzOCH_2\dot{C}HCH_3$$

$$H_2C{=}CHCH_3 \longrightarrow \text{-}[CH_2\underset{}{C}H(CH_3)CH_2CH(CH_3)]\text{-}_n$$

3. 配位络合聚合反应 配位络合聚合反应是金属有机络合物作催化剂引起的聚合反应。由于过渡金属具有许多空的 d 轨道，烯烃的 π 电子与空的 d 轨道络合，使双键活化，进而这种被活化的单体插入过渡金属-烷基之间，这个过程反复进行，则碳链增长，最后生成大分子。

这一反应机理中最常用的 $TiCl_4/C_2H_5-AlCl_3$ 催化剂，该催化剂是由德国化学家齐格勒（Ziegler）和意大利化学家纳塔（Natta）两位学者在 20 世纪 50 年代研发的，称之为齐格勒-纳塔催化剂，其二人也由此获 1963 年诺贝尔化学奖。

扫码“学一学”

第五节 烯烃的制备及在医药领域的应用

一、烯烃的制备

烯烃是十分重要的基础原料，广泛用于有机合成及药物合成领域。在工业上，乙烯、丙烯等大量烯烃的制备可以从石油裂解中得到。在实验室，一般是通过某些饱和化合物的消除反应来制备烯烃。以下是几种实验室常用的制备烯烃的方法。

1. 卤代烃脱卤化氢 卤代烷与强碱（如氢氧化钾、乙醇钠等）的醇溶液共热时，可发生脱卤化氢反应而生成烯烃。从结果来看，对于不对称卤代烃，其反应产物不唯一，且产率不同，具体的选择性问题将在卤代烃一章讨论。

$$\underset{\text{2-溴丁烷}}{CH_3CH_2\underset{\displaystyle Br}{\underset{|}{C}}HCH_3} \xrightarrow[80℃]{KOH,C_2H_5OH} \underset{\text{丁-2-烯}}{\underset{80\%}{CH_3CH{=}CHCH_3}} + \underset{\text{丁-1-烯}}{\underset{20\%}{CH_3CH_2CH{=}CH_2}}$$

实验表明，在反应中使用强碱，以醇（而不是以水）为溶剂加热到比较高的温度对生成烯烃有利。

2. 醇分子内脱水 醇在催化剂的存在下加热，可发生分子内脱水反应生成烯烃。例如：

$$CH_3CH_2OH \xrightarrow[170℃]{浓\ H_2SO_4} CH_2{=}CH_2 + H_2O$$

$$(H_3C)_2C(OH){-}CH_3 \xrightarrow[85℃]{20\%\ H_2SO_4} (H_3C)_2C{=}CH_2 + H_2O$$

常用的催化剂除了硫酸外，还有 Al_2O_3、P_2O_5 等，一般的醇在 Al_2O_3 的催化下加热到350℃以上，可以很容易地脱水生成烯烃，且不发生重排反应。

3. 邻位二卤化烃脱卤 在两个相邻的碳上各连有一个卤原子的卤烷称为邻位二元卤烷。这类卤烷与锌粉一起在醇溶液中共热，可脱去卤素生成烯烃。例如：

$$\underset{\text{1,2-二溴丙烷}}{CH_3\underset{Br}{C}H\underset{Br}{C}H_2} \xrightarrow[\triangle]{Zn,C_2H_5OH} \underset{\text{丙烯}}{CH_3CH{=}CH_2} + ZnBr_2$$

这个方法一般很少用于制备烯烃，因为邻位二元卤烷一般都是通过烯烃与卤素的加成来制备，但在某些情况下，它仍可作为在分子中引入碳碳双键的方法使用。

二、烯烃在医药领域的应用

烯烃的主要用途是在化工领域，例如乙烯工业是石油化工的龙头，其发展水平已成为衡量一个国家经济实力的重要标志之一，在石化工业乃至国民经济发展中占有重要地位。聚乙烯得到了广泛应用，如黏合剂、农膜、电线和电缆、包装（食品软包装、拉伸膜、收缩膜、垃圾袋、手提袋、重型包装袋、挤出涂覆）、聚合物加工（旋转成型、注射成型、吹塑成型）。

除此之外，烯烃还广泛地被应用于医药领域。烯烃不但可以作为中间体直接参与药物的合成，更有很多种多烯烃类化合物自身就有很好地药理活性。如来源于枸橼属（Citrus）植物的果皮挥发油的柠檬烯（又称苧烯），具有良好的镇咳、祛痰、抑菌作用，复方柠檬烯在临床上用于利胆、溶石、促进消化液分泌和排除肠内积气。又如番茄红素（lycopene），它是成熟番茄的主要色素，是一种不含氧的类胡萝卜素，纯品为针状深红色晶体，它具有较强的抗氧化活性，不仅具有抗癌抑癌的功效，而且对于预防心血管、动脉硬化等各种疾病、增强人体免疫系统以及延缓衰老等都具有重要意义，被西方国家称为“植物黄金”，是

一种很有发展前途的新型功能性天然有机物。

在药物制剂领域，聚烯烃可以作为药物包装材料，其与被包装药物没有或基本没有反应，对药物损害的危险很小。

柠檬烯　　番茄红素

知识拓展

烯烃催化加氢催化剂简介

烯烃催化加氢常用的催化剂有铂、钯、镍。铂与钯的催化活性很高，加氢反应在其催化下于室温即可顺利进行。镍的活性较差，一般工业上是使用具有多孔海绵状结构的金属镍微粒，称为兰尼镍（Raney Ni），其催化活性较高，反应可在中等压力下进行。以上催化剂均为固体，且不溶于有机溶剂，称为异相催化剂。近几十年来，科学家又发展了一些可溶于有机溶剂的催化剂，如氯化铑或氯化钌与三苯基磷的络合物$[(C_6H_5)_3P]_3RuCl$、$[(C_6H_5)_3P]_3RhCl$等，称之为均相催化剂。使用这类催化剂的优点在于：可使反应在均相条件下进行；对不同化学环境中的碳碳双键的还原具有较高的选择性；在多数情况下不会使烯烃发生重排、分解等副反应。

重点小结

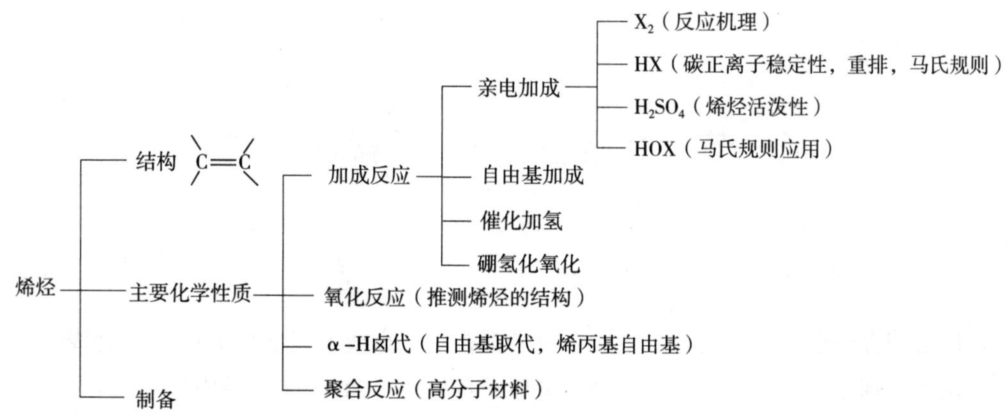

扫码“练一练”

第四章　炔烃和二烯烃

要点导航

1. **掌握**　炔烃、共轭二烯烃的结构、分类、命名及主要化学性质。
2. **熟悉**　炔烃、共轭二烯烃的异构，共轭效应及共轭二烯烃的稳定性。
3. **理解**　共振论的基本内容，动（热）力学控制对反应产物的影响。
4. **了解**　炔烃的制法及其在医药领域的应用。

分子中含有碳碳叁键的烃称为炔烃（alkynes），含有两个碳碳双键的烃称为二烯烃（alkadienes）。它们都比含相同数目碳原子的烯烃少两个氢原子，所以通式都是 C_nH_{2n-2}。分子式相同的炔烃和二烯烃互为同分异构体。但由于它们的结构不同，而各有其特殊的性质。它们在自然界中普遍存在，并在医药领域有着广泛的应用，例如：药材茵陈蒿中具有很强抗菌作用的茵陈二炔酮（capillin），分子中有两个碳碳叁键；许多天然食物中含有的 β-胡萝卜素（β-carotene）有维生素 A 源之称，是一种重要的人体生理功能活性物质，分子是由 8 个异戊二烯单位组成的。

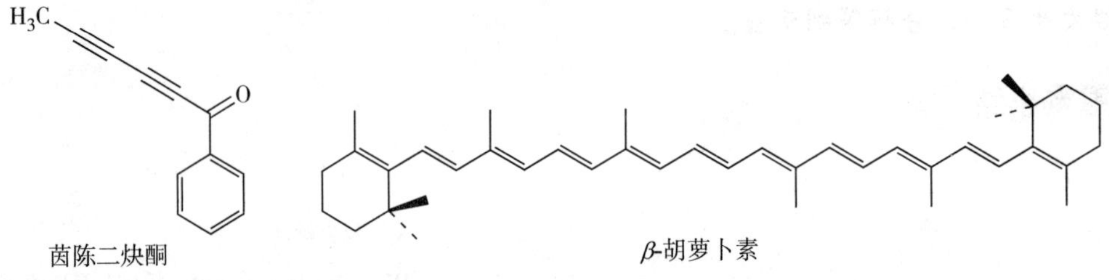

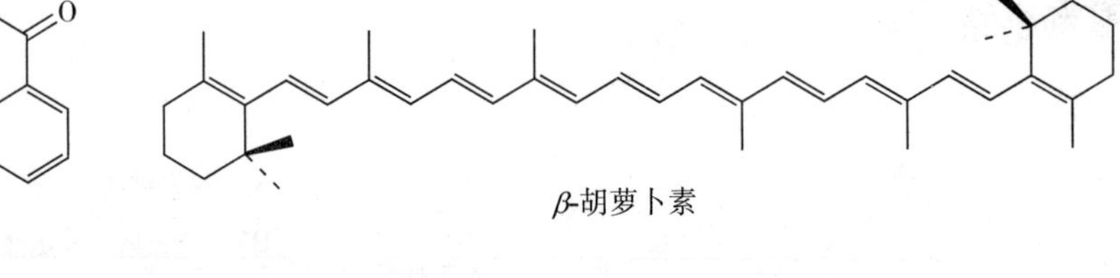

茵陈二炔酮　　　　β-胡萝卜素

扫码“学一学”

第一节　炔烃的结构、异构和命名

一、炔烃的结构

现代物理方法证明，乙炔分子中所有原子都在一条直线上，键角 180°，为直线型分子。根据杂化轨道理论，在乙炔分子中，每个碳原子各以一个 sp 杂化轨道沿轨道轴方向重叠形成一个 C_{sp}—C_{sp}σ 键，每个碳原子上另一个 sp 杂化轨道与氢原子的 1s 轨道分别形成 1 个 C_{sp}—H_{1s}σ 键，这三个 σ 键处于同一直线上。每个碳原子上还各有两个互相垂直且又与 σ 键垂直的 p 轨道，两个碳原子上的 p 轨道彼此侧面重叠形成两个相互垂直的 π 键。所以，炔烃的叁键是由一个 σ 键和两个 π 键组成。σ 电子云集于两个碳原子之间，π 电子云位于 σ 键键轴的上下和前后，呈现以 σ 键为对称轴的圆筒状分布见图 4-1。乙炔分子的键长和键角见图 4-2。

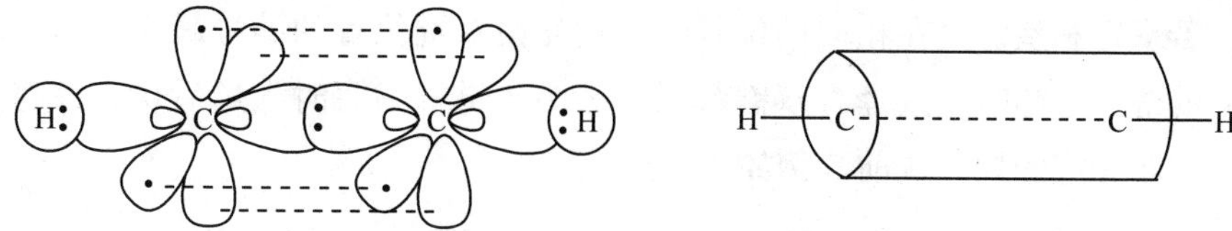

图 4-1　乙炔分子结构示意图

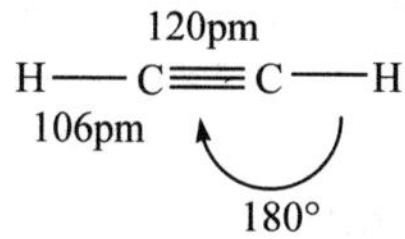

图 4-2　乙炔分子中的键长和键角

在有机化合物分子中，碳原子的不同杂化方式会影响化学键的键长、键能和键的极性（表 4-1）。

表 4-1　碳原子不同杂化方式中键长、键能的比较

化合物	键的类型	杂化类型	键长（pm）	键能（kJ/mol）
$H_3C—CH_3$	C—C	sp^3-sp^3	153.4	368
$H_2C═CH_2$	C═C	sp^2-sp^2	133.7	682
HC≡CH	C≡C	sp-sp	120.7	837
$CH_3CH_2—H$	C—H	sp^3-s	110.2	410
$H_2C═CH—H$	═C—H	sp^2-s	108.6	452
HC≡C—H	≡C—H	sp-s	105.9	535.3

上述数据表明，随着碳碳键之间不饱和程度增大，碳碳键的键长越来越短。键长越短则相互间的结合力越强，其离解能也逐渐增大。从表 4-1 还可看出，同样都是 C—Hσ 键，但随着参与成键的碳原子的杂化轨道中 s 成分的增多，键长越来越短，离解能越来越大。同时碳原子的电负性也随 s 成分的增多而增大，这是因为 s 电子云更集中分布于碳原子核周围，所以，其电负性顺序为 $sp>sp^2>sp^3$。末端炔烃表现出一定的酸性，正是由于末端炔碳原子的电负性较大的缘故。

二、炔烃的异构和命名

炔烃系统命名法与烯烃类似，只是将“烯”改为“炔”即可。例如：

$CH_3CH_2CH_2C≡CH$	$CH_3CH_2C≡CCH_3$	$CH_3CHC≡CH$（3 位上连 CH_3）	HC≡C—C≡CH
戊-1-炔 pent-1-yne	戊-2-炔 pent-2-yne	3-甲基丁炔 3-methylbutyne	丁二炔 butadiyne

显然，戊-1-炔和戊-2-炔之间属于位置异构，戊-1-炔或戊-2-炔与 3-甲基丁炔之间属于碳架异构。由于叁键的几何形状为直线型，所以炔烃没有顺反异构。

炔烃分子中去掉一个氢原子后剩余部分称为炔基。例如：

HC≡C—	$CH_3C≡C—$	$HC≡CCH_2—$
乙炔基 ethynyl	丙炔基 1-propynyl	炔丙基 2-propynyl

如果分子中的最长碳链同时含有双键和叁键时，编号时要使碳碳双键和叁键的编号之

和为最小；若双键和叁键处在相同的位置时，优先使双键位置的编号最小；当出现不饱和键数目相同的等长碳链时，选择含双键数目多者为主链。书写时先烯后炔，并将重键的位次编号一律置于相应的烯、炔前。例如：

$CH_3CH=CHC\equiv CH$

戊-3-烯-1-炔

pent-3-en-1-yne

$HC\equiv CCH_2CH=CH_2$

戊-1-烯-4-炔

pent-1-en-4-yne

$HC\equiv CC\equiv CCH=CH_2$

己-1-烯-3,5-二炔

hexa-1-en-3,5-diyne

$HC\equiv CCH(CH=CH_2)CH=CHCH=CH_2$

5-乙炔基庚-1,3,6-三烯

5-ethynylhepta-1,3,6-triene

4-1 写出 C_5H_8 炔烃的所有构造式。

4-2 写出下列化合物的系统名称。

(1) $(CH_3)_2CHCH(Cl)CH_2C\equiv CH$ (2) $CH_2=CHCH(CH_3)C\equiv CH$ (3) $CH_2=CHC\equiv CCH=CH_2$

扫码“学一学”

第二节 炔烃的物理性质

炔烃的物理性质与烷烃、烯烃相似。常温下，$C_2\sim C_4$ 的炔烃为气体，$C_5\sim C_{15}$ 的炔烃为液体，C_{16} 以上的炔烃为固体。一般炔烃的熔点、沸点、相对密度均比相应的烷烃、烯烃高些。这是由于炔烃分子较短小、细长，在液态和固态中，分子可以彼此靠得很近，分子间的范德华作用力很强。炔烃难溶于水，但在水中的溶解度比烯烃大，易溶于丙酮、苯、石油醚等弱极性或非极性有机溶剂中（表 4-2）。

表 4-2 炔烃的物理性质

名称	熔点（℃）	沸点（℃）	相对密度（液态时）(d_4^{20})
乙炔	$-81.5^{118.7kPa}$	-83.4	0.6179
丙炔	-102.7	-23.2	0.6714
丁-1-炔	-125.8	8.7	0.6682
丁-2-炔	-32.2	27.0	0.6937
戊-1-炔	-98	39.7	0.6950
戊-2-炔	-101	55.5	0.7127
3-甲基丁-1-炔	-89.7	29.4	0.6660
己-1-炔	-132	71	0.7195
己-2-炔	-89.6	84	0.7305
己-3-炔	-105	82	0.7255
庚-1-炔	-81	99.7	0.7328
辛-1-炔	-79.3	126.3	0.7461
壬-1-炔	-50	150.8	0.7658
癸-1-炔	-44	174	0.7655

扫码"学一学"

第三节　炔烃的化学性质

炔烃分子中有 π 键，故和烯烃有相似的化学性质，如炔烃也易发生催化加氢、亲电加成和氧化等反应。由于叁键碳原子的杂化状态和电子云分布等方面与双键有不同之处，炔烃还可发生亲核加成且炔氢具有弱酸性。

一、炔氢的反应

碳原子的电负性随杂化时 s 成分的增加而增大，其次序为 $sp>sp^2>sp^3$，因此使与炔碳相连的氢（简称炔氢）具有微弱的酸性。炔氢能与强的碱性金属及强碱性化合物反应，如与钠或氨基钠反应，生成金属炔化物。

$$2HC\equiv CH + 2Na \xrightarrow{110℃} \underset{\text{乙炔钠}}{2HC\equiv CNa} + H_2\uparrow$$

$$HC\equiv CH + 2Na \xrightarrow{190\sim200℃} \underset{\text{乙炔二钠}}{NaC\equiv CNa} + H_2\uparrow$$

$$2RC\equiv CH + 2Na \longrightarrow \underset{\text{炔钠}}{2RC\equiv CNa} + H_2\uparrow$$

$$HC\equiv CH \xrightarrow[\text{液氨}]{NaNH_2} HC\equiv CNa \xrightarrow[\text{液氨}]{NaNH_2} NaC\equiv CNa$$

$$RC\equiv CH + NaNH_2 \xrightarrow{\text{液氨}} RC\equiv CNa + NH_3$$

但是，乙炔的酸性介于氨和水之间，其解离出质子的程度很弱，因而不能使石蕊试纸变红。

酸性：	H_2O	>	$HC\equiv CH$	>	NH_3	>	$CH_2=CH_2$	>	CH_3-CH_3
pK_a	15.7		25		35		44		50

炔氢还能与重金属离子（Ag^+或 Cu^+）作用形成不溶于水的重金属炔化物。

$$HC\equiv CH + [Ag(NH_3)_2]^+ NO_3^- \longrightarrow AgC\equiv CAg\downarrow(\text{白色})$$

$$RC\equiv CH + [Ag(NH_3)_2]^+ NO_3^- \longrightarrow RC\equiv CAg\downarrow(\text{白色})$$

$$HC\equiv CH + [Cu(NH_3)_2]^+ Cl^- \longrightarrow CuC\equiv CCu\downarrow(\text{红棕色})$$

$$RC\equiv CH + [Cu(NH_3)_2]^+ Cl^- \longrightarrow RC\equiv CCu\downarrow(\text{红棕色})$$

该反应灵敏且现象明显，可作为末端炔烃的鉴别反应。重金属炔化物在干燥状态易爆炸，在反应完毕后应及时加入稀硝酸分解处理，以免发生危险。

4-3　判断下列反应能否发生？若能发生，写出反应的产物。

$HC\equiv CNa + CH_3OH \longrightarrow$　　　　$HC\equiv CH + NaH \longrightarrow$

$HC\equiv CH + NaCN \longrightarrow$　　　　$HC\equiv CNa + CH_3COOH \longrightarrow$

4-4 用化学方法鉴别丙烷、丙烯和丙炔。

4-5 试将己-1-炔和己-3-炔的混合物分离成各自的纯品。

二、加成反应

1. 加氢反应 炔烃可以用催化加氢或化学试剂还原的方法转变成烷烃或烯烃。

（1）催化加氢得到烷烃 在催化剂铂、钯、镍等的催化下，炔烃和足够量的氢气反应生成烷烃，反应难以停止在烯烃阶段。

$$RC\equiv CR' + H_2 \xrightarrow{Pt或Pd} \underset{H}{\overset{R}{}}\!\!>C=C<\!\!\underset{H}{\overset{R'}{}} \xrightarrow[Pt或Pd]{H_2} RCH_2CH_2R'$$

（2）催化加氢得到顺式烯烃 炔烃的催化氢化比烯烃容易，但若采用特殊催化剂如Lindlar催化剂，则能使反应停留在烯烃阶段，得到收率较高的顺式加成产物。Lindlar催化剂是一种毒化的钯催化剂，它是将金属钯吸附在载体硫酸钡上并加入少量喹啉抑制剂而制成，因其催化能力降低，致使反应停止在烯烃的阶段。

$$C_2H_5C\equiv CC_2H_5 + H_2 \xrightarrow[喹啉]{Pd/BaSO_4} \underset{H}{\overset{C_2H_5}{}}\!\!>C=C<\!\!\underset{H}{\overset{C_2H_5}{}}$$

镍的硼化物（Ni_2B）是最新的一种可以代替Lindlar催化剂的化合物，它更容易制备，并且用它作催化剂，经常能得到高产率的顺式烯烃。

$$CH_3C\equiv CCH_2CH_2CH_3 + H_2 \xrightarrow[或Ni_2B]{Lindlar催化剂} \underset{H}{\overset{H_3C}{}}\!\!>C=C<\!\!\underset{H}{\overset{CH_2CH_2CH_3}{}}$$

（3）金属-液氨还原得到反式烯烃 炔烃在液氨（-33.5℃）中可用碱金属锂、钠、钾还原，生成反式烯烃。

$$C_2H_5C\equiv CC_2H_5 \xrightarrow[液NH_3]{Na} \underset{H}{\overset{C_2H_5}{}}\!\!>C=C<\!\!\underset{C_2H_5}{\overset{H}{}}$$

2. 亲电加成 炔烃与烯烃一样，也能与卤素、卤化氢、水等发生亲电加成反应。但由于sp杂化碳原子的电负性比sp^2杂化碳原子的电负性强，不如烯烃那样容易给出电子与亲电试剂结合，因此炔烃亲电加成反应活性比烯烃小。

（1）与卤素的加成 炔烃与卤素发生亲电加成反应生成相应的邻二卤代烃，进一步反应生成四卤代烃。

$$HC\equiv CH \xrightarrow{Br_2} \underset{H}{\overset{Br}{}}\!\!>C=C<\!\!\underset{Br}{\overset{H}{}} \xrightarrow{Br_2} H-\underset{Br}{\overset{Br}{C}}-\underset{Br}{\overset{Br}{C}}-H$$

反应机制与卤素和烯烃的加成相似。在第一步加成后，由于两个烯碳原子上都连有吸

电子的卤素，使 C═C 双键的亲电加成活性减小，所以加成可停留在第一步。

碳碳叁键的亲电加成反应活性比双键小，有时需使用催化剂，如乙炔与氯反应需在三氯化铁催化下才能顺利加成。当分子中既有叁键又有双键时，若在较低温度下并且细心操作，则卤素首先加到双键上，而叁键仍可保留。

$$CH_2{=}CHCH_2C{\equiv}CH + Cl_2 \xrightarrow{FeCl_3} ClCH_2\underset{}{\overset{Cl}{\overset{|}{C}}}HC{\equiv}CH \quad 90\%$$

炔烃的亲电加成并未因有叁键变得容易，相反却比较难。这与反应过程中生成活性中间体碳正离子的稳定性有关。例如：

$$CH_2{=}CH_2 + X^+ \longrightarrow \underset{(\mathrm{I})}{CH_2^+{-}CH_2X}$$

$$CH{\equiv}CH + X^+ \longrightarrow \underset{(\mathrm{II})}{CH^+{=}CHX}$$

烯烃与亲电试剂生成活性中间体（Ⅰ），其中心碳正离子采取 sp^2 杂化；炔烃与亲电试剂生成活性中间体（Ⅱ），其中心碳正离子采取 sp 杂化。但由于 sp 杂化碳原子的电负性比 sp^2 杂化碳原子的电负性强，故活性中间体（Ⅰ）更为稳定，因此炔烃的亲电加成反应较烯烃难进行。

（2）与卤化氢的加成　炔烃与卤化氢加成，先生成单卤代烯烃，进一步加成得偕二卤代烃（偕表示两个官能团连接在同一个碳原子上）。如乙炔与氯化氢加成，首先生成氯乙烯，反应可停留在此阶段，这是工业上制备氯乙烯的方法。在较剧烈条件下，氯乙烯也可进一步加成生成 1,1-二氯乙烷。

$$HC{\equiv}CH \xrightarrow[HgCl_2]{HCl} CH_2{=}CHCl \xrightarrow{HCl} CH_3CHCl_2$$

不对称炔烃与卤化氢的加成取向遵循马氏规则，最终生成偕二卤代烷。

$$CH_3C{\equiv}CH \xrightarrow{HBr} CH_3\underset{Br}{\underset{|}{C}}{=}CH_2 \xrightarrow{HBr} CH_3\overset{Br}{\overset{|}{\underset{Br}{\underset{|}{C}}}}CH_3$$

丙炔与 HBr 加成，分别生成碳正离子Ⅰ和Ⅱ，由于碳正离子Ⅰ较稳定，所以主要产物为 2-溴丙烯。

$$CH_3C{\equiv}CH \xrightarrow{H^+} \begin{cases} \underset{\text{Ⅰ较稳定}}{CH_3\overset{+}{C}{=}CH_2} \xrightarrow{Br^-} \underset{\text{2-溴丙烯（主要产物）}}{CH_3\overset{Br}{\overset{|}{C}}{=}CH_2} \\ \underset{\text{Ⅱ较不稳定}}{CH_3CH{=}CH^+} \xrightarrow{Br^-} \underset{\text{1-溴丙烯}}{CH_3CH{=}CHBr} \end{cases}$$

2-溴丙烯进一步反应时也可生成两种碳正离子Ⅲ和Ⅳ，但在Ⅲ中，由于溴原子的未公用电子对可离域到碳正离子上，再加上两个甲基的供电子作用，使其较稳定，故主要产物为 2,2-二溴丙烷。

$$CH_3C(Br){=}CH_2 \xrightarrow{H^+} \begin{cases} CH_3-\overset{+}{C}(Br)-CH_3 \xrightarrow{Br^-} CH_3CBr_2CH_3 \\ \text{Ⅲ较稳定} \quad \text{2,2-二溴丙烷（主要产物）} \\ CH_3-CH(Br)-CH_2^+ \xrightarrow{Br^-} CH_3-CH(Br)-CH_2Br \\ \text{Ⅳ较不稳定} \quad \text{1,2-二溴丙烷} \end{cases}$$

炔烃与卤化氢加成大多数为反式加成。

$$CH_3CH_2C{\equiv}CCH_2CH_3 + HCl \longrightarrow \underset{H}{\overset{H_3CH_2C}{}}C{=}C\underset{CH_2CH_3}{\overset{Cl}{}}$$

（3）与水加成反应　炔烃在硫酸和硫酸汞催化下与水发生加成，此反应称为炔烃水合反应。如乙炔在10%硫酸和5%硫酸汞溶液中与水发生加成反应，生成乙醛，这也是工业上制备乙醛的方法之一。

$$HC{\equiv}CH + H_2O \xrightarrow[H_2SO_4]{HgSO_4} \left[CH_2{=}CH{-}OH \right] \longrightarrow CH_3CHO$$

乙烯醇　　乙醛

羟基直接连在双键碳原子上的化合物称为烯醇（enol）。一般情况下，烯醇式不够稳定，容易异构化形成稳定的醛酮形式，这种现象称为互变异构（tautomerism），这两种异构体称为互变异构体（tautomer）。烯醇式和酮式处于动态平衡，可相互转化。

$$\left[-\overset{|}{C}{=}\underset{\underset{H-O}{|}}{C}- \right] \underset{}{\overset{\text{重排}}{\rightleftharpoons}} -\underset{\underset{H}{|}}{\overset{|}{C}}-\underset{\underset{O}{\|}}{C}-$$

烯醇式　　酮式

不对称炔烃与水的加成反应遵循马氏规则。因此只有乙炔与水加成生成乙醛，其他炔烃都生成酮。

$$CH_3(CH_2)_5C{\equiv}CH + H_2O \xrightarrow[H_2SO_4]{HgSO_4} \left[CH_3(CH_2)_5\overset{OH}{\overset{|}{C}}{=}CH_2 \right] \longrightarrow \underset{91\%}{CH_3(CH_2)_5\overset{O}{\overset{\|}{C}}CH_3}$$

4-6　制备酮（1）和（2）选用哪一种炔烃较好。

（1）$CH_3COCH_2CH_2CH_3$　　（2）$CH_3CH_2COCH_2CH_2CH_3$

3. 自由基加成　炔烃与溴化氢加成也存在过氧化物效应，反应机制是自由基加成，得到反马氏规则产物。

$$n-C_4H_9C{\equiv}CH \xrightarrow[\text{过氧化物}]{HBr} n\text{-}C_4H_9CH{=}CHBr$$

4. 亲核加成　与烯烃不同的是炔烃还可以与 HCN、ROH、NH_3、RCOOH 等发生加成反应。这类试剂的活性中心是带负电荷部分或电子云密度较大的部位，因此这些试剂具有亲核性，称为亲核试剂，由亲核试剂进攻引起的加成反应称为亲核加成反应，其原因是炔烃中由于叁键的 π 电子云呈现以 σ 键为对称轴的圆筒状分布，原子核相对比较暴露，易受亲核试剂的进攻而发生亲核加成反应。

$$HC\equiv CH + C_2H_5OH \xrightarrow[150\sim180℃,\ 0.1\sim0.5MPa]{碱} \underset{乙烯基乙醚}{CH_2=CHOC_2H_5}$$

$$HC\equiv CH + HCN \xrightarrow{Cu_2Cl_2,\ NH_4Cl} \underset{丙烯腈}{CH_2=CHCN}$$

乙烯基乙醚聚合后得到聚乙烯基乙醚，常用作黏合剂。丙烯腈聚合后得到聚丙烯腈，是合成纤维（腈纶）、塑料、丁腈橡胶等的原料；丙烯腈也是制备某些药物的原料。

5. 硼氢化反应　与烯烃相似，炔烃也能和乙硼烷加成发生硼氢化反应，此反应只打开一个 π 键生成三烯基硼。若将三烯基硼用碱性 H_2O_2 处理，水解生成烯醇，通过互变异构生成醛或酮；若将三烯基硼用乙酸处理，则生成顺式烯烃。

$$C_2H_5C\equiv CC_2H_5 \xrightarrow[醚]{B_2H_6} \left[\begin{matrix}C_2H_5 & & C_2H_5\\ & C=C & \\ H & & \end{matrix}\right]_3 B \xrightarrow{CH_3COOH} \begin{matrix}C_2H_5 & & C_2H_5\\ & C=C & \\ H & & H\end{matrix}$$

$$\downarrow H_2O_2/OH^-$$

$$\left[\begin{matrix}C_2H_5 & & C_2H_5\\ & C=C & \\ H & & OH\end{matrix}\right] \rightleftharpoons C_2H_5CH_2\overset{O}{\overset{\|}{C}}C_2H_5$$

$$n\text{-}C_4H_9C\equiv CH \xrightarrow[醚]{B_2H_6} \xrightarrow[OH^-]{H_2O_2} n\text{-}C_4H_9CH_2CHO$$

三、氧化反应

在温和条件下，高锰酸钾氧化烯烃得到二元醇，炔烃也能发生类似反应。如果在接近中性条件下，炔烃用高锰酸钾水溶液处理，得到 α-二元酮。在反应中，炔烃的两个 π 键都发生了水合反应，然后失去两分子的水得到二元酮。

$$CH_3C\equiv CCH_2CH_3 \xrightarrow[H_2O,\ 中性]{KMnO_4} \left[H_3C-\underset{OH}{\overset{OH}{\underset{|}{\overset{|}{C}}}}-\underset{OH}{\overset{OH}{\underset{|}{\overset{|}{C}}}}-C_2H_5\right] \longrightarrow \underset{\substack{2,3\text{-}戊二酮\\90\%}}{H_3C-\overset{O}{\overset{\|}{C}}-\overset{O}{\overset{\|}{C}}-C_2H_5}$$

如果在碱性的高锰酸钾水溶液中，则 α-二元酮会断裂，产物是羧酸盐，加入稀酸能被转化为游离酸。反应后高锰酸钾溶液的紫色消失，因此这个反应可用来检验分子中是否存在叁键。根据所得氧化产物的结构，还可推知原炔烃的结构。

$$CH_3C\equiv CCH_2CH_3 \xrightarrow[H_2O,\ 加热]{KMnO_4,\ KOH} CH_3COO^- + CH_3CH_2COO^- \xrightarrow{H^+} CH_3COOH + CH_3CH_2COOH$$

$$CH_3(CH_2)_4C\equiv CH \xrightarrow[2)\ H^+]{1)\ KMnO_4,\ KOH,\ H_2O} CH_3(CH_2)_4COOH + CO_2\uparrow$$

炔烃用臭氧氧化、水解后也得到羧酸。例如：

$$CH_3C{\equiv}CCH_2CH_3 \xrightarrow[②H_2O]{①O_3} CH_3COOH + CH_3CH_2COOH$$

在氧化反应中，碳碳叁键的活性小于双键。若分子中既有双键又有叁键，选择适当的氧化剂并仔细操作，可将双键氧化，叁键保留。

$$HC{\equiv}C(CH_2)_7CH{=}C(CH_3)_2 \xrightarrow{CrO_3} HC{\equiv}C(CH_2)_7COOH + CH_3\overset{\overset{O}{\|}}{C}CH_3$$

四、聚合反应

在不同催化剂和反应条件下，乙炔可选择性地聚合成链状或环状化合物。与烯烃不同，它一般不聚合成高聚物。

$$2CH{\equiv}CH \xrightarrow[NH_4Cl]{Cu_2Cl_2} \underset{乙烯基乙炔}{CH_2{=}CH{-}C{\equiv}CH} \xrightarrow{CH\equiv CH} \underset{二乙烯基乙炔}{CH_2{=}CH{-}C{\equiv}C{-}CH{=}CH_2}$$

$$3CH\quad CH \xrightarrow{500℃} \text{(苯)}$$

$$4CH{\equiv}CH \xrightarrow[50℃,\ 1.5\sim2.0MPa]{Ni(CN)_2} \text{(环辛四烯)}$$

环辛四烯
80%

扫码“学一学”

第四节 炔烃的制法及在医药领域的应用

一、炔烃的制备

1. 二卤代烷脱卤化氢 二卤代烷在强碱性条件下脱卤化氢是炔烃的常用制备方法。

$$CH_3CHBrCH_2Br \xrightarrow[\triangle]{KOH,\ C_2H_5OH} CH_3C{\equiv}CH$$

$$CH_3(CH_2)_7CHBrCH_2Br \xrightarrow[\triangle]{NaNH_2} CH_3(CH_2)_7C{\equiv}CNa \xrightarrow{H_2O} CH_3(CH_2)_7C{\equiv}CH$$

$$(CH_3)_3CCH_2CHCl_2 \xrightarrow[\triangle]{NaNH_2} \xrightarrow{H_2O} (CH_3)_3CC{\equiv}CH$$

2. 伯卤代烷与炔钠反应 炔钠是一个弱酸强碱盐，其碳负离子是很强的亲核试剂，在有机合成中是非常有用的中间体，可与伯卤代烷发生亲核取代反应生成高级炔烃，这是有机合成中增长碳链的一个常用方法。

$$RC{\equiv}CNa + R'X \longrightarrow RC{\equiv}CR' + NaX$$

从乙炔出发，可得一取代乙炔，也可得二取代乙炔。

$$HC{\equiv}CH \xrightarrow[液氨]{NaNH_2} HC{\equiv}CNa \xrightarrow{n\text{-}C_4H_9Br} \underset{89\%}{CH_3CH_2CH_2CH_2C{\equiv}CH}$$

$$HC\equiv CH \xrightarrow[\text{液氨}]{2NaNH_2} NaC\equiv CNa \xrightarrow{2n\text{-}C_3H_7Br} CH_3CH_2CH_2C\equiv CCH_2CH_2CH_3$$

60%～66%

4-7　以不多于2个碳原子的有机物为原料合成戊-2-烯。

4-8　由指定原料合成下列化合物。

(1) $CH_3CH_2CH_2CH{=}CH_2 \longrightarrow CH_3CH_2CH_2C\equiv CH$

(2) $CH_3CH{=}CH_2 \longrightarrow CH_3C\equiv CCH_2CH{=}CH_2$

二、炔烃在医药领域的应用

炔烃在自然界的分布不如烯烃常见，碳碳叁键这个官能团在药物中也不普遍，但同样具有重要的药用价值。如毒芹素（cicutoxin）是从毒芹属植物毒芹或水毒芹中分离出来的一种有毒化合物，我国民间作为中药用来治疗骨髓炎；欧洲民间用此植物做成软膏或浸剂，外用治疗某些皮肤病及痛风或风湿、神经痛等疾病的止痛剂。其他含有碳碳叁键的药物还有消炎镇痛药帕沙米特（parsalmide），作为避孕药使用的乙炔基雌二醇（ethynyl estradiol），具有抗肿瘤作用的抗生素达内霉素（dynemicin A）等。

毒芹素

帕沙米特　　乙炔基雌二醇　　达内霉素

第五节　二烯烃的分类和命名

一、二烯烃的分类

二烯烃是指分子中含有两个碳碳双键的化合物。根据分子中两个双键的相对位置不同，可将二烯烃分为以下三类。

1. 聚集二烯烃（cumulative diene）　两个双键连在同一个碳原子上，称为聚集二烯烃，又称累积二烯烃。

2. 共轭二烯烃（conjugated diene）　两个双键被一个单键隔开，即单键、双键交替排列，称为共轭二烯烃。

3. 孤立二烯烃（isolated diene） 两个双键被两个或多个单键隔开，称为孤立二烯烃，又称隔离二烯烃。

$>C=C=C<$ 聚集二烯烃　　$>C=C-C=C<$ 共轭二烯烃　　$>C=C-(CH_2)_n-C=C<$ 孤立二烯烃

聚集二烯烃数量少，实际应用也不多，主要用于立体化学的研究；孤立二烯烃的结构、性质与普通烯烃相似；共轭二烯烃因两个双键之间相互影响，表现出一些特殊的理化性质，在理论和应用上都有重要价值。共轭二烯烃相互影响的特征同样存在于共轭多烯烃中，本节主要讨论共轭二烯烃。

二、二烯烃的命名

二烯烃的命名与烯烃相似。若选择包含两个双键的最长碳链为主链，命名为“某二烯”；从最靠近双键的一端开始编号，命名时标出取代基的位次和名称及两个双键的位次。例如：

$H_2C=C=CH_2$
丙二烯
propadiene

$H_2C=C(CH_3)CH=CH_2$
2-甲基丁-1,3-二烯（俗名：异戊二烯）
2-methylbuta-1,3-diene（isoprene）

$H_2C=CHCH(CH_3)C(CH_3)=CH_2$
2,3-二甲基戊-1,4-二烯
2,3-dimethylpenta-1,4-diene

具有顺反或 Z、E 异构体的二烯烃和多烯烃，需要逐个标明其构型。例如：

(2*Z*,4*E*)-3-甲基庚-2,4-二烯
(2*Z*,4*E*)-3-methylhepta-2,3-diene

(2*E*,4*E*)-3-甲基庚-2,4-二烯
(2*E*,4*E*)-3-methylhepta-2,3-diene

当围绕共轭双键间的单键旋转时，可产生两种平面型构象，在命名时可用 *s*-顺及 *s*-反或 *s*-(*Z*) 及 *s*-(*E*) 来表示。如：

s-顺丁-1,3-二烯或 *s*-(*Z*)-丁-1,3-二烯
s-*cis*-buta-1,3-diene *or* *s*-(*Z*)-buta-1,3-diene

s-反丁-1,3-二烯或 *s*-(*E*)-丁-1,3-二烯
s-*trans*-buta-1,3-diene *or* *s*-(*E*)-buta-1,3-diene

名称中“*s*”取自英语“单键”（single bond）中的第一个字母。应注意它们不是双键的顺反异构，而是围绕单键旋转的构象异构。*s*-顺或 *s*-(*Z*) 表示两个双键位于 C_2-C_3 单键的同侧；*s*-反或 *s*-(*E*) 表示两个双键位于 C_2-C_3 异侧。*s*-顺式构象分子内的原子排斥作用较大，内能较高。因此，*s*-反式是优势构象。

扫码“学一学”

第六节　共轭二烯的稳定性

共轭二烯烃的稳定性，可从氢化热、共轭效应等几个方面得到解释。

一、氢化热

烯烃的稳定性可以从它们的氢化热数据反映出来，分子中每个双键的平均氢化热越小，分子就越稳定。下面是几个烯烃的氢化热数据（表4-3）。

表4-3　烯烃的氢化热数据

化合物	分子的氢化热（kJ/mol）	每个双键的氢化热（kJ/mol）
$CH_3CH{=}CH_2$	125.2	125.2
$CH_3CH_2CH{=}CH_2$	126.8	126.8
$CH_2{=}CHCH{=}CH_2$	238.9	119.5
$CH_3CH_2CH_2CH{=}CH_2$	125.9	125.9
$CH_2{=}CHCH_2CH{=}CH_2$	254.4	127.2
$CH_2{=}CHCH{=}CHCH_3$	226.4	113.2

从上面的数据可以看出，孤立二烯烃的氢化热约为单烯烃氢化热的两倍，因此孤立二烯烃中的两个双键可以看作是各自独立存在。共轭二烯烃的氢化热比孤立二烯烃的氢化热低，这说明共轭二烯烃比孤立二烯烃稳定，共轭是体系稳定的因素，共轭链越长，体系稳定性越好。

二、共轭效应

最简单的共轭二烯烃是丁-1,3-二烯，下面以它为例来说明共轭二烯烃的结构特点。在丁-1,3-二烯分子中，四个碳原子都为 sp^2 杂化，形成6个C—Hσ键和3个C—Cσ键，6个H和4个C都处于同一个平面，每个碳原子还有一个未参与杂化的p轨道，这些p轨道垂直于分子平面且彼此间相互平行。C_1 和 C_2 的两个p轨道及 C_3 和 C_4 的两个p轨道分别侧面重叠形成两个π键。这两个π键靠得很近，中间只隔开一个σ键，因此在 C_2 和 C_3 间也可发生一定程度的重叠，这样使两个π键不是孤立存在，而是相互结合成一个整体，称为π-π共轭体系（conjugation system），通常也把这个整体称为大π键，见图4-3。

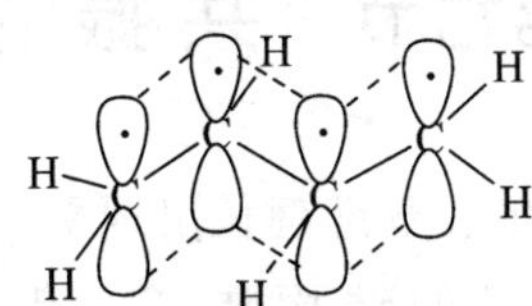

图4-3　丁-1,3-二烯分子中的大π键

与乙烯不同的是，乙烯分子中的π电子是在两个碳原子间运动，称为π电子定域（localization），而在丁-1,3-二烯分子中，π电子云并不是“定域”在 C_1—C_2 或 C_3—C_4 之间，而是扩展到整个共轭双键的四个碳原子周围。像这种由多个p轨道（其中p轨道数≥3）彼此从侧面重叠形成大π键，使电子的活动范围扩大的现象，称为π电子的离域（delocalization）或共轭（conjugation）。由于电子离域使分子降低的能量叫作离域能（delocalization energy）或共轭能（conjugation energy），离域能或共轭能的大小可用分子的氢化热来衡量。如戊-1,4-二烯的氢化热是戊-1-烯的氢化热的2倍左右，而具有共轭体系的戊-1,3-二烯的氢化热比非共轭体系戊-1,4-二烯的氢化热低28.0kJ/mol（表4-1），这

种能量的差值是由共轭体系内电子离域引起的，所以称为离域能或共轭能。同时，共轭体系中电子的离域使电子云发生部分平均化，即使得单、双键键长出现平均化趋势。如丁-1,3-二烯分子中，C—C 键长（146pm）比乙烷的 C—C 键长（154pm）短；C═C 键长（137pm）比乙烯分子中 C═C 键长（134pm）长。

对共轭分子中电子离域现象可用分子轨道理论加以描述。分子轨道理论认为丁-1,3-二烯的四个 p 轨道通过线性组合组成四个分子轨道 Ψ_1、Ψ_2、Ψ_3 和 Ψ_4，如图 4-4 所示。

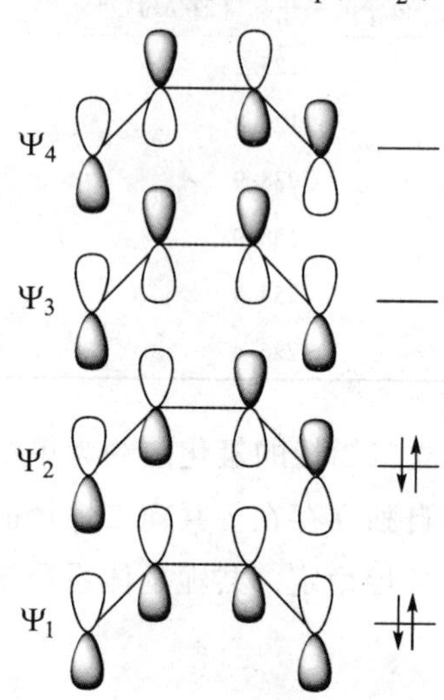

图 4-4　丁-1,3-二烯的分子轨道

在四个分子轨道中，Ψ_1 没有节面，Ψ_2、Ψ_3、Ψ_4 分别有一、二、三个节面，分子轨道的节面越多，能级越高，Ψ_1、Ψ_2 的能级低于原子轨道，称为成键轨道，Ψ_3、Ψ_4 的能级高于原子轨道，称为反键轨道。在基态下，四个 π 电子分别填充在两个成键轨道中，它们在这两个成键轨道中围绕四个原子核运动。由于成键轨道处于电子全填充状态，而反键轨道没有电子填充，分子的能量大大降低，使得分子的结构具有特殊的稳定性。

扫码“学一学”

第七节　共 振 论

在共轭体系中电子的离域使得单、双键键长出现平均化趋势，按经典价键理论写出的结构式不能充分反映出共轭烯烃的结构特征。因此，1933 年，美国化学家鲍林（L. Pauling）在经典价键理论基础上，提出了共振论（resonance theory）学说。共振论是在量子化学的基础上，提出了一种描述有电子离域现象存在的分子、离子或自由基结构的简明、直观的方法，是价键理论的延伸和发展。

一、共振论的基本概念

当一个分子、离子或自由基不能用单一的 Lewis 结构式来恰当地描述它们的真实结构时，则可用两个或多个仅在电子排列上有差别，而原子核的排列是完全相同的结构式来表示，则该分子、离子或自由基的真实结构就是这些式子共振得到的共振杂化体（resonance hybrid），这些能够书写出来的结构式称为共振结构式（resonance structure）或极限结构式（limiting structure）。如丁-1,3-二烯的真实结构认为是下列极限结构式的共振杂化体。

$$H_2C{=}CH{-}CH{=}CH_2 \longleftrightarrow {}^-CH_2{-}CH{=}CH{-}CH_2^+ \longleftrightarrow {}^+CH_2{-}CH{=}CH{-}CH_2^- \longleftrightarrow$$

$${}^+CH_2{-}CH^-{-}CH{=}CH_2 \longleftrightarrow {}^-CH_2{-}CH^+{-}CH{=}CH_2 \longleftrightarrow H_2C{=}CH{-}CH^-{-}CH_2^+ \longleftrightarrow$$

$$H_2C{=}CH{-}CH^+{-}CH_2^-$$

极限结构式之间的双向箭头“$\longleftrightarrow$”表示共振，切勿与平衡符号“$\rightleftharpoons$”混淆。在共振论中，共振杂化体是单一物质，可用以表述分子的真实结构，但它既不是几个共振结构式的混合物，也不是它们互变的平衡体系。共振结构式不具客观真实性，只是近似的或假想的，哪一个共振结构式都不能单独用来完满地表述分子的结构，但它们却又都有一定的结构意义，都与真实结构存在内在的联系，并在一定程度上共同反映真实分子的结构特征。

二、书写共振结构式的规定

用共振论来描述分子、离子或自由基的结构时，书写共振结构式应遵循以下基本原则。

（1）共振结构式必须符合 Lewis 结构式的要求。

（2）各共振结构式之间的不同，仅是电子的排布不同，而各原子核的相对位置必须保持不变。如乙烯醇与乙醛之间就不是共振关系，而是互变异构。

$$CH_2{=}CH{-}OH \rightleftharpoons CH_3\overset{\overset{O}{\|}}{C}H$$

（3）各共振结构式中应当具有相同数目的成对电子或未成对电子。如烯丙基自由基是（Ⅰ）和（Ⅱ）的共振杂化体，但（Ⅲ）则不是其共振结构式，因为（Ⅲ）中未成对电子的数目与前二者不同。

$$\underset{(\text{Ⅰ})}{H_2\dot{C}{-}CH{=}CH_2} \longleftrightarrow \underset{(\text{Ⅱ})}{H_2C{=}CH{-}\dot{C}H_2} \not\longleftrightarrow \underset{(\text{Ⅲ})}{H_2\dot{C}{-}\dot{C}H{-}\dot{C}H_2}$$

三、判断共振结构式稳定性的原则

不同共振结构式参与共振杂化体的比重是不同的。能量越低、越稳定的共振结构式参与程度越高，对共振杂化体的贡献也越大。共振结构式的相对稳定性有以下几种影响因素。

（1）满足八隅体的共振结构式比未满足的稳定。

$$\underset{\text{较稳定}}{H_2C{=}OH^+} \longleftrightarrow H_2{}^+C{-}OH$$

（2）没有正负电荷分离的共振结构式比电荷分离的稳定，即共价键数目多的共振结构式稳定。

$$\underset{\text{较稳定}}{H_2C{=}CH{-}CH{=}CH_2} \longleftrightarrow {}^-CH_2{-}CH{=}CH{-}CH_2^+$$

（3）电荷分布正常，符合元素电负性的共振结构式能量低。

$$\underset{\text{较稳定}}{(H_3C)_2C^+{-}O^-} \longleftrightarrow (H_3C)_2C^-{-}O^+$$

（4）相同符号的电荷相距远、相异符号的电荷相距近的共振结构式稳定。这是因为要使正负电荷分离必须提供一定的能量，分离越远，需要提供的能量越多；而相同符号的电荷之间有斥力，要使它们靠近也需要能量。

$$\overset{+}{C}H_2-\overset{-}{C}H-CH=CH_2 \longleftrightarrow \overset{+}{C}H_2-CH=CH-CH_2^-$$

较稳定

（5）相邻原子成键的共振结构式，能量低。

（苯的凯库勒结构 ⟷ 杜瓦苯结构）

较稳定

（6）一般情况下，共振结构式的数目越多，电子的离域程度越大，表明分子越稳定。

共振论认为，共振杂化体的能量比参与共振的任何一个共振结构式的能量都低。实际化合物与最低能量的共振结构式之间的能量差，也就是由于电子离域而获得的额外的稳定能，称为共振能（resonance energy）。共振能实际上就是离域能。共振能越大，体系就越稳定。

共振论采用简单、直观的方法描述有电子离域现象存在的分子结构，在许多情况下能够较好地解释这类分子在结构及性质方面的相关问题，已为大家普遍接受和使用。但是，与分子轨道理论相比，共振论中的量子力学处理比较表面和粗糙，因此共振论只能作为一个近似的定性理论，在精确性和预见性方面都不如分子轨道理论。共振论存在一定的局限性，需要进一步加以完善。

4-9 下列各对共振结构中，哪个更稳定？

（1）$\left[H_2C=CH-CH=CH_2 \longleftrightarrow {}^-CH_2-CH=CH-CH_2^+\right]$

（2）$\left[CH_3\overset{+}{C}H-\ddot{\underset{..}{Cl}}: \longleftrightarrow CH_3CH=\overset{+}{\underset{..}{Cl}}:\right]$

（3）$\left[H_2C=CH-O^- \longleftrightarrow {}^-CH_2-CH=O\right]$

扫码“学一学”

第八节　共轭二烯烃的化学性质

二烯烃分子中存在两个 π 键，其性质应与单烯烃的相似，易发生亲电加成反应，如用溴处理戊-1,4-二烯，先得到4,5-二溴戊-1-烯，过量的溴可得到1,2,4,5-四溴戊烷。反应中的两个双键独立进行各自的反应，如同在两个分子中一样，这是孤立二烯烃的典型性质。而共轭二烯烃分子中的两个 π 键可形成 π-π 共轭体系，因此使其性质又具有一定的特殊性。

一、亲电加成反应

1. 1,2-加成和1,4-加成　与单烯烃相似，共轭二烯烃也容易与卤素、卤化氢等亲电试剂进行亲电加成反应，加成产物一般可得两种：

$$H_2C{=}CH{-}CH{=}CH_2 + Br_2 \longrightarrow H_2C{=}CH{-}\underset{Br}{\underset{|}{CH}}{-}\underset{Br}{\underset{|}{CH_2}} + \underset{Br}{\underset{|}{H_2C}}{-}CH{=}CH{-}\underset{Br}{\underset{|}{CH_2}}$$

$$H_2C{=}CH{-}CH{=}CH_2 + HBr \longrightarrow H_2C{=}CH{-}\underset{Br}{\underset{|}{CH}}{-}CH_3 + \underset{Br}{\underset{|}{H_2C}}{-}CH{=}CH{-}CH_3$$

一种是断开一个 π 键，亲电试剂的两部分加到同一个双键碳原子上，另一双键不变，称为 1,2-加成；另一种是试剂加在共轭双烯两端的碳原子上，同时在 C_2-C_3 原子之间形成一个新的 π 键，称为 1,4-加成。1,2-加成和 1,4-加成在反应中常同时发生，是共轭烯烃加成的特征。

2. 1,2-加成和 1,4-加成反应机理　共轭二烯烃的亲电加成反应是分两步进行的。如丁-1,3-二烯与溴化氢的加成，第一步是亲电试剂 H^+ 的进攻，根据马氏加成规则加成可能发生在 C_1 上，生成烯丙基碳正离子：

$$\overset{4}{H_2C}{=}\overset{3}{CH}{-}\overset{2}{CH}{=}\overset{1}{CH_2} + H^+ \longrightarrow \underset{(\text{I})}{H_2C{=}CH{-}\overset{+}{C}H{-}CH_3} + \underset{(\text{II})}{H_2C{=}CH{-}CH_2{-}CH_2^+}$$

$$\overbrace{H_2C \cdots CH \cdots CH}^{+}{-}CH_3$$

烯丙基碳正离子

烯丙基碳正离子可以通过 p-π 共轭效应使正电荷分散而稳定，是主要中间体。在该结构中由于共轭体系内极性交替的存在，正电荷主要分布在共轭体系两端的两个碳原子（C_2 和 C_4）上，所以反应的第二步，Br^-既可以与 C_2 结合，也可以与 C_4 结合，分别得到 1,2-加成和 1,4-加成产物。

3. 动力学控制和热力学控制　在反应中产生的 1,2-加成和 1,4-加成产物的比例取决于反应条件，如反应温度、溶剂的极性等，一般低温有利于 1,2-加成，高温有利于 1,4-加成。如：

$$H_2C{=}CH{-}CH{=}CH_2 + HBr \longrightarrow \underset{1,2\text{-加成}}{H_2C{=}CH{-}\underset{Br}{\underset{|}{CH}}{-}CH_3} + \underset{1,4\text{-加成}}{\underset{Br}{\underset{|}{H_2C}}{-}CH{=}CH{-}CH_3}$$

	1,2-加成	1,4-加成
-80℃	80%	20%
40℃	20%	80%

共振论认为丁-1,3-二烯与 HBr 加成的第一步生成的碳正离子的真实结构是（Ⅰ）和（Ⅱ）共振形成的共振杂化体：

$$\left[\underset{(\text{I})}{H_2C{=}CH{-}\overset{+}{C}H{-}CH_3} \longleftrightarrow \underset{(\text{II})}{H_2\overset{+}{C}{-}CH{=}CH{-}CH_3}\right]$$

（Ⅰ）和（Ⅱ）均是烯丙型碳正离子，但（Ⅰ）是仲碳正离子，（Ⅱ）是伯碳正离子，所以（Ⅰ）比（Ⅱ）稳定，对共振杂化体的贡献大，因此 C_2 比 C_4 易接受 Br^-的进攻。故发生1,2-加成所需的活化能小，反应速率比 1,4-加成快（图 4-5）。所以，较低温度下，以活化能小的 1,2-加成反应为主。

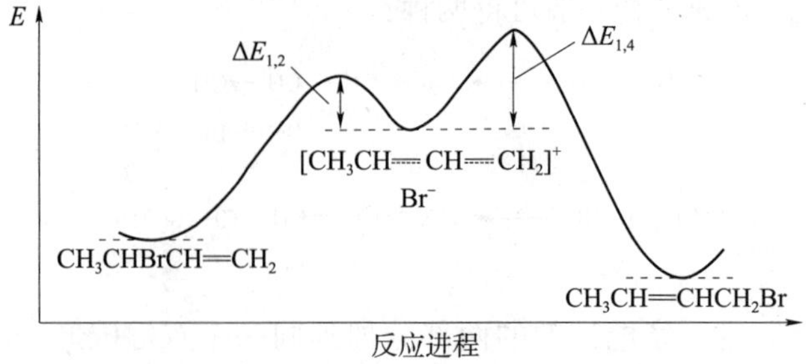

图 4-5　丁-1,3-二烯 1,2-加成和 1,4-加成的势能变化示意图

由图 4-5 可以看出，1,4-加成比 1,2-加成所需要的活化能高，所以 1,4-加成需要提供较多的能量。但是，1,4-加成产物的能量比 1,2-加成产物的能量低，即 1,4-加成产物结构稳定，所以在较高温度下以较稳定的 1,4-加成为主。

由此可见，在低温下进行反应，以 1,2-加成为主，产物比例由反应速率决定的，称为动力学控制；在较高温度下，以 1,4-加成为主，产物比例由产物的稳定性决定的，称为热力学控制。

4-10　写出己-1,3,5-三烯分别与 1mol Br_2 和 1mol HBr 反应的产物，并给予解释。

二、狄尔斯-阿德尔反应

共轭二烯烃及其衍生物与含有碳碳双键、叁键等不饱和化合物可发生 1,4-加成反应，生成六元环状化合物，称为双烯合成（diene synthesis），这类反应由狄尔斯-阿德尔在研究丁-1,3-二烯与顺丁烯二酸酐的相互作用时发现的，所以又称狄尔斯-阿德尔（Diels-Alder）反应。

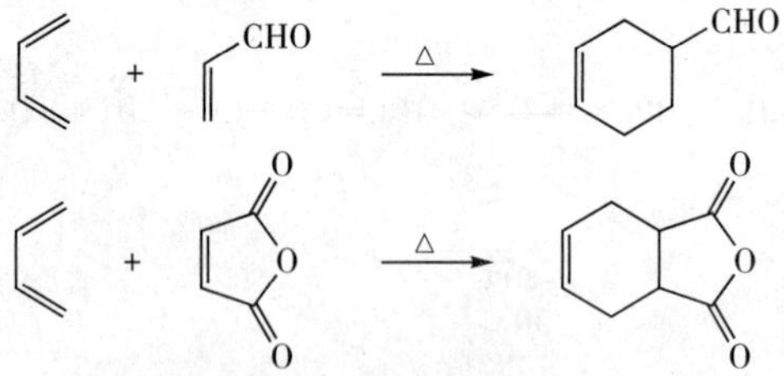

由于丁-1,3-二烯与顺丁烯二酸酐反应的产物为白色结晶，因此可作为共轭二烯烃的特征鉴别，该反应在加热条件下进行，产率高，是合成六元环状化合物的重要方法，属于周环反应（pericyclic reaction）。其详细讨论可见第十八章环加成反应。在这类反应中，旧键的断裂与新键的生成同时进行，反应是一步完成的，没有活性中间体（碳正离子、碳负离子或自由基等）生成。

在双烯合成反应中，通常将共轭二烯烃称为双烯体（diene），与双烯体反应的不饱和化合物称为亲双烯体（dienophile）。实践证明，亲双烯体上连有吸电子取代基（如硝基、羧基、羰基等）和双烯体上连有斥电子取代基时，反应容易进行。根据其反应特点，在该

反应中双烯体必须以 *s*-顺式构象进行反应，若双烯体的 *s*-反式构象在反应条件下不能转变为 *s*-顺式构象，则该反应不能发生。如果双烯体、亲双烯体均连有基团时，双烯合成反应产物的比例以邻、对位结构为主。例如：

CHO　△　CHO　CHO

80%　20%

CHO　△　CHO　CHO

30%　70%

Diels-Alder 反应是可逆的，加成产物在较高温度下又可转变为双烯体和亲双烯体。

△

三、聚合反应

共轭二烯烃容易进行聚合反应，生成高分子聚合物，其中有重要用途的是丁-1,3-二烯和 2-甲基丁-1,3-二烯（又称异戊二烯），它们是合成橡胶的原料。如丁-1,3-二烯的聚合以 1,4-加成聚合为主，产物为聚丁二烯。

$$H_2C{=}CH{-}CH{=}CH_2 \xrightarrow{\text{催化剂}} {+}CH_2{-}CH{=}CH{-}CH_2{+}_n$$

聚丁二烯有顺式和反式两种构型。构型对聚合物的性质有很大影响，顺式构型弹性大、强度较小，反式构型强度较大但弹性较小。

顺聚丁-1,4-二烯　反聚丁-1,4-二烯

天然橡胶的成分是顺聚异戊-1,4-二烯，由它制成的橡胶是综合性能最好的。异戊二烯通过 $TiCl_4/AlEt_3$ 作催化剂可得到称为合成天然橡胶的顺聚异戊-1,4-二烯。

$$H_2C{=}C(CH_3){-}CH{=}CH_2 \xrightarrow{TiCl_4/AlEt_3} \left[\begin{matrix}H_3C & & H\\ & C{=}C & \\ H_2C & & CH_2\end{matrix}\right]_n$$

合成橡胶的出现不但弥补了天然橡胶在数量上的不足，而且在某些性能方面还胜过天然橡胶，具有特定用途。

知识拓展

催化剂发明家

卡尔·齐格勒（Karl Waldemar Ziegler，1898－1973），德国化学家。居里奥·纳塔（Giulio Natta，1903－1979），意大利化学家。1953 年，齐格勒第一个发现钛基催化剂，他以四氯化钛-三乙基铝[$TiCl_4$-$Al(C_2H_5)_3$]作为引发剂，在温度（60～90℃）和压力（0.2～

1.5MPa）温和的条件下，使乙烯聚合成高密度聚乙烯 HDPE（0.94～0.9g/cm），其特点是少支链（1～3 个支链/1000 碳原子）、高结晶度（约 90%）和高熔点（125～130℃）。1954 年，纳塔进一步以 $TiCl_3$-$Al(C_2H_5)_3$ 作引发剂，使聚丙烯合成等规聚丙烯（熔点 175℃）。由于齐格勒和纳塔发明了乙烯、丙烯聚合的新型催化剂，奠定了定向聚合的理论基础，改进了高压聚合工艺，使聚乙烯、聚丙烯等工业得到巨大发展，为此他们共同获得了 1963 年诺贝尔化学奖。我们把由烷基铝和四氯化钛组成的催化剂称为齐格勒-纳塔催化剂，它几乎可以使所有 $R_2C{=}CH_2$ 结构的烯烃进行聚合。

重点小结

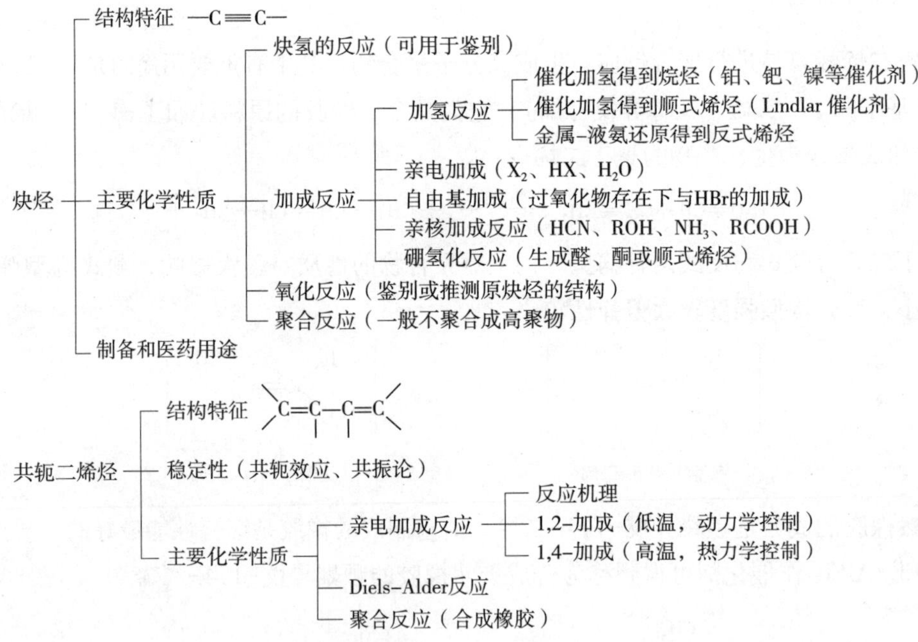

扫码“练一练”

第五章　脂 环 烃

要点导航

1. **掌握**　脂环烃的命名、环烷烃的主要化学性质、环己烷及取代环己烷的构象。
2. **熟悉**　环烷烃的结构、环的稳定性规律。
3. **理解**　环烷烃的立体异构现象。
4. **了解**　十氢化萘的构象。

脂环烃（alicyclic hydrocarbons）是指性质上与链烃相似，结构上具有环状骨架的一类碳氢化合物。单环烷烃与单烯烃互为同分异构。脂环烃及其衍生物广泛存在于自然界，在很多药物及天然产物中都存在环状结构。例如，具有保护视力作用的维生素 A，分子中就有六元环结构；具有局部镇痛作用的松节油的主要成分 α-蒎烯和 β-蒎烯，分子中都具有桥环结构。

扫码“学一学”

第一节　脂环烃的分类和命名

一、脂环烃的分类

（1）根据不饱和程度可分为：环烷烃、环烯烃和环炔烃。

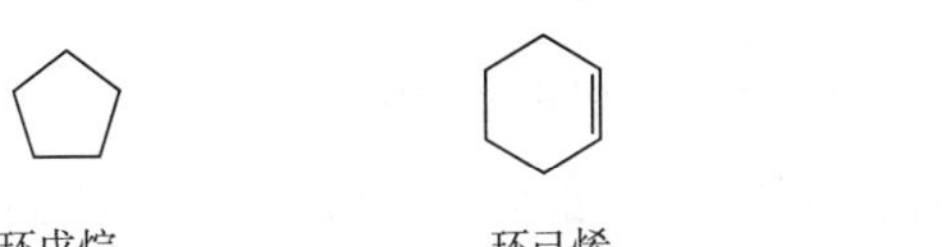

（2）根据分子中碳环的数目可分为：单环与多环脂环烃。

① 单环脂环烃常根据环的大小分为：小环（3～4 个碳原子）、常见环或普通环(5～7 个碳原子)、中环（8～12 个碳原子）和大环（12 个碳原子以上）。

② 多环脂环烃可根据分子内两个碳环的连接方式分为：联环烃、螺环烃和桥环烃。

二个环碳原子通过单键相连的脂环烃称为联环烃（bicyclic hydrocarbon）。

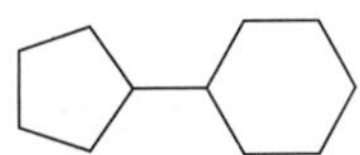

两个碳环共用一个碳原子的脂环烃称为螺环烃（spiro hydrocarbons）。共用的碳原子称为螺原子，根据所含螺原子的数目，螺环烃又可分为单螺、二螺等。

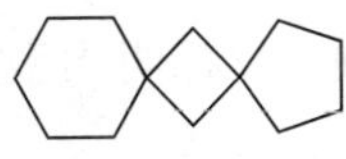

两个或两个以上碳环共用两个或两个以上碳原子的脂环烃称为桥环烃（bridged hydrocarbons）。二个环相互连接的碳原子称为桥头碳原子。

稠环（十氢化萘）

两个碳环共用两个碳原子的脂环烃又可称为稠环烃。

将桥环烃变为链烃时需要断裂碳碳键，根据断裂碳碳键的次数确定环数。如需断裂两次称为二环，断裂三次称为三环等。例如冰片、金刚烷、立方烷等。

冰片（二环）　　金刚烷（三环）　　立方烷（五环）

二、脂环烃的命名

（一）单环脂环烃

单环脂环烃的命名与链烃类似，只需要在相应的链烃名称前加“环”字。例如：

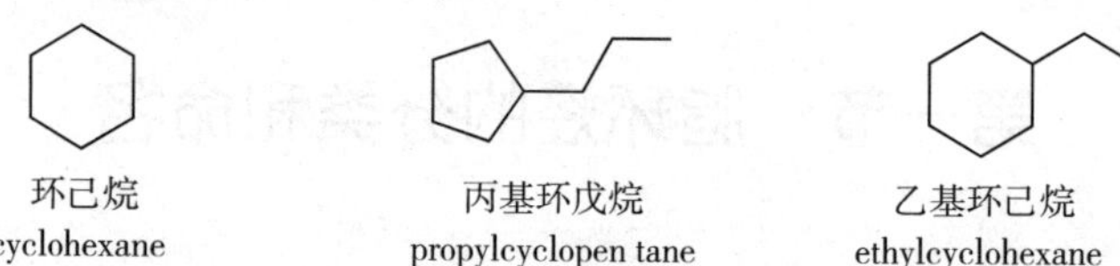
环己烷 cyclohexane　　丙基环戊烷 propylcyclopen tane　　乙基环己烷 ethylcyclohexane

若环上有多个取代基，则要对环上碳原子进行编号，并遵守最低系列编号原则。例如：

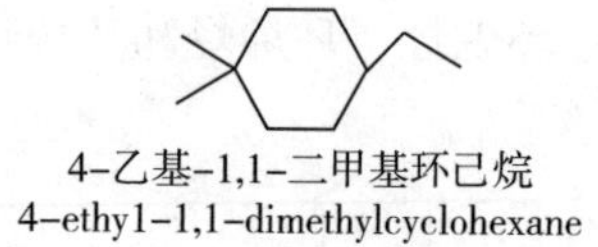
4-乙基-1,1-二甲基环己烷
4-ethy1-1,1-dimethylcyclohexane

若环上有不饱和键时，从不饱和碳原子开始编号，并使取代基编号尽可能小。例如：

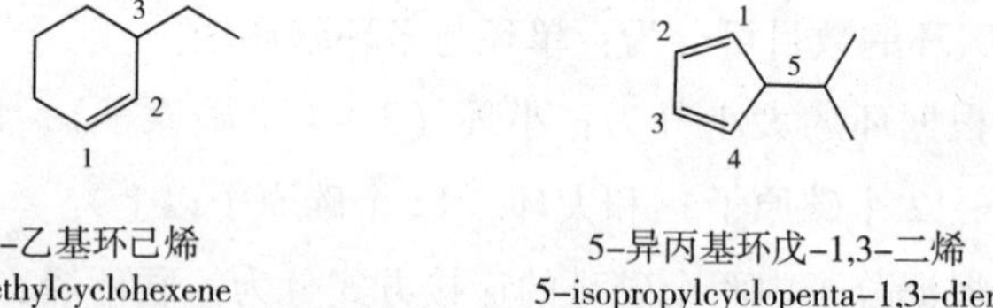

3-乙基环己烯 3-ethylcyclohexene　　5-异丙基环戊-1,3-二烯 5-isopropylcyclopenta-1,3-diene

若环上取代基比较复杂时，可将环做取代基，碳链做母体进行命名。例如：

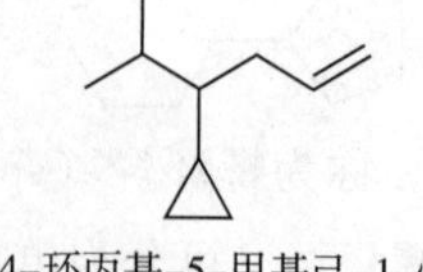
4-环丙基-5-甲基己-1-烯
4-cyclopropyl-5-methylhex-1-ene

若出现顺反异构，用顺、反标明构型。相同原子或原子团在环平面同侧的为顺式，在环平面异侧的为反式。例如：

顺-1,2-二甲基环丙烷
cis-1,2-dimethylcyclopropane

反-1,2-二甲基环丙烷
trans-1,2-dimethylcyclopropane

5-1 写出3-甲基环戊基的结构式。

(二) 螺环烃 (spiro hydrocarbons)

1. 母体 螺字写在名称之前，以表示类型，根据成环碳原子总数称为“螺［ ］某烃”。方括号内，由小到大列出每个碳环除螺原子外的环碳原子数，数字之间用圆点隔开。

2. 编号 从小环紧邻螺原子的环碳原子开始，通过螺原子编到大环。在此基础上，要使官能团、取代基的编号尽可能小。

3. 书写名称 环上取代基位次和名称放在“螺”之前。

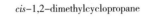

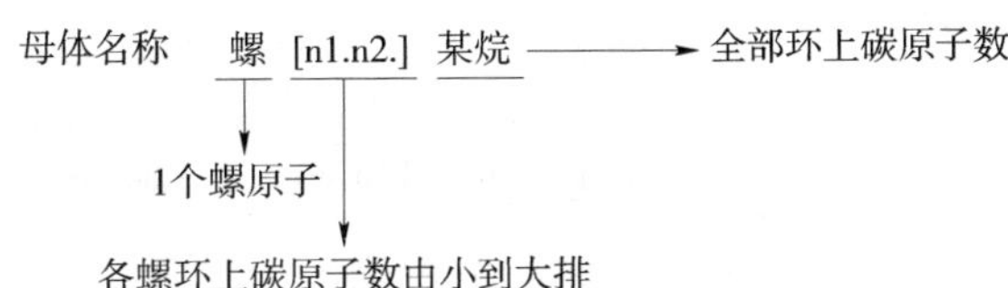

例如：

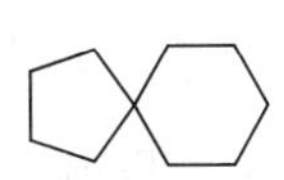

螺[4.5]癸烷
spiro[4.5]decane

5-甲基螺[3.4]辛烷
5-methyl spiro[3.4]octane

螺[4.5]癸-1,6-二烯
spiro[4.5]deca-1,6-diene

多螺可根据螺原子数和成环碳原子总数称为“二螺［ ］某烃”“三螺［ ］某烃”等。编号从较小的端环中紧邻螺原子的环碳原子开始，顺次编号，并使螺原子的编号较小。按照编号顺序，在方括号内依次列出除螺原子外的环碳原子数及各螺原子间所夹的碳原子数。例如：

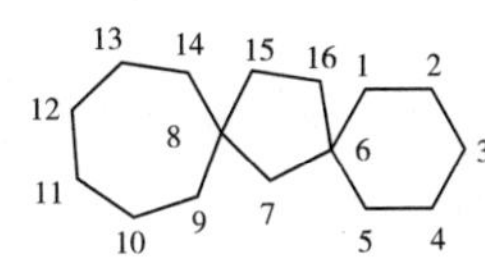

二螺[5.1.6.2]十六烷（dispiro[5,1,6,2]hexadecane）

(三) 桥环烃 (bridged hydrocarbons)

1. 母体 断几根键成开链化合物，就为几环。按成环碳原子数称为几环“某烷”。

2. 编号 A. 选桥头碳的原则：使一个桥头到另一个桥头所经过的碳尽可能得多，或者说，取代基最多的碳为桥头碳。

B. 从第一个桥头碳原子开始沿最长的桥编到另一个桥头碳原子，再沿次长桥回到

第一个桥头碳原子，最短的桥最后编。在此编号的原则上，使官能团、取代基编号尽量小。

3. 书写名称 A. 各桥碳原子数由大到小用数字表示，用下角圆点分开放在方括号中，将括号放在“几环”和“某烷”中间。

B. 环上取代基位次和名称放在“环”之前。

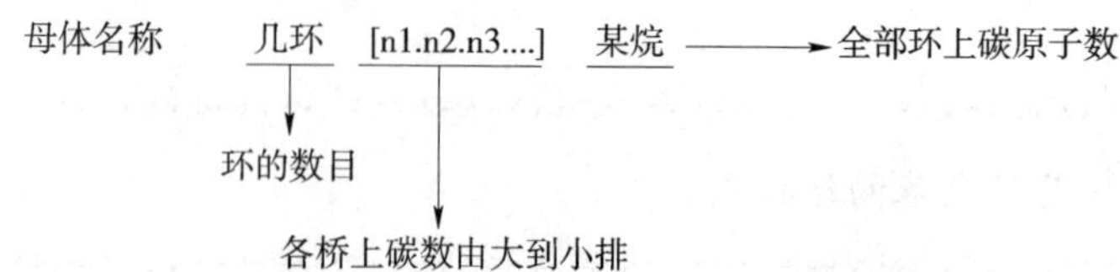

例如：

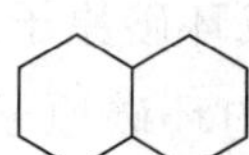

二环[4.4.0]癸烷（亦称十氢萘）
dicyclo[4.4.0]decane(decahydronaphthalene)

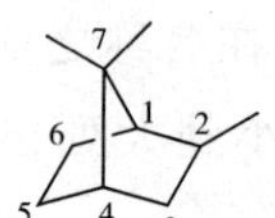

2,7,7-三甲基二环[2.2.1]庚烷
2,7,7-trimethylbicyclo[2.2.1]heptane

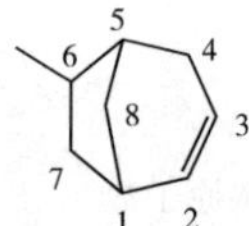

6-甲基二环[3.2.1]辛-2-烯
6-methylbicyclo[3.2.1]oct-2-ene

1,7,7-三甲基二环[2.2.1]庚-2-醇（冰片）
1,7,7-trimethylbicyclo[2.2.1]heptan-2-ol（borneol）

多环桥环烃将环数冠于词头，根据成环的个数称为“三环［ ］某烃”“四环［ ］某烃”等。在三环烃中，除一对主桥头碳原子外，还有一对次桥头碳原子（例中 C_2 和 C_4 为次桥头碳）。

编号时先确定最大的环为主环（例中最大的环为七元环，是主环，C_1 和 C_5 为主桥头碳），从第一个主桥头碳原子开始沿最长桥编到另一个主桥头碳原子，再沿次长桥回到第一个桥头碳原子，再给最短的桥编号。注意尽量使官能团、取代基有较小位次。

书写时方括号内先由大到小列出主环上每桥所含碳原子数，最后为次桥的碳原子数，上标为次桥头碳编号，中间用逗号隔开。（例中方括号内的前三个数字 3、2、1 为主桥上碳原子数，最后的 0 为次桥）。

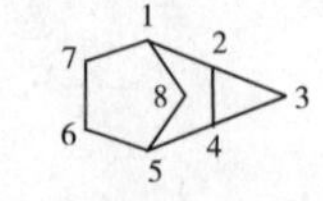

三环[3.2.1.$0^{2,4}$]辛烷
tricyclo[3.2.1.$0^{2,4}$]octanc

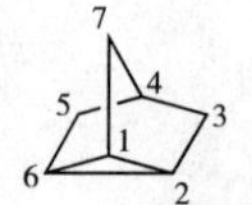

三环[2.2.1.$0^{2,6}$]庚烷
tricyclo[2.2.1.$0^{2,6}$]heptane

对某些结构复杂的化合物常使用俗名。例如：

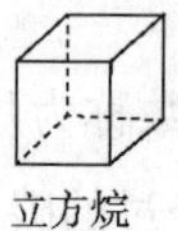

立方烷
cubane

金刚烷　三环[3.3.1.$1^{3,7}$]癸烷
adamantane(tricyclo [3.3.1.$1^{3,7}$]decane)

5-2 给下列化合物命名。

（1）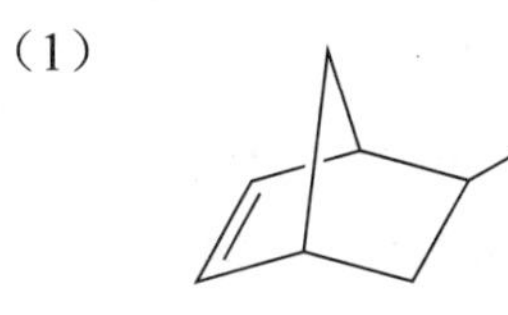 （2）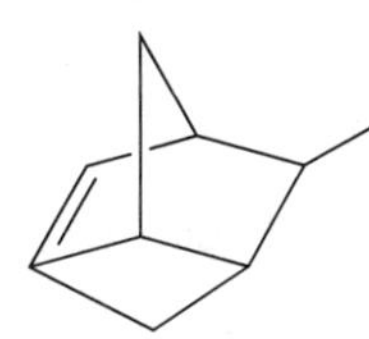 （3）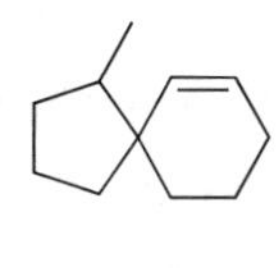

第二节 脂环烃的化学性质

扫码“学一学”

脂环烃的化学性质与开链烃类似，即环烷烃类似于烷烃，环烯烃类似于烯烃。但是环烷烃因其环状结构又具有一些特殊性，主要表现在小环（三元环、四元环）分子不稳定，比较容易发生开环反应。五元及以上的环烷烃，化学性质则比较稳定，不易发生开环反应。

一、小环的加成反应

1. 催化加氢 在催化剂的作用下，环丙烷、环丁烷可加氢，发生开环反应得到开链烷烃。

$$\triangle + H_2 \xrightarrow[80℃]{Ni} CH_3CH_2CH_3$$

$$\square + H_2 \xrightarrow[200℃]{Ni} CH_3CH_2CH_2CH_3$$

五元及其以上的环烷烃在上述条件下难以发生开环反应。

2. 加卤素 环丙烷、环丁烷能与卤素发生加成反应，类似于烯烃。

$$\triangle + Br_2 \xrightarrow[室温]{CCl_4} \underset{Br}{\underset{|}{CH_2}}CH_2\underset{Br}{\underset{|}{CH_2}}$$

$$\square + Br_2 \xrightarrow{\triangle} \underset{Br}{\underset{|}{CH_2}}CH_2CH_2\underset{Br}{\underset{|}{CH_2}}$$

五元以上的环烷烃很难与卤素加成。环丙烷在常温下使溴的四氯化碳溶液褪色可用于鉴别。

3. 加卤化氢 类似于加卤素，环丙烷、环丁烷及其衍生物也很容易与卤化氢发生加成反应。

$$\triangle + HBr \xrightarrow{室温} CH_3CH_2CH_2Br$$

当环烷烃有取代基时，环烷烃开环断键就有选择性了。取代环烷烃开环发生在含氢最多和含氢最少的两个碳原子之间，加成反应遵循马氏规则，氢加在含氢较多的碳上。

$$\text{(1,1-二甲基环丙烷)} + HBr \xrightarrow{室温} CH_3\overset{CH_3}{\overset{|}{\underset{Br}{\underset{|}{C}}}}CH_2CH_3$$

$$\text{(甲基环丁烷)} + HBr \xrightarrow{\triangle} CH_3CH_2CH_2\underset{Br}{\underset{|}{C}}HCH_3$$

五元以上的环烷烃很难与卤素、卤化氢发生加成反应。

从上述反应可以看出，开环反应活性为：三元环>四元环>五、六元环，但它们开环加成反应活性不如烯烃。

5-3　通过脂环烃的化学性质比较环丙烷、环丁烷、环戊烷的稳定性。

二、取代反应

在光照或高温的作用下，环烷烃能与卤素发生自由基取代反应，类似于烷烃。

$$\text{环丙烷} + Cl_2 \xrightarrow{h\nu} \text{环丙基}-Cl$$

$$\text{环戊烷} + Br_2 \xrightarrow{300℃} \text{环戊基}-Br$$

三、氧化反应

小环虽然易发生加成反应，但不易氧化，具有抗氧化性。在常温下，环烷烃对氧化剂稳定，不容易与高锰酸钾水溶液或臭氧反应，故可用高锰酸钾水溶液作为环烷烃与烯烃、炔烃的鉴别。若在高温和催化剂的作用下，脂环烃也可被氧化。

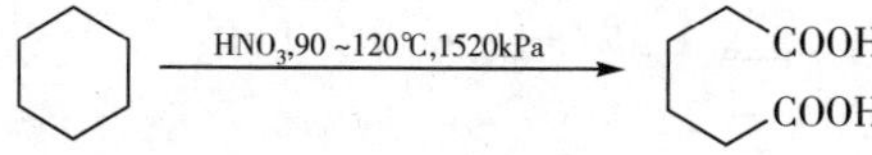

扫码“学一学”

第三节　脂环烃的结构及其稳定性

一、拜尔张力学说

从脂环烃的化学性质可以看出，环丙烷最不稳定，常温下即可发生开环反应，环丁烷稍稳定，在加热条件下开环，环戊烷、环己烷都较稳定，不易开环。1885 年德国化学家拜尔（Adolph Von Bayer）提出了“张力学说”。他假设所有成环碳原子都在同一平面形成正多边形，并计算环烷烃中 C—C—C 键角与 sp^3 杂化轨道的正常键角 109. 5°之间的偏离程度。如环丙烷偏转角度=(109°28′-60°)/2=24°44′，三元至六元环烷烃的 C—C—C 键角及每根 C—C 键的偏离程度如图 5-1 所示。

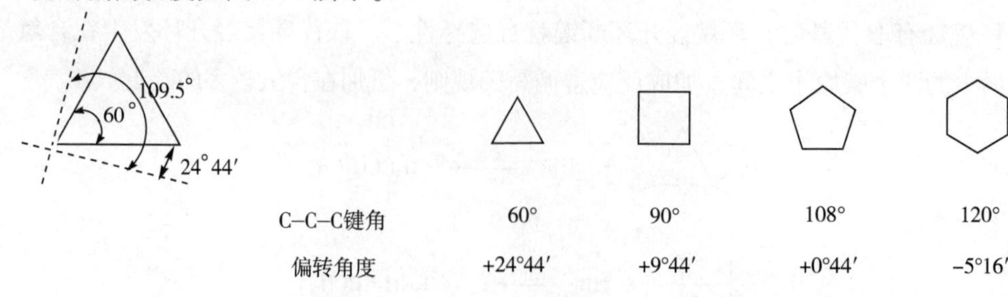

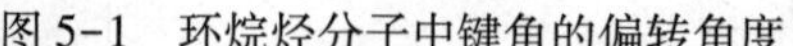

图 5-1　环烷烃分子中键角的偏转角度

这种偏转使碳环的键角都有恢复正常键角的张力，即角张力或拜尔张力。分子的偏转角度越大，角张力也越大，分子内能越高，稳定性越差。所以脂环烃的稳定性为：五元环>四元环>三元环。

按照拜尔张力学说，五元环最稳定，从六元环开始，随着环的逐渐增大，偏转角度也越来越大，化合物的稳定性应逐渐降低。但实际上环己烷是最稳定的环，不存在角张力，六元以上的环也是比较稳定的。造成这种矛盾的原因是拜尔的学说错误地假设了成环原子都在同一平面上。

事实上，除三元环三点共面具有平面结构外，其他脂环烃体系都不是平面结构，拜尔提出的分子内的键角由于偏离正常键角而产生张力的现象，只能较好地解释了小环的不稳定性。

5-4　为什么拜耳张力学说解释六元及六元以上环的稳定性与实际情况不符？

二、燃烧热与环的稳定性

在标准状态下 1mol 有机物完全燃烧所放出的热量称为燃烧热（单位为 kJ/mol）。环烷烃的燃烧热随着碳原子的增加而逐渐升高，只比较分子的总燃烧热是没有意义的，但如果能比较环中每个 CH_2 的平均燃烧热，就能解释环的稳定性了。燃烧热越大说明分子内能越高，分子越不稳定，表 5-1 中列出一些环烷烃的燃烧热。

表 5-1　环烷烃的燃烧热（kJ/mol）

名称	成环原子数	分子燃烧热	每个 CH_2 的平均燃烧热	与开链烷烃燃烧热的差
环丙烷	3	2091.3	697.1	38.5
环丁烷	4	2744.1	686.2	27.4
环戊烷	5	3320.1	664.0	5.4
环己烷	6	3951.7	658.6	0
环庚烷	7	4636.7	662.3	3.8
环辛烷	8	5313.9	664.2	5.0
环壬烷	9	5981.0	664.4	5.5
环癸烷	10	6635.8	663.6	5.0
环十五烷	15	9884.7	659.0	0.4
开链烃			658.6	

从表 5-1 的数据可以看出环烷烃的内能大小和相对稳定性：三元环内能与开链烷烃燃烧热的差最大，最不稳定，其次是四元环，也有较高的内能，不稳定。其余环的内能与开链烷烃的接近，五元环及其以上的环相对稳定，六元环最稳定，与链烃一样，是无张力环。这与脂环烃的化学性质是一致的。

三、影响环状化合物稳定性的因素

从环状化合物的化学性质及燃烧热数据可以看出，环的大小不同，稳定性也表现出明显

的差异。环的稳定性与环的张力和空间形状（构象）有关。分子中各原子和化学键，总是趋于按照体系势能最低的状况而作最适当的排布。如果由于某些原因使化学键偏离了最适当的排布，那么键便会产生某种张力来抵抗这种偏离，从而使体系的势能升高，即产生张力。分子的总张力是由角张力、扭转张力、范德华张力等组成。产生这些张力的原因各异。

1. 角张力和扭转张力 任何与正常键角的偏差，降低轨道重叠性而引起的张力，称为角张力。Baeyer 提出的张力指的就是角张力。

一般来说，在两个 sp^3 杂化的碳原子之间，都尽量使它们的键处于最稳定的交叉式构象，任何与交叉式构象的偏差（不单指重叠式）都会产生扭转张力。

例如环丙烷之所以最不稳定，是因为环丙烷的刚性结构使三个碳原子只能处于同一平面上，不仅存在很大的角张力，还由于六个 C—H 键都处于重叠式而产生很大的扭转张力。环丁烷经物理方法测定，四个碳原子不在同一平面，为折叠式排列，被形象地称为蝶式构象。

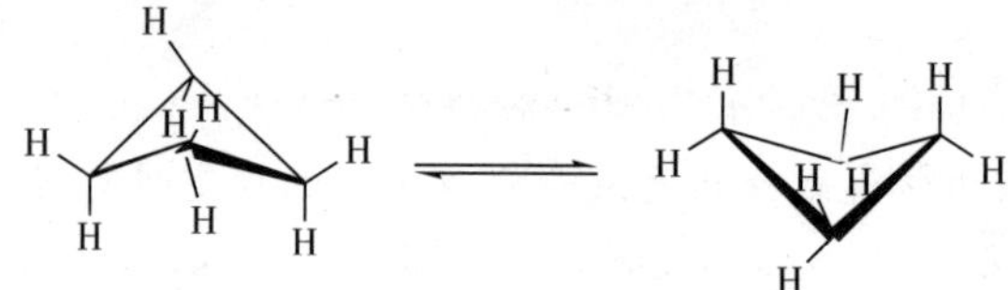

图 5-2 环丁烷的蝶式构象

环丁烷折叠后，角张力虽有所增加，但扭转张力明显减小，由于两种张力的协调作用，使分子具有最低的势能。

环戊烷的碳原子如果在同一平面上，所有的氢都成重叠式，扭转张力很大。为减少这种张力，形成一微微折叠的环。有信封式和半椅式两种折叠的环系。其中信封式为能量较低的优势构象。

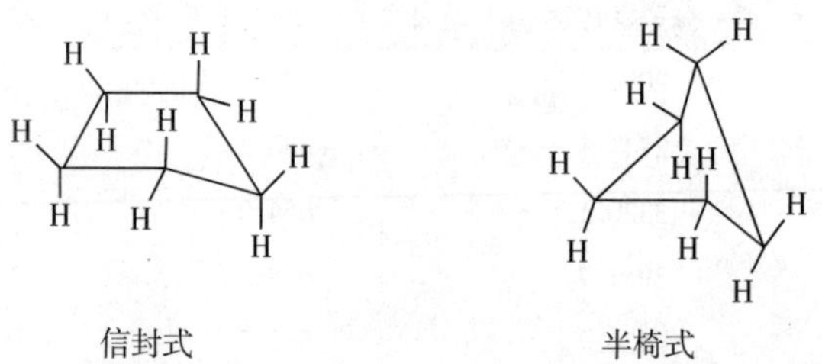

信封式 半椅式

图 5-3 环戊烷的信封式和半椅式构象

2. 范德华张力 非键合原子或基团之间的空间距离大于它们的范德华半径之和时，就会相互吸引，并随着距离的靠近，吸引力逐渐增强；当原子之间的距离等于范德华半径之和时，吸引力达到最大；当原子之间的距离小于范德华半径之和时，就产生排斥力，这种排斥力称为范德华张力，也称为空间张力或跨环张力。表 5-2 列出了部分原子或基团的范德华半径。

表 5-2 原子的范德华半径 *r*（pm）

原子（团）	*r*	原子（团）	*r*	原子（团）	*r*	原子（团）	*r*
H	120	N	150	O	140	F	135
CH_2	200	P	190	S	180	Cl	180
CH_3	200					Br	195
						I	215

3. 非键原子（或基团）偶极间的相互作用　非成键原子或基团的偶极间相吸与相斥，以及氢键都会影响环的稳定性。

四、现代结构理论对环结构的解释

现代结构理论认为，共价键的形成是成键原子轨道相互重叠的结果，重叠程度越大，形成的共价键就越稳定。量子力学计算出环丙烷的 C—C 键角为 105.5°，由于受分子几何形状的影响，两个碳原子的 sp^3 杂化轨道不可能在两个原子核连线上重叠，而是偏离一定角度在连线外侧重叠，形成一种弯曲键（俗称香蕉键），如图 5-4 所示。这种弯曲键的电子云重叠程度较小，容易开环，键的稳定性差，所以环丙烷很不稳定。由于这种弯曲键的电子云集中在两个原子核连线外侧，使得亲电试剂容易接近，所以环丙烷易发生亲电加成反应。

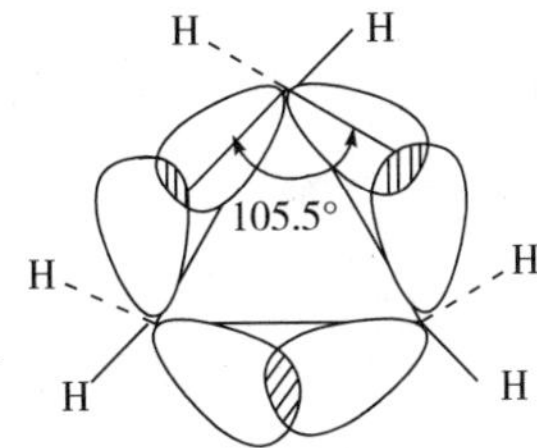

图 5-4　环丙烷的原子轨道重叠图

随着环的增大，受环几何形状的影响程度逐渐减小，电子云重叠程度增大，键的稳定性增加。近代物理方法测试结果表明，五元及其以上的环中碳碳键的夹角都是 109.5°，组成环的碳原子不在同一平面上，采取非平面的构象存在，几乎不存在角张力。因此，五元及其以上的环都很稳定，其中环己烷是最稳定的环。

第四节　环己烷的构象

扫码"学一学"

一、环己烷的船式和椅式构象

环己烷之所以稳定，是由于环己烷中六个碳原子不在同一平面，可以使碳碳键角保持 109.5°，没有角张力。环己烷通过几个 C—C 单键同时旋转而产生不同构象，其中最典型的是椅式构象和船式构象（图 5-5）。

环己烷的椅式构象不仅没有角张力，因其交叉式构象也不存在扭转张力，此外，处于间位上同向平行氢原子间的距离也没有范德华张力。因此，环己烷的椅式构象高度稳定。

环己烷的船式构象虽然没有角张力，但重叠式构象使其存在较大的扭转张力，另外，船头（C_1 和 C_4）上两个氢原子的距离会产生范德华张力。所以船式构象比椅式构象能量高，二者能量相差 29.7kJ/mol。

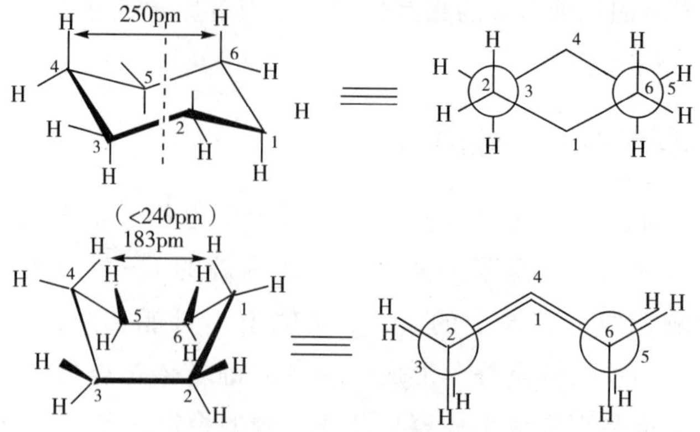

图 5-5 环己烷的椅式和船式构象

二、直立键和平伏键

在环己烷的椅式构象中，C_1、C_3、C_5 所在平面与 C_2、C_4、C_6 所在平面是平行的，穿过环平面中心并垂直于环平面的轴称为对称轴（图 5-6）。

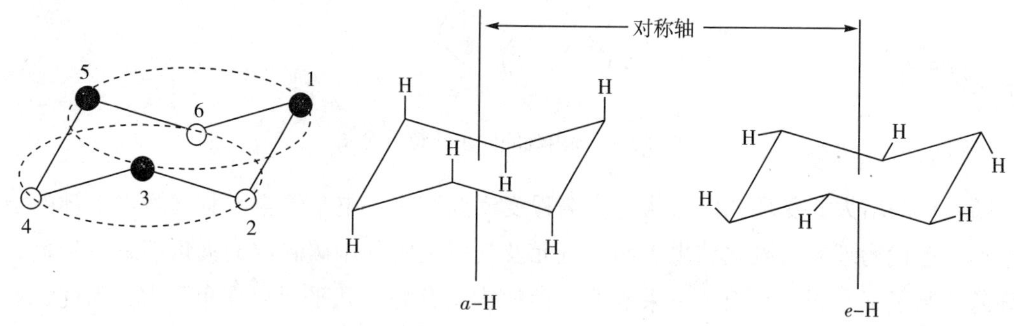

图 5-6 环己烷的椅式构象的环平面、对称轴及直立键和平伏键

根据 C—H 键与对称轴的关系，可以将 12 个 C—H 键分为两类：一类是 6 个与对称轴平行的 C—H 键，称为直立键（竖键），也称 *a* 键，其中 3 个竖直向上，3 个竖直向下，交替排列；另一类是 6 个与竖直键（对称轴）呈 109.5° 夹角的 C—H 键，称为平伏键（横键），也称 *e* 键，同样 3 个斜向上，3 个斜向下，交替排列（图 5-7）。

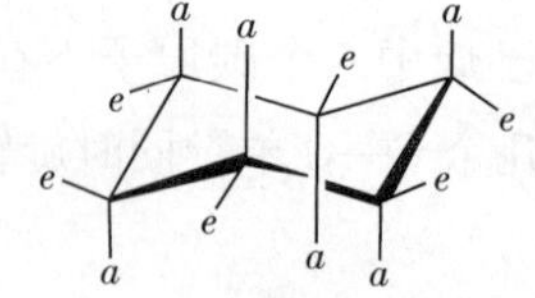

图 5-7 环己烷的 *a* 键和 *e* 键

三、转环作用

在室温下，由于分子热运动，环迅速翻转，由一种椅式构象变为另一种椅式构象，称为转环作用。翻转过程中经过半椅式、扭船式和船式等构象。从图 5-8 可以看出环己烷几种构象的能量差别。转环时大约需要克服 46kJ/mol 的能量。转环后，原来的 *a* 键变为 *e* 键，*e* 键变为 *a* 键（图 5-9）。

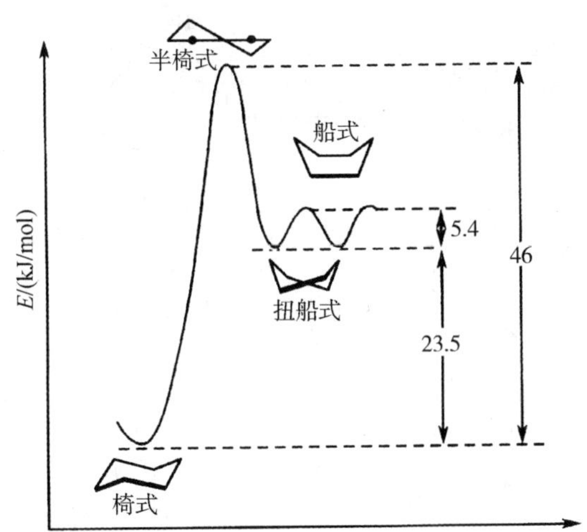

图 5-8 环己烷几种构象的能量关系

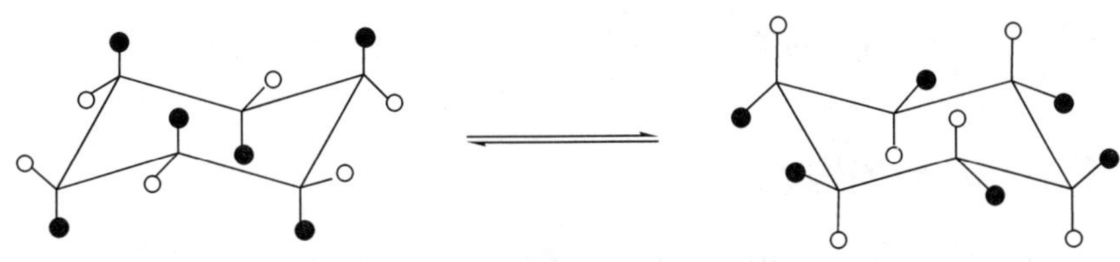

图 5-9 环己烷转环中的 a 键与 e 键相互转变

5-5 试比较环己烷的下列几种构象的稳定性：椅式、船式、半椅式、扭船式。

扫码"学一学"

第五节 取代环己烷的构象

一、一取代环己烷的构象

一取代环己烷的取代基可以在 a 键，也可以在 e 键，这两种构象异构体可以通过转环作用而互相转换，达到平衡。一般情况下，e 键取代的构象为优势构象。这是由于处在 a 键上的取代基与 C_3、C_5 上的处于 a 键的氢原子相距较近，小于其范德华半径，存在着较大的空间排斥力（范德华张力），能量较高，不稳定；而处于 e 键上的取代基与所有 C 上的处于 a 键的氢原子相距较远，不存在空间张力，能量较低，较稳定。例如，在甲基环己烷构象中，甲基处于 e 键比处于 a 键的分子能量低 7.5kJ/mol。在常温下，e 键取代占 95%，a 键取代约占 5%（图 5-10）。

从纽曼投影式看，e 键取代为最稳定的对位交叉式，a 键取代为次稳定的邻位交叉式（图 5-11）。

随着取代基的增大，e 键取代与 a 键取代之间的能量差会增加，e 键取代所占比例越来越大。如异丙基环己烷 e 键取代构象约占 97%；而在叔丁基环己烷中，e 键取代构象大于 99.99%，几乎接近 100%。

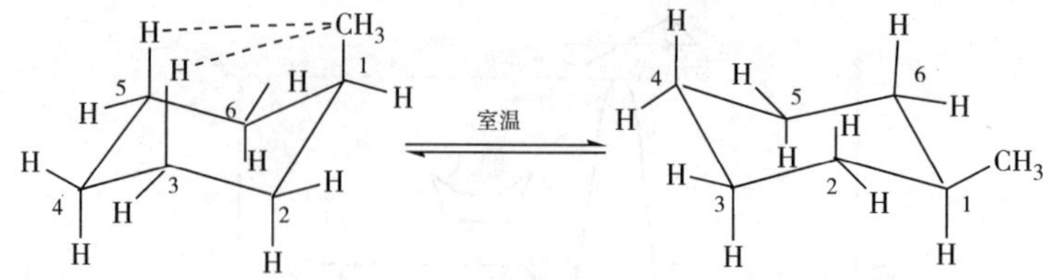

5% 95%

图 5-10 甲基环己烷 *a* 键取代与 *e* 键取代

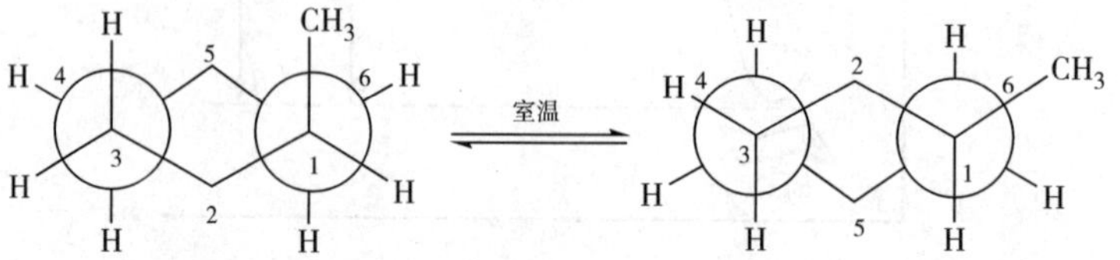

a-取代 5% *e*-取代 95%

图 5-11 甲基环己烷 *a* 键取代与 *e* 键取代的纽曼投影式

二、二取代环己烷的构象

二取代环己烷不仅有构象异构，还存在顺反异构（构型异构）。当取代基为烃基时，如1,2-二甲基环己烷有顺式和反式两种异构体。顺-1,2-二甲基环己烷的两种构象可以分别用 *ae* 和 *ea* 表示，它们具有相同的能量，在平衡体系中两者各占50%，常温下可迅速转换。

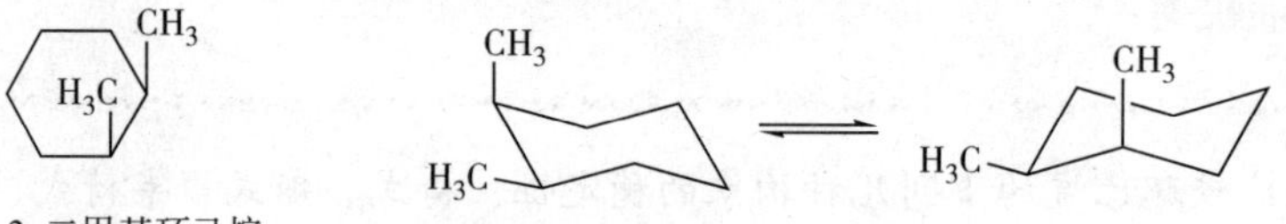

顺-1,2-二甲基环己烷 *ae* *ea*

反-1,2-二甲基环己烷的两种构象可以分别用 *ee* 和 *aa* 表示，其中 *ee* 构象中两个甲基都处于 *e* 键，具有较低的能量，所以 1,2-二甲基环己烷的反式异构体比顺式稳定。

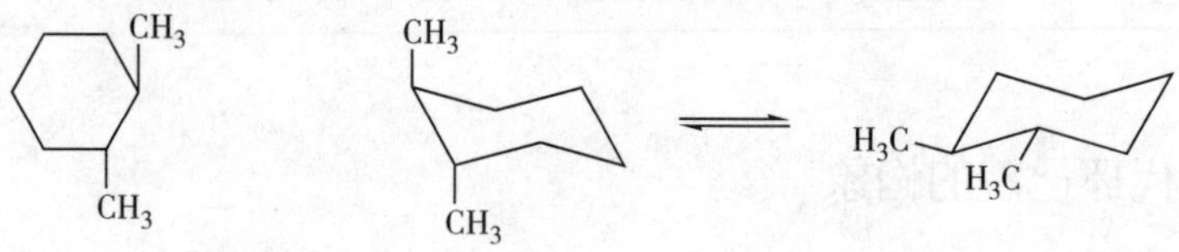

反-1,2-二甲基环己烷 *aa* *ee*（优势构象）

1,4-二甲基环己烷的情况与 1,2-二甲基环己烷类似，也是反式异构体比顺式的稳定。而 1,3-二甲基环己烷的构象异构中，能量最低的为顺式 *ee* 型，比反式异构体稳定。

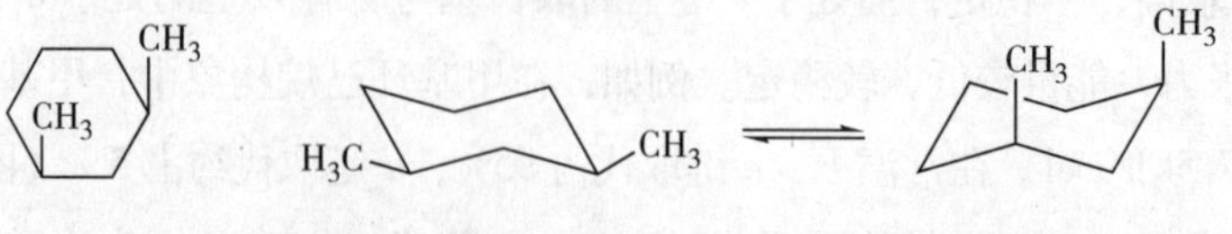

顺-1,3-二甲基环己烷 *ee* *aa*

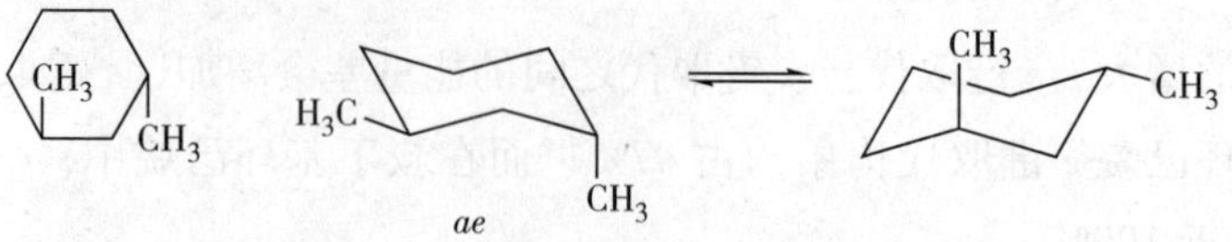

反-1,3-二甲基环己烷 *ae* *ea*

当环上出现两个不同的烃基取代基，在满足顺反异构的要求时，若不能使二个基团都位于 *e* 键，则体积较大的基团位于 *e* 键的构象为优势构象。如：顺-1-甲基-4-叔丁基环己烷。

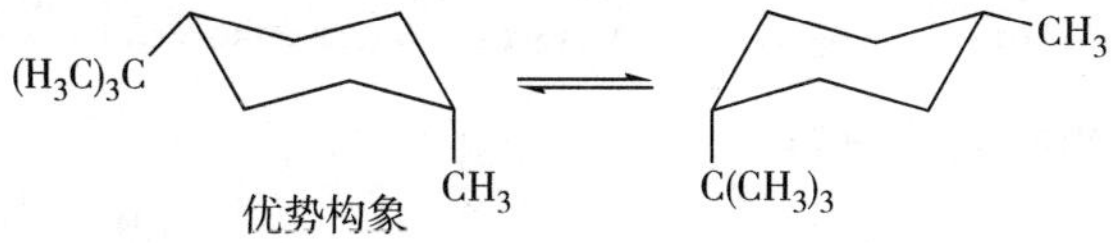

$(H_3C)_3C$ ⇌ CH_3

CH_3　$C(CH_3)_3$

优势构象

值得注意的是当取代基为极性基团时，如 Cl、Br 或 OH，有例外，因为非键合原子间会有其他作用力，如偶极-偶极间和氢键的电性效应也会影响分子的优势构象。例如：

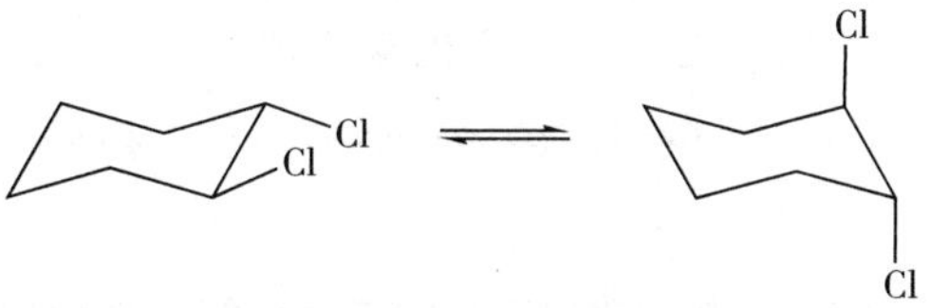

Cl Cl ⇌ Cl Cl

优势构象

三、多取代环己烷的构象

若环上有多个取代基，*e* 键上连接的取代基越多越稳定，为优势构象；当环上有不同取代基时，体积大的基团在 *e* 键上的构象为优势构象。若有体积特大基团，如叔丁基，几乎 100% 处于 *e* 键，叔丁基亦被称为控制构象的基团。

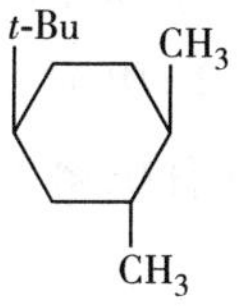

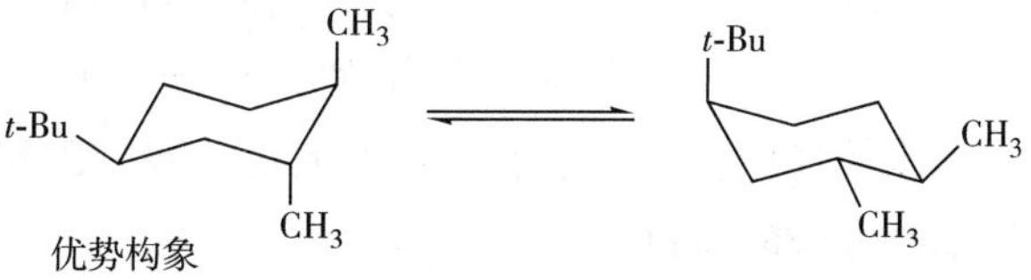

t-Bu CH_3 CH_3　　*t*-Bu CH_3 CH_3 ⇌ *t*-Bu CH_3 CH_3

优势构象

四、十氢化萘的结构

十氢化萘是二环［4.4.0］癸烷的俗称，它是由两个环己烷稠合而成的，有顺、反两种异构体，常用平面投影式表示，用楔形线或黑点表示氢在纸面前方，虚线或未标黑点表示氢在纸面后方。

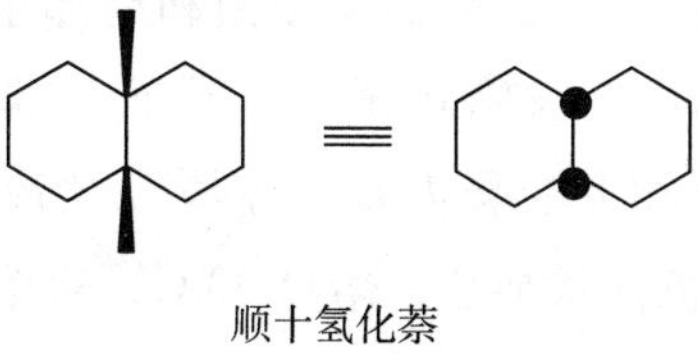

顺十氢化萘 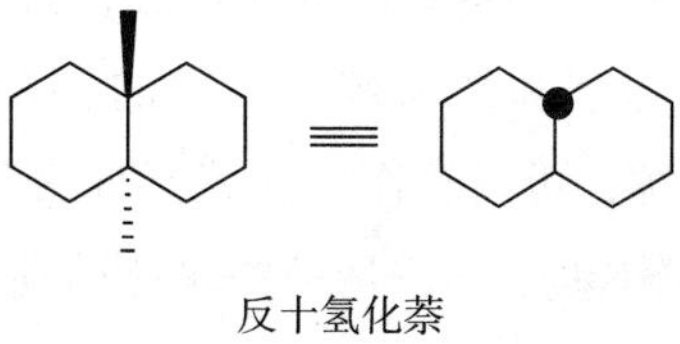　　反十氢化萘

如果将一个环看作另一个环上相邻的两个“取代基”，顺十氢化萘分子为 *ae* 取代，两个桥头碳原子上连接的氢原子处于环的同侧；而反十氢化萘分子为 *ee* 取代，两个桥头碳原子上连接的氢原子处于环的异侧。因此，反十氢化萘比较稳定，它们的能量差为 8.7kJ/mol。

顺十氢化萘（*ae*取代）　　反十氢化萘（*ee*取代）

思考题

5-6 画出下列结构的稳定构象

5-7 如何理解反式十氢化萘比顺式十氢化萘稳定。

扫码“学一学”

第六节 脂环烃在医药领域的应用

脂环烃及其衍生物广泛存在于自然界，在很多药物及天然中草药中都存在脂环烃结构，特别是五元、六元环，环己烷及其衍生物是自然界存在最广泛的脂环化合物。由植物的花、叶、茎、根、果皮等提取出来的挥发油，大都含有不饱和脂环烃或含氧的脂环化合物，如甾体、萜类、环酮和大环内酯等，它们大多数具有生理活性。

（1）松节油是常用的外部止痛药，具有增进局部血液循环，缓解肿胀和止疼作用。松节油的主要成分是α-蒎烯，其系统名称为2,6,6-三甲基二环[3.1.1]-2-庚烯，为无色透明液体，有松木的气息，微溶于水，溶于无水乙醇、乙醚、三氯甲烷等有机溶剂。松节油还是合成樟脑和龙脑的原料。

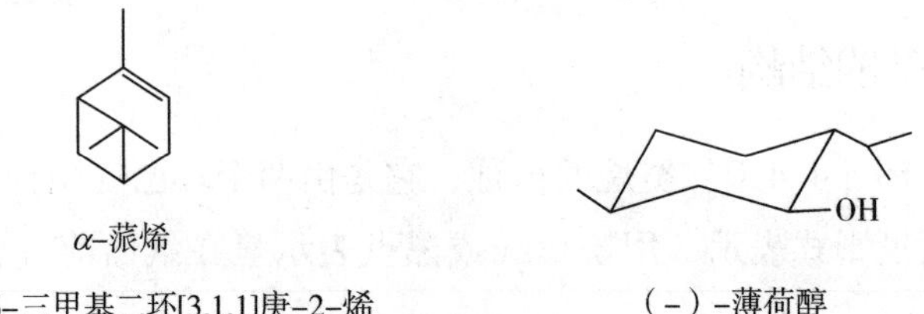

α-蒎烯

2,6,6-三甲基二环[3.1.1]庚-2-烯

(-)-薄荷醇

（2）薄荷油的主要成分薄荷醇，具有芳香清凉气味，能消炎杀菌和局部止痒，在医药上常用作清凉剂和祛风剂，清凉油、人丹等药品中均含有此成分。天然产薄荷醇为左旋(-) -薄荷醇，可以看作环己烷上有三个取代基（甲基、异丙基、羟基），都处于 *e* 键，是稳定的优势构象。(-)-薄荷醇又称薄荷脑，为无色针状结晶，熔点43℃，难溶于水，易溶于有机溶剂。

（3）氨甲环酸主要用于急性或慢性、局限性或全身性纤维蛋白溶解亢进所致的各种出血。化学名称为反-4-氨甲基环己烷甲酸，为白色结晶，无臭无味，在酸碱中易溶，在水中溶解，在丙酮、甲醇中几乎不溶。从构效关系看氨甲环酸，只有反式异构体有很好的止血效果，而顺式异构体药效很差。

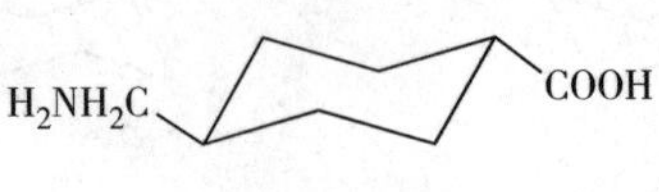

反-4-氨甲基环己烷甲酸

知识拓展

金刚烷

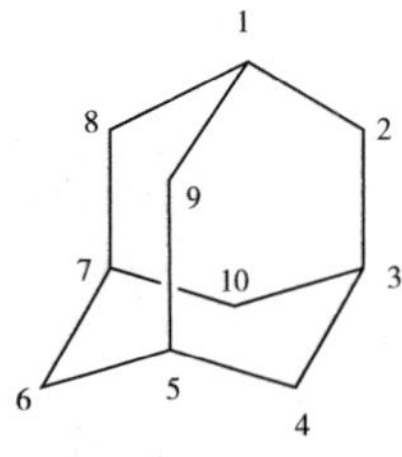

金刚烷是具有类似金刚石结构的一类刚性环状烃类化合物，分子式为 $C_{10}H_{16}$，属于三环桥环化合物，命名为三环［3.3.1.$1^{3,7}$］癸烷，是一种高度对称、高度稳定的笼状烃，其碳的基本骨架类似于金刚石的一个晶格单元，因而被称为金刚烷。1933 年金刚烷首次在捷克斯洛伐克的原油中发现，此后，更多的金刚烷及其烷基化衍生物在原油中发现。金刚烷的 1,3,5,7 位四个桥头氢原子容易发生取代、氧化、烷基化等反应，其潜在的衍生物种类及数量已经超过苯的衍生物。

大量研究结果表明，金刚烷及其衍生物的用途极其广泛，许多领域都在研制以金刚烷为主体原料的新产品，并取得了可喜的成果。例如在金刚烷结构中引入聚合物分子链，可以形成许多性能优良的光学和电子材料；金刚烷衍生物作为烷基化助催化剂，每年在全世界的使用量非常大；引入金刚烷基的合成润滑油，不仅润滑性能非常好，其耐热性和抗氧化性也相当出色；金刚烷基类药物具有药效高、毒性低、副作用小等特点，受到许多药学和医务工作者的青睐。如金刚烷胺类药物的抗病毒、抗帕金森综合征、抗丙型肝炎等作用已有大量文献报道，部分金刚烷胺类药物已经在临床上应用。

重点小结

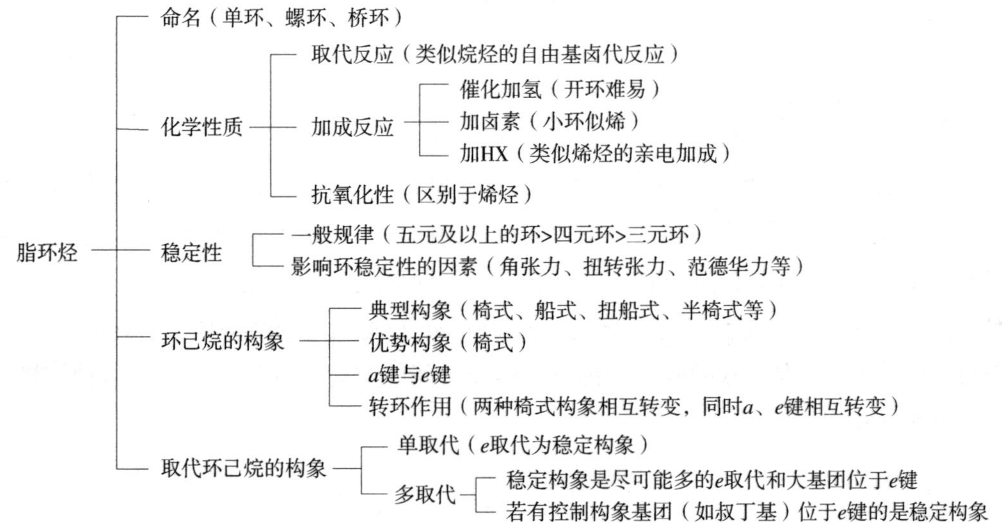

扫码“练一练”

第六章　芳　烃

要点导航

1. **掌握**　芳烃的命名、结构、主要化学性质、定位效应及有机化合物芳香性的判断。

2. **熟悉**　芳烃亲电取代的反应机理。

3. **理解**　定位效应理论解释。

4. **了解**　芳烃在医药领域的应用。

在有机化学发展的初期，从天然产物中得到一些具有一定芳香气味的化合物，如苯甲醛、苯甲醇等。后来发现它们的分子结构中都含有苯环，因此把具有苯环的化合物叫作芳香族化合物。实际上，许多含有苯环的化合物不但没有香味，还有很难闻的气味，所以“芳香族”这一名词并不十分恰当。随着研究的深入，芳香化合物这一名词又有了新的含义，现在人们将具有特殊稳定性的不饱和环状化合物称为芳香化合物。这类化合物一般都难以氧化、加成，而易于发生亲电取代反应。

扫码“学一学”

第一节　苯的结构

一、苯的凯库勒式

19 世纪初期发现了苯，并确定其分子式为 C_6H_6，苯是一个具有高度不饱和性的化合物。科学家对于分子中六个碳和六个氢如何连接的问题进行了大量研究，因为苯的一元取代只有一种产物，二元取代有三种产物，有三个相同取代基的苯也只有三种，根据大量的事实和科学研究，1865 年德国化学家凯库勒（Kekule）提出苯的结构是一个对称的六碳环，每个碳上都连有一个氢，碳的四个价键则用碳原子间的交替单双键来满足，这种结构式称为苯的凯库勒式。

凯库勒式可以说明苯分子的组成以及原子间的排列次序，但有问题不能解释：苯的凯库勒式含有三个双键，为什么不能发生类似烯烃的加成反应？根据苯的凯库勒式，苯的邻位二元取代物应该有两种。

（Ⅰ）　　　　（Ⅱ）

式（Ⅰ）中，X 与 X 之间是一个单键，式（Ⅱ）中二者之间是一个双键。这与经验不符，许多实验证明邻位二元取代物只有一种。但凯库勒关于苯分子的六元环状结构的提出是一个非常重要的假设，至今我们仍然使用凯库勒的结构式来表示苯，但必须要解释苯分子的结构特点。

二、苯的稳定性

苯具有异常稳定的环状结构，可以从如下几个方面进行解释。

1. 氢化热　环己烯的氢化热 119.3kJ/mol，1,3-环己二烯的氢化热 232kJ/mol（由于共轭双键增加了其稳定性）。而苯的氢化热 208.5kJ/mol。1,3-环己二烯失去两个氢转化成苯时，不但不吸热，反而放出少量热量。这说明苯比相应的环已三烯要稳定的多，从 1,3-环己二烯转化成苯时，分子结构已经发生了根本的变化，并导致了一个稳定体系的形成。

$$\longrightarrow \quad + H_2 + 23.5\text{kJ/mol}$$

2. 杂化轨道　现代物理法（光谱法、电子衍射法、X-射线法）测定了苯的分子结构，结果表明（图 6-1）：苯分子是平面正六边形，6 个碳和 6 个氢处于同一平面上。6 个碳碳键等长，均为 140pm，处于碳碳单键的 154pm 和双键的 134pm 之间；6 个碳氢键的键长均为 108pm。键角均为 120°。

杂化轨道理论认为：苯分子的 6 个碳原子都是 sp^2 杂化，每个碳原子以一个 sp^2 杂化轨道与氢原子的 s 轨道重叠形成 C—Hσ 键；以两个 sp^2 杂化轨道分别与相邻的两个碳原子形成 C—Cσ 键，由于三个 sp^2 杂化轨道处在同一平面上，相互之间的夹角是 120°，所以，苯分子中所有的原子都在同一平面上。此外，每个碳原子上未参加杂化的 p 轨道都垂直于该平面，它们相互平行侧面重叠，形成了一个六碳原子中心的环状闭合共轭体系，组成了一个 6 中心、6 电子的离域大 π 键，π 电子云高度离域，均匀地分布在环平面的上方和下方，形成环电子流，6 个碳原子的 p 轨道重叠程度完全相同，所以碳碳键长完全相等，键长发生了完全平均化，环体系的内能降低，所以苯分子非常稳定。显然，苯分子不是凯库勒式表示的那样单、双键交替排列的结构。

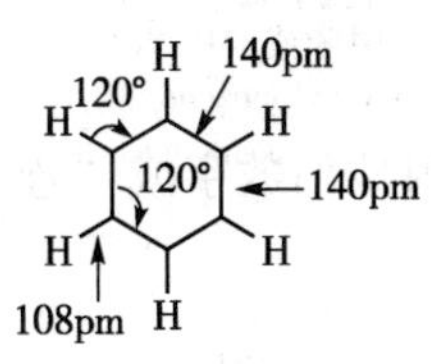

（a）苯分子中 σ 键

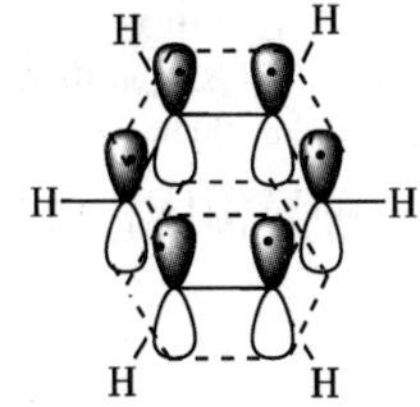

（b）p 轨道形成大 π 键

（c）苯分子大 π 键电子云

图 6-1　苯的分子结构

3. 共振论 根据共振论的观点：苯的分子结构可以用下列两个经典的共振结构式来描述。

（Ⅰ） ⟷ （Ⅱ）

认为苯的真实结构主要是这两个共振结构式的共振杂化体。因为（Ⅰ）式和（Ⅱ）式结构相似，能量最低，对共振杂化体的贡献最大，所以苯主要是由（Ⅰ）式和（Ⅱ）式共振形成的共振杂化体，或者说（Ⅰ）式和（Ⅱ）式共振形成的共振杂化体接近于苯的真实结构。

共振论认为，结构相似、能量最低且相同的共振式是共振杂化体的主要共振形式，由它们参与的共振杂化体特别稳定，所以苯的结构很稳定。

共振论将共振结构式的能量与共振杂化体的能量之差称为共振能。实际上，苯的共振能也可借助氢化热来估算，苯的共振结构式形态上看似环己三烯，但实际上环己三烯并不存在，环己三烯的氢化热用环己烯氢化热的三倍来估算，其值是 3×119. 5kJ/mol = 358. 5kJ/mol，对应的共振杂化体（苯的真实结构）氢化热是 208. 5kJ/mol，所以苯的共振能是 150kJ/mol。共振能越大，化合物就越稳定，所以苯环具有特殊的稳定性。

扫码“学一学”

第二节 苯及其衍生物的命名

最简单的单环芳烃是苯，其他的单环芳烃可以看作是苯的一元或多元烃基取代物。苯的一元烃基取代物只有一种。命名时将苯作为母体，烃基做取代基，称为某（基）苯。例如：

CH_3 CH_2CH_3 $CH_2CH_2CH_3$ $CH(CH_3)_2$

甲苯 methylbenzene　乙苯 ethylbenzene　正丙苯 n-propylberzene　异丙苯 isopropylbenzene

苯的二元取代物有三种异构体，命名时可用邻或 *o*-(ortho)、间或 *m*-(meta)、对或 *p*-(para) 来表示取代基的不同位置，也可用阿拉伯数字表示。例如：

邻二甲苯（1,2-二甲苯或*o*-甲苯）*o*-dimethylbenzene　间二甲苯（1,3-二甲苯或*m*-甲苯）*m*-dimethylbenzene　对二甲苯（1,4-二甲苯或*p*-甲苯）*p*-dimethylbenzene

取代基相同的苯的三元取代物有三种异构体，命名时可用阿拉伯数字或“连、均、偏”表示取代基的不同位置。例如：

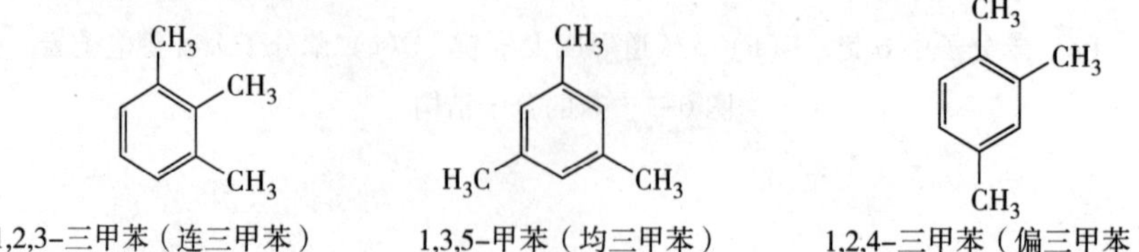

1,2,3-三甲苯（连三甲苯）　1,3,5-甲苯（均三甲苯）　1,2,4-三甲苯（偏三甲苯）

当苯环上有两个或多个取代基时，苯环上的编号应为最低位次组，而当用最低位次组无法确定哪一种优先时，与单环烷烃的情况一样，命名时按英文字母顺序，让字母排在前面的基团位次尽可能小。例如：

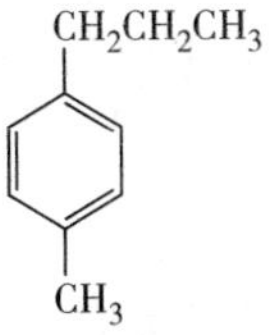

1-甲基-4-丙基苯
1-methyl-4-propylbenzene

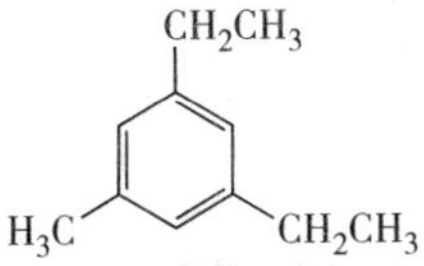

1,3-二乙基-5-甲基苯
1,3-diethyl-5-methylbenzene

除苯外，也可以将甲苯、邻二甲苯、异丙苯、苯乙烯等少数几个芳烃作为母体来命名其衍生物。例如：

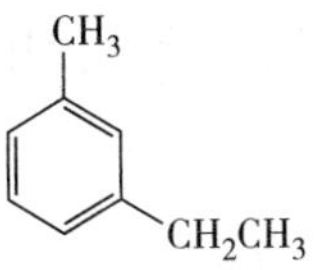

3-乙基甲苯
3-ethyltoluene

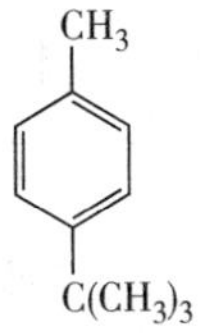

对叔丁基甲苯
p-tert-butyltoluene

当苯环上连接的烃基较长、较复杂；或有不饱和基团；或为多苯代取代芳烃时，命名以苯环为取代基。例如：

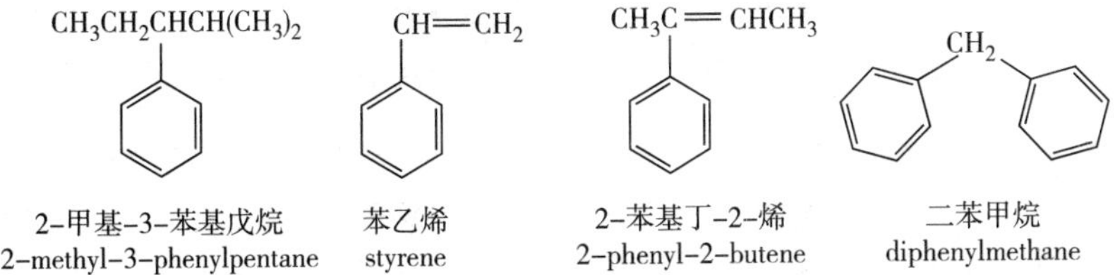

2-甲基-3-苯基戊烷
2-methyl-3-phenylpentane

苯乙烯
styrene

2-苯基丁-2-烯
2-phenyl-2-butene

二苯甲烷
diphenylmethane

所命名的化合物中如含多个特性基团时，只能选一个特性基团作为后缀，此基团称作主体基团。主体基团的选择按该基团类型在下列次序中的先后确定，位前者为主体基团。—COOH、$—SO_3H$、—COOR、$—CONH_2$、—CN、—CHO、—COR、—OH（先醇后酚）、$—NH_2$、—OR（—X，$—NO_2$只能作为取代基）。例如：

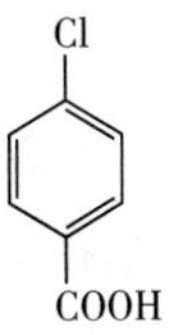

4-氯苯甲酸
4-chlorobenzoicacid

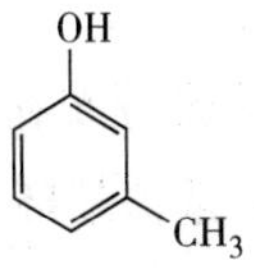

3-甲基苯酚
3-methylphenol

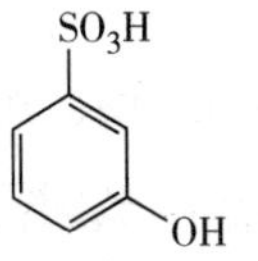

3-羟基苯磺酸
3-hydroxy berzene sulfonic acid

芳环上去掉一个氢原子剩下的基团叫芳基，用Ar—表示，最简单的芳基是C_6H_5—叫苯基，用Ph—表示。甲苯分子中甲基上去掉一个氢原子剩余的基团$C_6H_5CH_2$—叫苯甲基或苄基；甲苯分子中苯环上去掉一个氢原子剩余的基团$CH_3C_6H_4$—叫甲苯基，根据甲基位置不同又分邻、间、对三种类型。

CH_2— CH_3 CH_3 CH_3

苯基 phenyl　　苯甲基（苄基）berayl　　邻甲苯基 o-tolyl　　间甲苯基 m-methylphenyl　　对甲苯基 p-methylphenyl

扫码“学一学”

第三节　苯及其衍生物的物理性质

苯及其同系物多为液体，不溶于水，易溶于汽油、乙醚、四氯化碳和石油醚等有机溶剂。单环芳烃密度小于 1，沸点随分子量的增加而升高。熔点除与分子量大小有关外，还与结构有关，通常对位异构体由于分子对称，晶格能较大，熔点较高。另外，液体芳烃也是一种良好的溶剂。苯蒸气有毒，能损伤造血系统和神经系统，使用时需注意。表 6-1 列出常见芳烃的物理常数。

表 6-1　常见芳烃的物理常数

化合物	熔点（℃）	沸点（℃）	相对密度
苯	5.5	80.1	0.879
甲苯	-95	110.6	0.867
邻二甲苯	-25.2	144.4	0.880
间二甲苯	-47.9	139.1	0.864
对二甲苯	13.2	138.4	0.861
乙苯	-95	136.2	0.867
正丙苯	-99.6	159.3	0.862
异丙苯	-96	152.4	0.862
苯乙烯	-33	145.8	0.906

注：除注明外均为 20℃时的数据。

扫码“学一学”

第四节　苯及其衍生物的化学性质

苯环是一个平面结构，离域的 π 电子云分布在环平面的上方和下方，它像烯烃中的 π 电子一样，能够对亲电试剂提供电子，但是，苯环具有稳定的环状闭合共轭体系，难以被破坏，所以苯环很难进行亲电加成反应，而容易进行亲电取代。亲电取代反应是苯环的典型反应。

一、苯的亲电取代反应

亲电取代反应由亲电试剂首先进攻苯环上的 π 电子所引发的取代反应，故称为亲电取代（electrophilic substitution）。

芳烃亲电取代反应机理分两步进行：首先亲电试剂 E^+进攻苯环，与离域的 π 电子作用

形成 π-络合物，二者只是微弱的作用，并没有形成新的共价键，π-络合物仍然保持着苯环结构。然后亲电试剂从苯环 π 体系中获得两个电子（相当于打开一个 π 键），与苯环的一个碳原子形成 σ 键而生成 σ-络合物（碳正离子中间体）。

π-络合物　　σ-络合物

这时这个碳原子由 sp^2 杂化转变为 sp^3 杂化，不再有未杂化的 p 轨道，苯环上剩下四个 π 电子和 p 轨道上的一个正电荷，它们离域在五个碳原子上，仍是一个共轭体系，但原来苯的闭合共轭体系被破坏了。该碳正离子可用以下三个共振式来表示。

离域式表明：中间体 σ-络合物的正电荷分散在五个碳原子上。显然，这比正电荷定域在一个碳原子上更为稳定，但与苯相比，因该碳正离子中出现了一个 sp^3 杂化的碳原子，破坏了苯环原有的环状闭合共轭体系，使其稳定性下降，能量升高。因此，该碳正离子势能很高，由苯转变成它，必须跨越一个很高的能垒。中间体碳正离子的存在已经被实验证实，有些比较稳定的中间体碳正离子可以制备，并能在低温条件下分离出来。

σ-络合物的能量比苯高，不稳定，有恢复苯环结构的趋势，因此试剂中的负离子从 sp^3 杂化的碳原子上夺取一个质子，使其恢复原来的 sp^2 杂化，这样又形成了 6 个 π 电子的闭合共轭离域体系，从而降低了体系的能量，生成取代苯。如果负离子不去夺取质子，而去进攻环上的正电荷，则反应与碳碳双键的加成相似，应得到加成产物。但实验结果证明只有取代苯生成。其原因是，发生取代反应的过渡态势能较低，且产物的能量比反应物低；如果生成加成物，过渡态势能较高，且产物的能量比苯的能量高，整个反应是吸热的，因此无论从动力学还是从热力学的观点考虑，进行加成反应都是不利的。苯亲电取代反应的能量变化如图 6-2 所示。

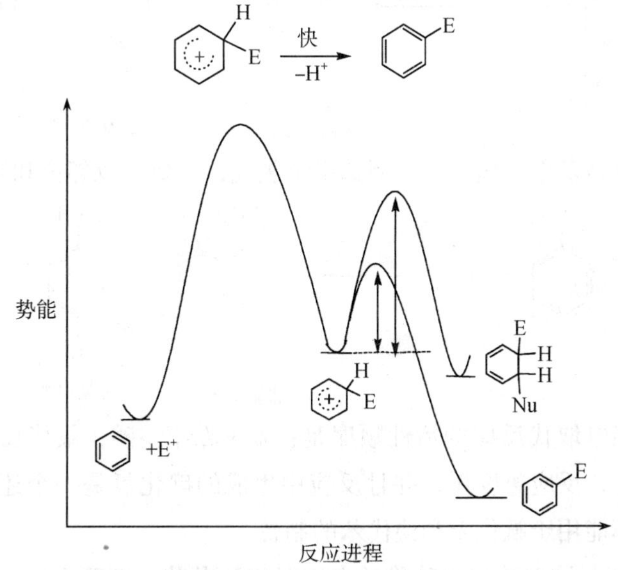

图 6-2　苯进行亲电取代反应和亲电加成反应的能量变化示意图

它表示了苯容易进行亲电取代反应，难进行亲电加成反应，也表示了亲电取代反应是分两步进行的，形成中间体σ-络合物这一步是决定反应速率的一步。

6-1　从分子式分析，苯环是一个高度不饱和的体系，为什么它易发生取代反应而不易发生加成反应？

芳烃的重要亲电取代反应有卤代、硝化、磺化以及傅-克烷基化和酰基化反应等。

1. 卤代反应　在催化剂（$AlCl_3$、FeX_3、BF_3、$ZnCl_2$ 等路易斯酸）的存在下，苯较容易和氯或溴作用，生成氯苯或溴苯，这类反应称为卤代反应。

$$C_6H_6 + Br_2 \xrightarrow[\triangle]{Fe\ 或\ FeBr_3} C_6H_5Br + HBr$$

溴苯

FeX_3 的作用是催化卤素分子发生极化而异裂，产生的卤素正离子 X^+ 作为亲电试剂进攻苯环，得到卤苯。

$$X_2 + FeX_3 \longrightarrow X^+ + FeX_4^-$$

$$C_6H_6 \xrightarrow{X^+} [C_6H_6X]^+$$

$$[C_6H_6X]^+ \xrightarrow{FeX_4^-} C_6H_5X + HX + FeX_3$$

在实际操作中也可用铁粉做催化剂，因为铁和溴反应可用生成溴化铁。

在卤素过量及剧烈反应条件下，卤苯能继续卤代生成邻、对位取代产物。

$$C_6H_5Br + Br_2 \xrightarrow{FeBr_3} o\text{-}C_6H_4Br_2 + p\text{-}C_6H_4Br_2 + HBr$$

邻二溴苯　　对二溴苯

烷基苯比苯更容易发生卤代反应。例如甲苯氯代，主要生成邻位和对位的取代产物。

$$C_6H_5CH_3 + Cl_2 \xrightarrow{FeCl_3} o\text{-}CH_3C_6H_4Cl + p\text{-}CH_3C_6H_4Cl$$

邻氯甲苯　　对氯甲苯

卤素与苯发生亲电取代反应的活性顺序是：氟>氯>溴>碘，氟代反应太激烈，不易控制。碘代反应活性小，反应速度慢，并且反应中生成的碘化氢是一个还原剂，可使反应逆转，因此卤代反应不能用于氟代苯和碘代苯的制备。

2. 硝化反应　苯与浓硫酸和浓硝酸（也称混酸）共热，苯环上的一个氢原子可被硝基

取代，生成硝基苯，这个反应称为硝化反应。

$$\text{C}_6\text{H}_6 + 浓HNO_3 \xrightarrow[50\sim60℃]{浓H_2SO_4} \text{C}_6\text{H}_5NO_2 + H_2O$$

硝基苯

硝基苯不容易继续硝化，提高反应温度并用发烟硝酸和发烟硫酸时，才能在间位引入第二个硝基。

$$\text{C}_6\text{H}_5NO_2 + 发烟HNO_3\ (98\%以上) \xrightarrow[95℃]{发烟H_2SO_4} \text{C}_6\text{H}_4(NO_2)_2 + H_2O$$

间二硝基苯

烷基苯硝化比苯容易，甲苯与混酸作用，30℃便可以生成邻硝基甲苯和对硝基甲苯。

$$\text{C}_6\text{H}_5CH_3 + HNO_3 \xrightarrow[30℃]{H_2SO_4} \text{邻}CH_3\text{C}_6\text{H}_4NO_2 + \text{对}CH_3\text{C}_6\text{H}_4NO_2$$

邻硝基甲苯　　对硝基甲苯

如果硝基甲苯继续硝化，可得到2,4,6-三硝基甲苯，即炸药TNT。

硝化反应中的亲电试剂是硝酰正离子 NO_2^+。硫酸的酸性比硝酸强，硝酸作为碱从硫酸中夺取一个 H^+，形成质子化的硝酸和酸式硫酸根负离子，然后质子化的硝酸在硫酸存在下失水，生成硝酰正离子 NO_2^+。

$$HNO_3 + H_2SO_4 \rightleftharpoons H_2O^+NO_2 + HSO_4^-$$

$$H_2O^+NO_2 + H_2SO_4 \rightleftharpoons NO_2^+ + H_3O^+ + HSO_4^-$$

上述两反应式的总反应式为：

$$HNO_3 + 2H_2SO_4 \rightleftharpoons NO_2^+ + H_3O^+ + 2HSO_4^-$$

硝酰正离子 NO_2^+ 是一个强的亲电试剂，它进攻苯环生成硝基苯。

$$\text{C}_6\text{H}_6 + NO_2^+ \longrightarrow [\text{C}_6\text{H}_6NO_2]^+ \ (\text{H},\ NO_2)$$

$$[\text{C}_6\text{H}_6NO_2]^+ + HSO_4^- \longrightarrow \text{C}_6\text{H}_5NO_2 + H_2SO_4$$

由以上反应看出，硝化反应中 NO_2^+ 是有效的亲电试剂，浓硫酸的作用是促进 NO_2^+ 的形成。

3. 磺化反应 苯与浓硫酸或发烟硫酸反应，苯环上的氢被磺酸基取代生成苯磺酸，这类反应称为磺化反应。苯与浓硫酸反应比较慢，与发烟硫酸（三氧化硫的硫酸溶液）反应较快，在室温下即可进行。

$$C_6H_6 + 浓H_2SO_4 \xrightarrow{70\sim80℃} C_6H_5SO_3H + H_2O$$

苯磺酸

$$C_6H_6 + H_2SO_4 \cdot SO_3 \xrightarrow{室温} C_6H_5SO_3H + H_2SO_4$$

生成的苯磺酸在较强烈的条件下，可进一步反应，主要得到间位的产物。

$$C_6H_5SO_3H + H_2SO_4 \cdot SO_3 \xrightarrow{200\sim300℃} m\text{-}C_6H_4(SO_3H)_2 + H_2SO_4$$

间苯二磺酸

烷基苯的磺化反应比苯容易，例如甲苯在室温下就可与浓硫酸反应。

$$C_6H_5CH_3 + H_2SO_4 \xrightarrow{室温} o\text{-}CH_3C_6H_4SO_3H + p\text{-}CH_3C_6H_4SO_3H$$

邻甲苯磺酸　　对甲苯磺酸

磺化反应中的亲电试剂为三氧化硫，在三氧化硫分子中，由于极化使硫原子上带部分正电荷，因而可以作为亲电试剂进攻苯环。

$$C_6H_6 + {}^{+}S(=O)_2 \rightarrow O^{-} \rightleftharpoons [C_6H_6SO_3^-]^{+}\ (\sigma\text{络合物})$$

$$[C_6H_6SO_3^-]^{+} + HSO_4^- \rightleftharpoons C_6H_5SO_3^- + H_2SO_4$$

$$C_6H_5SO_3^- + H_3O^+ \rightleftharpoons C_6H_5SO_3H + H_2O$$

磺化反应是可逆反应，正逆磺化反应在反应进程中的能量变化情况如图 6-3 所示。从图示可知：活性碳正离子中间体向正逆方向反应时，活化能十分接近。

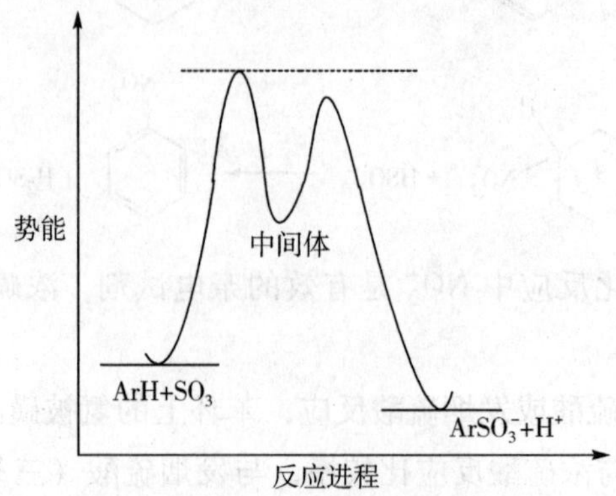

图 6-3　正逆磺化反应的能量变化示意图

苯磺酸在加热下与稀酸反应，可失去磺酸基，生成苯。

$$C_6H_5SO_3H + H_2O \xrightarrow[\triangle]{H^+} C_6H_6 + H_2SO_4$$

磺化反应的可逆性在有机合成中十分有用，在合成时可通过磺化反应占位，待进一步反应后，再通过稀酸将磺酸基除去，即可得到所需的化合物。例如，用甲苯制邻氯甲苯时，利用磺化反应来保护对位。

$$C_6H_5CH_3 \xrightarrow{浓H_2SO_4} p\text{-}CH_3C_6H_4SO_3H \xrightarrow[Fe]{Cl_2} 2\text{-}Cl\text{-}4\text{-}SO_3H\text{-}C_6H_3CH_3 \xrightarrow[\triangle]{H_3O^+} o\text{-}ClC_6H_4CH_3$$

苯磺酸是有机强酸，在水中溶解度很大，有机分子中引入磺酸基后可增加在水中的溶解度。

4. 傅-克反应　傅瑞德尔（Friedel）-克拉夫兹（Crafts）反应，简称傅-克反应。芳烃中的氢被烷基取代的反应称为烷基化反应，被酰基取代的反应称为酰基化反应。苯环上的烷基化反应和酰基化反应统称为傅-克反应。

（1）傅-克烷基化反应　卤代烷在 $AlCl_3$、$FeCl_3$、$SnCl_4$、BF_3、$ZnCl_2$ 等 Lewis 酸催化下与苯反应，在苯环上引入烷基，生成烷基苯。

$$C_6H_6 + CH_3CH_2Cl \xrightarrow{无水AlCl_3} C_6H_5CH_2CH_3 + HCl$$

催化剂的作用是使卤代烷变成亲电试剂烷基碳正离子。傅-克烷基化常用的烷基化试剂有卤代烷、烯烃和醇，它们在适当的催化剂的作用下都能产生烷基碳正离子，进而发生亲电取代反应。

$$RCl + AlCl_3 \rightleftharpoons R^+ + AlCl_4^-$$

$$RCH{=}CH_2 + HF \rightleftharpoons R\overset{+}{C}HCH_3 + F^-$$

$$ROH + BF_3 \longrightarrow R\overset{+}{O}HBF_3 \rightleftharpoons R^+ + HOBF_3^-$$

由于反应中的亲电试剂是烷基碳正离子，而碳正离子易发生重排，因此当卤代烷含有三个或三个以上碳原子时，烷基常发生异构化。例如，苯与1-氯丙烷反应主要产物是异丙苯。

$$C_6H_6 + CH_3CH_2CH_2Cl \xrightarrow{无水AlCl_3} C_6H_5CH(CH_3)_2 + C_6H_5CH_2CH_2CH_3$$

异丙苯 70%　　正丙苯 30%

这是由于反应中生成的伯碳正离子很容易重排成较稳定的仲碳正离子。

$$CH_3CH_2CH_2Cl \xrightarrow{无水AlCl_3} CH_3CH_2\overset{+}{C}H_2 \xrightarrow{重排} CH_3\overset{+}{C}HCH_3$$

苯环上连有强吸电子基时，如—NO_2、—SO_3H、—CN、—COR 等，它们使苯环上电子云密度降低而不能发生傅-克反应。

在烷基化反应中，当苯环上引入一个烷基后，由于烷基可使苯环电子云密度增加，生成的烷基苯比苯更容易进行亲电取代反应，所以烷基化反应容易生成多烷基苯。

（2）傅-克酰基化反应　酰卤和酸酐在 Lewis 酸的催化下与苯反应，在苯环上引入酰

基，生成酰基苯（芳酮）。

$$C_6H_6 + CH_3COCl \xrightarrow{\text{无水}AlCl_3} C_6H_5COCH_3 + HCl$$

$$C_6H_6 + (CH_3CO)_2O \xrightarrow{\text{无水}AlCl_3} C_6H_5COCH_3 + CH_3COOH$$

在此反应中，酰卤、酸酐与催化剂作用，生成进攻芳环的亲电试剂酰基正离子。

$$RCOCl + AlCl_3 \rightleftharpoons RCO^+ + AlCl_4^-$$

$$RC(=O)—O—C(=O)—R + AlCl_3 \rightleftharpoons RCO^+ + RCOO—AlCl_3^-$$

酰基是一个吸电子基团，当一个酰基取代苯环的氢后，苯环的活性就降低了，不易生成多取代苯，因此芳烃的酰基化反应产率一般较好，工业生产及实验室常用它来制备芳酮。

苯的酰化反应不但是合成芳酮的重要方法之一，同时也是间接得到长链烷基苯的一个重要方法，因为生成的芳酮可以用克莱门森（Clemensen）还原法将羰基还原成亚甲基（见醛酮的还原反应）而得到烷基化的芳烃，这个方法避免了碳正离子的重排。

$$C_6H_6 + CH_3CH_2COCl \xrightarrow{\text{无水}AlCl_3} C_6H_5COCH_2CH_3 \xrightarrow[\text{浓}HCl]{Zn\text{-}Hg} C_6H_5CH_2CH_2CH_3$$

写出下列反应的产物和反应机理。

6-2 $C_6H_6 + (CH_3)_2CHCH_2Cl \xrightarrow{AlCl_3}$

6-3 C_6H_6 + 丁二酸酐 $\xrightarrow{AlCl_3}$

二、苯的加成反应

与烯烃相比，苯不易发生加成反应，但在特殊条件下也能发生加成反应。例如，在加热加压及催化剂作用下，可与氢发生加成生成环己烷；在紫外线照射下，能与三分子氯加成生成六氯代环己烷。

$$C_6H_6 + H_2 \xrightarrow[\text{加温，加压}]{Ni} C_6H_{12}$$

$$C_6H_6 + Cl_2 \xrightarrow{h\nu} C_6H_6Cl_6$$

三、烷基苯侧链的反应

1. 氧化反应 常用的氧化剂如酸性高锰酸钾、酸性重铬酸钾或稀硝酸都不能使苯环氧化。但可氧化含 α-H 的烷基苯，含 α-H 的烷基苯可被氧化剂氧化生成苯甲酸。例如：

$$C_6H_5-CH_3 \xrightarrow{KMnO_4} C_6H_5-COOH$$

不管侧链多长，只要与苯环相连的 α 碳原子上有氢（α-H），其氧化的最终结果都是苯甲酸。如果与苯环相连的碳原子上不含 α-H，如叔丁基，则烷基不能被氧化。

$$m\text{-}(CH_3)_3C-C_6H_4-CH_2CH_2CH_3 \xrightarrow{KMnO_4} m\text{-}(CH_3)_3C-C_6H_4-COOH$$

苯在较高温度及特殊催化剂的作用下，可被空气氧化，苯环破裂生成顺丁烯二酸酐。

$$C_6H_6 + O_2 \xrightarrow[400\sim500℃]{V_2O_5} \text{顺丁烯二酸酐}$$

顺丁烯二酸酐

2. 卤代反应 烷基苯中的 α-H 受到苯环的影响而被活化。烷基苯在光照或过氧化物等自由基引发剂的作用下与卤素反应，发生自由基取代反应，与苯环直接相连的碳原子上的氢被卤素取代。例如，甲苯侧链上的三个氢原子可以被逐个取代，反应机理与丙烯中的 α 氢卤代一样，是自由基型的取代反应。

$$C_6H_5CH_3 \xrightarrow[Cl_2]{\text{紫外光}} C_6H_5CH_2Cl \xrightarrow[Cl_2]{\text{紫外光}} C_6H_5CHCl_2 \xrightarrow[Cl_2]{\text{紫外光}} C_6H_5CCl_3$$

氯化苄（或苄基氯） 氯化亚苄 氯化次苄

一般来说，光照下，α 氢比 β 氢容易被取代。如乙苯与氯的反应主要产物为 α 氯代乙苯；而乙苯与溴在光照下反应，α 溴代乙苯几乎是唯一产物。

$$C_6H_5CH_2CH_3 \xrightarrow{Cl_2/h\nu} C_6H_5CHClCH_3\ (56\%) + C_6H_5CH_2CH_2Cl\ (44\%)$$

$$C_6H_5CH_2CH_3 \xrightarrow{Br_2/h\nu} C_6H_5CHBrCH_3$$

烷基苯侧链卤代反应属于自由基反应，通常在与苯环相连的 α 碳原子上发生反应，生成比较稳定的苄型自由基。

扫码"学一学"

第五节　苯环上取代反应的定位效应

当苯环上已有一个取代基，再引入第二个取代基时可能进入它的邻位、间位、对位。如果仅从反应时原子之间的碰撞概率来看，它们进入邻位、间位和对位的概率分别为40%、40%、20%。

对比前面苯、甲苯和硝基苯的硝化条件和产物可以看出，甲苯比苯容易硝化，硝基主要进入甲基的邻、对位；硝基苯比苯难硝化，第二个硝基主要进入间位。由此可见，第二个取代基进入苯环的位置受到苯环上原有基团的影响，此外原有取代基还会影响到苯环亲电取代的反应活性，这种苯环上原有取代基对后引入取代基的制约作用称为定位效应，苯环上原有的取代基称为定位基。

甲苯及硝基苯的硝化反应式及实验数据如下所示。

$$C_6H_5CH_3 + HNO_3 \xrightarrow[30℃]{H_2SO_4} \text{邻硝基甲苯 } 58\% + \text{对硝基甲苯 } 38\% + \text{间硝基甲苯 } 4\%$$

$$C_6H_5NO_2 + \text{发烟}HNO_3\ (98\%\text{以上}) \xrightarrow[95℃]{\text{发烟 }H_2SO_4} \text{间二硝基苯 } 93\% + \text{邻二硝基苯 } 6\% + \text{对二硝基苯 } 1\%$$

一、定位效应

大量的实验事实表明，某些定位基使第二个取代基主要进入其邻位和对位（邻位加对位的产量大于60%），这类定位基称为邻、对位定位基；还有些定位基使第二个取代基主要进入其间位（间位的产量大于40%），这类定位基称为间位定位基。

1. 邻、对位定位基　邻、对位定位基又称为第一类定位基，这类定位基使第二个取代基主要进入它的邻位和对位，并使亲电取代反应比苯容易进行（卤素除外）。

这类定位基的结构特征是：定位基中与苯环直接相连的原子一般不含双键或叁键，多数具有未共用电子对，常见的邻、对位定位基及其定位效应由强到弱的顺序如下。

$—NH_2(—NHR, —NR_2)$、$—OH$（强致活）、$—OCH_3$、$—NHCOCH_3$、$—OCOCH_3$（中等致活）、$—Ph$、$—CH_3$（弱致活）、$—X$（致钝）

2. 间位定位基　间位定位基又称为第二类定位基，这类定位基使第二个取代基主要进入它的间位，并使亲电取代反应比苯难。

这类定位基的结构特征是：定位基中与苯环直接相连的原子一般都含有双键或叁键，或者有正电荷。常见的间位定位基及其定位效应由强到弱的顺序如下。

$N^+(CH_3)_3$、$—NO_2$、$—CF_3$、$—CCl_3$、$—CN$、$—SO_3H$、$—CHO$（$—COR$）、$—COOH$（$—COOR$）、$—CONH_2$

排在越前面的定位基，定位效应越强，再进行反应也越难。

二、活化与钝化作用

在芳烃的亲电取代反应机理中，σ-络合物（环状的碳正离子）是芳烃亲电取代反应的中间体，这步反应速度较慢，是决定整个反应速度的步骤。为此需研究芳环上原有取代基，即定位基在亲电取代反应中对中间体σ-络合物的生成及稳定性的影响。如果定位基使σ-络合物更加稳定，那么σ-络合物的生成就比较容易，反应速度就比较快，定位基就会使苯环活化；反之，则使苯环钝化。带有活化基团的苯环发生亲电取代反应时，所需活化能比苯反应时的低，而带有钝化基团的苯环发生亲电取代反应时，所需活化能比苯反应时的高。这种关系可以用图 6-4 表示。

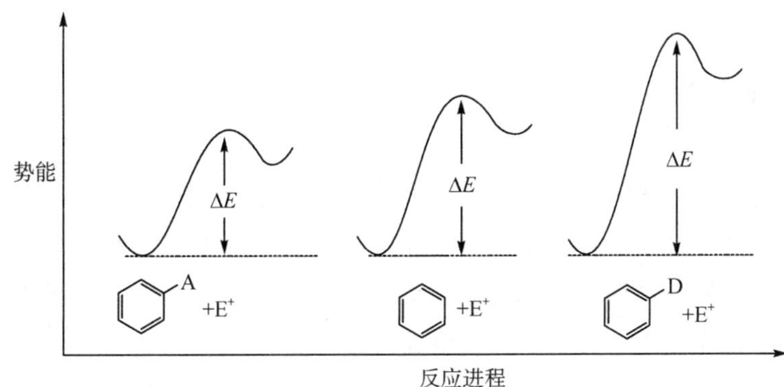

图 6-4　苯及带有活化基团或钝化基团的苯进行亲电取代反应的活化能相对大小示意图

图中 A 和 D 分别代表活化基团和钝化基团，E^+ 为亲电试剂

总之，邻、对位定位基使亲电取代反应比苯容易进行（卤素除外），即它们可使苯环活化。间位定位基使亲电取代反应比苯难，即它们可使苯环钝化。

三、定位效应和活性作用的解释

下面以甲苯、苯酚、硝基苯、氯苯为例，说明两类定位基对苯环的定位效应及其活性的影响。

1. 第一类定位基　甲基和羟基。

（1）甲基　定位基甲基与苯环相连，可以通过它的诱导效应（+I）和超共轭效应(+C)使整个苯环的电子云密度增加。甲基的这种斥电子性，可以使中间体碳正离子上的正电荷得到分散，从而增加了中间体的稳定性，使亲电取代反应容易发生。因此，甲基使苯环活化，甲苯比苯容易进行亲电取代。亲电试剂进攻甲基的邻、对位与进攻间位相比，生成的中间体碳正离子的稳定性是不同的。

亲电试剂进攻邻位生成的碳正离子，从共振论的观点看，它是由三种共振结构式共振形成的共振杂化体。

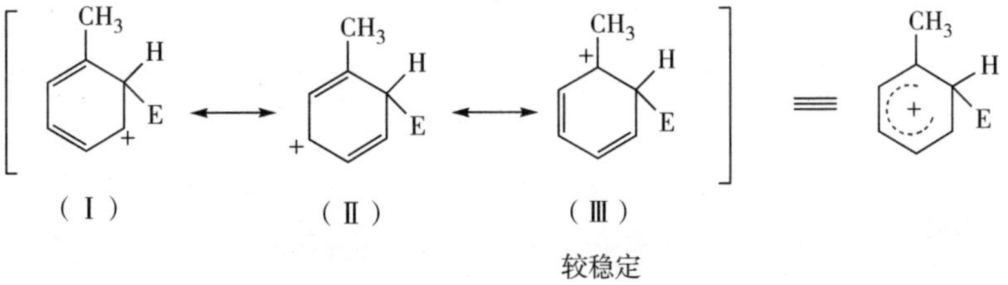

（Ⅰ）　（Ⅱ）　（Ⅲ）

较稳定

在三种共振结构式中，（Ⅲ）是烯丙基型叔碳正离子，位于与甲基相连的碳原子上，甲基的斥电子能力可使正电荷分散，因而具有较低的能量，是一个比较稳定的共振式，由它参与共振形成的共振杂化体的碳正离子也比较稳定，因而邻位取代较易进行。

亲电试剂进攻对位生成的碳正离子，可以看作是（Ⅳ）（Ⅴ）（Ⅵ）三种共振结构式共振形成的杂化体。与进攻邻位的情况相似，（Ⅴ）是烯丙基型叔碳正离子，是一种比较稳定的共振式。由于它的贡献较大，使对位取代较易进行。

（Ⅳ）　（Ⅴ）　（Ⅵ）

较稳定

亲电试剂进攻间位生成的碳正离子，可以看作是（Ⅶ）（Ⅷ）（Ⅸ）三种共振结构式共振形成的杂化体。这三种共振式都是烯丙基型仲碳正离子，其正电荷不能被斥电子的甲基所分散，稳定性不如烯丙基型叔碳正离子，故从间位进攻生成的碳正离子没有从邻对位进攻形成的碳正离子稳定，因而间位取代较难进行。

（Ⅶ）　（Ⅷ）　（Ⅸ）

甲苯的邻、对位取代反应所需活化能较小，反应速度较快，而间位取代反应所需活化能较大，反应速度较慢，所以甲基的亲电取代反应主要得到邻和对位产物。甲苯发生亲电取代时，在邻、间、对不同位置上的能量比较如图 6-5。

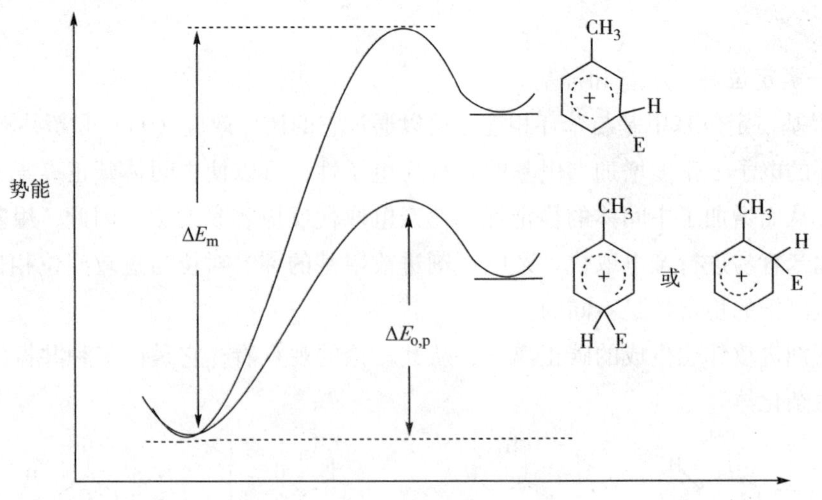

图 6-5　甲苯的亲电取代反应形成邻、间、对中间体碳正离子的相对能量关系示意图

（2）羟基 定位基羟基与苯环相连，羟基斥电子的 p-π 共轭效应起主导作用，不但抵消了吸电子的诱导效应，而且使苯环上的电子云明显增加，苯环被活化，亲电取代反应比苯容易。当亲电试剂进攻酚羟基的邻位、对位和间位时，所生成的碳正离子分别用以下共振式表示。

进攻邻位：

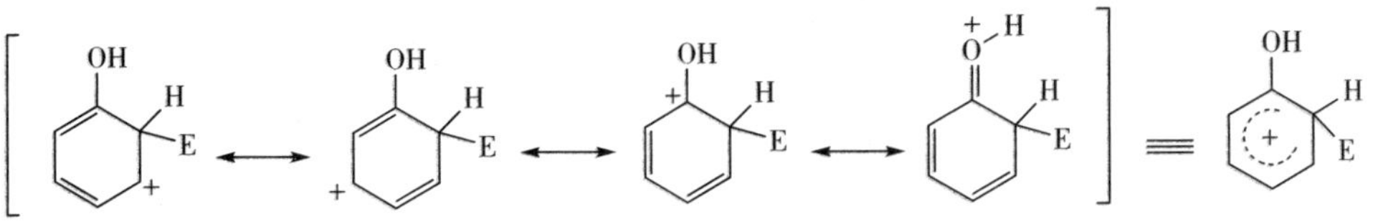

（Ⅰ） （Ⅱ） （Ⅲ） （Ⅳ）

较稳定

进攻对位：

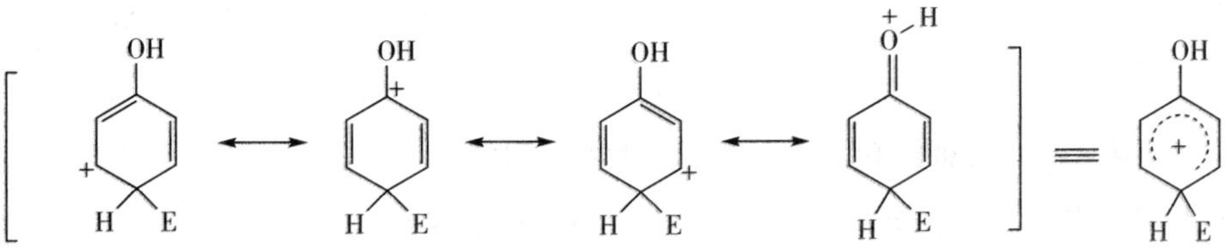

（Ⅴ） （Ⅵ） （Ⅶ） （Ⅷ）

较稳定

进攻间位：

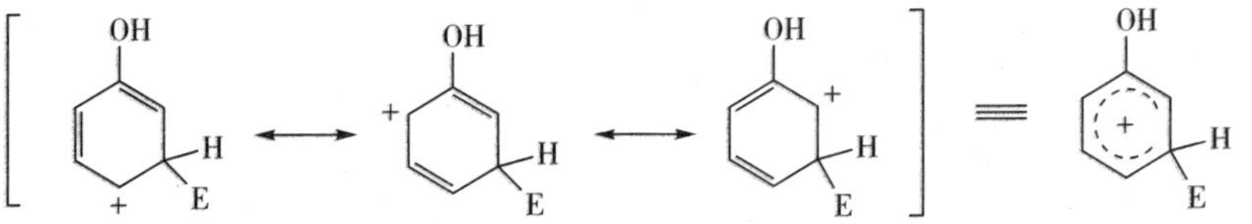

（Ⅸ） （Ⅹ） （Ⅺ）

从以上共振式可以看出，苯酚的邻、对位受亲电试剂进攻时，可以生成两个较稳定的共振式（Ⅳ）和（Ⅷ），在这两个共振式中，每个原子（除氢原子外）都有八隅体结构，这样的共振式比较稳定，对共振杂化体的贡献也较大，形成的杂化体碳正离子也较稳定。进攻间位则得不到这样较稳定的共振式。此外进攻邻、对位的活性中间体有四个共振式，而进攻间位只有三个共振式，根据共振论观点，共振结构式越多者，其杂化体碳正离子越稳定，所以羟基会使反应主要发生在邻位和对位上。

其他具有未共用电子对的基团（卤素除外）如—OR 和—NH_2(R)等和羟基有类似的作用。

2. 硝基 硝基是间位定位基，具有吸电子的共轭效应和诱导效应，使苯环上的电子云密度大大降低，因此苯环被强烈钝化，其亲电取代比苯难得多。但间位定位基对苯环不同位置的影响也不相同，当亲电试剂进攻硝基的邻位、对位和间位时，所生成的碳正离子分别用以下共振式表示。

进攻邻位：

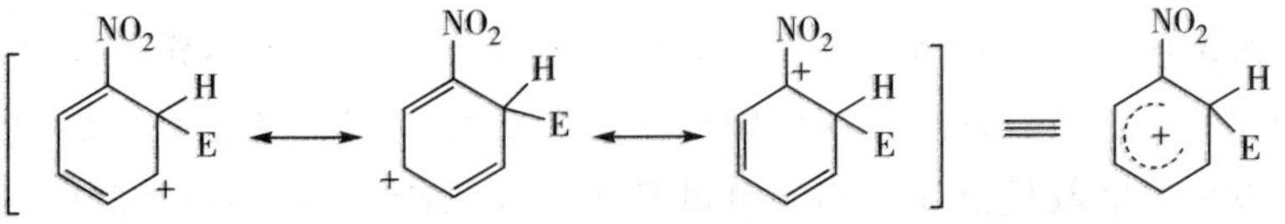

（Ⅰ） （Ⅱ） （Ⅲ）

不稳定

进攻对位：

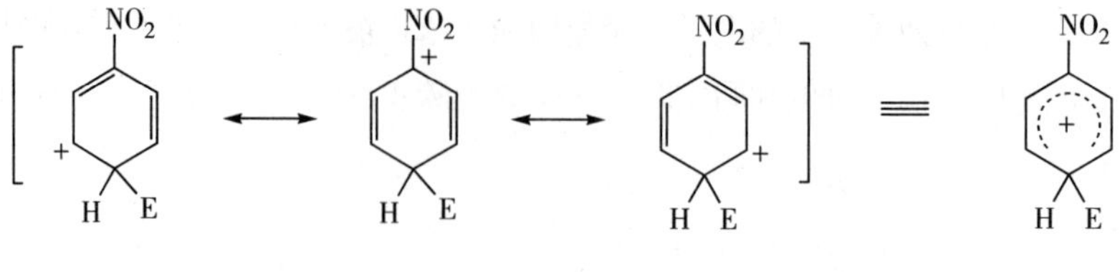

（Ⅳ）　（Ⅴ）不稳定　（Ⅵ）

进攻间位：

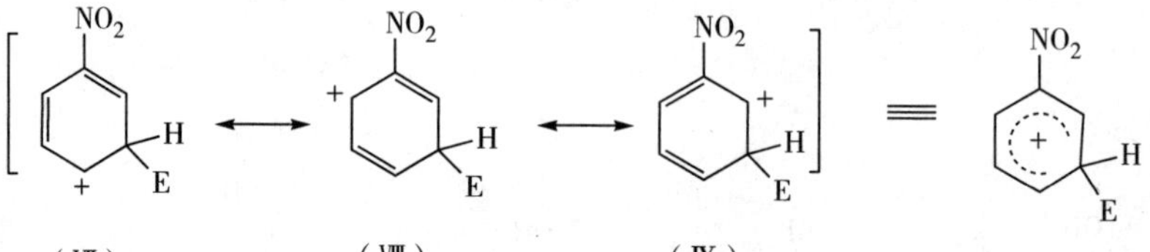

（Ⅶ）　（Ⅷ）　（Ⅸ）

在以上共振式中，（Ⅲ）和（Ⅴ）这两个共振式中带有正电荷的碳原子都直接和强吸电子的硝基相连，使正电荷更加集中，能量特别高，不容易形成。亲电试剂进攻间位时形成的碳正离子的三种共振式中则没有这种特别不稳定的共振式。说明进攻间位生成的碳正离子中间体比进攻邻、对位生成的碳正离子中间体稳定。所以硝基苯的亲电取代主要发生在间位。硝基苯发生亲电取代时，在邻、间、对不同位置上的能量比较如图 6-6。

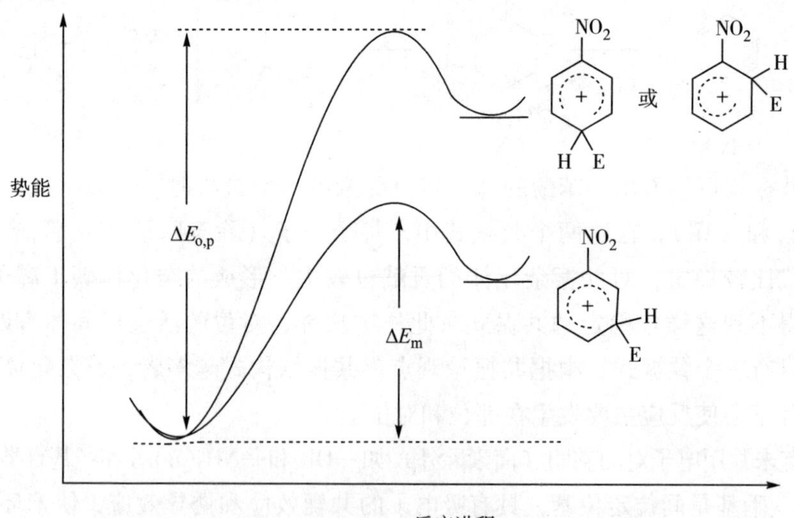

图 6-6　硝基苯的亲电取代反应形成邻、间、对中间体碳正离子的相对能量关系示意图

3. 卤素　卤原子是邻、对位定位基，却使苯环钝化。卤原子强吸电子的诱导效应起主导作用，能够抵消斥电子的 p-π 共轭效应，结果使苯环上的电子云密度降低，一方面使亲电试剂不易进攻苯环，另一方面使反应中产生的碳正离子的正电荷更加集中，不稳定，所以卤苯比苯难发生亲电取代反应。当亲电试剂进攻卤素的邻位、对位和间位时，所生成的碳正离子分别用以下共振式表示。

进攻邻位：

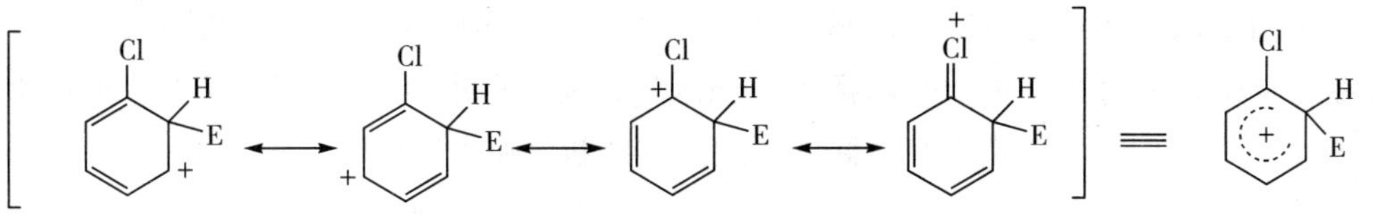

（Ⅰ） （Ⅱ） （Ⅲ） （Ⅳ）
较稳定

进攻对位：

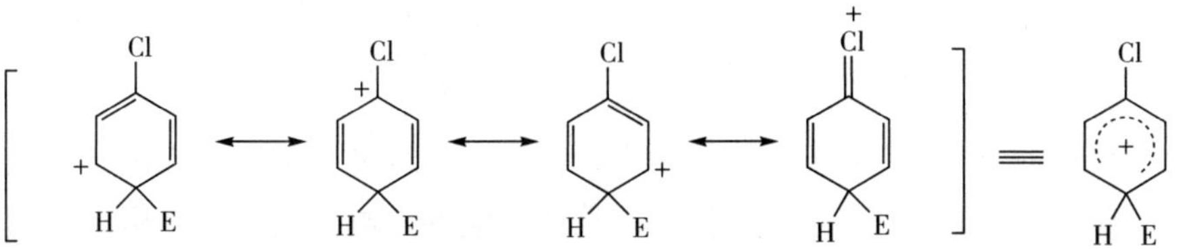

（Ⅴ） （Ⅵ） （Ⅶ） （Ⅷ）
较稳定

进攻间位：

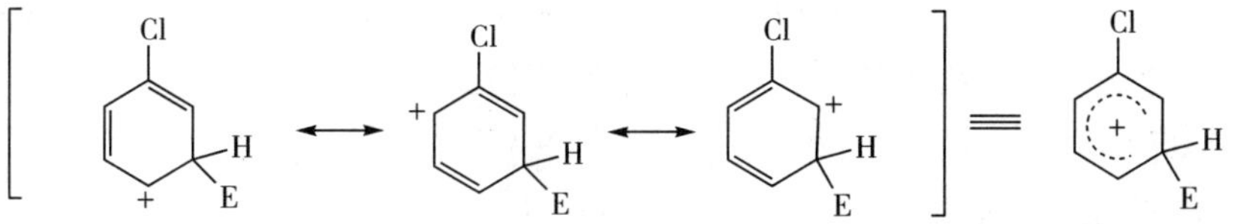

（Ⅸ） （Ⅹ） （Ⅺ）

亲电试剂从邻、对位进攻苯环时，参与形成中间体碳正离子的共振式（Ⅳ）和（Ⅷ）中，每个原子（除氢原子外）最外层都有八隅体结构，这样的共振式比较稳定，对共振杂化体的贡献也较大，形成的杂化体碳正离子也较稳定。进攻间位则得不到这样较稳定的共振式。此外进攻邻、对位的活性中间体有四个共振式，而进攻间位只有三个共振式，根据共振论观点共振结构式越多者，其杂化体碳正离子越稳定，所以卤素使反应主要发生在邻位、对位上。

四、二取代苯的定位效应

当苯环上已有两个取代基，再发生亲电取代反应时，情况要比一元取代苯复杂，第三个取代基进入苯环的位置取决于原有两个取代基的性质。两个取代基中间的位置由于空间位阻的作用一般不易进入新基团，通常有以下几种情况。

（1）苯环上原有的两个取代基的定位效应一致，则它们的作用可以相互加强。

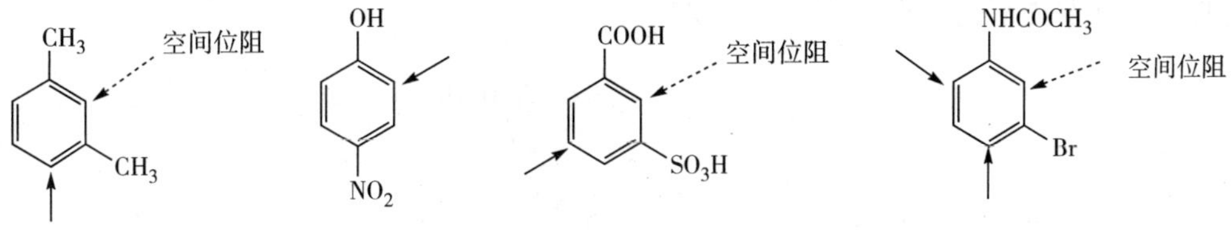

CH_3 空间位阻 CH_3　　OH NO_2　　COOH 空间位阻 SO_3H　　$NHCOCH_3$ 空间位阻 Br

（2）苯环上原有两个取代基是同类定位基，则第三个基团进入苯环的位置主要由定位能力强的基团决定。

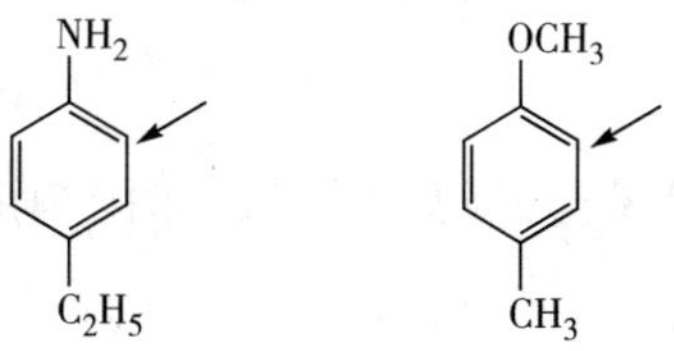

NH_2 C_2H_5　　OCH_3 CH_3

如果两个取代基都是间位定位基，且它们之间处于邻位或对位时，则第三个取代基的定位就很复杂，因为原有两个基团都是钝化苯环，使亲电取代已经很难发生，再加上它们彼此的定位冲突，使产物的收率很低，因此很难判断以哪个基团定位为主。

（3）苯环上原有两个取代基不是同类定位基，则第三个取代基进入苯环的位置取决于邻、对位定位基。

OCH_3 （空间位阻） CN　　　　$NHCOCH_3$ （空间位阻） NO_2

总之，无论是一元取代苯还是二元取代苯，苯环上新引入基团进入的位置主要由原有定位基的性质决定。同时也受原有取代基的空间效应的影响。此外，新引入基团的性质及大小、溶剂、反应温度、催化剂等条件，也会影响产物的比例。

五、定位效应在合成中的应用

苯环上亲电取代反应的定位效应不仅可以解释某些实验事实，而且可用于指导取代苯的合成，包括合成路线的选择和预测反应的主要产物。

例如：以苯为原料合成 1-硝基-3-氯苯。

在合成 1-硝基-3-氯苯时，需在苯环上引入两个基团，即硝基和氯原子，应考虑先引入硝基还是先引入氯原子。由于硝基是间位定位基，氯是邻、对位定位基，因此确定应先硝化，后氯代。

苯 —浓HNO_3/浓H_2SO_4，△→ 硝基苯（NO_2） —Cl_2，Fe→ 1-硝基-3-氯苯（NO_2，Cl）

如果先氯代后硝化，则硝化时主要得到 1-硝基-2-氯苯和 1-硝基-4-氯苯，而得不到所希望的 1-硝基-3-氯苯。

苯 —Cl_2，Fe→ 氯苯（Cl） —浓HNO_3/浓H_2SO_4，△→ 1-硝基-2-氯苯（Cl，NO_2） + 1-硝基-4-氯苯（Cl，NO_2）

又如：用甲苯制备 3-硝基-5-溴苯甲酸时，三个取代基互为间位，因此要优先引入间位定位基，即要先氧化，再硝化，最后溴代。

甲苯（CH_3） ——→ 3-硝基-5-溴苯甲酸（COOH，Br，NO_2）

甲苯（CH_3） —$KMnO_4$→ 苯甲酸（COOH） —浓HNO_3/浓H_2SO_4，△→ 3-硝基苯甲酸（COOH，NO_2） —Br_2，Fe→ 3-硝基-5-溴苯甲酸（COOH，Br，NO_2）

再如：以甲苯为原料合成 2,4-二硝基苯甲酸，两个硝基与羧基是邻位和对位的关系，因此需先引入硝基，再氧化。

6-4 由甲苯合成下列化合物

第六节 多环与稠环芳烃

多环芳烃是指分子中含有两个或多个苯环的芳烃，包括彼此通过共用两个相邻碳原子稠合而成的稠环芳烃，如萘、蒽、菲等；含有两个或多个独立苯环的芳烃，如联苯、三苯基甲烷等。

一、联苯

联苯类化合物是两个或多个苯环之间以单键相连所形成的一类多环芳烃。该类化合物中最简单的是由两个苯环组成的联苯。

联苯　　　　对三联苯

在晶体中，联苯的两个苯环共平面，这样分子可排列得更紧密，具有较高的晶格能。但在溶液和气相中，不存在来自晶格能的稳定作用，由于2,2′位和6,6′位上两个氢之间的相互斥力，使两个苯环不处于同一平面。联苯在溶液和气相中的优势构象见图6-7。

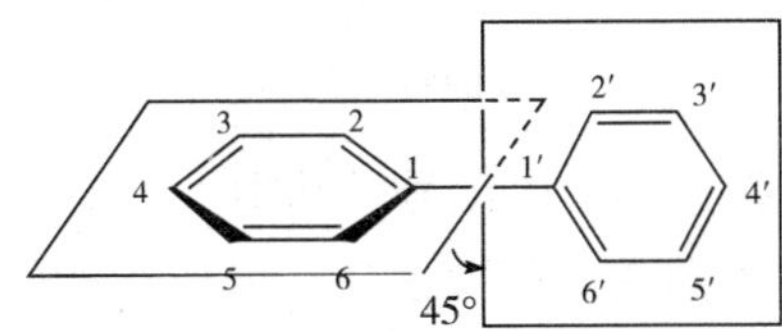

图6-7 联苯在溶液和气相中的优势构象

联苯本身两对邻位氢间的空间排斥作用，约几 kJ/mol，此能量尚不足以阻碍单键的自由旋转。但当这两对氢被体积大的基团取代时，这种空间作用将增大。当取代基体积足够大时，两个苯环的相对旋转完全受阻，被迫固定互相垂直或成一定的角度。

联苯可以看作是苯环上的一个氢原子被另一个苯环所取代，因此，每个苯环与单独苯

环的化学性质是类似的，苯基取代基是邻、对位定位基。

二、稠环芳烃

（一）萘

1. 命名和结构 萘的分子式 $C_{10}H_8$，结构与苯相似，也是一个平面分子，分子中每个碳原子都是 sp^2 杂化。分子中所有的 σ 键都位于同一平面上，每个 sp^2 杂化的碳原子还有一个垂直于这个平面的 p 轨道，这些 p 轨道相互平行、肩并肩重叠而形成一个闭合的共轭体系，如图 6-8 所示。

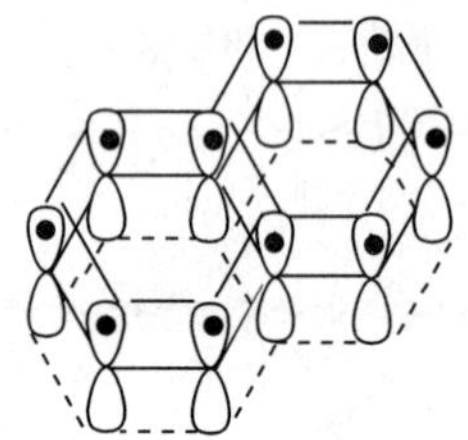

图 6-8　苯的 π 分子轨道示意图

在萘分子中电子发生了离域，但电子云没有完全平均化，分子中碳碳键长并不完全相等，即电子离域程度比苯低。萘的结构和键长表示如下：

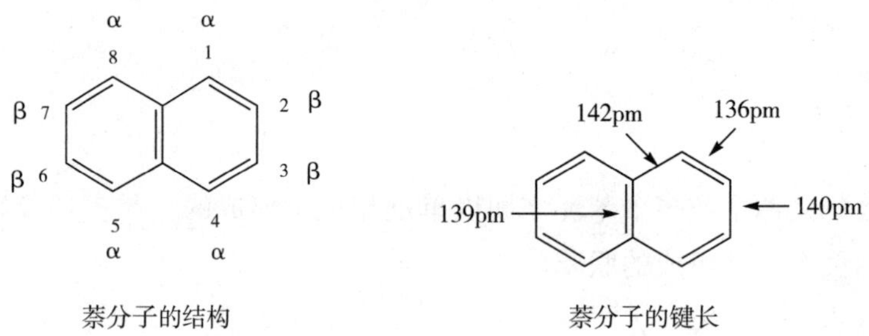

萘分子的结构　　萘分子的键长

萘与苯活性的差别也可以从共振论解释：萘的共振能约为 255kJ/mol，明显比两个单独苯环的共振能 150.5kJ/mol 之和（301.0kJ/mol）低，故萘的稳定性比苯差，所以萘比苯容易发生氧化和加成。萘分子结构可用如下共振式表示：

萘的共振结构式

萘分子中碳原子的位置可按上面次序编号。其中 1，4，5，8 四个位置是等同的，称为 α 位，2，3，6，7 四个位置是等同的，称为 β 位。所以萘的一元取代物有 α 和 β 两种异构体。例如：

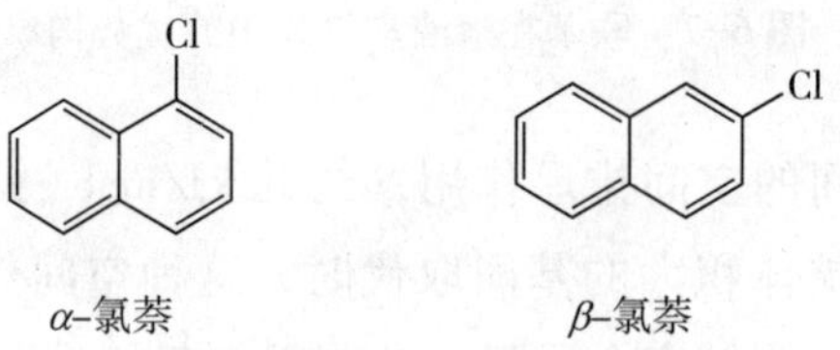

α-氯萘　　β-氯萘

萘的二元取代物的命名与苯相似。例如：

CH_3 SO_3H 4-甲基萘-1-磺酸　　NO_2 NO_2 1,5-二硝基萘

2. 化学性质

（1）亲电取代反应　萘能发生硝化、卤代、磺化和傅-克反应等一系列常见的芳香亲电取代反应。萘的结构与苯相似，也是一个封闭的共轭体系。在萘环上，π 电子的离域并不像苯环那样完全平均化，而是在 α 碳原子上的电子云密度较高，β 碳原子次之，中间共用的两个碳原子则更低，因此亲电取代反应一般发生在 α 位。

从共振论的观点看，萘的 α 位和 β 位被取代形成的碳正离子中间体可用下列共振式表示。

取代 α 位：

取代 β 位：

在 α 位取代所形成的碳正离子中间体的共振结构式中，有两个含有完整苯环结构的共振式，这两个共振式能量较低，对共振杂化体的贡献较大；在 β 位取代所形成的碳正离子中间体的共振结构式中，只有一个含有完整苯环结构的共振式，所以前者比后者稳定。稳定碳正离子相对应的过渡态势能也相对较低，所以进攻 α 位反应活化能较小，反应速率较快。

与苯相比，萘的亲电取代反应无论是 α 位，还是 β 位都有保留较稳定的苯环共振式，因此它们的亲电取代活性比苯大，取代的反应条件也比苯温和。

卤代：萘比较活泼，与溴在四氯化碳溶液中加热回流，不用催化剂，反应即可进行，主要得到 α-溴萘。

$$+ Br_2 \xrightarrow[\triangle]{CCl_4} + HBr$$

α-溴萘

硝化：萘用混酸硝化，主要产物为 α-硝基萘，其反应速度比苯的硝化要快得多。

$$+ HNO_3 \xrightarrow{H_2SO_4} + H_2O$$

α-硝基萘

α-硝基萘常用于制备 α-萘胺。

磺化：萘的磺化反应是可逆的，磺酸基进入的位置与反应温度有关。萘与浓硫酸在 60℃以下作用，主要产物为 α-萘磺酸；在 165℃作用，主要产物为 β-萘磺酸。

+ H_2SO_4

0~60℃

SO_3H

α-萘磺酸

H_2SO_4, 165℃

165℃

SO_3H

β-萘磺酸

上述现象表明：与萘的硝化、卤代反应一样，生成 α-萘磺酸比生成 β-萘磺酸活化能低，低温条件下提供能量较少，所以主要生成 α-萘磺酸。但磺化反应是可逆的，由于 α-萘磺酸中磺酸基与异环的 α-H 处于平行位置，空间位阻较大，不稳定，随着反应温度升高，α-萘磺酸的增多，脱磺酸基的逆向反应速率逐渐增加。在 β-萘磺酸结构中，磺酸基与邻位氢原子之间的距离较远，空间位阻小，所以结构比较稳定。另外，温度升高有利于提供生成 β-萘磺酸所需的活化能，使其反应速率加快。由于 β-萘磺酸结构稳定，其脱磺酸基的逆反应速率很慢，因此，在高温下 α-萘磺酸逐渐转变成 β-萘磺酸。

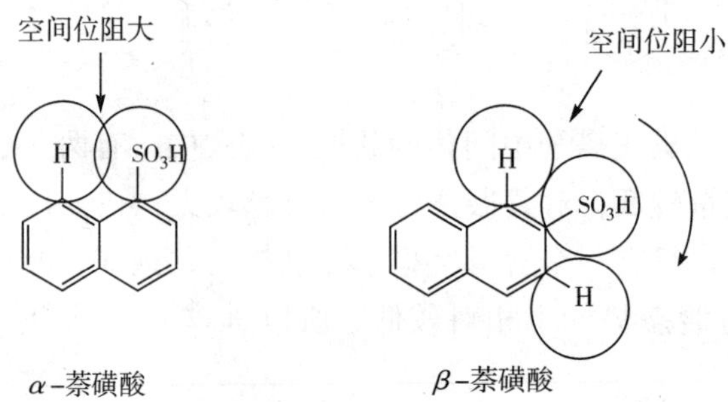

傅-克酰基化：萘的酰基化反应既可以在 α 位发生，也可以在 β 位发生，反应产物与温度和溶剂有关。

+ CH_3COCl

$AlCl_3/CS_2$, −15℃

$COCH_3$ + $COCH_3$

3 : 1

$AlCl_3/C_6H_5NO_2$, 200℃

$COCH_3$

90%

萘的傅-克酰化反应常得混合物。此反应一般以 $AlCl_3$ 为催化剂，在 CS_2 溶剂中进行，主要得 α 酰化产物。若以硝基苯为溶剂，一般得 β 酰化产物。

一元取代萘再进行取代反应时，第二个基团进入的位置取决于原有取代基的性质、位置以及反应条件。若环上有邻对位定位基（卤素除外），由于它能使与它直接相连的环活化，所以取代反应主要在同环发生。若原取代基在 α 位，则第二个基团主要进入同环的另一个 α 位；若原取代基在 β 位，则第二个取代基主要进入与它相邻的 α 位。

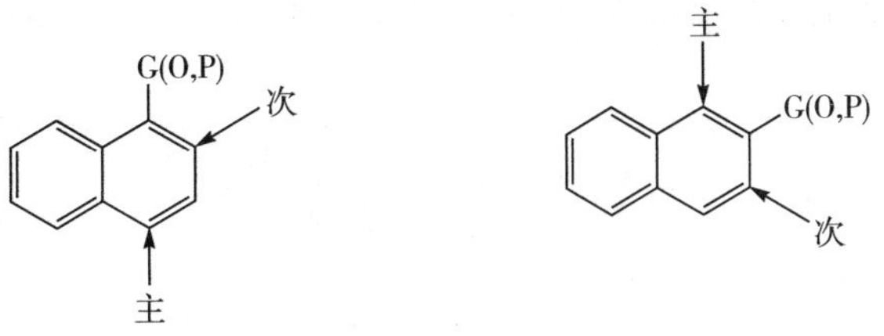

G(O,P)　次　主

主　G(O,P)　次

例如：

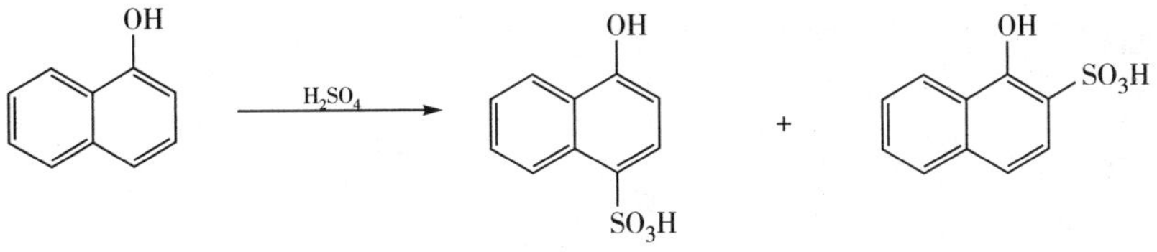

OH　$\xrightarrow{H_2SO_4}$　OH, SO_3H　+　OH, SO_3H

4-羟基萘-1-磺酸
(主要产物）

1-羟基萘-2-磺酸

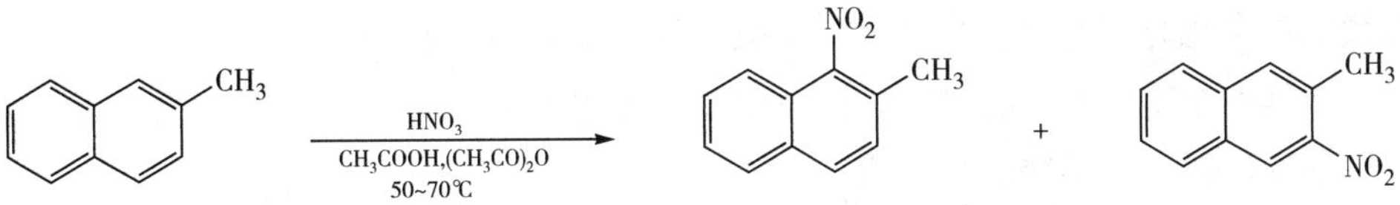

CH_3　$\xrightarrow[\text{50~70℃}]{HNO_3 \\ CH_3COOH,(CH_3CO)_2O}$　NO_2, CH_3　+　CH_3, NO_2

1–硝基–2–甲基萘
(主要产物）

3–硝基–2–甲基萘

第一取代基（G）在 β 位时，有时 6 位也能发生取代反应，因为 6 位也可以被认为是 G 的对位。

若环上有一间位定位基，由于它能使与它直接相连的环钝化，所以发生异环取代。不论原有取代基在 α 位还是 β 位，第二个取代基一般进入另一个环的 α 位。

G(m)　G(m)

例如：

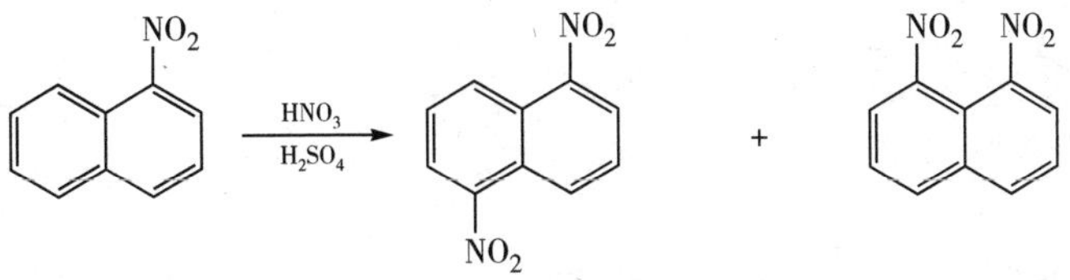

NO_2　$\xrightarrow[H_2SO_4]{HNO_3}$　NO_2, NO_2　+　NO_2 NO_2

1,5-二硝基萘

1,8-二硝基萘

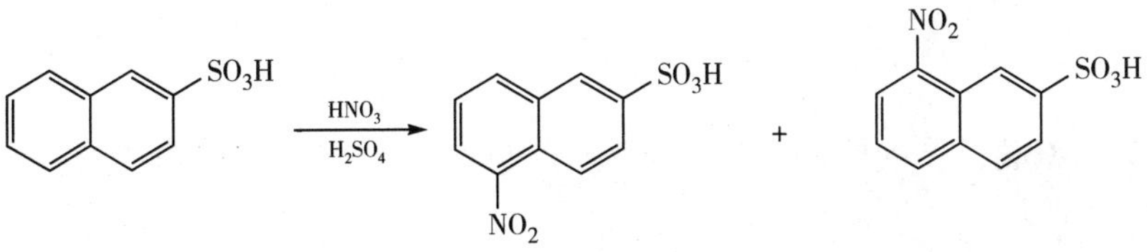

SO_3H　$\xrightarrow[H_2SO_4]{HNO_3}$　SO_3H, NO_2　+　NO_2, SO_3H

5-硝基萘-2-磺酸

8-硝基萘-2-磺酸

实际上萘的衍生物的取代反应是很复杂的，受到不同反应条件的影响，并不能完全符合上述定位规律。

（2）氧化反应　萘比苯容易被氧化，在不同的条件下，可氧化生成不同的产物。例如在三氧化铬的醋酸溶液中，萘的一个苯环被氧化成醌，生成1,4-萘醌（α-萘醌）。

CrO_3,CH_3COOH / 10~15℃

1,4-萘醌（α-萘醌）

若在高温和五氧化二钒的催化下可被空气氧化，其中一个环破裂，生成邻苯二甲酸酐。

V_2O_5/O_2 / 400~550℃

邻苯二甲酸酐

邻苯二甲酸酐是一种重要的化工原料，它是许多合成树脂、增塑剂、染料等的原料。

取代的萘氧化时，哪个环被氧化，取决于环上取代基的性质。氧化是一个失电子的过程，而还原是一个得到电子的过程，因此电子云密度比较大的环容易被氧化开环，而还原是电子云密度比较小的环容易被还原。

NH_2 —[O]→ COOH, COOH

NO_2 —[O]→ NO_2, COOH, COOH

氨基是斥电子基团，大大增加了苯环的电子云密度，使苯环活化；而硝基是吸电子基团，大大降低了苯环的电子云密度，使苯环钝化。

（3）加氢反应　萘比苯容易发生加成反应。萘在发生催化加氢反应时，使用不同的催化剂和不同的反应条件，可分别得到不同的加氢产物。

Na,C_2H_5OH / 回流　　Na,C_2H_5OH / 150℃

1,4-二氢萘　　1,2,3,4-四氢萘(四氢化萘)

H_2/Pt / 加温，加压

十氢化萘

四氢萘又叫萘满，沸点是270.2℃，十氢萘又叫萘烷，沸点是171.7℃，它们都是良好的高沸点溶剂。

6-5 完成下列反应

萘 $\xrightarrow[165℃]{浓H_2SO_4}$ ( ) $\xrightarrow[H_2SO_4]{HNO_3}$ ( )

（二）蒽和菲

1. 蒽和菲的结构 蒽和菲的分子式都是 $C_{14}H_{10}$。蒽是三个苯环成线形稠合，菲是三个苯环成角形稠合。分子中每个碳原子都是 sp^2 杂化，所有的碳、氢原子都位于同一平面上，每个 sp^2 杂化的碳原子还有一个垂直于这个平面的 p 轨道，相邻碳原子的 p 轨道侧面重叠，形成了包括十四个碳原子在内的 π 分子轨道。分子中的碳碳键长也不完全相等，其结构可表示如下。

蒽分子的结构（α: 1,4,5,8；β: 2,3,6,7；γ: 9,10）

菲分子的结构（1–10 位编号）

蒽分子中 1,4,5,8 位是等同的，称为 α 位；2,3,6,7 位是等同的，称为 β 位；9,10 位是等同的，称为 γ 位。因此，蒽的一元取代物有三种异构体。

在菲分子中，1,8；2,7；3,6；4,5；9,10 位分别等同，所以菲的一元取代物有五种异构体。

2. 蒽和菲的性质 蒽和菲的氧化和还原反应都比萘容易。反应发生在 9，10 位，所得产物均保持两个完整的苯环。亲电取代反应一般得混合物或多元取代物，故在有机合成上应用价值较小。

蒽和菲的 9、10 位化学活性较高，与氢气加成反应优先在 9、10 位发生。

蒽 $+ H_2 \xrightarrow{亚铬酸铜}$ 9,10-二氢蒽

菲 $+ H_2 \xrightarrow{亚铬酸铜}$ 9,10-二氢菲

蒽和菲的氧化反应也是首先在 9、10 位发生。蒽和菲都可以用三氧化铬的醋酸溶液或重铬酸钾的硫酸溶液氧化生成 9,10-蒽醌和 9,10-菲醌。

$CrO_3/HOAc$

9,10-蒽醌

$CrO_3/HOAc$

9,10-菲醌

蒽醌及其衍生物是一类重要的染料中间体，也是某些中药的活性成分，如大黄、番泻叶等的有效成分都属于蒽醌类衍生物。

菲的某些衍生物具有特殊的生理作用，例如甾醇、生物碱、维生素、性激素等分子中都含有环戊烷并多氢菲的结构。

（三）致癌芳烃

1775 年，英国外科医生注意到打扫烟囱的童工成年后多发阴囊癌，其原因就是燃煤尘颗粒穿过衣服擦入阴囊皮肤所致，也就是煤灰中的多环芳香烃所致。多环芳香烃也是最早在动物实验中获得证实的化学致癌物。

苯是单环芳香烃，通过动物实验和临床观察，发现苯能抑制造血系统，长期接触高浓度的苯可引起白血病。二环芳烃不致癌，三环以上的多环芳烃有致癌性。三环芳烃的蒽和菲都没有致癌性，但它们的衍生物有致癌性。例如 9,10-二甲基蒽，四环芳香烃中的 7,12-二甲基苯并[a]蒽是一种强致癌物，在动物药理实验中常用来诱发皮肤癌、乳腺癌等。五环芳香烃中的苯并[a]芘为特强致癌物。

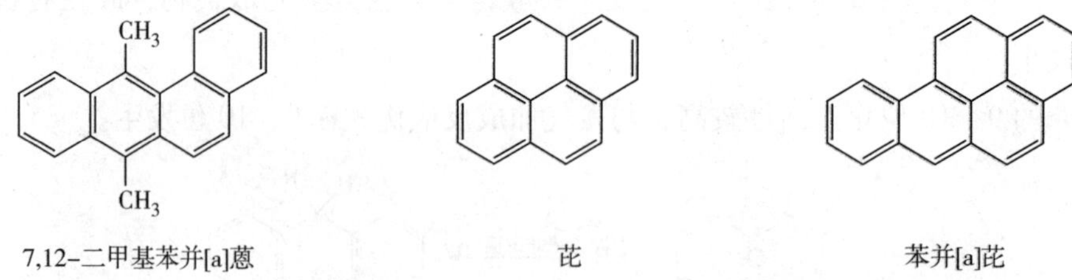

7,12-二甲基苯并[a]蒽　　芘　　苯并[a]芘

总的来说，多环芳烃是数量最多的一类致癌物。在自然界中，它主要存在于煤、石油、焦油和沥青中，也可以由含碳氢元素的化合物不完全燃烧产生。汽车、飞机及各种机动车辆所排出的废气中和香烟的烟雾中均含有多种致癌性多环芳香烃。露天焚烧（失火、烧荒）可以产生多种多环芳香烃致癌物。烟熏、烘烤及焙焦的食品均可直接受其污染或产生多环芳香烃，对人体产生危害。

扫码"学一学"

第七节 芳香性和休克尔规则

一、芳香性

人们把具有芳香性的化合物称为芳香族化合物。从结构上看，芳香化合物一般都具有平面或接近平面的环状结构，键长趋于平均化，并有较高的 C/H 比值；从性质看，芳香化合物的芳环一般都难以氧化、加成，而易于发生亲电取代反应，它们还具有一些特殊的光谱特征，如芳环环外氢的化学位移处于磁场的低场，而环内氢处于高场。上述这些特点，就是人们经常说的芳香性。

二、休克尔规则

1931 年，休克尔（E. Hückel）根据分子轨道理论解释了芳香性问题，认为芳香性必须符合一定的结构条件，即具有平面结构的环状共轭体系，其 π 电子数为 $4n+2$（n 为自然数）时有芳香性，这就是休克尔规则或 $4n+2$ 规则。

凡是符合休克尔规则的化合物就具有芳香性，称为芳香性化合物。

扫码"学一学"

第八节 非苯芳香化合物

具有芳香性但不含苯环的烃类化合物称为非苯芳香化合物。非苯芳香化合物包括一些环多烯和芳香离子化合物。

一、芳香离子化合物

1. 环丙烯正离子 环丙烯没有芳香性。如果环丙烯 sp^3 杂化的碳原子上失去一个氢原子和一个电子，得到环丙烯正离子。这个三元环中，环丙烯正离子只有两个 π 电子，碳碳键长都是 140pm，这说明两个 π 电子完全离域在三个 sp^2 杂化的碳原子上。它是一个平面离域体系，其 π 电子数符合 $4n+2$（$n=0$），故具有芳香性。

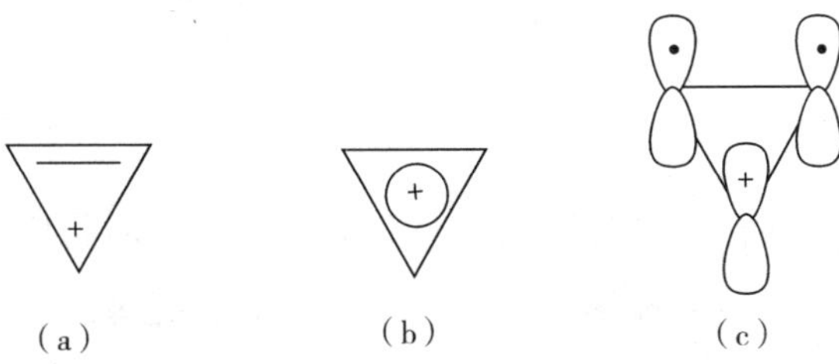

环丙烯正离子

由于环丙烯正离子（a）形成了环状共轭体系，此类离子中的正或负电荷就不局限在某一个碳原子上，而是离域于共轭环上的每个碳原子，因此书写时表示为（b）。

2. 环戊二烯负离子 环戊二烯是一个很活泼的化合物，表现出烯烃的通性。它的饱和碳上的氢具有酸性，$pK_a \approx 16$，其酸性与水、醇相当，与苯基锂反应，很容易形成锂盐。

从环戊二烯 sp^3 杂化的碳原子上失去一个 H^+，sp^3 杂化的碳原子转化为 sp^2 杂化，其 p 轨道上有一对电子，成为有 6 个 π 电子的环戊二烯负离子。这 6 个 π 电子离域于 5 个 sp^2 杂化的碳原子上，是一个平面的离域体系，π 电子数符合 $4n+2$（$n=1$），故具有芳香性。它是环状负离子体系中最稳定的。

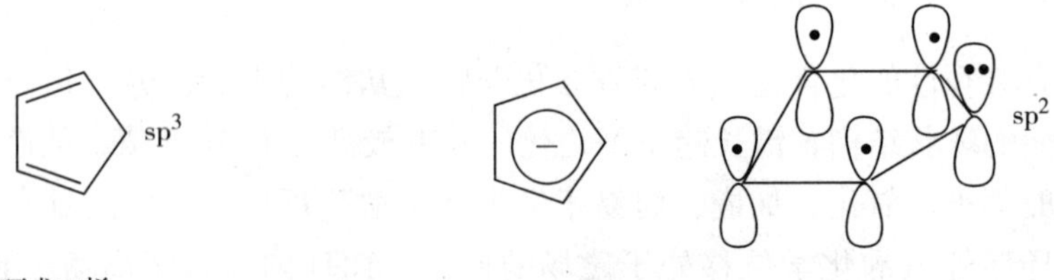

环戊二烯　　　　环戊二烯负离子

3. 环庚三烯正离子　环庚三烯没有芳香性。但转变为环庚三烯正离子后，6 个 π 电子离域于 7 个 sp^2 杂化的碳原子上，形成 7 中心，6 个电子的大 π 键，其 π 电子数符合 $4n+2$（$n=1$），故具有芳香性，该离子现在已经被制备出来。

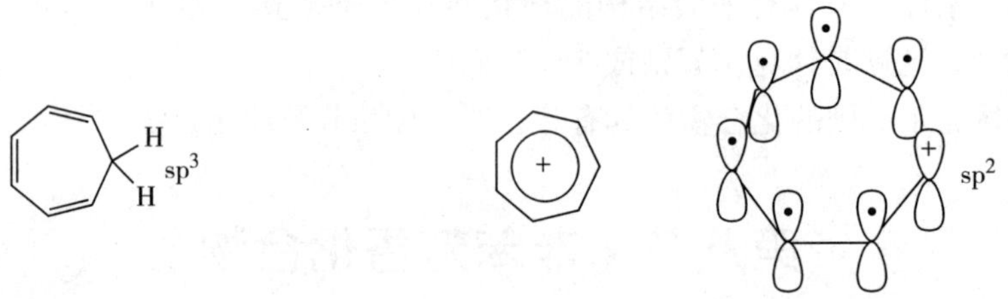

环庚三烯　　　　环庚三烯正离子

4. 环辛四烯基二负离子　环辛四烯没有芳香性。如果环辛四烯得到两个电子转变为环辛四烯二负离子，分子结构由盆形转变为正八边形，有 10 个 π 电子，形成 8 中心，10 电子的大 π 键，其 π 电子数符合 $4n+2$（$n=2$），故具有芳香性。

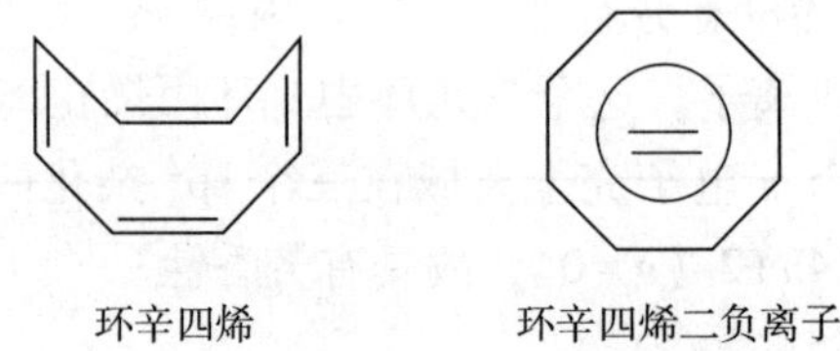

环辛四烯　　　　环辛四烯二负离子

二、轮烯

通常将 $n \geqslant 10$ 的单环共轭多烯（C_nH_n）叫作轮烯。命名时将成环碳原子的数目写在方括号里面，称为某轮烯。如[10]轮烯、[14]轮烯、[18]轮烯等。

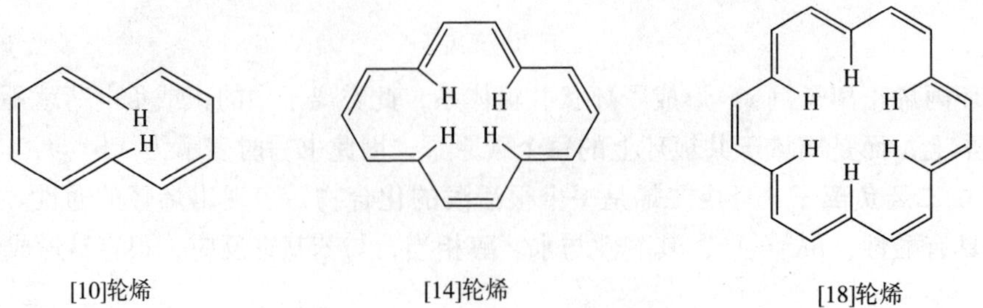

[10]轮烯　　　　[14]轮烯　　　　[18]轮烯

[10]轮烯中，由于环比较小，环内氢原子之间的距离较近，相互干扰作用大，使成环

碳原子不能共平面，从而破坏了其共轭体系，所以尽管[10]轮烯的 π 电子数符合 $4n+2$，但没有芳香性。[14]轮烯虽 π 电子数符合 $4n+2$，但由于环也比较小，环内的四个氢相互排斥，同样使得成环碳原子不能共平面而没有芳香性。[18]轮烯的环比较大，环内氢原子之间排斥作用较小，整个分子处于同一平面上，同时其 π 电子数也符合 $4n+2$，所以[18]轮烯具有芳香性。

三、薁和草酚酮

薁是一个青蓝色的片状物质，熔点 99℃，是一个七元环的环庚三烯和五元环的环戊二烯并合而成的。它有 10 个 π 电子，符合 $4n+2$ 规则。可以预料它是有芳香性的。

薁具有极性，其偶极矩为 1.08D，七元环有把电子给予五元环的趋势，这样七元环带有一个正电荷，五元环上带有一个负电荷，每个环的 π 电子数都符合 $4n+2$。薁的核磁数据表明，它具有五元芳环和七元芳环的特征。在基态时，薁可用下式表示其结构。

实验证明，薁确实可以发生某些典型的亲电取代反应，如氯代、硝化、磺化、傅-克反应等，反应时，亲电试剂主要进攻 1,3 位。

草酚酮具有芳香性，表现为难以加成、易发生亲电取代反应，由于分子中羰基氧原子的诱导效应，碳氧键极化，使分子形成一个带部分正电荷的七元环。一般来说，在分子中产生极性的两性离子结构是不稳定的，对共振杂化体的贡献可以忽略，但是如果这种环变成 6 个 π 电子体系的共振结构，由于具有芳香性而趋稳定，这时对共振杂化体的贡献不可忽略。

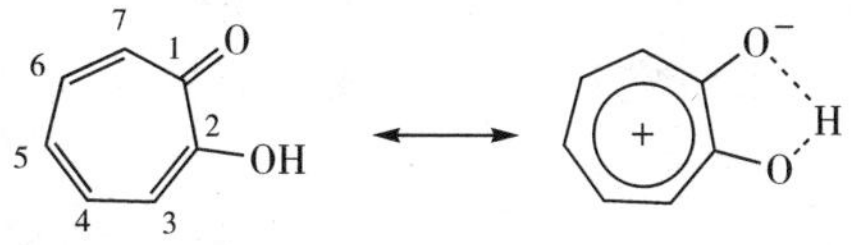

该化合物在化学性能上，有许多跟苯酚相似的地方，也可以发生多种亲电取代反应。如溴代、羟甲基化等，取代基主要进入 3,5,7 位。

第九节 芳烃在医药领域的应用

卤代芳烃被广泛应用于农药、医药、合成染料等领域，提高了生产、生活质量，推动了人类社会的发展。

溴代芳烃类药物具有抑菌能力强、杀菌效果好、稳定性好、毒性低、对皮肤无刺激、无致敏性、无腐蚀性、能抑制与致癌有关的微管蛋白的组装、能抑制和糖尿病并发症有关的醛糖还原酶以及与气喘有关的脂肪转化酶等优点，因此在医药领域有广泛的应用。如止咳祛痰药盐酸溴己新、抗痛风药苯溴马隆、广谱抗感染药金霉素、驱钩虫药一溴二酚等。

盐酸溴己新　　　　溴苯马隆

在农药领域，多溴代芳烃类的农药具有低毒、易分解、强效、无残留等优点，是世界上发展最快、销量较大的一类农药。目前，市场上常见的多溴代芳烃类农药有三类：①杀虫剂，如广谱杀虫剂丙溴磷等；②灭鼠药物，如溴敌隆等；③除草剂，如除草剂3,5-二溴-4-羟基苯甲腈等。

丙溴磷　　　　溴敌隆　　　　3,5-二溴-4-羟基苯甲腈

除了以上两个方面的应用外，多溴代芳烃还应用于阻燃剂、合成染料、发光分析试剂、黏合剂、荧光材料等方面。

知识拓展

苯并芘的来源及危害

1775年英国医生Pott发现清扫烟囱的工人多患阴囊癌。医生坚信烟囱里一定有一种物质是潜在杀手。后经多位科学家研究证实并从煤焦油中分离的苯并芘[B(a)P]具有致癌作用。

后来，人们发现几乎凡冒烟处皆有它的身影，煤燃烧、石油燃烧、生物质能源（枯叶败草）、野火、汽车尾气、烹调油烟、空气中的$PM_{2.5}$颗粒等。就像现在危害人的地沟油，它就含有大量的苯并芘，直接危害人们的身体健康。

苯并芘侵入人体的主要方式为吸入、食入和经皮吸收。

(1) 熏烤食品　熏烤食品时所使用的熏烟中含有B(a)P，其来源主要有以下四个方面：①熏烤所用的燃料木炭含有少量的苯并芘，在高温下有可能伴随着烟雾侵入食品中；②烤制时，滴于火上的食物脂肪焦化产物热聚合反应，形成B(a)P，附着于食物表面，这是烤制食物中B(a)P的主要来源；③由于熏烤的鱼或肉等自身的化学成分——糖和脂肪，其不完全燃烧也会产生苯并芘以及其他多环芳烃；④食物炭化时，脂肪因高温裂解，产生自由基，并相互结合（热聚合）生成B(a)P。

(2) 高温油炸食品　煎炸时所用油温越高，产生的苯并芘越多。另外，食用油加热到270℃时，产生的油烟中含有苯并芘等化合物，吸入人体可诱发肿瘤和导致细胞染色体的损害；而油温不到240℃时，其损害作用较小。

(3) 沥青　沥青有煤焦沥青和石油沥青两种。煤焦油的蒽油以上的高沸点馏分中含有

多环芳烃，石油沥青 B(a)P 含量较煤焦沥青少。

环境污染尽管世界上 70% 的苯并芘都是由燃煤和生物质能源燃烧排放的，但汽车的尾气排放却是在人口最密集的城区，所以，它在公共领域也最受关注。尾气排放的苯并芘 80% 以上都集中在 PM2.5 颗粒上，它随颗粒一起进入人体，在人体的心肺系统扰乱人体的 DNA 正常功能。城市上空的苯并芘和多环芳烃会随着大气层的流动飘落在郊区、水源和土壤里，对整个食物链都带来危害。

重点小结

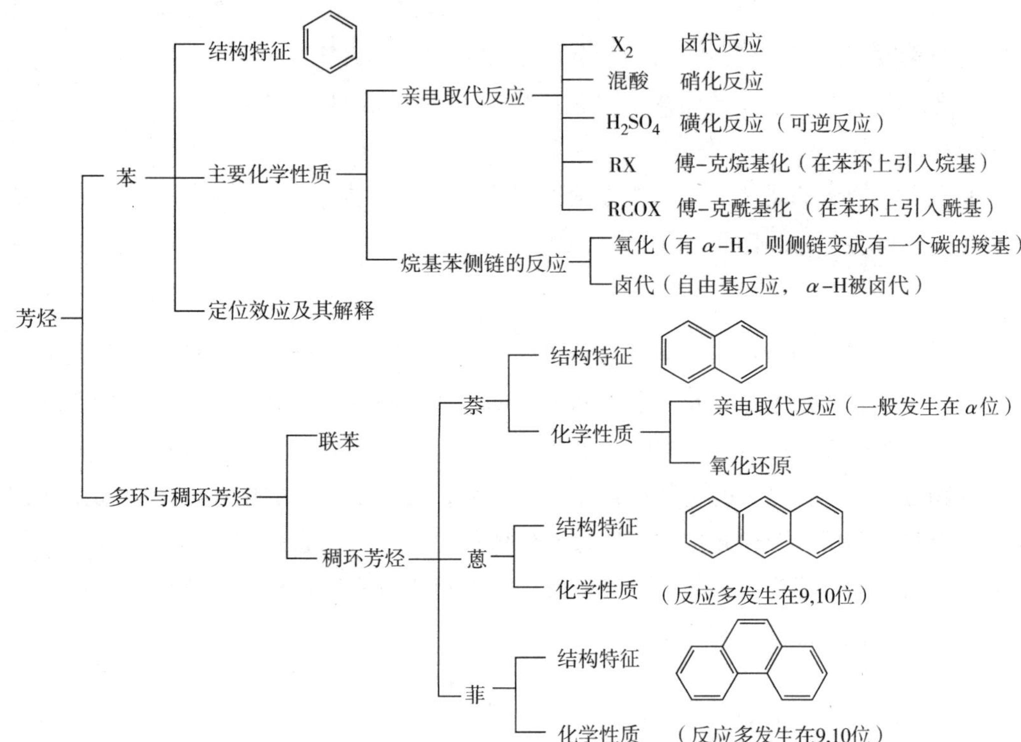

扫码“练一练”

第七章　立体化学基础

要点导航

1. **掌握**　同分异构体的分类、分子模型的三种表示方法以及它们之间的相互转换、对映异构体和手性的概念、分子的手性和对称因素的关系、对映体的构型标记、外（内）消旋体和非对映异构体的概念及脂环化合物的立体异构。

2. **熟悉**　苏型和赤型的概念、对映体和非对映体的理化性质、不含手性碳原子化合物的对映异构。

3. **了解**　平面偏振光和比旋光度有关概念、旋光异构与生理活性的关系、制备单一手性化合物的方法、有机反应机理中的立体化学。

立体化学（stereochemistry）是研究分子的立体结构、化学反应的立体性及其相关规律和应用的科学。它的任务是研究分子中原子或基团在空间的排列状况，及其对分子理化性质、生物效应等的影响。药物结构中基团在空间的不同排列方式，有可能造成互为立体异构体的药物分子间存在巨大的生物活性差异。例如，由于丁烯二酸中原子的空间排列方式不同，它有顺式和反式两种异构体。反式异构体称为富马酸，它是动植物体中的基本代谢中间体；顺式异构体称为马来酸，它是有毒的，对组织具有刺激作用。因此学习有关立体化学知识对于认识、设计、改造药物分子结构具有重要意义。

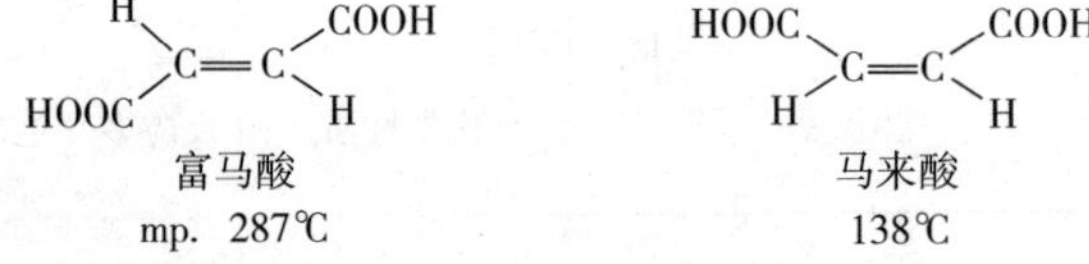

第一节　同分异构体的分类

扫码“学一学”

具有分子式相同而结构不同的化合物称为同分异构体（isomer），又可分为两大类：构造异构（constitutional isomerism）和立体异构（stereoisomerism）。

一、构造异构

构造异构是指具有相同分子式的化合物，由于分子内原子互相连接的方式和次序不同所产生的异构现象，构造异构又可分为以下几种。

（1）由碳架不同而产生的异构现象，称为碳架异构（carbon skeleton isomerism）。例如：

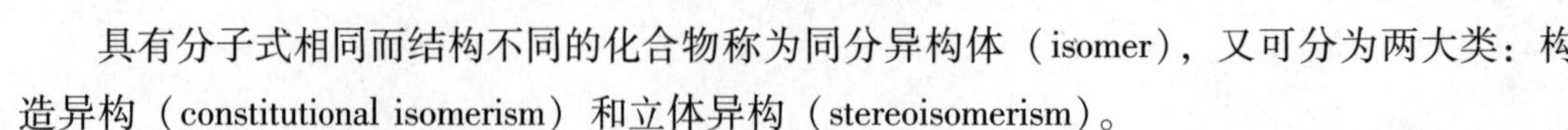

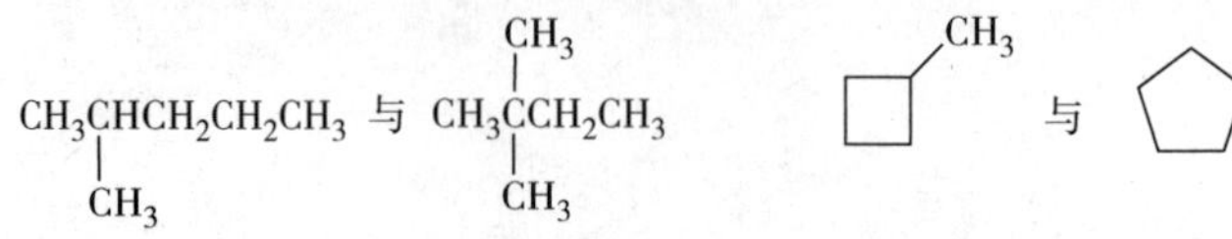

（2）因官能团在分子结构中位置的不同而产生的异构现象，称为位置异构（positional isomerism）。例如：

$$HC\equiv CCH_2CH_3 \text{ 与 } CH_3C\equiv CCH_3 \qquad CH_3CH_2CH_2OH \text{ 与 } CH_3CH(OH)CH_3$$

（3）分子中由于官能团的种类不同所产生的异构现象，称为官能团异构（functional group isomerism）。例如：

$$CH_3OCH_3 \text{ 与 } CH_3CH_2OH \qquad CH_3COOCH_2CH_3 \text{ 与 } CH_3CH_2CH_2COOH$$

（4）某些化合物中的一个官能团改变其结构成为另一种官能团异构体，并且迅速地相互转换，成为两种异构体处在动态平衡中的混合物，这种异构现象，称为互变异构（tautomerism）。例如：

$$\underset{\text{乙烯醇}}{CH_2{=}CHOH} \rightleftharpoons \underset{\text{乙醛}}{CH_3{-}\overset{\overset{O}{\|}}{C}{-}H}$$

二、立体异构

有机物的异构现象除构造异构外，还有由于分子内原子或基团在空间排列的方式不同所引起的异构现象，称为立体异构，它主要包括构型异构（configurational isomerism）和构象异构（conformational isomerism）两类。构型（configuration）是指分子内原子或基团在空间“固定”的排列顺序或方式。构象（conformation）是指具有一定构型的分子由于单键的旋转或扭曲使分子内原子或基团在空间产生不同的排列现象。有机化合物异构现象的关系可表示如下。

- 同分异构
  - 构造异构
    - 碳架异构
    - 位置异构
    - 官能团异构
    - 互变异构
  - 立体异构
    - 构型异构
      - 顺反异构
      - 旋光异构
    - 构象异构

其中构象异构在教材的烷烃中已经介绍；而顺反异构也在烯烃和脂环烃中加以介绍。本章将主要讨论有关旋光异构的基础知识。

扫码“学一学”

第二节　分子模型的表示方法

分子的空间结构一般用球棒模型来表示，以此来了解分子的立体形状及分子中各原子的相对位置。如何将立体结构描述在平面上，或如何用立体的概念看待平面的分子结构，化学家们提出几种常用分子模型的表示方法。

一、费歇尔投影式

在描述多原子分子时，立体图示很不方便。因此，多数情况下都采用平面投影方法，最常用的是德国化学家费歇尔（E. Fischer）1891 年提出的一种平面表达式，称为费歇尔投影式（Fischer projection），其投影原则如下。

（1）将分子的球棒模型或透视式中的中心碳原子放在纸平面上，其四个键两个横放，

两个竖放，且横键指向纸平面外，竖键指向纸平面里，然后进行投影。

（2）横键和竖键的交叉点为中心碳原子。例如乳酸的费歇尔投影式：

COOH；H_3C—C—H，OH　　COOH；HO—C—H；CH_3　　COOH；HO—┼—H；CH_3

（3）一个模型可有多个费歇尔投影式，其中按命名规则中的碳原子编号自小到大从上往下排列是最常用的一种（图 7-1）。

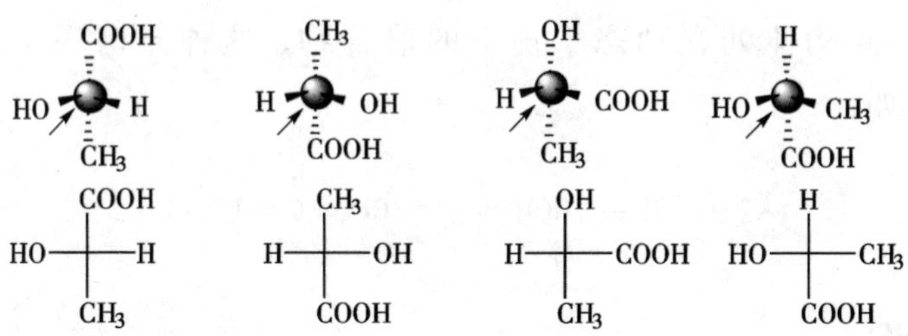

图 7-1　同一构型的乳酸分子模型不同放置时的费歇尔投影式

使用费歇尔投影式时，必须遵守下述基本法则。

（1）投影式在纸平面上平移或旋动 90°的偶数倍，其构型不变；若在纸平面上旋转 90°的奇数倍，其构型改变。

H；HOH_2C—┼—CHO；OH（构型改变）　←旋转90°—　CHO；H—┼—OH；CH_2OH　—旋转180°→　CH_2OH；HO—┼—H；CHO（构型不变）

（2）投影式不能离开纸平面翻转，若翻转其构型改变。

CHO；H—┼—OH；CH_2OH　—翻转→　CHO；HO—┼—H；CH_2OH（构型改变）

（3）投影式的中心碳原子上任两个原子或基团的位置经偶数次交换，不改变原分子的构型；经奇数次交换，将改变原分子构型。

CHO；H—┼—OH；CH_2OH　—醛基和羟基交换一次→　OH；H—┼—CHO；CH_2OH（构型改变）　—羟基和羟甲基交换一次→　CH_2OH；H—┼—CHO；OH（构型不变）

二、锯架投影式

锯架投影式（sawhorse projection）像木工用的锯架，它是从分子碳链的侧面进行观察和投影。例如乙烷的锯架式：

（乙烷的球棍模型及锯架式：H，H，H，C，C，H，H，H）

式中实线表示在纸平面上的价键，虚线表示伸向纸后面的价键，楔形线表示伸向纸平面前方的价键。该投影式主要用于表示相邻两个碳原子上所连原子或基团的空间关系。

三、纽曼投影式

纽曼投影式（Newman projection）是纽曼1955年提出的一种平面表达式，也是用来表示相邻两个碳原子上所连原子或基团的空间关系。画这种投影式是把分子的立体模型（如乙烷）放在眼前，从C—C单键的延长线上去观察，离视线近的碳原子用点表示连有三个H原子；离视线远的碳原子用圈表示连有三个H原子。这样所得乙烷的纽曼投影式如下。

上述三种投影式分别是在不同的角度对分子模型进行观察和投影，它们之间可以相互转换。现以2,3-二氯丁烷为例，观察其转换方法。

先根据费歇尔投影式的前后关系转成楔形结构，楔形结构中的粗黑线表示平面前方，虚线表示平面后方。再将楔形结构由竖放改为平放，原先朝前的基团如氢和氯将朝上，原先朝后的基团如甲基则朝下，即得到相应的锯架式。按纽曼投影式的方法，将由锯架式转变成纽曼式（重叠式），将 C_2-C_3 间 σ 键旋转可得最稳定的完全交叉式构象。

7-1 将下列费歇尔投影式改写成纽曼投影式。

（1）　（2）

第三节 平面偏振光和比旋光度

扫码“学一学”

光是一种电磁波，光波的振动方向与其前进方向相互垂直。如果在普通光的光路上截下一个横断面的话，在任何一个平面上都有光的振动（图7-2）。

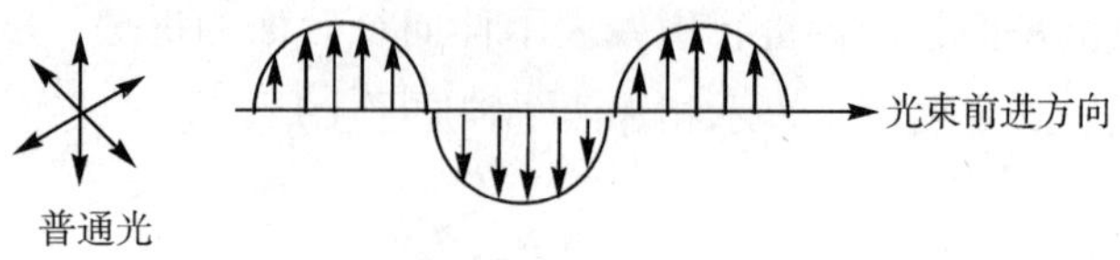

图 7-2　光波的振动方向与前进方向互相垂直

一、偏振光

如果让普通光通过一个特殊的棱镜（Nicol 棱镜，优质的方解石晶片组成），只有与棱镜晶轴平行振动的光才能通过，其他方向上振动的光都被过滤掉（图 7-3）。

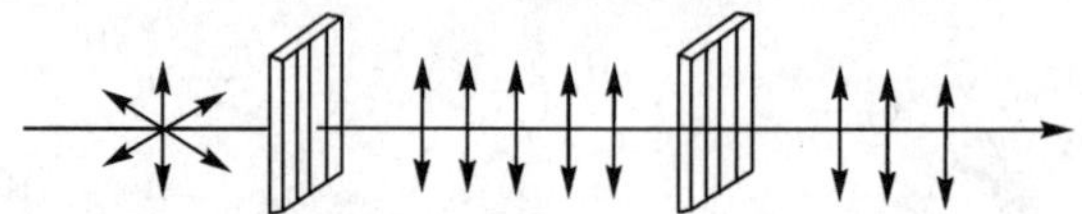

图 7-3　Nicol 棱镜与偏振光

我们把仅在一个平面上振动的光，叫作平面偏振光（plane-polarized light），简称偏振光或偏光。偏振光振动所在的平面叫作偏振面（polarization plane）。

当偏振光在物质里通过时，有些物质能够使偏振光的偏振面发生旋转，这种性质叫作旋光性（opticity）或光学活性（optical activity），而另一些物质则不具有这种性质。将能使偏振光发生旋转的物质称为旋光性物质或光学活性物质，而不能使偏振光发生旋转的物质称非旋光性物质。如乳酸和葡萄糖等具有旋光性，是旋光性物质，而水和乙醇等不具有旋光性，是非旋光性物质。

有些旋光性物质能使偏振光向左或向右旋转一定的角度，我们分别将其称作左旋性物质（levorotatory substance）或右旋性物质（dextrorotatory substance），亦可称为左旋体或右旋体。通常，左旋用“（-）”表示，右旋用“（+）”表示。旋光性物质使偏振面向左或向右旋转的角度，叫作旋光度（optical rotation），用“α”表示。物质的旋光度 α 通常用旋光仪（polarimeter）来测定（图 7-4）。

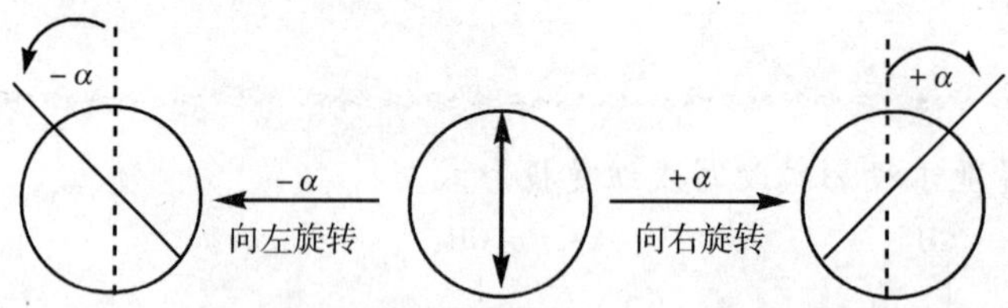

图 7-4　旋光性物质的左旋性和右旋性

二、旋光仪和比旋光度

旋光仪的主要组成部分是两个 Nicol 棱镜和一个用来装被测物质溶液的盛液管，放在两个棱镜之间，如图 7-5 所示。第一个棱镜（起偏镜）是一个固定的 Nicol 棱镜，它的作用是将普通光变为偏振光；第二个棱镜（检偏镜）是一个可以转动的 Nicol 棱镜，它连着刻度盘，用来测定使偏振光旋转的方向和角度，从刻度盘上可读出其左旋或右旋的角度，即旋光度 α。

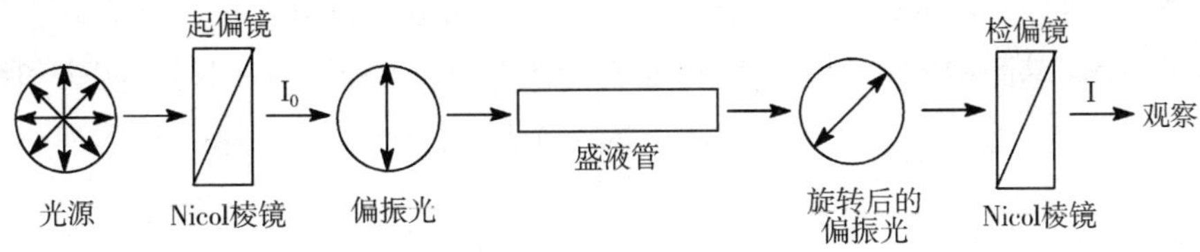

图 7-5　旋光仪的测定原理

物质的旋光度大小不仅与物质的结构有关，还与测定条件有关。如溶液的浓度、测液管的长度、单色光的波长等。因此，实际工作中常用比旋光度来表示某一物质的旋光特性。比旋光度$[\alpha]_\lambda^t$和旋光度之间的关系如下式：

$$[\alpha]_\lambda^t=\frac{\alpha}{C\times L}$$

式中：$[\alpha]_\lambda^t$为比旋光度，t 为测量时的温度，λ 为光波波长（一般为钠光源），α 为旋光度，L 为测液管长度（以 dm 为单位），C 为溶液的浓度（每毫升溶液中所含溶质的克数）。

例如，5%的果糖水溶液，放在 1dm 长的管子中，所测得的旋光度是-4. 64°。测定时的温度 20℃，光源是钠光，根据上式，果糖的比旋光度是：

$$[\alpha]_D^{20}=\frac{-4.64}{1\times 0.05}=-92.8°$$

测定旋光度，可用来鉴定旋光性物质的纯度和含量。例如，测得一个葡萄糖溶液的旋光度为+3. 4°，而葡萄糖的比旋光度为+52. 5°，若盛液管长度为 1dm，则可计算出葡萄糖的浓度为：

$$C=\frac{\alpha}{[\alpha]_D^{20}\times L}=\frac{3.4}{52.5\times 1}=0.0646\text{g/ml}$$

每一种旋光性物质，在特定条件下都有一定的比旋光度，就像物质的熔点或沸点一样，比旋光度是旋光性化合物的一个特征物理常数。

扫码“学一学”

第四节　分子的手性和对称因素的关系

一、分子的手性

先来看一些例子。我们熟知的乙醇和丙酸都不具有旋光性，但是将结构中—CH_2 基团中的一个氢原子转变成其他原子或基团时，得到的新分子即具有旋光性，如：

OH H—┼—H CH_3 无旋光性	⟶	OH H—┼—CO_2H CH_3 有旋光性	或	OH H—┼—C_2H_5 CH_3 有旋光性
COOH H—┼—H CH_3 无旋光性	⟶	COOH H—┼—OH CH_3 有旋光性	或	COOH H—┼—NH_2 CH_3 有旋光性

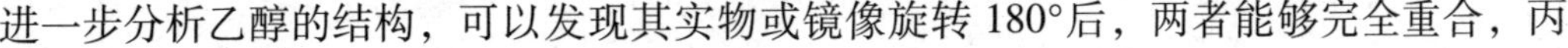

进一步分析乙醇的结构，可以发现其实物或镜像旋转 180°后，两者能够完全重合，丙

酸分子亦相同。也即，乙醇或丙酸分子中的基团在空间应该只有一种排列方式。但是当把它们分子中—CH_2 基团中的一个氢原子转变成其他非氢的原子或基团时，实物和镜像就不可以完全重合。例如将乙醇中—CH_2 基团上的一个氢原子转变成乙基，得下列一对实物和镜像：

可以重合　　　　　　不可以重合

像这种具有实物和镜像的对映关系，却不能完全重合的两种分子，互称为对映异构体（enantiomer），简称为对映体。这种具有对映关系而不能完全重合的性质与我们的左、右手具有的性质一样，即右手是左手的镜像，但两手掌相对时，左、右手却不能完全重合（图 7-6），因此这种性质称为手性（chirality），具有手性的化合物称为手性分子（chiral molecule）。若分子的实物与镜像能完全重合，则它们代表的是同一种化合物，它们不具备手性，这样的分子称为非手性分子（achiral molecule）。

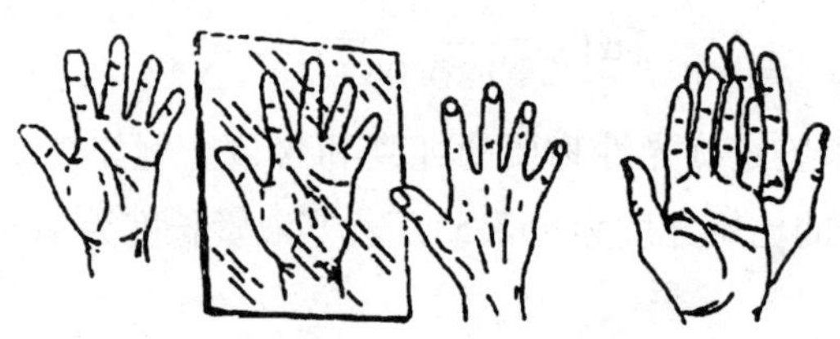

图 7-6　左、右手镜像关系示意图

根据实物与镜像能否完全重合可以准确判断分子是否具有手性。一般说来，实物与镜像是否完全重合与物体本身具有某种对称因素有关，因此，可以借助判断分子的对称性来确定分子是否具有手性。也就是说，分子具有手性是因分子结构的不对称而引起的。

二、分子的对称因素

判断一个分子的对称性，可以将分子进行某种对称操作，看操作结果是否与原来的立体形象完全重合。如果通过某种操作后和原来的立体形象完全重合，就说明该分子具有某种对称因素（symmetry element），分子中常见的对称因素有三种。

1. 对称面　假如一个分子能被一个假想的平面切分为具有实物与镜像关系的两部分，此平面即为对称面（symmetric plane），通常用“σ”表示。如图 7-7 所示的分子中都存在对称面。

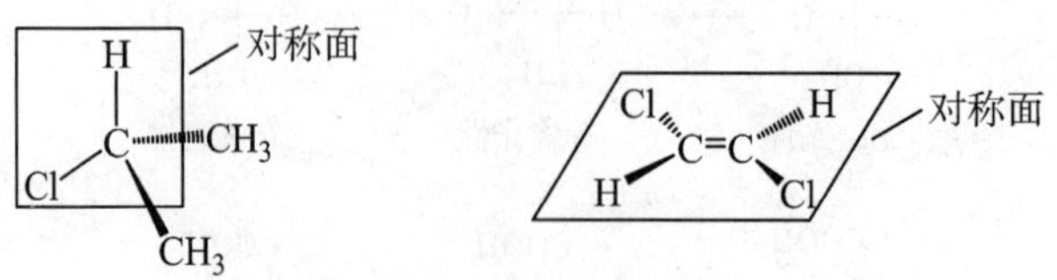

图 7-7　分子对称面示意图

2. 对称中心　分子中心有一点，当将分子中的任一原子或基团与这个点的连线延长到

相等距离就能遇到相同的原子或基团时，这个点就称为该分子的对称中心（symmetric center），通常用“i”表示。如图 7-8 所示化合物中都存在对称中心。

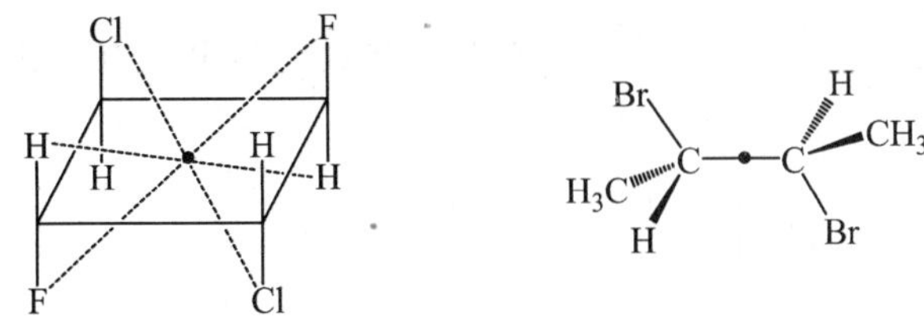

图 7-8　分子对称中心示意图

3. 对称轴　如果通过分子画一直线，当分子以此直线为轴旋转一定角度后，可以得到和原来分子相同的形象，这一直线就是分子的对称轴（symmetric axis），通常用“C”表示。当分子绕一直线旋转 360°/n 后（n=2，3，4…），与原来的形象完全重叠，这条直线就是 n 重对称轴，用“C_n”表示。如图 7-9 所示化合物中，(E)-1,2-二氯乙烯分子绕轴旋转 180°后和原来分子的形象一样，由于 360/180=2，这是二重对称轴；苯分子绕轴旋转 60°，即和原来分子形象相同，为六重对称轴（360/60=6）。

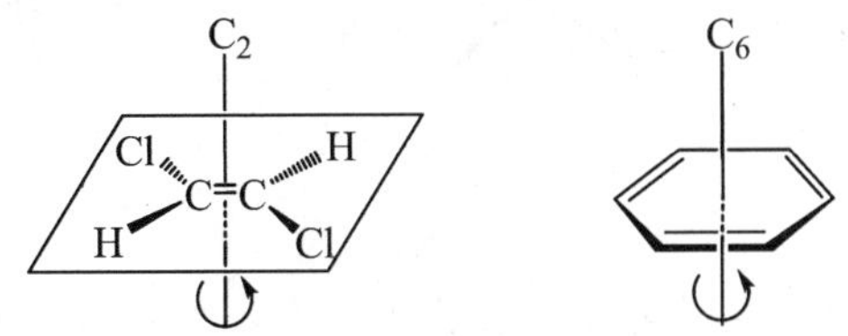

图 7-9　分子对称轴示意图

凡是具有对称面或对称中心的分子，是非手性分子，无对映异构体，无旋光性。如果一个分子既无对称面，也无对称中心，则该分子一定是手性分子。判断一个分子是否具有手性的充分必要条件是：分子中不含对称面和对称中心，或分子中仅有简单对称轴存在，这时分子的实物与镜像不能完全重合，分子就具有手性。

7-2　判断下列分子是否具有对称因素并指出该对称因素。

(1) 三氯甲烷　　(2) 环己烷的船式构象

(3) 乙烷的交叉式构象　　(4) 丁烷的对位交叉式构象

(5) 乙烷的重叠式构象

扫码“学一学”

第五节　含一个手性碳原子化合物的构型

一、手性碳原子

前面已学习，乙醇分子中—CH_2 基团中的一个氢原子转变成其他原子或基团时，所得

的分子具有手性。进一步观察转变后所得分子，可以发现与羟基所连碳原子上的四个取代基都互不相同，这种连有四个互不相同取代基的碳原子称为手性碳原子（chiral carbon atom），又称为不对称碳原子（asymmetric carbon atom），用＊标识。

仅含一个手性碳原子的化合物，分子中既没有对称面也没有对称中心，是手性分子，存在对映异构体。

H转变为C_2H_5

对称面　　　　对称面消失，分子具有手性

手性碳原子是手性原子的一种，此外还有手性氮原子、手性磷原子、手性硫原子等。如：

特别需要注意的是，手性原子可能引起分子具有不对称性而使分子具有手性，只含一个手性碳原子的分子一定是手性分子，但含有两个及两个以上手性碳原子的分子，就不一定是手性分子；而且一些分子中虽无手性碳原子（如含手性轴、手性面等的化合物），但却是手性分子。相关内容将在后续内容中讨论。

综合以上，判断一个分子是否具有手性，关键看分子中是否存在对称面和对称中心。

二、对映体的构型标记

对于顺反异构，可以用 *Z*/*E* 来表示异构体的构型。对于对映异构体来说，命名这类具有立体特征的化合物时，应标出分子中手性碳原子上四个原子或基团在空间的排列方式（即构型）。常用的有 D/L-构型和 *R*/*S*-构型标记法。

1. D/L-构型标记法　19 世纪末，费歇尔建议以甘油醛为标准来确定对映体的构型。它们的投影式如下：

D-(+)-甘油醛　　　　L-(-)-甘油醛

费歇尔指出，按照上述投影式，—OH 在右侧者，为 D-型；—OH 在左侧者，为 L-型。经旋光仪测定，D-型甘油醛为右旋性，L-型甘油醛为左旋性。

在选定了以甘油醛的构型为标准后，把其他旋光性化合物与甘油醛联系起来，以确定它们的构型。如：

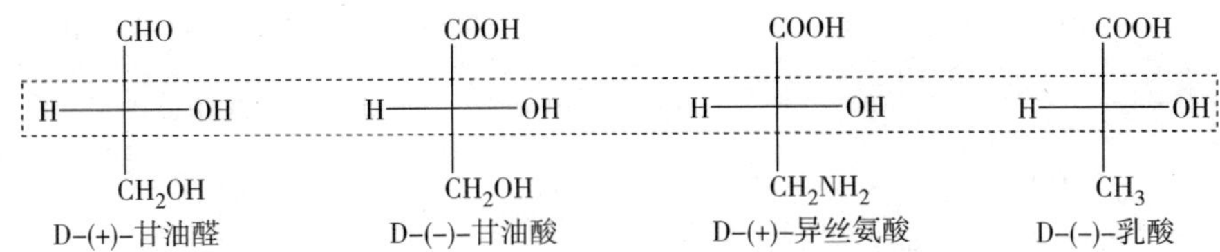

对于一对对映体而言，如果D-型是左旋体，那么L-型一定是右旋体，反之亦如此。

应用D、L标记构型有一定的局限性：无法与甘油醛结构相联系的化合物不能用此方法标记构型；分子中有多个手性碳原子时，不能全面地反映各手性碳的构型。由于习惯的原因，目前在糖和氨基酸类物质中仍较普遍采用。

2. *R/S*-构型标记法　考虑D/L-构型标记法的局限性，1970年IUPAC建议采用*R/S*-构型标记法。*R*是拉丁文*Rectus*（右）的意思，*S*是拉丁文*Sinister*（左）的意思。*R/S*-构型命名的基本程序如下。

（1）首先将手性碳原子上的四个原子或基团（a、b、c、d）按顺序规则进行排序，如a>b>c>d。

（2）再把顺序最小的原子或基团放在距观察者较远的的位置，其他三个基团按由大到小的方向旋转（图7-10）。

（3）若为顺时针排列，称手性碳原子为*R*构型；若为逆时针排列，称为*S*构型（图7-10）。

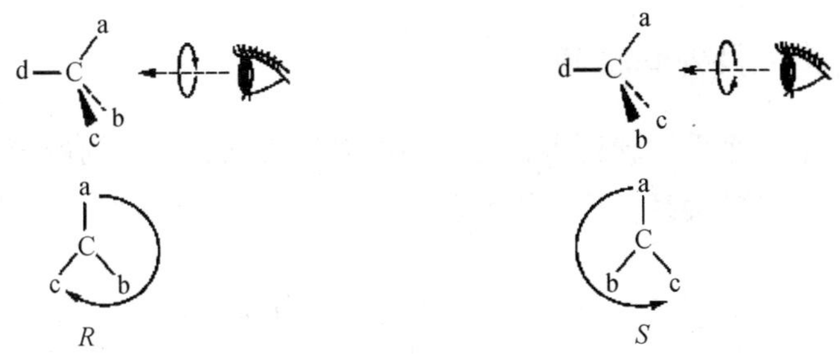

（a）*R*构型（a→b→c按顺时针方向排列）　（b）*S*构型（a→b→c按逆时针方向排列）

图7-10　*R/S*-构型的确定

对于透视式，可以直接观察其*R/S*-构型。例如，2-丁醇分子中与手性碳原子相连的四个原子和基团的优先顺序为—OH>—C_2H_5>—CH_3>—H，所以其一对对映体的*R/S*-构型应标记为：

C_2H_5 / HO / H / CH_3　　(*R*)-丁-2-醇

C_2H_5 / H / OH / CH_3　　(*S*)-丁-2-醇

对于费歇尔投影式，由于手性碳原子在纸平面上，竖键指向后方，横键伸向前方，因此费歇尔投影式的观察为：最小基团在竖键上，a→b→c按顺时针排列为*R*-构型，逆时针排列为*S*-构型；最小基团在横线上，a→b→c按顺时针排列为*S*-构型，逆时针排列为*R*-构型。例如：

(*R*)-(+)-甘油醛　(*S*)-(-)-甘油醛　(*R*)-(-)-乳酸　(*S*)-(+)-乳酸

需要指出的是，对映体 D/L-构型或 *R/S*-构型与旋光方向（左旋或右旋）之间没有必然联系，旋光方向需由旋光仪测定。

对于对映异构体，目前比较普遍地采用 *R/S*-构型标记法，尤其在一些环状化合物或结构复杂的化合物中，需要特别指明手性中心的构型时更为合适。

思考题

7-3　指出下列费歇尔投影式中手性碳原子的构型。

（1）　（2）　（3）　（4）

三、对映异构体及外消旋体

乳酸分子中含有一个手性碳原子，分子中无对称因素，在空间的分布只有两种，这两种构型互为实物和镜像的关系，且不能重合，代表两种不同化合物，彼此互为对映异构体。

使用微生物使葡萄糖或乳糖发酵产生乳酸时，不同的菌种，可得两种不同的乳酸。其中一种乳酸使偏振光的振动平面向顺时针方向旋转 3.8°，称为右旋乳酸，可以表示为(+)-乳酸；另一种乳酸能使偏振光的振动平面向逆时针方向旋转 3.8°，称为左旋乳酸，可以表示为(-)-乳酸。用化学合成法得到的乳酸，没有旋光性，这种乳酸是含等量右旋乳酸和左旋乳酸的混合物。我们把等量左旋体和右旋体组成的混合物，称作外消旋体（racemic mixture or racemate），以(±)-乳酸表示，外消旋体的旋光度为零。乳酸的物理性质见表 7-1。

表 7-1　乳酸的物理性质

乳酸	pK_a	mp（℃）	$[\alpha]_D^{20}$（H_2O）
(+)-乳酸	3.79	28	+3.8°
(-)-乳酸	3.79	28	-3.8°
(±)-乳酸	3.79	18	0°

上表可见，乳酸的两个对映异构体除旋光方向相反外，熔点等物理性质都相同。外消

旋体的化学性质一般与对映异构体相同，而物理性质则有差异。

四、对映体过量和光学纯度

当一对对映体不等量混合时，其中一种异构体比另一种异构体含量高，该混合物的组成可以用对映体过量（enantiomeric excess，e. e.）来表示。e. e. 值是表示在一对对映体组成的光学混合物中，其中一种异构体比另一种异构体过量的百分率，可用下式计算：

$$e.\ e. = \frac{|[R]-[S]|}{[R]+[S]} \times 100\%$$

光学纯度（optical purity）是指旋光性样品中一个对映体超过另一个对映体的数量。例如，某旋光性样品是对映体 R-型和 S-型的混合物，其中 R-异构体的含量为 20%，S-异构体的含量为 80%，则该样品的光学纯度为 60%（80%-20%），60% 的 S-异构体是过量的，对旋光度有贡献。外消旋体的量为 40%（20% R+20% S）。

一般情况下，旋光性物质的组成与旋光度呈线性关系，因此对映体过量百分率（e. e.）也可以用光学纯度（optical purity，o. p.）来表示。

$$o.\ p. = \frac{\text{测得样品的比旋光度}}{\text{纯对映体的比旋光度}} \times 100\%$$

例如，测得样品 S-(+)-丁醇 $[\alpha]_D^{25}=+6.75°$，而纯异构体的 $[\alpha]_D^{25}=+13.52°$，则该样品的光学纯度为 50%（6.75°/13.52°），即 50% 的 S-异构体对旋光度有贡献，另外 25% S-异构体和 25% R-异构体组成了外消旋体。

五、旋光异构与生理活性

由于构型的不同，互为对映异构体的手性化合物，可能存在不同的生物活性，甚至是完全相反的药效。例如，氯胺酮（Ketamine）是非巴比妥类中枢抑制剂，发挥麻醉或镇痛作用的是其右旋体，而兴奋中枢产生精神症状的是其左旋体；右旋丙氧芬（Dextroproxyphen）是镇痛药，左旋丙氧芬（Levoproxyphen）却是止咳药；羟基-N-甲基吗啡和它的甲氧基衍生物，右旋体具吗啡样镇痛作用，左旋体无镇痛作用，但却是有效的镇咳药，而以外消旋体给药时，有时会互相产生副作用，分离成单一异构体后则都是有效的治疗药物。

手性药物的生理活性之所以有如此大的差别，这是由于很多药物分子的生物活性是通过与人体中受体大分子之间的严格匹配和手性识别而实现的，只有当手性分子完全符合于手性受体的靶点时，这些药物才能发挥其作用。因此，了解手性药物结构与药理活性之间的关系在药物设计、合成及其临床应用等方面具有十分重要的意义。

扫码“学一学”

第六节 含两个手性碳原子化合物的对映异构

一、含两个不相同手性碳原子化合物的对映异构

丁醛糖是一个四碳糖，分子中含有两个手性碳原子，而且这两个手性碳原子所连的原子或基团不完全相同。

$$\underset{\text{OH}}{\text{CH}_2}-\underset{\text{OH}}{\overset{*}{\text{CH}}}-\underset{\text{OH}}{\overset{*}{\text{CH}}}-\text{CHO}$$

它在空间有 4 种排列方式，用费歇尔投影式表示如下：

Ⅰ	Ⅱ	Ⅲ	Ⅳ
CHO	CHO	CHO	CHO
H—+—OH	HO—+—H	H—+—OH	HO—+—H
H—+—OH	HO—+—H	HO—+—H	H—+—OH
CH_2OH	CH_2OH	CH_2OH	CH_2OH
D-(-)-赤鲜糖 (2*R*, 3*R*)	L-(+)-赤鲜糖 (2*S*, 3*S*)	L-(-)-苏阿糖 (2*R*, 3*S*)	D-(+)-苏阿糖 (2*S*, 3*R*)

Ⅰ与Ⅱ：对映体；Ⅲ与Ⅳ：对映体；两组之间：非对映体

在丁醛糖的四个旋光异构体中，Ⅰ与Ⅱ、Ⅲ与Ⅳ互为对映体。Ⅰ与Ⅲ、Ⅳ，Ⅱ与Ⅲ、Ⅳ之间不存在实物和镜像关系，它们之间称为非对映异构体（diastereoisomer）。非对映异构体的旋光度不同，物理性质如熔点、沸点、溶解度等也不一样。

观察Ⅰ与Ⅲ、Ⅳ或Ⅱ与Ⅲ、Ⅳ，都分别有一个手性碳原子构型相同，而另一个手性碳原子构型不相同。我们把含多个手性碳的旋光异构体中，只有一个手性碳原子的构型相反，而其他手性碳原子的构型相同的异构体之间，称为差向异构体（epimer），如Ⅰ与Ⅲ、Ⅰ与Ⅳ均互为差向异构体。

在费歇尔投影式中，两个相邻的手性碳原子上如有相同的原子或基团，它们在同一侧的，称为赤型（erythro form）；不在同一侧的，称为苏型（threo form）。

赤型	苏型
R	R
a—+—b	a—+—b
a—+—c	c—+—a
R'	R'

乳酸或甘油醛分子中都含有一个手性碳，各有一对对映体；丁醛糖含两个手性碳，有两对对映体；分子中若含三个不相同的手性碳原子时，在空间有 8 种排列方式。因此，分子中含 n 个不相同的手性碳原子时，可以有 2^n 个旋光异构体。

二、含两个相同手性碳原子化合物的对映异构

分子中含有两个相同手性碳原子的化合物，其旋光异构现象与上述情况有所不同。如酒石酸分子中的两个手性碳原子上都连有—OH、—H、—COOH 和—CH（OH）COOH，其费歇尔投影式如下：

Ⅰ	Ⅱ	Ⅲ	Ⅳ
COOH	COOH	COOH	COOH
H—+—OH	HO—+—H	H—+—OH	HO—+—H
		σ - - - - - -	- - - - - - σ
HO—+—H	H—+—OH	H—+—OH	HO—+—H
COOH	COOH	COOH	COOH
(+)-酒石酸 (2*R*, 3*R*)	(-)-酒石酸 (2*S*, 3*S*)	*m*-酒石酸 (2*R*, 3*S*)	(2*S*, 3*R*)

Ⅰ和Ⅱ互为对映体；Ⅲ和Ⅳ是同一物质，因为把Ⅲ在纸面上旋转180°就得到Ⅳ。Ⅲ或Ⅳ的 C_2 和 C_3 间有一对称面，两个手性碳原子的旋光度相同，但旋光方向却相反，正好互相抵消而失去旋光性，这种化合物称为内消旋体（meso compound），常用“*m*”或“*meso*”表示，所以又称“*m*-酒石酸”或“*meso*-酒石酸”。酒石酸的立体异构体实际上只有三种，即左旋体、右旋体和内消旋体。其中，左旋体和右旋体互为对映体，它们和内消旋体是非对映体。酒石酸的物理性质见表7-2。

表7-2 酒石酸的物理性质

酒石酸	mp（℃）	$[\alpha]_D^{25}$（H_2O）	溶解度（g/100gH_2O）
(+)-酒石酸	170	+12°	139.0
(-)-酒石酸	170	-12°	139.0
(±)-酒石酸	140	0°	125.0
meso-酒石酸	204	0°	20.6

内消旋体和外消旋体虽然都没有旋光性，但它们却有本质上的差别。前者是一个化合物，不能拆分成两个异构体；后者是一种混合物，可以用特殊方法拆分成两个旋光异构体。

m-酒石酸因为分子中有对称面，所以不是手性分子，没有旋光性。由此可见，含一个手性碳原子的分子必定有手性，而含两个或多个手性碳原子的分子却不一定有手性。所以，决定一个分子是否有手性的根本原因是视其有无对称面和对称中心。

第七节 脂环化合物的立体异构简介

扫码“学一学”

脂环化合物由于环的存在，环中碳-碳σ键不能像链烃中那样自由旋转，而是受到了一定的限制，所以在一定条件下脂环化合物除了有顺反异构外，若脂环化合物结构中又无对称面和对称中心，还将有对映异构。

在相同二取代环己烷衍生物中，要判断是否有对映异构现象存在，应看两个相同取代基的位置关系。

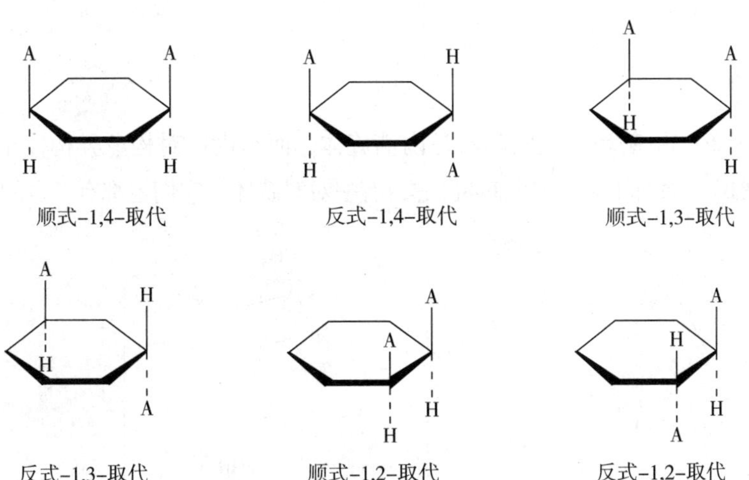

判断环状化合物是否为手性分子，简便的方法是假定为平面环，分析其有无对称中心和对称面。如果两种对称因素有一种存在，就是非手性分子，如果都不存在，则是手性分子。所以，只有反式1,3-二取代和反式1,2-二取代有对映异构体，其他的只有顺反异构

现象，而不存在对映异构现象。如1,2-二甲基环己烷立体异构体个数为3。

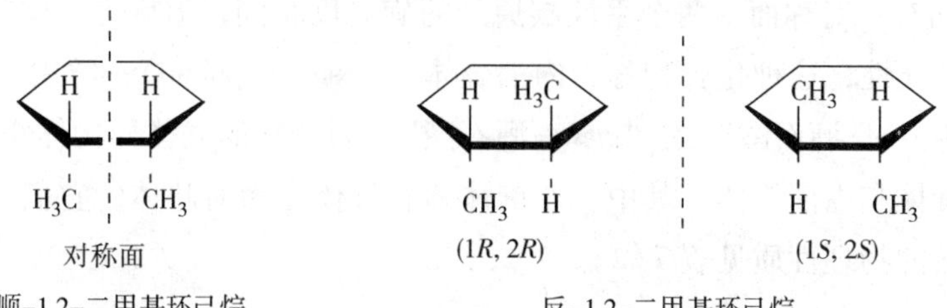

顺-1,2-二甲基环己烷　　反-1,2-二甲基环己烷

如果C_1和C_2上取代基不同，则顺-1,2-二取代环己烷也是手性分子，有一对对映体。由于分子中有两个手性碳，因此有四个旋光异构体，分别构成两对对映体。如：

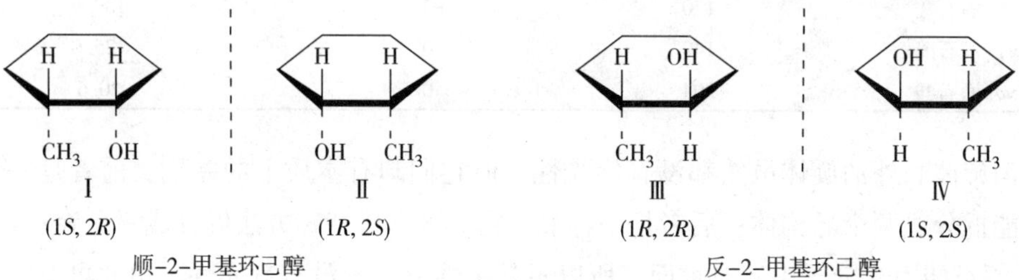

顺-2-甲基环己醇　　反-2-甲基环己醇

Ⅰ和Ⅱ是顺式异构体，它们是一对对映体；Ⅲ和Ⅳ是反式异构体，它们也是一对对映体。顺式和反式异构体之间互为非对映体。

三元以上的脂环烃均为非平面环，但为何在假定为平面环后，得出的有无旋光性的结论是正确的呢？如顺-1,2-二甲基环己烷实际为非平面环，其*ae*构象中无任何对称因素，是手性构象。但其另一个*ea*构象是其对映体，能量相等，等量存在，构成外消旋体，宏观上确无旋光性。

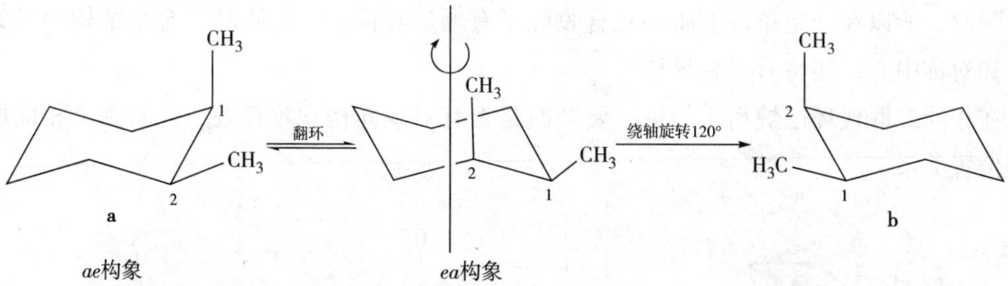

翻环　　绕轴旋转120°

a　　b

*ae*构象　　*ea*构象

因此，顺1,2-二甲基环己烷实际不是内消旋体，而是由一对构象异构体组成的外消旋体（构象a和构象b）。而对于顺-2-甲基环己醇也有一对对映体，它们也都有各自的构象异构体。

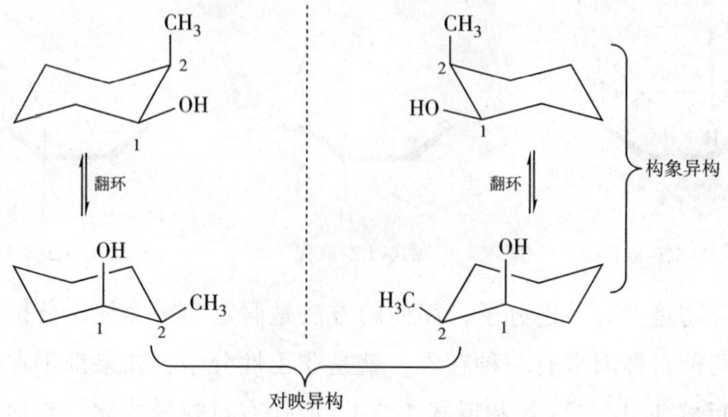

翻环　　翻环　　构象异构

对映异构

以上分析可见，三元以上的脂环化合物虽为非平面环，但在假定为平面环后，得出的有无旋光性的结论是正确的。

由此可见，在脂环化合物中顺反异构现象和对映异构现象往往同时存在。其中，对映体的数目与取代基的个数、种类有关，并与取代基的位置及环系是奇数或偶数有关。如果是多个不同的手性碳原子存在于环分子中，其构型异构体总数最多为 2^n 个。

7-4　写出下列化合物的构型异构体，如有对映体，请命名手性碳的构型。

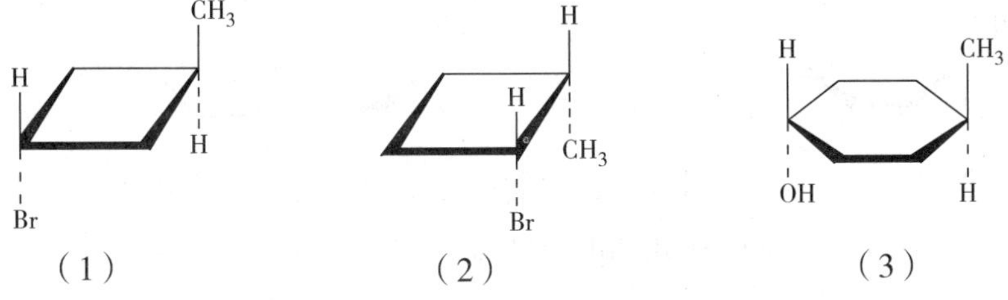

扫码“学一学”

第八节　不含手性碳原子化合物的对映异构

在有机化合物中，大部分的旋光性物质都是因含手性原子而产生旋光性的，但也有一些化合物分子并不含有手性原子，却有旋光性，存在对映异构体。

一、含有手性轴化合物的对映异构

1. 丙二烯型化合物　在丙二烯分子中，两端碳原子为 sp^2 杂化，中间碳原子为 sp 杂化，分子中的两个 π 键互相垂直，两端碳原子上基团所在的平面也互相垂直，其立体形象如下：

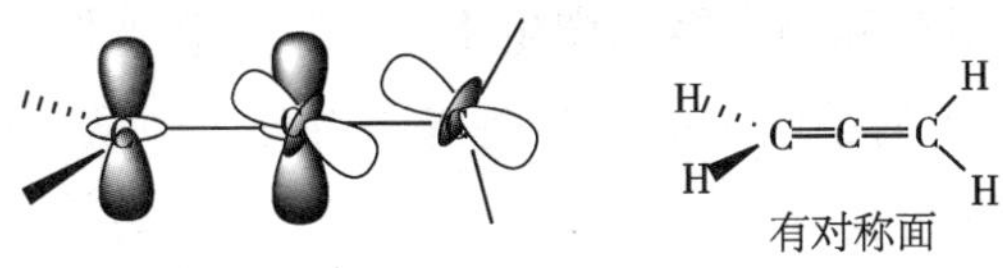

丙二烯分子中因存在两个对称面，所以丙二烯没有对映异构体，也没有旋光性。但是当丙二烯分子两端碳原子上的取代基各不相同时，它的对称面消失，如下图所示。

c　　　　　a
C═C═C
d　　　　　b

当 a≠b，且 c≠d 时，在空间就会有两种不同的空间排列。如 2,3-戊二烯分子中既无对称面，也无对称中心，是手性分子，因此具有对映异构体和旋光性。

CH_3, H—C═C═C—CH_3, H　┊　H_3C, H—C═C═C—CH_3, H

2. 联苯型化合物　联苯分子中的两个苯环可以围绕碳碳单键自由旋转，不具有旋光性。

但当苯环邻位上连有较大的取代基时，苯环围绕单键的自由旋转受到阻碍，两个苯环的平面便不能处在同一个平面上。如果同一苯环上所连的两个取代基不相同，此时整个分子具有手性，有对映异构体存在。如6,6′-二硝基联苯-2,2′二甲酸的对映异构：

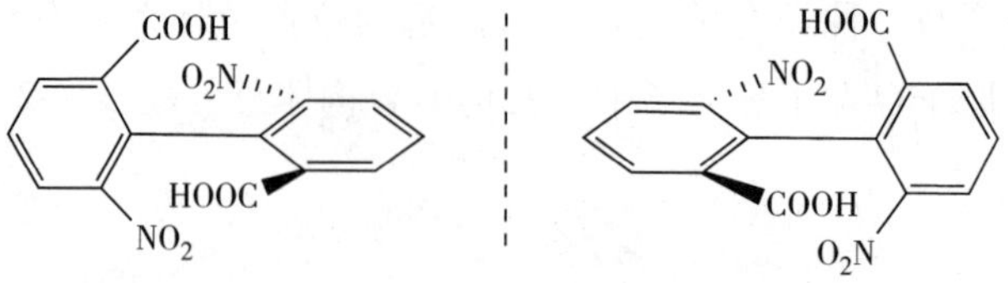

再如，下述的环外双键型化合物、螺环型化合物等，由于其上取代基不一样，都具有手性，同样有对映异构体。

以上所举的四个例子有一个共同特点，它们的分子中都含有一个由若干原子组成的轴状结构，因分子中某些原子或基团在此轴的空间排列情况不同而产生了手性，此轴称为手性轴（chiral axis），如丙二烯分子中的“C═C═C”即是手性轴。

二、含有手性面化合物的对映异构

不对称取代的对苯二酚脂环醚，若脂肪烃的链比较短、苯环上的取代基又比较大时，芳环的转动便会受到阻碍，取代基的分布是不对称的。如：

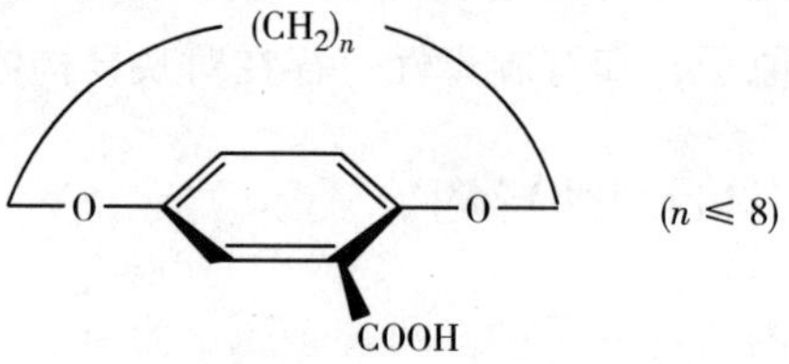

($n \leqslant 8$)

受环大小的限制，上述化合物分子中的—COOH 在-O-(CH_2)$_8$-O-所决定的平面前后或者左右两侧的分布都是不对称的，因此产生手性，具有旋光性，我们把这个平面叫作手性面（chiral plane），即分子的手性是由于某些基团对分子中某一平面的不同分布而引起，如把手型化合物和螺旋型化合物等。

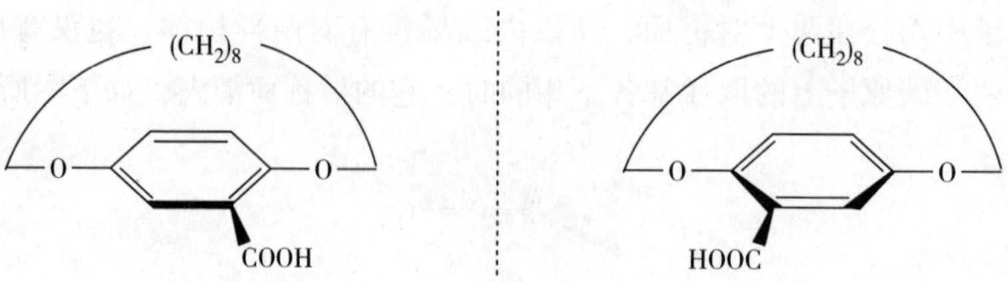

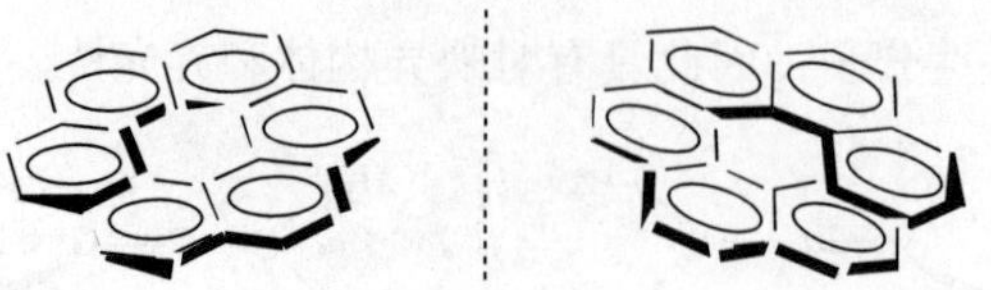

由此可见分子中是否存在手性碳原子并不是分子具有手性的充分必要条件，判断一个分子是否具有手性的充分必要条件是，分子中既无对称面，也无对称中心。

扫码“学一学”

第九节　制备单一手性化合物的方法

前面已经提到，很多对映异构体的生物活性不尽相同。将这些异构体分开以获得单一手性物质，是研究异构体间药理活性差异的前提。通过蒸馏、重结晶等一般的物理方法不能将对映异构体分开，而必须要采用其他方法以获取单一手性化合物。

一、由天然产物提取

手性化合物可以从天然植物、动物、微生物等中分离提取，该方法原料来源丰富，价廉易得，生产过程相对简单，产品光学纯度较高。许多天然化合物都是化学拆分或不对称合成中应用的手性试剂，常见的天然来源的手性化合物见表 7-3。

表 7-3　天然来源的手性化合物

氨基酸	羟基酸	萜类	糖类	生物碱
L-丙氨酸	L-乳酸	(+)-莰烯	D-阿拉伯糖	新可尼定
L-精氨酸	D-乳酸	(+)-樟脑	L-抗坏血酸	辛可宁
D-天冬酰胺	(*S*)-苹果酸	D-(+)-樟脑酸	D-果糖	D-(+)-麻黄碱
L-天冬酰胺	L-酒石酸	(-)-香芹酮	D-半乳糖	L-烟碱
L-脯氨酸	D-酒石酸	(+)-香茅醛	D-甘露糖	奎尼丁
D-苏氨酸		(+)-异薄荷醇	D-甘露醇	奎宁
L-甲硫氨酸		(-)-α-水芹烯	D-核糖	D-(+)-伪麻黄碱
L-苯丙氨酸		(-)-α-蒎烯	D-木糖	L-(-)-伪麻黄碱
L-亮氨酸		(-)-β-蒎烯	D-山梨糖	D-金鸡钠酸

二、外消旋体的拆分

一个非手性化合物在非手性环境中引入第一个手性中心时，通常都得到外消旋体，然后用物理或化学方法将外消旋体拆分成两种纯净的旋光体，这一过程为外消旋体的拆分（resolution）。拆分的方法很多，下面简单介绍几种。

1. 诱导结晶拆分　在外消旋体热的饱和溶液中，加入一定量的左旋体或右旋体作为晶种，当溶液冷却时，与晶种相同的异构体便优先析出。滤出结晶后，另一种旋光异构体在滤液中相对较多，在加热条件下再加入一定量的外消旋体至饱和，当溶液冷却时，另一种异构体优先析出。如此反复操作，就可以把一对对映体完全分开。

2. 化学拆分　选择合适的手性试剂，利用简单的化学反应将外消旋体转变成非对映体，再利用非对映体物理性质的差异将两者分离。最后分别去掉两种衍生物中手性试剂，便得到两种纯的旋光化合物。如要分离外消旋的有机酸，可以选用旋光性的有机碱使之生成非对映体的盐，分离开来后再将其中和，便得到旋光性的有机酸。

$$(\pm)RCOOH + 2(+)R'NH_2 \xrightarrow{\text{成盐}} \left.\begin{matrix}(+)RCOO^-(+)R'NH_3^+ \\ (-)RCOO^-(+)R'NH_3^+\end{matrix}\right\}\text{非对映体}$$

$$\xrightarrow{\text{分级结晶}} \begin{cases}(+)RCOO^-(+)R'NH_3^+ \xrightarrow{HCl} (+)RCOOH + (+)R'NH_2 \\ (-)RCOO^-(+)R'NH_3^+ \xrightarrow{HCl} (-)RCOOH + (+)R'NH_2\end{cases}$$

3. 生物拆分 某些微生物或酶对于对映体中的一种异构体有选择性的分解作用，利用它们的这种性质可以从外消旋体中把一种对映异构体拆分出来。例如酶法拆分外消旋苯基甘氨酸：先把外消旋苯基甘氨酸用醋酐乙酰化，然后用氨肽酶水解，只有L-*N*-乙酰化苯基甘氨酸被水解生成L-苯基甘氨酸，D-构型的酰胺不变；分离后，将D-*N*-乙酰化苯基甘氨酸酸性水解，得D-苯基甘氨酸。与化学拆分法相比，生物拆分法具有选择性好、易分离提纯、条件温和、安全性高以及对环境无污染等优点。

4. 色谱分离 如果被分离的物质与固定相的吸附作用有差别，或与流动相的溶剂化作用有差别，则几种物质可以利用色谱的方法进行分离。色谱分离对映异构体可分为直接分离法和间接分离法。

对映异构体的拆分剂可以在装有手性固定相（CSP）的色谱柱上直接进行，也可以在流动相中添加手性试剂（CMPA）达到同样的分离效果。常用作手性固定相的天然手性物质主要有石英（晶格具有不对称性）、天然氨基酸、寡肽或多肽、蛋白质、纤维素、糖类等。

间接分离法即衍生化法，将外消旋体转化为非对映异构体再进行分离。

三、不对称合成

采用外消旋体拆分的方法既繁琐，又不经济。因为拆分后，另一异构体如果没有使用价值的话，则合成的效率至少要降低50%。通过不对称合成的方法可只获得或主要获得所需要的光学异构体，这是一种既经济有效、又合理的合成方法，是近年来有机化学发展最为迅速，也是最有成就的研究领域之一。

不对称合成（asymmetric synthesis）泛指一类反应由于手性反应物、试剂、催化剂以及物理因素（如偏振光）等造成的手性环境，反应物的前手性部位在反应后变为手性部位时形成的立体异构体不等量，或在已有的手性部位上一对立体异构体以不同速率反应，从而形成一对立体异构体不等量的产物和一对立体异构体不等量的未反应原料。

根据底物、试剂等的不同情况，目前已经发展了多种不对称合成反应，主要有用化学计量手性物质进行不对称合成和不对称催化反应两大类。用化学计量手性物质进行不对称合成包括用手性反应物进行不对称合成、用手性试剂进行不对称合成及反应底物中手性诱导的不对称合成；不对称催化反应包括手性催化剂的不对称合成和酶催化的不对称合成。其中，不对称催化反应的效率更高，进入21世纪后，更是取得许多突破性进展。例如，2001年度诺贝尔化学奖分别授予了美国化学家诺尔斯（W. S. Knowles）、夏普莱斯（K. B. Sharpless）以及日本化学家野依良治（R. Noyori），以表彰他们在手性催化氢化反应和手性催化氧化反应研究方面所作出的卓越贡献。

知识拓展

瑞典皇家科学院于2001年10月10日宣布，将2001年诺贝尔化学奖奖金的一半授予美国科学家威廉·诺尔斯与日本科学家野依良治，以表彰他们在“手性催化氢化反应”领域所作出的贡献；奖金另一半授予美国科学家巴里·夏普莱斯，以表彰他在“手性催化氧化反应”领域所取得的成就。

威廉·斯坦迪什·诺尔斯（William Standish Knowles，1917年6月1日～2012年6月13日），美国化学家。1939年，诺尔斯在哈佛大学取得学士学位；1942年，他获得美国哥伦比亚大学博士学位。他生前一直供职于孟山都托马斯和霍克瓦尔特实验室，直至1986年

退休。野依良治（Ryoji Noyori，1938～），日本有机化学家。他先是就读于京都大学，后被名古屋大学聘为副教授。在哈佛大学教授艾里亚斯·詹姆斯·科里（Elias James Corey）的课题组做了一段博士后研究后，野依于 1972 年返回了名古屋大学，并被聘为全职教授至今。自 2003 年，野依任日本理化学研究所所长。2011 年 12 月当选中国科学院外籍院士。卡尔·巴里·夏普莱斯（Karl Barry Sharpless，1941～），美国化学家。1968 年在斯坦福大学获博士学位，1968 和 1969 年分别在斯坦福大学和哈佛大学从事博士后研究。曾先后在麻省理工学院和斯坦福大学任职，1990 年至今为美国斯克利普斯研究院教授，2002 年被聘为日本北里大学客座教授。

扫码“学一学”

第十节　立体化学在研究反应机理中的作用

立体化学除了对于了解一些化合物的性质有帮助外，它对反应机理亦能给出其他方法所不能提供的旁证。一个正确的反应机理应能说明包括立体化学在内的所有实验事实，所以立体化学对反应机理的测定和研究具有重要的意义。下面将结合具体反应对立体化学在研究反应机理中的作用。

一、自由基取代反应

1. 断裂与手性碳相连键的反应　以(*S*)-1-氯-2-甲基丁烷发生氯代，生成外消旋体 1,2-二氯-2-甲基丁烷的反应为研究对象。

CH_3, CH_3CH_2, CH_2Cl, H —C— $\xrightarrow[\text{光照}]{Cl_2}$ Cl—C—(CH_3, CH_2Cl, CH_2CH_3) + (CH_3, CH_3CH_2, CH_2Cl)—C—Cl

S-型　　*S*-型　　*R*-型

由于氯同烷烃反应所经历的是自由基取代机理，反应中氯自由基夺取 1-氯-2-甲基丁烷叔碳上的一个氢，形成自由基中间体，由于其为 sp^2 杂化的平面结构，在接下来与氯的反应中，氯从平面两侧进攻的机会均等，因此得到的两个对映体是等量的。

$$Cl_2 \xrightarrow{\text{光照}} 2Cl\,\cdot$$

(CH_3, CH_3CH_2, CH_2Cl)C—H $\xrightarrow{Cl\,\cdot}$ (CH_3, CH_3CH_2, CH_2Cl)C· + HCl

平面型自由基，无手性

(CH_3CH_2, CH_2Cl)C—CH_3 + Cl_2 ⟶ Cl—C(CH_3, CH_2Cl, CH_2CH_3) + (CH_3, CH_3CH_2, CH_2Cl)C—Cl

S-型　　*R*-型

在这个反应中，S-型（或 R-型）反应物生成了等量的一对对映体产物，即外消旋体，这一反应过程称为外消旋化（racemization），产物没有光学活性。

对于手性碳上有键发生断裂的反应，其构型的变化是复杂的，像上面讨论的例子是发生了外消旋化。随着反应机理的不同，反应结果也可能构型转化或构型保持，这些问题将在以后的相关章节中讨论。

2. 产生第二个手性碳的反应 以(S)-2-氯丁烷发生氯代，生成 2,3-二氯丁烷的反应为研究对象。

(2S, 3R)　　(2S, 3S)

反应中未断裂与手性碳相连的价键，因此 C_2 的构型不变，由于反应后产生了第二个手性碳（C_3），因此生成的产物为一对非对映异构体(2S,3R)-2,3-二氯丁烷和(2S,3S)-2,3-二氯丁烷，前者是内消旋体无旋光性，后者则有光学活性。实验结果表明，内消旋体和光学活性体的比例为 70∶30。

产生此种不等量非对映异构体的原因是由于手性 C_2 的存在，导致 C_3 上氢原子被取代时生成的自由基杂化平面两侧的化学环境不再完全相同，氯气将优先从空间位阻小的一面与自由基发生碰撞，最终生成不等量的两种非对映异构体。

也可以从分析自由基构象的稳定性方面入手对反应结果进行分析。(S)-2-氯丁烷在 C_3 上氯代时，产生的自由基构象有无数种，其中以完全交叉式构象 a 和部分交叉式构象 b 的能量较低。

a　　b

构象 a 中，两个体积最大的甲基相距较远，范德华斥力较小，因此构象 a 为含量最丰的优势构象，进一步与氯气反应后的产物，其量也就较多。

Cl_2从空间位阻小的H原子一侧进攻C_3自由基　　内消旋体

Cl_2从空间位阻小的H原子一侧进攻C_3自由基　　(2S, 3S)-光学活性异构体

在这个反应中，C_3 原子由非手性碳原子变为手性碳原子，此类碳原子称为潜（或前）手性碳原子（prochiral carbon）。像这种主要生成一个异构体的反应，称为立体选择性反应（stereoselective reaction）。

7-5　(*S*)-(-)-1-氯-2-甲基丁烷与氯气反应所得二氯代产物的分子式为 $C_5H_{10}Cl_2$。试预测能有几种馏分，画出各馏分的结构，各馏分有无旋光性？

二、亲电加成反应

溴与顺-2-丁烯和反-2-丁烯反应分别生成苏式外消旋体和赤式内消旋体：

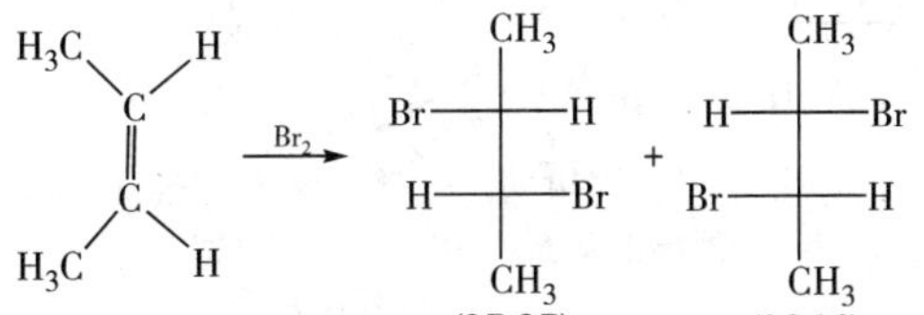

(2*R*,3*R*)　(2*S*,3*S*)

苏式外消旋体

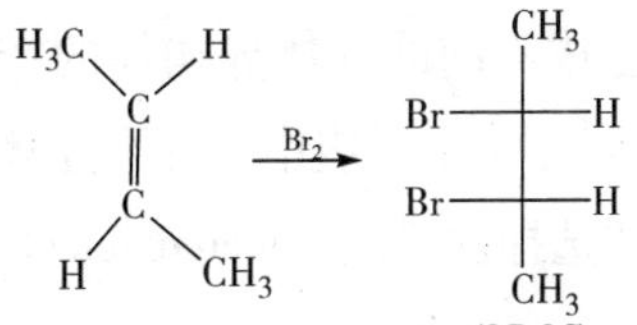

(2*R*,3*S*)

赤式内消旋体

假如烯烃亲电加成反应按以下机理进行：

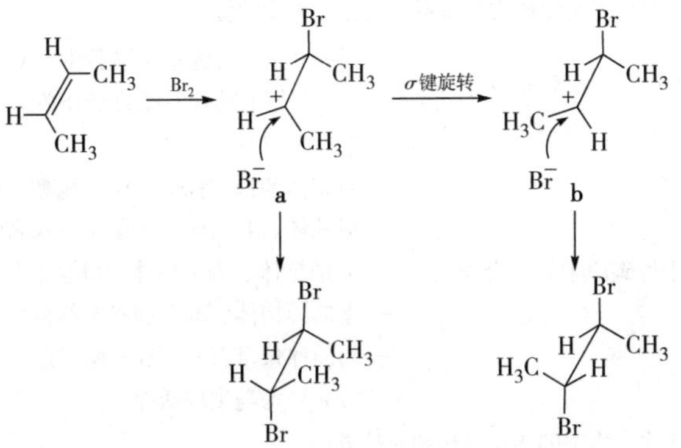

(2*S*,3*S*)-2,3-二溴丁烷　(2*R*,3*S*)-2,3-二溴丁烷

假设亲电试剂 Br^+ 仅从双键平面的上方与 C_2 结合（从下方进攻也是可以的），生成平面型的碳正离子 a，假设体系中的 Br^- 也仅从碳正离子平面的下方与之结合（从上方进攻也是可以的），将有(2*S*,3*S*)-2,3-二溴丁烷生成。碳正离子 a 可以通过 σ 键的自由旋转，转变成碳正离子 b，假设 Br^- 也仅从平面下方与碳正离子结合（从上方进攻也是可以的），将有内消旋(2*R*,3*S*)-2,3-二溴丁烷生成。

很显然，这与实验结果不符，因此以上碳正离子中间体的机理并不能说明实际的反应结果。实际的反应结果能够很好地利用下面反式加成机理进行解释。

Br_2 溴鎓正离子 a进攻方向 b进攻方向 (2*S*,3*S*) (2*R*,3*R*)

Br_2 溴鎓正离子 a进攻方向 b进攻方向 (2*S*,3*R*) (2*R*,3*S*)

立体化学的结果为卤素亲电加成反应机理提供了旁证。凡互为立体异构体的反应物，在相同条件下与同一试剂反应，分别生成不同的立体异构体的产物，这种反应称为立体专一性反应（stereospecificity reaction）。凡是在一个反应中，一个立体异构体的产生超过另外其他可能的立体异构体，这种反应称为立体选择性反应（stereo selective reaction）。

重点小结

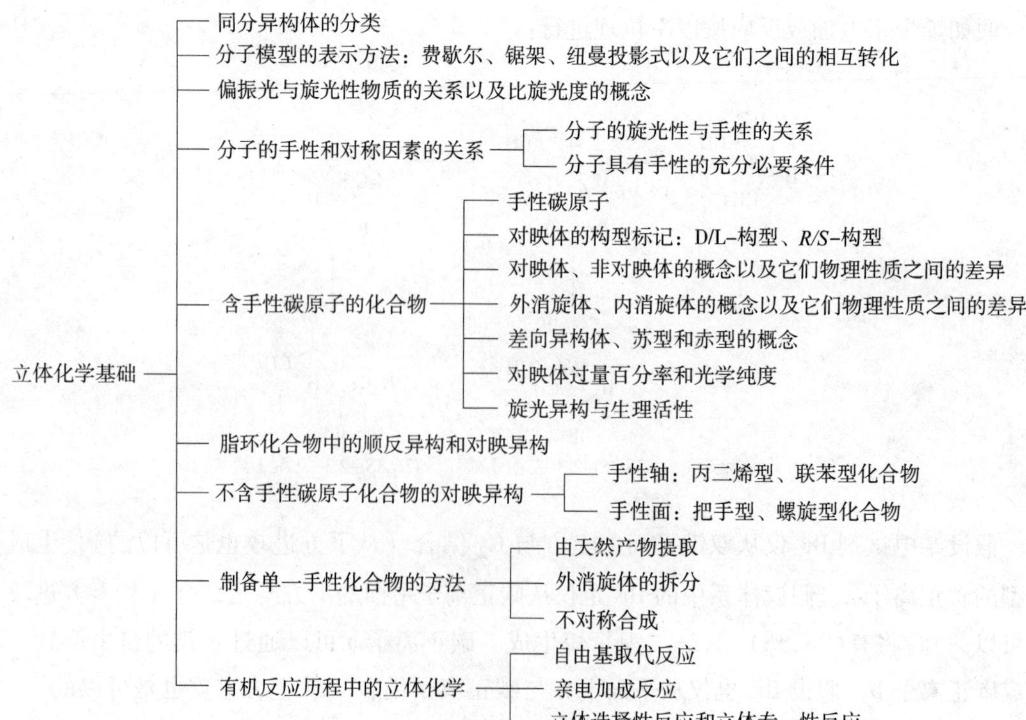

扫码“练一练”

第八章　卤代烃

要点导航

1. **掌握**　卤代烃的化学性质：亲核取代反应、消除反应与活泼金属的反应以及 S_N1、S_N2、E1 和 E2 反应机理。
2. **熟悉**　卤代烃的结构、分类和命名。
3. **理解**　亲核取代反应、消除反应的影响因素。
4. **了解**　卤代烃的制备方法。

烃分子中一个或多个氢原子被卤素取代后所生成的化合物称为卤代烃（alkyl halides），简称卤烃，可用 RX 表示，其中 R 代表烃基，X 代表卤原子（F、Cl、Br、I）。卤原子是卤代烃的官能团。

天然存在的卤代烃种类不多，大多数是人工合成的。卤代烃中的卤原子可以转变为其他官能团，其性质活泼，能制备多种化合物，在有机合成中起着桥梁作用。有些卤代烃可用作溶剂、农药、制冷剂、麻醉剂、防腐剂、灭火剂等，是一类重要的化合物，因此卤代烃在有机化学中占有重要地位。在许多药物分子中，卤素的引入对于药物的药理活性，药物动力学特征都有明显的改变，卤代烃常作为药物合成的中间体。

扫码“学一学”

第一节　卤代烃的分类和命名

一、卤代烃的分类

（1）根据卤素所连接烃基结构的不同，可将卤代烃分为饱和卤代烃、不饱和卤代烃和卤代芳香烃。

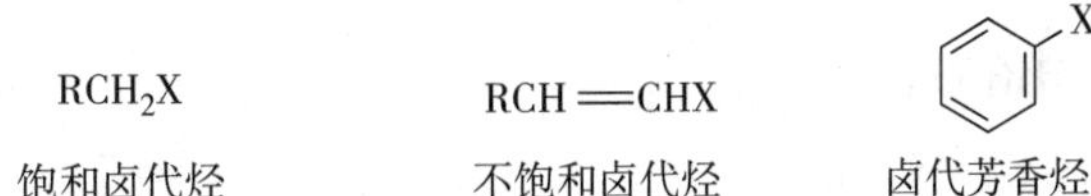

饱和卤代烃　　不饱和卤代烃　　卤代芳香烃

（2）根据卤素所连碳原子的种类不同，可将卤代烃分为伯卤代烃、仲卤代烃和叔卤代烃。

RCH_2X	R_2CH-X	R_3C-X
伯卤代烃	仲卤代烃	叔卤代烃

伯、仲、叔卤代烃可分别记为1°、2°、3°卤代烃。

（3）根据分子中所含卤素的数目，可将卤代烃分为一卤代烃、二卤代烃和多卤代烃。

RCH_2X	$RCHX_2$	RCX_3
一卤代烃	二卤代烃	三卤代烃

二、卤代烃的命名

1. 普通命名法 结构比较简单的卤代烃可采用普通命名法，根据烃基和卤素的名称将其称为“卤（代）某烃”或“某基卤”。例如：

$CH_3CH_2CH_2CH_2Br$	$CH_2=CHCl$	$CH_2=CHCH_2Cl$	C_6H_5Cl	$C_6H_5CH_2Br$
正溴丁烷	氯乙烯	烯丙基氯	氯苯	苄基溴

2. 系统命名法 比较复杂的卤代烃一般采用系统命名法，以相应的烃为母体，卤素作为取代基，取含有卤原子的最长碳链为主链，根据烃类的命名原则称为“某烃”。命名时取代基按取代荃英文名称首字母顺序排列，将取代基的位置、名称依次写在母体名称之前。例如：

$CH_3CH(Cl)CH(CH_3)CH_2CH_3$	$CH_3CH(Cl)CH(CH_3)CH_3$	$CH_3CH_2CH(Cl)CH(I)CH_3$
2-氯-3-甲基戊烷 2-chloro-3-methylpentane	2-氯-3-甲基丁烷 2-chloro-3-methylbutane	3-氯-2-碘戊烷 3-chloro-2-iodopentane

含有不饱和键的卤代烃，将含有卤原子和不饱和键的最长碳链为主链，使不饱和键的编号尽可能最小，卤素做取代基。例如：

$CH_3-CH(Br)-CH=CHCH_3$	$CH_3CH=C(CH_2CH_3)-CHCH_2CH_2Cl$
4-溴戊-2-烯 4-bromylpent-2-ene	6-氯-3-乙基己-2-烯 6-chloro-3-ethylhex-2-ene

卤代芳烃命名时，常以芳烃为母体，根据卤素的位置命名。例如：

2-氯萘 2-chloronaphthalene	1,2-二溴苯 1,2-dibromobenzene

有些多卤代烷烃常用俗名，例如：

$CHCl_3$	CHI_3
氯仿（三氯甲烷）	碘仿（三碘甲烷）

8-1 用系统命名法命名下列化合物。

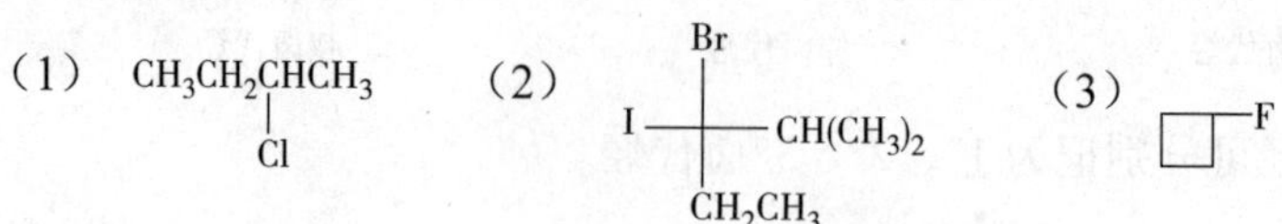

8-2 写出下列化合物的结构式。

(1) 烯丙基溴 (2) 3-氯环己烯 (3) 氯仿

扫码“学一学”

第二节 卤代烃的物理性质

常温下，除氟甲烷、氯甲烷、溴甲烷、氟乙烷、氟丙烷为气体外，其他常见的卤代烷均为液体，15 个碳以上的卤代烷为固体。

卤代烷的沸点比相应烷烃的高，这是由于卤原子的引入，C—X 键具有较强的极性，使卤代烃分子间引力增大。卤代烷的沸点随着碳原子数的增加而升高。烃基相同的卤代烷其沸点随卤原子序数的增大而升高；在同分异构体中，直链异构体的沸点最高，支链越多沸点越低。

大多数卤代烃的比重都大于水，但氟代烃和某些氯代烃的比重比水轻。常见卤代烃的沸点和相对密度见表 8-1。

表 8-1 常见卤代烃的沸点和相对密度

化合物	沸点（℃）	相对密度（d_4^{20}）
CH_3F	-78	0.84
CH_3Cl	-24	0.92
CH_3Br	4	1.73
CH_3I	42	2.28
CH_2Cl_2	40	1.34
$CHCl_3$	61	1.50
CCl_4	77	1.60
CH_3CH_2F	-38	0.72
CH_3CH_2Cl	12	0.91
CH_3CH_2Br	38	1.42
CH_3CH_2I	72	1.94
$CH_3CH_2CH_2F$	2.5	0.78
$CH_3CH_2CH_2Cl$	47	0.89
$CH_3CH_2CH_2Br$	71	1.35
$CH_3CH_2CH_2I$	102	1.75

卤代烃不溶于水，而易溶于醇、醚、烃等有机溶剂。某些卤代烃如二氯甲烷、氯仿、四氯化碳等本身是优良的溶剂，可把有机物从水层中提取分离出来。

许多卤代烃都有肝脏、肾脏毒性，使用时要特别小心。

扫码“学一学”

第三节 卤代烃的化学性质

卤代烷分子中 C—X 键的碳原子为 sp^3 杂化，碳与卤素以 σ 键相连，价键间夹角接近 109.5°。卤素电负性比碳大，因此碳卤键中成键电子对偏向卤原子，使得卤原子带部分负电荷，碳原子带部分正电荷，形成极性共价键，偶极方向由碳原子指向卤素原子，如图 8-1所示。

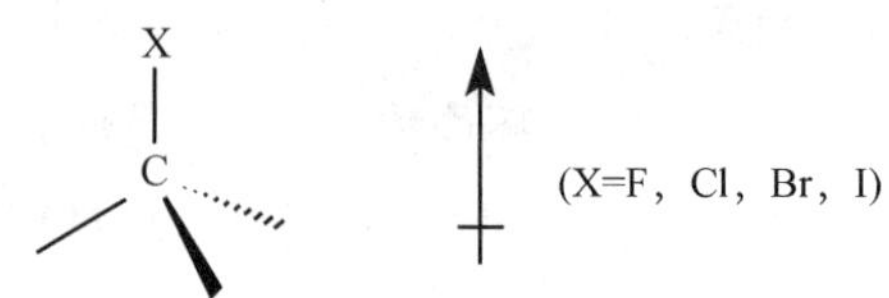

图 8-1　碳卤键的极性

随着卤素原子序数的增加，其电负性依次减小：氟（4.0）、氯（3.2）、溴（3.0）、碘（2.7），使得碳卤键的键长则依次变长。卤代烷中 C—X 键的键长是 C—F 键最短，C—I 键最长。四种 C—X 键的偶极距、键长和键角见表 8-2。

表 8-2　几种卤代烷分子的偶极矩、键长和键角

化合物	C-H（pm）	C-X（pm）	偶极矩（μ/D）	∠HCX（°）
CH_3F	109.5	138.2	1.85	109.0
CH_3Cl	109.6	178.1	1.87	108.0
CH_3Br	109.5	193.9	1.81	107.1
CH_3I	109.6	213.9	1.62	106.6

卤代烃的化学性质活泼，主要取决于卤素官能团，在卤代烃分子中，C—X 键具有较大的极性，容易异裂而发生各种化学反应。

一、亲核取代反应

卤素的强吸电子性使得 C—X 键中的电子对偏向卤原子，碳原子带有部分正电荷，容易受到负离子（如 OH^-、OR^-等）或带有未共用电子对的分子（如 H_2O、NH_3 等）进攻，从而导致 C—X 键异裂，卤原子则带着一对电子离去，即卤素以负离子形式被其他基团取代，这就是卤代烃的亲核取代反应。

$$Nu^- + R—\overset{\delta^+}{C}H_2—\overset{\delta^-}{X} \longrightarrow R—CH_2—Nu + X^-$$

$$Nu: + R—\overset{\delta^+}{C}H_2—\overset{\delta^-}{X} \longrightarrow R—CH_2—Nu^+ + X^-$$

亲核试剂　　底物　　　　产物　　　　离去基团

反应中的进攻试剂富有电子，具有亲核性质，能提供一对电子，称为亲核试剂（nucleophile），通常用 Nu^-或 Nu：表示。由亲核试剂进攻所引起的取代反应叫亲核取代反应（nucleophilic substitution），以 S_N 表示。反应中亲核试剂进攻的对象，称为底物（substrate）；被亲核试剂取代下来带着一对电子离去的原子或基团称为离去基团（leaving group）。常见的亲核取代反应主要有以下几类。

1. 与水反应　卤代烃与水共热，卤原子被羟基取代，生成醇的反应称为水解反应。

$$RX + H_2O \overset{\triangle}{\rightleftharpoons} ROH + HX$$

这是一个可逆反应。为了加快反应速度，提高醇的产率，通常用 NaOH 或 KOH 水溶液代替水，使反应向生成醇的方向进行。

$$RX + NaOH \xrightarrow{H_2O} ROH + NaX$$

此反应可用来制备醇，但由于自然界中存在的卤代烃极少，大多数卤代烃是由相应的醇制得的，因此该反应在制备上没有普遍的意义，只有少数醇用此法制备。例如在某些比较复杂的分子中引入一个羟基比引入一个卤原子更困难，因此在合成上可以先引入卤原子，然后再通过水解引入羟基，合成相应的醇。

2. 与醇反应 卤代烷与醇分子作用，卤原子被烷氧基（RO—）取代生成相应的醚，称为醇解反应。醇解反应也是可逆的，为了加快反应速度，提高醚的产率，通常用醇钠代替醇。

$$RX + NaOR' \longrightarrow ROR' + NaX$$

此反应是制备醚类的重要方法之一，称为威廉姆逊（Williamson）合成法，可用于制备简单醚，亦可制备混合醚。采用该法制备醚时最好选择伯卤代烃，叔卤代烃在醇钠强碱存在条件下主要反应产物不是醚而是烯烃。

3. 与氰化钠反应 卤代烃在醇溶液中与氰化钠（钾）反应，卤原子被氰基（—CN）取代生成腈，并且—CN 可进一步转化为—COOH、—$CONH_2$、—CH_2NH_2 等基团。

$$RX + NaCN \xrightarrow{\text{醇溶液}} RCN + NaX$$

该反应产物分子中增加了一个碳原子，是有机合成中增长碳链常用的方法之一。氰化钾（钠）有剧毒，使用时须特别注意。

4. 与炔钠反应 卤代烃和炔钠（钾）反应生成炔烃，这是由低级炔烃制备高级炔烃的重要方法。

$$RX + NaC\equiv CR' \longrightarrow RC\equiv CR' + NaX$$

值得注意的是，由于炔钠是强碱，一般只与伯卤代烃发生亲核取代反应制备增加若干个碳原子的炔烃，而仲卤代烃、叔卤代烃则易发生消除反应。

5. 与氨反应 卤代烃与氨（NH_3）作用生成胺，由于胺是碱性有机物，它可与生成的 HX 结合生成铵盐。

$$RX + NH_3 \longrightarrow RNH_3^+X^-$$

铵盐经氢氧化钠等强碱处理，又可生成游离的胺。有机胺又可作为亲核试剂与卤代烷作用，最终得到各种胺的混合物。

$$RNH_3^+X^- + NaOH \longrightarrow RNH_2 + H_2O + NaX$$
$$RNH_2 \xrightarrow{RX} R_2NH + HX$$
$$R_2NH \xrightarrow{RX} R_3N + HX$$

6. 与硝酸银的醇溶液反应 卤代烃与 $AgNO_3$ 的醇溶液反应，生成硝酸酯和卤化银沉淀：

$$RX + AgNO_3 \xrightarrow{C_2H_5OH} RONO_2 + AgX\downarrow$$

由于生成 AgX 沉淀，且不同结构的卤代烃与硝酸银反应的速率明显不同，因此该反应常用于卤代烃的鉴别。

卤代烃烃基结构相同时，反应活性为：RI>RBr>RCl。卤原子相同而烃基结构不同时，其反应活性为：烯丙型、苄基型>3°RX>2°RX>1°RX。

烯丙型或苄基型卤代烷、碘代烷、三级卤代烷在室温与硝酸银的醇溶液迅速发生反应，生成卤化银沉淀；一级、二级氯代或溴代烷烃需加热几分钟才产生卤化银沉淀；而乙烯型卤（包括卤苯）与硝酸银的醇溶液即使加热也不发生反应。

7. 卤素交换反应 卤代烷与碘化钠（钾）在丙酮溶液中反应，发生卤素交换反应。

$$RCl + NaI \xrightarrow{\text{丙酮}} RI + NaCl$$

此反应中氯原子被碘原子取代，进行了两种卤原子的交换，称之为卤素交换反应。卤素交换反应是一个可逆平衡反应。碘代烷不能从烷烃直接碘化获得，但可用此法制备。这是由于碘化钾溶于丙酮（溶解度为15%），而氯化钾和溴化钾不溶于丙酮，从而有利于反应的进行。

二、消除反应

消除反应是卤代烃的另一重要反应。卤代烃与强碱的乙醇溶液共热，消除一分子卤化氢生成烯烃的反应，称为消除反应（elimination reaction），用 E 表示。消除反应可在分子中引入双键，常用来制备某些烯烃或炔烃。

$$\underset{\underset{H}{|}}{\overset{\beta}{RCH}}-\underset{\underset{X}{|}}{\overset{\alpha}{CH_2}} \xrightarrow[KOH,\Delta]{C_2H_5OH} RCH=CH_2 + KX + H_2O$$

$$CH_3\underset{\underset{Br}{|}}{CH}-\underset{\underset{Br}{|}}{CH_2} \xrightarrow[\Delta]{NaNH_2/\text{醇}} CH_3C\equiv CH$$

反应中消去的是卤原子和 β-C 上的 H，因此消除反应又称为 β-H 消除反应。

卤代烷在发生消除反应时，如果分子中只有一种 β-H，则产生单一的产物。例如：2-溴丙烷在氢氧化钾醇溶液中加热生成丙烯。

$$CH_3\underset{\underset{Br}{|}}{CH}-\underset{\underset{H}{|}}{CH_2} \xrightarrow[KOH,\Delta]{C_2H_5OH} CH_3CH=CH_2$$

当卤代烷分子中有两种或两种以上 β-H 时，可生成不同的消除反应产物，存在取向问题，例如：

$$CH_3CH_2-\underset{\underset{Br}{|}}{CH}CH_3 \xrightarrow[KOH,\Delta]{C_2H_5OH} \underset{81\%}{CH_3CH=CHCH_3} + \underset{19\%}{CH_3CH_2CH=CH_2}$$

俄国化学家查依扎夫（Zaitsev）在观察大量实验结果的基础上，提出了查依扎夫规则：卤代烷发生消除反应时，当分子中存在两种或两种以上可供消除的β-氢原子时，消除反应的优先产物是双键碳上连有较多烷基的烯烃。此规则的另一种叙述是：如果分子有两种或两种以上的β-氢原子，在发生消除反应时，主要产物是消除含氢原子较少的β-碳上一个氢原子。这种类型的反应称为区域选择性（regioselectivity）反应，所谓区域选择性反应是指当一个反应有生成几种位置异构体的取向可能时，只生成一种或主要生成一种产物的反应。

消除反应的这种取向规律与所生成烯烃的稳定性有关，双键碳原子上连有的烷基越多，烯烃就越稳定，其次序为：

$$R_2C=CR_2 > R_2C=CHR > R_2C=CH_2 > RCH=CHR > RCH=CH_2 > CH_2=CH_2$$

这与烷基的微弱给电子效应和烷基与双键形成的 σ-π 超共轭效应有关。

卤代烷消除反应的活性顺序为：3°RX>2°RX>1°RX。

三、与活泼金属的反应

卤代烷能与锂、钠、钾、镁等金属直接化合，生成金属直接与碳相连的一类化合物，这类化合物通称为有机金属化合物。

1. 与金属镁作用 卤代烃在无水乙醚中与金属镁作用，生成有机金属镁化合物，该产物叫作格林雅（Grignard）试剂，简称格氏试剂。

$$RX + Mg \xrightarrow{\text{无水乙醚}} \underset{\text{烃基卤化镁}}{RMgX}$$

以无水乙醚作为制备格氏试剂的溶剂，是因为它可以与格氏试剂形成路易斯酸和路易斯碱的络合物而使格氏试剂稳定。

$$\begin{array}{c} R \quad R \\ \diagdown\ \diagup \\ O \\ \ddot{} \\ R-Mg-X \\ \ddot{} \\ O \\ \diagup\ \diagdown \\ R \quad R \end{array}$$

生成格氏试剂的难易与卤代烃的结构以及卤素的种类有关。一般来说，伯卤代烃>仲卤代烃>叔卤代烃；RI > RBr > RCl。

由于碘代烷较贵，而氯代烷的反应选择性较差，因此常用反应活性居中的溴代烷来合成格氏试剂。

烯丙基型及苄基型卤代烃非常活泼，很易产生格氏试剂，而且发生偶合反应（RMgX与过量的 RX 反应生成 R—R）。卤代烯烃和卤代芳烃不易制成格氏试剂，一般需要较高的反应温度，选用沸点较高的四氢呋喃（THF，bp. 65℃）代替乙醚作为反应溶剂，以加速反应的进行并与格氏试剂形成更稳定的络合物。

$$C_6H_5Br + Mg \xrightarrow{THF} C_6H_5MgBr$$

格氏试剂中具有一个极性非常大的碳镁键，碳原子带部分负电荷，金属镁带有部分正电荷（$C^{\delta-}-Mg^{\delta+}$）。格氏试剂非常活泼，可以和空气中的氧、水、二氧化碳等发生反应。因此，在制备时必须用无水乙醚，仪器应绝对干燥，还应尽量避免与空气接触。

格氏试剂是有机合成中非常重要的试剂之一，利用格氏试剂可合成烃、醇、醛、酮、羧酸等一系列有机化合物。但格氏试剂遇水、醇、羧酸、氨、胺等具有“活泼”氢的化合物都生成烷烃。例如：

$$CH_3MgX + \left\{\begin{array}{l} H_2O \\ ROH \\ RCOOH \\ NH_3 \\ RNH_2 \\ R_2NH \\ RC\equiv CH \end{array}\right. \longrightarrow CH_4 + \begin{array}{l} HOMgX \\ ROMgX \\ RCOOMgX \\ H_2NMgX \\ RNHMgX \\ R_2NMgX \\ RC\equiv CMgX \end{array}$$

此反应为活泼氢的定量反应。通过测定生成的烷烃体积可计算出每分子有机物所含的活泼氢数目，称为活泼氢测定法。

格氏试剂的烃基部分既是强碱又是强亲核试剂，可与卤代烷、二氧化碳、羰基化合物中带部分正电荷的碳原子进行亲核取代或亲核加成反应，生成碳链增长的烃、羧酸、醇等一系列产物。例如：

$$C_6H_5CH_2Cl + RMgX \longrightarrow C_6H_5CH_2R + MgClX$$

$$CH_2{=}CHCH_2^{\delta+}{-}Cl + RMgBr \longrightarrow CH_2{=}CHCH_2{-}R$$

$$O{=}\overset{\delta+}{C}{=}O + RMgBr \longrightarrow R{-}\overset{O}{\overset{\|}{C}}{-}OMgBr \xrightarrow{H_3O^+} \underset{\text{羧酸}}{R{-}\overset{O}{\overset{\|}{C}}{-}OH}$$

$$H_2\overset{\delta+}{C}{=}O \xrightarrow{RMgBr} R{-}CH_2{-}OMgBr \xrightarrow{H_3O^+} \underset{\text{伯醇}}{R{-}CH_2{-}OH}$$

知识链接

格林试剂的发现者——格林雅

格林雅（Victor Grignard，1871～1935），法国化学家。1871 年 5 月 6 日生于瑟堡，1893 年入里昂大学学习数学，毕业后改学有机化学，1901 年获博士学位，1905 年任贝桑松大学讲师，1910 年在南锡大学任教授。1919 年起，任里昂大学终身教授，1926 年当选为法国科学院院士。

格林雅于 1901 年研究用镁进行缩合反应，发现烷基卤化物易溶于醚类溶剂，与镁反应生成烷基氯化镁（即格林试剂）。格林雅因发现格氏试剂荣获 1912 年诺贝尔化学奖。他还是许多国家的科学院名誉院士和化学会名誉会员。

2. 与锂的反应 卤代烃与金属锂在非极性溶剂（如无水乙醚、苯、石油醚等）中作用得到有机锂化合物。

$$RX + 2Li \longrightarrow RLi + LiX$$

与格氏试剂一样，有机锂化合物也是一个极性分子，其烷基带有部分负电荷，是一种亲核试剂，可以与金属卤化物、卤代烃、具有活泼氢或极性双键的化合物进行反应。有机锂比格氏试剂更为活泼，价格也更贵。

$$C_5H_6\ (\text{环戊二烯}) + C_6H_5Li \longrightarrow C_5H_5Li + C_6H_6$$

有机锂化合物还可与碘化亚铜作用，生成二烃基铜锂。

$$RLi + CuI \longrightarrow \underset{\text{二烃基铜锂}}{R_2CuLi} + LiI$$

其中的烃基可以是烷基、烯基、烯丙基或芳基。二烃基铜锂在有机合成中是一种重要的烃基化试剂，称为有机铜锂试剂，通过它可以与卤代烷发生亲核取代反应（又称偶联反应）生成烷烃，这是制备对称或不对称烷烃的一种方法，称为科瑞-郝思（Corey-House）反应。

$$R_2CuLi + R'X \longrightarrow R—R' + RCu + LiX$$

在这里 R′X 仅限于用伯卤代烃，但可以是烯基型烃基。反应物上带有 C ═ O、COOH、COOR、$CONR_2$ 等都不受影响，产率一般都可达到 70% 以上，故可广泛用于合成。

3. 与钠的反应 卤代烃可与金属钠作用，可发生偶联反应，生成对称烷烃，该反应称为武慈（Wurts）反应。

$$2RX + 2Na \longrightarrow R—R + 2NaX$$

利用该反应可从卤代烃（一般是伯卤代烃）制备含偶数碳原子、结构对称的高级烷烃，其特点是产物比反应物碳链增长一倍。

四、还原反应

卤代烃中的卤素可以被活泼氢还原成烃类化合物。产生活泼氢的还原试剂有多种，如氢化铝锂（$LiAlH_4$）、硼氢化钠（$NaBH_4$）、锌和盐酸、氢碘酸、催化氢化等方法。

其中氢化铝锂（$LiAlH_4$）是个很强的还原剂，各种类型的卤代烃都可以被其还原。氢化铝锂遇水立即分解放出氢气，故反应只能在无水介质如乙醚、四氢呋喃（THF）、1,2-二甲氧基乙烷等溶剂中进行。例如：

$$CH_3CH_2CH_2Cl \xrightarrow[THF]{LiAlH_4} CH_3CH_2CH_3$$

硼氢化钠（$NaBH_4$）是一种比较温和的还原剂，还原能力比 $LiAlH_4$ 弱，在还原过程中，卤代烃分子中若同时存在—COOH、—COOR、—CN 等基团时，可以保留不被还原，而 $LiAlH_4$ 可将上述基团还原。例如：

$$BrCH_2COOCH_3 \xrightarrow{NaBH_4} CH_3COOCH_3$$

硼氢化钠几乎不溶于四氢呋喃或 1,2-二甲氧基乙烷中，可以溶解于水，且比较稳定，能在水溶液和醇溶液中反应而不被分解。

卤代烃还可通过其他多种途径还原为烃，例如：

$$CH_3CH_2CH_2CH_2I \xrightarrow{Zn+HCl} CH_3CH_2CH_2CH_3$$

$$C_6H_5CH_2Cl \xrightarrow{H_2/Pd} C_6H_5CH_3$$

五、芳环上的亲核取代

前面讲过直接连在芳环上的卤原子不活泼，一般不发生亲核取代反应。但在卤原子邻对位连有—NO_2、—CN、—CF_3 等吸电子基时，也可发生亲核取代反应。

例如，直接连接在芳环上的卤素是较稳定的，在通常情况下，即使将氯苯和氢氧化钠溶液煮沸几天也很难生成苯酚，必须在高温、高压下才能反应。

$$C_6H_5Cl \xrightarrow[\text{高温，高压}]{NaOH} C_6H_5OH$$

如在氯原子的邻或对位上引入硝基，则提高了氯原子的活性，使芳环亲核取代反应容易发生。

$$p\text{-}O_2N\text{-}C_6H_4\text{-}Cl \xrightarrow[130℃]{Na_2CO_3\text{溶液}} p\text{-}O_2N\text{-}C_6H_4\text{-}OH$$

$$2,4\text{-}(NO_2)_2C_6H_3Cl \xrightarrow[100℃]{Na_2CO_3\text{溶液}} 2,4\text{-}(NO_2)_2C_6H_3OH$$

$$2,4,6\text{-}(NO_2)_3C_6H_2Cl \xrightarrow[\text{温热}]{Na_2CO_3\text{溶液}} 2,4,6\text{-}(NO_2)_3C_6H_2OH$$

六、多卤代烃

多卤代烃可分成两类：一类是多个卤原子分别连在不同碳原子上，其C—X键性质与单卤代烃相似；另一类是多个卤原子连在同一个碳原子上，其性质比较特殊，随着同一个碳原子上卤原子数的增加，C—X键活性明显下降。例如：

$$CH_3Cl + H_2O \xrightarrow[\text{加压}]{100℃} CH_3OH + HCl$$

$$CHCl_3 + H_2O \xrightarrow[\text{加压}]{225℃} [HC(OH)_3] \xrightarrow{-H_2O} \underset{\text{甲酸}}{H-\overset{\overset{O}{\|}}{C}-OH}$$

通常情况下，CHX_3 或 CX_4 与硝酸银的醇溶液共热也不会产生卤化银沉淀。

8-3 完成下列反应式。

（1） $(CH_3)_3CCl + NaCN \longrightarrow$

（2） $(CH_3)_2NCH_2CH_2CH_2CH_2Br \xrightarrow{DMF}$

（3） （环己烷，H_3C、H、Br 取代） $\xrightarrow[\text{醇}]{KOH}$

（4） $CH_3CH_2Br + Mg \xrightarrow{\text{无水乙醚}}$

8-4　卤代烃 A 分子式为 C_3H_7Br，A 与叔丁醇钠/叔丁醇溶液作用生成化合物 B，分子式为 C_3H_6，B 经高锰酸钾氧化后生成乙酸和二氧化碳气体。B 与 HBr 作用的到 A 的异构体 C，试写出化合物 A、B、C 的结构。

扫码"学一学"

第四节　亲核取代反应机理

一、亲核取代反应机理

溴甲烷在 80%乙醇水溶液中反应时，反应速率很慢，但在其溶液中加入氢氧化钠后水解速率随之增加，反应速率与溴甲烷和氢氧化钠的浓度的乘积成正比，这在动力学上称为二级反应。其反应速率（v）方程为：

$$v=k[CH_3Br][OH^-]$$

但叔丁基溴在极低浓度的氢氧化钠的 80%乙醇水溶液中反应时，其反应速率不随氢氧化钠的加入而增加，而只与叔丁基溴浓度一次方成正比，这在动力学上称为一级反应。其反应速率方程为：

$$v=k[(CH_3)_3CBr]$$

上述实验现象及其他大量的事实说明：卤代烷的亲核取代反应具有不同的反应机理。20 世纪 30 年代英国伦敦大学的休斯（Hughes）和英果尔德（Ingold）教授经研究提出了两种不同的亲核取代反应机理，即双分子亲核取代反应（bimolecular nucleophilic substitution reaction，S_N2）机理和单分子亲核取代反应（unimolecular nucleophilic substitution reaction，S_N1）机理。此后的大量实验事实进一步确证和充实了他们的设想，成为目前人们公认的两种机理。

知识链接

提出亲核取代反应和消除反应机理的化学家——英果尔德

克里斯托夫·英果尔德（Christopher Kelk Ingold，1893～1970），于 1893 年 10 月 28 日诞生于英国伦敦，曾就读于英国南安普敦大学和伦敦帝国学院，1918 获哲学博士学位，1921 年获科学博士学位，1958 年被授予爵士。

英果尔德是物理有机化学的创始人之一，他对物理有机化学的贡献是巨大而深远的。英果尔德也是最早将现代电子理论应用于有机化学的科学家之一，他把有机分子的反应性与其电子密度联系起来，划分了反应类型和试剂的性质。他和休斯共同提出了取代反应和消除反应机理，现在有机化学里的很多概念，比如亲核、亲电、S_N1、S_N2、E1、E2 等都是他们首创的，这些概念的提出对揭示有机反应内在机理从而实现控制有机反应起到了巨大的促进作用。

1. 双分子亲核取代反应（S_N2）机理　溴甲烷在碱性条件下的水解反应速率不仅和卤

烃的浓度成正比，也和亲核试剂的浓度成正比，属于双分子亲核取代反应，用 S_N2 表示。根据一些立体化学的研究结果，英果尔德等提出溴甲烷在碱性条件下的双分子亲核取代反应是按照如下反应机理进行的。

$$HO^- + H_3\overset{\delta^+}{C}—\overset{\delta^-}{Br} \longrightarrow \left[\overset{\delta^-}{HO}\cdots CH_3 \cdots \overset{\delta^-}{Br}\right]^{\ddagger} \longrightarrow HO—CH_3 + Br^-$$

过渡态

亲核试剂 OH^- 从离去基团溴原子的背面进攻带部分正电荷的中心碳原子，在反应过程中，C—O 键的形成和 C—Br 键的断裂是同时进行的。中心碳原子上的 3 个氢由于受 OH^- 进攻的影响，而向溴原子一边偏转。当 3 个氢原子偏转到与中心碳原子处于同一平面时，即达到过渡态。此时中心碳原子为 sp^2 杂化，与 3 个氢原子处于同一平面，即将离去的溴和即将结合的亲核试剂 OH^- 络合在同一 p 轨道的两侧，中心碳原子上同时连有 5 个基团（图 8-2）。

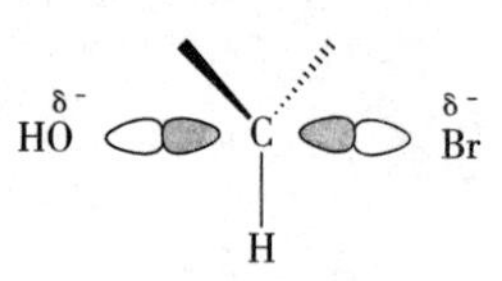

图 8-2 中心碳的 p 轨道与亲核试剂及离去基团的轨道重叠

在过渡态中，C—O 键已部分形成，C—Br 键已部分断裂，其键长都超过正常键长，氧原子和溴原子上都带有部分负电荷。在此之后，C—O 之间的距离进一步缩短，C—Br 之间的距离进一步拉长，3 个氢原子继续向溴原子一边偏转。最后，C—O 达到正常键长的距离，C—Br 键彻底断裂，溴原子以溴负离子形式离去，同时碳原子恢复其 sp^3 杂化的四面体构型。

反应过程中，随着反应物的结构变化，体系中的能量也在不断变化。亲核试剂 OH^- 从离去溴原子基团背面进攻，将三个夹角为 109.5° 的 C—H 键逐渐挤成平面，键角随之逐渐变为 120°，克服氢原子间的阻力，体系能量也随之升高，达到过渡态时，5 个原子同时挤在碳原子的周围，能量达到了最高点。随着溴原子的离去，张力变小，体系的能量也逐渐降低。在反应中只有一个过渡态形成，且过渡态的形成涉及两种分子碰撞，所以这种取代称为双分子亲核取代。反应过程的能量变化如图 8-3 所示。

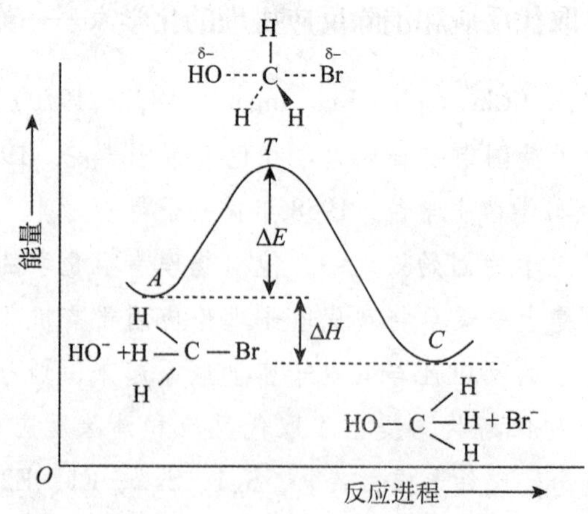

图 8-3 S_N2 反应能量示意图

2. 单分子亲核取代反应（S_N1）机理 叔丁基溴在碱性溶液中的水解反应速率仅与卤代烃的浓度成正比，而与亲核试剂 OH^- 的浓度无关，属于单分子亲核取代反应，用 S_N1 表

示，其反应机理可表示如下。

$$\underset{\text{A}}{(CH_3)_3C{-}Br} \xrightarrow{\text{慢}} \underset{\text{过渡态B}}{[(CH_3)_3\overset{\delta^+}{C}\cdots\overset{\delta^-}{Br}]} \longrightarrow \underset{\text{C}}{(CH_3)_3C^+} + Br^-$$

$$\underset{\text{C}}{(CH_3)_3C^+} + OH^- \xrightarrow{\text{快}} \underset{\text{过渡态D}}{[(CH_3)_3\overset{\delta^+}{C}\cdots\overset{\delta^-}{OH}]} \longrightarrow \underset{\text{E}}{(CH_3)_3C{-}OH}$$

整个反应分两步进行，第一步是叔丁基溴在溶剂的作用下解离成叔丁基正离子和溴负离子，这是一个慢的步骤，其速率决定了整个反应的速率；第二步是叔丁基正离子迅速与氢氧负离子结合，生成叔丁醇，这一步是很迅速的。由于在反应速率决定步骤中只涉及卤代烃一种分子，所以称为单分子亲核取代反应。

反应过程中，体系中的能量也在不断变化。随着叔丁基溴分子中 C—Br 键的逐渐伸长，键的极化程度增加，碳原子上所带部分正电荷和溴原子上所带负电荷的量逐渐增加，使体系能量上升，当能量达到最高点，即到达第一步反应的过渡态。随后体系的能量开始下降，生成中间体叔丁基正离子，中间体叔丁基正离子被溶剂分子所包围，即溶剂化；中间体叔丁基正离子在与氢氧负离子结合前，必须脱去部分溶剂分子，需要吸收能量，因此体系能量再度升高，形成第二过渡态。随着 C—O 键的逐渐形成，体系的能量开始下降。在这两步反应中，第一步反应所需活化能 ΔE_1 远远大于第二步反应的活化能 ΔE_2。因此，整个 S_N1 反应的速率取决于第一步的活化能。反应过程的能量变化如图 8-4 所示。

在第一步反应中所形成的碳正离子是有机反应中常见的活性中间体，位于两个峰的谷底，具有高度的反应活性。

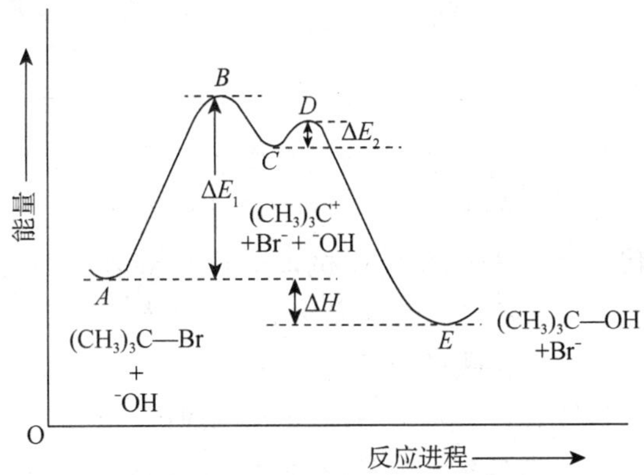

图 8-4　S_N1 反应能量示意图

二、影响取代反应机理及其活性的因素

卤代烷的亲核取代反应可按 S_N1 和 S_N2 两种机理进行，但对于一个具体的反应，在一定的条件下，究竟按哪一种机理进行，主要决定于卤代烷中烷基的结构、离去基团的性质、亲核试剂的亲核性以及溶剂的极性。

（一）烃基结构的影响

1. 卤代烷烃中烃基结构对 S_N1、S_N2 反应的影响　卤代烷烃中烃基结构对 S_N1 和 S_N2 反应都有影响，但影响是不相同。

(1) 对 S_N2 反应的影响　在 S_N2 反应中，亲核试剂从卤代烃背面进攻，将卤素“挤走”，反应速率决定于卤代烷分子的立体效应。空间位阻越小，反应越容易进行。表 8-5 列出了溴代烷与碘负离子进行 S_N2 反应时的相对反应速率。

表 8-5　溴化物与 I^- 的相对反应速率

R—	CH_3—	CH_3CH_2—	$(CH_3)_2CH$—	$(CH_3)_3C$—	$CH_3CH_2CH_2$—	$(CH_3)_2CHCH_2$—	$(CH_3)_3CCH_2$—
相对速率	30	1	0.02	≈0	0.82	0.036	0.000012

从表 8-5 可以看出它们的活性大小顺序为：卤代甲烷>伯卤代烷>仲卤代烷>叔卤代烷。α-碳及β-碳上的支链对反应速率也有影响。溴甲烷最容易进行 S_N2 反应，而α-支链比β-支链更强烈地阻碍 S_N2 反应的进行。α-碳（或β-碳）上所连接的基团越多、越大，反应就越不容易进行。

综上所述：S_N2 反应的相对活性顺序是 $CH_3X>1°RX>2°RX>3°RX$；同是伯卤代烷，则β-碳上支链越多反应越慢。

(2) 对 S_N1 反应的影响　S_N1 反应机理为碳正离子中间体机理，碳正离子的生成难易决定着反应速率的快慢，形成的碳正离子越稳定，反应越容易进行。

从电子效应看，碳正离子的稳定性顺序是：$3°C^+>2°C^+>1°C^+>CH_3^+$。从空间效应看，叔卤代烃分子中的 C—X 键解离生成碳正离子后，中心碳原子从 sp^3 四面体构型变为 sp^2 平面构型，中心碳上连有的三个烃基，由键角互成 109.5°变为 120°，彼此距离远，相互排斥较小，有利于碳正离子的生成。

由此可见电子效应和空间效应在 S_N1 反应中对卤代烃反应相对活性是一致的。表8-6列出了几种溴代烷在水中发生水解反应的相对速率。

表 8-6　几种溴代烷在水中反应的相对速率

R—	CH_3—	CH_3CH_2—	$(CH_3)_2CH$—	$(CH_3)_3C$—
相对速率	1.0	1.7	45	10^8

卤代烷结构影响 S_N1 反应速率的主要因素是电子效应，形成碳正离子中间体越稳定，其反应速率越快。进行 S_N1 反应的顺序是：$3°RX>2°RX>1°RX>CH_3X$。

一般情况下，伯卤代烷通常按 S_N2 反应机理进行，叔卤代烷按 S_N1 反应机理进行的，仲卤代烷介于二者之间，既可按 S_N2，也可按 S_N1 机理进行，视反应条件而定。

还要指出的是，卤原子连在桥头的桥环化合物无论按 S_N1 机理，还是 S_N2 机理，其活性都非常低，很难发生亲核取代。若按照 S_N2 反应机理进行，亲核试剂从离去基团背面进攻中心碳原子，由于卤原子背面是环，亲核试剂进攻中心桥头碳原子受阻，无法发生构型翻转；若按照 S_N1 反应机制进行，桥头碳不能伸张成平面结构，即不容易形成碳正离子的平面结构，因此该类化合物很难发生亲核取代反应。

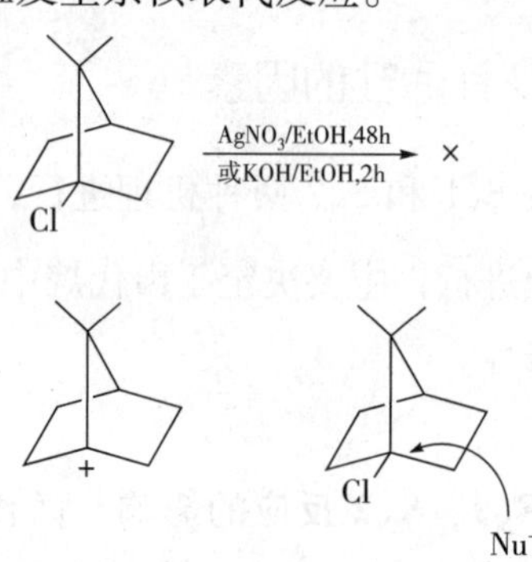

很难形成碳离子　　亲核试剂进攻受阻

2. 卤代烯烃中烃基结构对 S_N2、S_N1 反应速率的影响 卤代烯烃中双键对卤素的活性有一定的影响，这取决于卤原子与双键的相对位置，主要有下列三种情况。

（1）乙烯型卤代烃和卤苯型卤代烃

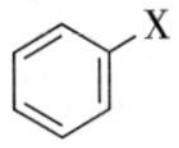

X

R—CH═CH—X

卤苯型卤代烃　　乙烯型卤代烃

在这类化合物结构中，卤原子与双键碳原子直接相连，卤原子性质很不活泼，难以被其他原子或基团所取代，即使与硝酸银醇溶液加热数天也无反应。其原因是卤原子中处于 p 轨道的一对未共用电子对与双键碳原子中的两个 p 轨道平行重叠形成了p-π共轭，电子离域导致体系能量降低，整个体系的键长平均化，碳卤键变得牢固，致使卤原子难以解离。

以氯乙烯为例：在乙烯中，碳碳双键的键长为 134pm；而在氯乙烯中，碳碳双键的键长为 138pm，键长有所拉长。在氯乙烷中，碳氯键的键长为 178pm；而氯乙烯中的碳氯键的键长为 172pm，键长明显缩短，即碳原子和卤原子间的结合更紧密，键的异裂离解能也因此增大。其原因在于氯原子上的一对未共用电子与碳碳双键的 π 电子形成 p-π 共轭。

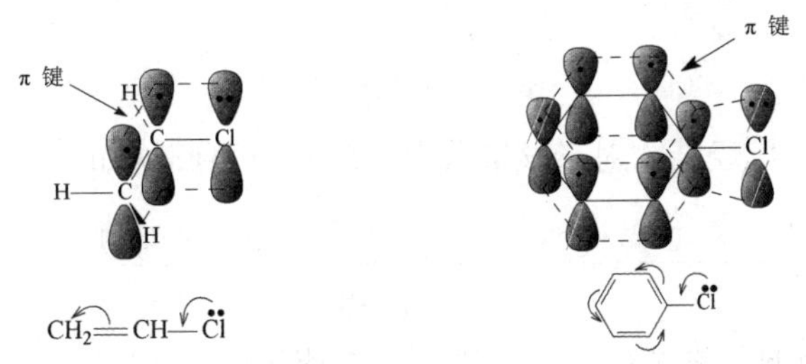

氯苯分子与氯乙烯类似，氯原子中的一对 p 电子也与苯环形成 p-π 共轭体系，导致其中的碳氯键的键长缩短到 170pm。故乙烯型或芳香型卤代烃无论是按 S_N1 反应机理还是按 S_N2 反应机理，其碳卤键都很难断裂，反应很难进行。

（2）烯丙基型或苄基型卤代烃

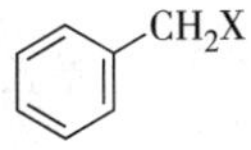

烯丙基型卤代烃　　苄基型卤代烃

在这类化合物结构中，卤原子与双键相隔一个碳原子，性质非常活泼，室温下就可与硝酸银的醇溶液发生 S_N1 反应，立即生成卤化银沉淀。例如，3-氯丙烯与碘负离子发生 S_N2 反应的速率是氯丙烷的 73 倍。

烯丙基型卤代烃很活泼，是因为 C—X 键解离后生成的碳正离子可以与双键形成缺电子的 p-π 共轭体系。

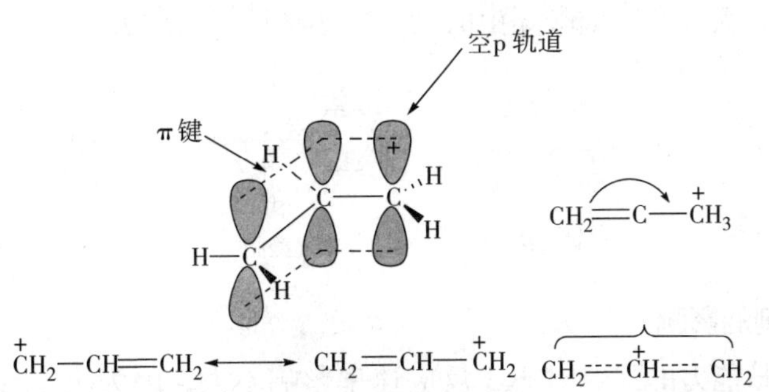

p-π 共轭的结果使正电荷得到分散，降低了体系的能量，增加了碳正离子的稳定性，所以烯丙基型卤代烃比较容易解离成碳正离子和卤离子，发生 S_N1 反应。

苄基型卤代烃在 S_N1 反应中解离成苄基碳正离子，该正离子也存在着 p-π 共轭，正电荷分散至整个苯环，使碳正离子有相当好的稳定性，S_N1 反应速率快。

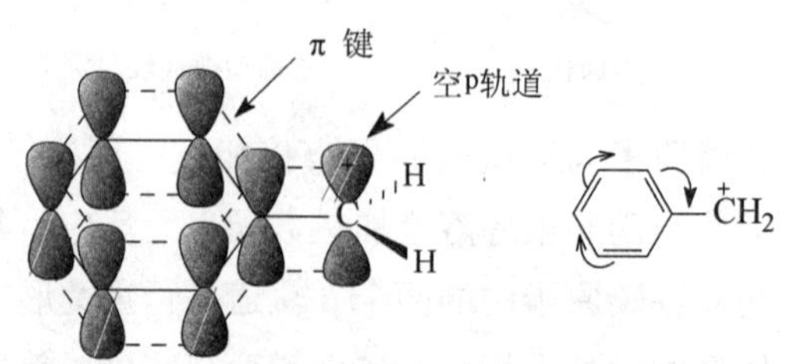

烯丙基型和苄基型卤代烃按 S_N2 反应机理，反应速度也很快，因为它们的过渡态能量都很低。

（3）隔离型不饱和卤代烃　在这类化合物结构中，卤原子与双键相隔两个或多个碳原子，由于它们之间的距离较远，互相影响较小，其反应活性基本上表现为卤代烃和烯烃各自的性质。

$$RCH{=}CHCH_2CH_2X$$

综合上述讨论，卤代烃结构对亲核取代反应的影响可归纳如下。

3°卤代烷　2°卤代烷　1°卤代烷　CH_3X　烯丙型、苄基型 →

S_N2

← 烯丙型、苄基型　3°卤代烷　2°卤代烷　1°卤代烷　CH_3X

S_N1

（二）离去基团离去能力的影响

亲核取代反应无论是按 S_N1 机理还是按 S_N2 机理进行，离去基团对其影响都是一样的，即离去基团的离去能力越强，亲核取代的反应越容易进行。

一般可根据断裂键的键能、离去基团的电负性及碱性来判断离去基团的离去能力。碳卤键的键能越小，键越容易断裂，如 C—X 键的键能数据为：

	C—F	C—Cl	C—Br	C—I
键能（kJ/mol）	485.3	339.0	284.5	217.6

离去基团的碱性越弱，形成的负离子越稳定，也就越容易离去。因为 HX 酸的酸性顺序为 HI>HBr>HCl>HF，所以其共轭碱的碱性顺序为 $F^->Cl^->Br^->I^-$。无论是从键能数据分析还是从碱性角度分析，卤素负离子离去倾向均是 $I^->Br^->Cl^->F^-$。

除卤代烷烃外，硫酸酯、磺酸酯中的磺酸根亦是良好的离去基团。

$RO-SO_2-OR$ 硫酸二酯　　CH_3-SO_2-OR 甲磺酸酯　　$C_6H_5-SO_2-OR$ 苯磺酸脂　　$CH_3-C_6H_4-SO_2-OR$ 对甲苯磺酸脂

（三）亲核试剂的影响

亲核试剂的亲核能力的强弱对 S_N1 反应速率影响不大，因为决定反应速率的第一步是碳正离子的形成，试剂的浓度和亲核性的强弱对其影响不大。而亲核试剂对 S_N2 反应速率影响较大，因为在 S_N2 反应中决定反应速率的过渡态中有亲核试剂的参与，亲核试剂的亲核性越强，浓度越大，其反应速率越快。一般试剂的亲核性主要与下面的两个因素有关。

1. 试剂的碱性　多数情况下，亲核试剂既具有亲核性，又具有碱性。碱性是代表试剂与质子的结合能力，而亲核性是表示其给出电子与带正电荷的中心碳原子的结合能力。由于它们都是提供电子和一个带正电荷的实体相结合，因此在大多数情况下，试剂的碱性和亲核性是一致的，也就是说试剂的碱性强，其亲核性就强。

2. 试剂的可极化性　一般而言，碱性与试剂本身电负性的大小及溶剂的性质有关，同等条件下，电负性越大，碱性越强。亲核能力不仅与试剂的碱性有关，还与试剂的可极化性有关。可极化性指的是亲核试剂的电子云在外电场的影响下变形的难易程度。易变形的可极化性大，它进攻中心碳原子时，其外层电子云就容易变形而伸向碳原子，从而降低了形成过渡态所需的能量。试剂的可极化性越大，试剂的亲核性就越强。例如 I^-、SH^-、SCN^-，由于原子半径大，原子核对外层电子的束缚力较小，这些离子具有很大的可极化性，因此他们是很好的亲核试剂。试剂亲核能力与碱性强弱的规律如下。

（1）同种元素为反应中心的亲核试剂，其亲核性与碱性的强弱一致。如：

碱性和亲核性：$RO^- > HO^- > PhO^- > RCOO^- > NO_3^- > ROH > HOH$

（2）同周期元素为反应中心的亲核试剂，其亲核性与碱性的强弱一致。如：

碱性和亲核性：$R_3C^- > R_2N > RO^- > F^-$；$RS^- > Cl^-$；$R_3P > R_2S$

（3）对同族元素为反应中心的亲核试剂，如果处于质子溶剂中，其亲核性与碱性相反。如：

亲核性：$I^- > Br^- > Cl^- > F^-$；$HS^- > HO^-$

碱性：$I^- < Br^- < Cl^- < F^-$；$HS^- < HO^-$

（四）溶剂的影响

溶剂在卤代烷的亲核取代反应中起着重要的作用。溶剂根据极性以及是否含有活泼氢可分为质子型溶剂、偶极溶剂和非极性溶剂。

1. 质子型溶剂　分子中含有可形成氢键的氢原子的溶剂，如水、醇、羧酸等，称为质子型溶剂（protonic solvent）。

质子型溶剂有利于 S_N1 反应，这是因为卤代烷 S_N1 反应的速度控制步骤是它电离生成碳正离子一步；在这个步骤中，从反应物到正碳离子是一个正电荷不断形成的过程；而在过渡状态，卤代烷已发生了 C—X 键的部分异裂，并在中心碳和卤原子上出现了部分的正负电荷，形成了高度极化的状态。质子型溶剂分子对高度极化的过渡状态的溶剂化作用，有助于碳卤键的进一步彻底解离。对于生成的碳正离子及卤负离子，质子型溶剂分子也将对他们分别起到溶剂化作用，使他们所带的电荷得到进一步的分散而更趋于稳定。表 8-7 列出了叔氯丁烷在 25℃时在与不同溶剂中发生溶剂解（即 S_N1）反应的相对速率。

表 8-7　叔氯丁烷在不同溶剂中反应的相对速率

溶剂	CH_3COOH	CH_3OH	HCOOH	H_2O
介电常数	6	33	58	78
相对速率	1	4	5000	150000

一般来说，体积较小电荷比较集中的离子，被溶剂化程度越高。碱性越强的离子，与质子型溶剂形成氢键的能力越强。

质子型溶剂对 S_N2 反应是不利的。S_N2 反应的速率取决于亲核试剂与卤代烷的碰撞，亲核试剂亲核能力以及离去基团离去能力越强，反应速率越快。在质子型溶剂中，溶剂能通过氢键使亲核试剂溶剂化，亲核试剂被溶剂分子包围，使得亲核试剂的亲核能力大大降低，因此在反应时先除去溶剂化，才能和卤代烷反应。

2. 偶极溶剂 偶极溶剂（dipole solvent）的结构特点是不含有可形成氢键的氢原子，其偶极正端埋在分子内部。例如：三氯甲烷、丙酮、二甲亚砜（DMSO）、*N*,*N*-二甲基甲酰胺（DMF）、四氢呋喃（THF）等。

因为偶极溶剂的正端埋在分子内部，妨碍了对负离子的溶剂化，但可以使正离子溶剂化，使亲核试剂在偶极溶剂中处于“裸露”的自由状态，亲核能力比在质子型溶剂中强，如用偶极溶剂代替质子型溶剂，会使 S_N2 反应大大增强。

$$(CH_3)_2N-\overset{\delta^-}{\underset{\delta^+}{C}}(=O)-H \qquad (CH_3)_2\overset{\delta^+}{C}=\overset{\delta^-}{O} \qquad CH_3CH_2-\overset{\delta^-}{O}-\overset{\delta^+}{H}$$

偶极溶剂　　　　质子型溶剂

例如溴代正丁烷与叠氮负离子（N_3^-）在不同溶剂中反应的相对速率，在偶极溶剂中比在质子溶剂中大得多，见表 8-8。

$$N_3^- + CH_3(CH_2)_2CH_2Br \longrightarrow \left[\overset{\delta^-}{N_3}\cdots\underset{(CH_2)_2CH_3}{\overset{H\ H}{C}}\cdots\overset{\delta^-}{Br}\right]^{\ddagger} \longrightarrow CH_3(CH_2)_2CH_2N_3 + Br^-$$

表 8-8 溴代正丁烷与叠氮负离子（N_3^-）在不同溶剂中反应的相对速率

溶剂	甲醇	水	DMSO	DMF	乙腈
相对速率	1	6.6	1300	2800	5000

3. 非极性溶剂 非极性溶剂（non-polar solvent）一般是指介电常数小于 15，偶极距 $0\sim6.67\times10^{-30}$C · m 的溶剂，例如己烷、苯、乙醚等。在非极性溶剂中，极性分子不容易溶解，分子以缔合的状态存在，使极性分子的反应性降低。

亲核试剂亲核能力的大小也受溶剂的影响。亲核试剂的强弱还与溶剂有一定的关系，溶剂化作用是影响亲核试剂亲核性的主要原因。如卤素负离子（X^-）在非质子溶剂 *N*,*N*-二甲基甲酰胺（DMF）中，其亲核性顺序与其碱性是一致的：$F^->Cl^->Br^->I^-$；而在质子溶剂醇或水中，亲核性顺序是：$I^->Br^->Cl^->F^-$。

综上所述，增大溶剂的极性，有利于 S_N1 反应而不利于 S_N2 反应。因为在 S_N1 反应中，从反应物到碳正离子形成的过程中，正负电荷逐渐集中，使体系极性增强，所以极性溶剂有利于稳定他们的过渡态，活化能降低，使反应速率加快。故溶剂极性增大，有利于 S_N1 反应。在 S_N2 反应过程中，亲核试剂的电荷很集中，在形成过渡态时电荷得到分散，当溶剂极性增大时，亲核试剂被溶剂化而降低了活性，不利于过渡态的形成。因此，溶剂的极性增大，将不利于 S_N2 反应。

三、S_N1 和 S_N2 反应的立体化学

1. 双分子亲核取代反应（S_N2）的立体化学特征 亲核取代反应具有相应的立体化学特征，当反应发生在手性碳原子上时，产物的构型与底物卤代烷的构型有一定关系。从立体化学的观点出发，亲核试剂进攻碳原子有三种途径：①亲核试剂从离去基团的正面进攻，产物的构型与底物的构型一样，即构型保持；②亲核试剂从离去基团的背面进攻，产物的构型和底物的构型相反，即构型翻转；③亲核试剂从离去基团的正面、背面进攻的概率相等，则生成无旋光性的外消旋产物。

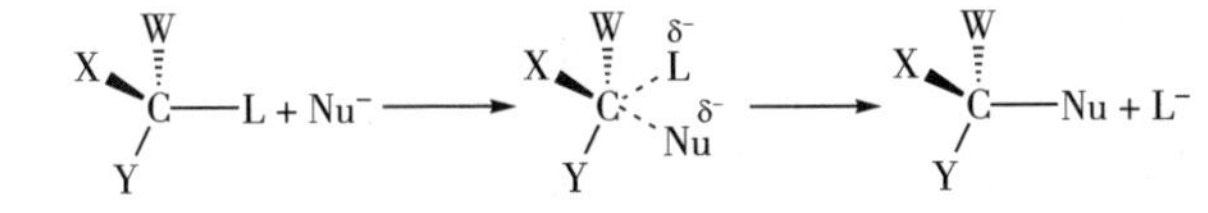

构型保持的亲核取代反应

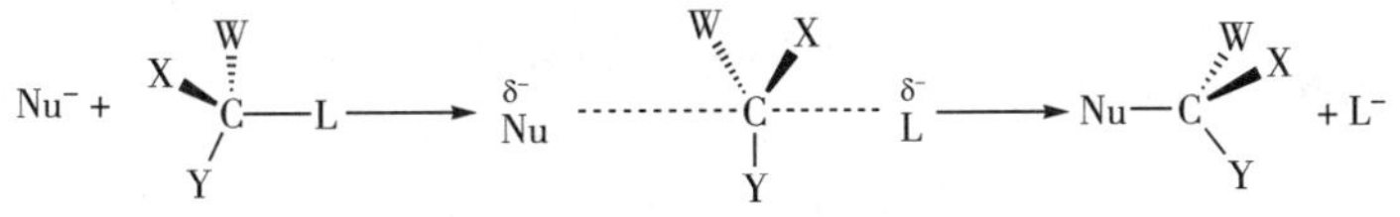

构型翻转的亲核取代反应

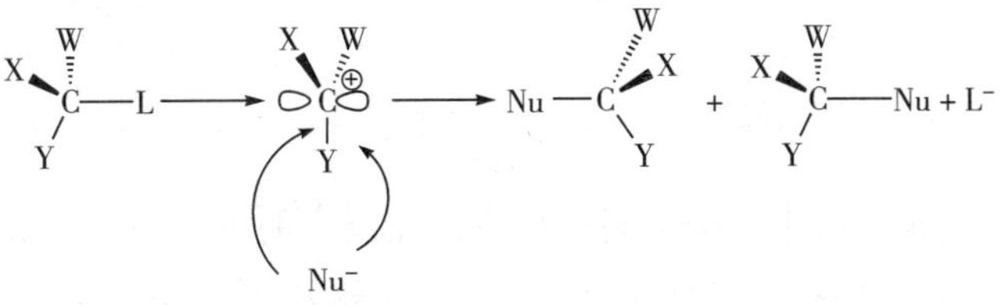

外消旋化的亲核取代反应

在 S_N2 反应中，亲核试剂从离去基团所连碳原子的背面进攻，碳原子的构型发生翻转，好像大风把雨伞吹得向外翻转一样，这种构型的翻转过程称为瓦尔登（Walden）转化，也称为“伞”型翻转。中心碳原子发生瓦尔登转化是 S_N2 反应的立体化学特征。

值得注意的是，这里所说的构型翻转是指反应中心上四个键构成的骨架构型的反转，这种反转可以引起产物 *R/S* 构型的改变，但也可以不引起 *R/S* 构型的改变。

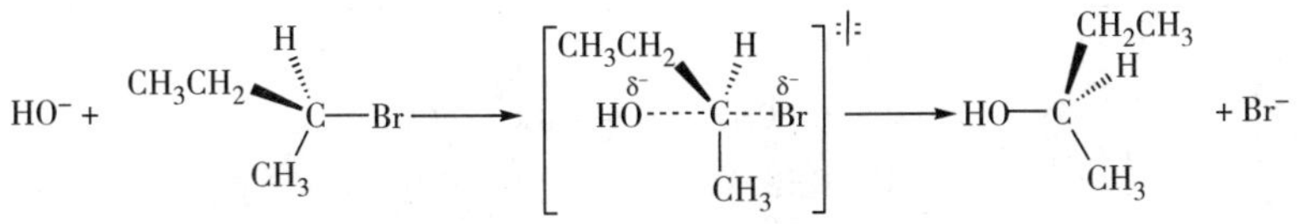

(*S*)-2-溴丁烷　　(*R*)丁-2-醇

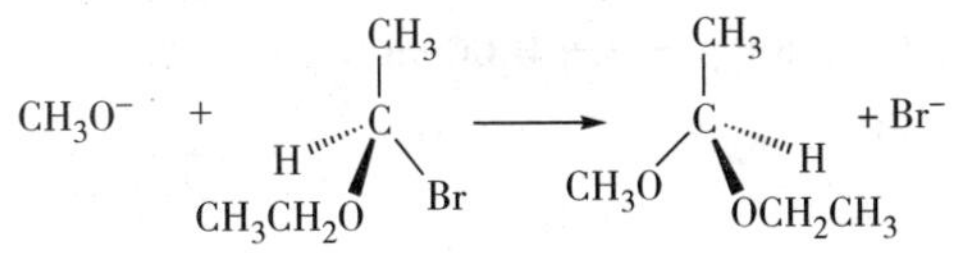

R　　*R*

综上所述，S_N2 反应的特点是：①反应一步完成，旧键断裂和新键形成同时进行；②反应速率与卤代烃和亲核试剂的浓度有关；③ 反应产物伴随有构型的转化。

2. 单分子亲核取代反应（S_N1）的立体化学特征 在 S_N1 反应中，首先生成平面型的碳

正离子，然后试剂从平面的两侧机会均等地进攻中心碳原子。如甲基正离子，它的 3 个 sp^2 杂化轨道分别与氢原子形成 3 个 σ 键，未杂化的空 p 轨道与 C—H 键平面垂直(图 8-5)。

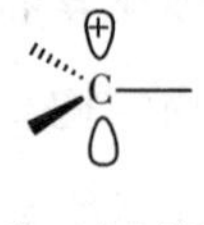

图 8-5 碳正离子结构示意图

由于碳正离子是一个平面结构，亲核试剂从碳正离子两边进攻的概率相等。如果底物的中心碳原子是手性的，则可得到等量的构型保持和构型翻转的产物，即一对外消旋体。如：

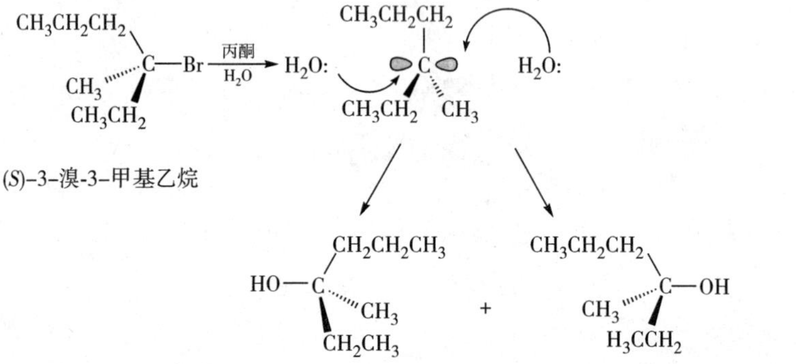

(S)-3-溴-3-甲基乙烷

(R)-3-甲基己-3-醇构型翻转　(S)-3-甲基己-3-醇构型保持

由于 S_N1 反应的机理是碳正离子中间体机理，在反应的过程中，生成的碳正离子常会发生重排形成更稳定的碳正离子，也称为瓦格涅尔-麦尔外因（Wangner-Meerwein）重排。

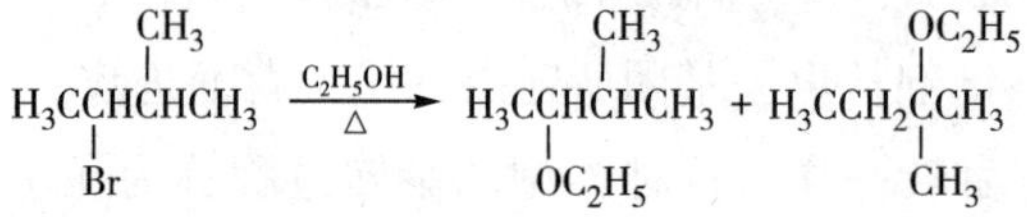

(不重排产物)　(重排产物)

这是碳正离子一个比较特征的现象，一般有两种重排的方式：一种是氢负离子的迁移，一种是烷基的迁移。

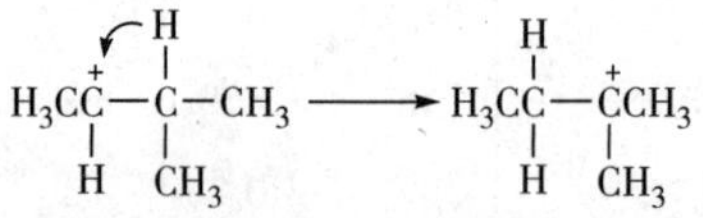

氢负离子迁移

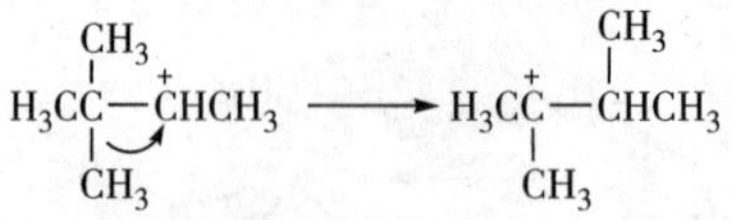

烷基迁移

与 S_N2 反应不同，在 S_N1 反应中，是以外消旋化为其立体化学特征。外消旋化、重排的产生一般都是因为反应经过碳正离子中间体所致。

综上所述，S_N1 反应的特点：①反应是分步进行的；②反应速率只与卤代烃的浓度有关；③有活性中间体碳正离子生成；④产物可能外消旋化或有重排产物生成。

四、离子对机理

必须指出，一个亲核取代反应完全按 S_N1 机理或 S_N2 机理进行是比较少见的，S_N1 和 S_N2 机理只是卤代烷亲核取代反应的两种极限机理。对于一般卤代物的亲核取代反应来讲，这两种机理往往是并存的。一个亲核取代反应在大多数情况下往往得到部分外消旋化的产物。例如，叔卤代烷(*R*)-6-氯 2,6-二甲基-辛烷在 80% 丙酮溶液中反应时，结果得到 39. 5% 构型保持和 60. 5% 构型翻转的产物，而不是全部外消旋化。

Cl —— 80%丙酮水溶液，60℃ ——→ HO（39.5%） + OH（60.5%）

(*R*)-6-氯-2,6-二甲基辛烷　　(*R*)-3,7-二甲基辛-3-醇 构型保持　　(*S*)-3,7-二甲基辛-3-醇 构型保持

产生部分外消旋化的原因，一是一个亲核取代反应往往并不是纯粹的 S_N2 或 S_N1 反应，很有可能是同时既发生 S_N2 又发生 S_N1。如上例，可解释为有 79% 的底物是通过 S_N1 反应，因而得到 39. 5% 的构型保持的产物，另有 21% 是通过 S_N2 机理得到的，故共得到 60. 5% 的构型翻转的产物。

对部分外消旋化原因的另一种解释是基于溶剂-离子对理论（solvent-ion pair theory）。该理论认为离去基团从分子中断裂下来后所形成的卤离子，最初并没有迅速离开底物，而是与底物碳正离子通过静电吸引形成了一个紧密离子对，紧密离子对可进一步被溶剂隔开成松散的离子对，并最后形成自由的碳正离子。在这三个阶段，均可与亲核试剂结合。在紧密离子对阶段，与底物并未远离的离去基团挡住了亲核试剂从正面进攻，因而主要得到构型翻转的产物。在自由离子阶段，亲核试剂可从碳正离子的两边以同等的机会进攻，主要生成外消旋混合物。如果亲核试剂与松散离子对作用，试剂可从背面进攻得到构型转化的产物，也可以代替溶剂的位置，得到构型保持的产物，一般情况下前者多于后者，得到部分消旋的产物。

$$RX \rightleftharpoons R^+X^- \rightleftharpoons R^+||X^- \rightleftharpoons R^+ + X^-$$

紧密离子对　松散离子对　自由碳正离子

较稳定的碳正离子有较长的存在时间，若溶剂又有较好分散正、负离子的性质，则这些碳正离子有足够的时间被溶剂分散为自由的碳正离子，主要生成外消旋混合物；稳定性较差的碳正离子，存在时间短，活性高，而溶剂分散正、负离子的性质又不好时，则往往在未转成自由碳正离子之前就进行了反应，会使构型翻转的比例增大。

8-5　卤代烃与氢氧化钠在水与醇的混合物中进行反应，请指出哪些属于 S_N1 反应，哪些属于 S_N2 反应，哪些二者兼有。

（1）产物绝对构型发生转化　（2）有重排产物生成　（3）反应一步完成

（4）生成外消旋体　（5）三级卤代烷大于二级卤代烷反应速率

（6）进攻试剂亲核能力越强反应速率越快　（7）增加碱的浓度反应速率加快

(8) 增加水的浓度反应速率增快　　(9) 在非质子型溶剂中反应有利

(10) 离去基团离去能力越强反应速率越快

扫码“学一学”

第五节　消除反应机理

一、E1 和 E2 消除反应机理

与取代反应类似，卤代烷的消除反应也有两种不同的反应机理：单分子消除反应（unimolecular elimination）和双分子消除反应（bimolecular elimination），分别用 E1 和 E2 表示。

1. 双分子消除反应（E2） 与 S_N2 反应相似，卤代烃的双分子消除反应是一步完成的，反应中经过一个能量较高的过渡态，β-C—H 键的断裂和 α-C—X 键的断裂同时进行，并在 α-C 和 β-C 之间形成 C ═ C 键，生成烯烃。

$$^{-}OH + H{-}C{-}C{-}L \longrightarrow \left[\overset{\delta^-}{HO}\cdots H{-}C{=\!=}C\cdots \overset{\delta^-}{L} \right]^{\ddagger} \longrightarrow \;\rangle C{=}C\langle\; + HO{-}H + L^-$$

在 E2 反应中 C—H 键和 C—X 键的断裂与 π 键的形成是协同的，在反应能量变化曲线的最高处是反应的过渡态。在过渡态中，α-C—X、β-C—H 已部分断裂，碳碳双键和氧氢键已部分形成，原来由试剂所携带的负电荷分散到整个体系中，反应一步完成。卤代烃和碱都参与过渡态的生成，所以称为双分子消除。

S_N2 和 E2 一般是在类似的条件下进行，所不同的是在 S_N2 反应中试剂进攻 α-碳原子并与其结合，在 E2 反应中，试剂进攻 β-碳上的氢原子，并把其夺走。因此，S_N2 与 E2 反应是一对并存和相互竞争的反应。

2. 单分子消除反应（E1） 与 S_N1 反应相似，单分子消除反应也分两步进行，第一步是卤素从碳上解离下来，生成碳正离子；第二步是试剂夺取 β-碳上的氢，形成碳碳双键。第一步是决定反应速率的步骤，只涉及底物分子，反应速率只与底物的浓度有关，所以叫单分子消除反应，用 E1 表示。反应过程如下式所示：

$$\text{第一步}\quad H{-}\overset{\beta}{C}{-}\overset{\alpha}{C}{-}X \xrightleftharpoons{\text{慢}} \left[H{-}C{-}\overset{\delta^+}{C}\cdots\overset{\delta^-}{X} \right]^{\ddagger} \longrightarrow H{-}C{-}C^+ + X^-$$

$$\text{第二步}\quad B^- + H{-}C{-}C^+ \xrightleftharpoons{\text{快}} \left[\overset{\delta^-}{B}\cdots H{-}C{=\!=}\overset{\delta^+}{C} \right]^{\ddagger} \longrightarrow \;\rangle C{=\!=}C\langle\; + HB$$

第一步是反应速率的控速步骤，与碱的浓度无关，而与形成的碳正离子的稳定性有关。所以，反应产物往往是碳正离子重排后的生成物。例如，新戊基溴的消除反应主要产物为重排后的产物 2-甲基-2-丁烯，反应过程如下所示。

$$CH_3\overset{CH_3}{\underset{CH_3}{C}}CH_2Br \longrightarrow CH_3\overset{CH_3}{\underset{CH_3}{\overset{+}{C}}}CH_2 + Br^-$$

$$CH_3\overset{CH_3}{\underset{CH_3}{C}}\overset{+}{C}H_2 \xrightarrow{\text{甲基1,2-迁移}} CH_3\overset{+}{\underset{CH_3}{C}}CH_2CH_3 \xrightarrow{RONa} CH_3\underset{CH_3}{C}{=}CHCH_3$$

在反应时，卤代烷可按 S_N1 或 E1 机理进行，两种机理是相互竞争的。E1 与 S_N1 反应相同点都是经碳正离子中间体，所不同的是：在 S_N1 反应中，试剂进攻 α-碳原子，生成取代产物；而 E1 反应时，试剂进攻 β-碳上的氢生成消除产物。

如 2-甲基-2-溴丁烷在乙醇中反应得 2-甲基-2-乙氧基丁烷和 2-甲基-2-丁烯以及 2-甲基-1-丁烯。取代和消除产物的比例为 64∶36。

$$CH_3\overset{CH_3}{\underset{Br}{C}}CH_2CH_3 \xrightarrow[25℃]{C_2H_5OH} CH_3\overset{CH_3}{\underset{OC_2H_5}{C}}CH_2CH_3 + CH_3\overset{CH_3}{C}{=}CHCH_3 + CH_2{=}\overset{CH_3}{C}CH_2CH_3$$

E1 和 S_N1 很相似，他们时常伴随发生。此外，E1 或 S_N1 反应中生成的碳正离子还可以发生重排而转变为更稳定的碳正离子，然后再发生 E1 或 S_N1 反应，由于碳正离子的生成与重排反应有密切关系，所以重排反应常作为 E1 或 S_N1 反应机理的证据。

二、影响消除反应机理及其反应活性的因素

1. 卤代烃结构的影响 α-碳上支链越多，越有利于消除反应。消除反应的活性次序对 E1 或 E2 反应都是一致的，即 3°卤代烃>2°卤代烃>1°卤代烃。这个活性次序对 E1 反应来说，与碳正离子的稳定性一致；对于 E2 反应，则是形成支链越多的烯烃越稳定，越是稳定的烯烃越易形成。

2. 卤素种类的影响 不管是 E1 反应机理，还是 E2 反应机理，卤原子总是带着一对电子离开中心碳原子，因此是较好的离去基团，可提高反应速率。当烃基相同，而卤原子不同时，消除反应活性的顺序为：RI>RBr>RCl。

3. 试剂的影响 只有 E2 反应与试剂的碱性强弱、浓度大小有关，高浓度的强碱试剂有利于提高 E2 反应的速率。E1 反应不受碱性试剂强弱及浓度大小的影响。

4. 溶剂的影响 在 E1 反应中，C—X 键的解离受溶剂极性影响比较明显，极性较大的溶剂可提高 E1 反应速率，而对 E2 反应是不利的。

卤代烃的消除反应在机理上的选择主要受以上因素的影响。从卤代烃结构上看，叔卤代烃 E1 和 E2 反应活性都比较强，但更倾向于 E1 机理；伯卤代烃 E1 和 E2 都比较弱，但两者相比倾向于 E2 机理；仲卤两者皆有，但较倾向于 E2。高浓度的强碱试剂有利于 E2，而低浓度的弱碱试剂有利于 E1。高极性溶剂有利于 E1，低极性溶剂有利于 E2。改变反应条件可使某种卤代烃的消除反应机理发生改变。

三、消除反应的方向

卤代烷在发生消除反应时，如果只有一种 β-氢原子，则仅产生单一的产物。例如：

$$CH_3-\underset{\underset{Br}{|}}{CH}-\underset{\underset{H}{|}}{CH_2} \xrightarrow[KOH,\ \triangle]{C_2H_5OH} CH_3CH{=}CH_2$$

当卤烃中含有两个或两个以上的β-氢原子时，卤烃的消除反应产物就不止一种。消除反应就存在取向问题。例如2-氯丁烷在碱性条件下的消除反应就可能生成以下两种烯烃。

$$\underset{\underset{Cl}{|}}{CH_3CHCH_2CH_3} \xrightarrow{OH^-} \begin{cases} CH_2{=}CHCH_2CH_3 & \text{丁-1-烯（副产物）} \\ CH_3CH{=}CHCH_3 & \text{丁-2-烯（主产物）} \end{cases}$$

对于E1反应，尽管反应速率决定于碳正离子这一步，但第二步决定反应的取向。在第二步过渡态中，已有部分双键形成，当生成的烯烃双键上的烷基越多，相应的过渡态较稳定，即活化能较低，反应越容易进行。

对于E2反应，碱试剂进攻β-H，同时卤素离开中心碳，通过过渡态生成烯烃。若有两种β-H时，碱试剂优先进攻哪个β-H，主要由相应过渡态的稳定性决定。由于过渡态与产物烯烃的结构相似，因此形成的双键碳上连有的支链越多，相应的过渡态也就越稳定。这种过渡态正是碱试剂进攻含氢较少β-C上的氢形成的。

总之，无论E2还是E1，其消除方向都是由烯烃的稳定性决定的。即总是优先消除含氢原子较少β-C上的氢，生成双键上连有较多支链的烯烃。这就是前面提到的查依扎夫（Zaitsev）规则。

四、E2反应的立体化学

在E2反应中，从反应物和产物的立体结构的对比分析中得知，E2过渡态有严格的空间要求，离去基团L、β-H和与他们相连的两个碳原子，必须处于共平面的位置（即L—C—C—H），因为部分π键是由两个碳原子上早期形成的p轨道重叠形成的（图8-6）。只有当这两个轨道处于同一平面时，才能满足逐渐生成的p轨道最大限度的重叠，使E2反应容易发生。

能满足离去基团L和β-H共平面的有两种构象，一种是处于顺式共平面位置的消除，称为顺式消除；一种处于反式共平面位置的消除，称为反式消除。

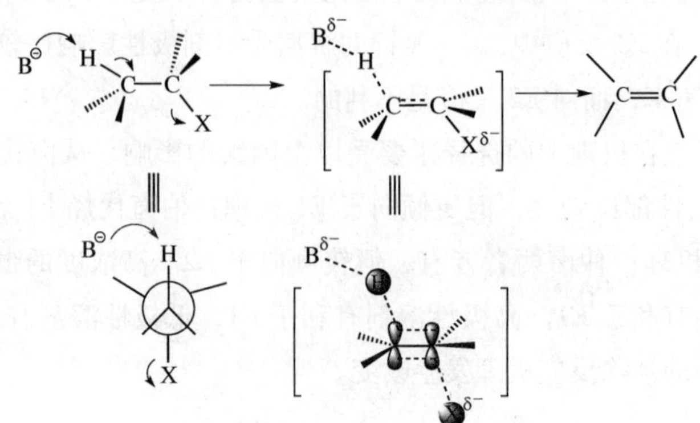

图8-6　E2过渡态中的轨道结合状态Ⅰ

图 8-6 H 与 X 为反式共平面，负电荷相距较远，消去的 H 和 X 必须在同一平面上，才能满足逐渐生成的 p 轨道最大限度的交叠（图 8-7）。

图 8-7 H 与 X 为顺式共平面，重叠式构象，较不稳定，顺式消除比反式消除难发生。

研究表明，大多数情况下卤代烷的 E2 反应是以反式消除的方式进行的。例如：赤型-1-溴-1,2-二苯基丙烷（Ⅰ）的消除得 Z-烯烃，这就表明反应是以反式消除方式进行的；而苏型-1-溴-1,2-二苯基丙烷（Ⅱ）在 E2 反应中得到反式烯烃，也是通过反式消除 HBr 得到的。

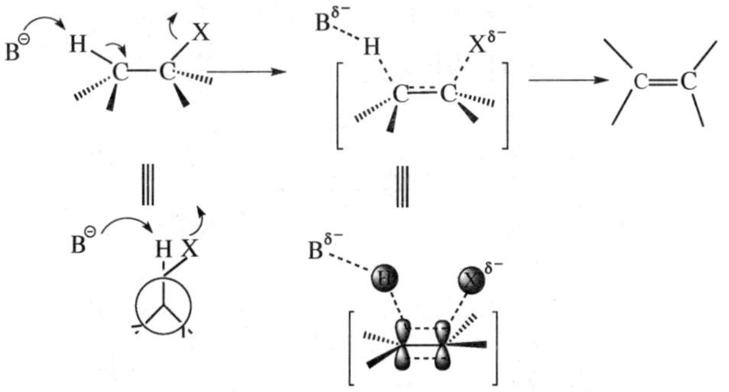

图 8-7　E2 过渡态中的轨道结合状态Ⅱ

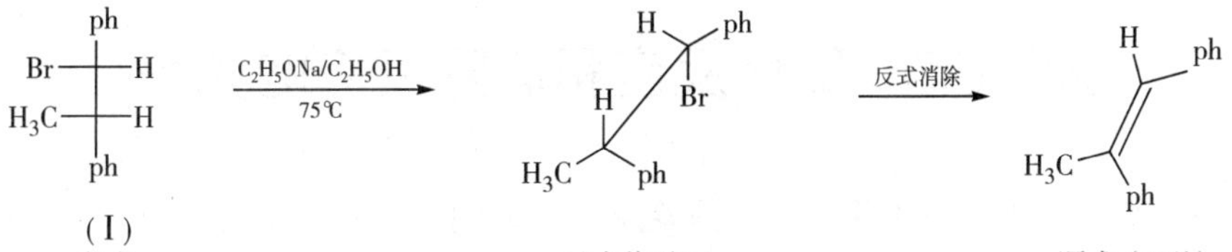

（Ⅰ）赤式 $\xrightarrow[75℃]{C_2H_5ONa/C_2H_5OH}$ 反式共平面 $\xrightarrow{反式消除}$ 顺式（Z型）

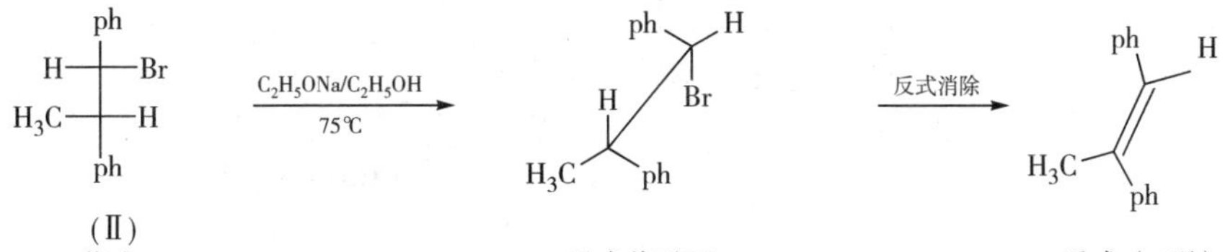

（Ⅱ）苏式 $\xrightarrow[75℃]{C_2H_5ONa/C_2H_5OH}$ 反式共平面 $\xrightarrow{反式消除}$ 反式（E型）

E2 反应消除 HX 易按反式消除的原因是，由于交叉式构象比重叠式构象的能量低，且氢和卤素处于较远的位置，对试剂进攻 β 碳上的氢原子和卤素离去都是有利的。例如：2-溴丁烷消除 HBr 可得丁-1-烯和丁-2-烯，但以后者为主（区域选择性，Zaitsev 规则），而在丁-2-烯中又以反式异构体为主。

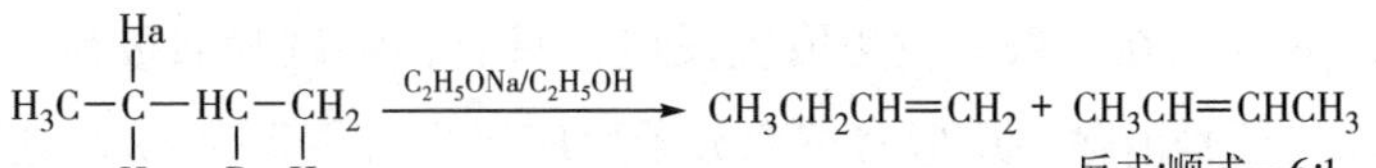

$$H_3C-C(H_a)(H_b)-HC(Br)-CH_2(H) \xrightarrow{C_2H_5ONa/C_2H_5OH} CH_3CH_2CH{=}CH_2 + CH_3CH{=}CHCH_3$$

反式:顺式 = 6:1

丁-2-烯是由消除 C_3 上 β-H 生成的，这个碳上有两个氢原子，每个氢都可与溴处于反式共平面的位置，以构象式（a）和（b）表示，由于构象式（a）比（b）稳定，因此主要由构象式（a）参与反应，得反丁-2-烯。

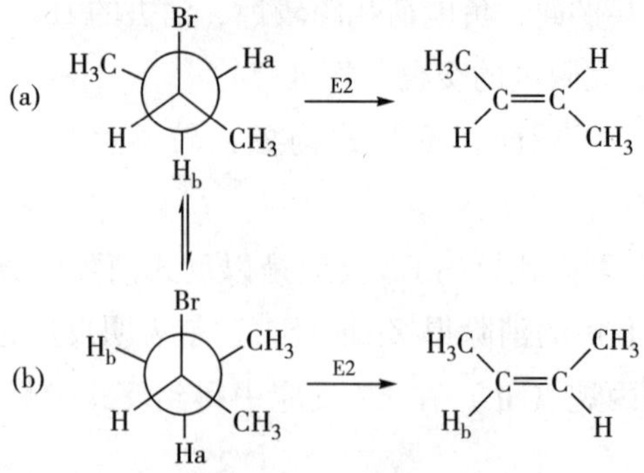

对于卤代环己烷的E2反应，卤素和β-H的相互关系必须符合反式共平面的要求，否则反应不能发生；在有两种反式β-H的情况下，主要产物应服从Zaitsev规则。

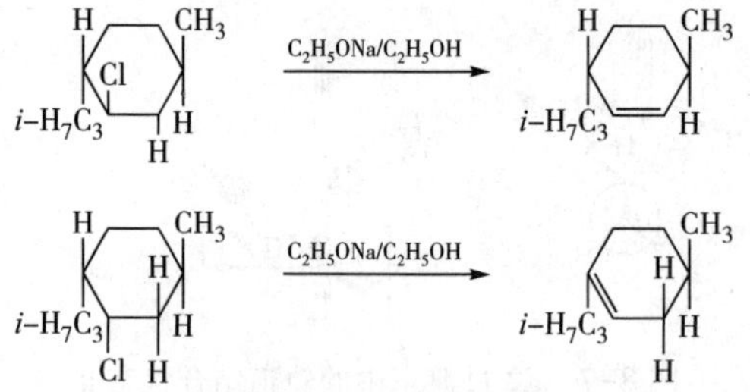

第六节　取代反应和消除反应的竞争

卤代烃的亲核取代反应往往伴随着消除反应，他们是一对竞争性反应。

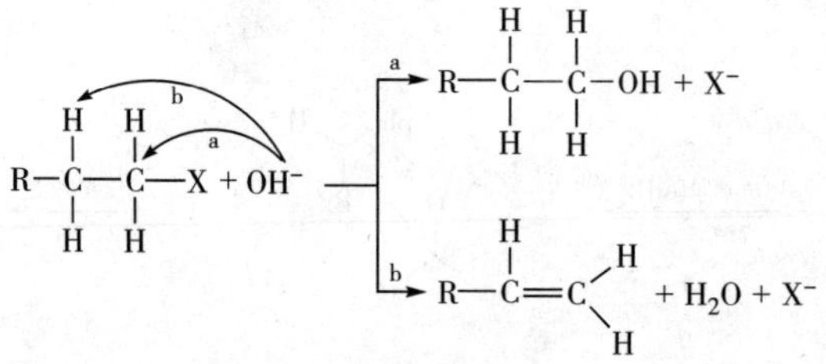

当OH^-进攻α碳原子时，得到的是亲核取代反应产物；当OH^-进攻β氢原子时，得到的是消除反应产物。反应到底以哪一种形式为主，与卤代烃的结构、进攻试剂碱性、溶剂的极性以及温度等因素有关。

一、烃基的结构

1. 伯卤代烷　伯卤代烷一般易发生取代反应，只有在强碱和弱极性溶剂条件下才以消除为主。无论是取代还是消除，反应常按双分子反应机理（S_N2或E2）进行。

$$CH_3CH_2CH_2CH_2Br \xrightarrow[H_2O]{NaOH} CH_3CH_2CH_2CH_2OH \quad 取代为主$$

$$CH_3CH_2CH_2CH_2Br \xrightarrow[C_2H_5OH]{C_2H_5ONa} CH_3CH_2CH=CH_2 \quad 消除为主$$

当β-C上连有苄基或烯丙基时，有利于E2反应的进行，因为消除产物中存在π-π共

轭体系而稳定。例如，β-苯基溴乙烷在同样条件下的反应，取代产物只占4.4%，消除产物却占95.6%。

$$C_6H_5CH_2CH_2Br + C_2H_5ONa \xrightarrow[\triangle]{C_2H_5OH} \underset{4.4\%}{C_6H_5CH_2CH_2OCH_2CH_3} + \underset{95.6\%}{C_6H_5CH{=}CH_2}$$

当β-C连有支链时，空间位阻阻碍了亲核试剂对α-C的进攻，取代反应速率减慢，有利于亲核试剂对β-H的进攻，导致消除反应产物增多。例如：

$$CH_3CH_2CH_2Br + C_2H_5ONa \xrightarrow{C_2H_5OH} \underset{91\%}{CH_3CH_2CH_2OCH_2CH_3} + \underset{9\%}{CH_3CH{=}CH_2}$$

$$CH_3CH(CH_3)CH_2Br + C_2H_5ONa \xrightarrow{C_2H_5OH} \underset{40.4\%}{CH_3CH(CH_3)CH_2OCH_2CH_3} + \underset{59.5\%}{CH_3C(CH_3){=}CH_2}$$

2. 叔卤代烃 叔卤代烃倾向于发生消除反应，即使在弱碱（如Na_2CO_3水溶液）条件下，也以消除为主。只有在纯水或乙醇中发生溶剂解时，才以取代为主。

$$(CH_3)_3C-Cl \xrightarrow[H_2O]{Na_2CO_3} CH_3C(CH_3){=}CH_2 \quad 消除为主$$

$$(CH_3)_3C-Cl \xrightarrow[\triangle]{H_2O} CH_3-C(CH_3)(OH)-CH_3 \quad 取代为主$$

当β-C上的取代基增多时，反应则更有利于E1，因为空间效应是决定因素。对于S_N1来说，α-C的杂化形式变化是“$sp^3 \rightarrow sp^2 \rightarrow sp^3$”过程；对于E1来说，$\alpha$-C的杂化形式变化是“$sp^3 \rightarrow sp^2 \rightarrow sp^2$”过程。因此，空间拥挤程度越大，即$\beta$-碳上的支链越多，越不利于$S_N1$而有利于E1反应。例如，叔卤代烷在80%乙醇溶液中的反应活性随β-碳上空间效应的增大，E1反应的产率递增。

	$CH_3C(CH_3)_2Cl$	$C_2H_5C(CH_3)_2Cl$	$CH_3CH(CH_3)C(CH_3)(Cl)CH_3$	$CH_3CH(CH_3)C(H)(Cl)CH(CH_3)_2$
烯烃百分比	16	34	62	78

3. 仲卤代烷 仲卤代烷的情况介于伯卤代烷和叔卤代烷之间，在一般条件下，以取代反应为主，但消除程度比伯卤代烷大得多；试剂碱性增大，消除产物比例增多；与伯卤代烷一样，β-碳上连有支链的仲卤代烷消除倾向增大。

总之，在其他条件相同时，不同卤代烷发生取代反应和消除反应的倾向为：

取代反应趋势增强 ←

CH_3X 1°RX 2°RX 3°RX

→ 消除反应趋势增强

二、试剂的碱性和亲核性

与卤代烃发生反应的试剂，在亲核取代反应中，它进攻卤代烃中α-C表现为试剂的亲

核性；在消除反应中，试剂进攻卤代烃中β-H，表现为碱性。

试剂的亲核性强有利于取代反应，亲核性弱则对消除反应有利；试剂的碱性强有利于消除反应，碱性弱对亲核取代反应有利。因此，强亲核性的试剂易于发生S_N2反应，强碱性的试剂，有利于E2消除反应。有些试剂往往具有亲核性和碱性两面性，所以，增加试剂的浓度对S_N2和E2都是有利的，相比之下，对S_N1和E1影响不大，这是因为他们的反应速度与试剂无关。

三、溶剂的极性

增加溶剂的极性，有利于取代反应，而不利于消除反应。因为在一般情况下，溶剂的极性大有利于电荷集中，而不利于电荷分散。由于卤代烷在E2反应过渡态中的负电荷分散程度比S_N2大。换言之，E2反应过渡态的极性比S_N2反应过渡态小。

$$\left[\overset{\delta^-}{Nu}\cdots C\cdots\overset{\delta^-}{X}\right] \qquad \left[\overset{\delta^-}{B}\cdots H\cdots C\overset{\cdots}{=}C\cdots\overset{\delta^-}{X}\right]$$

S_N2过渡态　　　　E2过渡态

使用较低极性的溶剂有利于稳定较低极性的E2过渡态。对消除反应更为有利。因此，由卤代烷制取醇类的碱性水解反应一般在NaOH水溶液（极性较大）中进行；而由卤代烷制备烯烃的消除反应常在KOH（或RONa）的醇（极性较小）溶液中进行。

四、反应温度

虽然升高温度对取代和消除反应都有利，但两者相比，升高温度通常更有利于消除反应。因为无论是单分子反应，还是双分子反应，在消除反应中都有碳氢键的断裂，活化能较高，提高温度有利于消除反应。所以，提高反应温度往往可以增加消除产物的比例。例如：

$$CH_3\underset{\underset{Cl}{|}}{CH}CH_3 \xrightarrow[C_2H_5OH,H_2O]{NaOH} \begin{cases} \xrightarrow{45℃} & CH_3CH{=}CH_2\ (53\%) + (CH_3)_2CH{-}OC_2H_5\ (47\%) \\ \xrightarrow{100℃} & CH_3CH{=}CH_2\ (64\%) + (CH_3)_2CH{-}OC_2H_5\ (或{-}OH)\ (36\%) \end{cases}$$

综上所述，卤代烷在相互竞争的S_N和E反应中，影响因素是多方面的，现将上述讨论简要小结归纳如表8-9所示。

表8-9　对S_N和E的有利因素

反应历程	卤代烷	亲核试剂		溶剂极性	温度
		强度	浓度		
S_N1	3°RX	弱：H_2O，CH_3COO^-	低	大：H_2O，CH_3COOH	较低
S_N2	CHX，1°RX，2°RX	强：RO^-，CN^-	高	小：ROH	温和
E1	3°RX	强：RO^-，OH^-，NH_2^-	低	小：ROH	较高
E2	1°RX，2°RX	强：RO^-，OH^-，NH_2^-	高	小：ROH	较高

扫码“学一学”

第七节　卤代烃的制备

卤代烃是有机合成的重要原料，但在自然界中存在极少，只能通过合成的方法来制备。

一、烃类的卤代

前面章节已经讨论过，在光照或者高温下，烷烃与卤素发生自由基取代反应，生成一卤、二卤及多卤代烃。烷烃的卤代一般生成复杂的混合物，不好分离，只有少数情况下使用。例如：

$$C_6H_{12} + Cl_2 \xrightarrow{光照} C_6H_{11}\text{—}Cl + HCl$$

如果用烯烃为原料，则可以优先在 α-C 上进行卤代。如丙烯和甲苯在高温或光照下可以发生 α-H 的取代反应。

$$\left.\begin{array}{l} C_6H_5\text{—}CH_3 \\ CH_2{=}CHCH_2CH_3 \end{array}\right\} \xrightarrow[光照高温]{Cl_2} \left\{\begin{array}{l} C_6H_5\text{—}CH_2Cl \\ CH_2{=}CH\underset{\displaystyle Cl}{\underset{|}{C}H}CH_3 \end{array}\right.$$

用上法有时会得多取代产物，在实验室制备 α-溴代烯烃或芳烃的一取代产物时，常采用 *N*-溴代丁二酰亚胺（简写为 NBS）作为溴化剂。该法比较方便，反应可以在较低的温度下进行。例如：

$$\left.\begin{array}{l} C_6H_5\text{—}CH_3 \\ CH_2{=}CHCH_2CH_3 \end{array}\right\} \xrightarrow[CCl_4]{NBS/引发剂} \left\{\begin{array}{l} C_6H_5\text{—}CH_2Br \\ CH_2{=}CH\underset{\displaystyle Br}{\underset{|}{C}H}CH_3 \end{array}\right.$$

二、烯烃和炔烃的加成

在不同条件下，不饱和烃与 HX 或 X_2 发生加成反应，可以得到相应的卤代烃。这是制备卤代烃的主要方法之一。例如：

$$CH_2{=}CHCH_3 + Cl_2 \longrightarrow \underset{\displaystyle Cl}{\underset{|}{C}H_2}\underset{\displaystyle Cl}{\underset{|}{C}H}CH_3$$

$$H_2C{=}CHCH_3 + HBr \longrightarrow CH_3\underset{\displaystyle Br}{\underset{|}{C}H}CH_3$$

$$H_2C{=}CHCH_3 + HBr \xrightarrow{RCOOOH} CH_3CH_2CH_2Br$$

$$CH{\equiv}CCH_3 + HCl \longrightarrow CH_3\underset{\displaystyle Cl}{\underset{|}{C}}{=}CH_2 \xrightarrow{HCl} CH_3\overset{\displaystyle Cl}{\overset{|}{\underset{\displaystyle Cl}{\underset{|}{C}}}}CH_3$$

三、由醇制备

由醇制备卤代烃是合成一卤代烃最重要、最普通的方法。醇中的羟基被卤原子取代，得到卤代烃。常用的试剂有氢卤酸、卤化磷及氯化亚砜（$SOCl_2$，也称亚硫酰氯）。

1. 醇与氢卤酸作用

$$ROH + HX \rightleftharpoons RX + H_2O$$

此反应为可逆反应，为了使反应完全，设法从反应中不断地移去水，可以提高产率。例如在制备氯代烃时，采用干燥氯化氢气体在无水氯化锌存在下通入醇中；制备溴代烃时，是将溴化钠与浓硫酸的混合物与醇共热；制备碘代烃时，将醇与氢碘酸一起回流。

此反应并不是一种合成卤烃的好方法，主要是因为有些醇在反应过程中会发生重排，生成混合产物。

2. 醇与卤化磷作用 醇与卤化磷作用，可以制备氯代烃、溴代烃、碘代烃。

制备溴代烃或碘代烃常用三溴化磷或三碘化磷。所用的三卤化磷是用赤磷和溴或碘直接加入醇中反应。例如：

$$C_2H_5OH + PI_3 \longrightarrow C_2H_5I + P(OH)_3$$
$$C_4H_9OH + PBr_3 \longrightarrow C_4H_9Br + P(OH)_3$$

制备氯代烃一般不采用三氯化磷，常因生成亚磷酸酯而使产率只能达到50%左右。所以，一般采用五氯化磷与醇反应制取氯代烃。

$$ROH + PCl_5 \longrightarrow RCl + HCl + POCl_3$$

3. 醇与氯化亚砜（$SOCl_2$）作用

$$ROH + SOCl_2 \longrightarrow RCl + SO_2 + HCl$$

这是制备氯代烃最常用的方法之一。反应生成的副产物都是气体，产品纯度高，产率可达90%左右，适合实验室制备和工业生产。

四、卤素交换

卤代烃与无机卤化物之间进行卤原子交换反应，称为芬克尔斯坦（Finkelstein）卤素交换反应，在合成上常常用此类反应制备某些直接用卤化难以得到的碘代烃或氟代烃。

$$RCl \xrightarrow[\text{丙酮}]{NaI} RI + NaCl\downarrow$$

这是一个可逆平衡反应。碘代烷不能从烷烃的直接碘化获得，但可用此法制备碘代烷。由于碘化钾溶于丙酮（溶解度为15%），而氯化钾和溴化钾不溶于丙酮，从而有利于反应的进行。

三氟甲苯是合成抗炎药氟芬那酸（Flufenamic acid）的中间体，也是减肥药芬氟拉明（Fenfluramine）的合成原料，同样采用卤素交换的方法制备：

$$C_6H_5—CCl_3 + SbF_3 \longrightarrow C_6H_5—CF_3$$

SbF_3 是经典的氟化剂，适用于处理同一碳原子上至少含有两个以上卤原子的多卤化物。

根据不同条件，可将其中一个或多个其他卤原子置换成氟原子。此类反应在药物合成中应用较多。

扫码“学一学”

第八节 氟代烃及卤代烃在医药领域的应用

一、氟代烃

单氟代烃不太稳定，当一个碳上连有多个氟原子时稳定性大大提高。全氟代烷是非常稳定的一类化合物，如六氟乙烷在强酸、强氧化剂的存在下，甚至500℃左右的高温也无变化。

氟的原子半径与氢的原子半径类似，故碳氟键的键长与碳氢键类似，两者相比无太大的体积差别。在药物分子中将氢原子用氟原子代替，不会干扰机体的作用，例如5-氟尿嘧啶因为与尿嘧啶有类似的结构，但其可以干扰肿瘤细胞DNA的合成而达到抗肿瘤的目的。

由于氟原子极强的电负性，改变了化合物的电性效应、酸碱性、偶极矩等理化性质。在药物的设计中，引入氟原子可增强化合物在细胞膜上的脂溶性，提高药物的吸收和转运速度。有些含氟化合物还具有特殊的生物活性，常见于多种药物之中。

5-氟尿嘧啶(肿瘤抗代谢药)

环丙沙星(喹诺酮类抗菌药)

二、卤代烃在医药领域的应用

1. 三氯甲烷 三氯甲烷（$CHCl_3$）又名氯仿，是无色微甜液体。沸点61.3℃，不能燃烧，难溶于水，是重要的有机溶剂。1847年11月4日，苏格兰妇产科医生辛普森（James Young Simpson）和他的朋友们在他们自己身上做试验，以寻找一种可代替乙醚的物质作为全身麻醉剂，这个过程中发现了氯仿的麻醉作用。随后在外科手术中使用氯仿做麻醉剂的方法迅速在欧洲各地传播开来，但因其毒性大，现已很少使用。

2. 四氯化碳 四氯化碳（CCl_4），也称四氯甲烷或氯烷，常态下为一种无色液体，沸点76.8℃，微溶于水，是重要的有机溶剂。不能助燃，其蒸气比空气重，能使燃烧物与空气隔离，故用作灭火剂。有令人愉快的气味，但其蒸气有毒，使用时应防止吸入。医药上曾作为驱虫剂，因其毒性大，现只用作兽药。

3. 聚维酮碘 聚维酮碘，又称活力碘，它是一种替代碘酊的新型皮肤消毒剂，具有无毒、无刺激、无腐蚀、无异味、性能稳定等特点，可克服碘酊中碘易升华、有刺激性等缺点，杀菌效果高于碘酊，目前已在临床上广泛使用。

重点小结

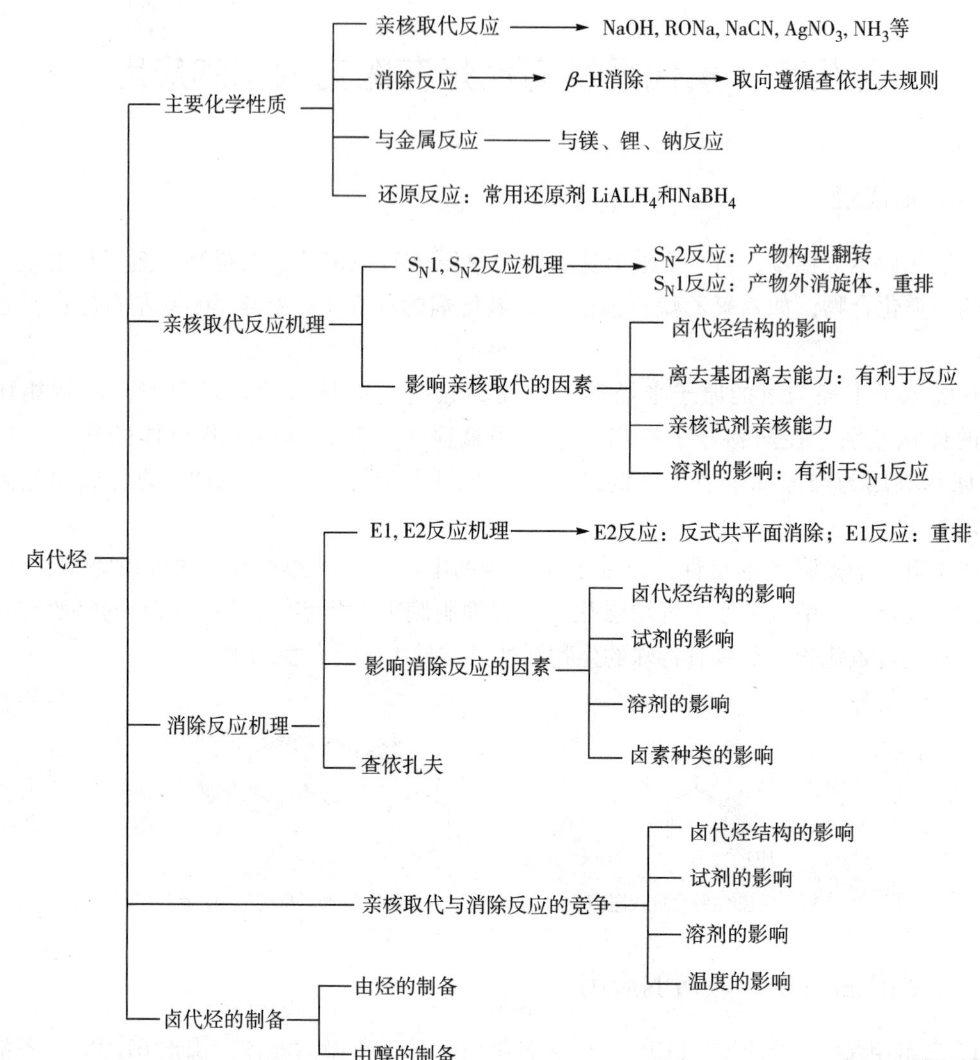
卤代烃
主要化学性质
亲核取代反应
NaOH, RONa, NaCN, AgNO$_3$, NH$_3$等
消除反应
β-H消除
取向遵循查依扎夫规则
与金属反应
与镁、锂、钠反应
还原反应：常用还原剂 LiALH$_4$和NaBH$_4$
亲核取代反应机理
S$_N$1, S$_N$2反应机理
S$_N$2反应：产物构型翻转
S$_N$1反应：产物外消旋体，重排
影响亲核取代的因素
卤代烃结构的影响
离去基团离去能力：有利于反应
亲核试剂亲核能力
溶剂的影响：有利于S$_N$1反应
消除反应机理
E1, E2反应机理
E2反应：反式共平面消除；E1反应：重排
影响消除反应的因素
卤代烃结构的影响
试剂的影响
溶剂的影响
卤素种类的影响
查依扎夫
亲核取代与消除反应的竞争
卤代烃结构的影响
试剂的影响
溶剂的影响
温度的影响
卤代烃的制备
由烃的制备
由醇的制备

扫码“练一练”

第九章　醇、酚、醚

要点导航

1. **掌握**　醇、酚、醚的主要化学性质。
2. **熟悉**　醇、酚、醚的命名、结构及异构。
3. **理解**　化学反应克莱森重排及傅瑞斯重排的机理。
4. **了解**　醇、酚、醚的一般制备方法。

醇、酚、醚是一类含氧有机化合物，醇（alcohols）可以看成烃分子中的氢被羟基（—OH）取代生成的化合物；酚（phenols）可以看成芳环上的氢被羟基取代生成的化合物，分子中的羟基常称为酚羟基；醇或酚分子中羟基上的氢被烃基取代生成的化合物叫醚（ethers）。它们的通式可分别表示为：

R—OH	Ar—OH	R—O—R′	R—O—Ar	Ar—O—Ar
醇	酚	醚		

醇、酚、醚是有机反应的重要原料和试剂，在医药卫生领域也有重要的应用。乙醇能与水和大多数有机溶剂混溶，是重要的有机溶剂，常用于提取中草药的有效成分，临床上常用75%的乙醇溶液作外用消毒剂。源于煤焦油的甲酚具有较强的抗菌力，常配成50%的肥皂溶液用作室外消毒，又称为来苏儿；乙醚广泛用作溶剂，在医疗上曾作麻醉剂。

扫码“学一学”

第一节　醇

一、醇的结构

醇分子中的氧原子为 sp^3 不等性杂化，外层的6个电子分布在4个 sp^3 杂化轨道上，其中两个单电子分别和C、H成键，两对未共用电子对分别占据剩余的两个 sp^3 杂化轨道。由于氧的电负性较强，所以在醇分子中C—O和O—H键有较强的极性，对醇的物理性质和化学性质有较大的影响。甲醇的键长、键角如图9-1。

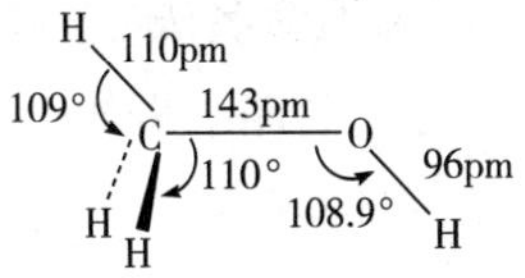

图9-1　甲醇的结构

醇分子中羟基直接与 sp^3 杂化碳原子相连，当羟基直接与 sp^2 或sp杂化碳原子相连时，形成烯醇或炔醇，其结构大多不稳定，易异构化为醛或酮。如：

$$\underset{\text{乙烯醇}}{H_2C{=}CH{-}OH} \rightleftharpoons \underset{\text{乙醛}}{H_3C{-}CHO}$$

$$\underset{\text{丙炔醇}}{H_3C{-}C{\equiv}C{-}OH} \rightleftharpoons \underset{\text{丙烯酮}}{H_3C{-}CH{=}C{=}O}$$

sp^3 杂化碳原子同时连有两个羟基时，这种结构是不稳定的，它会脱去 1 分子水变成羰基化合物，如下式所示：

$$\gt C(OH)_2 \xrightarrow{-H_2O} \gt C{=}O$$

二、醇的分类和命名

（一）醇的分类

（1）根据醇羟基所连的碳原子类型不同，可分为伯醇或称一级（1°）醇、仲醇或称二级（2°）醇和叔醇或称三级（3°）醇。

RCH_2OH 伯醇(1° 醇)　　$RR'CHOH$ 仲醇(2° 醇)　　$RR'R''COH$ 叔醇(3° 醇)

（2）根据醇羟基所连的烃基的结构不同，可分为饱和醇、不饱和醇和芳醇。

RCH_2CH_2OH 饱和醇　　$RCH{=}CH{-}CH_2OH$ 不饱和醇　　$ArCH_2OH$ 芳醇

（3）根据醇羟基的数目不同，可分为一元醇和多元醇。

CH_3CH_2OH 一元醇　　$CH_2(OH){-}CH_2(OH)$ 二元醇　　$CH_2(OH){-}CH(OH){-}CH_2(OH)$ 多元醇

（二）醇的命名

1. 普通命名法　适用于结构较简单的醇。命名时在烃基名称后加上“醇”字，烃基的“基”字可省略。例如：

CH_3CH_2OH 乙醇　　$(CH_3)_2CHOH$ 异丙醇　　$(CH_3)_3COH$ 叔丁醇

$CH_2{=}CHCH_2OH$ 烯丙醇　　$C_6H_5CH_2OH$ 苯甲醇(苄醇)

2. 系统命名法　结构比较复杂的醇可以采用系统命名法。

（1）选择含羟基的最长碳链为主链，根据主链所含的碳原子数称为某醇；从靠近羟基一端的碳原子开始编号，把羟基的位次标在“醇”的前面，并在醇与数字之间用短线隔开，取代基的位置、数目、名称写在某醇的前面。如：

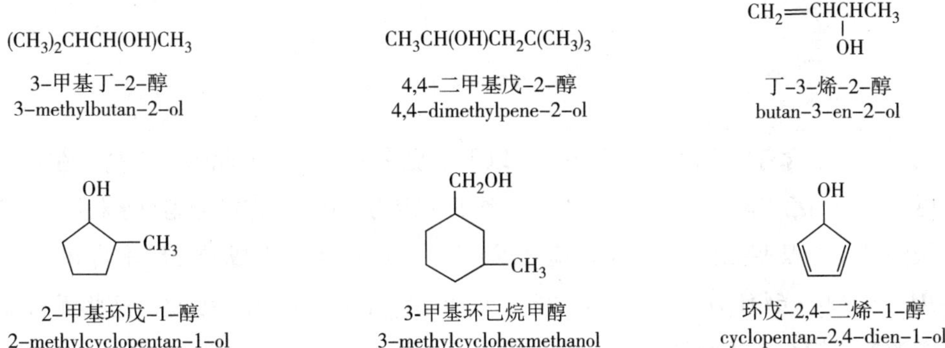

（2）芳醇的命名，可把芳基看作取代基。如：

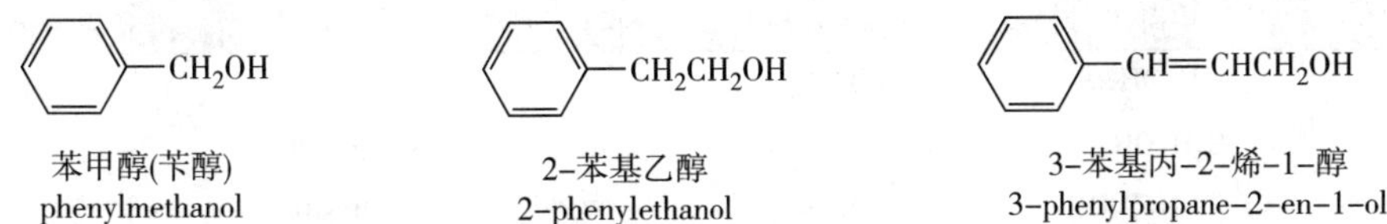

（3）结构简单的多元醇，常用俗名，结构复杂的应尽可能选择包含多个羟基在内的最长碳链作为主链，并把羟基的数目和位次放在醇名之前。如：

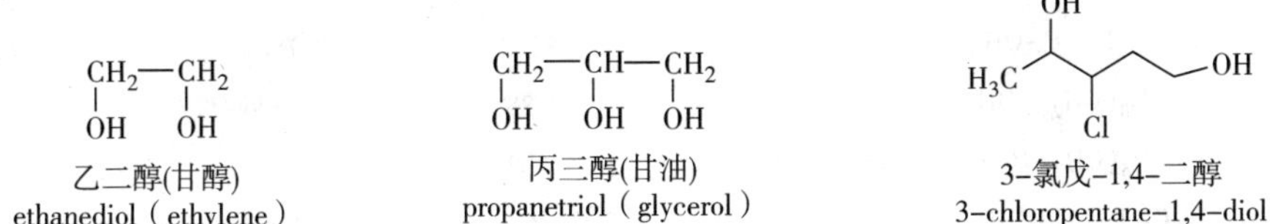

三、醇的物理性质

低级直链饱和一元醇中，含 4 个碳以下的醇为无色透明液体，有特殊气味和辛辣味道，含 5～11 个碳的醇为具有不愉快气味的油状液体，含 12 个碳以上的高级醇为无嗅无味的蜡状固体。

醇分子中的羟基能与水形成氢键，故低级醇能与水以任意比例互溶；随着分子量的增大，醇在水中的溶解度会迅速减小。

醇与水分子氢键

低级醇的沸点都比相应的烃高，这是因为液态醇可通过形成分子间氢键而缔合，要使液态醇变为蒸气，不仅要克服分子间的范德华引力，还必须提供断裂氢键的能量，因此沸点较高。直链饱和一元醇随着分子量的增加，沸点呈有规律的上升，每增加一个系列差（CH_2），沸点约升高 18～20℃。

分子间氢键

多元醇分子中含有两个以上的羟基，可以形成更多的氢键，因此沸点更高，在水中的溶解度也更大，例如乙二醇的沸点为 197℃，甘油的沸点为 290℃，它们都能与水相溶。

低级醇还能与某些无机盐（如 $MgCl_2$、$CaCl_2$、$CuSO_4$ 等）形成结晶醇配合物：$CaCl_2 \cdot 4C_2H_5OH$、$MgCl_2 \cdot 6CH_3OH$，此配合物溶于水而不溶于有机溶剂。因此，这些无机盐不能作为低级醇的干燥剂。醇的物理性质见表 9-1。

表 9-1　醇的物理性质

名称	结构简式	mp.（℃）	bp.（℃）	d_4^{20}	溶解度（g/100ml）
甲醇	CH_3OH	-97.8	64.7	0.7914	∞
乙醇	C_2H_5OH	-14.7	78.3	0.7893	∞
正丙醇	$CH_3(CH_2)_2OH$	-26.5	97.2	0.8035	∞
异丙醇	$CH_3CHOHCH_3$	-89.5	82.4	0.7855	∞
正丁醇	$CH_3(CH_2)_3OH$	-89.6	117.3	0.8098	8.0
仲丁醇	$C_2H_5CHOHCH_3$	-14.7	99.5	0.8063	12.5
异丁醇	$(CH_3)_2CHCH_2OH$	—	107.9	0.8021	11.1
叔丁醇	$(CH_3)_3C\text{-}OH$	25.5	82.2	0.7887	∞
正戊醇	$CH_3(CH_2)_4OH$	-79	138	0.8144	2.2
叔戊醇	$C_2H_5(CH_3)_2COH$	-8.4	102	0.8059	∞
戊-2-醇	$C_3H_7CHOHCH_3$	—	119.3	0.8090	4.9
戊-3-醇	$C_2H_5CHOHC_2H_5$	—	115.6	0.8150	5.6
新戊醇	$(CH_3)_3CCH_2OH$	53	114	0.8120	∞
正己醇	$CH_3(CH_2)_5OH$	-46.7	158	0.1360	0.7
环己醇	⬡—OH	25.2	161	0.9624	3.6
烯丙醇	$CH_2=CHCH_2OH$	-129	97	0.8555	∞
三苯甲醇	$(C_6H_5)_3COH$	164.2	380	1.1994	—
乙二醇	CH_2OHCH_2OH	-11.5	198	1.1088	∞
丙三醇	$(CH_2OH)_2CHOH$	20	290	1.2613	∞

四、醇的化学性质

醇的化学反应是由于 O—H 键和 C—O 键断裂所引起的，此外，α-H 受羟基影响，变得活泼，可被氧化剂氧化。

（一）O—H 键断裂反应

醇能与活泼金属（钠、钾、镁、铝等）反应，发生 O—H 键的断裂，生成金属化合物，并放出氢气和热量。例如：

$$RCH_2OH + Na \longrightarrow \underset{\text{醇钠}}{RCH_2ONa} + 1/2H_2\uparrow$$

醇与金属的反应比水与金属的反应缓和得多，放出的热量也不至于使氢气燃烧。有机物与金属钠反应后，过量的金属钠必须加少量的无水乙醇使之分解，然后再加水溶解。

低级醇反应较快，高级醇反应速度减慢，甚至难以反应。醇分子中烃基越大或醇羟基所连的碳原子（α-C）上烃基的数目越多，反应活性越低，即酸性越弱。其原因是，随着烷基支链的增多，供电子效应增强，羟基周围的电子云密度增加，使 O—H 键中氢的解离能增加，反应活性降低，酸性减弱。所以，水及各类醇与金属反应的活性顺序为：水>甲醇>伯醇>仲醇>叔醇，这个顺序与它们的酸性强弱顺序是一致的。

醇钠（sodium alcohols）是白色固体，能溶于醇，遇水迅速分解为醇和 NaOH，所以使用醇钠时必须采用无水操作。

$$RONa + H_2O \longrightarrow ROH + NaOH$$

此反应说明醇钠的碱性比氢氧化钠强，水的酸性比醇强。醇钠的化学性质很活泼，它是一种强碱，在有机合成上可作为碱性缩合剂，也常用作分子中引入烷氧基的试剂。

$$RONa + R'I \rightleftharpoons ROR' + NaI$$

9-1　按酸性由强到弱排列成序并解释原因。

（1）丁烷　（2）丁-2-醇　（3）2-氯乙醇　（4）丁-1-炔

（5）丁-1-醇　（6）2-甲基丁-2-醇　（7）丁-1-烯

（二）C—O 键断裂反应

醇分子中的 C—O 键，在亲核试剂作用下易断裂，发生类似卤代烃的亲核取代反应和消除反应。

1. 与氢卤酸的反应　醇与氢卤酸反应，C—O 键断裂，生成卤代烃和水，这是制备卤烃的重要方法之一。

$$ROH + HX \rightleftharpoons RX + H_2O$$

$$X = Cl、Br、I$$

反应是可逆的，反应速率取决于醇的结构和 HX 的种类。醇的活性次序是：烯丙醇、苄醇>叔醇>仲醇>伯醇。HX 的活性次序为：HI>HBr>HCl；用无水 $ZnCl_2$ 作为脱水剂并加热可以提高反应速率。用浓盐酸与无水 $ZnCl_2$ 配成的试剂称卢卡斯（Lucas）试剂。不同结构的醇与卢卡斯试剂的反应速率不同。

$$R_3COH \xrightarrow[浓\ HCl]{ZnCl_2} R_3CCl + H_2O$$

立即浑浊

$$R_2CHOH \xrightarrow[浓\ HCl]{ZnCl_2} R_2CHCl + H_2O$$

约 3～5 分钟浑浊

$$RCH_2OH \xrightarrow[\text{浓 HCl}]{ZnCl_2} RCH_2Cl + H_2O$$

常温下不浑浊

由于生成的卤代烃和水互不相溶而呈现浑浊，因此，可根据出现浑浊时间的快慢，作为含 6 个碳原子以下的伯、仲、叔醇的定性鉴别。

醇与氢卤酸的反应是酸催化下的亲核取代反应。因醇的结构不同反应机理各异。一般烯丙型醇、苄醇、叔醇和仲醇按 S_N1 机理进行，醇在酸的催化下先质子化，然后 C—O 键断裂脱水，形成碳正离子中间体，再与卤负离子结合生成产物，可表示如下。

S_N1：

$$R_3COH + HX \underset{}{\overset{\text{快}}{\rightleftharpoons}} R_3C\overset{+}{O}H_2 + X^-$$

$$R_3C\overset{+}{O}H_2 \underset{}{\overset{\text{慢}}{\rightleftharpoons}} R_3\overset{+}{C} + H_2O$$

$$R_3\overset{+}{C} + X^- \longrightarrow R_3CX$$

S_N1 反应有碳正离子中间体产生，常会导致碳架重排，重排产物占优势。如：

$$CH_3-C(CH_3)_2-CH(OH)CH_3 \overset{+HBr}{\rightleftharpoons} CH_3-C(CH_3)_2-CH(\overset{+}{O}H_2)CH_3 \overset{-H_2O}{\rightleftharpoons} CH_3-C(CH_3)_2-\overset{+}{C}HCH_3 \xrightarrow{\text{重排}} CH_3-\overset{+}{C}(CH_3)-CH(CH_3)CH_3$$

$$\xrightarrow{Br^-} \underset{(\text{主})}{H_3C-CBr(CH_3)-CH(CH_3)CH_3} + \underset{(\text{次})}{H_3C-C(CH_3)_2-CHBrCH_3}$$

大多数伯醇按 S_N2 机理进行，不发生碳架重排，但 β-碳原子上有侧链的伯醇例外。

S_N2：

$$ROH \underset{\text{快}}{\overset{HX}{\rightleftharpoons}} R\overset{+}{O}H_2$$

$$R\overset{+}{O}H_2 \xrightarrow[\text{慢}]{X^-} [X\cdots R\cdots OH_2] \longrightarrow RX + H_2O$$

$$CH_3-C(CH_3)_2-CH_2OH \xrightarrow{+HBr} CH_3-C(CH_3)_2-CH_2\overset{+}{O}H_2 \xrightarrow{-H_2O} CH_3-C(CH_3)_2-\overset{+}{C}H_2 \xrightarrow{\text{重排}} CH_3-\overset{+}{C}(CH_3)-CH_2CH_3$$

$$\xrightarrow{Br^-} H_3C-CBr(CH_3)-CH_2CH_3$$

由于叔丁基的存在，使 α-C 的位阻变大，使 S_N2 机理的过渡态难以形成，则按 S_N1 机理进行，因此发生了重排。

醇与卤化氢的反应，可作为制备卤代烷的方法之一，但由于反应是可逆的，而且反应时常伴有重排发生，所得卤代烷或是构型转化（S_N2）或是发生外消旋化（S_N1）；因而此法不是合成卤烃的理想方法。

2. 与卤化磷的反应 醇与卤化磷反应，分子中的醇羟基被卤原子取代生成卤代烃，是

制备卤代烃的常用方法。

$$3ROH + PX_3 \longrightarrow 3RX + H_3PO_3$$

一般的，常用三溴化磷或三碘化磷制备溴代烃和碘代烃。在实际操作中，三溴化磷或三碘化磷常用赤磷与溴或碘作用而产生。

$$2P + 3X_2 \longrightarrow 2PX_3$$
$$X = Br、I$$

氯代烃也可用醇与 PCl_5 反应制备，但与 PCl_5 反应时，副产物磷酸三氯氧磷酯较多，不是制备氯代烃的理想方法。

$$ROH + PCl_5 \longrightarrow RCl + POCl_3 + HCl$$

3. 与亚硫酰氯的反应　若用亚硫酰氯（$SOCl_2$，俗名氯化亚砜）和醇反应，可直接制备氯代烃，同时生成二氧化硫和氯化氢两种气体，在反应过程中离开反应体系，因此，产品较易分离提纯。

$$ROH + SOCl_2 \xrightarrow[\triangle]{\text{乙醚}} RCl + SO_2\uparrow + HCl\uparrow$$

醇与 $SOCl_2$ 反应的立体化学特征是：当与羟基相连的碳原子有手性时，手性醇在醚等非极性溶剂中反应，产物构型保持不变；在吡啶存在下反应，产物构型转化。例如：

$$\underset{(S)}{H_3C-\overset{H}{\underset{OH}{\mid}}-CH_2CH_3} \xrightarrow[\text{乙醚}]{SOCl_2} H_3C-\overset{H}{\underset{Cl}{\mid}}-CH_2CH_3\ (S)$$

$$\underset{(S)}{H_3C-\overset{H}{\underset{OH}{\mid}}-CH_2CH_3} \xrightarrow[\text{吡啶}]{SOCl_2} H_3C-\overset{Cl}{\underset{H}{\mid}}-CH_2CH_3\ (R)$$

（三）酯的生成

醇可与无机含氧酸（如 H_2SO_4、HNO_3、HNO_2、H_3PO_4 等）反应生成无机酸酯（醇与有机酸的成酯反应将在第十一章介绍）。这些酯中有的是有机合成中的重要试剂，有的是药物。例如：

$$C_2H_5OH + H_2SO_4 \xrightarrow{100℃} \underset{\text{硫酸氢乙酯（酸性酯）}}{C_2H_5OSO_3H} + H_2O$$

$$2CH_3OSO_3H \xrightarrow{\text{减压蒸馏}} \underset{\text{硫酸二甲酯（中性酯）}}{CH_3OSO_2OCH_3}$$

$$\begin{matrix} CH_2OH \\ | \\ CHOH \\ | \\ CH_2OH \end{matrix} + HNO_3 \longrightarrow \begin{matrix} CH_2ONO_2 \\ | \\ CHONO_2 \\ | \\ CH_2ONO_2 \end{matrix} + 3H_2O$$

三硝酸甘油酯

低级醇的硫酸酯是常用的烷基化试剂，如硫酸二甲酯和硫酸二乙酯是有机合成中常用的甲基化试剂和乙基化试剂。硫酸二甲酯是无色油状有刺激性气味的液体，不溶于水，有剧毒，对呼吸器官和皮肤有强烈的刺激作用，使用时要特别小心，应在通风橱中进行。

亚硝酸酯易分解，硝酸酯受热易爆炸，三硝酸甘油酯是一种烈性炸药，但在临床上可用作扩张血管和缓解心绞痛的药物。

（四）脱水反应

醇在脱水剂硫酸、磷酸、氧化铝等存在下加热可发生脱水反应。按照反应条件不同，可以发生分子内脱水生成烯，也可以发生分子间脱水生成醚。

1. 分子内脱水生成烯烃 醇在酸催化下，脱去1分子水生成烯烃的反应，属于β-氢消除反应。

$$-\underset{H}{\overset{|}{C}}-\underset{OH}{\overset{|}{C}}- \xrightarrow{H^+} -\overset{|}{C}=\overset{|}{C}- + H_2O$$

醇的分子内脱水是酸催化单分子消除反应（E1）机理：

$$-\underset{H}{\overset{|}{C}}-\underset{OH}{\overset{|}{C}}- \underset{快}{\overset{H^+}{\rightleftharpoons}} -\underset{H}{\overset{|}{C}}-\underset{\overset{+}{O}H_2}{\overset{|}{C}}- \xrightarrow[慢]{H^+} -\underset{H}{\overset{|}{C}}-\underset{|}{\overset{+}{C}}- \xrightarrow{-H^+} \rangle C=C\langle$$

脱水的难易程度主要取决于中间体碳正离子的稳定性，即叔碳正离子>仲碳正离子>伯碳正离子，因此醇的脱水反应活性次序是叔醇>仲醇>伯醇。

$$CH_3-\underset{OH}{\overset{CH_3}{C}}-CH_3 \xrightarrow[85\sim90℃]{20\%H_2SO_4} (CH_3)_2C=CH_2 + H_2O$$

$$CH_3CH_2\underset{OH}{CH}CH_3 \xrightarrow[90\sim100℃]{66\%H_2SO_4} CH_3CH=CHCH_3 + H_2O$$

$$CH_3CH_2CH_2CH_2OH \xrightarrow[140℃]{75\%H_2SO_4} CH_3CH_2CH=CH_2 + H_2O$$

由于醇的脱水反应经碳正离子中间体而完成，因此，可能有重排产物。例如：

$$CH_3-\underset{CH_3}{\overset{CH_3}{C}}-\overset{OH}{CH}-CH_3 \xrightarrow[\triangle]{H_2SO_4} \underset{(主)}{(H_3C)_2C=C(CH_3)_2} + \underset{(次)}{CH_3-\underset{CH_3}{\overset{CH_3}{C}}-CH=CH_2}$$

醇在Al_2O_3催化下脱水，不易发生重排。例如：

$$CH_3CH_2CH_2CH_2OH \xrightarrow{H_2SO_4,\triangle} CH_3CH=CHCH_3\ (主)$$

$$CH_3CH_2CH_2CH_2OH \xrightarrow{Al_2O_3,\triangle} CH_3CH_2CH=CH_2\ (主)$$

醇的分子内脱水反应，遵循查依扎夫规则，脱去的是羟基和含氢少的β-碳原子上的氢，主产物为双键碳上连有较多烃基的烯烃。

$$CH_3CH_2-\underset{H_3C}{\overset{OH}{C}}-CH_3 \xrightarrow[80℃]{H_2SO_4} \underset{90\%}{CH_3CH=C(CH_3)_2} + \underset{10\%}{CH_3CH_2\overset{CH_3}{C}=CH_2}$$

烯丙型、苄型醇脱水时，主产物是可以形成稳定的共轭体系的烯烃。例如：

$$C_6H_5-CH_2CH(OH)CH_3 \xrightarrow[80℃]{H_2SO_4} C_6H_5-CH{=}CHCH_3$$

当脱水后的烯烃有顺、反异构体时，一般以反式为主产物。例如：

$$CH_3CH_2CH(OH)CH_2CH_3 \xrightarrow[\triangle]{H_2SO_4} \underset{75\%}{\text{(CH}_3\text{)(H)C=C(H)(CH}_2\text{CH}_3\text{)}} + \underset{25\%}{\text{(CH}_3\text{)(H)C=C(CH}_2\text{CH}_3\text{)(H)}}$$

2. 分子间脱水生成醚　在酸存在下将乙醇加热到140℃，则发生分子间脱水生成乙醚。

$$C_2H_5OH + HOC_2H_5 \xrightarrow[140℃]{H_2SO_4} C_2H_5OC_2H_5 + H_2O$$

此法一般限于制备含有低级烷基的对称醚，如乙醚、异丙醚、正丁醚等。温度对脱水反应的方式影响较大。一般在较低温度条件下，有利于分子间脱水成醚（S_N2 反应）；在较高温度条件下，有利于分子内脱水成烯（E1 反应）。

醇脱水成醚的反应属亲核取代反应，一般伯醇按 S_N2 机理反应，仲醇的反应机理可能为 S_N1 或 S_N2，而叔醇以消除反应为主。

（五）醇的氧化和脱氢反应

伯醇和仲醇分子中的 α-碳原子上都连有氢原子，可被多种氧化剂氧化。醇的结构不同，氧化剂不同，其氧化产物也各异。

1. 被 $K_2Cr_2O_7-H_2SO_4$ 或 $KMnO_4$ 氧化　伯醇一般被氧化为羧酸，很难停留在醛的阶段。

$$RCH_2OH \xrightarrow[\text{或 }KMnO_4]{K_2Cr_2O_7-H_2SO_4} R-CHO \xrightarrow[\text{或 }KMnO_4]{K_2Cr_2O_7-H_2SO_4} RCOOH$$

仲醇被氧化成酮，在同样条件下很难继续被氧化，但用氧化性更强的氧化剂，在更强的反应条件下如硝酸、酸性高锰酸钾等，酮可发生碳碳键断裂，继续被氧化生成羧酸。

$$\text{环己醇} \xrightarrow[\triangle]{Na_2Cr_2O_7/H_2SO_4} \text{环己酮} \xrightarrow[\triangle]{KMnO_4/H^+} \begin{matrix} CH_2CH_2COOH \\ | \\ CH_2CH_2COOH \end{matrix}$$

醇的氧化反应与 α-H 有关。叔醇不含 α-H，很难被氧化，但长时间受强氧化剂（如酸性高锰酸钾等）作用，则先脱水成烯，再被氧化，产物较复杂。例如：

$$(CH_3)_3C-OH \xrightarrow[H^+]{KMnO_4} \left[CH_3C(CH_3){=}CH_2\right] \xrightarrow[H^+]{KMnO_4} CH_3-C(CH_3){=}O + CO_2\uparrow + H_2O$$

用高锰酸钾、重铬酸钾等氧化剂氧化醇时，伯醇、仲醇反应前后有明显的颜色变化，而叔醇不反应，故可用于区别伯醇、仲醇与叔醇。

2. 选择性氧化　当不饱和醇分子中还存在其他可被氧化的基团时，为了保留其他基团而只氧化醇羟基，则需选用具有选择性的氧化剂，如柯林斯试剂、沙瑞特试剂，欧芬脑尔

(Oppenauer) 氧化反应等。

(1) 欧芬脑尔 (Oppenauer) 氧化　在异丙醇铝或叔丁醇铝的存在下，仲醇和丙酮反应，仲醇被氧化成酮，丙酮被还原成异丙醇。

$$\underset{\displaystyle OH}{\underset{|}{RCHR'}} + CH_3\overset{\displaystyle O}{\overset{\|}{C}}CH_3 \xrightarrow[\text{或}Al[OC(CH_3)_3]_3]{Al[OCH(CH_3)_2]_3} R-\overset{\displaystyle O}{\overset{\|}{C}}-R' + CH_3\overset{\displaystyle OH}{\overset{|}{C}}HCH_3$$

由于醇分子中的不饱和键不受影响，故可用于制备不饱和酮。反应是可逆的，为了增大产量，通常使用过量的丙酮。例如：

$$CH_3\underset{\displaystyle OH}{\underset{|}{C}}HCH{=}\underset{\displaystyle CH_3}{\underset{|}{C}}CH{=}CH_2 + CH_3\overset{\displaystyle O}{\overset{\|}{C}}CH_3 \xrightarrow[\text{苯}]{Al[OCH(CH_3)_2]_3} CH_3-\underset{\displaystyle O}{\underset{\|}{C}}-CH{=}\underset{\displaystyle CH_3}{\underset{|}{C}}CH{=}CH_2$$

醇的氧化是合成醛、酮和羧酸的一种重要方法。

(2) 柯林斯 (Collins) 试剂　是三氧化铬及吡啶的配合物 [$CrO_3(Py)_2$] 溶于 CH_2Cl_2 制备的溶液。Collins 试剂使用很方便，在室温下和无水溶剂中可将伯醇、仲醇氧化为醛或酮，而且基本上不发生进一步的氧化作用。由于其中的吡啶是碱性的，Collins 试剂适用于对酸敏感的醇类化合物，试剂对反应底物结构中的双键没有反应，也不会使双键移位。

$$C_6H_5-CH{=}CH-CH_2OH \xrightarrow[CH_2Cl_2/25℃]{CrO_3/Py} C_6H_5-CH{=}CH-CHO$$

桂皮醇　　　　桂皮醛

$$\xrightarrow[CH_2Cl_2]{CrO_3/Py}$$

OH　　　　O

抗肿瘤药物乌苯美司中间体

(3) 琼斯 (Jones) 试剂　琼斯 (Jones) 试剂是 CrO_3 的稀硫酸溶液，可表示为 CrO_3 · 稀 H_2SO_4。反应时，可用于伯、仲醇与烯、炔烃的区别，因为烯、炔烃不被琼斯试剂所氧化，而伯、仲醇则可被氧化，且反应现象明显（由橙色变为蓝绿色）。使用琼斯试剂也可由不饱和仲醇制备不饱和酮类。

$$\xrightarrow[CH_3COCH_3]{CrO_3/\text{稀}H_2SO_4}$$

HO　　　　O

(4) 新制的 MnO_2　新制的 MnO_2 氧化能力较弱，能选择性氧化活泼的烯丙位醇，并且不对 C＝C 键发生氧化，收率较好，所以有一定的应用价值。

$$C_6H_5-CH_2OH \xrightarrow[CH_2Cl_2]{MnO_2} C_6H_5-CHO$$

OH $\xrightarrow[4h,20℃]{MnO_2,\text{石油醚}}$ CHO

3. 醇的脱氢反应　将含 α-H 伯醇或仲醇的蒸气在高温下通过催化剂活性铜（或银、镍等），可发生脱氢反应，分别生成醛或酮。叔醇无 α-H，在一般条件下不发生反应。

$$CH_3CH_2OH \xrightleftharpoons{Cu,325℃} CH_3CHO + H_2$$

$$CH_3\underset{\displaystyle OH}{\underset{|}{C}}HCH_3 \xrightleftharpoons{Cu,325℃} CH_3\overset{\displaystyle O}{\overset{\|}{C}}CH_3 + H_2$$

脱氢反应是可逆的，工业上常在脱氢的同时，通入一定量的空气，将脱下的氢转化成水，使反应进行到底，这种方法叫作氧化脱氢法。

9-2　叔醇一般不能被氧化，若使用 $K_2Cr_2O_7$ 的酸性水溶液作氧化剂，为什么可观察到叔醇的氧化现象？

（六）邻二醇的特殊化学性质

根据二元醇分子中两个羟基的相对位置不同，可分为 α-二醇、β-二醇和 γ-二醇等。例如：

$$\underset{\displaystyle OH}{\underset{|}{CH_2}}-\underset{\displaystyle OH}{\underset{|}{CH_2}} \qquad \underset{\displaystyle OH}{\underset{|}{CH_2}}-CH_2-\underset{\displaystyle OH}{\underset{|}{CH_2}} \qquad \underset{\displaystyle OH}{\underset{|}{CH_2}}-CH_2-CH_2-\underset{\displaystyle OH}{\underset{|}{CH_2}}$$

乙二醇（α-二醇，邻二醇）ethanediol　　丙-1,3-二醇（β-二醇）propan-1,3-diol　　丁-1,4-二醇（γ-二醇）butan-1,4-diol

二元醇具有一元醇的一般化学性质，由于羟基间的相互影响，还有一些特殊反应，在此只介绍邻二醇的一些特殊性质。

1. 氧化反应　用高碘酸或四乙酸铅氧化邻二醇，可使 α-二醇之间的碳-碳键断裂，生成2分子羰基化合物。

$$R\underset{\displaystyle OH}{\underset{|}{C}}H-\underset{\displaystyle OH}{\underset{|}{C}}HR' + HIO_4 \longrightarrow RCHO + R'CHO + HIO_3 + H_2O$$

$$R-\overset{\displaystyle R'}{\overset{|}{\underset{\displaystyle OH}{\underset{|}{C}}}}-\underset{\displaystyle OH}{\underset{|}{C}}H-R'' + HIO_4 \longrightarrow R-\overset{\displaystyle R'}{\overset{|}{C}}=O + R''-\overset{\displaystyle O}{\overset{\|}{C}}-H + HIO_3 + H_2O$$

若向反应体系中加入硝酸银有白色碘酸银沉淀生成，就表明该化合物具有邻二醇结构单位。反应是定量的，每断裂一个邻二醇的碳-碳键，就要消耗1分子高碘酸，根据高碘酸消耗的量及产物的结构和含量，可推测邻二醇的结构。

反应可能是通过形成环状高碘酸酯进行的，因此，只要分子中存在邻二醇，就可被高碘酸氧化。

$$\begin{matrix} H \\ | \\ R-C-OH \\ | \\ R-C-OH \\ | \\ H \end{matrix} \xrightarrow{IO_4^-} \begin{matrix} H \quad\quad OH \\ | \quad\ \ O \quad | \ \ O^- \\ R-C \ \ \diagdown \ \ | \diagup \\ | \quad\quad\quad I \\ R-C \ \ \diagup \ \ | \diagdown \\ | \quad\ \ O \quad | \ \ \ O \\ H \quad\quad OH \end{matrix} \longrightarrow 2RCH=O + H_2O + IO_3^-$$

2. 与 Cu（OH）$_2$ 的反应 随着多元醇羟基数目的增加，其酸性较一元醇的酸性增大，一些邻位二醇和氢氧化铜生成蓝色溶液，该反应常用于邻二醇类化合物的鉴别。

$$\begin{array}{l} CH_2OH \\ | \\ CHOH \\ | \\ CH_2OH \end{array} + Cu(OH)_2 \longrightarrow \begin{array}{l} CH_2-O \\ | \qquad\quad \searrow Cu \\ CH-O \nearrow \\ | \\ CH_2OH \end{array} + 2H_2O$$

3. 频哪醇重排反应 四烃基乙二醇（频哪醇，Pinacol）在酸性催化剂作用下，脱水重排生成频哪酮（pinacolone），称为频哪醇重排。

$$R-\underset{OH}{\overset{R}{C}}-\underset{OH}{\overset{R}{C}}-R \xrightarrow{H_2SO_4} R-\underset{R}{\overset{R}{C}}-\overset{O}{\overset{\|}{C}}-R$$

其反应机理可能为：

$$CH_3-\underset{OH}{\overset{CH_3}{C}}-\underset{OH}{\overset{CH_3}{C}}-CH_3 \overset{H^+}{\rightleftharpoons} CH_3-\underset{\overset{+}{O}H_2}{\overset{CH_3}{C}}-\underset{OH}{\overset{CH_3}{C}}-CH_3 \overset{-H_2O}{\rightleftharpoons} CH_3-\underset{+}{\overset{CH_3}{C}}-\underset{OH}{\overset{CH_3}{C}}-CH_3$$

$$\rightleftharpoons H_3C-\underset{CH_3}{\overset{CH_3}{C}}-\underset{OH}{\overset{+}{C}}-CH_3 \rightleftharpoons H_3C-\underset{CH_3}{\overset{CH_3}{C}}-\underset{\overset{+}{O}H}{\overset{}{\underset{\|}{C}}}-CH_3 \xrightarrow{-H^+} H_3C-\underset{CH_3}{\overset{CH_3}{C}}-\underset{O}{\underset{\|}{C}}-CH_3$$

在不对称取代的频哪醇中，哪个羟基先被质子化离去，这与羟基离去后形成的碳正离子的稳定性有关，一般形成较稳定的碳正离子的碳原子上的羟基优先被质子化；当形成的碳正离子相邻碳上的两个基团不同时，哪个烃基先迁移，通常是能提供电子、稳定正电荷较多的基团优先迁移，但经常得到两种重排产物，因此，要想得到单一的产物，最好相邻碳上的两个基团是相同的。例如：

$$CH_3-\underset{OH}{\overset{C_6H_5}{C}}-\underset{OH}{\overset{C_6H_5}{C}}-CH_3 \xrightarrow[-H_2O]{H^+} CH_3-\underset{+}{\overset{C_6H_5}{C}}-\underset{OH}{\overset{C_6H_5}{C}}-CH_3 \xrightarrow[-H^+]{-C_6H_5\text{迁移}} CH_3-\underset{C_6H_5}{\overset{C_6H_5}{C}}-\underset{O}{\underset{\|}{C}}-CH_3$$

五、醇的制备

（一）发酵法制备醇

常用的简单饱和一元醇的工业生产除甲醇外，目前多数是由烯烃为原料生产的。但在石油工业尚未兴起之前，有些醇是靠发酵的方法生产的。例如，饮用的酒就是通过微生物发酵法制备的。我国的乙醇发酵是用含淀粉的物质（如马铃薯）为主要原料，先和黑曲霉作用进行糖化，将淀粉转化成葡萄糖，然后加入酵母发酵，把糖变为乙醇和二氧化碳。

（二）卤代烃的水解

卤代烷在碱性溶液中水解可得到醇。

$$RX + NaOH \rightleftharpoons ROH + NaX + H_2O$$

此法合成醇有很大的局限性，多数卤烃是由醇类制备的，非特殊情况不用此法制备醇类化合物。

（三）由烯烃制备

1. 直接水合

$$R—CH=CH_2 + H_2O \xrightarrow[\text{高温，高压}]{H_3PO_4} R—\underset{}{\overset{OH}{\overset{|}{C}}}HCH_3$$

此法适合工业生产。

2. 间接水合

$$CH_2=CH_2 + H_2SO_4 \xrightarrow{H_2O} CH_3CH_2OH$$

反应是可逆的，产率不高。由于反应是以碳正离子为中间体的亲电加成反应，因此有重排产物，反应无立体选择性。一般只用于制备仲醇和叔醇，不能制备伯醇。

3. 硼氢化氧化

$$6CH_3CH=CH_2 + B_2H_6 \xrightarrow[NaOH]{H_2O_2} 6CH_3CH_2CH_2OH$$

此反应的区域选择性较强（主要为反 Markovnikov 规则取向），是具有立体专一性的顺式加成反应，无重排产物生成，产率较高。

（四）由格氏试剂制备

格氏试剂与醛、酮加成，加成产物水解后得到醇。可用通式表示为：

$$>C=O + R—MgX \xrightarrow{\text{醚}} R—\overset{|}{\underset{|}{C}}—OMgX \xrightarrow[H^+]{+H_2O} R—\overset{|}{\underset{|}{C}}—OH + X^- + H_2O$$

不同的羰基化合物与格氏试剂反应可以得到不同类型的醇。甲醛与格氏试剂反应，可制备增加一个碳的伯醇；与其他醛反应，可制备仲醇；与酮反应，可制备叔醇。

此外，也可用格氏试剂与环氧乙烷反应，可制备增加两个碳的醇。例如：

$$R—MgBr + \underset{\text{O}}{CH_2—CH_2} \xrightarrow[\text{② } H_2O, H^+]{\text{① 无水醚}} R—CH_2CH_2OH$$

（五）由醛、酮的还原制备醇

$$\underset{(H)R'}{\overset{R}{>}}C=O \xrightarrow{[H]} \underset{(H)R'}{\overset{R}{>}}CH_2OH$$

醛还原得到伯醇，酮还原得到仲醇。还原剂可用催化加氢（H_2/Pt）、$LiAlH_4$、$NaBH_4$ 等。

扫码“学一学”

第二节　酚

一、酚的命名和物理性质

（一）酚的分类和命名

根据分子中酚羟基数目可分为一元酚、二元酚、多元酚；根据酚羟基所连的芳基的类型可分为苯酚、萘酚、蒽酚、菲酚。苯酚是酚类中最简单的化合物。命名时，常以酚为母体，其他基团作取代基。

一元酚：

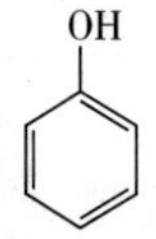

苯酚
phenol

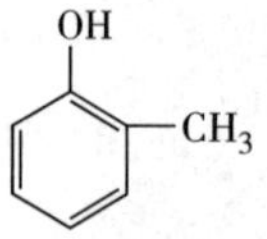

2-甲基苯酚
2-methylphenol

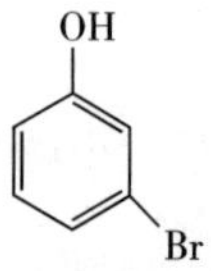

3-溴苯酚
3-bromophenol

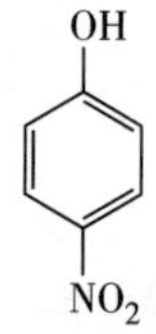

4-硝基苯酚
4-nitrophenol

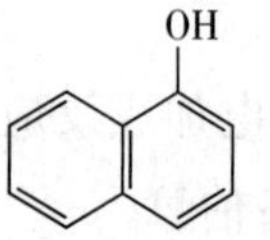

1-萘酚(α-萘酚)
1-naphthol

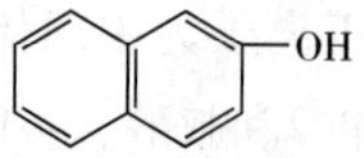

2-萘酚(β-萘酚)
2-naphthol

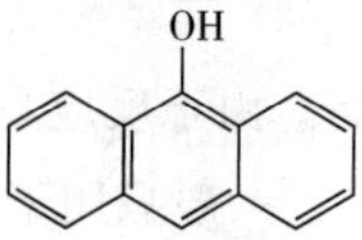

9-蒽酚
9-anthrol

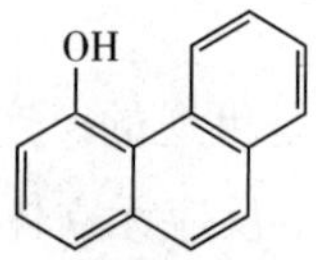

4-菲酚
4-phenanthrol

二元酚：

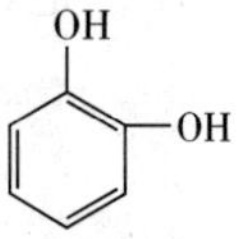

苯-1,2-二酚(邻苯二酚)
benzene-1,2-diol

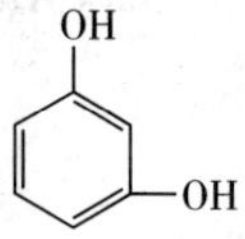

苯-1,3-二酚(间苯二酚)
benzene-1,3-diol

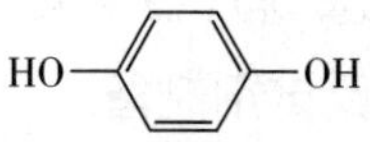

苯-1,4-二酚(对苯二酚)
benzene-1,4-diol

三元酚：

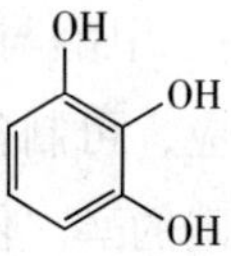

苯-1,2,3-三酚(连苯三酚)
benzene-1,2,3-triol

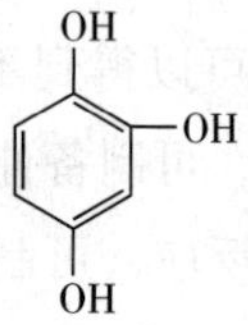

苯-1,2,4-三酚(偏苯三酚)
benzene-1,2,4-triol

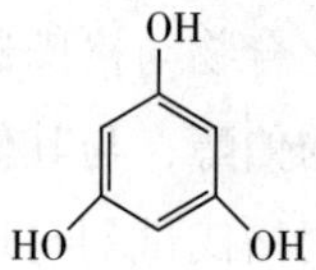

苯-1,3,5-三酚(均苯三酚)
benzene-1,3,5-triol

当环上连有较复杂的取代基时，也可将酚羟基当作取代基命名。例如：

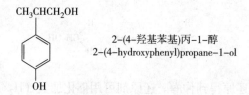

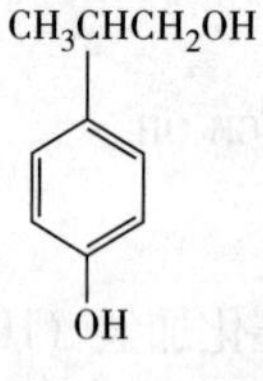

2-(4-羟基苯基)丙-1-醇
2-(4-hydroxyphenyl)propane-1-ol

(二) 酚的物理性质

大多数酚在室温下为结晶性固体，少数烷基酚为液体，具有特殊的气味，有一定毒性。由于酚可通过酚羟基形成分子间氢键，使其具有较高的沸点。同时，酚羟基也能与水形成氢键，所以在水中有一定的溶解度。常见酚的物理常数见表 9-2。

表 9-2 常见酚的物理性质

名称	mp.(℃)	bp.(℃)	溶解度(g/100g 水，25℃)	pK_a(25℃)
苯酚	41	182	9	9.96
邻甲苯酚	31	191	2.5	9.92

续表

名称	mp.(℃)	bp.(℃)	溶解度(g/100g 水,25℃)	pK_a(25℃)
间甲苯酚	11	201	2.6	9.90
对甲苯酚	35	202	2.3	9.92
邻硝基苯酚	45	217	0.2	7.21
间硝基苯酚	96	分解	1.4	8.30
对硝基苯酚	114	分解	1.7	7.16
2,4-二硝基苯酚	113	分解	0.6	4.00
2,4,6-三硝基苯酚	122	分解	1.4	0.71
α-萘酚	94	279	难溶	9.31
β-萘酚	123	286	0.1	9.55

二、酚的化学性质

酚和醇虽然都具有羟基，但由于酚羟基受到芳环的影响，使其化学性质与醇有明显的不同。酚羟基中的氧为 sp^2 杂化，未共用电子对所在的 p 轨道与芳环的 π 电子轨道形成 p-π 共轭体系，使芳环上的电子云密度增高，C—O 键的强度增强，而不易发生 C—O 键的断裂反应，难与氢卤酸、卤化磷、亚硫酰氯等发生酚羟基的取代反应；同时使 O—H 键强度减弱，酚羟基中氢原子的解离倾向增大，酸性增强，碱性和亲核性减弱；p-π 共轭体系使芳环上的电子云密度加大，更容易进行芳环上的亲电取代反应。

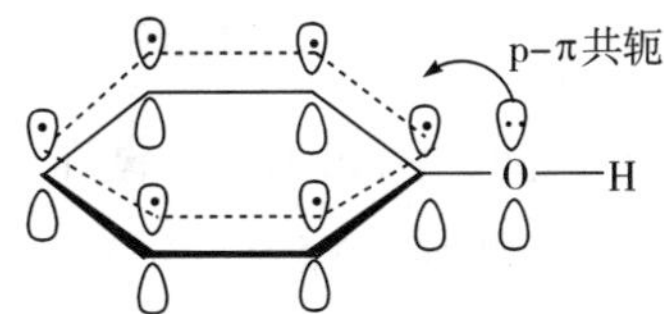

(一) 酚羟基的反应

1. 酚的酸性 酚的酸性比醇强，能与氢氧化钠等强碱的水溶液反应形成盐。

$$C_6H_5OH + NaOH \rightleftharpoons C_6H_5ONa + H_2O$$

酚盐负离子可以用以下共振式来表示：

(Ⅰ) ⟷ (Ⅱ) ⟷ (Ⅲ) ⟷ (Ⅳ) ⟷ (Ⅴ)

共振式(Ⅲ)、(Ⅳ)、(Ⅴ)都是带负电荷的离子，它们表示了负电荷的离域，对分散负电荷起很大作用。正是因为酚氧负离子中的负电荷被苯环分散，较烷氧基负离子稳定性有所增加，因此酸性比醇强。

从下面的 pK_a 值可以知道，苯酚的酸性比水、醇强，但比羧酸、碳酸弱。

	RCOOH	H_2CO_3	C_6H_5OH	H_2O	ROH
pK_a	4～5	～6.35	10	15.7	16～19

因此，苯酚不溶于碳酸氢钠水溶液，将二氧化碳通入苯酚钠的水溶液，可使苯酚游离出来。可利用这一性质分离和纯化酚类化合物。

$$C_6H_5ONa + CO_2 + H_2O \longrightarrow C_6H_5OH + NaHCO_3$$

取代酚类化合物的酸性强弱取决于结构。当芳环上连有吸电子基团时，使环上电子密度降低，酚的酸性增强；连有斥电子基团时，使环上电子密度增加，酚的酸性减弱。

思考题

9-3 为什么2,4,6-三硝基苯酚的 pK_a 值为0.23，比乙酸的 pK_a 值（4.74）小，而且能溶于碳酸氢钠水溶液？

2. 与三氯化铁的显色反应 大多数酚都能与三氯化铁溶液发生显色反应，此反应可用作酚的定性鉴别，具有烯醇式结构（—C ═ C—OH）的化合物也能发生类似反应。

$$6C_6H_5OH + FeCl_3 \longrightarrow \underset{\text{蓝紫色}}{H_3[Fe(OC_6H_5)_6]} + 3HCl$$

不同的酚所产生的颜色也有所不同，例如苯酚、间苯二酚、苯-1,3,5-三酚均显蓝紫色；对苯二酚显暗绿色；苯-1,2,3-三酚显红棕色。

3. 酚醚的生成

（1）酚醚的生成 在酸性条件下，酚分子间的脱水反应比醇分子间脱水困难得多。例如：

$$C_6H_5OH + HOC_6H_5 \xrightarrow[450℃]{ThO_2} C_6H_5-O-C_6H_5 + H_2O$$

因为这种反应涉及C—O键的断裂，酚中由于p-π共轭使得C—O键结合的特别牢固，很不容易断裂。醇具有的涉及C—O键断裂的反应，酚一般都不易发生。

应用 Willianson 合成法，酚钠可与卤烃作用得到酚醚，因为此反应不涉及C—O键断裂。

$$ArOH \xrightarrow{NaOH} Ar\overset{-}{O}\overset{+}{Na} \xrightarrow{RX} Ar—O—R$$

例如：

$$C_6H_5OH + CH_3I \xrightarrow{NaOH/H_2O} C_6H_5—O—CH_3$$

$$C_6H_5OH + BrCH_2CH{=}CH_2 \xrightarrow[\text{或 }K_2CO_3]{KHCO_3} C_6H_5—O—CH_2CH{=}CH_2$$

酚的稳定性较差，易被氧化，成醚后稳定性增强，这是保护酚羟基的一种方法。

（2）克莱森（Claisen）重排 将苯酚溶于丙酮，在 $KHCO_3$ 存在下和 3-溴丙烯反应，生成苯基烯丙基醚。将产物加热至 190～200℃，则会发生重排，烯丙基转移到酚羟基的邻位，若邻位被占则转移到对位，此反应称克莱森（Claisen）重排。

$$C_6H_5-OCH_2CH=\overset{*}{C}H_2 \xrightarrow{200℃} o\text{-}HO-C_6H_4-\overset{*}{C}H_2CH=CH_2$$

$$2,6\text{-}(H_3C)_2C_6H_3-OCH_2CH=\overset{*}{C}H_2 \xrightarrow{200℃} 2,6\text{-}(H_3C)_2\text{-}4\text{-}(CH_2CH=\overset{*}{C}H_2)C_6H_2-OH$$

克莱森重排是经过六元环过渡态进行的协同反应。

$$C_6H_5-OCH_2CH=CH_2^{\star} \longrightarrow [\text{六元环过渡态}] \longrightarrow \text{环己二烯酮}(H, \overset{\star}{C}H_2CH=CH_2) \longrightarrow o\text{-}HO-C_6H_4-\overset{\star}{C}H_2CH=CH_2$$

克莱森重排反应的特点如下。

①重排总是烯丙基中的γ-碳连到苯环上，即使是取代的烯丙基也是如此，例如：

$$C_6H_5-O-CH_2CH=CHCH_3 \xrightarrow{200℃} o\text{-}HO-C_6H_4-CH(CH_3)-CH=CH_2$$

②只有当酚羟基的两个邻位都被占据时，重排才会发生在对位。此时，重排实际上是经历了两次环状过渡态而完成的，即先排在邻位，再重排到对位。

第一过渡态

第二过渡态

可以看出，经过第二次重排后是原烯丙基中的α-碳与苯环相连。

③当邻、对位都被占据时，重排不会发生。

4. 酚酯的生成 酚类化合物直接与酸成酯比较困难，而要与更活泼的酰氯或酸酐作用才能形成酯。例如：

$$C_6H_5OH \xrightarrow[\text{或}CH_3COCl]{(CH_3CO)_2O} C_6H_5O-\overset{\overset{O}{\|}}{C}-CH_3 + CH_3COOH \quad (\text{或}HCl)$$

生成的酚酯在三氯化铝等路易斯酸存在下加热，酰基可重排到羟基的邻位或对位，得到酚酮，此重排称傅瑞斯（K. Fries）重排。

$$C_6H_5O-\overset{\overset{O}{\|}}{C}-R \xrightarrow[\triangle]{AlCl_3} o\text{-}HOC_6H_4-\overset{\overset{O}{\|}}{C}-R + p\text{-}HOC_6H_4-C(=O)-R$$

邻位异构体可形成分子内氢键，而对位异构体可形成分子间氢键，通常邻、对位异构体可用水蒸气蒸馏法分离。生成邻、对位异构体的比例与温度有关。通常低温以对位异构体为主，高温以邻位异构体为主。

9-4　为什么酚成酯比醇难？

（二）芳环上的反应

由于酚羟基中氧原子与苯环的 p-π 共轭效应，使苯环上电子云密度提高，所以酚比苯更容易发生亲电取代反应，取代基主要进入酚羟基的邻、对位。

1. 卤代反应　苯酚与溴水在室温下即可生成2,4,6-三溴苯酚的白色沉淀。由于反应灵敏且定量进行，可用于酚类化合物的定性和定量分析。

$$C_6H_5OH + 3Br_2 \xrightarrow{H_2O} 2,4,6\text{-}Br_3C_6H_2OH\downarrow + 3HBr$$

若溴水过量，则生成2,4,4,6-四溴环己-2,5-二烯酮的沉淀。

$$2,4,6\text{-}Br_3C_6H_2OH + Br_2 \xrightarrow{H_2O} 2,4,4,6\text{-四溴环己-2,5-二烯酮}$$

苯酚与溴在低温、非极性条件下反应，得到一取代产物。

$$C_6H_5OH + Br_2 \xrightarrow[0\sim5℃]{CS_2} p\text{-}BrC_6H_4OH\ (80\%) + o\text{-}BrC_6H_4OH\ (20\%)$$

2. 硝化反应　苯酚在室温条件下即可与稀硝酸反应生成邻硝基苯酚和对硝基苯酚的混合物。

$$\text{C}_6\text{H}_5\text{OH} \xrightarrow[25^\circ\text{C}]{20\%\text{HNO}_3} o\text{-HOC}_6\text{H}_4\text{NO}_2 + p\text{-HOC}_6\text{H}_4\text{NO}_2$$

邻硝基苯酚可形成分子内氢键，故水溶性小，沸点低，挥发性大，可随水蒸气蒸出；而对硝基苯酚可通过分子间氢键形成缔合体，故沸点高，挥发性小，不随水蒸气挥发。二者可用水蒸气蒸馏法分离。

苯酚与浓硝酸作用可生成多硝基取代酚，但因酚在硝化时易被氧化，而使产率降低，所以，只能用间接的方法制备多硝基酚。例如：

$$\text{2,4-二硝基氯苯} \xrightarrow[\triangle]{\text{OH}^-} \text{2,4-二硝基苯酚} \xrightarrow[\text{H}_2\text{SO}_4]{\text{HNO}_3} \text{2,4,6-三硝基苯酚}$$

2,4,6-三硝基苯酚又称苦味酸，为黄色晶体，熔点 123℃，300℃高温时会爆炸。

3. 磺化反应　苯酚容易发生磺化反应，产物与反应的温度密切相关。一般较低温度下（室温）主要得到邻位产物；较高温度下（80～100℃）主要得到对位产物。

$$\text{C}_6\text{H}_5\text{OH} \xrightarrow{\text{浓H}_2\text{SO}_4} \begin{cases} \xrightarrow{25^\circ\text{C}} o\text{-HOC}_6\text{H}_4\text{SO}_3\text{H} \\ \xrightarrow{100^\circ\text{C}} p\text{-HOC}_6\text{H}_4\text{SO}_3\text{H} \end{cases} \xrightarrow[100^\circ\text{C}]{\text{浓H}_2\text{SO}_4} \text{2,4-(HO}_3\text{S)}_2\text{C}_6\text{H}_3\text{OH}$$

磺酸基的引入降低了环上的电子云密度，使酚不易被氧化。磺化反应是可逆的，产物与稀酸共热可除去磺酸基，利用这一性质，可对芳环上某位置进行占位保护。例如：

$$\text{C}_6\text{H}_5\text{OH} \xrightarrow[\triangle]{\text{浓H}_2\text{SO}_4} \text{2,4-(HO}_3\text{S)}_2\text{C}_6\text{H}_3\text{OH} \xrightarrow[\text{NaOH}]{\text{Br}_2} \text{6-Br-2,4-(HO}_3\text{S)}_2\text{C}_6\text{H}_2\text{OH} \xrightarrow{\text{H}_2\text{SO}_4} o\text{-BrC}_6\text{H}_4\text{OH}$$

4. 傅里德-克拉夫茨（Friedel-crafts）反应　酚类化合物的傅-克反应一般不采用

$AlCl_3$ 催化剂，因为 $AlCl_3$ 可与酚羟基形成酚盐（$C_6H_5OAlCl_2$）而失去催化活性，影响产率。常选用 BF_3 或质子酸（如 HF、H_3PO_4 等）为催化剂进行反应。

$$\text{邻甲苯酚} + (CH_3)_3CCl \xrightarrow[\triangle]{H_3PO_4} \text{2-甲基-4-叔丁基苯酚}\ (C(CH_3)_3)$$

$$\text{苯酚} + CH_3COOH \xrightarrow{BF_3} \text{对羟基苯乙酮}\ (95\%) + \text{邻羟基苯乙酮}\ (\text{微量})$$

(三) 氧化反应

酚类化合物很容易被氧化，不仅能被重铬酸钾等强氧化剂所氧化，甚至空气中的氧也能将其氧化，使无色的酚颜色变成暗红。

$$\text{苯酚} \xrightarrow{[O]} \text{对苯醌(黄色)}$$

多元酚更容易被氧化，空气中的氧就能使之氧化为醌类化合物。例如：

$$\text{邻苯二酚} \xrightarrow[\text{无水乙醚}]{Ag_2O} \text{邻苯醌 (红色)}$$

$$\text{对苯二酚} \xrightarrow[H_2SO_4, 30℃]{Na_2Cr_2O_7} \text{对苯醌}$$

利用酚易被氧化的特性，可作为食品、塑料、橡胶的抗氧化剂。对苯二酚作为显影剂，就是利用其可将溴化银还原成金属银的性质。

三、酚的制备

(一) 磺酸盐碱熔法

芳磺酸的钠盐与固体氢氧化钠共熔，发生亲核取代反应得到酚，这是最早的制备酚类化合物的方法，但是产率低，很少使用。

$$C_6H_5SO_3Na + NaOH \xrightarrow{300℃} C_6H_5ONa \xrightarrow{H^+} C_6H_5OH$$

（二）氯苯水解法

氯苯和氢氧化钠在高温高压下，经铜催化反应，再水解生成苯酚。

$$C_6H_5Cl + NaOH \xrightarrow[300℃,\ 15MPa]{Cu} C_6H_5ONa \xrightarrow{H^+} C_6H_5OH$$

这是工业上制备苯酚的方法之一，此法原料容易得到，但反应条件较高。

（三）异丙苯法

这是工业上大量制备苯酚的较好方法。利用石油裂解时的产品丙烯，与苯反应生成异丙苯，通入空气氧化生成异丙苯过氧化物，再经强酸催化分解为苯酚和丙酮。

$$C_6H_6 + CH_3CH{=}CH_2 \xrightarrow[AlCl_3]{90\sim95℃} C_6H_5CH(CH_3)_2 \xrightarrow[O_2]{110℃}$$

$$C_6H_5C(CH_3)_2{-}O{-}OH \xrightarrow[\triangle]{H^+} C_6H_5OH + CH_3COCH_3$$

本法仅限于制备苯酚，不能推广制备其他酚。其优点是原料苯和丙烯容易得到，收率高，同时又可制得工业重要原料丙酮。

扫码“学一学”

第三节　醚

一、醚的命名和物理性质

（一）醚的命名

根据醚分子中两个烃基的结构不同可分为如下几类。

简单醚（simple ether）：两个烃基相同，例如 R—O—R、Ar—O—Ar。

混合醚（mixed ether）：两个烃基不同，例如 R—O—R′、R—O—Ar。

环醚（epoxide）：醚中氧原子在环上，例如（环氧乙烷）、（1,4-二氧六环）。

1. 简单醚的命名　先写“二”表示两个相同的烃基，加上烃基名，再加上“醚”字即可。“二”字及“基”字常可省略。例如：

$CH_3—O—CH_3$	$C_2H_5—O—C_2H_5$	$C_6H_5—O—C_6H_5$
（二）甲醚	（二）乙醚	（二）苯醚
dimethyl ether	diethyl ether	diphenyl ether

2. 混合醚的命名　混合醚的命名，分别写出两个烃基的名称，再加“醚”字即可。不同取代基按照其英文首字母的先后顺序列出。例如：

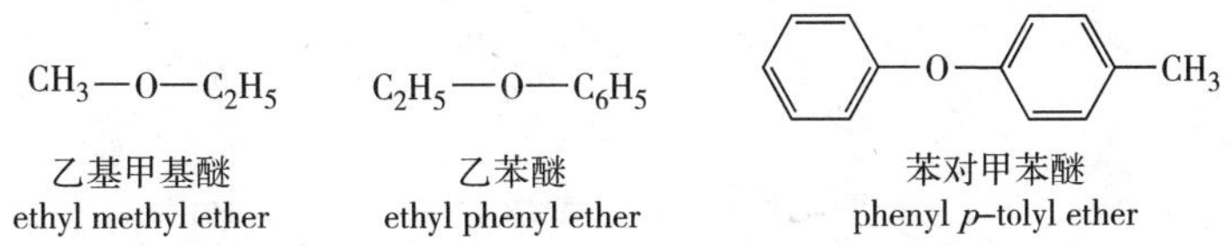

3. 复杂醚的命名 结构比较复杂的醚，则按系统命名法命名，即把较大的烃基作为母体，烷氧基作为取代基来命名。例如：

$CH_3CHCH_2CH_2OCH_3$（3位上连 CH_3）
3-甲基-1-甲氧基丁烷
3-methyl-1-methoxybutane

$CH_3OCH_2CH_2OC_2H_5$
1-乙氧基-2-甲氧基乙烷
1-ethoxy-2-methoxyethane

（苯环上连 OCH_3、H_3C、$CH(CH_3)_2$）
3-异丙基-5-甲氧基甲苯
3-isopropyl-5-methoxymethylbenzene

4. 环醚的命名 环醚可以看作是相应烷烃经过氧代形成的环状醚类化合物，也称为环氧化合物（epoxide）。环醚的命名一般以烷为母体，称为环氧某"烷"，也可按杂环化合物的名称命名。例如：

$H_3C—HC—CH—CH_3$（O桥连两个CH）
2,3-环氧丁烷
2,3-epoxybutane

四氢呋喃
tetrahydrofuran(THF)

1,4-二氧杂环己烷
1,4-dioxacyclohexane

5. 冠醚的命名 冠醚为分子中具有$\text{+}OCH_2CH_2\text{+}_n$重复单位的大环醚。由于其形状像皇冠，故称冠醚。冠醚有其特定的命名法：可表示为 x—冠—y。x 表示环上原子总数，y 表示环上氧原子总数。例如：

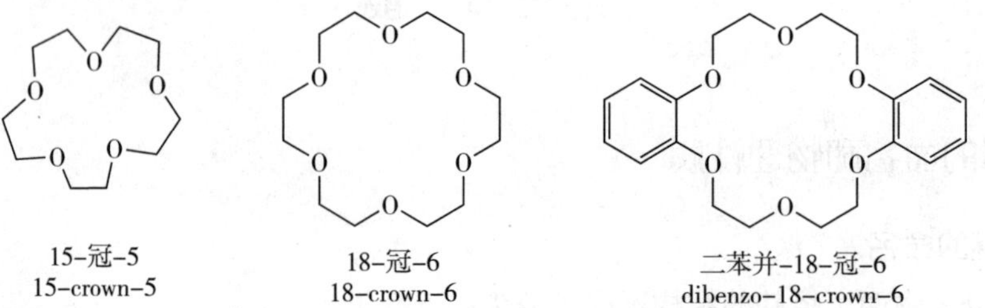

15-冠-5 15-crown-5　　18-冠-6 18-crown-6　　二苯并-18-冠-6 dibenzo-18-crown-6

（二）醚的物理性质

多数醚为易挥发、易燃液体。因醚为弱极性分子，故其沸点比相同分子量的烃分子高，又因醚不能形成分子间氢键，所以其沸点比同碳原子数的醇要低得多。但醚分子中的氧仍可与水分子中的氢形成氢键，故在水中有一定的溶解度。常见醚的物理性质见表 9-3。

表 9-3 常见醚的物理常数

名称	结构式	mp.（℃）	bp.（℃）	d_4^{20}
甲醚	CH_3OCH_3	-138.5	-23	—
乙醚	$(C_2H_5)_2O$	-116.6	34.5	0.7137
正丙醚	$(CH_3CH_2CH_2)_2O$	-12.2	90.1	0.7360
异丙醚	$[(CH_3)_2CH]_2O$	-85.9	68	0.7241
正丁醚	$[CH_3(CH_2)_3]_2O$	-95.3	142	0.7689
苯甲醚	$C_6H_5—O—CH_3$	-37.5	155	0.9961
二苯醚	$C_6H_5—O—C_6H_5$	26.8	257.9	1.0748
四氢呋喃	（环状结构）	-65	67	0.8892
1,4-二氧杂环己烷	（环状结构）	11.8	101	1.0337

二、醚的化学性质

醚是一类比较稳定的化合物（环醚除外），常温下与许多化学试剂不反应，但在一定条件下，能发生如下化学反应。

（一）锌盐的形成

由于醚的氧原子上带有未共用电子对，作为一种碱能与强酸或路易斯酸（如 BF_3、$AlCl_3$ 等）反应，形成锌盐（oxonium salt）。例如：

$$C_2H_5-O-C_2H_5 \xrightarrow[H_2O]{浓H_2SO_4} \left[C_2H_5-\overset{+}{\underset{\displaystyle H}{\underset{|}{O}}}-C_2H_5\right]HSO_4^-$$

$$C_2H_5OC_2H_5 + BF_3 \longrightarrow (C_2H_5)_2\overset{+}{O}-\overset{-}{B}F_3$$

锌盐很不稳定，遇水立即分解成醚和酸，利用此性质可将醚与烷烃、卤代烷等分离开。

（二）醚键的断裂

醚与浓强酸（如氢碘酸）共热，醚键发生断裂，生成卤代烃和醇，如果酸过量，醇将继续转变为卤代烃。如：

$$R-O-R' + HI \xrightarrow{\triangle} RI + R'OH$$
$$R'OH \xrightarrow{HI} R'I + H_2O$$

醚键断裂是一种亲核反应，醚先与质子结合形成锌盐，X^-作为亲核试剂进攻中心碳原子，促使醚键断裂，离去基团以 HOR（弱碱）形式离去。醚键断裂反应机理主要取决于醚分子中烃基的结构，一般情况下，当 R 为伯烃基时，按 S_N2 机理反应；R 为叔烃基时，按 S_N1 机理反应。因此醚的结构不同，醚键断裂有如下规律。

混合醚断裂时，若两个烃基均为脂肪烃基，一般是较小的烃基先形成卤代烃；若一个为脂肪烃基，而另一个为芳烃基，则脂肪烃基先形成卤代烃；醚分子中多于 4 个碳原子的烃基不易发生醚键断裂。例如：

$$CH_3-O-C_2H_5 \xrightarrow[\triangle]{HI} CH_3I + C_2H_5OH$$
$$C_2H_5OH \xrightarrow[\triangle]{HI} C_2H_5I + H_2O$$

$$C_6H_5-O-C_2H_5 \xrightarrow[\triangle]{HI} C_6H_5-OH + C_2H_5I$$

$$CH_3I + AgNO_3 \xrightarrow{C_2H_5OH} CH_3NO_3 + AgI\downarrow$$

醚与碘化氢的反应是定量进行的，将生成的 CH_3I 蒸出用 $AgNO_3$-C_2H_5OH 溶液吸收，再称量生成 AgI 的量，即可推算分子中甲氧基的含量。这个方法称蔡塞尔（S. Zeisel）法，可用于测定某些天然产物中甲氧基的含量。

甲基、叔丁基、苄基醚易形成也易被酸分解。有机合成中常用生成醚的方法来保护羟基。例如：

$$H_3C-C_6H_4-OH \xrightarrow[NaOH]{(CH_3)_2SO_4} H_3C-C_6H_4-OCH_3 \xrightarrow{KMnO_4}$$

$$HOOC-C_6H_4-OCH_3 \xrightarrow[\triangle]{HBr} HO-C_6H_4-COOH$$

9-5　为什么脂肪-芳香醚 ArOR 与 HI 作用时，醚键断裂一般都得到 RI 和 ArOH 而不是 ArI 和 ROH?

（三）过氧化物的形成

醚对一般氧化剂是稳定的，但长时间与空气中的氧接触，也会被氧化，形成过氧化物，反应通常发生在 α-H 上。例如：

$$R-CH_2-O-R' \xrightarrow{[O]} R-\underset{\underset{O-O-H}{|}}{CH}-O-R'$$

过氧化醚受热易爆炸，因此，醚类化合物应避免暴露于空气中。在使用放置过久的乙醚前，应检查是否含过氧化物，若醚能使湿的 KI-淀粉试纸变蓝或能使 $FeSO_4$-KSCN 试液变红，说明醚中含有过氧化物。将醚用 $FeSO_4$ 溶液洗涤，可除去其中的过氧化物。

9-6　为什么醚在蒸馏前需要检验有无过氧化物，如何检验？如有过氧化物，如何除去？

三、醚的制备

1. 醇分子间脱水

$$C_2H_5OH + HOC_2H_5 \xrightarrow[140℃]{H_2SO_4} C_2H_5OC_2H_5 + H_2O$$

此法只适合于用伯醇、仲醇制备简单醚。

2. 威廉姆逊（Williamson）合成法

$$RONa + R'X \longrightarrow R-O-R' + NaX$$

此法主要用于制备混合醚，亦可用于制备简单醚。醇钠（或酚钠）的烷氧基负离子是个强亲核试剂，反应是按照 S_N2 机理进行的，若卤烃中烷基较大或卤素直接连在苯环上，则 S_N2 反应很难进行。因此用这个方法制备混合醚时，应注意原料的选择。

在制备含有叔烃基的混醚时，应采用叔醇钠与伯卤代烷作用。例如：

$$CH_3CH_2CH_2Cl + (CH_3)_3CONa \longrightarrow \underset{\text{叔丁基正丙基醚}}{(CH_3)_3COCH_2CH_2CH_3} + NaCl$$

$$H_3C-\underset{CH_3}{\overset{CH_3}{\underset{|}{\overset{|}{C}}}}-Br \xrightarrow[CH_3CH_2OH]{CH_3CH_2ONa} H_3C-\underset{CH_2}{\overset{CH_3}{\underset{\|}{\overset{|}{C}}}}$$

要避免使用叔卤代烷为原料，因为叔卤代烷在醇钠（强碱）中主要发生消除反应生成烯烃。另外，由于叔卤代烷的空间位阻较大，亲核试剂不容易接近叔卤代烷中的 α-碳，因而反应很难生成醚。

制备芳香醚时，应用酚钠和卤烃反应。如果选用卤代芳烃为原料，由于乙烯型（卤苯型）卤烃的反应活性差，因此取代是非常困难的。例如：

$$C_6H_5ONa + CH_3Cl \longrightarrow C_6H_5OCH_3 + NaCl$$

四、冠醚的特性

1. 络合物的生成 冠醚最突出的性质是它有很多的醚键，分子中有一定的空穴，金属离子可钻到空穴中与醚键络合。但冠醚对金属离子的络合是有选择性，不同碳原子数的冠醚分子中的空穴大小是不同的。如 18-冠-6，内层孔径为 0.27nm，而钾离子的直径为 0.266nm，正好能嵌入 18-冠-6 的孔穴内，钾离子被 6 个氧原子的未共用电子对吸引，形成稳定的络合物。

（18-冠-6 与 K^+ 络合物结构式，X^-）

X^-=OH^-、CN^-、MnO_4^-、I^-、F^-等

2. 相转移催化剂 冠醚一个重要的作用是作为有机化学反应的催化剂。由于冠醚内部氧原子是亲水性的，其外层是亲脂的，冠醚包合金属离子后可与负离子组成疏松的离子对而溶解在有机溶剂中，使不溶于有机相的无机试剂形成络合物而溶解，因此可被用作非均相反应的相转移催化剂（phase transfer catalyst，简称 PTC）。

例如环己烯用高锰酸钾氧化成己二酸的反应属于非均相反应，一般需较高的温度和较长的反应时间，才能使高锰酸钾与环己烯充分接触以完成反应，若用冠醚作催化剂，在室温和较短时间内反应就可完成。

$$\text{环己烯} + KMnO_4 \xrightarrow[\text{二环己烷并-18-冠-6}]{\text{苯}} HOOC(CH_2)_4COOH$$

再如：

$$C_6H_5CH_2Cl + KCN \xrightarrow[\text{25℃有机溶剂}]{\text{18-冠-6}} C_6H_5CH_2CN$$

但是冠醚的合成比较困难而且毒性较大，具有一定刺激性，因此应用受到限制。

五、环醚的性质

1. 环醚的结构 结构最简单和最重要的环醚是环氧乙烷，它是无色具有乙醚气味的气体，浓度高时有刺激气味，易燃，沸点10.5℃，溶于水。由于环氧乙烷是三元环，环张力比较大（114kJ/mol），因此比一般的开链醚类化合物或大环环醚要活泼，容易与很多试剂发生开环加成反应，生成多官能团化合物，在医药与化工行业应用广泛。

O H H H H 59.2° 61.6° 116° C C

2. 环醚的开环反应 环氧乙烷是最小的环醚，由于环张力和分子内氧原子的强吸电子诱导效应，环氧乙烷及其衍生物的化学性质很活泼，在酸或碱的催化下，可与很多含活泼氢的化合物以及某些亲核试剂反应，发生开环加成反应。例如：

$$\text{环氧乙烷} \xrightarrow[\text{H}^+\text{或OH}^-]{H_2O} HOCH_2CH_2OH$$

$$\text{环氧乙烷} \xrightarrow[\text{H}^+\text{或OH}^-]{C_2H_5OH} CH_3CH_2OCH_2CH_2OH$$

$$\text{环氧乙烷} \xrightarrow[\text{H}^+\text{或OH}^-]{C_6H_5OH} C_6H_5OCH_2CH_2OH$$

$$\text{环氧乙烷} \xrightarrow{HCN} NCCH_2CH_2OH$$

$$\text{环氧乙烷} \xrightarrow{HX} XCH_2CH_2OH$$

$$\text{环氧乙烷} \xrightarrow{NH_3} H_2NCH_2CH_2OH$$

$$\text{环氧乙烷} \xrightarrow{RMgBr} RCH_2CH_2OMgX \xrightarrow{H_2O/H^+} RCH_2CH_2OH$$

此类反应均为亲核取代反应，结果都是在亲核试剂的分子中引入了β-羟乙基（$—CH_2CH_2OH$），因此环氧乙烷是一种常用的羟乙基化试剂，在合成上十分有价值。

3. 开环反应机理和立体化学 开环反应可以由酸或碱进行催化。有证据表明，反应是按照S_N2机理进行的。但是在酸或碱催化下，开环的方向有所不同。酸催化时，质子与环氧乙烷中的氧形成锌盐，使环碳上的正电荷进一步增强，从而有利于亲核试剂的进攻，亲核试剂更倾向于进攻取代基较多的碳原子。

$$\xrightarrow[CH_3OH]{H^+} \quad (H^+) \xrightarrow{CH_3OH} \quad (OCH_3,\ OH)$$

碱性条件下，一般倾向于亲核试剂从取代基较少的碳原子进攻形成最终产物。

$$\xrightarrow[CH_3OH]{^-OCH_3} CH_2—\overset{CH_3}{\underset{O^-}{C}}—CH_2OCH_3 \xrightarrow{CH_3OH} CH_2—\overset{CH_3}{\underset{OH}{C}}—CH_2OCH_3$$

不少试剂本身就是碱性明显的亲核试剂，如 NH_3、RMgX 等，它们与环氧乙烷及其衍生物反应不需要酸碱的催化。

由于无论是碱催化或酸催化，都属于按 S_N2 机理进行反应（酸催化具有一定的 S_N1 性质），亲核试剂主要从氧桥（离去基团）的反位进攻中心碳原子，开环得到反式产物。例如：

扫码“学一学”

第四节　醇、酚、醚在医药领域的应用

醇、酚、醚类化合物都是烃基的含氧衍生物，在自然界和动植物中广泛存在，并且在医药领域也有广泛的应用。

众所周知，乙醇是常用的医疗消毒剂，以 70% 的乙醇溶液杀菌能力最强。在中药制剂中，乙醇是一个最常用的溶剂，因为中草药中的大多数有效化学成分都能溶于乙醇。丙-1,2-二醇防腐能力强，能溶解许多不溶于水的药物，在人体内毒性很小，常用作注射剂、内服药的溶剂、防腐剂。50% 的甘油溶液可作为轻泻剂。苯甲醇具有微弱的麻醉作用，可加入注射剂中作为止痛剂，如青霉素的稀释液就是 2% 的苯甲醇水溶液。还具有微弱的防腐能力，可用于液体中药制剂的防腐剂。

在许多蔬菜、果实中含量丰富的甘露醇（己六醇），在医药上是良好的利尿剂，脱水剂，能降低颅内压、眼内压，因有甜味，常作食用糖的代用品，也用作药片的赋形剂及固体、液体的稀释剂。肌醇（环己六醇）广泛分布在动物和植物体内，是动物、微生物的生长因子。它参与体内蛋白质的合成、二氧化碳的固定和氨基酸的转移等过程。促进肝及其他组织中的脂肪代谢、降低血脂、肌酸，可用于治疗肝炎、肝硬化、脂肪肝和血液中胆固醇过高症。

丙三醇　　甘露醇　　肌醇

酚类化合物在植物中存在很广泛，在许多中草药中存在一些具有消毒、抗菌、防腐、抗氧化的活性一元或多元酚类化合物。如茶叶中的茶多酚、绿原酸等。麝香草酚（5-甲基-2-异丙基苯酚，又名百里香酚）存在于某些植物的香精油中，在医药上用作防腐剂、

消毒剂、驱虫剂。鹿蹄草素（化学名 2-甲基-对苯二酚）是中药鹿蹄草的一种有效成分，具有较强的广谱抗菌作用，对呼吸道、消化道、泌尿道等感染性疾病和创口感染都有较好的疗效。丹皮酚（化学名 2-羟基-4-甲氧基苯乙酮）为中药徐长卿和牡丹皮中的有效成分，具有镇痛作用。从红豆杉中分离出来的紫杉醇是目前具有良好前景的抗肿瘤新药。存在于虎杖、花生和葡萄等中的白藜芦醇（3,5,4′-三羟基二苯乙烯）具有很好的抗氧化作用，因此食用一定量的葡萄酒对防范心血管疾病具有一定的作用。

麝香草酚　　白藜芦醇

乙醚广泛用作溶剂，在医疗上作外科手术麻醉剂，可引起恶心呕吐等不良反应。氯代羟基二苯醚以广谱、高效的杀菌能力和低毒性广泛地应用于日化、医药、医疗器械、纺织、农业等领域，是一类重要的化合物。

知识拓展

硫醇、硫醚

醇、醚中的氧被硫替代的化合物，称为硫醇或硫醚（RSH，RSR）。低级硫醇易挥发，气味也很明显，因此工业上常把低级的硫醇作为臭味剂使用，如燃料气中常加入少量叔丁硫醇，因其带有臭味，一旦漏气，就可产生自动报警的效果。

低级硫醇在多种动植物中都有一定的含量，由于硫醇的气味特别强烈，只需用 10^{-6} 数量级即可达到调香的目的。日常食物如牛肉中含有乙硫醇；大蒜中含有烯丙硫醇；洋葱中含有丙硫醇；咖啡中还含有苄硫醇，在食用香精中也有应用。例如：

$CH_3CH(SH)CH(OH)CH_3$
葱肉香型　　坚果香型　　烤肉香型　　肉桂香型

硫醇（酚）的酸性也比醇（酚）强，例如，乙硫醇的 $pK_a = 10.6$，乙醇的 $pK_a \approx 16$；苯硫酚的 $pK_a = 7.8$，苯酚的 $pK_a = 10.0$。硫醇虽难溶于水，却易溶于碱性水溶液，生成相应的硫醇盐。

硫醇还可以与重金属离子形成不溶于水的硫醇盐。临床上也应用某些含巯基的化合物如二巯基丙醇（俗称 BAL）作为重金属中毒的解毒剂。

$$2\,\underset{OH}{CH_2}-\underset{SH}{CH}-\underset{SH}{CH_2} + Hg^{2+} \longrightarrow$$

具有硫醚结构的物质多见于医用抗炎药物和农药。在十字花科蔬菜中，多含有硫醚和多

硫醚类化合物。硫醚类化合物还存在于多种食品中。例如，二甲硫醚存在于牛肉、啤酒、酱油中，二乙硫醚存在于啤酒、蒸馏酒中，二甲二硫醚存在于清酒中。近年来又发现一些多硫环醚具有菜香、葱蒜香、烤肉香的特性，而且香味特别强烈，在食用香精中只需加入 10^{-6} 数量级就可以得到良好效果，是一类具有开发价值的食用香料。

实验研究发现，给小鼠喂以二烯丙基硫醚等有机硫化合物，可显著地抑制由α-苯并芘诱发的小鼠胃癌和肺部肿瘤的发生，也可以抑制由二甲基肼或甲苄亚硝胺诱发的大鼠结肠癌或食管癌。

重点小结

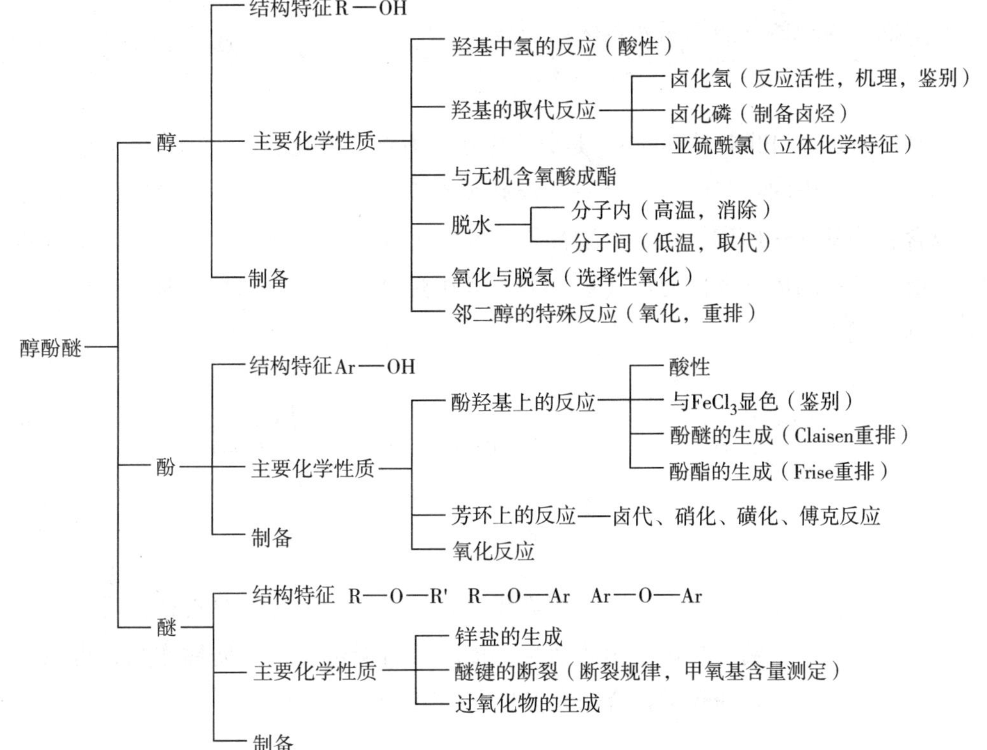

扫码“练一练”

第十章　醛、酮

要点导航

1. **掌握**　醛酮的命名、结构、主要化学性质及醛酮的鉴别。
2. **熟悉**　醛酮亲核加成的反应机理。
3. **理解**　α,β-不饱和醛酮的 1,2-和 1,4-加成的倾向。
4. **了解**　醛酮的一般制备及其医药领域的应用。

醛（aldehydes）和酮（ketones）是分子中都含有羰基的化合物，因此醛和酮也称为羰基化合物。醛分子中的羰基碳原子有一个键必须与 H 原子相连，而另一键可与 R 或 H 相连，所以含有醛基（—CHO）的化合物都称为醛类化合物。酮分子中羰基的两个键皆与烃基相连，所以其中的羰基也称为酮（羰）基。其中烃基可以是脂肪族烃基，也可以是芳香族烃基。其通式为：

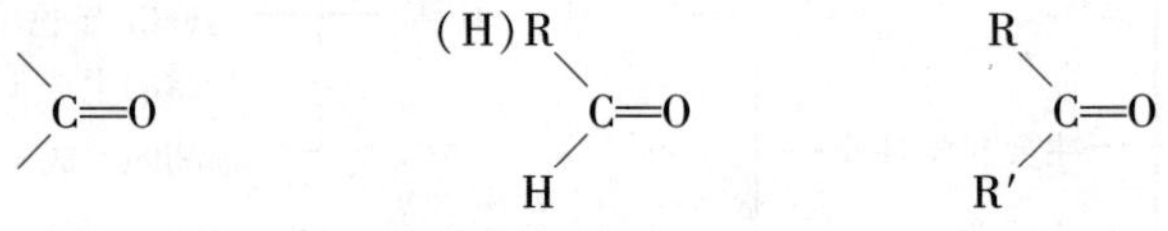

$>C=O$　　　　(H)R—C(=O)—H　　　　R—C(=O)—R′

羰基　　　　醛　　　　酮

在许多中药有效成分中都存在醛、酮类化合物结构。如柠檬醛具有柠檬香气，经常用做香料；胡椒酮具有平喘、祛痰、镇咳活性；樟脑具有局部刺激和防腐作用，可用于神经痛、炎症及跌打损伤。䓬酚酮类化合物大多具有抗癌活性。

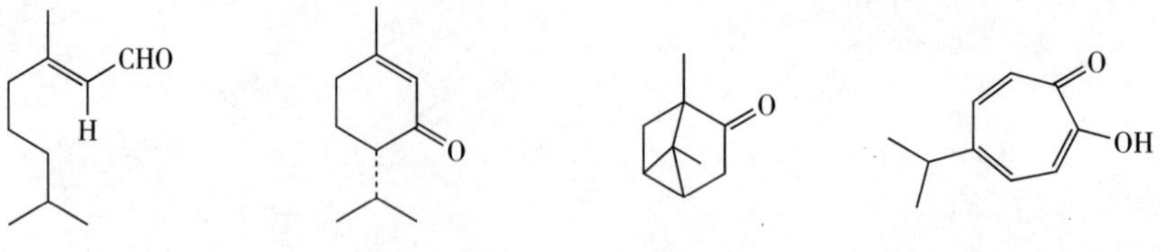

柠檬醛　　　　胡椒酮　　　　樟脑　　　　䓬酚酮

扫码“学一学”

第一节　醛、酮的结构和命名

一、醛、酮的结构

醛、酮化合物以羰基为官能团，羰基中碳和氧以双键相连，与乙烯相似，碳原子以 sp^2 方式进行杂化，其中三个杂化轨道形成三个 σ 键，未参加杂化的 p 轨道与氧原子未参加杂

化的 p 轨道平行且重叠形成 π 键。由于羰基碳、氧原子均为 sp^2 杂化，羰基为平面结构，键角约为 120°，并随着连接的原子或基团不同其键角有所变化（图 10-1）。

图 10-1 羰基的结构

由于碳氧双键中氧的电负性比碳大，成键电子对向氧偏移，碳氧之间的共价键为极性共价键，因此羰基是一个极性基团，碳上带部分正电荷易受到亲核试剂进攻（图 10-2）。

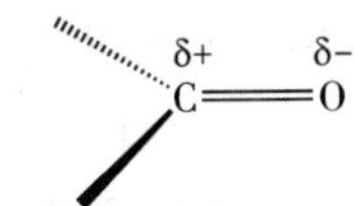

图 10-2 羰基电子云示意图

由于羰基是一个极性基团，电子云向氧原子偏移，羰基具有吸电子作用，而使其 α-碳原子上的碳氢键发生极化，从而使 α-氢具有弱酸性。

二、醛、酮的命名

1. 普通命名法 只适用于结构简单的醛和酮类。

（1）醛 与醇的命名相似，按碳原子数称为某醛，用正、异、新来区分异构体。

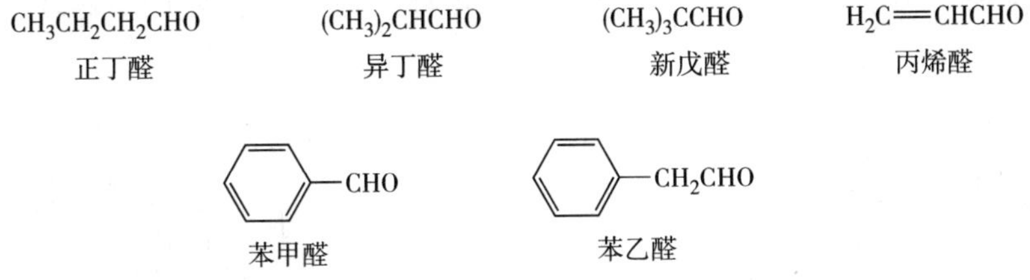

（2）酮 按羰基所连接的烃基而定，若连接的都是脂肪烃基，简单在前，复杂在后；若有芳烃基，则芳烃基在前，脂肪烃基在后。

$CH_3-\underset{O}{\underset{\|}{C}}-CH_2CH_3$

甲基乙基（甲）酮

（甲乙酮）

$CH_3-\underset{O}{\underset{\|}{C}}-CH=CH_2$

甲基乙烯基（甲）酮

（丁烯酮）

苯甲酮（在系统命名法中称苯乙酮）

二苯基甲酮

2. 系统命名

（1）主链选择 选择含羰基在内的最长碳链为主链，若含有不饱和键，应选择含有不饱和键和羰基的碳链为主链，按主链上碳原子的数目，称为某醛或酮、某烯或炔醛或酮。

（2）编号　从靠近羰基的一端开始编号，让羰基的位次最小；若在羰基位次相同时，让不饱和键的位次尽可能小。

（3）名称书写　把取代基的位次、数目、名称标在母体之前，酮需标明羰基的位次，而醛不用标明。

取代基的位次一般采用阿拉伯数字进行编号，但对于取代基位次小及链短的醛酮类化合物也可用希腊字母进行取代基的位次编号。如醛中与羰基直接相连的碳原子用 α，依次用 β，γ，$\delta \cdots \omega$ 等对取代基进行编位。酮中与羰基直接相连的碳原子用 α，α'，β，β'，γ，γ'，δ，δ' 等对取代基进行编位。

$CH_3CH_2CH(CH_2CH_3)CH(CH_3)CHO$

3-乙基-2-甲基戊醛

β-乙基-α-甲基戊醛

3-ethyl-2-methylpentanal

$CH_3CHClCOCHClCH_3$

2,4-二氯戊-3-酮

α,α'-二氯戊-3-酮

2,4-dichloropentan-3-one

$CH_3CH_2CH(CH_3)CH_2COCH_3$

4-甲基己-2-酮

β-甲基己-2-酮

4-methylhexane-2-one

$(CH_3)_2C{=}CHCH_2CH(CH_3)CHO$

2,5-二甲基己-4-烯醛

2,5-dimethylhexa-4-enal

(2*S*,4*Z*)-2-甲基己-4-烯醛

(2*S*,4*Z*)-2-dimethylhexa-4-enal

醛酮分子中若存在脂环、芳环、杂环时，一般作为取代基处理。单环环酮的命名与链酮相似，只需在名称前加“环”字。桥环或螺环环酮命名与脂环烃中螺环、桥环的命名相似。

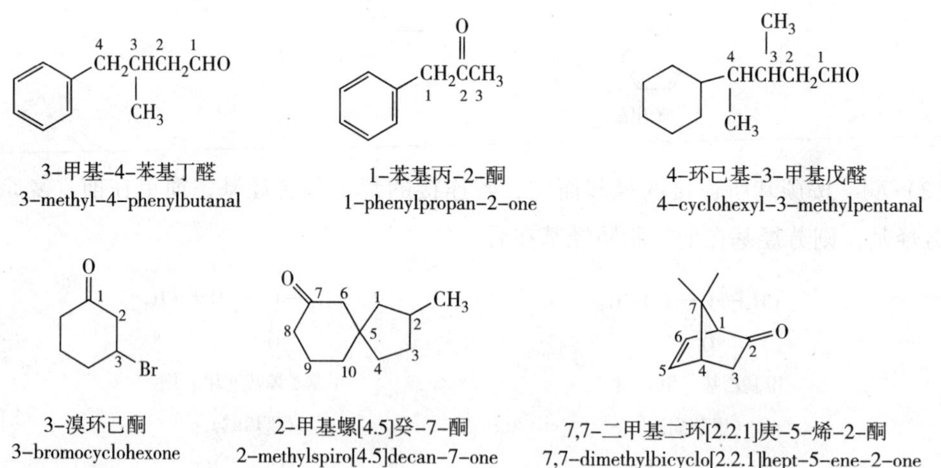

3-甲基-4-苯基丁醛
3-methyl-4-phenylbutanal

1-苯基丙-2-酮
1-phenylpropan-2-one

4-环己基-3-甲基戊醛
4-cyclohexyl-3-methylpentanal

3-溴环己酮
3-bromocyclohexone

2-甲基螺[4.5]癸-7-酮
2-methylspiro[4.5]decan-7-one

7,7-二甲基二环[2.2.1]庚-5-烯-2-酮
7,7-dimethylbicyclo[2.2.1]hept-5-ene-2-one

若分子中存在多个羰基时，选择含有两个羰基在内的最长碳链为主链，其余羰基作为取代基，名为某酰基。

$CH_3COCH_2CH(COCH_3)CH(CH_3)CH_2COCH_3$

4-乙酰基-5-甲基辛-2,7-二酮

4-acetyl-5-methyloctan-2,7-dione

扫码“学一学”

第二节 醛、酮的物理性质

常温下甲醛为气体；低级的醛酮为液体，常见于中药挥发油；高级的脂肪醛酮和芳香酮为固体。某些醛、酮具有芳香气味，可作为化妆品和食品的添加剂。

由于醛、酮的羰基具有较强的极性，分子间的偶极作用和范德华作用力较相对分子量相近的烃和醚大，但由于醛、酮分子间不能形成氢键，所以醛、酮分子的沸点比相对分子量相近的醇和羧酸低。

	戊烷	乙醚	丁醛	丁酮	正丁醇	正丙酸
相对分子量	72	72	72	72	74	74
沸点（℃）	36	35	76	81	117	171

醛、酮分子中羰基上的氧原子可与水分子形成氢键，所以碳原子数少的醛、酮在水中溶解度较大，可以与水混溶，但随着碳原子数的增加其在水中的溶解度逐渐减小，一般六碳以上的醛、酮几乎不溶于水而易溶于有机溶剂。常见醛、酮的物理常数见表 10-1。

表 10-1 常见醛、酮的物理常数表

名称	熔点/℃	沸点/℃	密度/[g/cm^3]	溶解度/[g/(100g H_2O)^3]
甲醛	-92	-21	0.815	55
乙醛	-121	21	0.781	溶
丙醛	-81	49	0.807	16
正丁醛	-99	76	0.817	7
异丁醛	-66	61	0.794	溶
正戊醛	-91	103	0.819	微溶
苯甲醛	-56	178	1.046	0.3
苯乙醛	33～34	194	1.272	微溶
丙酮	-94	56	0.788	溶
丁酮	-86	80	0.805	26
戊-2-酮	-78	102	0.812	6.3
戊-3-酮	-41	101	0.814	5
环己酮	-16	156	0.947	微溶
苯乙酮	21	202	1.025	微溶
二苯甲酮	48	306	1.098	不溶

扫码“学一学”

第三节 醛、酮的化学性质

醛、酮以羰基为官能团，由于碳氧双键是由一个 σ 键和一个 π 键构成，所以醛、酮可发生加成反应。而羰基上的 π 电子云向电负性较大的氧原子偏移，使得碳原子显出部分正电荷，易接受亲核试剂，且带正电性的碳比带负电性的氧活泼，因此羰基的加成反应是亲核加成。由于羰基的吸电子诱导效应，增大其 α-C 上碳氢键的极性，使 α-H 比较活泼，能发生羟醛缩合、卤仿等反应。由于醛的羰基碳上连一个氢原子，具有较强的还原性，因此

能和弱氧化剂反应。

活泼α–H的反应
（1）烯醇化
（2）α–H卤代（卤仿反应）
（3）羟醛缩合反应

亲核加成
氢化还原

醛的氧化

一、羰基的亲核加成

羰基作为一种不饱和键，与碳碳双键相似，主要的化学反应是加成反应。但由于碳氧双键上电子云偏向氧原子，具有极性，羰基碳具有较强的正电性，所以醛、酮不像烯烃那样容易与缺电子的亲电试剂加成，而容易与 HCN、RMgX、ROH、$NaHSO_3$ 等具有富电子的亲核试剂加成。亲核试剂中的负电子部分首先进攻羰基上的碳原子，然后正性基团加到氧上，完成亲核加成反应。

$$\text{(H)R(R')C=O} + \text{NuA} \xrightarrow{\text{慢}} \left[\text{(H)R(R')C(O}^-\text{)(Nu)}\right] \xrightarrow{A^+} \text{(H)R(R')C(OA)(Nu)}$$

醛、酮亲核加成反应的难易，主要取决于羰基碳原子上正电性的强弱和空间位阻大小，羰基碳原子上正电荷越高反应越容易。醛较酮的亲核加成反应容易进行，因为烃基具有供电子效应，降低了羰基碳原子上正电性，不利于亲核加成反应的进行，所以羰基上接的烃基越多，反应活性越小。不同结构的醛、酮，发生亲核加成反应的反应活性顺序如下。

$$\text{H(H)C=O} > \text{H(R)C=O} > \text{R'(R)C=O}$$

随着羰基碳原子上所连烃基的支链增多（空间位阻增大），亲核加成反应活性不断减小。若羰基与苯基相连，由于产生 π-π 共轭效应，羰基碳原子上的正电性减弱，亲核加成反应活性降低。

$$H_3C(H)C{=}O > H_3C(H_3C)C{=}O > (H_3C)_2HC(H_3C)C{=}O > CH_3(ph)C{=}O$$

从亲核加成中间体稳定性分析，醛、酮与亲核试剂发生加成时形成氧负离子中间体，电子效应和空间位阻都影响着中间体的稳定性。若醛、酮上连有吸电子基有利于稳定氧负离子，使反应活性升高；若连有斥电子基团，不利于稳定氧负离子中间体，则使反应活性降低。氧负离子中间体为四面体结构，因此羰基碳上所连的基团体积越小，体系越稳定，反应活性越高；反之，反应活性越低。

（一）与 HCN 的反应

醛、脂肪族甲基酮或八碳以内环酮都可以与 HCN 发生亲核加成反应，以氰基负离子作为亲核试剂，加成后生成 α-羟基腈。反应式如下：

$$>C{=}O + HCN \longrightarrow >C(OH)(CN)$$

α-羟基腈

羟基腈是有机反应重要的中间体，例如，可用于合成 α-羟基酸。α-羟基酸在受热条件下进一步脱水生成 α,β-不饱和的羧酸。

$$C_6H_5-CH_2CHO \xrightarrow{HCN} C_6H_5-CH_2CH(OH)CN \xrightarrow[\triangle]{HCl} C_6H_5-CH_2CH(OH)COOH$$

$$(CH_3)(CH_3CH_2)C{=}O + HCN \longrightarrow (CH_3)(CH_3CH_2)C(OH)(CN) \xrightarrow[\triangle]{H_2SO_4} CH_3CH{=}C(CH_3)COOH$$

由于氢氰酸挥发性大（沸点 26.5℃），有剧毒，使用不方便，因此通常将醛、酮与 NaCN（或 KCN）水溶液混合，再慢慢向混合液中滴加无机酸，以便氢氰酸一生成就立即与醛（或酮）作用。另外氢氰酸是弱酸，离解出 CN^-较少，若加入氢氧化钠可与其发生反应生成氰化钠，大大增加 CN^-的浓度，会使整个反应的反应速率增加。

（二）与饱和 $NaHSO_3$ 的反应

醛、脂肪族甲基酮或八碳以内环酮可以与饱和亚硫酸氢钠水溶液发生加成反应生成白色结晶，故常用于一些醛、酮的鉴别。

$$R((H)CH_3)C{=}O \underset{}{\overset{NaHSO_3}{\rightleftharpoons}} R((H)CH_3)C(ONa)(SO_3H) \rightleftharpoons R((H)CH_3)C(OH)(SO_3Na)$$

白色结晶

由于该反应生成白色结晶，且反应是一个可逆反应，加成物在稀酸或稀碱的条件下，可分解得到原来的醛、酮，因此可利用该反应分离提纯此醛、酮。

$$R((H)CH_3)C(OH)(SO_3Na) \xrightarrow[NaOH]{HCl或} R((H)CH_3)C{=}O + \begin{matrix} NaCl + SO_2 + H_2O \\ 或 \\ Na_2SO_3 + CO_2 + H_2O \end{matrix}$$

此外，可利用 α-羟基磺酸钠与氰化钠反应来制备 α-羟基腈，这种方法避免了氰化钠溶液加酸逸出氢氰酸的危险。

$$(CH_3)_2C{=}O \overset{NaHSO_3}{\rightleftharpoons} (CH_3)_2C(ONa)(SO_3H) \rightleftharpoons (CH_3)_2C(OH)(SO_3Na) \xrightarrow{NaCN} (CH_3)_2C(OH)(CN)$$

思考题

10-1 比较下列化合物进行亲核反应的活性顺序，并简要说明原因。

（1）$R_2C{=}O$　　$(C_6H_5)_2CO$　　C_6H_5COR　　$C_6H_5CH_2COR$

（2）$R_2C{=}O$　　HCHO　　RCHO

(3) $ClCH_2CHO$　$BrCH_2CHO$　$CH_2{=}CHCHO$　CH_3CH_2CHO　CH_3CF_2CHO

10-2　用化学方法鉴别1-苯基-2-丙酮和苯乙酮。

（三）与ROH的反应

由于醇分子的亲核能力不强，难直接与羰基加成，但在干燥氯化氢条件下，醛、酮可与一分子的醇发生加成反应，生成半缩醛（hemiacetals），由于半缩醛羟基性质比较活泼，在干燥氯化氢条件下，还可继续与另一分子的醇脱水生成缩醛。

$$\mathrm{RHC{=}O} + \mathrm{R'OH} \underset{}{\xrightleftharpoons{\text{干HCl}}} \underset{\text{半缩醛、性质活泼}}{\mathrm{RHC(OH)(OR')}} + \mathrm{R'OH} \xrightleftharpoons{\text{干HCl}} \underset{\text{缩醛、稳定}}{\mathrm{RHC(OR')_2}}$$

在无水盐酸存在下，酮与醇的反应非常慢，很难得到半缩酮（hemiketals）或缩酮（ketals）。但在特殊装置中，把反应产物水设法除去，平衡向右边移动，可制备缩酮。酮与某些二元醇可顺利的生成环缩酮。如：

$$\text{环己酮} + HOCH_2CH_2OH \xrightarrow[\text{苯},\ \triangle]{\text{TsOH}} \underset{\text{环己酮缩乙二醇}}{\text{环己酮缩乙二醇}} + H_2O$$

$$(CH_3)_2C{=}O + HOCH_2CH_2OH \xrightarrow{\text{TsOH}} \underset{\text{乙二缩丙酮}}{(CH_3)_2C(OCH_2)_2} + H_2O$$

此外，也可用原甲酸三乙酯和酮在酸的催化下制备缩酮，所得到的产物产率也比较高。

$$R_2C{=}O + HC(OC_2H_5)_3 \xrightleftharpoons{H^+} R_2C(OC_2H_5)_2 + HCOOC_2H_5$$

缩醛（酮）的反应机理：首先羰基在酸介中质子化（羰基接受氢离子形成盐），羰基氧原子带上正电荷，从而增大羰基碳原子的正电性，使其更容易接受亲核试剂的进攻。亲核性弱的醇进攻羰基上的碳原子发生加成反应，再失去一个氢离子，生成不稳定的半缩醛（酮）。半缩醛（酮）在干氯化氢的催化下，失去一分子水，形成碳正离子，碳正离子与另一分子醇结合后脱去氢离子得到稳定的缩醛（酮）。

$$>C{=}O \xrightleftharpoons{H^+} >C{=}\overset{+}{O}H \xrightleftharpoons{ROH} >C(OH)(\overset{+}{O}HR) \xrightleftharpoons{-H^+} \underset{\text{半缩醛（酮）}}{>C(OH)(OR)} \xrightleftharpoons{H^+} >C(\overset{+}{O}H_2)(OR) \xrightleftharpoons{-H_2O} >C^+(OR)$$

$$\xrightleftharpoons{+ROH} >C(\overset{+}{O}HR)(OR) \xrightleftharpoons{-H^+} \underset{\text{缩醛（酮）}}{>C(OR)(OR)}$$

链状缩醛或缩酮稳定性差，但若通过分子内的羟基与羰基发生加成所形成的环状半缩醛或半缩酮结构稳定性较好，可以分离得到。例如，由于葡萄糖分子具有醛基和羟基能发生分子内的加成，生成五元或六元环状半缩醛结构，性质稳定，所以葡萄糖分子通常以环状半缩醛形式存在于自然界。

$$\text{D-葡萄糖(Fischer式: CHO, H—OH, HO—H, H—OH, H—OH, CH}_2\text{OH)} \rightleftharpoons \text{环状半缩醛(Haworth式)}$$

缩醛（酮）性质与醚相似，对碱、氧化剂都比较稳定，但在酸性条件下可水解生成原来的醛（酮）。在有机合成中常用此法保护羰基，即先将羰基与醇反应生成缩醛（酮），再进行分子中其他基团的转化，然后用稀酸分解恢复原来的醛（酮），常用此法保护羰基，但此法只能在碱性或氧化剂条件下保护羰基。

（四）与格氏试剂的反应

格氏试剂（RMgX）属金属卤化物，由于金属一般带正电荷，则 RMgX 中的 R 带上负电荷（R^-），为碳负离子，可作为亲核试剂与羰基发生亲核加成，水解后生成醇，是制备醇比较重要的方法。

$$>C=O + RMgX \longrightarrow >C(OMgX)R \xrightarrow{H_3O^+} >C(OH)R$$

格氏试剂与醛酮反应生成醇，一般是与甲醛反应生成伯醇，与其他醛反应生成仲醇，与酮反应生成叔醇。

$$H_2C=O + RMgX \xrightarrow{\text{无水乙醚}} H_2C(OMgX)R \xrightarrow{H_3O^+} H_2C(OH)R$$

$$RHC=O + R'MgX \xrightarrow{\text{无水乙醚}} RHC(OMgX)R' \xrightarrow{H_3O^+} RHC(OH)R'$$

$$RR'C=O + R''MgX \xrightarrow{\text{无水乙醚}} RR'C(OMgX)R'' \xrightarrow{H_3O^+} RR'C(OH)R''$$

$$CH_3CHO + (CH_3)_2CHMgBr \xrightarrow{\text{无水乙醚}} CH_3CH(OMgBr)CH(CH_3)_2 \xrightarrow{H_3O^+} CH_3CH(OH)CH(CH_3)_2$$

$$\text{α-四氢萘酮} + CH_3CH_2MgBr \xrightarrow{\text{无水乙醚}} \text{1-}CH_3CH_2\text{-1-OMgBr-四氢萘} \xrightarrow{H_3O^+} \text{1-}CH_3CH_2\text{-1-OH-四氢萘}$$

格氏试剂与醛、酮反应必须在无水条件下操作，一般使用无水乙醚作溶剂，且反应物分子中不应含—OH、—NH_3、—COOH 等含活泼氢的基团，含—C ≡ N、—NO_2 也不宜用（重键会干扰）；若酮分子中的两个烃基和格氏试剂中的体积都较大时，格氏试剂与羰基加成的反应速率大大减慢，相反副反应产物增加，此时可用有机锂（RLi）代替格氏试剂与醛、酮发生加成反应。

（五）与氨的衍生物反应

氨及其衍生物分子中由于氮原子上带有孤对电子，可以作为亲核试剂与醛酮发生亲核加成反应。反应分为两个步骤，首先是氨及其衍生物与羰基发生亲核加成，但加成产物由于同一个碳上连有羟基和氨基，因此产物不稳定，立即进行分子内脱水生成具有烯胺结构（$>C=N-$）的产物。最常用的氨的衍生物有：H_2N-Y。

氨	NH_3	羟胺	NH_2OH	2,4-二硝基苯肼	$H_2NHN-C_6H_3(NO_2)_2$
伯胺	RNH_2	肼	NH_2NH_2		
芳伯胺	$ArNH_2$	肼苯	$H_2NHN-C_6H_5$	氨基脲	$H_2NHN-C(=O)-NH_2$

反应通式如下：

$$>C=O+H_2N-Y \longrightarrow >C(OH)-N(H)-Y \xrightleftharpoons{-H_2O} >C=N-Y$$

1. 与氨和伯胺的反应 醛、酮与氨反应生成亚胺类化合物，大部分稳定性差，只有个别的才能形成稳定的化合物，如甲醛与氨作用可生成一个特殊的笼状的化合物，称为六亚甲基四胺，商品名为乌洛托品（Urotropine），白色结晶，熔点 263℃，易溶于水，有甜味，在医药上常用作尿道消毒剂；同时它也可以用来合成树脂和炸药。

$$>C=O+H_2N-H \longrightarrow >C=N-H \quad \text{亚胺}$$

$$HCHO+NH_3 \rightleftharpoons H-C(OH)(H)-NH_2 \xrightleftharpoons{-H_2O} CH_2=NH$$

$$3CH_2=NH \rightleftharpoons \text{六氢-1,3,5-三嗪} \xrightleftharpoons[NH_3]{3HCHO} \text{乌洛托品}$$

醛、酮与伯胺反应生成希夫碱（Schiffs base）：

$$>C=O+H_2N-R \longrightarrow >C=N-R \quad \text{不稳定，易分解}$$

$$>C=O+H_2N-Ar \longrightarrow >C=N-Ar \quad \text{稳定，可分离得到}$$

2. 与羟胺反应 醛、酮与羟胺反应生成肟，因为肟的氮原子上有孤对电子，肟存在 *Z*、*E* 异构体。

$$>C=O+H_2N-OH \longrightarrow >C=N-OH \quad \text{肟}$$

$$C_6H_5\text{-}CHO + H_2N\text{—}OH \xrightarrow[NaCO_3]{HCl} \underset{(Z)\text{-苯甲醛肟}}{\text{ph(H)C=N—OH}} \underset{}{\overset{H^+}{\rightleftharpoons}} \underset{(E)\text{-苯甲醛肟}}{\text{ph(H)C=N—OH}}$$

肟在酸性条件下，可发生贝克曼 Beckmann 重排，生成酰胺类化合物，重排时与羟基处于反位氮上的烃基进行迁移，生成类似烯醇式结构，后重排为酰胺。由于酸有利于羟基的脱去和缺电子氮的形成，所以这一类重排也称为缺电子的正离子型重排。

反应机理为：酮肟在酸性条件下，脱去一分子水生成氮正离子，氮正离子不如碳正离子稳定，随后相邻碳原子上的烃基发生迁移至氮原子上，形成碳正离子，需指出的是，水分子的失去与烃基迁移是同时进行的。碳正离子结合溶剂中的水分子，再脱去氢离子，最后异构化为酰胺。

$$\text{RR'C=N—OH} \xrightarrow{H^+} \text{RR'C=N—}\overset{+}{O}H_2 \underset{}{\overset{-H_2O}{\rightleftharpoons}} \text{RR'C=}\overset{+}{N} \longrightarrow \text{R'}\overset{+}{C}\text{=N—R} \xrightarrow{H_2O} \text{R'(}H_2\overset{+}{O}\text{)C=N—R}$$

$$\xrightarrow{-H^+} \text{R'(HO)C=N—R} \xrightarrow{\text{互变异构}} \text{R'C(=O)—NHR}$$

例如：苯乙酮肟的两种 Z、E 异构体重排后得到不同产物。

E型异构体 $$C_6H_5\text{—C(=N—OH)—}CH_3 \xrightarrow{H^+} C_6H_5\text{—NH—}\overset{O}{\overset{\|}{C}}CH_3$$

Z型异构体 $$C_6H_5\text{—C(=N—OH)—}CH_3 \xrightarrow{H^+} C_6H_5\text{—}\overset{O}{\overset{\|}{C}}\text{—}NHCH_3$$

贝克曼重排应用广泛，例如从环己酮合成环状的己内酰胺。己内酰胺通过聚合后得到具有广泛用途的合成纤维尼龙-6。

$$\text{环己酮} \xrightarrow{H_2N\text{—}OH} \text{环己酮肟(C=N—OH)} \xrightarrow{H^+} \text{己内酰胺(NH, C=O)}$$

3. 与肼、苯肼、氨基脲反应

$$\text{RR'C=O} + H_2N\text{—}NH_2 \longrightarrow \underset{\text{腙（黄色固体）}}{\text{RR'C=N—}NH_2}$$

$$\underset{R'}{\overset{R}{>}}C{=}O + H_2N{-}NHph \longrightarrow \underset{R'}{\overset{R}{>}}C{=}N{-}NHph$$

苯腙（黄色固体）

$$\underset{R'}{\overset{R}{>}}C{=}O + H_2NHN{-}C_6H_3(NO_2)_2 \longrightarrow \underset{R'}{\overset{R}{>}}C{=}NNH{-}C_6H_3(NO_2)_2$$

2,4-二硝基苯腙（黄色固体）

$$\underset{R'}{\overset{R}{>}}C{=}O + H_2NNH\overset{O}{\overset{\|}{C}}NH_2 \longrightarrow \underset{R'}{\overset{R}{>}}C{=}NNH\overset{O}{\overset{\|}{C}}NH_2$$

缩氨脲（白色固体）

醛酮与肼、苯肼、氨基脲反应生成的腙、苯腙、缩氨脲大多数为黄色或白色固体，具有固定的结晶形状和熔点，可用于鉴别醛酮。而腙、苯腙、缩氨脲在稀酸条件下，可水解得到原来的醛酮，因此可用于分离纯化醛酮类化合物。

二、羰基加成反应的立体化学——克拉姆规则

由于羰基为平面结构，亲核试剂从上下进攻的概率是均等的，当羰基碳原子上连有相同的原子或基团时，加成产物只有一种；当羰基碳原子上连有不同的原子或基团的开链化合物时，加成产物为等量的一对对映体，即外消旋体。

$$\underset{R'}{\overset{R}{>}}C{=}O + NuH \longrightarrow \underset{R'}{\overset{R}{>}}C\underset{Nu}{\overset{OH}{<}}$$

$$\underset{R'}{\overset{R}{>}}C{=}O + HNu \longrightarrow \left.\begin{array}{l} R,R'C(Nu){-}OH \\ R,R'C(Nu){-}OH \end{array}\right\}\text{外消旋体}$$

若醛、酮分子中的与羰基直接相连的碳原子（α-C）为手性碳时，亲核试剂从平面上或下进攻的概率不再相等，生成两个非对映体的量不相等。根据大量的实验研究，克拉姆（Cram）提出一个规则，即当与羰基直接相连的碳原子为手性碳时，发生亲核加成反应的有利构象是醛、酮碳上最大（体积）基团和羰基氧处于反式共平面；则羰基氧就处于最小的和中等的原子或基团之间，亲核试剂主要从空间障碍最小的一边进攻羰基碳原子。设手性碳原子的三个基团分别用 L、M、S 代表基团体积的大小，表示如下。

（纽曼投影式：O、M、S、L、R；主反应、副反应）

例如：(*R*)3-苯基-2-丁酮与 CH_3CH_2MgX 的加成：

CH_3, H, CH_3, ph（O）$\xrightarrow[\text{②}H_2O]{\text{①}CH_3CH_2MgBr}$ CH_3, H, CH_3, C_2H_5, ph（OH） + CH_3, H, C_2H_5, CH_3, ph（OH）

主产物　　副产物

(*S*) 2-甲基戊醛与 HCN 的加成：

CH_3, H, H, C_2H_5（O）$\xrightarrow{HCN}$ CH_3, H, H, CN, C_2H_5（OH） + CH_3, H, H, OH, C_2H_5（CN）

主产物　　副产物

克拉姆规则适用于羰基与 RMgX、HCN 等的加成反应，对于同一反应物，随着亲核试剂体积增大，其主产物的比例逐步升高。

（3-苯基-2-丁酮，含 O、Ph） + RMgBr ⟶ 按克拉姆规则 主产物 + 副产物

RMgBr	主产物 : 副产物
$R=CH_3$	2 : 1
$R=CH_2CH_3$	3 : 1
R=Ph	5 : 1

三、羰基 α-H 的反应

（一）羰基 α-H 的酸性

由于醛、酮分子中受到羰基吸电子诱导效应的影响，使其 α-碳原子上的氢显现出较大的活泼性，即 α-H 具有弱酸性。例如丙酮（$pK_a=20$）的酸性大于乙烷（$pK_a=49$），主要是因为醛、酮失去 α-H 形成的碳负离子稳定。由于碳负离子上的未共用电子对可以与羰基上的 π 键形成 p-π 共轭，则碳负离子上的负电荷可以分散在碳氧原子之间，形成离域结构，增强了碳负离子的稳定性。碳负离子的共振结构式表示如下。

$$\text{H}-\overset{|}{\underset{|}{C}}-C{=}O \xrightarrow{-H^+} \left[-\overset{-}{C}-C{=}O \longleftrightarrow -C{=}C-O^- \right] \equiv -C\text{┄}C\text{┄}O^-$$

碳负离子　　烯醇负离子

碳负离子和烯醇负离子是两个极限式，不能独立存在，醛酮失去 α-H 形成的碳负离子介于这两个极限式之间。因此醛、酮失去 α-H 形成的碳负离子稳定性比一般碳负离子的稳定性强，致使醛、酮 α-H 具有较大的活泼性。

由于在稀酸或稀碱溶液中，醛、酮脱去 α-H，可形成碳负离子或烯醇负离子，碳与氧原子上皆带有部分负电荷。

$$-\overset{|}{\underset{H}{C}}-C{=}O \underset{H^+}{\overset{-H^+}{\rightleftharpoons}} -C\text{┄}C\text{┄}O \underset{-H^+}{\overset{H^+}{\rightleftharpoons}} -\overset{|}{C}{=}C-OH$$

若碳负离子受到亲电试剂如卤素的进攻，即发生 α-H 卤代反应；碳负离子也可以作为

亲核试剂进攻另一分子的羰基而发生亲核加成反应，即发生羟醛缩合反应。

（二）卤代反应

醛、酮中的α-H 在酸或碱催化下容易被卤素取代。

$$\underset{\underset{H}{|}}{RCHCHO} + Cl_2 \longrightarrow \underset{\underset{Cl}{|}}{RCHCHO} + HCl$$

酸催化下，醛、酮的α-H 卤代的反应机理为：

$$R-\overset{\overset{O}{\|}}{C}-\underset{\underset{H}{|}}{CH_2} \underset{快}{\overset{H^+}{\rightleftharpoons}} R-\overset{\overset{+OH}{|}}{C}-\underset{\underset{H}{|}}{CH_2} \underset{慢}{\overset{H_2O}{\rightleftharpoons}} R-\overset{\overset{OH}{|}}{C}=CH_2 \xrightarrow[快]{-X^-} R-\overset{\overset{\overset{+}{O}H}{\|}}{C}-\underset{\underset{X}{|}}{CH_2} \xrightarrow{-H^+} R-\overset{\overset{O}{\|}}{C}-\underset{\underset{X}{|}}{CH_2}$$

（$X^+ - X$ 进攻烯醇双键）

反应中通常由慢的步骤决定速率，即生成烯醇这一步，反应速率与醛、酮的浓度有关，而与卤素的浓度无关。由于卤素原子电负性较大，使一卤代物不易质子化，难于形成烯醇式结构，且卤原子的引入使烯醇式双键上的电子云密度降低，与卤素加成时反应活性降低，所以酸催化下卤原子带入的越多，反应活性越低，卤代反应通常停留在一卤代物上。

$$C_6H_5\overset{\overset{O}{\|}}{C}CH_3 + Br_2 \xrightarrow[0℃]{乙酸} C_6H_5\overset{\overset{O}{\|}}{C}CH_2Br + HBr$$

$$CH_3CH_2\overset{\overset{O}{\|}}{C}CH_3 + Br_2 \xrightarrow[H_2O]{H^+} \underset{57\%}{CH_3\underset{\underset{Br}{|}}{CH}\overset{\overset{O}{\|}}{C}CH_3} + \underset{32\%}{CH_3CH_2\overset{\overset{O}{\|}}{C}\underset{\underset{Br}{|}}{CH_2}}$$

碱催化的反应机理为：

$$R-\overset{\overset{O}{\|}}{C}-\underset{\underset{H}{|}}{CH_2} \overset{OH^-}{\rightleftharpoons} \left[{}^-CH_2-\overset{O}{\overset{\|}{C}}-R \longleftrightarrow CH_2=\overset{O^-}{\overset{|}{C}}-R \right] \xrightarrow{X_2} R-\overset{\overset{O}{\|}}{C}-\underset{\underset{X}{|}}{CH_2}$$

$$R-\overset{\overset{O}{\|}}{C}-\underset{\underset{H}{|}}{CHX} \overset{OH^-}{\rightleftharpoons} \left[{}^-CHX-\overset{O}{\overset{\|}{C}}-R \longleftrightarrow CHX=\overset{O^-}{\overset{|}{C}}-R \right] \xrightarrow{X_2} R-\overset{\overset{O}{\|}}{C}-\underset{\underset{X}{|}}{CHX}$$

$$R-\overset{\overset{O}{\|}}{C}-\underset{\underset{H}{|}}{CX_2} \overset{OH^-}{\rightleftharpoons} \left[{}^-CX_2-\overset{O}{\overset{\|}{C}}-R \longleftrightarrow CX_2=\overset{O^-}{\overset{|}{C}}-R \right] \xrightarrow{X_2} R-\overset{\overset{O}{\|}}{C}-\underset{\underset{X}{|}}{CX_2}$$

反应中决定反应速率的步骤是形成烯醇的这一步，则反应速率与醛、酮的浓度有关，而与卤素的浓度无关。由于卤素原子电负性较大，具有吸电子诱导效应，有利于稳定碳负离子或烯醇负离子，使醛酮的α-H 容易被卤原子取代，并且反应速率随着α-H 被卤原子取代的数目增多而加快，所以碱催化下反应很难控制在生成一卤代物或二卤代物的阶段，直接生成多卤代物。

$$C_6H_5-\overset{O}{\overset{\|}{C}}CH_3 + Br_2 \xrightarrow{OH^-} C_6H_5-\overset{O}{\overset{\|}{C}}CBr_3 \xrightarrow{OH^-} C_6H_5-\overset{O}{\overset{\|}{C}}O^- + CHBr_3$$

卤仿反应（haloformare action）：具有 $(H)R-\overset{O}{\overset{\|}{C}}CH_3$ 结构的醛、酮与次卤酸钠或卤素碱溶液反应时，甲基上的三个 α-H 都被卤原子取代生成三卤化物，而三卤化物由于三个卤原子的强吸电子作用，使碳的正电性大大加强，在碱作用下很容易发生碳碳键的断裂，生成三卤甲烷（俗称卤仿）和羧酸盐。

$$X_2 + NaOH \longrightarrow NaOX + NaX + H_2O$$

$$(H)R-\overset{O}{\overset{\|}{C}}-CH_3 + 3NaOX \longrightarrow (H)R-\overset{O}{\overset{\|}{C}}-CX_3 + NaOH$$

$$(H)R-\overset{O}{\overset{\|}{C}}-CX_3 \xrightarrow{OH^-} (H)R-\underset{OH}{\overset{O^-}{\overset{|}{\underset{|}{C}}}}-CX_3 \longrightarrow (H)R-\overset{O}{\overset{\|}{C}}-O^- + CHX_3$$

由于次卤酸钠也是氧化剂，可以使具有 $(H)R-\overset{OH}{\overset{|}{C}H}-CH_3$ 结构的醇氧化为 $(H)R-\overset{O}{\overset{\|}{C}}-CH_3$ 结构的醛或酮，所以具有 $(H)R-\overset{OH}{\overset{|}{C}H}-CH_3$ 结构的醇也可发生卤仿反应。

$$(H)R-\overset{OH}{\overset{|}{C}H}-CH_3 \xrightarrow{NaOX} (H)R-\overset{O}{\overset{\|}{C}}-CH_3 \xrightarrow{NaOX} (H)R-\overset{O}{\overset{\|}{C}}-O^- + CHX_3$$

由于碘仿是具有特殊臭味的黄色结晶，因此通常用次碘酸钠（碘加氢氧化钠）为试剂用来鉴别具有甲基酮结构的醛酮或能氧化为甲基酮结构的醇类，此反应也称为碘仿反应。

$$CH_3CH_2-\overset{O}{\overset{\|}{C}}-CH_3 + NaOH \longrightarrow CH_3CH_2COONa + \underset{\text{黄色结晶或沉淀}}{CHI_3\downarrow}$$

《中华人民共和国药典》利用此反应来鉴别甲醇和乙醇。

$$H-\overset{OH}{\overset{|}{C}H}-CH_3 \xrightarrow{NaOI} H-\overset{O}{\overset{\|}{C}}-CH_3 \xrightarrow{NaOI} HCOONa + CHI_3\downarrow$$

思考题

10-3 下列化合物中，哪些能与饱和亚硫酸氢钠加成？哪些能发生碘仿反应？写出反应产物。

(1) $CH_3COCH_2CH_3$ (2) $CH_3CH_2CH_2CHO$ (3) CH_3CH_2OH (4) $CH_3CH_2COCH_2CH_3$

(5) $(CH_3)_3CCHO$ (6) $CH_3CH(OH)CH_2CH_3$

（三）羟醛缩合

两分子含 α-H 的醛、酮在碱或酸催化下发生缩合，形成 β-羟基醛、酮的反应称为羟醛缩合（aldol condensation）。

$$CH_3\overset{O}{\overset{\|}{C}}H + CH_3\overset{O}{\overset{\|}{C}}H \xrightarrow{OH^-} CH_3\overset{OH}{\overset{|}{C}}HCH_2\overset{O}{\overset{\|}{C}}H$$

碱催化的反应机理为：一分子含 α-H 的醛、酮在碱的作用下脱去 α-H，形成碳负离子，碳负离子作为亲核试剂进攻另一分子的羰基，发生亲核加成反应，形成氧负离子，氧负离子夺取水中的一个氢生成 β-羟基醛、酮。以乙醛在碱或酸催化的羟醛缩合为例。

$$CH_3\overset{O}{\overset{\|}{C}}H \underset{慢}{\overset{OH^-}{\rightleftharpoons}} \left[CH_2{=}C\begin{matrix}O^- \\ H\end{matrix} \longleftrightarrow {}^-CH_2\overset{O}{\overset{\|}{C}}H \right]$$

$$CH_3\overset{O}{\overset{\|}{C}}H + \overset{-}{C}H_2\overset{O}{\overset{\|}{C}}H \underset{快}{\rightleftharpoons} CH_3\overset{O^-}{\overset{|}{C}}HCH_2\overset{O}{\overset{\|}{C}}H \underset{慢}{\overset{H_2O}{\rightleftharpoons}} CH_3\overset{OH}{\overset{|}{C}}HCH_2\overset{O}{\overset{\|}{C}}H$$

酸催化的反应机理为：

$$CH_3\overset{O}{\overset{\|}{C}}H \underset{慢}{\overset{H^+}{\rightleftharpoons}} CH_3\overset{+OH}{\overset{\|}{C}}H \underset{快}{\overset{-H^+}{\rightleftharpoons}} CH_2{=}C\begin{matrix}OH \\ H\end{matrix}$$

$$CH_3\overset{+OH}{\overset{\|}{C}}H + CH_2{=}C\begin{matrix}\ddot{O}H \\ H\end{matrix} \underset{快}{\rightleftharpoons} CH_3\overset{OH}{\overset{|}{C}}HCH_2\overset{+OH}{\overset{\|}{C}}H \underset{快}{\overset{-H^+}{\rightleftharpoons}} CH_3\overset{OH}{\overset{|}{C}}HCH_2\overset{O}{\overset{\|}{C}}H$$

若产物有 α-H，则受热后易脱水形成 α，β-不饱和醛、酮。

$$CH_3\overset{OH}{\overset{|}{C}}HCH_2\overset{O}{\overset{\|}{C}}H \xrightarrow{\triangle} CH_3CH{=}CH\overset{O}{\overset{\|}{C}}H$$

$$2CH_3CH_2CH_2CHO \xrightarrow{OH^-} CH_3CH_2CH_2\overset{OH}{\overset{|}{C}}H\underset{CH_2CH_3}{\underset{|}{C}}H\overset{O}{\overset{\|}{C}}H \xrightarrow{\triangle} CH_3CH_2CH_2CH{=}\underset{CH_2CH_3}{\underset{|}{C}}\overset{O}{\overset{\|}{C}}H$$

羟醛缩合反应在有机合成中较为重要，可用于增长碳链或合成五元、六元等环状化合物。如含 α-H 的醛、酮可发生自身缩合反应，制备 β-羟基醛、酮或 α，β-不饱和醛、酮。由于酮分子受电子效应和空间效应的影响，在碱催化下反应后，需将产物立即脱离碱催化剂来破坏平衡或增加反应物含量。含有两个羰基的化合物可发生分子内羟醛缩合反应，生成环状化合物。

$$2CH_3\overset{O}{\overset{\|}{C}}CH_3 \xrightarrow{OH^-} CH_3\overset{OH}{\underset{CH_3}{\overset{|}{\underset{|}{C}}}}CH_2\overset{O}{\overset{\|}{C}}CH_3 \xrightarrow{I_2} CH_3\underset{CH_3}{\underset{|}{C}}{=}CH\overset{O}{\overset{\|}{C}}CH_3$$

$$\text{环己烷-1,6-二醛 (CHO, CHO)} \xrightarrow{OH^-} \text{2-羟基环戊烷甲醛 (OH, CHO)} \xrightarrow{\triangle} \text{环戊烯甲醛 (CHO)}$$

$$(CH_3)_2CHCHO + HCHO \xrightarrow{OH^-} (CH_3)_2C(CH_2OH)CHO$$

醛、酮分子不仅可自身缩合，也可在不同的醛、酮分子之间以发生交叉缩合。

两个含 α-H 的醛、酮可发生交叉缩合，但最少可得到四种产物，无合成利用价值。一般在合成中常采用一个含 α-H 的醛、酮与一个不含 α-H 的醛、酮缩合，控制条件就可得到单一交叉缩合的产物。

$$(CH_3)_2CH\overset{O}{\overset{\|}{C}}H + HCHO \xrightarrow{OH^-} (CH_3)_2\underset{CH_2OH}{\underset{|}{C}}\overset{O}{\overset{\|}{C}}H$$

克莱森-施密特（Claisen-Schemidt）反应：无 α-H 的芳香醛与具有 α-H 的脂肪族醛酮进行交叉缩合反应，产物很容易脱水形成产率很高的 α，β-不饱和醛、酮。

$$C_6H_5\overset{O}{\overset{\|}{C}}H + CH_3CH_2CHO \xrightarrow[\triangle]{OH^-} C_6H_5CH{=}\overset{CH_3}{\overset{|}{C}}CHO$$

四、氧化反应

醛、酮对氧化剂的敏感性不同，由于醛的羰基碳原子上有氢原子，则较酮容易氧化。醛可以在强氧化剂或弱氧化剂下氧化为羧酸，而酮须在强氧化剂下才能反应。因此常用弱氧化剂的氧化来区别醛和酮。

1. 醛的氧化

$$R\overset{O}{\overset{\|}{C}}H \xrightarrow{[O]} RCOOH$$

醛不仅可以与强氧化剂（$KMnO_4$、$K_2Cr_2O_7$-H_2SO_4）反应，也可和弱氧化剂反应。常用的弱氧化试剂有吐伦（Tollens）试剂、斐林（Fehling）试剂和班尼地（Benedict）试剂。吐伦试剂是硝酸银的氨溶液，与醛氧化后其中的银离子还原为银单质而产生银镜，也称为银镜反应；斐林试是由 $CuSO_4$ 和酒石酸钾钠的 NaOH 溶液混合而成，Cu^{2+} 作为氧化剂，与醛反应后生成砖红色的 Cu_2O 沉淀；班尼地试剂为 $CuSO_4$ 与柠檬酸钠-碳酸钠混合，与醛反应后生成砖红色的 Cu_2O 沉淀。

$$R\overset{O}{\overset{\|}{C}}H + [Ag(NH_3)_2]^+OH^- \xrightarrow{\triangle} RCOOH + 2Ag\downarrow + 3NH_3\uparrow + H_2O$$

$$R\overset{O}{\overset{\|}{C}}H + Cu^{2+} \xrightarrow[\triangle]{OH^-} RCOOH + Cu_2O\downarrow + H_2O$$

所有的醛皆可与吐伦试剂反应，但斐林试剂不能和芳香醛反应，所以通常用斐林试剂来鉴别脂肪醛与芳香醛。甲醛由于还原性较强，与斐林试剂反应可以生成铜镜，因此也可用来鉴别甲醛与其他的脂肪醛。

2. 酮的氧化　酮的氧化反应较难，若在 HNO_3、$KMnO_4$ 等强氧化剂下可以发生氧化，

通常分子中的碳链发生断裂，生成小分子羧酸的混合物，在合成上没有应用价值。

$$CH_3\overset{\overset{O}{\|}}{C}CH_2CH_2CH_3 \xrightarrow{[O]} CH_3CH_2CH_2COOH + HCOOH + CH_3COOH$$

$$HCOOH \xrightarrow{[O]} CO_2 + H_2O$$

但环己酮在 HNO_3 条件下氧化可得到单一的己二酸化合物，所以工业上制备己二酸常用此法。

$$\text{环己烷} \xrightarrow[V_2O_5]{HNO_3} HOOC(CH_2)_4COOH$$

10-4 用化学方法鉴别下列化合物：苯甲醛、苯乙醛、苯乙酮、丙酮。

五、还原反应

醛、酮皆可以被还原，还原产物因选用的试剂不同而异。

（一）还原成醇

1. 催化氢化 醛、酮经催化氢化如 Ni、Pd、Cu 等，可以还原为醇类。醛生成伯醇，酮生成仲醇。

$$R\overset{\overset{O}{\|}}{C}H + H_2 \xrightarrow{Pd} RCH_2OH$$

$$R\overset{\overset{O}{\|}}{C}R' + H_2 \xrightarrow{Ni} RR'CHOH$$

催化氢化无选择性，若分子中含其他可被还原的基团，则可同时被还原。

$$CH_3CH{=}CHCHO + H_2 \xrightarrow{Ni} CH_3CH_2CH_2CH_2OH$$

2. 金属氢化物还原 金属氢化物是一种选择性好、还原性强的还原剂，常用的有 $NaBH_4$、$LiAlH_4$ 等。金属氢化物最大的优点是还原羰基时，对碳碳间的不饱和键不会产生还原作用，通常可用来将 α,β-不饱和羰基醛酮还原为含有不饱和键的醇类。

$$\rangle C{=}O \xrightarrow{NaBH_4\text{或}LiAlH_4} \begin{matrix}R\\R\end{matrix}\rangle CH{-}OH$$

$$CH_3CH_2CH{=}CHCH_2CHO \xrightarrow{NaBH_4} CH_3CH_2CH{=}CHCH_2CH_2OH + H_2$$

$$C_6H_5{-}CH{=}CHCHO \xrightarrow{LiAlH_4} C_6H_5{-}CH{=}CHCH_2OH$$

金属氢化物中，$LiAlH_4$ 的还原性较 $NaBH_4$ 的还原性强，除可还原羰基外，也可还原 —COOH、—NO_2、—C≡N 等官能团，特别是对于羰基酸，$LiAlH_4$ 可以将羧基和羰基一

起还原，而 $NaBH_4$ 只还原其中的羰基。如 3-环己酮甲酸在 $NaBH_4$ 或 $LiAlH_4$ 条件下还原得到不同产物。

3-环己酮甲酸 $\xrightarrow{NaBH_4}$ 3-羟基环己烷甲酸（COOH 保留） 只有一个基团被还原

3-环己酮甲酸 $\xrightarrow{LiAlH_4}$ 3-羟甲基环己醇（CH_2OH） 两个基团均可以被还原

（二）还原成亚甲基

1. 克莱门森（Clemmensen）反应 羰基在锌汞齐浓盐酸作用下，被还原为亚甲基的反应称为克莱门森反应，该反应的介质为酸性，可用于对酸稳定的羰基化合物的还原。通常芳烃要带上直链烃基很难，需通过付-克酰基化反应生成芳香酮后，再用克莱门森反应还原得到，所以常用来合成带侧链的芳烃。

$$RR'C{=}O \xrightarrow[HCl]{Zn-Hg} RR'CH_2$$

$$C_6H_5COCH_2CH_2CH_3 \xrightarrow[HCl]{Zn-Hg} C_6H_5CH_2CH_2CH_2CH_3$$

2. 沃尔夫-凯惜纳尔-黄鸣龙反应（Wolff-Kishner-Huang Minglong） 此反应是将醛、酮和肼反应生成腙，再与金属钠或钾在封管或高压釜中加热至较高温度后，把羰基还原为亚甲基。由于需要高温不易操作，我国科学家黄鸣龙将反应改为醛、酮在高沸点溶剂二缩乙二醇中与肼、氢氧化钠一起加热反应。该法适用于对碱稳定的羰基化合物的还原。

$$RR'C{=}O \xrightarrow{NH_2NH_2} RR'C{=}NNH_2 \xrightarrow[(HOCH_2CH_2)_2O]{NaOH/\triangle} RR'CH_2$$

$$环己酮 \xrightarrow[(HOCH_2CH_2)_2O/\triangle]{NH_2NH_2\,/\,NaOH} 环己烷$$

较新的改进方法是在二甲亚砜中进行，可降低温度，在工业中应用广泛。克莱门森反应与沃尔夫-凯惜纳尔-黄鸣龙反应所用的介质前者是酸性，后者是碱性，可相互补充。

六、康尼扎罗反应和安息香缩合

1. 康尼扎罗（Cannizzaro）反应 指无 α-H 的醛在浓碱条件下，一分子的醛氧化为羧酸盐，另一分子的醛还原为醇的过程，也称为歧化反应。

$$2\,C_6H_5CHO \xrightarrow{浓NaOH} C_6H_5CH_2OH + C_6H_5COONa$$

其反应历程为首先 OH^- 作为亲核试剂进攻苯甲醛的羰基碳，羰基 π 键异裂形成氧负离子，氢带着一对电子离去，氧负离子提供一对电子与碳重新形成新的碳氧双键，同时氢负离子作为亲核试剂进攻另一分子苯甲醛上的羰基，发生亲核加成反应，形成醇氧负离子；

接着氢发生转移生成羧酸盐和醇。

$$C_6H_5CHO \underset{}{\overset{OH^-}{\rightleftharpoons}} C_6H_5\text{-}\underset{OH}{\overset{O^-}{C}}\text{-}H \xrightarrow{C_6H_5CHO} C_6H_5CH_2O^- + C_6H_5COOH \longrightarrow C_6H_5CH_2OH + C_6H_5COO^-$$

两种不含 α-H 的醛在浓碱条件下发生康尼查罗反应，产物比较复杂，无实用价值。通常采用甲醛与其他不含 α-H 的醛反应，由于甲醛比较容易氧化为酸，则其他的醛易被还原为醇。

$$C_6H_5CHO + HCHO \xrightarrow{浓NaOH} C_6H_5CH_2OH + HCOONa$$

乙醛与过量的甲醛反应可得到季戊四醇，季戊四醇与硝酸生成四硝酸酯，可用于治疗心血管病。

$$CH_3CHO + 3HCHO \xrightarrow{OH^-} HOCH_2C(CH_2OH)_2CHO \xrightarrow[浓NaOH]{HCHO} HCOONa + C(CH_2OH)_4$$

2. 安息香缩合 两分子苯甲醛在氰化钾或氰化钠条件下，缩合生成安息香的过程称为安息香缩合。安息香为无色结晶，熔点 137℃。

$$2\,C_6H_5CHO \xrightarrow{OH^-} C_6H_5COCH(OH)C_6H_5$$

反应机理为 CN^- 作为亲核试剂进攻苯甲醛的羰基，碳氧双键异裂生成氧负离子；由于氰基强吸电作用的影响使相邻碳原子上氢的酸性增强，在碱的作用下，氢迁移至氧原子上，而使羰基碳带上了负电荷，接着碳负离子作为亲核试剂进攻另一分子的苯甲醛的羰基，羰基双键打开形成氧负离子，随后 CN^- 离去重新形成羰基，即生成安息香。

$$C_6H_5CHO \overset{CN^-}{\rightleftharpoons} C_6H_5C(O^-)(CN)H \rightleftharpoons C_6H_5C^-(OH)(CN) + C_6H_5CHO \rightleftharpoons$$

$$C_6H_5C(OH)(CN)\text{-}CH(O^-)C_6H_5 \rightleftharpoons C_6H_5C(O^-)(CN)\text{-}CH(OH)C_6H_5 \xrightarrow{-CN^-} C_6H_5COCH(OH)C_6H_5$$

碳负离子的形成是安息香缩合的关键步骤，因此环上连有吸电子基团的芳香醛，有利于碳负离子的形成和稳定，易发生对称的安息香缩合。

七、α，β-不饱和醛酮的反应

羰基中的 π 键与不饱和键相隔一个单键能产生共轭体系的醛酮类化合物，称为 α,β-不饱和醛酮，是不饱和醛酮中最重要的一类，具有特殊的化学性质。即具有 1,2-加成和 1,4-

加成两种方式。

$$\gt C=C-C=O \quad \alpha,\beta\text{-不饱和醛酮}$$

（一）亲核加成

在 α,β-不饱和醛、酮中，因羰基极性的影响，使 2-位和 4-位的碳原子带上部分正电荷，易受到亲核试剂的进攻产生 1,2-加成和 1,4-加成反应。

$$\gt C=C-\overset{\delta+}{C}=\overset{\delta-}{O} \xrightarrow{NuH} \gt C=C-C(Nu)-OH \quad 1,2\text{-加成}$$

$$\gt \overset{\delta+}{C}=C-C=\overset{\delta-}{O} \xrightarrow{NuH} \gt C(Nu)-C=C-OH \longleftrightarrow \gt C(Nu)-CH-C=O$$

1,4-加成　　烯醇式互变异构为羰基

不同结构的醛、酮与不同的亲核试剂进行加成，1,2-和 1,4-加成的倾向各不相同，这不仅决定于羰基上的两个烃基的空间位阻，还与亲核试剂的性质有关。

1. 与 RMgX 的加成 α,β-不饱和醛酮与 RMgX 发生加成反应，可发生 1,2-加成，也可发生 1,4-加成反应，到底以哪一种产物为主，主要决定于羰基上两个烃基的空间位阻。

$$RCH=CH\overset{O}{\overset{\|}{C}}R' \xrightarrow{R''MgX}\begin{cases}\xrightarrow{1,2\text{-加成}} RCH=CHC(OMgX)(R'')R' \xrightarrow{H_2O} RCH=CHC(OH)(R'')R' \\ \xrightarrow{1,4\text{-加成}} RCH(R'')CH=C(OMgX)R' \xrightarrow{H_2O} RR''CHCH=C(OH)R' \rightleftharpoons RR''CHCH_2\overset{O}{\overset{\|}{C}}R'\end{cases}$$

一般位阻小时，以 1,2-加成为主；位阻大时，以 1,4-加成为主。

2. 与 HCN 的加成 羰基与 HCN 的加成反应主要以 1,4-加成为主。

$$CH_3CH=CH\overset{O}{\overset{\|}{C}}H \xrightarrow{HCN} CH_3CH(CN)CH=CH(OH) \longleftrightarrow CH_3CH(CN)CH_2\overset{O}{\overset{\|}{C}}H$$

（二）亲电加成

α,β-不饱和醛、酮，因羰基极性的影响，降低了双键的亲电加成反应活性，并影响了亲电反应的取向，其主要以 1,4-加成为主。

$$CH_3CH=CHCHO+HCl \longrightarrow CH_3CH(Cl)-CH(H)CHO$$

反应历程为：由于羰基氧原子电负性大，因此羰基氧原子带有负电荷，试剂中的氢离子先加在氧原子上，羰基上的 π 键异裂，使羰基碳原子成为碳正离子，并与碳碳双键形成 p-π 共轭，碳正离子离域在三个碳原子间；氯离子易进攻 β-碳正离子形成产物，所以产物以 1,4-加成为主。

$$CH_3(H)C=C(H)-C(H)=O^{\delta-} \xrightarrow{H^+} \left[CH_3(H)C=C(H)-\overset{+}{C}(H)-OH \longleftrightarrow CH_3(H)\overset{\delta+}{C}\cdots C(H)\cdots\overset{\delta+}{C}(H)-OH \right] \xrightleftharpoons{Cl^-} CH_3(H)C(Cl)-C(H)=C(H)-OH \rightleftharpoons CH_3(H)C(Cl)-CH_2-C(=O)-H$$

α,β-不饱和醛酮与卤素的反应，卤素只能和碳碳间的不饱和键反应。

$$CH_3CH=CHCHO + HCl \longrightarrow CH_3CH(Br)-CH(Br)CHO$$

扫码“学一学”

第四节　醛、酮的制备

醛、酮的制备方法有很多种方法，常见的有以下几种。

一、由烯烃氧化

烯烃在 $KMnO_4$、臭氧化条件下氧化，可生成两个含羰基的化合物，$KMnO_4$ 氧化只能制备酮；臭氧化反应可制备醛或酮。

$$CH_3CH=C(CH_3)_2 \xrightarrow[Zn/H_2O]{O_3} CH_3CHO + H_3C-C(=O)-CH_3$$

二、炔烃水合和同碳二卤代物水解

1. 炔烃水合　炔烃在硫酸、硫酸汞条件下加水，除乙炔可生成乙醛外，其他的炔类反应只能生成酮类化合物，则工业上常用此法制备乙醛。如果用端基炔进行水合，可合成甲基酮类化合物。

$$HC\equiv CH + H_2O \xrightarrow[H_2SO_4]{HgSO_4} CH_3CHO$$

$$CH_3CH_2C\equiv CH + H_2O \xrightarrow[H_2SO_4]{HgSO_4} CH_3CH_2\overset{O}{\overset{\|}{C}}CH_3$$

末端炔烃通过硼氢化-氧化方法进行水合，可生成醛。

$$CH_3CH_2C\equiv CH + H_2O \xrightarrow[H_2O_2,OH^-]{B_2H_6} CH_3CH_2CH_2CHO$$

2. 同碳二卤化物水解　同碳二卤化物发生水解，卤原子被羟基取代形成水合物，即偕二醇，偕二醇不稳定立即进行分子内脱水生成含羰基的化合物，是制备醛酮比较好的一种方法。

$$CH_3CH\begin{matrix}Cl\\Cl\end{matrix} \xrightarrow[OH^-]{H_2O} CH_3CH\begin{matrix}OH\\OH\end{matrix} \xrightarrow{-H_2O} CH_3CHO$$

苯环上的 α-H 易被卤代，常用同碳二卤化物水解的方法制备芳香醛酮。

$$C_6H_5-CH_2CH_3 \xrightarrow[光照]{Cl_2} C_6H_5-CCl_2-CH_3 \xrightarrow[OH^-]{H_2O} C_6H_5-\overset{O}{\overset{\|}{C}}-CH_3$$

三、由芳香烃氧化制备

由于苯环上的 α-H 易被氧化，可用芳香烃的氧化反应制备芳香醛、酮。若苯环侧链带甲基，通过氧化可生成芳香醛；若带其他烃基则只能生成芳香酮。

$$C_6H_5-CH_3 \xrightarrow[H_2SO_4/H_2O]{MnO_2} C_6H_5-CHO$$

$$C_6H_5-CH_2CH_2CH_3 \xrightarrow[H_2SO_4/H_2O]{MnO_2} C_6H_5-\overset{O}{\overset{\|}{C}}CH_2CH_3$$

四、由醇氧化或脱氢制备

醇经过氧化或脱氢反应得到醛、酮。常用氧化剂见第九章第一节中的氧化。

$$\begin{matrix}RCH_2OH\\R_2CHOH\end{matrix} \xrightarrow[CH_2Cl_2]{CrO_3/吡啶} \begin{matrix}RCHO\\R_2C=O\end{matrix}$$

$$CH_3CH=CHCH_2OH \xrightarrow[CH_2Cl_2]{CrO_3/吡啶} CH_3CH=CHCHO$$

工业上常用催化脱氢制备低级醛、酮。反应中常用铜或铜铬氧化物等作脱氢剂，并在加热条件下生成醛、酮，由于产物中有氢气生成，可以不断地通入氧气，使其与氢气生成水，而使反应更完全。

$$CH_3CH_2CH_2CH_2CH_2OH \xrightarrow[300\sim350℃]{CuCrO_4} CH_3CH_2CH_2CH_2CHO$$

五、付-克反应

付-克（Friedel-Craft）反应是在苯环引入酰基最好的方法，常用来制备芳香醛、酮。

$$C_6H_6 + \begin{matrix}RCOCl\\(RCO)_2O\end{matrix} \xrightarrow{AlCl_3} C_6H_5-\overset{O}{\overset{\|}{C}}R$$

也可用盖特曼-柯赫（Gattermann-Koch）反应来合成芳香醛、酮。如苯在三氯化铝等条件下，通入一氧化碳和氯化氢混合物，可在苯环上带入甲酰基合成芳醛。

$$C_6H_6 + CO + HCl \xrightarrow{AlCl_3} C_6H_5-\overset{O}{\overset{\|}{C}}H$$

扫码“学一学”

第五节 醛、酮类化合物在医药领域的应用

醛、酮类化合物在医药领域应用广泛。中药中许多有效成分都含有羰基，如香豆素类、黄酮类、萜类等。例如，β-紫罗兰酮存在于千屈菜科指甲花（*Lawsonia inermis*）挥发油中，常用作合成维生素 A 的原料；桂皮醛具有消毒杀菌防腐、分解脂肪、抗病毒、抗癌等功效，常用于外用药、合成药中；柠檬醛具有止腹痛和驱蚊的作用；香薷酮主要存在于香薷挥发油中，能使肾小管充血、滤过压增高，从而起到利尿作用；以下是一些植物中所含的醛、酮类化合物性质及其医药等方面的应用。

1. β-苯丙烯醛（cinnamaldehyde） 也称桂皮醛、肉桂醛。肉桂醛对黄曲霉、黑曲霉、桔青霉、串珠镰刀菌、交连孢霉、白地霉、酵母，均有强烈的抑菌效果。因其具有促进血液循环，使皮肤回温，紧实皮肤组织、外用于按摩可使四肢、身体舒畅，对水分滞留的现象可以得到充分的改善，具有很强的脂肪分解作用。对皮肤的疤痕、纤维瘤的软化与清除皆具效果。有抗凝血酶效果，具有镇静、镇痛、解热、抗惊厥等作用，还具有抑制真菌的效果。肉桂醛也是重要的医药原料之一，常用于外用药、合成药中。

2. 鱼腥草素（houttuynin） 化学名癸酰乙醛，是具有挥发性气味的黄色油状液体，冷至6～8℃固化，溶于甲醇、乙醇、乙醚及5% NaOH 溶液，不溶于水，为三白草科药用植物鱼腥草（*Houttuynia cordata Thunb*）挥发油的主要抗菌成分。对卡他球菌、流感杆菌、肺炎双球菌、金黄色葡萄球菌等有明显抑制作用。常用为癸酰乙醛合亚硫酸氢钠，用于消炎抗菌，用于慢性气管炎、慢性宫颈炎、附件炎、小儿肺炎。

3. 甲基香兰素（vanillin） 化学名 3-甲氧基-4-羟基苯甲醛，白色或微黄色结晶，具有香荚兰香气及浓郁的奶香，为香料工业中最大的品种，是人们普遍喜爱的奶油香草香精的主要成分。乙基香兰素为白色至微黄色针状结晶或粉末，是当今世界上最重要的合成香料之一，其香气是香兰素的3～4 倍，且留香持久。广泛用于食品饮料以及化妆品中起增香和定香作用。乙基香兰素还可作为制药行业的中间体，用于生产降压药甲基多巴、儿茶酚类药物多巴等。

知识拓展

黄鸣龙

黄鸣龙，1898 年 8 月 6 日出生于江苏省扬州市。1920 年，浙江医药专科学校毕业，即赴瑞士，在苏黎世大学学习。1922 年去德国在柏林大学深造，1924 年，获哲学博士学位。同年回国后一直致力于甾体激素的合成研究和甾体植物资源的调查。1945 年，黄鸣龙应美国著名的甾体化学家 L. F. Fieser 教授的邀请去哈佛大学化学系做研究工作，在做 Wokff-Kishner 还原反应时，出现了意外情况，黄鸣龙继续深入研究，结果得到较高的产率。其对羰基还原为亚甲基的方法进行了创造性的改进，则此法简称黄鸣龙还原法，在国际上已广泛采用，并被写入各国有机化学教科书中。

重点小结

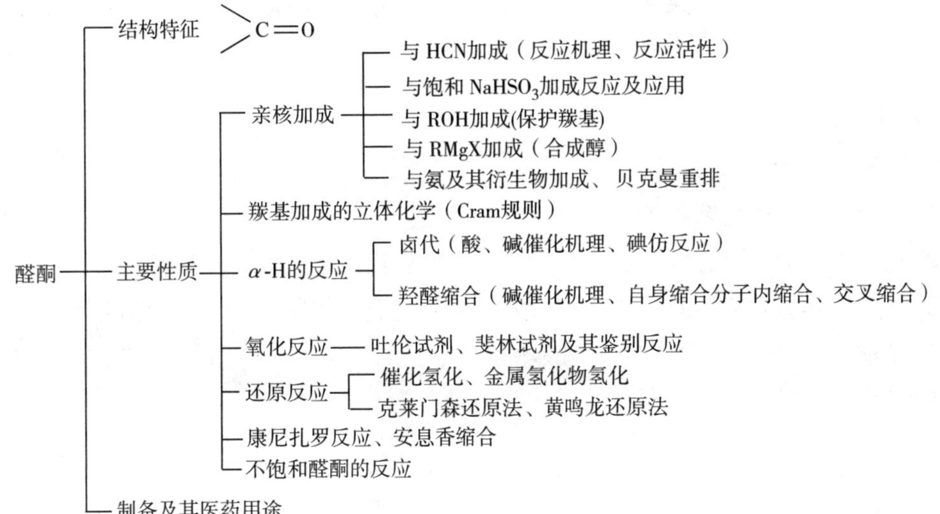
醛酮
结构特征
C═O
主要性质
亲核加成
与 HCN加成（反应机理、反应活性）
与饱和 NaHSO3加成反应及应用
与 ROH加成(保护羰基)
与 RMgX加成（合成醇）
与氨及其衍生物加成、贝克曼重排
羰基加成的立体化学（Cram规则）
α-H的反应
卤代（酸、碱催化机理、碘仿反应）
羟醛缩合（碱催化机理、自身缩合分子内缩合、交叉缩合）
氧化反应
吐伦试剂、斐林试剂及其鉴别反应
还原反应
催化氢化、金属氢化物氢化
克莱门森还原法、黄鸣龙还原法
康尼扎罗反应、安息香缩合
不饱和醛酮的反应
制备及其医药用途

扫码“练一练”

第十一章 羧 酸

要点导航

1. **掌握** 羧酸类化合物的结构、分类与命名。
2. **熟悉** 羧酸类化合物的主要化学性质以及应用。
3. **理解** 诱导效应、共轭效应对羧酸类化合物酸性的影响。
4. **了解** 羧酸类化合物在医药领域的应用。

烃分子中的氢原子被羧基（carboxylic group，$-\overset{O}{\overset{\|}{C}}-OH$）取代生成的化合物叫作羧酸（carboxylic acid）。羧酸的通式可表示为 RCOOH（甲酸中的 R 为 H）。羧酸分子中烃基上的氢原子被其他原子或基团如卤素、羟基、氨基等取代，生成的化合物称为取代羧酸。

羧酸类化合物广泛存在于自然界，且与人类生活关系密切。如生活中食用的醋约含 5% 的乙酸，饮料中的调味剂是柠檬酸，水果中的果酸如苹果酸等。有些羧酸是动植物代谢的中间产物，参与了动植物的生命过程，如需氧生物线粒体中普遍存在的代谢三羧酸循环（tricarboxylic acid cycle），这个循环中几个主要的中间代谢物是含有三个羧基的柠檬酸。许多羧酸常用作合成药物和其他有机化合物的原料或中间体，有些药物就是羧酸或其衍生物。例如：

阿司匹林（解热镇痛药）：邻位取代苯环，含 COOH 与 $OCOCH_3$

布洛芬（消炎镇痛药）：$(CH_3)_2CHCH_2-C_6H_4-CH(CH_3)COOH$

苹果酸：$HOOCCH(OH)CH_2COOH$

扫码“学一学”

第一节 羧酸的结构、分类和命名

一、羧酸的结构

羧酸的官能团是羧基，羧基由羰基和羟基组成。羧基的碳原子为 sp^2 杂化，三个 sp^2 杂化轨道分别与羰基的氧原子、羟基的氧原子和一个烃基的碳原子（或一个氢原子）形成三个 σ 键，这三个 σ 键在同一平面上，所以羧基是平面结构，键角约为 120°，羧基碳原子上未参加杂化的 p 轨道与羰基氧原子的 p 轨道形成一个 π 键。另外，羧基中的羟基氧原子有一对未共用电子，它和羰基的 π 键形成 p-π 共轭体系。

由于 p-π 共轭作用，羧酸分子中 C—O 和 C ═O 的键长趋于平均化，与独立的碳氧单键、碳氧双键是不相同的。用 X-衍射和电子衍射测定，在甲酸中，C ═O 键长是 0. 123nm（醛酮中的 C ═O 键长是 0. 120nm），C—O 键长是 0. 136nm（醇中的 C—O 键长是 0. 143nm）。

羧酸的化学反应主要发生在羧基上，由于羟基和羰基两个基团的相互影响，而具有羧基特有的性质，如羧酸有比醇、酚更强的酸性，不容易发生醛、酮化合物类似的亲核加成反应等。

二、羧酸的分类与命名

（一）羧酸的分类

（1）按烃基的种类不同，可将羧酸分为脂肪族、脂环族和芳香族羧酸，根据烃基是否饱和又可分为饱和羧酸和不饱和羧酸。

烃基不同：

CH_3COOH	环己基—COOH	苯基—COOH
乙酸 脂肪族羧酸	环己烷甲酸 脂环族羧酸	苯甲酸 芳香族羧酸

烃基饱和度不同

CH_3CH_2COOH	$CH_3CH{=}CHCOOH$
丙酸 饱和羧酸	2-丁烯酸 不饱和羧酸

（2）按羧酸分子中羧基的数目不同，还可分为一元、二元和多元羧酸。

羧基的数目不同：

$CH_3(CH_2)_4COOH$	COOH—COOH
己酸 一元酸	乙二酸（草酸） 二元酸

（3）根据羧酸烃基上所连取代基的种类不同，可分为卤代酸、羟基酸、羰基酸和氨基酸等，这些酸统称为取代羧酸。例如：

$CH_2(Cl)COOH$	$CH_3—CH(OH)—COOH$
α-氯乙酸	α-羟基丙酸
$CH_3—CH(NH_2)—COOH$	$CH_3—C({=}O)—COOH$
α-氨基丙酸	丙酮酸（2-氧亚基丙酸）

（二）羧酸的命名

1. 俗名法 俗名大多是根据它们第一次获得时的来源取名。例如，甲酸 HCOOH，最初

是由蒸馏红蚂蚁而来，因而得名蚁酸（formic acid），而乙酸 CH_3COOH，最初是由食醋中获得，所以得名醋酸（acetic acid），肉桂酸则由于从肉桂中获得而得名。

HCOOH 甲酸（蚁酸）　CH_3COOH 乙酸（醋酸）　C_6H_5—CH═CHCOOH 3-苯基丙烯酸（肉桂酸）　COOH, OH 2-羟基苯甲酸（水杨酸）

2. 系统命名法

（1）脂肪酸的命名　选择分子中含羧基的最长碳链为主链，根据主链上碳原子的数目称为某酸，作为母体，编号从羧基开始。例如：

CH_3—$CH(CH_3)CH(CH_3)CH_2COOH$
3,4-二甲基戊酸
3，4-dimethylpentanoic acid

COOH
己酸（羊油酸）
hexanoic acid

CH_2CH_2COOH (I)
3-碘丙酸
3-iodopropanoic acid

简单的羧酸习惯上也常用希腊字母标位，即以与羧基直接相连的碳原子位置为α，依次为β、γ、δ等，ω则用来表示碳链末端的位置。例如：

$\underset{\omega}{CH_3}$ ------ $\overset{4}{\underset{\gamma}{CH_2}}$ — $\overset{3}{\underset{\beta}{CH_2}}$ — $\overset{2}{\underset{\alpha}{CH_2}}$ — $\overset{1}{COOH}$

C_6H_5—$CH_2CH(NH_2)COOH$
α-氨基-β-苯基丙酸
α-amino-β-phenylpropionic acid

（2）脂肪族二元羧酸的命名　是取分子中含两个羧基的最长碳链作主链，称为某二酸。例如：

HOOC, COOH
3-乙基-2-甲基丁二酸
2-ethyl-3-methybutanedioic acid

HOOC(HO)HC—CH(OH)COOH
2,3-二羟基丁二酸(酒石酸)
2,3-dihydroxybutanedioic acid

（3）脂环族和芳香族的羧酸的命名　均以脂肪酸为母体。当环上有几个羧基时，应标明羧基的相对位置。例如：

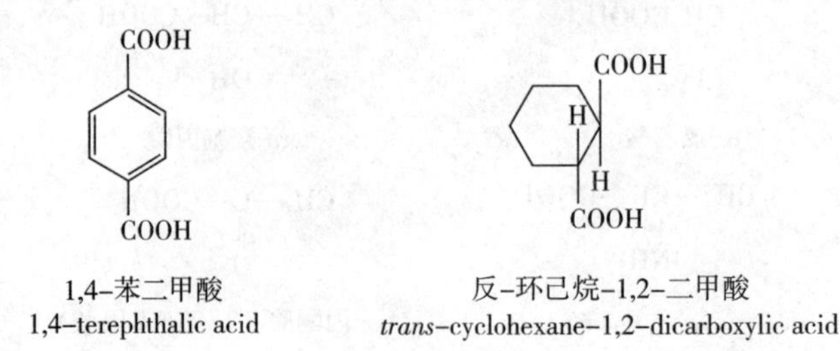

1,4-苯二甲酸
1,4-terephthalic acid

反-环己烷-1,2-二甲酸
trans-cyclohexane-1,2-dicarboxylic acid

（4）不饱和羧酸的命名　是选取包含羧基碳原子和不饱和键在内的最长碳链为主链，根据主链碳原子总数称为某烯酸，不饱和键和取代基的位次均要标明。应特别注意的是，

当主链碳原子数大于10时，在中文小写数字后要加一个“碳”字。例如：

$H_2C=CHCH_2COOH$
丁-3-烯酸
but-3-enoic acid

$H_3C(H_2C)_7HC=CH(CH_2)_7COOH$
十八碳-9-烯酸
octadec-9-enoic acid

H(COOH)C=C(COOH)H
顺丁烯二酸（马来酸）
cis-butenedioic acid

Ph(H)C=C(H)COOH
反-3-苯基丙烯酸
trans-3-phenylacrylic acid

（5）取代羧酸的命名　以羧酸为母体，卤素、羟基、氨基、羰基（羰基作为取代基时，也可称之为氧亚基）等为作为取代基。取代基的位置可用阿拉伯数字或希腊字母表示。羰基酸也可用酮酸或醛酸为母体命名。一些从天然界得到的取代酸也常用俗名。例如：

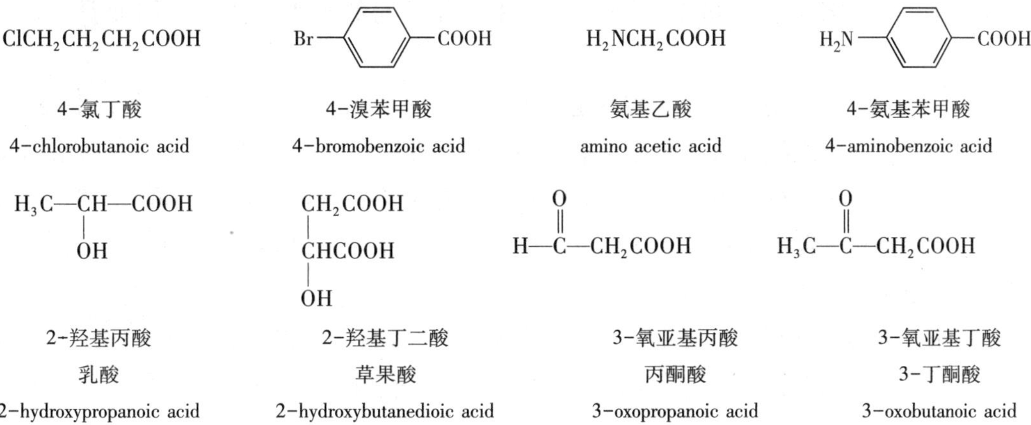

4-氯丁酸 4-chlorobutanoic acid
4-溴苯甲酸 4-bromobenzoic acid
氨基乙酸 amino acetic acid
4-氨基苯甲酸 4-aminobenzoic acid
2-羟基丙酸 乳酸 2-hydroxypropanoic acid
2-羟基丁二酸 草果酸 2-hydroxybutanedioic acid
3-氧亚基丙酸 丙酮酸 3-oxopropanoic acid
3-氧亚基丁酸 3-丁酮酸 3-oxobutanoic acid

第二节　羧酸的物理性质

扫码“学一学”

1. 状态　低级一元脂肪酸在常温下是液体，甲酸、乙酸和丙酸具有刺激性气味，而直链的正丁酸至正壬酸是具有腐败气味的油状液体。含十个碳以上的脂肪酸是无气味的蜡状固体。多元酸和芳香酸在常温下都是结晶固体。

2. 沸点　饱和一元羧酸的沸点随分子量的增加而升高。它的沸点比分子量相近的醇的沸点高（表11-1）。

表11-1　分子量相近的醇与酸的沸点

化合物	CH_3CH_2OH	HCOOH	$CH_3CH_2CH_2OH$	CH_3COOH
分子量	46	46	60	60
沸点（℃）	78.5	100.7	97.4	117.9

这种沸点相差很大的原因，是由于羧酸分子间能形成氢键，并且能通过氢键互相缔合起来，形成双分子缔合的二聚体。

R—C(=O···H—O)(—O—H···O=)C—R

根据X-射线对羧酸蒸气密度的测定，低级羧酸（甲酸、乙酸等）在蒸气状态时仍保持双分子缔合。

3. 熔点 在直链饱和一元羧酸中，羧酸的熔点表现出一种特殊的规律性变化，即含偶数碳原子羧酸的熔点比相邻两个奇数碳原子的羧酸的熔点高（图 11-1）。

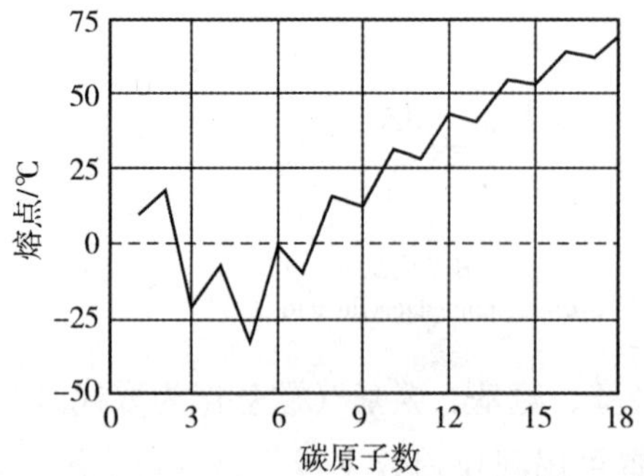

图 11-1 直链饱和一元羧酸的熔点

由图 11-1 可见，熔点-碳原子数的曲线呈锯齿状，这种熔点曲线呈锯齿形的现象虽然在其他同系列中也存在，但是都不如羧酸中那么明显。X 线的研究证明，在晶体中，羧酸分子的碳链是呈锯齿状排列的。这样含偶数碳的羧酸，链端甲基和羧基分处在碳链的两端，而含奇数碳的羧酸的链端甲基和羧基则处在碳链的同一边。故前者具有较高的对称性，在晶格中排列得更紧密，分子间的吸引力更大，因而具有较高的熔点。

4. 溶解度 羧酸分子中由于羧基是一个亲水基团可和水形成氢键。因此，甲酸至丁酸都能与水混溶。从戊酸开始，随分子量增加，疏水性的烃基越来越大，在水中的溶解度迅速减小。癸酸以上的羧酸不溶于水。但脂肪族一元羧酸一般都能溶于乙醇、乙醚、三氯甲烷等有机溶剂中。低级饱和二元羧酸也可溶于水，并随碳链的增长而溶解度降低。芳香酸在水中溶解度极微。

5. 相对密度 甲酸、乙酸的相对密度大于1，其他羧酸的相对密度都小于1。二元羧酸和芳香族羧酸的相对密度都大于1。一些常见羧酸的物理性质见表 11-2。

表 11-2 一些羧酸的物理常数

名称	结构式	熔点（℃）	沸点（℃）	溶解度（g/100g 水）	pK_a pK_{a1}	（25℃）pK_{a2}
甲酸（蚁酸）	HCOOH	8.4	100.5	溶	3.77	
乙酸（醋酸）	CH_3COOH	16.6	118	溶	4.76	
丙酸（初油酸）	CH_3CH_2COOH	-22	141	溶	4.88	
正丁酸（酪酸）	$CH_3CH_2CH_2COOH$	-4.7	162.5	溶	4.82	
正戊酸（缬草酸）	$CH_3(CH_2)_3COOH$	-35	187	3.7	4.81	
正己酸（羊油酸）	$CH_3(CH_2)_4COOH$	-1.5	205	0.4	4.84	
正庚酸（毒水芹酸）	$CH_3(CH_2)_5COOH$	-11	223.5	0.24	4.89	
正辛酸（羊脂酸）	$CH_3(CH_2)_6COOH$	16.5	237	0.25	4.85	
壬酸（天葵酸）	$CH_3(CH_2)_7COOH$	12.5	254	—	4.96	
癸酸	$CH_3(CH_2)_8COOH$	31.5	268	—	—	
十六酸（软脂酸）	$CH_3(CH_2)_{14}COOH$	62.9	269(13kPa)	—	—	
十八酸（硬脂酸）	$CH_3(CH_2)_{16}COOH$	69.9	287(13kPa)	—	6.37	
丙烯酸	$CH_2=CHCOOH$	13.0	141		4.26	
乙二酸（草酸）	HOOC—COOH	189	—	8.6	1.46	4.40

续表

名称	结构式	熔点（℃）	沸点（℃）	溶解度（g/100g 水）	pK_a（25℃）pK_{a1}	pK_{a2}
己二酸	$HOOC(CH_2)_4COOH$	151	276	1.5	4.43	5.52
顺丁烯二酸	HC—COOH ‖ HC—COOH	131	—	易溶	1.92	6.59
反丁烯二酸	CH—COOH ‖ HOOCH—CH	287		0.7	3.03	4.54
苯甲酸（安息香酸）	C_6H_5—COOH	122	249	0.34	4.19	
苯乙酸	C_6H_5—CH_2COOH	78	265	1.66	4.28	
α-萘乙酸	$C_{10}H_7$—CH_2COOH	132	—	0.04	—	

11-1 命名下列化合物：

（1） Br—C_6H_4—CH(CH_3)CH_2COOH （2） CH_3CH_2C(=O)CH_2CH=CHCH_2CH_2COOH

11-2 分子量接近的醇类、醛酮类、羧酸类、醚类的沸点从低到高如何排列？

第三节 羧酸的化学性质

扫码“学一学”

在羧酸分子中，因羟基氧原子的未共用电子对与羰基碳氧双键形成 p-π 共轭，降低了羰基碳原子的正电荷性，所以羧酸与亲核试剂发生反应的活性比醛酮有所下降；也由于 p-π 共轭，羟基中氧原子上的电子云向羰基转移，使羟基氧原子上电子云密度降低，O—H 间的电子云更靠近氧原子，增强了 O—H 键的极性，有利于羟基中氢原子的离解，使羧酸比醇的酸性强，因而羧基中的羟基性质和醇羟基的性质也不完全相同。

一、羧酸的酸性

（一）成盐反应及应用

羧酸具有明显的酸性，它能与碱生成盐和水。

$$RCOOH + NaOH \longrightarrow RCOONa + H_2O$$

$$RCOOH + NaHCO_3 \longrightarrow RCOONa + CO_2\uparrow + H_2O$$

羧酸盐是离子化合物，为不挥发固体，少于 10 个碳原子的一元羧酸的钾、钠和铵盐可

溶于水，10～18 个碳原子羧酸的钾、钠盐在水中形成胶体溶液，难溶于非极性有机溶剂。羧酸盐遇强无机酸则游离出羧酸，利用此性质可分离、精制羧酸，或从中药材中提取含羧基的有效成分。

羧酸在水溶液中的平衡：

$$R-\overset{\overset{O}{\|}}{C}-\ddot{O}-H \rightleftharpoons R-C\begin{smallmatrix}O\\ \vdots^{-}\\ O\end{smallmatrix} + H^+$$

羧酸具有较强的酸性，是因为羧基中的羰基对羟基的-C 效应不仅使 O—H 极性增大，也使解离后的负离子 $RCOO^-$稳定，由于负电荷离域而分散于羧酸根两个氧原子上，因此羧基负离子远比醇氧基负离子 RCH_2O^-稳定，容易生成。用 X 线衍射测定甲酸钠表明，在甲酸根负离子中，两个碳氧键的键长相等，都是 0.127nm，原来甲酸的 C＝O 键长是 0.123nm，C—O 键长是 0.136nm，这说明在羧酸根负离子中由于 π 电子的离域而发生了键长平均化，羧酸根负离子中的两个碳氧键是等同的，所以没有一般碳氧双键和单键的差别。

羧酸的酸性强度可用解离常数 K_a 或它的负对数 pK_a 表示。K_a 愈大（或 pK_a 愈小），其酸性就越强（表 11-2）。一般芳香酸的酸性较同碳原子的脂肪酸要强。一些化合物的酸性强弱次序如下：

	RCOOH	H_2CO_3	ArOH	HOH	ROH	$HC\equiv CH$	RH
pK_a	4～5	6.38	9～10	～15.74	16～19	～25	～50

大多数无取代基的羧酸的 pK_a 在 4～5，属于弱酸，比碳酸的酸性（pK_a=6.38）强。所以，羧酸可以分解碳酸盐，而苯酚（pK_a=10）则不能分解碳酸盐，可利用这个性质来区别羧酸和酚。

（二）取代基对酸性的影响

当烃基上连有取代基时，羧酸的酸性强度会发生一些变化。任何能使羧酸负离子稳定性加强的因素，都使酸性增强；反之，任何能使羧酸负离子稳定性减弱的因素，都使酸性减弱。这些因素包括诱导效应、共轭效应和立体效应。

1. 诱导效应 饱和一元羧酸分子中，烃基上的氢原子被卤素、羟基、硝基等电负性大的基团取代后，由于这些取代基的吸电子作用，使成键电子云向取代基方向偏移，即取代基对羧基产生了吸电性-I 诱导效应。其结果降低了羰基碳原子上的电子云密度，使 O—H 键的极化程度增加，使氢原子易于解离；而且生成的取代羧酸负离子因负电荷更为分散而稳定，导致酸性增强。

取代基的吸电子能力（-I 效应）愈强，取代基的数目愈多，影响愈大。

（1）电负性不同对酸性的影响　例如卤原子的电负性为 F>Cl>Br>I，故一卤代乙酸的酸性为：

	FCH_2COOH	>	$ClCH_2COOH$	>	$BrCH_2COOH$	>	ICH_2COOH
pK_a	2.66		2.86		2.90		3.18

（2）吸电子基数目不同对酸性的影响　乙酸以及三种氯代乙酸的酸性为：

	Cl_3CCOOH	>	$Cl_2CHCOOH$	>	$ClCH_2COOH$	>	CH_3COOH
pK_a	0.65		1.29		2.86		4.76

（3）吸电子基距离羧基的位置不同对酸性的影响：

	$CH_3CH_2CHClCOOH$	$CH_3CHClCH_2COOH$	$CH_2ClCH_2CH_2COOH$
pK_a	2.86	4.41	4.70

取代基的诱导效应在饱和链上的传递随距离的增加而迅速减少，通常经过三个原子后影响就很小了。

（4）不同杂化原子对酸性的影响　与羧基相连的基团含不饱和键者，不饱和键都具有-I 效应，其强度随不饱和程度的增加而增大。这是由于不同的杂化状态如 sp、sp^2、sp^3 杂化轨道中 s 成分不同所引起，s 成分越多，吸电子能力越强。例如：

$$HC \equiv C—CH_2COOH > CH_2=CHCH_2COOH > CH_3CH_2CH_2COOH$$

pK_a　　3.32　　4.35　　4.82

（5）斥电子基对酸性的影响　由于烷基的+I 效应导致酸性有所下降。例如：

	HCOOH	CH_3COOH	CH_3CH_2COOH	$(CH_3)_2CHCOOH$	$(CH_3)_3CCOOH$
pK_a	3.77	4.76	4.88	4.86	5.05

二元羧酸分子中有两个羧基，二元羧酸的氢原子可以分两步离解：

$$HOOC(CH_2)_nCOOH \rightleftharpoons {}^-OOC(CH_2)_nCOOH + H^+ \rightleftharpoons {}^-OOC(CH_2)_nCOO^- + H^+$$

第一步解离时，要受另一个羧基的-I 效应的影响，两个羧基相距愈近，-I 效应愈大，例如乙二酸（$pK_{a1}=1.46$）的酸性强于丙二酸（$pK_{a1}=2.80$）；羧基间碳链增长后，相互影响逐渐减少，但低级二元酸的第一离解度都较同碳数的饱和一元酸大。当一个羧基离解形成负离子后，就产生+I 效应，致使第二个羧基不易离解，所以二元酸的 pK_{a2} 总是大于 pK_{a1}。二元酸的二级电离常数普遍小于同碳数一元酸的电离常数，此种现象在无机含氧酸中也普遍存在。

表 11-3　一些二元羧酸的 pK_a

名称	结构式	pK_{a1}	pK_{a2}
乙二酸	HOOC—COOH	1.46	4.46
丙二酸	$HOOCCH_2COOH$	2.80	5.85
丁二酸	$HOOCCH_2CH_2COOH$	4.17	5.64
戊二酸	$HOOC(CH_2)_3COOH$	4.33	5.57
己二酸	$HOOC(CH_2)_4COOH$	4.43	5.52
邻苯二甲酸	C_6H_4(COOH)(COOH)（邻位）	约 3.00	5.25
间苯二甲酸	C_6H_4(COOH)(COOH)（间位）	3.28	4.46

续表

名称	结构式	pK_{a1}	pK_{a2}
对苯二甲酸	COOH (苯环) COOH	3.28	4.40

2. 场效应 二元酸单负离子的二级电离常数较小，其一是因为羧基负离子的+I效应，其二是因为场效应（field effect）的抑制作用。分子中羧基负离子通过空间的电性吸引抑制另一个羧基中氢原子的解离，这种通过空间传递的特殊电性效应称为场效应（F效应）。场效应的大小与原子或原子团之间距离的平方成反比，距离愈远，作用愈小。场效应的这种传递特性与诱导效应十分相似，也有人将场效应看作是一种特殊的诱导效应。

诱导效应和场效应往往同时存在，作用方向可能一致（如二元酸单负离子），也可能不一致。在许多情况下，场效应多依赖于分子的几何形象，而诱导效应则依赖于σ键的相对长度。例如，下列两个异构体Ⅰ和Ⅱ，其氯原子的诱导效应对羧基的影响应该是相同的。但从空间排布来看，Ⅰ中的氯原子比Ⅱ中的氯原子更靠近羧基，故有不同的场效应。在Ⅰ和Ⅱ中，氯的-I效应都使酸性增强，但C-Cl偶极产生的场效应则抑制羧基中氢的离解，而使酸性减弱。因Ⅰ中的场效应大于Ⅱ，故Ⅰ的酸性弱于Ⅱ。

pK_a 6.07　　　　pK_a 5.69

化合物Ⅰ　　　　化合物Ⅱ

3. 共轭效应 在取代芳香酸中，常常是诱导效应与共轭效应共存，酸性的强度取决于两者的综合作用结果，有时还要考虑空间效应、氢键等因素的影响。

芳香酸的酸性比饱和脂肪酸强，不仅是因为芳香羧基的α-碳为sp^2杂化，脂肪酸的为sp^3杂化缘故，还因为芳香酸根负离子的负电荷因共轭效应能更大程度的离域分散，其热力学稳定性大于脂肪酸根负离子。如苯环与羧基间插入饱和碳原子后，如苯乙酸，则共轭效应不复存在，苯环对羧基的影响仅为-I效应。

	C_6H_5COOH	$C_6H_5CH_2COOH$	$C_6H_5CH_2CH_2COOH$	CH_3COOH
pK_a	4.17	4.31	4.66	4.76

取代芳香羧酸的酸性，除受取代基结构的影响外，还与取代基在芳环上的相对位置有关。

一般而言，处于羧基对位的取代基如—NO_2、—CN、—COOH、—CHO、—COR等吸电子基团，能降低共轭体系的电子云密度，产生吸电子共轭效应（-C效应），其电子云转移方向与基团的-I效应一致，使芳香酸酸性增强。当有—NH_2、—NHR、—OH、—OR、

—OCOR、—Cl、—Br 等基团取代时，其具有的供电子共轭效应（+C 效应）和吸电子的-I 效应相反，但是因距离羧基较远，诱导效应很弱，起主要作用的是+C 共轭效应，使芳香酸酸性下降。

例如硝基连在苯环上羧基对位时，兼有-I 与-C 效应，且两者的影响一致。而当甲氧基连在苯环上时，则具有吸电子的-I 效应和供电子的+C 共轭效应，两者的影响不一致，因距离羧基较远，诱导效应很弱，主要表现为+C 共轭效应。结果硝基的-C 效应使酸性增强，而甲氧基的+C 效应将使酸性减弱。

	C_6H_5—COOH	O_2N—C_6H_4—COOH	CH_3O—C_6H_4—COOH
pK_a	4.17	3.4	4.47

根据插烯规则，当取代基处于间位时，对羧基的电性效应主要为诱导效应，但因隔了三个碳原子，影响随之减弱。硝基的-I 效应使间硝基苯甲酸的酸性增强。处于羧基间位的甲氧基也表现为-I 效应，但其强度较硝基弱，故间甲氧基苯甲酸的酸性弱于间硝基苯甲酸，而稍高于苯甲酸。

	O_2N（间位）—C_6H_4—COOH	H_3CO（间位）—C_6H_4—COOH
pK_a	3.49	4.09

取代基处于羧基邻位时，除氨基外，不论是吸电子还是斥电子取代基，都使芳香酸的酸性增强，且都强于间位或对位取代的苯甲酸（表 11-4）。这种邻位基团对活性中心的特殊影响称邻位效应，其作用机理较复杂，可看作是电子效应、立体效应、氢键影响的总和。

表 11-4 取代苯甲酸的 pK_a

取代基	*o*-	*m*-	*p*-	取代基	*o*-	*m*-	*p*-
-H	4.17	4.17	4.17	$-NO_2$	2.21	3.46	3.40
$-CH_3$	3.89	4.28	4.35	-OH	2.98	4.12	4.54
-Cl	2.89	3.82	4.03	$-OCH_3$	4.09	4.09	4.47
-Br	2.82	3.85	4.18	$-NH_2$	5.00	4.82	4.92

在苯甲酸分子中，羧基与苯环共平面，形成共轭体系，苯环对羧基具有+C 效应，故苯甲酸的酸性比甲酸酸性弱，但是其负离子由于共轭作用而稳定性增加，所以苯甲酸的酸性比乙酸强。当邻位有取代基时，因取代基占据一定位置，在一定程度上排挤了羧基，使羧基偏离苯环平面，这样就削弱了苯环对羧基的+C 共轭作用，减少了苯环电子云向羧基的偏移，使羧基氢原子较易离解，故酸性增强，邻位取代基所占的空间愈大，影响也愈大。但此时电性效应也仍显示作用，吸电性愈强的取代基，使酸性增强愈多。例如：

	2,6-二甲基苯甲酸（H_3C，CH_3）	邻叔丁基苯甲酸（$C(CH_3)_3$）	邻甲基苯甲酸（CH_3）	邻氯苯甲酸（Cl）
pK_a	3.21	3.46	3.89	2.89

二、羧酸中羧基的反应

羧酸分子中的羧基虽然不如醛、酮羰基活泼，但在一定的条件下仍然可被亲核试剂进攻，发生加成-消除反应，结果导致碳氧键断裂，羧基中的羟基被其他基团取代，生成羧酸衍生物；也可以被还原生成相应的醇类化合物。

（一）羧基上羟基的取代反应

羧酸分子中的羟基可以被卤素、酰氧基、烷氧基和氨基取代分别生成酰卤、酸酐、酯和酰胺等化合物，它们统称为羧酸衍生物。

1. 酰卤的生成 羧酸与三卤化磷（PX_3）、五卤化磷（PX_5）或氯化亚砜（$SOCl_2$）作用时，羧基中的羟基被卤原子取代，而生成酰卤。

$$CH_3COOH + PCl_3 \longrightarrow CH_3COCl + H_3PO_3$$

b.p 118℃ 75℃ 52℃ 200℃(分解)

$$C_6H_5COOH + PCl_5 \longrightarrow C_6H_5COCl + POCl_3 + HCl$$

b.p 249℃ 162℃ 197℃ 107℃

$$RCOOH + SOCl_2 \longrightarrow RCOCl + SO_2 + HCl$$

(b.p=79℃)

酰氯性质活泼容易水解，因此必须用蒸馏法将产物分开。在制备酰氯的实际操作中，选用氯化剂时，应以酰氯与试剂或副产物的沸点相差较远为宜。通常制备低沸点的酰氯，可用 PCl_3 为卤化剂；如要制备高沸点的酰氯，则可用 PCl_5；氯化亚砜法合成酰氯所得副产物都是气体，因此对上述两种情况都可采用，但要注意对生成的 HCl 和 SO_2 气体的回收以免造成环境污染。例如，丁酰氯的沸点为 102℃，因副产物 $POCl_3$ 的沸点为 107℃，用 PCl_5 作卤化剂是不恰当的，蒸馏分离将产生困难，所以应以 $SOCl_2$ 或 PCl_3 作为试剂。

2. 酸酐的生成 羧酸与脱水剂（如五氧化二磷）共热时，两分子羧酸间能失去一分子水而形成酸酐（甲酸脱水时生成一氧化碳）。

$$2\,R-\overset{O}{\overset{\|}{C}}-OH \xrightarrow[\triangle]{P_2O_5} (R-\overset{O}{\overset{\|}{C}})_2O + H_2O$$

由于酸酐很容易吸水，故有时亦用醋酐作为脱水剂来制取其他的酸酐。

$$C_6H_5COOH \xrightarrow[\triangle]{(CH_3CO)_2O} (C_6H_5\overset{O}{\overset{\|}{C}})_2O + CH_3COOH$$

酸酐还可用酰卤与羧酸盐共热制备，通常用来制备混合酸酐。

$$RCOONa + R'COCl \xrightarrow{\triangle} R\overset{O}{\overset{\|}{C}}-O-\overset{O}{\overset{\|}{C}}-R' + NaCl$$

3. 酯的生成 羧酸和醇在酸催化下作用生成羧酸酯和水，称为酯化反应。在同样条件下，酯和水也可反应生成羧酸和醇，称酯的水解反应。所以酯化反应是一个典型的可逆反应。

$$RCOOH + R'OH \overset{H^+}{\rightleftharpoons} RCOOR' + H_2O$$

无催化剂的酯化反应速度很慢，加热回流很长时间（几天）才能达到平衡。但如加入少量催化剂（如硫酸、盐酸或苯磺酸等）并回流加热，则可明显加速达到平衡。但这些条件在加速正反应（酯化）的同时，也加速逆反应（水解），所以催化剂和温度只能改变反应速度，但对反应限度没有多大影响。要提高酯的产率，可增加其中一种便宜的原料用量，以便使平衡向生成物方向移动，另外还可采取不断从反应体系中除去一种生成物（如除去水）的方法使平衡向生成物方向移动，从而提高酯的产率。实际上常常是两种方法一并使用。例如等摩尔的乙酸与乙醇成酯，醇或酸的转化率仅为65%，当乙醇与乙酸的摩尔比为10∶1时转化率可以达到97%。

羧酸和醇的酯化反应中，羧酸和醇之间的脱水可以有两种不同的方式：

$$\underset{\text{I}}{R-\overset{\overset{\large O}{\|}}{C}-\boxed{O-H \quad H}-O-R'} \qquad \underset{\text{II}}{R-\overset{\overset{\large O}{\|}}{C}-O-\boxed{H \quad H-O}-R'}$$

方式（Ⅰ）称为酰氧键断裂，（Ⅱ）称为烷氧键断裂。在大多数情况下，酯化反应是按酰氧键断裂方式（Ⅰ）进行的，即羧酸中的羟基与醇中羟基的氢结合脱水。如用含^{18}O的醇或硫醇与羧酸酯化，则^{18}O或硫都进入酯的分子中，而没有含^{18}O的水或硫化氢生成。例如：

$$C_6H_5-COOH + HSC_2H_5 \longrightarrow C_6H_5-COSC_2H_5 + H_2O$$

$$C_6H_5-COOH + H\overset{18}{O}C_2H_5 \longrightarrow C_6H_5-CO\overset{18}{O}C_2H_5 + H_2O$$

酯化反应的机理比较复杂，常因反应条件和反应物结构的不同而异。酸催化酯化反应的过程通常是一个亲核加成-消除的反应过程。首先是羧酸中羰基氧原子质子化1，增强羰基碳原子的正电性，与醇发生亲核加成生成四面体2，通过质子转移形成中间体3，再失去一分子水形成中间体4，最后失去质子生成产物5。

$$RCOOH + H \rightleftharpoons \underset{1}{R-\overset{\overset{+OH}{\|}}{C}-OH} \overset{R'OH}{\rightleftharpoons} \underset{2}{R-\underset{OH}{\overset{OH}{C}}-\overset{+}{O}R'}$$

$$\rightleftharpoons \underset{3}{R-\underset{\overset{+}{O}H_2}{\overset{OH}{C}}-OR'} \overset{-H_2O}{\rightleftharpoons} \underset{4}{R-\overset{\overset{+OH}{\|}}{C}-OR'} \overset{-H^+}{\rightleftharpoons} \underset{5}{RCOOR}$$

按此机理，酸和醇的体积效应会影响酯化的反应速率，不同的羧酸和醇进行酯化反应的活性顺如下。

酸的反应活性：$HCO_2H > CH_3CO_2H > RCH_2CO_2H > R_2CHCO_2H > R_3CCO_2H$

醇的反应活性：$CH_3OH > 1°ROH > 2°ROH > 3°ROH$

叔醇由于在酸性环境中易脱水生成稳定的三级碳正离子，因此叔醇的酯化反应一般是按烷氧键断裂的方式（Ⅱ）进行的。

$$(CH_3)_3C—^{18}OH \xrightleftharpoons{-H^+} (CH_3)_3C—\overset{+}{^{18}OH_2} \rightleftharpoons (CH_3)_3C^+ + H_2{}^{18}O$$

$$H_3C—\overset{O}{\overset{\|}{C}}—OH + (CH_3)_3C^+ \rightleftharpoons H_3C—\overset{O}{\overset{\|}{C}}—\underset{H}{\overset{+}{O}}—C(CH_3)_3 \rightleftharpoons H_3C—\overset{^+OH}{\overset{\|}{C}}—O—C(CH_3)_3 \xrightleftharpoons{-H^+} H_3C—\overset{O}{\overset{\|}{C}}—O—C(CH_3)_3$$

4. 酰胺的生成 羧酸与氨或胺作用，先生成羧酸铵盐，铵盐受热失去一分子水，即得酰胺或*N*-取代酰胺。例如：

$$CH_3CH_2CH_2COOH + NH_3 \rightleftharpoons CH_3CH_2CH_2COO\overset{+}{N}H_4 \xrightarrow{185℃} CH_3CH_2CH_2CONH_2 + H_2O$$

$$C_6H_5COOH + H_2NC_6H_5 \rightleftharpoons C_6H_5COO\overset{+}{N}H_3C_6H_5 \longrightarrow C_6H_5CONHC_6H_5 + H_2O$$

这是可逆反应，但在铵盐分解的温度下，因水被蒸馏除去，反应可趋于完全。

（二）还原反应

羧酸虽含有碳氧双键，但不易被催化氢化还原，在强还原剂 $LiAlH_4$ 的作用下，羧基可被顺利还原成羟基，在实验室中可用此反应制备伯醇。例如：

$$(CH_3)_3CCOOH \xrightarrow[Et_2O]{LiAlH_4} \xrightarrow{H_3O^+} (CH_3)_3CCH_2OH$$

三、α-氢的卤代反应

羧酸分子中的α-氢原子不如醛、酮中α-氢原子活泼。羧基中的羟基与羰基形成 p-π 共轭体系后，羰基碳上的电子云密度上升，正电性下降，因而羧酸α-氢原子的活性也随之下降，取代反应比醛、酮困难。通常是在少量红磷等催化剂存在下，卤素可取代羧酸的α-氢，得一元或多元卤代酸，此反应称为赫尔-乌尔哈-泽林斯基（Hell-Volhard-Zelinsky）反应。

$$RCH_2COOH + Cl_2 \xrightarrow{P} \underset{Cl}{\underset{|}{RCHCOOH}} + HCl$$

磷的作用是先和卤素生成卤化磷，然后卤化磷与羧酸作用得酰卤，酰卤的α-氢比羧酸的α-氢活泼，容易发生α-卤代反应，所得的α-卤代酰卤再与羧酸作用则生成α-卤代酸。

$$2P + 3X_2 \longrightarrow 2PX_3$$

$$RCH_2COOH \xrightarrow{PX_3} RCH_2\overset{O}{\overset{\|}{C}}—X \xrightarrow{X_2} \underset{X}{\underset{|}{RCHC}}\overset{O}{\overset{\|}{}}—X \xrightarrow{RCH_2COOH} \underset{X}{\underset{|}{RCHC}}\overset{O}{\overset{\|}{}}—OH + RCH_2\overset{O}{\overset{\|}{C}}—X$$

四、脱羧反应

羧酸分子中脱去羧基放出二氧化碳的反应称为脱羧反应（decarboxylation）。脂肪酸的脱羧反应往往需要高温，而且产率很低。最常用的脱羧方法是将羧酸盐与碱石灰或固体氢氧化钠强热，则分解出二氧化碳而生成烃。当 α-碳原子上含有吸电子基团（如硝基、卤素、酰基和腈基等）时，则容易发生脱羧反应。例如：

$$CH_3COONa + NaOH \longrightarrow CH_4 + Na_2CO_3$$

$$Cl_3CCOOH \xrightarrow{\triangle} CHCl_3 + CO_2$$

$$CH_3\overset{\overset{O}{\|}}{C}COOH \xrightarrow{\triangle} CH_3CHO$$

当 α-碳原子上含有吸电子基团如羰基，且处于羧基 β 位时，极易发生脱酸反应，这是由于羰基和羧基易以氢键螯合，受热后发生电子转移而失去二氧化碳，先生成烯醇，再重排得酮。一些多环 β-酮酸加热时不易脱羧，可能是因为不容易形成张力很大的桥头烯醇式结构。

$$R\overset{\overset{O}{\|}}{C}CH_2COOH \xrightarrow{-CO_2} R-\overset{OH}{C}=CH_2 \longrightarrow R-\overset{\overset{O}{\|}}{C}-CH_3$$

β-酮酸的脱羧反应在有机合成上应用广泛。丙二酸型化合物以及 α、β-不饱和羧酸等的脱羧反应，一般均属此类型。丁酮二酸受热时，易失去 β-羧基而得丙酮酸。

$$HOOC\overset{\overset{O}{\|}}{C}CH_2COOH \xrightarrow{\triangle} CH_3\overset{\overset{O}{\|}}{C}COOH + CO_2$$

芳香酸的脱羧反应较脂肪酸容易，尤其是2,4,6-三硝基苯甲酸由于三个硝基的强吸电子作用，使羧基与苯环间的键更易断裂。

$$C_6H_2(NO_2)_3COOH \xrightarrow[\text{加热}]{H_2O} C_6H_3(NO_2)_3 + CO_2$$

脱羧作用还能在酶的作用下进行，在生物化学中也会遇到这类现象。

五、二元羧酸的受热分解反应

二元羧酸常温下是固体结晶。由于分子中链的两端都有羧基，分子间引力增大，所以二元羧酸的熔点比分子量相近的一元羧酸要高。二元羧酸具有比同碳数的一元酸更强的酸性，且易溶于水和乙醇，但难溶于有机溶剂。二元酸广泛存在于自然界中，如乙二酸（草酸）存在于菠菜、西红柿中；丁二酸（琥珀酸）存在于真菌、化石和琥珀中。丙二酸二乙酯类化合物是医药化工重要的原料和中间体。

二元酸对热较敏感，当加热或与脱水剂（如乙酸酐、乙酰氯、三氯氧磷等）共热时，随着两个羧基间距离的不同而发生特征性的脱水或脱羧反应。

1. 乙二酸及丙二酸的脱羧反应 乙二酸小心加热到200℃时，则脱羧成甲酸和二氧化碳。

$$\begin{matrix} COOH \\ | \\ COOH \end{matrix} \xrightarrow{200℃} HCOOH + CO_2$$

丙二酸加热到150℃以上即脱羧成乙酸。

$$HOOCCH_2COOH \xrightarrow{150℃} CH_3COOH + CO_2$$

这是由于羧基是吸电子的基团，有利于脱羧反应，随着两个羧基距离增大，脱羧就变得困难了。

2. 丁二酸及戊二酸的脱水反应 丁二酸及戊二酸与脱水剂（如乙酸酐、乙酰氯、五氧化二磷等）共热时，则脱水生成环状酸酐（内酐）。

$$CH_2(CH_2COOH)_2 \xrightarrow[(CH_3CO)_2O]{\triangle} \text{(戊二酸酐)} + H_2O$$

$$\begin{matrix} CH_2COOH \\ | \\ CH_2COOH \end{matrix} \xrightarrow[(CH_3CO)_2O]{\triangle} \text{(丁二酸酐)} + H_2O$$

$$\text{(邻苯二甲酸)} \xrightarrow{\triangle} \text{(邻苯二甲酸酐)} + CO_2$$

3. 己二酸和庚二酸的脱水和脱羧反应 己二酸及庚二酸与氢氧化钡共热，既失水又脱羧生成环酮。

$$(CH_2)_n\begin{matrix} CH_2COOH \\ CH_2COOH \end{matrix} \xrightarrow[\triangle]{Ba(OH)_2} (CH_2)_n\begin{matrix} CH_2 \\ CH_2 \end{matrix}C{=}O + H_2O + CO_2$$

n=2, 3

庚二酸以上的二元羧酸，在高温时发生分子间的失水作用，形成高分子的酸酐，不形成大于六元的环酮。以上事实说明，有机化合物在有可能形成环状化合物的条件下，总是倾向于形成张力较小的五元环或六元环。这个规律是由布朗克（Blanc）研究二元酸与乙酸酐加热反应时得出的结论，故又称为布朗克规律。

11-3 按照反应快慢的次序排列醇或酸酯化反应时的速度：

（1）$CH_3CH_2CH_2OH$和 苯甲酸 COOH (A)；2,4,6-三甲基苯甲酸 (CH_3—C₆H₂(CH₃)₂—COOH) (B)；2,4-二甲基苯甲酸 (CH_3—C₆H₃(CH₃)—COOH) (C)

（2）CH_3CH_2OH 和 $(CH_3)_2CHCOOH$（A）；CH_3CH_2COOH（B）；$(CH_3)_3CCOOH$（C）

（3）C_6H_5COOH 和 CH_3OH（A）；$CH_3CHOHCH_2CH_3$（B）；$CH_3CH_2CH_2OH$（C）

11-4 写出下面反应的产物结构和可能的机理。

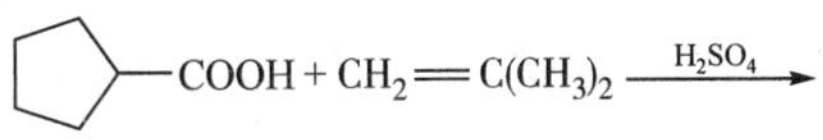

$$\text{环戊基-COOH} + CH_2{=}C(CH_3)_2 \xrightarrow{H_2SO_4}$$

11-5 排列下列化合物的酸性顺序：

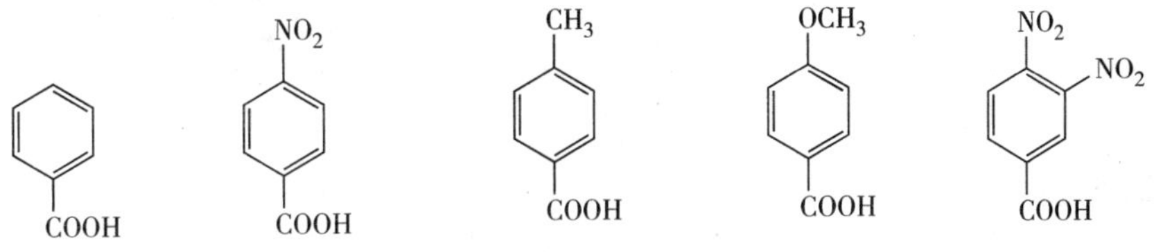

1. 苯甲酸（COOH）
2. 对硝基苯甲酸（NO_2，COOH）
3. 对甲基苯甲酸（CH_3，COOH）
4. 对甲氧基苯甲酸（OCH_3，COOH）
5. 3,4-二硝基苯甲酸（NO_2，NO_2，COOH）

扫码"学一学"

第四节 羧酸的制备

一、氧化法

利用其他化合物的氧化反应是制备羧酸的常用方法，例如烃类、醇类、醛、酮类等。

羧酸的制备近代工业上以石蜡等高级烷烃为原料，在催化剂高锰酸钾、二氧化锰的存在下，用空气或氧气进行氧化，发生碳链断裂，可制得高级脂肪酸的混合物，但分离提纯比较麻烦。烯烃也可以用来制备羧酸，但是一般采用对称的烯烃和环状的烯烃或末端烯烃，氧化时产物较为单一。

$$RCH_2CH_2R' \xrightarrow[\triangle]{MnO_2} RCOOH + R'COOH + \text{其他羧酸}$$

$$RCH{=}CHR' \xrightarrow[\triangle]{KMnO_4} RCOOH + R'COOH$$

在强氧化剂如高锰酸钾、重铬酸钾、硝酸的氧化下，具有烷基支链的芳烃能被氧化生成羧酸。

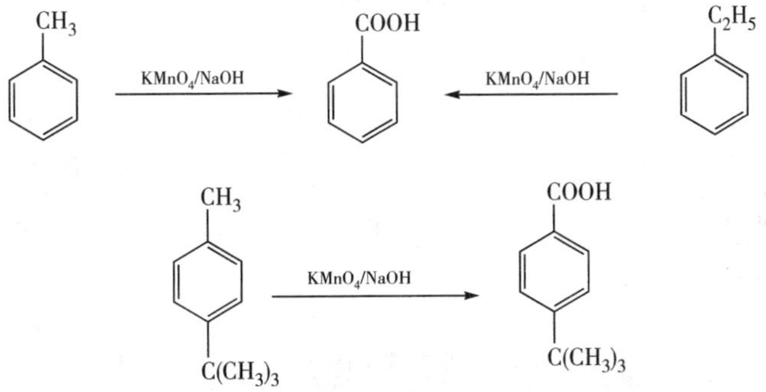

$$C_6H_5CH_3 \xrightarrow{KMnO_4/NaOH} C_6H_5COOH \xleftarrow{KMnO_4/NaOH} C_6H_5C_2H_5$$

$$p\text{-}CH_3C_6H_4C(CH_3)_3 \xrightarrow{KMnO_4/NaOH} p\text{-}HOOCC_6H_4C(CH_3)_3$$

伯醇或醛氧化可得同碳数的羧酸，这是制备羧酸最普通的方法。当采用不饱和伯醇或醛氧化生成相应的羧酸时，需选用适当的弱氧化剂，以免影响不饱和键。例如：

$$CH_3CH{=}CHCHO \xrightarrow{Ag(NH_3)_2NO_3} CH_3CH{=}CHCOOH$$

脂环酮的常被用来制取二元酸，甲基酮常被用来制比甲基酮少一个碳原子的羧酸。

$$\text{环己酮} \xrightarrow{HNO_3} \text{己二酸}(\text{COOH},\ \text{COOH})$$

$$(CH_3)_3CCH_2\overset{O}{\overset{\|}{C}}CH_3 \xrightarrow[2)\ H_3O^+]{1)\ Br_2,NaOH} (CH_3)_3CCH_2COOH$$

二、腈水解

腈类化合物一般由卤代烃与氰化钠（钾）反应制备，在酸性或碱性水溶液中加热，即水解生成羧酸。芳香族腈也可以水解制备芳香酸，但是芳香腈必须由重氮盐制备而得。

$$RCN + 2H_2O + HCl \longrightarrow RCOOH + NH_4Cl$$

$$RCN + H_2O + NaOH \xrightarrow{\text{加热}} RCOONa + NH_3$$

二元酸也可用二腈水解制取：

$$Br(CH_2)_3Br \xrightarrow{NaCN} NC(CH_2)_3CN \xrightarrow[H_2O]{HCl} HOOC(CH_2)_3COOH$$

三、格氏试剂与 CO_2 作用

格氏试剂和二氧化碳作用，经水解生成羧酸。可将格氏试剂的乙醚溶液置于过量的干冰（即固体 CO_2）中，此时干冰既是反应试剂又是冷冻剂，或者将格氏试剂的乙醚溶液在冷却下通入二氧化碳，待二氧化碳不再被吸收后，把所得的混合物水解，就得到羧酸。

$$R—MgX + CO_2 \xrightarrow[\text{低温}]{\text{干醚}} R-\overset{O}{\overset{\|}{C}}-O-MgX \xrightarrow{H_2O} R-\overset{O}{\overset{\|}{C}}-OH$$

用此法合成的羧酸比原来格氏试剂中的烃基增加一个碳原子。在制备烃基卤化镁时，应注意烃基上不能含有能与格氏试剂发生反应的其他基团。

$$CH_3CH_2\underset{Cl}{\underset{|}{C}H}CH_3 + Mg \xrightarrow{\text{无水乙醚}} CH_3CH_2\underset{MgCl}{\underset{|}{C}H}CH_3$$

$$CH_3\underset{MgCl}{\underset{|}{C}H}CH_2CH_3 + CO_2 \longrightarrow CH_3CH_2\underset{CH_3}{\underset{|}{C}H}-\overset{O}{\overset{\|}{C}}-OMgCl \xrightarrow{H^+/H_2O} CH_3CH_2\underset{CH_3}{\underset{|}{C}H}COOH$$

扫码“学一学”

第五节　羟基酸和氨基酸

羧酸分子中烃基上的氢原子被其他原子或基团如卤素、羟基、氨基、羰基等取代，生成的化合物称为取代羧酸，分别称之为卤代酸、羟基酸、氨基酸、羰基酸（氧代酸）。羟基酸还可以分为酚酸和醇酸，羰基酸可分为醛酸和酮酸。根据取代基与羧基的相对位置还可以分为 α、β、γ 等取代酸。取代酸分子中含有多个官能团，在化学性质上，各官能团既保

持了各自的反应特征，又由于官能团之间的相互作用表现出一些特殊的化学性质。这一节重点介绍羟基酸和氨基酸。

一、羟基酸

（一）羟基酸的来源与制备

羟基酸包括醇酸和酚酸，在自然界存在极为广泛。如存在于水果中的柠檬酸、苹果酸、酒石酸、酸奶和肌肉中存在的乳酸均为醇酸；酚酸如茶叶中的儿茶酸，药用植物五倍子中含有的没食子酸3,4,5-三羟基苯甲酸，没食子酸水溶液遇三氯化铁显蓝黑色，是制蓝墨水的原料，没食子酸在碱性条件下，与三氯化锑反应生成的络合物没食子酸锑钠，又称锑-273，曾是治疗血吸虫病的药物；对内脏止血效果很好的咖啡酸又叫3,4-二羟基桂皮酸，存在于许多中药中如野胡萝卜（南鹤虱）、光叶水苏、荞麦、木半夏等，有些中药虽不含咖啡酸，但含有咖啡酸所形成的酯——绿原酸（为金银花的抗菌有效成分之一，此外，苎麻、桑叶等也含有绿原酸），绿原酸水解后即生成咖啡酸。

羟基酸的化学制备方法主要如下。

1. α-羟基酸制备 利用α-卤代酸的水解反应，以及羟基腈的水解反应可以制备相应的α-羟基酸。

$$CH_3CH_2CH_2COOH \xrightarrow[P]{Cl_2} CH_3CH_2CH(Cl)COOH \xrightarrow[H_2O]{NaOH} CH_3CH_2CH(OH)COOH$$

$$C_6H_5CHO \xrightarrow[2)\ NaCN]{1)\ NaHSO_3} C_6H_5CH(OH)CN \xrightarrow{H_3O^+} C_6H_5CH(OH)COOH$$

2. β-羟基酸制备 常采用瑞福尔马斯基（Reformatsky）反应，在锌粉存在下，醛或酮与α-卤代酸酯在乙醚溶剂中反应，产物再经水解可以制备β-羟基酸，该反应称之为瑞福尔马斯基反应。反应如下：

$$BrCH_2COOCH_2CH_3 + Zn \longrightarrow BrZnCH_2COOCH_2CH_3$$

$$R(R')HC{=}O + BrZnCH_2COOCH_2CH_3 \longrightarrow R(R')HC(OZnBr)CH_2COOCH_2CH_3 \xrightarrow{H_2O} R(R')HC(OH)CH_2COOCH_2CH_3$$

该反应中的有机锌试剂类似格氏试剂，但是活性比格氏试剂低，不与酯发生亲核性加成反应，但是可以和高活性的醛、酮发生反应，生成β-羟基酸酯，最后水解生成β-羟基酸，该方法可以避免β-羟基酸或β-羟基酸酯受热脱水生成相应的不饱和酸（酯），是合成β-羟基酸的重要方法。

酚酸是一类含有酚羟基的取代芳酸，为结晶固体，具有酚和羧酸的一般性质。邻羟基苯甲酸俗名水杨酸，常见的制备方法如下。

$$C_6H_5OH \xrightarrow{NaOH} C_6H_5ONa \xrightarrow{CO_2} \xrightarrow{H_2SO_4} o\text{-}HOC_6H_4COOH$$

（二）羟基酸的化学性质

醇酸一般为结晶或黏稠液体，大都具有旋光性。在水中的溶解度比相应的羧酸大，低级的可与水混溶，熔点也比相应的羧酸高。

1. 酸性 因为羟基的吸电子诱导作用，羟基酸具有比同碳原子数一元酸较强的酸性。

	CH_3CH_2COOH	$CH_3CH(OH)COOH$	$CH_2(OH)CH_2COOH$
pK_a	4.88	3.87	4.51

邻羟基苯甲酸的酸性较其间位或对位异构体显著增强，主要由于酚羟基的氢能与羧基中羰基氧形成环状的分子内氢键，从而增强了羧基中O—H键的极性，使氢更易离解；同时也使所形成的负离子更加稳定（邻位效应）。

	间羟基苯甲酸	对羟基苯甲酸	邻羟基苯甲酸
pK_a	4.12	4.54	2.98

2. 脱水反应 醇酸受热后能发生脱水反应，按照羧基和羟基的相对位置不同而得到不同的产物。

α-醇酸受热发生两分子间脱水而生成交酯。交酯多为结晶物质，它和其他酯类一样，与酸或碱共热时，容易发生水解而生成原来的醇酸。

$$2\,R-CH(OH)-COOH \xrightarrow{加热} \text{交酯}$$

β-醇酸受热时，容易发生分子内脱去一分子水，生成α,β-不饱和酸。

$$R-CH(OH)-CH(H)-COOH \xrightarrow{加热} R-CH=CH-COOH + H_2O$$

γ-醇酸极易失去水，在室温时就能自动分子内脱水生成五元环的内酯。γ-醇酸只有生成盐后才稳定。游离的γ-醇酸不易得到，因为它们游离出来时立即失水而成内酯。

$$HOCH_2-CH_2-CH_2-COOH \xrightarrow{室温} \gamma\text{-内酯} + H_2O$$

δ-醇酸脱水生成六元环的δ-内酯，但不如γ-醇酸那样容易，需要在加热下进行。

$$HOCH_2-CH_2-CH_2-CH_2-COOH \xrightarrow{加热} \delta\text{-内酯} + H_2O$$

内酯通常为液体或熔点较低的固体。内酯和酯一样，与碱作用易水解，生成原来的醇酸盐。许多内酯存在于自然界，有些是天然香精的主要成分，有些是中药的主要活性成分，例如中药白头翁及其类似植物中含有的有效成分白头翁脑和原白头翁脑，抗菌消炎药穿心莲的主要有效化学成分是穿心莲内酯。

原白头翁脑　　白头翁脑　　穿心莲内酯

具有内酯结构的药物，常因水解开环而失效或减弱。例如治疗青光眼的硝酸毛果云香碱滴眼剂，在 pH 4～5 时最稳定。偏碱时内酯环易水解而失效。

$$\xrightarrow[H_2O]{OH^-}$$

二、氨基酸

氨基酸（Amino acids）是含有羧基和氨基复合官能团的化合物。很多氨基酸是生命起源和生命活动密切相关的蛋白质的基本组成单位，是人体所必不可少的物质，而且不少氨基酸可直接用作药物。

（一）氨基酸的结构、分类和命名

从结构上来看，氨基酸是羧酸分子中烃基上的一个或多个氢原子被氨基取代的衍生物。

$$\begin{array}{c}R—CH—COOH\\ \quad | \\ \quad NH_2\end{array}$$

根据氨基和羧基的相对位置，可以分为 α-氨基酸、β-氨基酸、γ-氨基酸等。此外还可以根据氨基酸中所含氨基和羧基的数目而分为中性、酸性和碱性三类。氨基和羧基数目相等的氨基酸近于中性，叫作中性氨基酸；羧基多于氨基的是酸性氨基酸；氨基多于羧基的是碱性氨基酸。

自然界中发现的氨基酸已超过一百种，但在生物体内组成蛋白质的只有 20 余种 α-氨基酸。在这 20 种氨基酸中，只有 8 种在人体内不能合成，必须靠食物来供给。因此，将这些氨基酸称为人体必需氨基酸（essential amino acid）。表 11-5 中附有＊号的即是必需氨基酸。

蛋白质水解得到的 α-氨基酸，除最简单的甘氨酸外，都具有旋光性，它们的构型相同，属于 L 型。例如与 L-乳酸相应的丙氨酸的构型为：

$$\begin{array}{c}COOH\\ |\\ HO—C—H\\ |\\ CH_3\end{array}\qquad\qquad\begin{array}{c}COOH\\ |\\ H_2N—C—H\\ |\\ CH_3\end{array}$$

L-乳酸　　　L-丙氨酸

氨基酸的命名也可以采用系统命名法，但是目前氨基酸主要还是以其来源或性质而使用俗名，如氨基乙酸因为有甜味而称之为甘氨酸；丝氨酸最初来源于蚕丝而命名为丝氨酸。常见 α-氨基酸的俗名见表 11-5。

表 11-5 重要的 α-氨基酸

名称	缩写编号	结构式	等电点
(一)中性氨基酸			
甘氨酸(Glycine) (氨基乙酸)	甘 Gly	$CH_2(NH_2)COOH$	5.97
丙氨酸(Alanine) (α-氨基丙酸)	丙 Ala	$CH_3CH(NH_2)COOH$	6.00
丝氨酸(Serine) (α-氨基-β-羟基丙酸)	丝 Ser	$CH_2(OH)CH(NH_2)COOH$	5.68
半胱氨酸 (Cysteine) (α-氨基-β-巯基丙酸)	半胱 CySH	$CH_2(SH)CH(NH_2)COOH$	5.05
胱氨酸 (Cystine) (双 β-硫代-α-氨基丙酸)	胱 CySSCy	$S—CH_2CH(NH_2)COOH$ | $S—CH_2CH(NH_2)COOH$	4.80
苏氨酸 (Threonine) * (α-氨基-β-羟基丁酸)	苏 Thr	$CH_3CH(OH)CH(NH_2)COOH$	5.70
蛋氨酸 (Methionine) * (α-氨基-γ-甲巯基丁酸)	蛋 Met	$CH_3SCH_2CH_2CH(NH_2)COOH$	5.74
缬氨酸 (Valine) * (β-甲基-α-氨基丁酸)	缬 Val	$(CH_3)_2CHCH(NH_2)COOH$	5.96
亮氨酸 (Leucine) * (γ-甲基-α-氨基戊酸)	亮 Leu	$(CH_3)_2CHCH_2CH(NH_2)COOH$	5.98
异亮氨酸 (Isoleucine) * (β-甲基-α-氨基戊酸)	异亮 Ile	$CH_3CH_2CH(CH_3)CH(NH_2)COOH$	6.02
苯丙氨酸 (Phenylalanine) * (β-苯基-α-氨基丙酸)	苯丙 Phe	$C_6H_5CH_2CH(NH_2)COOH$	5.48
酪氨酸 (Tyrosine) (α-氨基-β-对羟基丙酸)	酪 Tyr	$p\text{-}HOC_6H_4—CH_2CH(NH_2)COOH$	5.66
脯氨酸 (Proline) (α-吡咯啶甲酸)	脯 Pro	(吡咯啶环) N H, COOH	6.30
色氨酸 (Tryptophane) * [α-氨基-β-(3-吲哚)丙酸]	色 Try	(吲哚环) N H, $CH_2CH(NH_2)COOH$	5.80
(二) 酸性氨基酸			
天门冬氨酸 (Aspartic acid) (α-氨基丁二酸)	天门冬 Asp	$HOOCCH_2CH(NH_2)COOH$	2.77
谷氨酸 (Glutamic acid) (α-氨基戊二酸)	谷 Glu	$HOOCCH_2CH_2CH(NH_2)COOH$	3.22

续表

名称	缩写编号	结构式	等电点
（三）碱性氨基酸			
精氨酸（Arginine） （α-氨基-δ-胍基戊酸）	精 Arg	$H_2NCNH(CH_2)_3CH(NH_2)COOH$（C=NH）	10.76
赖氨酸（Lysine） * （α，ω-二氨基己酸）	赖 Lys	$H_2N(CH_2)_4CH(NH_2)COOH$	9.74
组氨酸（Histidine） ［α-氨基-β-（5-咪唑）丙酸］	组 His	咪唑环-$CH_2CH(NH_2)COOH$	7.59

（二）氨基酸的物理性质

α-氨基酸都是无色的结晶，具有较高的熔点，一般都在200～300℃，加热至熔点温度时便分解且放出二氧化碳。一般的氨基酸能溶于水，不溶于乙醇、乙醚、苯等有机溶剂。

（三）氨基酸的化学性质

氨基酸分子中同时含有氨基和羧基，既具有氨基和羧基的典型性质，还具有因两种基团相互作用而产生的一些特殊性质。

1. 偶极离子和等电点 氨基酸分子中既有碱性的氨基（$-NH_2$），又有酸性的羧基（$-COOH$），与强酸或强碱都能作用生成盐，所以氨基酸是两性化合物。

$$R-CH(NH_2)-COO^-Na^+ \xleftarrow{NaOH} R-CH(NH_2)-COOH \xrightarrow{HCl} R-CH(NH_3^+Cl^-)-COOH$$

$$R-CH(NH_2)-COOH \rightleftharpoons RCH(NH_3^+)COO^-$$

由于氨基酸分子中同时含有羧基和氨基，因此可分子内互相作用生成盐，这种盐称为内盐。内盐分子中既有正离子部分，又有负离子部分，所以又称偶极离子或两性离子。氨基酸在固态时主要是以偶极离子形式存在，氨基酸之所以具有低挥发性，高熔点和难溶于有机溶剂等特性，都是因为氨基酸偶极离子结构所导致的。

在水溶液中，氨基酸的偶极离子即可与H^+结合成正离子，也可失去H^+成为负离子，这三种离子在水溶液中通过得失H^+而相互转化并呈平衡状态存在。

$$\underset{\text{正离子}\ pH<pI}{RCH(NH_3^+)COOH} \underset{H^+}{\overset{OH^-}{\rightleftharpoons}} \underset{\text{偶极离子}\ pH=pI}{RCH(NH_3^+)COO^-} \underset{H^+}{\overset{OH^-}{\rightleftharpoons}} \underset{\text{负离子}\ pH>pI}{RCH(NH_2)COO^-}$$

由于氨基酸在不同pH水溶液中的带电情况不同，因而在电场中的行为也不同。一般情况下，氨基酸在酸性溶液中因主要呈正离子状态而向负极移动。反之，在碱性溶液则主要呈负离子状态而向正极移动。但是，当溶液调至某一特定的pH时，溶液中氨基酸的偶极离

子的浓度达到最大值，氨基酸分子在电场中既不向正极移动，也不向负极移动。此时溶液的 pH 被称为这个氨基酸的等电点（用 pI 表示）。各种氨基酸的等电点参见表 11-5。

中性氨基酸的等电点一般是在 5.0～6.3，酸性氨基酸的等电点为 2.8～3.2，碱性氨基酸的等电点为 7.6～10.8。

等电点是每一种氨基酸的特有常数。当溶液的 pH≠pI 时，氨基酸以同性离子存在，相互间聚集力较小，故有较大的溶解度；在等电点时，因两性离子的浓度最大，此时氨基酸的溶解度最小。因此，可以通过调节等电点的方法从氨基酸混合溶液中分离提纯各种氨基酸。如市售“味精”，就是含 80% 以上的谷氨酸单钠盐，用盐酸中和至谷氨酸的等电点 pH 为 3 时，冷却放置后析出晶体。

2. 受热后的反应 与羟基酸相似，由于氨基酸分子中氨基和羧基相对位置的不同，α-、β-、γ-等氨基酸受热后所发生的反应也不同。

α-氨基酸受热时，能发生两分子间的氨基和羧基的脱水作用，生成六元环的交酰胺（二酮吡嗪类）。

$$2\ \mathrm{RCH(NH_2)COOH} \xrightarrow[-2H_2O]{\triangle} \text{二酮吡嗪（环状交酰胺）}$$

加热时，两分子 α-氨基酸也可只脱去一分子的水生成二肽，但二酮吡嗪更易形成，故为主要产物。如将二酮吡嗪用盐酸短时间处理或加碱摇动，即可转化为二肽。二肽分子中的酰胺键称为肽键，蛋白质分子中各氨基酸之间就是通过这种肽键相连的。

$$\text{二酮吡嗪} + H_2O \xrightarrow{H^+或OH^-} H_2NCH(R)-\overset{O}{\overset{\|}{C}}-NHCH(R)-COOH$$

二肽

β-氨基酸受热时，失去一分子氨而生成 α,β-不饱和酸。

$$\mathrm{RCH(NH_2)CH_2COOH} \xrightarrow{加热} \mathrm{RCH{=}CHCOOH} + NH_3$$

γ-或 δ-氨基酸受热后，分子内容易脱水生成五元环或六元环的内酰胺。这些内酰胺用酸或碱水解则得到原来的氨基酸。

$$\mathrm{RCH(NH_2)(CH_2)_nCH_2COOH} \underset{H^+或\ OH^-}{\overset{加热}{\rightleftharpoons}} \text{内酰胺} + H_2O \quad (n=1,2)$$

分子中氨基和羧基相隔更远时，受热后在多个分子间脱水，生成链状的聚酰胺。例如尼龙-6、尼龙-11 等，则是由相应的 ω-氨基酸失水制得的。

$$nH_2N(CH_2)_xCOOH \xrightarrow{\triangle} H_2N(CH_2)_x\overset{O}{\overset{\|}{C}} + NH(CH_2)_xC + NH(CH_2)_xCOOH^+ + (n-1)H_2O \quad (x \geqslant 5)$$

3. 水合茚三酮反应 当α-氨基酸与茚三酮的水合物一起加热时，能生成一种蓝紫色化合物，叫罗曼紫，并定量放出二氧化碳。

$$2\ (\text{水合茚三酮}) + H_2NCHCOOH(R) \xrightarrow{\triangle} \text{罗曼碱} + RCHO + CO_2$$

水合茚三酮　　　　罗曼碱

此反应常用于氨基酸的定性和定量分析。

4. 与亚硝酸反应 除亚氨基酸（脯氨酸、羟脯氨酸）外，α-氨基酸中的氨基都能与亚硝酸作用，放出氮气，并生成α-羟基酸，反应所放出的N_2，一半来自氨基酸的氨基，另一半来自亚硝酸，故测定氮的含量，计算出氨基的含量。

$$\underset{NH_2}{RCHCOOH} + HNO_2 \longrightarrow \underset{OH}{RCHCOOH} + N_2\uparrow + H_2O$$

利用此反应可测定氨基酸、蛋白质分子中氨基的含量。

5. 脱羧反应 某些氨基酸在一定条件下，例如在高沸点溶剂中回流，高细菌或动物内脱羧酶的作用，可脱去二氧化碳而生成相应的胺，这种脱羧反应也是人体代谢的一种过程。例如在肠细菌的作用下组氨酸可脱羧成组胺，谷氨酸可脱羧成γ-氨基丁酸。

$$\text{(咪唑基)}CH_2\underset{NH_2}{CHCOOH} \xrightarrow{-CO_2} \text{(咪唑基)}CH_2CH_2NH_2$$

组胺

$$HOOC\underset{NH_2}{CHCH_2CH_2COOH} \xrightarrow{-CO_2} H_2NCH_2CH_2CH_2COOH$$

11-6 写出下列化合物的构造式

(1) 水杨酸　　(2) 2-氯丙酸镁　　(3) 2-(4-异丁基苯基)丙酸

(4) 2-甲基-3-(3,4-二羟基苯基)-2-丙氨酸

11-7 加热α-羟基丙酸，得到两种非对映异构的交酯，它们的结构如何？是否可以拆分？

扫码“学一学”

第六节 羧酸在医药中的应用

羧酸与取代羧酸广泛存在于自然界，与人类生活关系密切。羧酸在医药上应用也极其广泛。低级脂肪酸如甲酸可以直接作消毒剂；乙酸是重要的化工原料，是制造人造纤维、

塑料、香精、药物等的重要基础原料。高级脂肪酸是油脂工业的基础，油脂在医药领域应用广泛，是重要的赋形剂，或用于改进剂型的质量，或提高药物的生物利用度。

具有羧酸结构的药物也很多。植物中存在的某些天然羧酸化合物具有很好的药理活性。如具有止血作用的咖啡酸，它存在于许多中药中，如野胡萝卜（南鹤虱）、光叶水苏、荞麦、木半夏等。柳树皮中提取水杨酸，医用于杀菌剂和防腐剂，并具有解热镇痛、抗风湿作用。原儿茶酸系统名为3,4-二羟基苯甲酸，是中药四季青中的有效成分之一，四季青在临床上治疗烧伤有较好的效果。此外，也可用以治疗细菌性痢疾、肾盂肾炎及某些溃疡病等。化学合成药物中也许多化合物含有羧基，典型就是广谱抗菌药青霉素、头孢菌素、消炎镇痛药布洛芬等。

医药领域中二元羧酸如丁二酸，又名琥珀酸，琥珀酸在医药上有抗痉挛、祛痰及利尿的作用。中药广地龙、紫苑等含琥珀酸，据报道具有平喘作用。

长链二元酸是指碳链中含有10个以上碳原子的脂肪族二羧酸，它们是一类用途极其广泛的重要精细化工产品，是化工上合成高性能尼龙工程塑料、高级麝香香料如麝香酮、新医药和农药等的重要原材料。

取代羧酸中的氨基酸是生命活动的重要基础物质，一些必需氨基酸以营养补充剂形式摄入人体以增强抵抗力。天然果酸在食品、美容保健中也具有重要作用。

知识拓展

三羧酸循环

三羧酸循环（tricarboxylic acid cycle，TCA）也称为柠檬酸循环，Krebs 循环，是用于将乙酰CoA中的乙酰基氧化成二氧化碳和还原当量的酶促反应的循环系统，该循环的第一步是由乙酰CoA与草酰乙酸缩合形成柠檬酸。

真核生物的线粒体和原核生物的细胞质是三羧酸循环的场所。它是呼吸作用过程中的一步，但在需氧型生物中，它先于呼吸链发生。三羧酸循环的生物意义如下。

（1）三羧酸循环是机体将糖或其他物质氧化而获得能量的最有效方式。在糖代谢中，糖经此途径氧化产生的能量最多。每分子葡萄糖经有氧氧化生成 H_2O 和 CO_2 时，可净产生32分子ATP（原核好气性生物）或30分子ATP（真核生物）。

（2）三羧酸循环是糖、脂和蛋白质三大类物质代谢与转化的枢纽。一方面，此循环的中间产物（如草酰乙酸、α-酮戊二酸、丙酮酸、乙酰CoA等）是合成糖、氨基酸、脂肪等的原料。另一方面，该循环是糖、蛋白质和脂肪彻底氧化分解的共同途径。蛋白质的水解产物（如谷氨酸、天冬氨酸、丙氨酸等脱氨后或转氨后的碳架）要通过三羧酸循环才能被彻底氧化；脂肪酸分解后的产物脂肪酸经 β 氧化后生成乙酰CoA以及甘油，也要经过三羧酸循环而被彻底氧化。

因此，三羧酸循环是联系三大物质代谢的枢纽。在植物体内，三羧酸循环中间产物（如柠檬酸、苹果酸等）既是生物氧化机质，也是一定生长发育时期特定器官中的积累物质，如柠檬、苹果分别含有柠檬酸和苹果酸。

重点小结

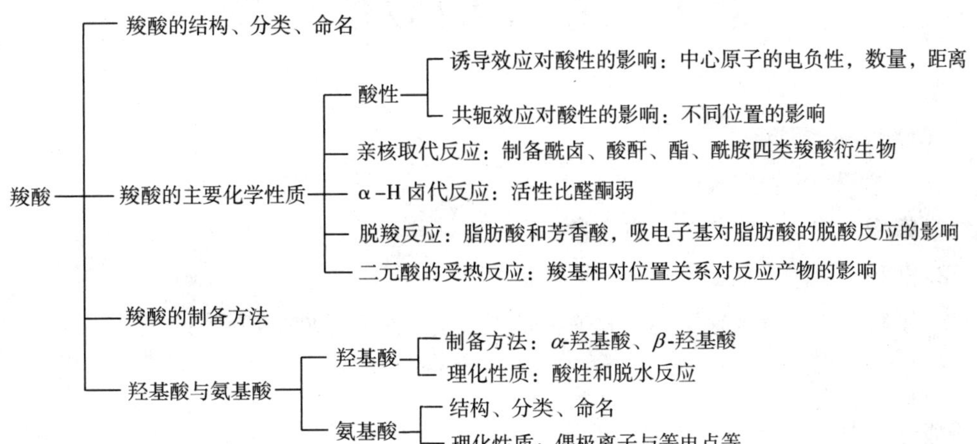
羧酸
羧酸的结构、分类、命名
羧酸的主要化学性质
酸性
诱导效应对酸性的影响：中心原子的电负性，数量，距离
共轭效应对酸性的影响：不同位置的影响
亲核取代反应：制备酰卤、酸酐、酯、酰胺四类羧酸衍生物
α-H 卤代反应：活性比醛酮弱
脱羧反应：脂肪酸和芳香酸，吸电子基对脂肪酸的脱酸反应的影响
二元酸的受热反应：羧基相对位置关系对反应产物的影响
羧酸的制备方法
羟基酸与氨基酸
羟基酸
制备方法：α-羟基酸、β-羟基酸
理化性质：酸性和脱水反应
氨基酸
结构、分类、命名
理化性质：偶极离子与等电点等

扫码“练一练”

第十二章 羧酸衍生物

要点导航

1. **掌握** 羧酸衍生物的结构、命名、主要化学性质。
2. **熟悉** 羧酸衍生物亲核取代反应机理。
3. **了解** 一些重要羧酸衍生物的特殊性质及在医药领域的应用。

羧酸分子中羧基上的羟基被其他原子或基团取代后所生成的化合物称为羧酸衍生物（carboxylic acid derivatives），包括酰卤（acyl halide）、酸酐（anhydride）、酯（ester）、酰胺（amide）。由于腈（nitrile）在化学性质上与上述化合物相似，因此也归在此类化合物中讨论。结构式如下：

$R-\overset{O}{\overset{\|}{C}}-X$ 酰卤　　$R-\overset{O}{\overset{\|}{C}}-O-\overset{O}{\overset{\|}{C}}-R$ 酸酐　　$R-\overset{O}{\overset{\|}{C}}-OR'$ 酯　　$R-C\equiv N$ 腈

$R-\overset{O}{\overset{\|}{C}}-NH_2$　　$R-\overset{O}{\overset{\|}{C}}-NHR'$　　$R-\overset{O}{\overset{\|}{C}}-NR'R''$

酰胺

羧酸衍生物是一类重要的化合物，酰卤和酸酐反应活性高，被广泛应用于药物中间体和药物的合成；而酯和酰胺反应活性较低，化合物相对比较稳定，它们能够稳定存在于自然界的动植物及化学药物当中，并表现出了一定的生物活性。例如：

乙酸异戊酯　　喜树碱　　阿莫西林

扫码“学一学”

第一节 羧酸衍生物的结构和命名

一、羧酸衍生物的结构

羧酸衍生物中除腈外，酰卤、酸酐、酯和酰胺的结构相似，都含有酰基（$R-\overset{O}{\overset{\|}{C}}-$），经光谱测定碳氧双键的键长均在0.123nm左右（正常碳氧双键键长为0.120nm），证明它们

与普通羰基不同。酰卤、酸酐、酯和酰胺的结构与羧酸相似，羰基碳以 sp^2 杂化轨道分别与其他三个原子形成 σ 键，未杂化的 p 轨道与氧原子 p 轨道侧面重叠形成 π 键，成平面构型。另外，通过单键与羰基相连的卤素、氧或氮原子的未共用 p 电子对，形成 p-π 共轭，羧酸衍生物的通式为：

$$\mathrm{R-\overset{\overset{\displaystyle O}{\|}}{C}-L} \quad \mathrm{L=-X、-O\overset{\overset{\displaystyle O}{\|}}{C}R'、-OR'、-NR'R''}$$

由于 p-π 共轭的形成，酰卤、酸酐、酯和酰胺的结构可用共振结构式表示：

$$\left[\underset{\mathrm{I}}{\mathrm{R-\overset{\overset{\displaystyle O}{\|}}{C}-\ddot{L}}} \longleftrightarrow \underset{\mathrm{II}}{\mathrm{R-\overset{\overset{\displaystyle O^-}{|}}{C}=\overset{+}{L}}}\right]$$

羧酸衍生物的共振结构式Ⅰ和Ⅱ对共振杂化体贡献的大小，是由 L（与羰基碳直接相连原子）的电负性所决定。L 的电负性越大，共振结构式Ⅱ越不稳定，共振结构式Ⅰ对共振杂化体的贡献越大，因此，酰卤的结构以共振结构式Ⅰ为主，酰胺的结构以共振结构式Ⅱ为主。

酰胺分子主要以共振结构式Ⅱ存在，表明 C—N 键具有部分双键的性质。光谱数据表明甲酰胺中 C—N 键的键长约为 138pm，比一般正常的碳氮键的键长 147pm 短很多，这都说明了碳氮键具有部分双键的性质。光谱数据测量的结果与共振结构式所得出的结果是完全一致的。

腈分子中氰基的碳和氮原子均为 sp 杂化，其结构与炔相似，碳氮叁键由一个 σ 键和两个 π 键组成。可用共振式表示如下：

$$\left[\mathrm{R-C\equiv N} \longleftrightarrow \mathrm{R-\overset{+}{C}=\overset{-}{N}}\right]$$

二、羧酸衍生物的命名

1. 酰卤 酰卤的命名是在相应酰基的名称后加上卤原子的名称，称为某酰卤。例如：

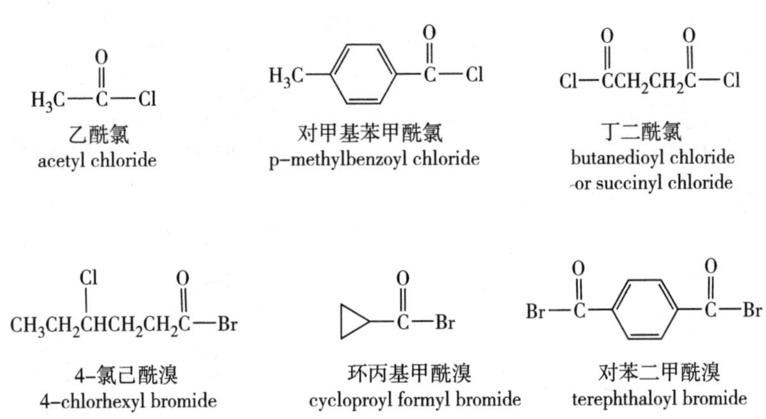

2. 酸酐 酸酐的命名是在相应羧酸的名称后加上“酐”，称为某酸酐。例如：

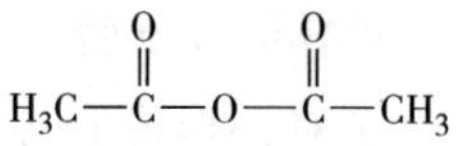

乙酸酐
acetic anhydride

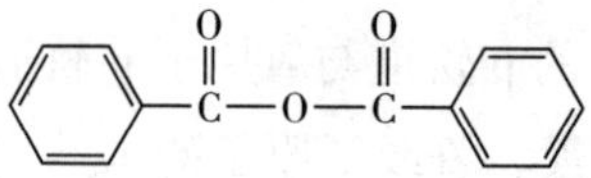

苯甲酸酐
benzoic anhydride

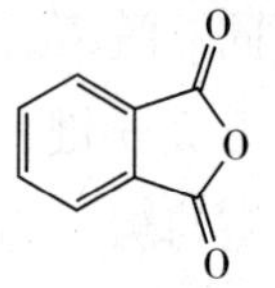

邻苯二甲酸酐
phthalic anhydride

如果命名混合酸酐时，将简单羧酸写在前面，复杂羧酸写在后面最后加上酐字。例如：

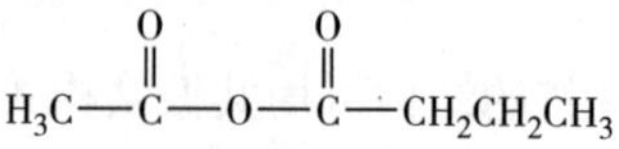

乙酸丁酸酐
acetic butyric anhydride

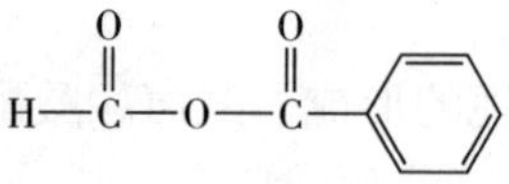

苯甲酸甲酸酐
benzoic formic anhydride

3. 酯 酯的名称是根据其生成酯的羧酸和醇来命名，称为某酸某酯。内酯的命名将相应的“羟基酸”变为“内酯”，并用希腊字母γ、δ等标明羟基所连的碳原子的位置，取代基以羧酸为母体进行编号。例如：

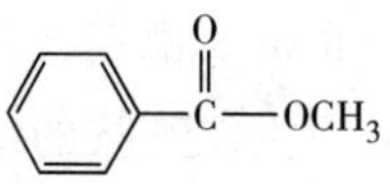

苯甲酸甲酯
methyl benzoate

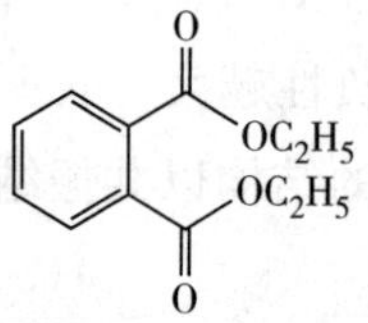

邻苯二甲酸二乙酯
diethyl phthalate

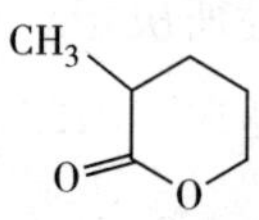

2-甲基-δ-戊内酯
2-methyl-δ-valerolactone

由多元醇和羧酸形成的酯，命名时醇的名称在前，羧酸的名称在后，称为某醇某酸酯。例如：

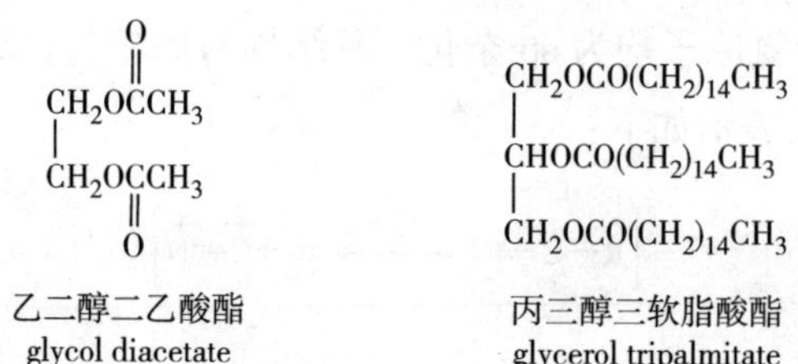

乙二醇二乙酸酯
glycol diacetate

丙三醇三软脂酸酯
glycerol tripalmitate

4. 酰胺 酰胺的命名是由相应的羧酸去掉“酸”字，再加上酰胺，称为某酰胺。若氮上有取代基时，在基名称前加N标出。

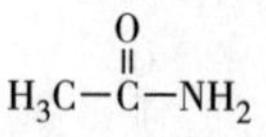

乙酰胺
Acetamide

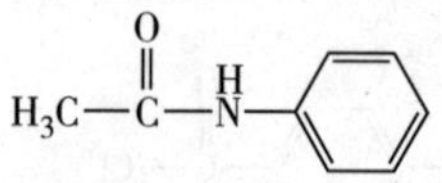

乙酰苯胺
acetanilide

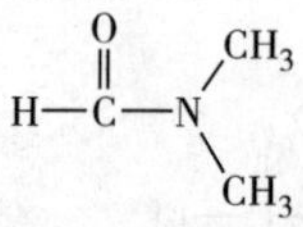

N, N-二甲基甲酰胺
N, N-dimethyl formamide（DMF）

内酰胺的命名与内酯相似。例如：

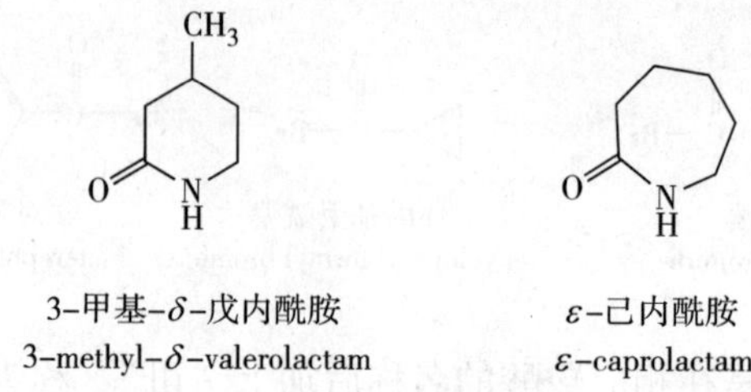

3-甲基-*δ*-戊内酰胺
3-methyl-*δ*-valerolactam

ε-己内酰胺
ε-caprolactam

氮原子上连有两个酰基的酰胺称为酰亚胺。

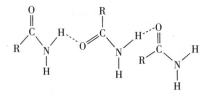

邻苯二甲酰亚胺
phthalic imidine or phthalimide

N-溴代丁二酰亚胺
N-bromosuccinimide

5. 腈　腈的命名是根据主链碳原子数（包括氰基碳）称为某腈。

CH_3CN
乙腈
Acetonitrile

$CH_3CH(CH_3)CH_2CH_2CH_2CN$
5-甲基己腈
5-methyl hexanenitrile

C_6H_5-CN
苯甲腈
benzonitrile

扫码"学一学"

第二节　羧酸衍生物的物理性质

低级的酰卤和酸酐为无色液体，都具有刺激性气味；高级的为白色固体。低级酯易挥发，为无色液体，具有令人愉快的气味，如乙酸异戊酯有香蕉香味，正戊酸异戊酯有苹果香味，苯甲酸甲酯有茉莉香味，因此许多低级酯可作为香精香料调配各种食品或化妆品；高级酯为蜡状固体。酰胺除甲酰胺和某些 *N*-取代酰胺外均为固体。

由于氢键的影响，使得酰卤、酸酐、酯、酰胺和相应的羧酸之间的熔沸点有较大的差异。酰卤和酯的分子间没有氢键缔合，故酰卤和酯的沸点较相应羧酸的沸点低；酸酐的沸点较分子量相当的羧酸低；酯的沸点比相应的酸或醇都要低；酰胺分子间可以形成氢键，其熔点和沸点较相应羧酸的高，若酰胺分子中氮上的两个氢原子被烃基取代后，分子间不能形成氢键，熔点和沸点则随之降低；腈的极性大，但不能形成氢键，沸点比相应的羧酸低。

所有羧酸衍生物均易溶于有机溶剂，如乙醚、三氯甲烷、丙酮和苯等。*N*,*N*-二甲基甲酰胺、*N*,*N*-二甲基乙酰胺、乙腈可与水混溶，它们是优良的非质子极性溶剂，广泛应用于有机合成中。表 12-1 为常见羧酸衍生物的物理常数。

表 12-1　常见羧酸衍生物的物理常数

名称	沸点/℃	熔点/℃	名称	沸点/℃	熔点/℃
乙酰氯	51	-112	乙酸酐	139.6	-73
丙酰氯	80	-94	苯甲酸酐	360	42
正丁酰氯	102	-89	邻苯二甲酸酐	284	131
苯甲酰氯	197	-1	乙酰胺	221	82

续表

名称	沸点/℃	熔点/℃	名称	沸点/℃	熔点/℃
乙酰溴	76	-96	丙酰胺	213	79
甲酸乙酯	54	-80	苯甲酰胺	290	130
乙酸甲酯	57.5	-98	乙酰苯胺	305	114
乙酸乙酯	77	-84	*N*,*N*-二甲基甲酰胺	153	-61
乙酸正丁酯	126	-77	乙腈	82	-45
乙酸异戊酯	142	-78	丙腈	97	-92
苯甲酸乙酯	213	-35	苯甲腈	191	-13

扫码“学一学”

第三节　羧酸衍生物的化学性质

羧酸衍生物（腈除外）的结构中都含有相同的官能团酰基，因而表现出相似的化学性质，其反应机理也大致相同。由于与羰基直接相连的卤原子、氧或氮原子的电负性不同，导致 p-π 共轭的程度不同，使得它们在化学性质上有所差异。有些羧酸衍生物还表现出特殊的化学性质。

一、羧酸衍生物的取代反应

羧酸衍生物中都有一个极性酰基，带部分正电荷的碳原子易受亲核试剂（H_2O、ROH、RNH_2）的进攻，发生亲核取代反应。可用通式表示如下：

$$R-\overset{O}{\overset{\|}{C}}-L+Nu^- \longrightarrow R-\overset{O}{\overset{\|}{C}}-Nu+L^-$$

1. 酰卤的取代反应　酰卤中的卤原子有吸电子效应，增强了羰基碳的亲电性，使酰卤更容易受到亲核试剂的进攻，而且 X^-也是一个很好的离去基团，因此酰卤发生亲核取代反应的活性在所有羧酸衍生物中是最强的。它能迅速与水、醇、氨（胺）发生水解、醇解和氨（胺）解，分别生成羧酸、酯和酰胺。酰卤在有机合成上是一种良好的酰化试剂。

（1）酰卤水解　酰卤水解的通式为：

$$R-\overset{O}{\overset{\|}{C}}-X+H_2O \longrightarrow R-\overset{O}{\overset{\|}{C}}-OH+HX \quad X=Cl, Br, I$$

低分子量酰卤与水极易水解，无需催化剂；但随着酰卤分子量的增加，水解速度会逐渐减慢，反应需要用碱催化。例如：

$$H_3C-\overset{O}{\overset{\|}{C}}-Cl+H_2O \longrightarrow H_3C-\overset{O}{\overset{\|}{C}}-OH+HCl$$

$$(Ph)_2CHCH_2\overset{O}{\overset{\|}{C}}-Cl+H_2O \xrightarrow[0℃]{Na_2CO_3,\ H_2O} (Ph)_2CHCH_2\overset{O}{\overset{\|}{C}}-OH+HCl$$

（2）酰卤醇解　酰卤醇解的通式为：

$$R-\overset{O}{\overset{\|}{C}}-X+R'OH \longrightarrow R-\overset{O}{\overset{\|}{C}}-OR'+HX \quad X=Cl, Br, I$$

酰卤与醇或酚发生反应生成相应的酯，通常用来制备难以直接通过酸和醇反应得到的酯。对于位阻较大的叔醇或亲核性较弱的酚，通常需要加入适当的碱来促进反应的进行。例如：

$$H_3C-\overset{O}{\overset{\|}{C}}-Cl+CH_3CH_2OH \longrightarrow H_3C-\overset{O}{\overset{\|}{C}}-OCH_2CH_3$$

$$H_3C-\overset{O}{\overset{\|}{C}}-Cl+(CH_3)_3COH \xrightarrow{C_6H_5N(CH_3)_2} H_3C-\overset{O}{\overset{\|}{C}}-OC(CH_3)_3$$

$$C_6H_5-\overset{O}{\overset{\|}{C}}-Cl+HO-C_6H_5 \xrightarrow{\text{吡啶}} C_6H_5-\overset{O}{\overset{\|}{C}}-O-C_6H_5$$

（3）酰卤氨解　酰卤氨解的通式为：

$$R-\overset{O}{\overset{\|}{C}}-X+R'NH_2 \longrightarrow R-\overset{O}{\overset{\|}{C}}-NHR'+HX \quad X=Cl, Br, I$$

酰卤与氨（胺）很容易反应生成酰胺。该反应常在碱性条件下进行，为了中和反应中产生的卤化氢，从而避免消耗反应物氨（胺）。例如：

$$H_3C-\overset{O}{\overset{\|}{C}}-Cl+HN(CH_2)_5 \xrightarrow{NaOH} H_3C-\overset{O}{\overset{\|}{C}}-N(CH_2)_5$$

2. 酸酐的取代反应　酸酐也比较活泼，同样容易与水、醇、氨（胺）发生水解、醇解和氨（胺）解，分别生成相应的羧酸、酯和酰胺，但反应活性比酰卤的要低。

（1）酸酐水解　酸酐水解的通式为：

$$R-\overset{O}{\overset{\|}{C}}-O-\overset{O}{\overset{\|}{C}}-R+H_2O \longrightarrow 2R-\overset{O}{\overset{\|}{C}}-OH$$

酸酐的水解可在酸性、中性或碱性的溶液中进行，其反应比酰卤的缓和一些。例如：

$$H_3C-\overset{O}{\overset{\|}{C}}-O-\overset{O}{\overset{\|}{C}}-C_2H_5+H_2O \longrightarrow H_3C-\overset{O}{\overset{\|}{C}}-OH+C_2H_5-\overset{O}{\overset{\|}{C}}-OH$$

（2）酸酐醇解　酸酐醇解的通式为：

$$R-\overset{O}{\overset{\|}{C}}-O-\overset{O}{\overset{\|}{C}}-R+R'OH \longrightarrow R-\overset{O}{\overset{\|}{C}}-OR'+R-\overset{O}{\overset{\|}{C}}-OH$$

酸酐的醇解较酰卤的缓和，反应中可用适量的酸或碱进行催化，是制备酯的常用方法。酸酐同酰卤一样也是良好的酰化试剂，且在反应中较酰卤更容易操作。如在乙酸乙酯的制备过程中用酸酐作为酰化剂具有处理方便、且反应中不产生腐蚀性的卤化氢等优点。例如：

$$H_3C-\overset{O}{\overset{\|}{C}}-O-\overset{O}{\overset{\|}{C}}-CH_3 + C_2H_5OH \xrightarrow{\text{吡啶}} H_3C-\overset{O}{\overset{\|}{C}}-OC_2H_5 + H_3C-\overset{O}{\overset{\|}{C}}-OH$$

（3）酸酐氨解　酸酐氨解的通式为：

$$R-\overset{O}{\overset{\|}{C}}-O-\overset{O}{\overset{\|}{C}}-R + R'NH_2 \longrightarrow R-\overset{O}{\overset{\|}{C}}-NHR' + R-\overset{O}{\overset{\|}{C}}-OH$$

酸酐氨（胺）解生成酰胺，其反应活性比酰卤低，反应速率更慢。例如：

$$H_3C-\overset{O}{\overset{\|}{C}}-O-\overset{O}{\overset{\|}{C}}-CH_3 + H_2N-C_6H_5 \longrightarrow H_3C-\overset{O}{\overset{\|}{C}}-\overset{H}{\overset{|}{N}}-C_6H_5 + CH_3COOH$$

$$HO-C_6H_4-NH_2 + (CH_3CO)_2O \xrightarrow{AcOH} HO-C_6H_4-NHCOCH_3 + CH_3COOH$$

3. 酯的取代反应　酯能够发生水解、醇解和氨（胺）解，但其活性远不如酰卤和酸酐，反应需要在酸或碱的催化下加热回流才能进行。

（1）酯水解　酯水解的通式为：

$$R-\overset{O}{\overset{\|}{C}}-OR' + H_2O \xrightarrow{OH^-} R-\overset{O}{\overset{\|}{C}}-OH + R'OH$$

酸催化酯的水解是可逆的；在碱催化酯的水解过程中所产生的酸与碱成盐，使平衡向正反应方向进行，水解比较彻底，是不可逆的。因此，酯的水解通常在碱催化条件下进行。例如：

$$\text{二氢香豆素} \xrightarrow{NaOH,\ H_2O} \text{(邻-OH)}C_6H_4-CH_2CH_2COONa$$

天然动植物油脂是高级脂肪酸的甘油酯。油脂在碱性条件下水解得高级脂肪酸的盐，酸化后可得不同碳链的高级脂肪酸。

$$\begin{matrix} H_2C-OOCR \\ | \\ CH-OOCR' \\ | \\ H_2C-OOCR'' \end{matrix} + H_2O \rightleftharpoons \begin{matrix} CH_2OH \\ | \\ CHOH \\ | \\ CH_2OH \end{matrix} + \begin{matrix} RCOOH \\ R'COOH \\ R''COOH \end{matrix}$$

$$\begin{matrix} H_2C-OOCR \\ | \\ CH-OOCR' \\ | \\ H_2C-OOCR'' \end{matrix} + 3NaOH \xrightarrow{\Delta} \begin{matrix} CH_2OH \\ | \\ CHOH \\ | \\ CH_2OH \end{matrix} + \begin{matrix} RCOONa \\ R'COONa \\ R''COONa \end{matrix}$$

油脂水解得到的高级脂肪酸主要是12～18个碳的饱和或不饱和酸，并且都含偶数碳原子，如月桂酸、肉豆蔻酸、软脂酸（棕榈酸）、硬脂酸、油酸、亚油酸等。

$CH_3(CH_2)_{10}CO_2H$	$CH_3(CH_2)_{12}CO_2H$	$CH_3(CH_2)_{14}CO_2H$	$CH_3(CH_2)_{16}CO_2H$
月桂酸	肉豆蔻酸	软脂酸	硬脂酸

（2）酯醇解　酯醇解的通式为：

$$R-\overset{O}{\overset{\|}{C}}-OR' + R''OH \xrightarrow{OH^-} R-\overset{O}{\overset{\|}{C}}-OR'' + R'OH$$

酯的醇解反应也需要在酸或碱的催化下进行，反应中从一个酯生成另一个新的酯，所以该反应也可叫作酯交换反应。该反应主要适用于大分子的醇去置换小分子的醇，将产生的小分子醇直接蒸出使平衡向正反应方向移动，从而完成反应。例如：

$$H_2C{=}CHCO_2CH_3 + CH_3(CH_2)_3OH \xrightarrow{H^+} H_2C{=}CHCO_2(CH_2)_3CH_3 + CH_3OH$$

酯交换反应常用于药物及其中间体的合成。当酯结构复杂，难以用直接酯化的方法制备时，可先制成简单易得的甲酯或乙酯，然后通过酯交换反应得到复杂结构的酯。例如，局部麻醉药普鲁卡因的合成。

$$p\text{-}H_2NC_6H_4CO_2C_2H_5 + HOCH_2CH_2N(C_2H_5)_2 \xrightarrow{H^+} p\text{-}H_2NC_6H_4CO_2CH_2CH_2N(C_2H_5)_2$$

普鲁卡因

（3）酯氨解　酯氨解的通式为：

$$R-\overset{O}{\overset{\|}{C}}-OR' + R''NH_2 \longrightarrow R-\overset{O}{\overset{\|}{C}}-NHR'' + R'OH$$

酯也可以与氨（胺）发生氨（胺）解生成酰胺或酰胺衍生物。例如：

$$CH_3\overset{OH}{\overset{|}{C}}HCO_2C_2H_5 + NH_3 \xrightarrow{25℃/24h} CH_3\overset{OH}{\overset{|}{C}}HCONH_2 + C_2H_5OH$$

4. 酰胺的取代反应　酰胺的水解比酯难得多，需要在强酸或强碱的催化长时间加热回流才能水解。酰胺的醇解和氨解反应活性太低，一般较少使用。例如：

$$R\overset{O}{\overset{\|}{C}}NH_2 + H_2O \xrightarrow[\triangle]{H_3O^+} R\overset{O}{\overset{\|}{C}}OH + NH_4^+$$

$$R\overset{O}{\overset{\|}{C}}NH_2 + H_2O \xrightarrow[\triangle]{OH^-} R\overset{O}{\overset{\|}{C}}O^- + NH_3$$

5. 腈的类似反应　腈可在酸或碱的催化下发生水解，先生成酰胺，进一步水解成羧酸。例如：

$$RCN \xrightarrow[H_2O]{H^+\text{或}OH^-} R\overset{O}{\overset{\|}{C}}NH_2 \xrightarrow[H_2O]{H^+\text{或}OH^-} R\overset{O}{\overset{\|}{C}}OH$$

腈可在酸性条件下发生醇解生成羧酸酯。例如：

$$RCN + R'OH \xrightarrow{HCl} R-\overset{NH\cdot HCl}{\overset{\|}{C}}-OR' \xrightarrow{H_3O^+} RCO_2R'$$

思考题

12-1　取用乙酰氯试剂，为何瓶口会冒白烟？往存有乙酰氯溶液的试管中滴加硝酸银溶液，析出白色沉淀，请解释这一现象。

12-2　为什么阿司匹林片剂、青霉素类药物容易失效？

阿司匹林（解热镇痛药）　　青霉素G钠（抗生素）

二、羧酸衍生物的相互转化

羧酸及其衍生物可以由上述取代反应发生相互转化，它们之间的关系可用图12-1表示。

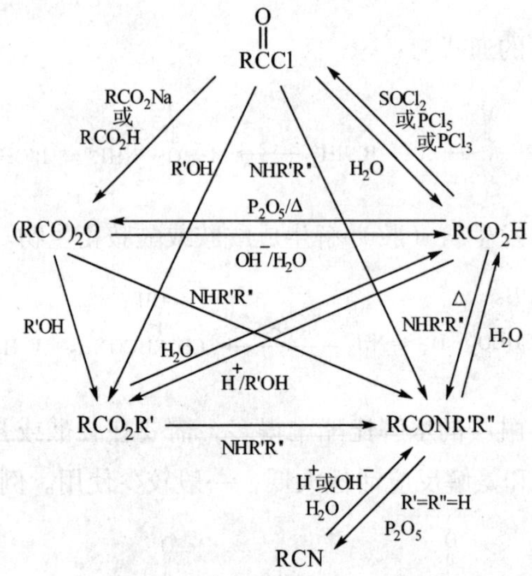

图 12-1　羧酸及其衍生物的相互转化

思考题

12-3　完成反应式

（1）$CH_3CH_2COCl \xrightarrow{PhCH_2NH_2} \xrightarrow{H_2O} \xrightarrow{P_2O_5/\Delta} \xrightarrow{C_2H_5OH}$

（2）δ-戊内酯 $+ C_2H_5OH \xrightarrow{H^+} \xrightarrow{(C_2H_5)_2NH} \xrightarrow[2)\ H_2O]{1)\ LiAlH_4,\ Et_2O}$

三、羧酸衍生物的还原反应

羧酸衍生物中的不饱和键（C ═O 或 C ≡ N）可以被还原。羧酸衍生物的还原方法很多，用不同还原方法能得到不同的还原产物。

1. 酰卤 酰卤能被四氢铝锂（$LiAlH_4$）还原为伯醇。例如：

$$R-\overset{\overset{O}{\|}}{C}-Cl \xrightarrow[\text{②}H_2O]{\text{①}LiAlH_4,\ Et_2O} RCH_2OH + HX$$

罗森孟德（Rosenmund）还原法，它能选择性地将酰氯还原为醛，而醛不会进一步被还原。例如：

$$CH_3COCH_2CH_2COCl \xrightarrow[\text{喹啉-硫}]{H_2,\ Pd/BaSO_4} CH_3COCH_2CH_2CHO$$

另外，也可用三叔丁氧基氢化铝锂或三乙氧基氢化铝锂将酰氯还原为醛。例如：

$$C_6H_5-COCl \xrightarrow[\text{或}LiAlH(OC_2H_5)_3]{LiAlH[OC(CH_3)_3]_3} \xrightarrow{H_2O} C_6H_5-CHO$$

2. 酸酐 酸酐能被四氢铝锂（$LiAlH_4$）还原为伯醇。例如：

$$R-\overset{\overset{O}{\|}}{C}-O-\overset{\overset{O}{\|}}{C}-R' \xrightarrow[\text{②}H_2O]{\text{①}LiAlH_4,\ Et_2O} RCH_2OH + R'CH_2OH$$

3. 酯 酯也能被四氢铝锂（$LiAlH_4$）还原为伯醇。例如：

$$R-\overset{\overset{O}{\|}}{C}-OR' \xrightarrow[\text{②}H_2O]{\text{①}LiAlH_4,\ Et_2O} RCH_2OH + R'OH$$

酯也可以在钠-醇溶液中加热回流还原成伯醇，该反应称为鲍维尔特-布兰克（Bouveault-Blanc）还原法。

$$CH_3CH═CHCH_2CO_2C_2H_5 \xrightarrow{Na,\ C_2H_5OH} CH_3CH═CHCH_2CH_2OH$$

4. 酰胺 酰胺能被四氢铝锂（$LiAlH_4$）还原为胺类，根据氮上取代基的数目不同，可分别还原得到伯、仲、叔胺。

$$R-\overset{\overset{O}{\|}}{C}-NR'R'' \xrightarrow[\text{②}H_2O]{\text{①}LiAlH_4,\ Et_2O} RCH_2NR'R''$$

$$Ph-\overset{\overset{O}{\|}}{C}-NHCH_3 \xrightarrow[\text{②}H_2O]{\text{①}LiAlH_4,\ Et_2O} PhCH_2NHCH_3$$

5. 腈 腈能被四氢铝锂（$LiAlH_4$）或催化氢化还原为伯胺。

$$RCN \xrightarrow[\text{②}H_2O]{\text{①}LiAlH_4,\ Et_2O} RCH_2NH_2$$

$$C_6H_5-CH_2CN + H_2 \xrightarrow[120℃]{Ni,\ \text{压力}} C_6H_5-CH_2CH_2NH_2$$

各类含羰基化合物的还原产物和还原情况比较如下。

名称	结构	$NaBH_4$/乙醇	$LiAlH_4$/乙醇	H_2/催化
羧酸	RCOOH	(-)	RCH_2OH	(-)
酰氯	RCOCl	RCH_2OH	RCH_2OH	RCH_2OH
酯	RCOOR′	(-)	RCH_2OH，R′OH	RCH_2OH，R′OH
酰胺	$RCONH_2$	(-)	RCH_2NH_2	RCH_2NH_2（难）
取代酰胺	RCONHR	(-)	RCH_2NHR	RCH_2NHR
酮	R_2CO	R_2CHOH	R_2CHOH	R_2CHOH
醛	RCHO	RCH_2OH	RCH_2OH	RCH_2OH

羧酸及其衍生物还原的顺序（由易到难）：酰氯>酯>羧酸。

12-4　完成反应式

（1）$CH_3O_2CCH_2CH_2COCl \xrightarrow[\text{喹啉-硫}]{H_2,\ Pd/BaSO_4}$

（1）$CH_3O_2CCH_2CH_2COCl \xrightarrow{LiAlH_4}$

四、羧酸衍生物与格氏试剂的反应

羧酸衍生物能与格氏试剂反应，首先生成酮，酮进一步与格氏试剂反应生成叔醇，是合成酮和叔醇的重要方法之一。

1. 酰卤　酰氯与格氏试剂的反应，先生成酮，酮再与格氏试剂加成生成叔醇（甲酰氯生成仲醇）。由于酰氯的羰基比酮羰基活泼，因此只要酰氯过量且控制在较低温度下时可以停留在生成酮的阶段。

$$R-\overset{O}{\overset{\|}{C}}-Cl + R'-MgX \longrightarrow R-\underset{R'}{\underset{|}{\overset{O-MgX}{\overset{|}{C}}}}-Cl \longrightarrow R-\overset{O}{\overset{\|}{C}}-R' \xrightarrow{R'-MgX}$$

$$R-\underset{R'}{\underset{|}{\overset{O-MgX}{\overset{|}{C}}}}-R' \xrightarrow{HO-H} R-\underset{R'}{\underset{|}{\overset{OH}{\overset{|}{C}}}}-R'$$

$$\underset{\text{过量}}{CH_3COCl} \xrightarrow[Et_2O]{CH_3(CH_2)_3MgCl} CH_3COCH_2CH_2CH_2CH_3$$

$$CH_3COCl \xrightarrow[Et_2O]{CH_3(CH_2)_3MgCl\text{（过量）}} CH_3\underset{CH_2CH_2CH_2CH_3}{\underset{|}{\overset{OH}{\overset{|}{C}}}}CH_2CH_2CH_2CH_3$$

2. 酸酐　酸酐能与格氏试剂反应生成叔醇。但如果反应控制在超低温下进行，能够停留在酮的阶段。

$$R-\overset{O}{\overset{\|}{C}}-O-\overset{O}{\overset{\|}{C}}-R' \xrightarrow[②H_3O^+]{①R''MgX} R-\underset{R''}{\overset{OH}{C}}-R''$$

$$H_3C-\overset{O}{\overset{\|}{C}}-O-\overset{O}{\overset{\|}{C}}-CH_3 \xrightarrow[②H_3O^+]{①C_2H_5MgX} H_3C-\underset{C_2H_5}{\overset{OH}{C}}-C_2H_5$$

$$H_3C-\overset{O}{\overset{\|}{C}}-O-\overset{O}{\overset{\|}{C}}-CH_3 \xrightarrow[②H_3O^+]{①C_2H_5MgX,\ -70℃} H_3C-\overset{O}{\overset{\|}{C}}-C_2H_5$$

3. 酯　酯跟酰卤、酸酐一样，也很容易与格氏试剂发生反应，首先生成酮，然后酮再与格氏试剂反应生成叔醇（甲酸酯得到仲醇）。由于酯羰基比酮羰基活性低，因此，生成酮后，格氏试剂会更容易与酮反应迅速生成叔醇，反应很难停留在酮的阶段。

$$R-\overset{O}{\overset{\|}{C}}-OR'' + R'-MgX \longrightarrow R-\underset{R'}{\overset{O-MgX}{C}}-OR'' \longrightarrow R-\overset{O}{\overset{\|}{C}}-R' \xrightarrow{R'-MgX}$$

$$R-\underset{R'}{\overset{O-MgX}{C}}-R' \xrightarrow{H_3O^+} R-\underset{R'}{\overset{OH}{C}}-R'$$

$$PhCO_2CH_3 \xrightarrow[\text{纯醚，苯，回流}]{2C_6H_5MgBr} \xrightarrow{H_3O^+} Ph-\underset{Ph}{\overset{OH}{C}}-Ph$$

$$HCO_2CH_3 \xrightarrow[\text{纯醚}]{2C_2H_5MgX} \xrightarrow{H_3O^+} H-\underset{C_2H_5}{\overset{OH}{C}}-C_2H_5$$

内酯也能与格氏试剂反应，生成产物为二醇。

$$\text{(6-甲基-δ-戊内酯)} \xrightarrow[②H_3O^+]{①C_2H_5MgI} CH_3\overset{OH}{C}HCH_2CH_2CH_2\underset{C_2H_5}{\overset{OH}{C}}-C_2H_5$$

4. 腈　腈分子中具有极性的碳氮叁键能与格氏试剂发生亲核加成反应，生成亚胺盐，虽然亚胺盐具有碳氮双键，但碳的正电性明显低于碳氧双键上碳的正电性，因此不再与格氏试剂进一步发生反应。亚胺盐经酸性水解生成酮。

$$RCN \xrightarrow{R'MgX} R-\overset{NMgX}{\overset{\|}{C}}-R' \xrightarrow{H_3O^+} R-\overset{O}{\overset{\|}{C}}-R'$$

$$PhCH_2CN \xrightarrow{PhMgBr} \xrightarrow{H_3O^+} PhCH_2COPh$$

五、酰胺的特性

1. 酸碱性 氨的水溶液显碱性，当氨中的一个氢被酰基取代后，由于酰胺分子中的氮原子与酰基直接相连，氮原子 p 轨道上的未共用电子对与羰基中的 π 键发生了 p-π 共轭，使氮原子上电子云密度降低，导致其溶液碱性比氨的弱，接近中性，可与强酸成盐。

$$R—C(=O)—NH_2$$

例如，

$$CH_3CONH_2 + HCl \xrightarrow{乙醚} CH_3CONH_2 \cdot HCl \downarrow$$

$$CH_3CONH_2 + Na \xrightarrow{乙醚} CH_3CONHNa + H_2 \uparrow$$

酰亚胺分子中，氮原子与两个羰基相连，氮原子上电子云密度大大降低，导致酰亚胺不但不显碱性，而表现明显的酸性。

酰亚胺具有弱酸性，可以与强碱反应生成盐。例如：

$$\text{邻苯二甲酰亚胺(NH)} + KOH \longrightarrow \text{邻苯二甲酰亚胺}N^-K^+ + H_2O$$

$$\xrightarrow{\text{酸性加强，碱性减弱}}$$
$$NH_3 \longrightarrow NH_2COR \longrightarrow NH(COR)_2$$

2. 脱水反应 酰胺与强脱水剂（如 P_2O_5、$SOCl_2$ 等）在加热条件下，可脱水生成腈，是合成腈最常用的方法之一。例如：

$$CH_3CH_2CONH_2 \xrightarrow[200℃]{P_2O_5} CH_3CH_2CN$$

3. 霍夫曼降解反应 一级酰胺在碱性溶液和卤素（Cl_2 或 Br_2）作用下，脱去羰基生成少一个碳原子的伯胺，该反应称为霍夫曼（Hofmann）降解反应，也称为霍夫曼重排反应。利用这一反应，可以制备比反应物少一个碳原子的伯胺。例如：

$$R—\overset{O}{\overset{\|}{C}}—NH_2 \xrightarrow[NaOH]{Br_2} [R—N=C=O] \xrightarrow[-CO_2]{H_2O} R—NH_2$$

反应机理如下：

$$R—\overset{O}{\overset{\|}{C}}—\underset{H}{\underset{|}{N}}—H \xrightarrow[-H_2O]{OH^-} R—\overset{O^-}{\overset{|}{C}}=NH \xrightarrow{Br—Br} R—\overset{O}{\overset{\|}{C}}—\underset{Br}{\underset{|}{N}}—H \xrightarrow[-H_2O]{OH^-} R—\overset{O^-}{\overset{|}{C}}=N—Br$$

$$\xrightarrow{-Br} R—N=C=O \xrightarrow{H_2O} R—\overset{H}{\overset{|}{N}}—\overset{O}{\overset{\|}{C}}—O—H \longrightarrow R—NH_2 + CO_2$$

当酰胺中 α 碳原子为手性碳时，反应后手性碳构型保持不变，是一个构型保持的反应。如：

$$\begin{array}{c} H_3C \\ Ph \blacktriangleleft C \cdots CONH_2 \\ | \\ H \end{array} \xrightarrow{Br_2/OH^-} \begin{array}{c} H_3C \\ Ph \blacktriangleleft C - NH_2 \\ | \\ H \end{array}$$

12-5　下列哪种物质能与羟胺和三氯化铁作用生成红色的异羟肟酸铁（　　）

A. 乙醚　　B. 苯甲酸乙酯　　C. 邻苯二甲酸乙二酯　　D. 苯胺

E. 乙酰乙酸乙酯　　F. 香豆素　　G. 穿心莲内酯

12-6　完成反应式

（1）$Ph-\overset{O}{\overset{\|}{C}}-NH_2 \xrightarrow[NaOH]{Br_2} \xrightarrow{H_2O}$

（2）邻苯二甲酰亚胺 $\xrightarrow[NaOH]{Br_2} \xrightarrow{H_2O}$

（3）$H-\overset{O}{\overset{\|}{C}}-OC_2H_5 \xrightarrow[2)\ H_3O^+]{1)\ PhMgBr}$

（4）$H_3C-C_6H_4-CN \xrightarrow{C_2H_5MgBr} \xrightarrow{H_3O^+}$

第四节　亲核取代反应机理和反应活性

扫码“学一学”

一、亲核取代反应机理

羧酸衍生物的亲核取代反应的通式为：

$$R-\overset{O}{\overset{\|}{C}}-L + NuH \longrightarrow R-\overset{O}{\overset{\|}{C}}-Nu + HL$$

$$Nu = S-OH、-OR'、-NH_2$$

$$L = -Cl、-O\overset{O}{\overset{\|}{C}}R、-OR'、-NH_2$$

式中 L 为离去基团，Nu 为亲核试剂，羧酸衍生物的羰基跟醛酮相似，容易受到亲核试剂的进攻形成不稳定四面体中间体氧负离子，离去基团 L 容易从四面体中间体中离去，形成取代产物，整个过程属于加成-消除机理。

$$R-\overset{O}{\overset{\|}{C}}-L + Nu-H \longrightarrow R-\underset{Nu}{\underset{|}{\overset{O^-}{\overset{|}{C}}}}-L \longrightarrow R-\overset{O}{\overset{\|}{C}}-Nu + HL$$

酰氯和酸酐的亲核取代反应无需用酸碱催化，其水解机理为：

$$R-\overset{O}{\overset{\|}{C}}-Cl + H_2\ddot{O} \rightleftharpoons R-\underset{^{+}OH_2}{\overset{O^-}{C}}-Cl \rightleftharpoons R-\underset{OH}{\overset{\ddot{O}H}{C}}-Cl \longrightarrow R-\overset{\overset{+}{O}H}{\overset{\|}{C}}-OH \xrightarrow{-H^+} RCO_2H$$

酯和酰胺所发生的亲核取代反应需要用酸或碱作为催化剂，以下分别讨论在酸或碱性介质中的反应机理。

在碱性条件下有利于亲核试剂进攻酯的羰基，酯的水解过程也属于加成-消除机理。

$$R-\overset{O}{\overset{\|}{C}}-OR' + \ddot{O}H^- \rightleftharpoons R-\underset{OH}{\overset{\ddot{O}^-}{C}}-OR' \rightleftharpoons RCO_2H + OR'^- \rightleftharpoons RCO_2^- + HOR'$$

酯在酸性条件下的水解呈现出两种不同的反应机理。一般情况下，质子与酯羰基氧相结合，活化酯羰基，然后亲核试剂对酯羰基进行加成形成不稳定的四面体中间体，随后烷氧基离去，生成最终产物。

$$R-\overset{O}{\overset{\|}{C}}-OR' + H^+ \rightleftharpoons R-\overset{^{+}OH}{\overset{\|}{C}}-OR' \underset{}{\overset{H_2\ddot{O}}{\rightleftharpoons}} R-\underset{^{+}OH_2}{\overset{OH}{C}}-OR'$$

$$\overset{\text{质子转移}}{\rightleftharpoons} R-\underset{OH}{\overset{\ddot{O}H}{C}}-\overset{H}{\overset{|}{\overset{+}{O}}}R' \overset{-R'OH}{\rightleftharpoons} RCOOH + R'OH$$

酯的酸性水解一般按上述机理进行，在酰氧键之间发生断裂，生成羧酸。

$$R-\overset{O}{\overset{\|}{C}}\vdots-OR'$$

酰氧键断裂

位阻大的叔醇形成的酯，由于体积效应的影响，其水解的机理以另一种方式发生，例如，带有^{18}O标记的叔醇酯的水解。

$$H_3C-\overset{O}{\overset{\|}{C}}-{}^{18}O-\underset{CH_3}{\overset{CH_3}{C}}-CH_3 + H_2O \longrightarrow H_3C-\overset{^{18}O}{\overset{\|}{C}}-OH + (CH_3)_3COH$$

如果按正常的机理，^{18}O标记的氧应该存在于醇中，实验结果却刚好相反，^{18}O标记的氧存在于羧酸中，这一结果表明该反应中键的断裂发生在烷氧键之间，而非酰氧键断裂。

$$R-\overset{O}{\overset{\|}{C}}-O\vdots-R'$$

烷氧键断裂

在叔醇酯的水解中，由于位阻大的叔丁基存在，使亲核试剂在进攻酯羰基的过程中受阻；且由于叔丁基碳正离子的稳定性，在水解过程中发生碳氧键的断裂，先生成稳定性好

的叔丁基碳正离子和有^{18}O标记的羧酸，随后叔丁基碳正离子与水结合生成醇。

$$H_3C-\overset{O}{\overset{\|}{C}}-{}^{18}O-C(CH_3)_3 \xrightarrow{H^+} H_3C-\overset{^+OH}{\overset{\|}{C}}-{}^{18}O-C(CH_3)_3 \longrightarrow H_3C-\overset{^{18}O}{\overset{\|}{C}}-OH + (CH_3)_3C^+$$

$$(CH_3)_3C^+ + H_2O \longrightarrow (CH_3)_3C-\overset{+}{O}H_2 \xrightarrow{-H^+} (CH_3)_3C-OH$$

酰胺在酸或碱性介质中的反应机理与酯类似，但其水解速度比酯要慢，通常需要催化才能进行。

在碱性条件下亲核试剂进攻酰胺的羰基，其水解过程也属于加成-消除机理。

$$R-\overset{O}{\overset{\|}{C}}-NHR' + \ddot{O}H^- \rightleftharpoons R-\underset{OH}{\overset{\ddot{O}^-}{C}}-NHR' \rightleftharpoons RCO_2H + R'NH^-$$

酰胺在酸性条件下的水解机理如下：

$$R-\overset{O}{\overset{\|}{C}}-NHR' + H^+ \rightleftharpoons R-\overset{^+OH}{\overset{\|}{C}}-NHR' \underset{}{\overset{H_2\ddot{O}}{\rightleftharpoons}} R-\underset{^+OH_2}{\overset{OH}{C}}-NHR' \overset{质子转移}{\rightleftharpoons}$$

$$R-\underset{OH}{\overset{\ddot{O}H}{C}}-\overset{+}{N}H_2R' \overset{-RNH_2}{\rightleftharpoons} RCOOH + R'NH_2$$

二、反应活性

1. 活性顺序 羧酸衍生物与水、醇、氨（胺）的亲核取代反应，从实验中可以知道其活性顺序为：

$$R-\overset{O}{\overset{\|}{C}}-Cl > R-\overset{O}{\overset{\|}{C}}-O-\overset{O}{\overset{\|}{C}}-R' > R-\overset{O}{\overset{\|}{C}}-OR' > R-\overset{O}{\overset{\|}{C}}-NH_2$$

酰卤发生亲核取代反应的活性最高，酰胺的活性最低，反应活性的高低与它们的结构密切相关。

2. 影响反应活性因素

（1）离去基团的影响 从亲核取代反应的机理可知，反应经过四面体中间体，然后L基团离去，恢复羰基结构，因此离去基团L越容易离去，反应速度就越快。离去基团离去的难易程度，取决于离去基团L的碱性。L碱性越弱，越容易离去。酰氯、酸酐、酯和酰胺参加反应时，其离去基团L分别为Cl^-、$RCOO^-$、RO^-和NH_2^-，它们的碱性顺序是$Cl^- < RCOO^- < RO^- < NH_2^-$。因此氯原子最容易离去，而氨基最难离去。这一结论也很好地反映了酰氯、酸酐、酯和酰胺发生亲核取代反应活性依次减弱。

（2）位阻效应的影响 一般亲核取代反应需要亲核试剂进攻羰基形成四面体中间体，在位阻大的叔丁基酯水解中，由于大位阻的叔丁基存在，亲核试剂很难进攻叔丁基酯的羰

基碳，因此位阻的大小会影响亲核取代的速度。若四面体中间体所连的基团越大，拥挤程度就越大，相互间的作用就越大，则中间体的能量就越高，越不稳定，很难形成，从而反应速率就会减小。如某酸甲酯的碱性水解速率。

$$RCO_2CH_3 + H_2O \xrightarrow{OH^-} RCO_2H + CH_3OH$$

反应速率 $R = H— > CH_3— > C_2H_5— > (CH_3)_2CH— > (CH_3)_3C—$

乙酸某酯的碱性水解速率

$$CH_3CO_2R + H_2O \xrightarrow{OH^-} CH_3CO_2H + ROH$$

反应速率 $R = CH_3— > C_2H_5— > (CH_3)_2CH— > (CH_3)_3C—$

12-7 请比较下列化合物发生水解反应的活性大小，并根据所学知识进行解释。

（对位取代苯甲酸甲酯：CO_2CH_3 对位分别为 CH_3、Cl、OCH_3、NO_2）

12-8 写出下列反应的机理

（3-苯基-3-(2-溴乙基)苯并呋喃-2-酮 $\xrightarrow{C_2H_5ONa}$ 4-苯基色满-4-甲酸乙酯（Ph、$CO_2C_2H_5$））

扫码“学一学”

第五节　碳酸衍生物

碳酸可以看作是共用一个羰基的二元羧酸，可以稳定存在。碳酸衍生物可以分为酸性衍生物和中性衍生物，其酸性衍生物不稳定，易分解，实用价值不大；其中性衍生物是稳定的，并且有应用价值，较重要的是碳酰氯和碳酰胺。常见的碳酸衍生物如下。

$ClC(=O)Cl$ 碳酰氯（光气）　$H_2NC(=O)NH_2$ 碳酰胺（脲）　$H_2NC(=S)NH_2$ 硫代碳酰胺（硫脲）　$H_2NC(=NH)NH_2$ 亚氨基脲（胍）

1. 碳酰氯　碳酰氯俗称光气，在室温下为无色有甜味的气体，沸点8℃，低温时为黄绿色液体，有毒。工业上是在200℃时，以活性炭作催化剂，用氯气与一氧化碳作用来制备。实验室一般用四氯化碳和发烟硫酸制备。具备酰氯的性质，易发生亲核取代反应。

$$CO + Cl_2 \xrightarrow[200℃]{活性炭} Cl-\overset{O}{\overset{\|}{C}}-Cl$$

$$CCl_4 + 2\,SO_3 \longrightarrow Cl-\overset{O}{\overset{\|}{C}}-Cl + S_2O_5Cl_2$$

2. 碳酰胺　碳酰胺俗称尿素，也称为脲，存在于人和哺乳动物的尿中，为白色晶体，熔点 132℃，易溶于水和乙醇，不溶于乙醚。强热分解为氨和二氧化碳。脲是人类及哺乳动物体内蛋白质代谢的最终产物。脲在农业上是高效的固体氮肥，含氮量高达 46.6%；在医药上用于治疗急性青光眼和脑外伤引起的脑水肿等症状。工业上采用二氧化碳和过量氨在加压加热制备，脲具有碱性，与酰胺的性质相似。

$$2NH_3 + CO_2 \xrightarrow[180℃]{20MPa} NH_2\overset{O}{\overset{\|}{C}}ONH_4 \xrightarrow{-H_2O} NH_2\overset{O}{\overset{\|}{C}}NH_2$$

3. 胍　胍可以看成是脲分子中氧原子被亚氨基（═N—H）取代后生成的化合物。胍为无色结晶，具有强吸湿性，熔点为 50℃，易溶于水，是一种强有机碱，其碱性与 KOH 相当。其结构式如下：

$$H_2N-\overset{NH}{\overset{\|}{C}}-NH_2$$

由氨基氰与氯化铵反应可制备胍的盐酸盐。

$$H_2NCN + NH_4Cl \longrightarrow NH_2\overset{NH}{\overset{\|}{C}}NH_2 \cdot HCl$$

胍容易水解生成脲和氨。

$$NH_2\overset{NH}{\overset{\|}{C}}NH_2 + HCl \longrightarrow NH_2\overset{O}{\overset{\|}{C}}NH_2 + NH_3$$

胍存在于很多药物分子中，例如：

$$H_2N-C_6H_4-SO_2NH\overset{NH}{\overset{\|}{C}}NH_2$$

磺胺脒

$$C_6H_5-(CH_2)_2NH\overset{NH}{\overset{\|}{C}}NH\overset{NH}{\overset{\|}{C}}NH_2 \cdot HCl$$

盐酸苯乙双胍（降糖灵）

扫码“学一学”

第六节　羧酸衍生物在医药领域的应用

羧酸衍生物是一类重要的有机化合物，广泛应用于医药、农药等领域。

酰氯和酸酐是重要的酰化剂，在医药合成中占有重要的地位，利用酰氯和酸酐中的活性基团，可以合成一系列医药化工产品和药物中间体。如药物依诺沙星和吉米沙星的合成中就用到了酰氯；阿司匹林的合成中要用乙酸酐。

$$\text{(COOH, OH)} + (CH_3CO)_2O \xrightarrow{浓H_2SO_4} \text{(COOH, OCOCH}_3) + CH_3COOH$$

酯和酰胺类化合物存在于很多药物中。酯类的有阿司匹林（解热镇痛药）、盐酸普鲁卡因（麻醉药）、喜树碱（抗癌药）和氯贝丁酯（心脏病药）等。在这一类药物的合成过程中大都涉及酯键的生成。盐酸普鲁卡因的合成过程如下。

$$O_2N-C_6H_4-CH_3 \xrightarrow[\triangle]{[O]} O_2N-C_6H_4-CO_2H \xrightarrow[\triangle]{HOCH_2CH_2N(C_2H_5)_2}$$

$$O_2N-C_6H_4-CO_2CH_2CH_2N(C_2H_5)_2 \xrightarrow[pH=4]{Fe,\ HCl} H_2N-C_6H_4-CO_2CH_2CH_2N(C_2H_5)_2$$

$$\xrightarrow[pH=4\sim5]{HCl,\ Na_2SO_4,\ NaCl} \left[H_2N-C_6H_4-CO_2CH_2CH_2N(C_2H_5)_2\right]\cdot HCl$$

盐酸普鲁卡因

普鲁卡因（Procaine Hydrochloride）是一种良好的局部麻醉剂，其结构中存在有酯键，因而易发生水解而失效，温度和 pH 大小都会影响其水解速度，因此，药物应在避光、干燥、密闭、阴凉处保存。

酰胺类化合物在药物中更为常见，典型的药物如阿莫西林（抗菌药）、青霉素（抗菌药）、头孢菌素（抗菌药）等抗生素都含有β-内酰胺结构。例如，地西泮（Diazepam）又名安定，具有抗焦虑、抗癫痫、镇静、松弛骨骼肌及消除记忆的作用，常用于医治焦虑、失眠、肌肉痉挛及癫痫症。其合成过程如下：

$$Cl-C_6H_4-NO_2 + PhCH_2CN \xrightarrow[C_2H_5OH]{OH^-} \text{(Cl, N, O, Ph)} \xrightarrow{Fe/HCl}$$

$$\text{(NH}_2\text{, Cl, C=O, Ph)} \xrightarrow{ClCH_2COCl} \text{(NHCOCH}_2\text{Cl, Cl, C=O, Ph)} \xrightarrow{(CH_2)_6N_4/NH_3}$$

$$\text{(H}_3\text{C, N, O, Cl, Ph)} \xrightarrow{(CH_3)_2SO_4} \text{(H}_3\text{C, N, O, Cl, Ph)}$$

知识拓展

青霉素及其应用

青霉素是一种高效、低毒、临床应用广泛的重要抗生素。它的研制成功大大增强了人类抵抗细菌性感染的能力，开创了用抗生素治疗疾病的新纪元，带动了抗生素家族的诞生。1928 年，英国伦敦大学教授弗莱明意外地发现了青霉菌可以在几小时内将葡萄球菌全部杀死。这个偶然的发现引起了他的注意，然而遗憾的是他一直未能找到提取高纯度青霉素的方法。1939 年，弗莱明将青霉菌菌株提供给科学家弗洛里和钱恩。经过他们的努力研究，美国制药企业于 1942 年开始对青霉素进行大批量生产，并用于治疗二战中受伤的士兵，拯救了二战中无数人的生命。青霉素的出现，当时曾轰动世界，为了表彰这一造福人类的贡献，弗莱明、弗洛里和钱恩于 1945 年共同获得诺贝尔医学和生理学奖。

重点小结

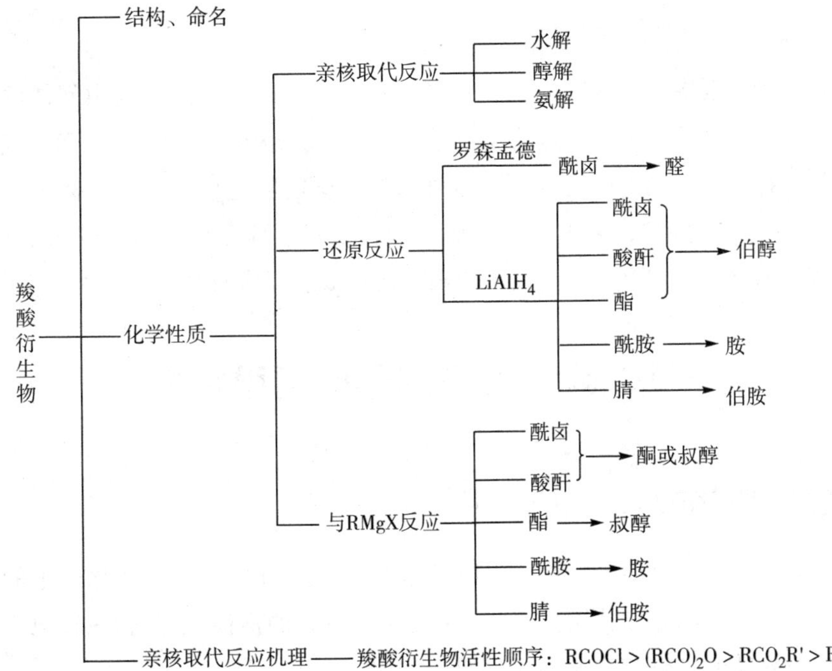

扫码“练一练”

第十三章　碳负离子反应及其在化学合成中的应用

要点导航

1. **掌握**　乙酰乙酸乙酯和丙二酸二乙酯的烷基化和酰基化及在合成中的应用，以及羟醛缩合和酯缩合反应在合成中的应用。

2. **熟悉**　α-氢酸性产生的原因，碳负离子稳定性与结构的关系，以及碳负离子与羰基化合物的亲核加成反应。

3. **理解**　乙酰乙酸乙酯的互变异构以及碳负离子的反应机理。

4. **了解**　碳负离子反应在医药领域的应用。

在醛酮的羟醛缩合反应中，我们已经认识了碳负离子。以碳负离子为中间体的反应在有机合成中具有非常重要的地位。在这些反应过程中，一般是由碱夺取 α-氢而形成碳负离子，带负电荷的碳在反应中起着关键作用；这种亲核的碳能够进攻连有良好离去基团的碳（多带有正电荷或部分正电荷），通过亲核加成或亲核取代反应，形成新的碳-碳键，从较小的分子合成较大的分子。本章主要讨论碳负离子的形成、反应及其在合成中的应用。

扫码“学一学”

第一节　碳负离子的形成和稳定性

一、碳负离子的形成和 α-氢的酸性

有机化合物分子中，与官能团相连的碳原子称为 α-碳原子，连在该碳原子上的氢原子叫作 α-氢原子。由于受官能团的影响，使 α-氢总是有一定的活性。当与 α-碳原子相连的官能团具有吸电子性质时，α-氢会显示出明显的酸性。

	CH_3NO_2	CH_3COCl	CH_3CHO	CH_3CN	CH_3COOCH_3
pK_a	10.21	16	17	25	25

α-氢的酸性大小与氢解离后形成的负离子稳定性有关，负离子稳定，氢就易离解，酸性就大。根据共振论观点，上述化合物 α-氢离解后，形成的碳负离子可写成下列两种共振结构式。

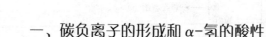

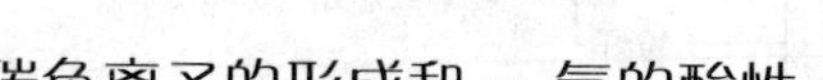

$$R-\overset{\overset{O}{\|}}{C}-CH_3 \rightleftharpoons H^+ + \left[R-\overset{\overset{O}{\|}}{C}-\overset{-}{C}H_2 \longleftrightarrow R-\overset{\overset{O^-}{|}}{C}=CH_2\right]$$

负离子的两种共振结构式说明负电荷在三原子的离域体系中分散，且其中有一个共振结构式负电荷分布在电负性较大氧原子上，对共振结构杂化体的贡献很大，所以负离子较为稳定。

按照共轭理论，α-氢离解后产生碳负离子，该碳负离子的 p 轨道与羰基 π 键（或其他吸电子基 π 键）产生 p-π 共轭，由于羰基的吸电子共轭效应，负电荷分散到羰基上而得以稳定。

$$O{=}C(R){-}CH_2^-$$

负离子稳定性显然与官能团吸电子强弱有关，官能团吸电子能力越强，负电荷分散程度越大，该负离子就越稳定，即 α-氢酸性越强。

在上述含 α-氢化合物的 pK_a 数据中，由于硝基吸电子能力远强于羰基，所以硝基化合物 α-氢的酸性远远高于其他化合物；酰氯中含氯羰基（氯甲酰基）的吸电子作用强于一般羰基，因此酰氯 α-氢酸性比羰基化合物和其他羧酸衍生物明显要大，酯羰基对 α-氢的影响较其他羰基小，这是由于烷氧基斥电子作用阻碍碳负离子负电荷向羰基分散，故酯 α-氢的酸性相对较弱。这也可以理解为烷氧基对羰基的斥电子共轭，降低了羰基的吸电子作用。

当 α-碳原子上连有两个吸电子基团时，α-氢酸性明显增强。如：

	$CH_2(NO_2)_2$	$CH_2(COCH_3)_2$	$CH_2(COCH_3)(COOC_2H_5)$	$CH_2(CN)_2$	$CH_2(COOC_2H_5)_2$
pK_a	3.57	9	11	11.2	13

α-氢解离后所形成的碳负离子的 p 轨道与两个吸电子基的 π 轨道组成更大的共轭体系，负电荷能被更多的原子分散，负离子的稳定性进一步增强。例如β-戊二酮 α-氢解离后产生的碳负离子可以写成以下三种共振结构式。

$$CH_3-\overset{O}{\overset{\|}{C}}-\bar{C}H-\overset{O}{\overset{\|}{C}}-CH_3 \longleftrightarrow CH_3-\overset{O^-}{\overset{|}{C}}=CH-\overset{O}{\overset{\|}{C}}-CH_3 \longleftrightarrow CH_3-\overset{O}{\overset{\|}{C}}-CH=\overset{O^-}{\overset{|}{C}}-CH_3$$

根据共振论，一个离域体系的共振式越多，离域程度越大，该体系越稳定。以上三个共振式中，其中有两个共振式负电荷分布在氧原子上，对负离子的稳定贡献较大，所以含有两个吸电子官能团的 α-碳负离子更为稳定，α-氢酸性更强。我们把连有两个吸电子官能团的亚甲基称为活泼亚甲基，活泼亚甲基中的氢解离后，形成负离子的碳可以引入各种亲核性基团，从而获得许多重要有机化合物。

思考题

13-1　试排序下列化合物 α-氢的酸性。

（1）$CH_3COCH_2COOCH_3$　（2）$CH_3COCH_2COCH_3$　（3）CH_3COCH_2CN

（4）$CH_3OOCCH_2COOCH_3$　（5）CH_3OOCCH_2CN

二、碳负离子的稳定性和互变异构

乙酰乙酸乙酯具有羰基化合物的一般反应，与氢氰酸、亚硫酸氢钠起亲核加成反应，生成α-羟基腈和α羟基磺酸，与羟胺和苯肼反应产生肟和苯腙，并有甲基酮的特有反应（卤仿反应），但乙酰乙酸乙酯又具有烯醇的典型反应，使溴的四氯化碳溶液褪色，遇三氯化铁溶液显蓝紫色。这些事实说明，乙酰乙酸乙酯存在酮式和烯醇式两种异构，两者能相互转变并处于动态平衡。

$$\underset{92.5\%}{CH_3\overset{\overset{O}{\|}}{C}CH_2\overset{\overset{O}{\|}}{C}OC_2H_5} \rightleftharpoons \underset{7.5\%}{CH_3\overset{\overset{OH}{|}}{C}=CH\overset{\overset{O}{\|}}{C}OC_2H_5}$$

这种同分异构体之间通过动态平衡相互转化的现象叫作互变异构现象。互变异构现象在有机化合物中普遍存在。

在室温下，乙酰乙酸乙酯的酮式和烯醇式互变速度非常快，无法分离。在低温下，两者互变很慢，在特殊的低温条件下，可以将两者短时间分开。

在羰基化合物中，也曾学过酮式和烯醇式互变现象，我们知道通常情况下，烯醇结构是极不稳定的，一般羰基化合物的酮式和烯醇式互变异构平衡常数非常小，几乎都以酮式结构存在。例如在丙酮的酮式和烯醇式互变异构体中，烯醇式含量极低，一般方法根本无法检测到，可以认为丙酮的烯醇式结构几乎不存在。乙酰乙酸乙酯含有相当比例的烯醇式结构，其主要原因是：①分子中含活泼亚甲基，酸性较强，解离出的氢离子与羰基氧结合后生成较为稳定的烯醇，因为该烯醇碳碳双键与酯羰基存在共轭作用；②烯醇式羟基上的氢原子与酯羰基中的氧原子可形成六元环的分子内氢键，使烯醇式稳定性进一步增强。

$$CH_3\overset{\overset{O}{\|}}{C}CH_2\overset{\overset{O}{\|}}{C}OC_2H_5 \rightleftharpoons \left[\begin{array}{c} CH_3-\overset{\overset{O}{\|}}{C}-\overset{-}{C}H-\overset{\overset{O}{\|}}{C}-OC_2H_5 \\ \updownarrow \\ CH_3-\overset{\overset{O^-}{|}}{C}=CH-\overset{\overset{O}{\|}}{C}-OC_2H_5 \\ \updownarrow \\ CH_3-\overset{\overset{O}{\|}}{C}-CH=\overset{\overset{O^-}{|}}{C}-OC_2H_5 \end{array}\right] + H^+ \rightleftharpoons CH_3\overset{\overset{O-H\cdots}{|}}{C}=CH\overset{\overset{O}{\|}}{C}OC_2H_5$$

在不同的溶剂中，乙酰乙酸乙酯的烯醇式含量是不同的，非极性溶剂中含量较高，而极性溶剂中含量较少，一个可能的原因是极性溶剂与烯醇式形成分子间氢键而阻碍其分子内氢键的形成。

溶剂	水	甲醇	乙醇	乙酸乙酯	苯	乙醚	环己烷
烯醇式含量（%）	0.40	6.87	10.52	12.9	16.2	27.1	46.4

烯醇式结构的稳定性（含量）与中间体碳负离子稳定性有很大的关系，碳负离子稳定，有利于形成烯醇式结构，平衡体系中烯醇式含量就大。因为稳定的烯醇是建立在具有稳定共轭结构的碳负离子基础之上（即两者有相似的共轭结构）。当共轭基团上连有一些取代基

时，由于电子效应的作用，这些取代基将影响碳负离子的稳定性，最终影响烯醇式稳定性及含量（表 13-1）。

表 13-1 显示，具有 β-二羰基化合物的烯醇式含量大大高于单羰基的丙酮，原因如前述，二羰基化合物形成的碳负离子较丙酮形成的烯醇负离子更为稳定。当二羰基化合物的羰基上连有不同基团时，烯醇式含量会有明显变化。如丙二酸二乙酯含量相对更小，这是由于两个羰基上连着两个斥电子较强的烷氧基，不利于负电荷的分散，负离子较不稳定，酮式结构难以通过碳负离子转化成烯醇。二苯基丙二酮的两个苯基由于参与共轭而分散负电荷，稳定了中间体碳负离子，使酮式结构较易转化成稳定的烯醇式，所以烯醇式含量很高。

此外当活泼亚甲基上连有烷基时，斥电子的烷基不利于稳定负离子，因而烯醇式含量会下降。

表 13-1　某些化合物中烯醇式的含量

酮式	烯醇式	烯醇式含量（%）
$CH_3C(=O)CH_3$	$CH_3C(OH)=CH_2$	0.00015
$C_2H_5OC(=O)CH_2C(=O)OC_2H_5$	$C_2H_5OC(OH)=CHC(=O)OC_2H_5$	0.1
$CH_3C(=O)CH_2(CH_3)C(=O)OC_2H_5$	$CH_3C(OH)=C(CH_3)C(=O)OC_2H_5$	4.0
$CH_3C(=O)CHC(=O)OC_2H_5$	$CH_3C(OH)=CHC(=O)OC_2H_5$	7.5
$CH_3C(=O)CH_2C(=O)CH_3$	$CH_3C(OH)=CHC(=O)CH_3$	76.0
$C_6H_5C(=O)CH_2C(=O)CH_3$	$C_6H_5C(OH)=CHC(=O)CH_3$	90.0
$C_6H_5C(=O)CH_2C(=O)C_6H_5$	$C_6H_5C(OH)=CHC(=O)C_6H_5$	96.0

互变异构不限于羰基化合物，其他含极性 π 键官能团（如 N ═O 等）的化合物也常常可见。例如：

$$H-\overset{|}{\underset{|}{C}}-N=O \rightleftharpoons {>}C=N-OH \qquad H-\overset{|}{\underset{|}{C}}-N\begin{matrix}\nearrow O\\ \searrow O\end{matrix} \rightleftharpoons {>}C=N\begin{matrix}\nearrow O\\ \searrow OH\end{matrix}$$

思考题

13-2　试写出苯甲酰乙酸乙酯的酮式和烯醇式结构，并判断其烯醇式结构与乙酰乙酸乙酯烯醇式哪个更稳定？

扫码“学一学”

第二节 碳负离子反应

碳负离子具有很强的反应活性，在有机反应中常作为亲核试剂发生亲核反应（包括亲核取代和亲核加成反应），通过亲核反应可以构建新的 C—C 键，它是有机化学增长碳链的重要反应，也是合成有机化合物的常用手段。

一、碳负离子对醛酮的亲核加成反应

1. 羟醛缩合反应 是指含 α-氢的醛或酮在酸性或碱性条件下，与另一个醛酮化合物羰基发生亲核加成生成 β-羟基醛或 β-羟基酮，或脱水生成 α，β-烯醛（酮）的反应。

$$R-CH_2\overset{O}{\overset{\|}{C}}H + R-\overset{H}{\overset{|}{C}}HCH{=}O \xrightarrow{OH^-} RCH_2-\overset{OH}{\overset{|}{C}}H\underset{R}{\underset{|}{C}}HCH{=}O \xrightarrow{\triangle} RCH_2-CH{=}\underset{R}{\underset{|}{C}}CH{=}O$$

$$CH_3\overset{O}{\overset{\|}{C}}CH_3 + H-CH_2\overset{O}{\overset{\|}{C}}CH_3 \xrightarrow{OH^-} CH_3\underset{CH_3}{\underset{|}{\overset{OH}{\overset{|}{C}}}}CH_2\overset{O}{\overset{\|}{C}}CH_3 \xrightarrow[-H_2O]{\triangle} CH_3\underset{CH_3}{\underset{|}{C}}{=}CH\overset{O}{\overset{\|}{C}}CH_3$$

$$C_6H_5-\overset{O}{\overset{\|}{C}}H + CH_3\overset{O}{\overset{\|}{C}}CH_3 \xrightarrow{OH^-} C_6H_5-CH{=}CH\overset{O}{\overset{\|}{C}}CH_3$$

2. 有机锌化合物的加成反应 α-卤代酸酯在锌粉作用下与醛、酮反应，经水解生成 β-羟基酸酯，此反应称为瑞福尔马斯基（Reformatsky）反应。

$$\underset{X}{\underset{|}{C}}H_2COOC_2H_5 + R_2C{=}O \xrightarrow[\text{② } H_2O/H^+]{\text{① Zn, } Et_2O} R-\underset{OH}{\underset{|}{\overset{R}{\overset{|}{C}}}}-CH_2COOC_2H_5$$

反应机理是首先 α-卤代酸酯和锌反应生成中间体有机锌试剂，然后有机锌试剂与醛酮羰基进行亲核加成，再水解。

$$\underset{X}{\underset{|}{C}}H_2COOC_2H_5 + Zn \xrightarrow{Et_2O} X\overset{+}{Zn}\overset{-}{C}H_2COOC_2H_5$$

$$R-\underset{O}{\underset{\|}{C}}-R + X\overset{+}{Zn}\overset{-}{C}H_2COOC_2H_5 \longrightarrow R-\underset{OZnX}{\underset{|}{\overset{R}{\overset{|}{C}}}}-CH_2COOC_2H_5$$

$$R-\underset{OZnX}{\underset{|}{\overset{R}{\overset{|}{C}}}}-CH_2COOC_2H_5 \xrightarrow{H_2O/H^+} R-\underset{OH}{\underset{|}{\overset{R}{\overset{|}{C}}}}-CH_2COOC_2H_5$$

该反应生成的有机锌化合物 $X\text{-}Zn^+\text{-}^-CH_2CO_2Et$ 与格氏试剂和有机锂试剂相似，α-碳带负电，有较强的亲核性，但锌的活泼性不如镁、锂，所以有机锌化合物的反应活性较格氏试剂和有机锂试剂低，它不会与酯羰基发生亲核加成，所以与醛、酮反应专属性较高。

反应中的α-卤代酸酯以α-溴代酸酯最为常用。醛、酮与α-溴代酸酯反应可以合成比醛、酮多两个碳原子的β-羟基酸酯。该反应需要无水操作条件，一般在非质子性有机溶剂中进行，常用的有机溶剂有乙醚、四氢呋喃、苯等。例如：

$$\text{环己酮}{=}O + BrCH_2COOC_2H_5 \xrightarrow[C_6H_6]{Zn} \text{1-(OZnBr)-1-}(CH_2COOC_2H_5)\text{环己烷} \xrightarrow[\triangle]{H_2O/H^+} \text{1-(OH)-1-}(CH_2COOC_2H_5)\text{环己烷}$$

$$C_6H_5CHO + CH_3CH(Br)COOC_2H_5 \xrightarrow[Et_2O]{Zn} \xrightarrow{H_2O/H^+} C_6H_5CH(OH)CH(CH_3)COOC_2H_5$$

3. 维蒂希反应 维蒂希（Wittig）反应是醛或酮与维蒂希试剂（磷叶立德）作用生成烯烃的反应，以发明人德国化学家格奥尔格·维蒂希的姓氏命名。维蒂希反应是合成长碳链烯烃的重要方法。

$$R^1R^2C{=}O + Ph_3\overset{+}{P}{-}\overset{-}{C}R^3R^4 \longrightarrow R^1R^2C{=}CR^3R^4 + Ph_3P{=}O$$

维蒂希试剂（Wittig）通常以四级卤化磷盐在强碱作用下失去一分子卤化氢制备得到，而四级卤化磷盐则可由三苯基磷和卤代烃反应得到。前者制备反应通常在乙醚或四氢呋喃中进行，强碱选用苯基锂或正丁基锂。

$$Ph_3\overset{+}{P}{-}CH_2R\ \overset{-}{X} + C_4H_9Li \longrightarrow Ph_3P{=}CHR + C_4H_{10}$$

最简单的维蒂希试剂是亚甲基三苯基磷（$Ph_3P{=}CH_2$），是一个橙黄色固体，对空气和水都不稳定，可通过三苯基磷和溴甲烷生成的溴化三苯基甲基磷在干燥乙醚和氮气流下用苯基锂处理脱去溴化氢制得。

$$Ph_3P + CH_3Br \longrightarrow Ph_3\overset{+}{P}{-}CH_2\ \overset{-}{Br}H \xrightarrow{PhLi} Ph_3P{=}CH_2 + C_6H_6$$

维蒂希试剂可用下列共振结构式表示：

$$Ph_3P{=}CH_2 \longleftrightarrow Ph_3\overset{+}{P}{-}\overset{-}{C}H_2$$

醛或酮与维蒂希试剂作用生成烯烃的反应机理如下：

$$\underset{\text{I}}{R^1R^2C{=}O} + \underset{\text{II}}{Ph_3\overset{+}{P}{-}\overset{-}{C}R^3R^4} \rightleftharpoons \underset{\text{III}}{R^1R^2C(O^-){-}CR^3R^4(\overset{+}{P}Ph_3)}$$

$$\text{III} \rightleftharpoons \underset{\text{IV}}{R^1R^2C(O){-}CR^3R^4(PPh_3)} \longrightarrow \underset{\text{V}}{R^1R^2C{=}CR^3R^4} + \underset{\text{VI}}{Ph_3P{=}O}$$

Wittig 试剂Ⅱ中的负电碳原子进攻醛酮Ⅰ羰基碳原子，发生亲核加成，生成产物Ⅲ，然后生成含氧四元环过渡态Ⅳ，Ⅳ发生消除得到烯烃Ⅴ和三苯基氧磷Ⅵ。

维蒂希反应条件温和，产率较高，醛酮结构中若含有酯、醚、卤素、烯、炔等官能团

不受影响，因而维蒂希反应是有机分子引入烯基的重要方法。如：

$$\text{樟脑 (camphor)} \xrightarrow[KO\textit{t}\text{-}Bu]{Ph_3P^+CH_3\,Br^-} \xrightarrow{HCl} \text{莰烯 (camphene, C=CH}_2\text{)}$$

$$\text{(2-硝基苯偶氮)-4-甲酰基苯酚负离子} \xrightarrow[②HCl]{①Ph_3P^+CH_3\,Br^-\ NaNH_2} \text{(2-硝基苯偶氮)-4-乙烯基苯酚 (-CH=CH}_2\text{)}$$

4. 麦克尔反应 麦克尔（Michael）反应是非常有价值的有机合成反应，是亲核试剂碳负离子对α，β-不饱和羰基化合物的β位碳原子发生的亲核加成反应。

$$Nu^- + CH_2{=}CH{-}\overset{O}{\overset{\|}{C}}{-}R \longrightarrow Nu{-}CH_2{-}CH{=}\overset{O^-}{\overset{|}{C}}{-}R$$

麦克尔反应也称为1,4-加成、共轭加成，它是构筑碳-碳键的最常用方法之一。例如：

$$CH_3\overset{O}{\overset{\|}{C}}CH_3 + CH_2{=}CH{-}\overset{O}{\overset{\|}{C}}H \xrightarrow{OH^-} CH_3\overset{O}{\overset{\|}{C}}CH_2CH_2CH_2\overset{O}{\overset{\|}{C}}H$$

该反应的反应机理：

$$CH_3\overset{O}{\overset{\|}{C}}CH_3 \xrightarrow{OH^-} CH_3\overset{O}{\overset{\|}{C}}{-}CH_2^- \longleftrightarrow CH_3\overset{O^-}{\overset{|}{C}}{=}CH_2$$

$$CH_3\overset{O}{\overset{\|}{C}}{-}CH_2^- + CH_2{=}CH{-}\overset{O}{\overset{\|}{C}}H \longrightarrow CH_3\overset{O}{\overset{\|}{C}}CH_2{-}CH_2{-}CH{=}\overset{O^-}{\overset{|}{C}}H \xrightarrow{H_2O}$$

$$CH_3\overset{O}{\overset{\|}{C}}CH_2{-}CH_2{-}CH{=}\overset{OH}{\overset{|}{C}}H \longrightarrow CH_3\overset{O}{\overset{\|}{C}}CH_2CH_2CH_2\overset{O}{\overset{\|}{C}}H$$

首先是在碱性条件下，酮解离α-活性氢产生碳负离子，然后该碳负离子进攻丙烯醛的β-碳原子发生1,4-共轭加成，生成的烯醇氧负离子从溶剂中获得质子形成烯醇，后者重排得最终产物。

麦克尔反应的应用非常广泛，在有机合成上的意义主要是在活泼的碳原子上引入三个碳原子的侧链。

$$PhCH{=}CHCOOC_2H_5 + CH_2(COOC_2H_5)_2 \xrightarrow[C_2H_5OH]{C_2H_5ONa} \underset{\displaystyle CH(COOC_2H_5)_2}{PhCHCH_2COOC_2H_5}$$

$$\text{2-甲基环戊酮} + CH_2{=}CHCOOC_2H_5 \xrightarrow{t\text{-BuOK}/t\text{-BuOH}} \text{2-甲基-2-}(CH_2CH_2COOC_2H_5)\text{环戊酮}$$

5. 普尔金反应 芳香醛与酸酐在碱性催化剂存在下，发生类似羟醛缩合反应得到β-芳

基-α,β-不饱和羧酸，这类反应称为普尔金（Perkin）反应。通常使用与酸酐对应的羧酸盐作催化剂。

$$Ar-CH=O+(CH_3CO)_2O \xrightarrow{CH_3COONa} Ar-CH=CHCOOH+CH_3COOH$$

反应机理如下：

$$\xrightarrow{^{-}OAc} \qquad \xrightarrow{-AcO^{-}} \qquad \xrightarrow{-Ac_2O} \qquad \xrightarrow{AcOH}$$

羧酸盐作为碱性试剂与酸酐的α-氢反应，使羧酸酐生成α-碳负离子，该负离子与醛发生亲核加成产生烷氧负离子，然后向分子内的羰基进攻，关环，从另一侧开环，得到羧酸根负离子，与酸酐反应产生混酐，这个混酐发生 E2 消除，失去质子及酰氧基，产生一个不饱和的酸酐，它受亲核试剂进攻发生加成-消除，再经酸化，最后得到芳基不饱和羧酸，主要是反式羧酸。

普尔金反应一般只局限于芳香醛类。芳环上的取代基对普尔金反应有影响，通常吸电子基团可以增强反应活性，如硝基和卤素等无论在苯环任何位置都对反应有促进作用。但芳环上连有斥电子基对反应不太有利。

$$m\text{-}O_2N-C_6H_4-CHO+(CH_3CH_2CH_2CO)_2O \xrightarrow{C_3H_7COONa} m\text{-}O_2N-C_6H_4-CH=C(Et)COOH$$

某些杂环芳醛能发生 Perkin 反应，如呋喃甲醛与乙酐反应产生呋喃丙烯酸，这个产物是医治血吸虫病药物呋喃丙胺的原料。

$$\text{2-呋喃基}-CHO+(CH_3CO)_2O \xrightarrow{CH_3COONa} \text{2-呋喃基}-CH=CHCOOH$$

13-3　完成下列反应式。

(1) $(C_6H_5)_3P=CH-C_6H_5 + C_6H_5-CH=O \longrightarrow$

（2） $\text{环己酮}{=}O + CH_3\underset{\underset{Br}{|}}{C}HCOOC_2H_5 \xrightarrow[C_6H_6]{Zn} \xrightarrow[\triangle]{H_2O/H^+}$

（3） $CH_3\overset{\overset{O}{\|}}{C}CH{=\!=}CH_2 + CH_2(COOC_2H_5)_2 \xrightarrow{C_2H_5ONa}$

二、碳负离子对酯的亲核取代反应

1. 克莱森酯缩合反应 克莱森（Claisen）酯缩合反应是指两分子羧酸酯在强碱（如乙醇钠）催化下，失去一分子醇而缩合为一分子β-羰基羧酸酯的反应。例如，两分子乙酸乙酯在乙醇钠作用下缩合，通过脱去一分子醇生成乙酰乙酸乙酯。

$$CH_3\overset{\overset{O}{\|}}{C}—OC_2H_5 + CH_3\overset{\overset{O}{\|}}{C}—OC_2H_5 \xrightarrow[②H_3^+O]{①C_2H_5ONa} CH_3\overset{\overset{O}{\|}}{C}—CH_2\overset{\overset{O}{\|}}{C}OC_2H_5$$

此反应是典型的碳负离子的亲核取代反应，其机理为：

$$C_2H_5O^- + \underset{\underset{H}{|}}{CH_2}\overset{\overset{O}{\|}}{C}—OC_2H_5 \rightleftharpoons \left[{}^-CH_2\overset{\overset{O}{\|}}{C}—OC_2H_5 \longleftrightarrow \underset{A}{CH_2{=}\overset{\overset{O^-}{|}}{C}—OC_2H_5}\right] + C_2H_5OH$$

$$CH_3\overset{\overset{O}{\|}}{C}—OC_2H_5 + CH_2{=}\overset{\overset{O^-}{|}}{C}—OC_2H_5 \rightleftharpoons \underset{B}{CH_3\overset{\overset{O^-}{|}}{\underset{\underset{OC_2H_5}{|}}{C}}—CH_2COOC_2H_5}$$

$$CH_3\overset{\overset{O^-}{|}}{\underset{\underset{OC_2H_5}{|}}{C}}—CH_2COOC_2H_5 \rightleftharpoons \underset{C}{CH_3\overset{\overset{O}{\|}}{C}—CH_2COOC_2H_5} + {}^-OC_2H_5$$

$$CH_3\overset{\overset{O}{\|}}{C}—CH_2COOC_2H_5 \xrightarrow[-HOC_2H_5]{^-OC_2H_5} \left[CH_3\overset{\overset{O}{\|}}{C}—\overset{-}{C}H—\overset{\overset{O}{\|}}{C}OC_2H_5 \longleftrightarrow \underset{D}{CH_3\overset{\overset{O^-}{|}}{C}{=}CH—\overset{\overset{O}{\|}}{C}OC_2H_5}\right]$$

$$CH_3\overset{\overset{O}{\|}}{C}—\overset{-}{C}HCOOC_2H_5 \xrightarrow{H_3O^+} CH_3\overset{\overset{O}{\|}}{C}—CH_2COOC_2H_5$$

在强碱进攻下，乙酸乙酯脱去酰基 α-氢原子生成碳负离子 A，然后 A 进攻另一分子酯的羰基碳原子发生亲核加成得中间体 B，B 随后脱去乙氧负离子生成产物乙酰乙酸乙酯 C，C 含活性亚甲基，酸性较强，很快与强碱乙氧负离子反应生成稳定的烯醇负离子 D，该负离子酸化即得最终产物。

以上反应机理，从过程看主要包括亲核加成和消除两个步骤，从结果看是亲核取代反应。前三步反应是可逆反应，尤其是第一步，因乙酸乙酯 α-氢酸性（pK_a 25）远小于乙醇（pK_a 16），平衡强烈偏向反应物方向，生成碳负离子趋势很小，但由于第三步生成的乙酰

乙酸乙酯亚甲基酸性（pK_a 11）较乙醇强得多，所以第四步与醇钠作用生成稳定的负离子，反应几乎不可逆，从而打破以上三步平衡反应，使缩合反应顺利进行。

Claisen 酯缩合反应酯在酰基的 α-碳上连有至少一个氢原子。考虑到以上反应机理第四步的关键性作用，一般酯应该具有两个 α-氢反应才可以顺利进行。

$$RCH_2\overset{O}{\overset{\|}{C}}OC_2H_5 + H-\underset{R}{\underset{|}{C}}H\overset{O}{\overset{\|}{C}}OC_2H_5 \xrightarrow[②H_3O^+]{①C_2H_5ONa} RCH_2\overset{O}{\overset{\|}{C}}-\underset{R}{\underset{|}{C}}H\overset{O}{\overset{\|}{C}}OC_2H_5$$

只含一个 α-氢的酯，用醇钠作用缩合反应难以发生，必须使用更强的碱，破坏平衡才能使反应进行下去。

$$CH_3\underset{CH_3}{\underset{|}{C}}HCOOC_2H_5 + (C_6H_5)_3C^-Na^+ \longrightarrow CH_3\underset{CH_3}{\underset{|}{\bar{C}}}COOC_2H_5 + (C_6H_5)_3CH$$

$$(CH_3)_2CH\underset{O}{\underset{\|}{C}}-OC_2H_5 + CH_3\underset{CH_3}{\underset{|}{\bar{C}}}COOC_2H_5 \longrightarrow (CH_3)_2CH\underset{O}{\underset{\|}{C}}-\underset{CH_3}{\underset{|}{\overset{CH_3}{\overset{|}{C}}}}COOC_2H_5$$

2. 交叉酯缩合反应　两种不同的酯也能发生酯缩合，理论上可得到四种不同的产物，称为混合酯缩合，由于混合物分离困难，在制备上没有多大用处。但如果其中一个酯分子中既无 α-氢原子，而且烷氧羰基又比较活泼时，控制加料顺序主要生成一种缩合产物。如苯甲酸酯、甲酸酯、草酸酯、碳酸酯等，与其他含 α-氢原子的酯反应时，都只生成一种缩合产物。

$$C_6H_5\overset{O}{\overset{\|}{C}}OCH_3 + CH_3CH_2\overset{O}{\overset{\|}{C}}OC_2H_5 \xrightarrow[②H_3O^+]{①NaH} C_6H_5\overset{O}{\overset{\|}{C}}-\underset{CH_3}{\underset{|}{C}}H\overset{O}{\overset{\|}{C}}OC_2H_5$$

$$H\overset{O}{\overset{\|}{C}}-OC_2H_5 + CH_3\overset{O}{\overset{\|}{C}}-OC_2H_5 \xrightarrow[②H_3O^+]{①NaOC_2H_5} H\overset{O}{\overset{\|}{C}}-CH_2\overset{O}{\overset{\|}{C}}OC_2H_5$$

$$C_2H_5O\overset{O}{\overset{\|}{C}}-\overset{O}{\overset{\|}{C}}OC_2H_5 + CH_3CH_2\overset{O}{\overset{\|}{C}}OC_2H_5 \xrightarrow[②H_3O^+]{①NaOC_2H_5} C_2H_5O\overset{O}{\overset{\|}{C}}-\overset{O}{\overset{\|}{C}}-\underset{CH_3}{\underset{|}{C}}H\overset{O}{\overset{\|}{C}}OC_2H_5$$

酮的 α-氢比酯的 α-氢活性大，酸性更强，所以含 α-氢的酮与酯也能发生酯缩合反应得到 β-二酮，常用甲基酮和酯在乙醇钠作用下进行反应。例如：

$$CH_3\overset{O}{\overset{\|}{C}}CH_3 + CH_3\overset{O}{\overset{\|}{C}}-OC_2H_5 \xrightarrow[②H_3O^+]{①NaOC_2H_5} CH_3\overset{O}{\overset{\|}{C}}-CH_2\overset{O}{\overset{\|}{C}}CH_3$$

反应机理首先是强碱夺取酮的氢，产生碳负离子，然后碳负离子与羰基发生亲核加成，生成的中间体脱去乙氧负离子。碱再夺取一个 α-氢，不可逆地生成稳定的烯醇负离子，最后经酸处理得到产物。

$$CH_3\overset{O}{\overset{\|}{C}}CH_2-H \overset{^-OC_2H_5}{\rightleftharpoons} CH_3\overset{O}{\overset{\|}{C}}CH_2^- \overset{C_2H_5O\overset{O}{\overset{\|}{C}}CH_3}{\rightleftharpoons} CH_3\overset{O}{\overset{\|}{C}}CH_2-\underset{OC_2H_5}{\underset{|}{\overset{O^-}{\overset{|}{C}}}}CH_3 \rightleftharpoons$$

$$CH_3\overset{O}{\overset{\|}{C}}-\underset{H}{\underset{|}{C}}H-\overset{O}{\overset{\|}{C}}CH_3 \xrightarrow{^-OC_2H_5} CH_3\overset{O}{\overset{\|}{C}}-\overset{-}{C}H-\overset{O}{\overset{\|}{C}}CH_3 \xrightarrow{H^+} CH_3\overset{O}{\overset{\|}{C}}-CH_2-\overset{O}{\overset{\|}{C}}CH_3$$

3. 分子内酯缩合反应 二元羧酸酯在碱作用下发生分子内缩合生成β-酮酯的反应，称为分子内的 Claisen 缩合反应，该反应又称作狄克曼（Dieckmann）缩合反应。

①$NaOC_2H_5$ ②H_3O^+

反应机理。

$^-OC_2H_5$ $^-OC_2H_5$ H^+

碱夺取酯羰基的α-氢，生成碳负离子，进攻另一个羰基碳，发生加成，乙氧负离子离去。碱再夺取一个α-氢，不可逆地生成稳定的烯醇负离子，最后经酸处理得到产物。

同样地，酮酸酯的酮基与酯基具有合适位置时，也可发生分子内缩合反应。例如：

①$NaOC_2H_5$ ②H_3O^+

在强碱作用下，酮的α-碳原子失去α-氢转变为碳负离子，随后碳负离子对酯酰基进行亲核反应，取代烷氧基生成环状的β-二酮。

13-4 写出下列反应的反应机理。

$$CH_2\begin{cases}CH_2CH_2COOC_2H_5\\ CH_2\underset{CH_3}{\underset{|}{C}}HCOOC_2H_5\end{cases} \xrightarrow[\text{②}H_3O^+]{\text{①}C_2H_5ONa}$$

知识拓展

克莱森（R. L. Claisen，1851～1930）生于德国科隆（Cologne），他曾在波恩大学（University of Bonn）开库勒（Kekule）指导下学习。后来还在魏勒（Wohler）实验室学习一段时间。他在波恩大学取得了博士学位并成为Kekule的助手。Claisen后来去过英国大约逗留4年，1886年回国后在慕尼黑（Munich）于Von Baeyer指导下工作。他还在柏林大学与Emil Fischer（费歇尔）一起工作过。Claisen是一个很富于创造力的化学家。当你在图书馆查找有机化学方面的文献时将会阅览到Claisen所做的一些工作。他的成就包括羰基化合物的酰化，烯丙基重排，肉桂酸（phCH ═CHCOOH）的制备，吡唑（邻二氮杂茂）的合成，异噁唑衍生物的合成和乙酰乙酸乙酯的制备等。

三、碳负离子对卤代烃的亲核取代反应

1. β-二羰基化合物与卤代烃的亲核取代反应　β-二羰基化合物如β-二酮、β-酮酸酯、丙二酸酯等亚甲基受到二个吸电子羰基影响，具有较强的活性（称为活性亚甲基），活性亚甲基在碱作用下形成碳负离子，易与卤代烃发生亲核取代，在α-碳原子上引入烃基。如乙酰乙酸乙酯在碱性作用下，与卤代烃发生亲核取代反应，生成有α-烃基取代的乙酰乙酸乙酯。

$$CH_3\overset{O}{\overset{\|}{C}}CH_2\overset{O}{\overset{\|}{C}}OC_2H_5 + \bar{O}C_2H_5 \rightleftharpoons \left[CH_3\overset{O}{\overset{\|}{C}}-\bar{C}H-\overset{O}{\overset{\|}{C}}OC_2H_5 \longleftrightarrow CH_3\overset{O^-}{\overset{|}{C}}=CH\overset{O}{\overset{\|}{C}}OC_2H_5 \right]$$

$$CH_3\overset{\bar{O}}{\overset{|}{C}}=CH\overset{O}{\overset{\|}{C}}OC_2H_5 + R\text{-}X \longrightarrow CH_3\overset{O}{\overset{\|}{C}}\text{-}\underset{R}{\underset{|}{C}H}\text{-}\overset{O}{\overset{\|}{C}}OC_2H_5$$

亚甲基烃基化形成的次甲基仍含活性氢原子，可发生二烃基化反应。

$$CH_3\overset{O}{\overset{\|}{C}}\underset{R}{\underset{|}{C}H}\overset{O}{\overset{\|}{C}}OC_2H_5 \xrightarrow{C_2H_5ONa} CH_3-\overset{O}{\overset{\|}{C}}-\underset{R}{\underset{|}{\bar{C}}}-\overset{O}{\overset{\|}{C}}-OC_2H_5 \xrightarrow{R'Br} CH_3-\overset{O}{\overset{\|}{C}}-\underset{R}{\underset{|}{\overset{R'}{\overset{|}{C}}}}-\overset{O}{\overset{\|}{C}}-OC_2H_5$$

丙二酸二乙酯与乙酰乙酸乙酯性质相似，在同样条件下与卤代烃反应，生成一烃基或二烃基取代的化合物。

$$CH_2(COOC_2H_5)_2 \xrightarrow{NaOEt} \bar{C}H(COOC_2H_5)_2 \xrightarrow{R\text{-}X} R-CH(COOC_2H_5)_2$$

$$R-CH(COOC_2H_5)_2 \xrightarrow{NaOEt} R-\bar{C}(COOC_2H_5)_2 \xrightarrow{R'\text{-}X} R'RC(COOC_2H_5)_2$$

β-二酮亚甲基酸性更强，在碱性作用下更易发生烃基化反应。

$$CH_3\overset{O}{\overset{\|}{C}}-CH_2-\overset{O}{\overset{\|}{C}}CH_3 \xrightarrow[②RX]{①NaOEt} CH_3\overset{O}{\overset{\|}{C}}-\underset{R}{\underset{|}{C}H}-\overset{O}{\overset{\|}{C}}CH_3 \xrightarrow[②R'X]{①NaOEt} CH_3\overset{O}{\overset{\|}{C}}-\underset{R}{\underset{|}{\overset{R'}{\overset{|}{C}}}}-\overset{O}{\overset{\|}{C}}CH_3$$

以上三种β-二羰基化合物烃基化具体反应举例如下。

$$CH_3\overset{O}{\overset{\|}{C}}CH_2\overset{O}{\overset{\|}{C}}OC_2H_5 \xrightarrow[②BrCH_2CH=CH_2]{①NaOEt} CH_3\overset{O}{\overset{\|}{C}}\underset{CH_2CH=CH_2}{\underset{|}{C}H}\overset{O}{\overset{\|}{C}}OC_2H_5$$

$$C_2H_5O\overset{O}{\overset{\|}{C}}CH_2\overset{O}{\overset{\|}{C}}OC_2H_5 \xrightarrow[②phCH_2Cl]{①NaOEt} C_2H_5O\overset{O}{\overset{\|}{C}}\underset{CH_2ph}{\underset{|}{C}H}\overset{O}{\overset{\|}{C}}OC_2H_5$$

$$n\text{-}C_4H_9—CH(COOC_2H_5)_2 \xrightarrow[②CH_3CH_2Br]{①NaOEt} (C_2H_5)(n\text{-}C_4H_9)C(COOC_2H_5)_2$$

$$CH_2(COOC_2H_5)_2 \xrightarrow[②BrCH_2CH_2CH_2Br]{①NaOEt} \text{1,1-环丁烷}(COOC_2H_5)_2$$

$$CH_3\overset{O}{\overset{\|}{C}}CH_2\overset{O}{\overset{\|}{C}}CH_3 + CH_3I \xrightarrow{K_2CO_3} CH_3\overset{O}{\overset{\|}{C}}\underset{CH_3}{\underset{|}{C}H}\overset{O}{\overset{\|}{C}}CH_3$$

常见的含活性亚甲基的化合物除上述三种有机物外，还有丙二腈、氰乙酸酯、苄腈等，在碱的作用下，也可与卤代烃发生亲核取代反应。

$$CH_2\begin{matrix}CN\\COOC_2H_5\end{matrix} + n\text{-}C_4H_9Br \xrightarrow[EtOH]{NaOEt} n\text{-}C_4H_9—CH\begin{matrix}CN\\COOC_2H_5\end{matrix}$$

活性亚甲基最适合用的卤代烃是伯卤烃。不宜使用仲卤代烷，因常伴随消除反应而使产量降低；不能用叔卤代烷，在强碱条件下其主要发生消除反应；卤乙烯型和卤苯型卤代烃卤素不活泼，不能反应。

$$CH_2(COOEt)_2 \xrightarrow{NaOEt} \bar{C}H(COOEt)_2 \xrightarrow{\text{环己基}—Br} \text{环己基}—CH(COOEt)_2 + \text{环己烯}$$

卤代烃也可以是卤代酸酯和卤代酮，与这些卤代物的反应，可使β-二羰基化合物引入酯基和酮基。

$$CH_3\overset{O}{\overset{\|}{C}}CH_2\overset{O}{\overset{\|}{C}}OC_2H_5 + Br—CH_2\overset{O}{\overset{\|}{C}}OC_2H_5 \xrightarrow{NaOEt} CH_3—\overset{O}{\overset{\|}{C}}—\underset{CH_2COOC_2H_5}{\underset{|}{C}H}—COOC_2H_5$$

$$CH_3\overset{O}{\overset{\|}{C}}CH_2\overset{O}{\overset{\|}{C}}OC_2H_5 + Cl—CH_2\overset{O}{\overset{\|}{C}}CH_3 \xrightarrow{NaOEt} CH_3—\overset{O}{\overset{\|}{C}}—\underset{CH_2COCH_3}{\underset{|}{C}H}—COOC_2H_5$$

如用酰卤替代卤代烃，可在亚甲基中引入酰基，这是引入酮基的另一个有效方法。

$$CH_3COCH_2COOC_2H_5 + C_6H_5COCl \xrightarrow{NaH} CH_3COCH(COC_6H_5)COOC_2H_5$$

2. 醛、酮、羧酸衍生物与卤代烃的亲核取代反应 醛、酮、羧酸衍生物 α 碳只连有一个吸电子的基团，酸性较弱，如果进行 α 碳的烃化，必须用足够强的碱，将反应物全部变成碳负离子。如果碱不够强，只将反应物部分地变成负离子就会发生羟醛缩合反应，不能达到烃基化的目的。例如：

$$\text{环己酮} \xrightarrow{NaNH_2} \text{环己烯醇负离子}(O^-) \xrightarrow{CH_3I} \text{2-甲基环己酮}$$

$$2\ \text{环己酮} \xrightarrow[-H_2O]{Al[OC(CH_3)_3]_3} \text{2-亚环己基环己酮}$$

常用的强碱有氨基钠、三苯甲基钠、二异丙胺锂（LDA）。

$$C_6H_5COCH_2CH_2CH_3 \xrightarrow{(C_6H_5)_3CNa} C_6H_5C(O^-Na){=}CHCH_2CH_3 \xrightarrow{EtBr} C_6H_5COCHEt_2$$

$$C_6H_5CH_2CN \xrightarrow[②EtBr]{①NaNH_2} C_6H_5CH(Et)CN$$

$$CH_3(CH_2)_4COOEt \xrightarrow{i\text{-}Pr_2NLi} CH_3(CH_2)_3CH{=}C(O^-Li^+)(OEt) \xrightarrow{CH_3I} CH_3(CH_2)_3CH(CH_3)COOEt$$

13-5 完成下列反应式。

（1） $Br(CH_2)_3CH(COCH_3)(COOC_2H_5) \xrightarrow{C_2H_5ONa}$

（2） $CH_2(COOC_2H_5)_2 + C_6H_5COCl \xrightarrow{NaH}$

（3） $CH_2(COOC_2H_5)_2 + Br(CH_2)_4Cl \xrightarrow{C_2H_5ONa}$

（4） $CH_3COCH_2COOC_2H_5 + C_6H_5CH_2Cl \xrightarrow{C_2H_5ONa}$

扫码“学一学”

第三节　碳负离子在合成中的应用

一、β-二羰基化合物的烷基化、酰基化在合成中的应用

乙酰乙酸乙酯和丙二酸二乙酯是最重要的β-二羰基化合物，其活性亚甲基上引入烃基和酰基后，经水解、脱羧可生成多种类型的一取代或二取代的酮或羧酸等，在有机合成工业和制药工业具有广泛的用途。

1. 乙酰乙酸乙酯和丙二酸二乙酯的特有性质　乙酰乙酸乙酯和丙二酸二乙酯除了亚甲基有特殊活性外，它们的酯基水解生成的羧基具有特殊的不稳定性，极易脱羧，生成丙酮和乙酸。

$$CH_3\overset{O}{\overset{\|}{C}}CH_2\overset{O}{\overset{\|}{C}}OC_2H_5 \xrightarrow[H_2O]{NaOH} CH_3\overset{O}{\overset{\|}{C}}CH_2\overset{O}{\overset{\|}{C}}ONa \xrightarrow{H^+} CH_3\overset{O}{\overset{\|}{C}}CH_2\overset{O}{\overset{\|}{C}}OH \xrightarrow[\triangle]{-CO_2} CH_3\overset{O}{\overset{\|}{C}}CH_3$$

$$H_2C\begin{array}{l}\diagup COOC_2H_5\\ \diagdown COOC_2H_5\end{array} \xrightarrow[H_2O]{NaOH} H_2C\begin{array}{l}\diagup COONa\\ \diagdown COONa\end{array} \xrightarrow{H^+} H_2C\begin{array}{l}\diagup COOH\\ \diagdown COOH\end{array} \xrightarrow[\triangle]{-CO_2} CH_3COOH$$

乙酰乙酸和丙二酸受热脱羧反应是β-羰基酸和二元酸的特有性质，其他α-碳有烃基取代的β-羰基酸也有类似的性质。

$$\text{(环戊基)}\begin{array}{l}\diagup COCH_3\\ \diagdown COOH\end{array} \xrightarrow[\triangle]{-CO_2} \text{(环戊基)}-\overset{O}{\overset{\|}{C}}-CH_3$$

$$C_6H_5-\overset{O}{\overset{\|}{C}}CH_2\overset{O}{\overset{\|}{C}}OH \xrightarrow[\triangle]{-CO_2} C_6H_5-\overset{O}{\overset{\|}{C}}CH_3$$

$$\text{2-羧基环戊酮 (COOH)} \xrightarrow[\triangle]{-CO_2} \text{环戊酮}=O$$

$$\begin{array}{c}C_2H_5\\ C_3H_7\end{array}\!\!>C<\!\!\begin{array}{c}COOH\\ COOH\end{array} \xrightarrow[\triangle]{-CO_2} \begin{array}{c}C_2H_5\\ C_3H_7\end{array}\!\!>CHCOOH$$

$$\text{(环丁基)}\begin{array}{l}\diagup COOH\\ \diagdown COOH\end{array} \xrightarrow[\triangle]{-CO_2} \text{(环丁基)}-COOH$$

乙酰乙酸乙酯和丙二酸二乙酯经亚甲基烃基化、酯水解脱羧，可得各种取代的丙酮和乙酸，这在合成上有的重要应用价值。

$$CH_3-\overset{O}{\overset{\|}{C}}-\underset{R}{\underset{|}{CH}}-\overset{O}{\overset{\|}{C}}-OC_2H_5 \xrightarrow[②H^+]{①OH^-} CH_3-\overset{O}{\overset{\|}{C}}-\underset{R}{\underset{|}{CH}}-\overset{O}{\overset{\|}{C}}-OH \xrightarrow[\triangle]{-CO_2} CH_3-\overset{O}{\overset{\|}{C}}-CH_2-R$$

$$R-HC(COOC_2H_5)_2 \xrightarrow[②H^+]{①OH^-} R-HC(COOH)_2 \xrightarrow[\triangle]{-CO_2} R-CH_2COOH$$

$$CH_3-\overset{O}{\overset{\|}{C}}-\underset{R}{\overset{R'}{C}}-\overset{O}{\overset{\|}{C}}-OC_2H_5 \xrightarrow[②H^+]{①OH^-} CH_3-\overset{O}{\overset{\|}{C}}-\underset{R}{\overset{R'}{C}}-\overset{O}{\overset{\|}{C}}-OH \xrightarrow[\triangle]{-CO_2} CH_3-\overset{O}{\overset{\|}{C}}-CH(R')R$$

$$RR'C(COOC_2H_5)_2 \xrightarrow[②H^+]{①OH^-} RR'C(COOH)_2 \xrightarrow[\triangle]{-CO_2} RR'CH-COOH$$

$$CH_3\overset{O}{\overset{\|}{C}}\underset{COC_6H_5}{CH}\overset{O}{\overset{\|}{C}}OC_2H_5 \xrightarrow[②H^+]{①OH^-} CH_3\overset{O}{\overset{\|}{C}}\underset{COC_6H_5}{CH}COOH \xrightarrow[\triangle]{-CO_2} CH_3\overset{O}{\overset{\|}{C}}CH_2-\overset{O}{\overset{\|}{C}}C_6H_5$$

$$CH_3-\overset{O}{\overset{\|}{C}}-\underset{CH_2COOC_2H_5}{CH}-COOC_2H_5 \xrightarrow[②H^+]{①OH^-} CH_3\overset{O}{\overset{\|}{C}}\underset{CH_2COOH}{CH}COOH \xrightarrow[\triangle]{-CO_2} CH_3-\overset{O}{\overset{\|}{C}}-CH_2-CH_2COOH$$

由于乙酰乙酸和丙二酸受热极易脱酸，所以它们的酯不能直接由酸与醇脱水获得。

乙酰乙酸乙酯的制备已如前述，可通过两分子乙酸乙酯经 Claisen 缩合反应完成。而丙二酸二乙酯一般通过下列反应得到。

$$\underset{Cl}{CH_2}COONa \xrightarrow{NaCN} \underset{CN}{CH_2}COONa \xrightarrow[H_2SO_4/\triangle]{C_2H_5OH} H_2C(COOC_2H_5)_2$$

乙酰乙酸乙酯在浓碱条件下，也可按另外一种方式发生分解反应。

$$CH_3\overset{O}{\overset{\|}{C}}\,\vdots\,-CH_2COOC_2H_5 \xrightarrow{40\%NaOH} 2CH_3\overset{O}{\overset{\|}{C}}ONa + C_2H_5OH$$

反应机理：

$$CH_3-\overset{O}{\overset{\|}{C}}-CH_2-\overset{O}{\overset{\|}{C}}-OC_2H_5 + OH^- \longrightarrow CH_3-\underset{OH}{\overset{O^-}{C}}-CH_2-\overset{O}{\overset{\|}{C}}-OC_2H_5$$

$$CH_3\overset{O}{\overset{\|}{C}}-OH + {}^-CH_2\overset{O}{\overset{\|}{C}}-OC_2H_5 \longrightarrow CH_3\overset{O}{\overset{\|}{C}}-O^- + CH_3\overset{O}{\overset{\|}{C}}-OC_2H_5 \xrightarrow{-OH^-} 2\,CH_3\overset{O}{\overset{\|}{C}}-O^- + C_2H_5OH$$

在浓碱（40% NaOH）溶液中，碱作为亲核试剂首先进攻酰基碳，分解生成乙酸钠和乙酸乙酯，乙酸乙酯再水解，得乙酸钠和乙醇，经酸化后得两分子乙酸和一分子乙醇。

在稀碱溶液中，乙酰乙酸乙酯仅水解酯基，经酸化脱羧最后产物是丙酮。为区分这两个反应，把乙酰乙酸乙酯在稀碱溶液中的水解反应称为酮式分解，在浓碱溶液中的分解反

应称作酸式分解。

$$CH_3\overset{O}{\overset{\|}{C}}CH_2\overset{O}{\overset{\|}{C}}OC_2H_5 \begin{cases} \xrightarrow[\text{②}H^+/\triangle]{\text{①稀NaOH}} CH_3\overset{O}{\overset{\|}{C}}CH_3 & \text{(酮式分解)} \\ \xrightarrow[\text{②}H^+]{\text{①浓NaOH}} 2CH_3\overset{O}{\overset{\|}{C}}OH + C_2H_5OH & \text{(酸式分解)} \end{cases}$$

取代的乙酰乙酸乙酯在浓碱溶液中加热也能发生酸式分解。例如：

$$CH_3-\overset{O}{\overset{\|}{C}}-\underset{R}{\overset{R'}{C}}-\overset{O}{\overset{\|}{C}}-OC_2H_5 \xrightarrow[\text{②}H^+]{\text{①}OH^-} CH_3COOH + \begin{matrix}R'\\R\end{matrix}\!\!>CHCOOH + C_2H_5OH$$

乙酰乙酸乙酯亚甲基引入烃基和酰基，在稀碱作用下，经酮式分解可生成各种取代的酮或二酮，在合成上具有重要用途。乙酰乙酸乙酯的酸式分解常伴有酮式分解，这在合成应用上受到限制。

2. 乙酰乙酸乙酯在合成中的应用

（1）合成甲基酮　乙酰乙酸乙酯经亚甲基烃基化、酯水解后脱羧，得到取代的丙酮。

$$CH_3\overset{O}{\overset{\|}{C}}CH_2\overset{O}{\overset{\|}{C}}OC_2H_5 \xrightarrow[\text{②}n\text{-}C_3H_7Br]{\text{①}C_2H_5ONa} CH_3\overset{O}{\overset{\|}{C}}\underset{CH_2CH_2CH_3}{\underset{|}{C}H}\overset{O}{\overset{\|}{C}}OC_2H_5 \xrightarrow[\text{②}H^+/\triangle]{\text{①稀NaOH}} CH_3-\overset{O}{\overset{\|}{C}}-CH_2-CH_2CH_2CH_3$$

一烃基化的乙酰乙酸乙酯再按上法处理，得二取代的丙酮。

$$CH_3\overset{O}{\overset{\|}{C}}\underset{CH_2CH_2CH_3}{\underset{|}{C}H}\overset{O}{\overset{\|}{C}}OC_2H_5 \xrightarrow[\text{②}C_2H_5Br]{\text{①}C_2H_5ONa} CH_3CO-\underset{CH_2CH_2CH_3}{\overset{C_2H_5}{C}}-\overset{O}{\overset{\|}{C}}-OC_2H_5 \xrightarrow[\text{②}H^+/\triangle]{\text{①稀NaOH}} CH_3-\overset{O}{\overset{\|}{C}}-\underset{C_2H_5}{\underset{|}{C}H}-CH_2CH_2CH_3$$

（2）合成二酮　以酰卤代替卤代烃，如上法反应，亚甲基引入酰基，用于制备β-二酮。

$$CH_3\overset{O}{\overset{\|}{C}}CH_2\overset{O}{\overset{\|}{C}}OC_2H_5 \xrightarrow[\text{②}C_6H_5COCl]{\text{①}NaH} CH_3-\overset{O}{\overset{\|}{C}}-\underset{COC_6H_5}{\underset{|}{C}H}-\overset{O}{\overset{\|}{C}}-OC_2H_5 \xrightarrow[\text{②}H^+/\triangle]{\text{①稀NaOH}} CH_3-\overset{O}{\overset{\|}{C}}-CH_2-\overset{O}{\overset{\|}{C}}C_6H_5$$

以α-卤代丙酮代替卤代烃，发生亲核取代反应，亚甲基引入酮基，制得γ-二酮。

$$CH_3\overset{O}{\overset{\|}{C}}CH_2\overset{O}{\overset{\|}{C}}OC_2H_5 \xrightarrow[\text{②}ClCH_2COCH_3]{\text{①}C_2H_5ONa} CH_3\overset{O}{\overset{\|}{C}}\underset{CH_2COCH_3}{\underset{|}{C}H}\overset{O}{\overset{\|}{C}}OC_2H_5 \xrightarrow[\text{②}H^+/\triangle]{\text{①稀NaOH}} CH_3\overset{O}{\overset{\|}{C}}CH_2CH_2\overset{O}{\overset{\|}{C}}CH_3$$

二卤代烃与2mol乙酰乙酸乙酯得双β-酮酸酯，经水解脱羧，生成δ-二酮。

$$CH_3\overset{O}{\overset{\|}{C}}CH_2\overset{O}{\overset{\|}{C}}OC_2H_5 \xrightarrow[\text{②}CH_2Cl_2]{\text{①}C_2H_5ONa} \begin{matrix}CH_3COCHCOOC_2H_5\\ |\\ CH_2\\ |\\ CH_3COCHCOOC_2H_5\end{matrix} \xrightarrow[\text{②}H^+/\triangle]{\text{①稀NaOH}} CH_3\overset{O}{\overset{\|}{C}}CH_2CH_2CH_2\overset{O}{\overset{\|}{C}}CH_3$$

（3）合成酮酸　与α-卤代酸乙酯反应得双酯，经水解，生成γ-酮酸。

$$CH_3\overset{O}{\overset{\|}{C}}CH_2\overset{O}{\overset{\|}{C}}OC_2H_5 \xrightarrow[②BrCH_2COOC_2H_5]{①C_2H_5ONa} CH_3\overset{O}{\overset{\|}{C}}\underset{CH_2COOC_2H_5}{\underset{|}{C}H}\overset{O}{\overset{\|}{C}}OC_2H_5 \xrightarrow[②H^+/\triangle]{①稀NaOH} CH_3\overset{O}{\overset{\|}{C}}CH_2CH_2\overset{O}{\overset{\|}{C}}OH$$

其他酮酸酯也可发生类似的反应。例如：

$$\text{2-}COOC_2H_5\text{-环戊酮} \xrightarrow[②BrCH_2CO_2C_2H_5]{①C_2H_5ONa} \text{2-}CH_2CO_2C_2H_5\text{-2-}CO_2C_2H_5\text{-环戊酮} \xrightarrow[②H^+/\triangle]{①稀NaOH} \text{2-}CH_2CO_2H\text{-环戊酮}$$

3. 丙二酸二乙酯在合成中的应用

（1）合成一元羧酸　丙二酸二乙酯经亚甲基烃基化、酯水解脱羧，得到取代的乙酸。

$$CH_2(\overset{O}{\overset{\|}{C}}OC_2H_5)_2 \xrightarrow[②C_6H_5CH_2Cl]{①NaOC_2H_5} C_6H_5CH_2—CH(\overset{O}{\overset{\|}{C}}OC_2H_5)_2 \xrightarrow[②H^+/\triangle]{①稀OH^-} C_6H_5CH_2—CH_2COOH$$

$$C_6H_5CH_2—CH(\overset{O}{\overset{\|}{C}}OC_2H_5)_2 \xrightarrow[②C_2H_5Br]{①NaOC_2H_5} (C_6H_5CH_2)(C_2H_5)C(\overset{O}{\overset{\|}{C}}OC_2H_5)_2 \xrightarrow[②H^+/\triangle]{①稀OH^-} (C_6H_5CH_2)(C_2H_5)CHCOOH$$

用 2mol 的碱和 2mol 的卤代烃，可以一次导入 2 个相同的烃基。

$$CH_2(\overset{O}{\overset{\|}{C}}OC_2H_5)_2 \xrightarrow[②2C_2H_5Br]{①2NaOC_2H_5} (C_2H_5)_2C(\overset{O}{\overset{\|}{C}}OC_2H_5)_2 \xrightarrow[②H^+/\triangle]{①稀OH^-} (C_2H_5)_2CHCOOH$$

（2）合成二元羧酸　用卤代酸酯代替卤代烃使丙二酸酯烃化，产物经水解和脱羧可得二元羧酸。

$$CH_2(\overset{O}{\overset{\|}{C}}OC_2H_5)_2 \xrightarrow[②ClCH_2CO_2C_2H_5]{①NaOC_2H_5} \underset{COOC_2H_5}{\underset{|}{\overset{CH_2COOC_2H_5}{\overset{|}{C}H}}}—COOC_2H_5 \xrightarrow[②H^+]{①稀OH^-} \underset{COOH}{\underset{|}{\overset{CH_2COOH}{\overset{|}{C}H}}}—COOH \xrightarrow[\triangle]{-CO_2} \underset{CH_2COOH}{\overset{CH_2COOH}{|}}$$

二卤代烃与 2mol 的丙二酸二乙酯，得双二酸酯化合物，经水解和脱羧，也可以得到二元羧酸。

$$CH_2(COOC_2H_5)_2 \xrightarrow[②BrCH_2CH_2Br]{①NaOC_2H_5} \underset{CH_2CH(COOC_2H_5)_2}{\overset{CH_2CH(COOC_2H_5)_2}{|}} \xrightarrow[②H^+/\triangle]{①稀OH^-} \underset{CH_2CH_2COOH}{\overset{CH_2CH_2COOH}{|}}$$

（3）合成环烷酸　用适当的二卤代烷作烷化剂，可以合成脂环族羧酸。

一元环烷羧酸：

$$CH_2(COOC_2H_5)_2 \xrightarrow[\text{②}Br(CH_2)_4Br]{\text{①}NaOC_2H_5} Br(CH_2)_4CH(COOC_2H_5)_2 \xrightarrow{NaOC_2H_5}$$

$$\text{(环戊烷)}C(COOC_2H_5)_2 \xrightarrow[\text{②}H^+/\triangle]{\text{①稀}OH^-} \text{(环戊基)}-COOH$$

二元环烷羧酸：

$$2CH_2(COOC_2H_5)_2 \xrightarrow[\text{②}Br(CH_2)_3Br]{\text{①}NaOC_2H_5} CH_2(CH_2CH(COOC_2H_5)_2)_2 \xrightarrow[\text{②}CH_2I_2]{\text{①}NaOC_2H_5}$$

$$\text{1,1,3,3-环己烷四甲酸四乙酯} \xrightarrow[\text{②}H^+/\triangle]{\text{①稀}OH^-} \text{1,3-环己烷二甲酸(COOH, COOH)}$$

13-6 以丙二酸二乙酯或乙酰乙酸乙酯为原料合成。

（1）$CH_3-\overset{O}{\overset{\|}{C}}-CH_2-\overset{O}{\overset{\|}{C}}C_6H_5$ （2）$CH_3-\overset{O}{\overset{\|}{C}}-\overset{CH_3}{\overset{|}{C}}HCH_2CH=CH_2$

（3）$CH_3-\overset{O}{\overset{\|}{C}}-$(环戊基) （4）$\begin{array}{l}CH_2COOH\\ |\\ CH_2COOH\end{array}$

二、羟醛缩合和酯缩合反应在合成中的应用

羟醛缩合和酯缩合反应是增长碳链的重要反应，它们都是碳负离子与羰基的亲核反应，前者属于亲核加成，后者涉及亲核取代。羟醛缩合反应主要用于制备β-羟基醛、酮，或α,β-不饱和醛、酮，酯缩合反应常用于合成1,3-二官能团的化合物，如β-酮酸酯、1,3-二酮、1,3-二酯等，这些化合物都是重要的合成原料和中间体，在有机合成和制药工程中有着广泛和重要的用途。

1. 羟醛缩合在合成中的应用

（1）分子间缩合制备β-羟基醛、酮或α,β-不饱和醛、酮　2分子醛或酮先缩合生成β-羟基醛或酮，后失水得α,β-不饱和醛酮。

$$C_6H_5-\overset{O}{\overset{\|}{C}}-CH_3 \xrightarrow{(tert\text{-}C_4H_9O)_3Al} C_6H_5-\overset{O}{\overset{\|}{C}}-CH_2-\underset{OH}{\underset{|}{\overset{CH_3}{\overset{|}{C}}}}-C_6H_5 \xrightarrow[\triangle]{-H_2O} C_6H_5-\overset{O}{\overset{\|}{C}}-CH=\overset{CH_3}{\overset{|}{C}}-C_6H_5$$

β-羟基醛酮不稳定，极易脱水，所以一般缩合反应一步即得不饱和醛酮。

$$\mathrm{CH_3\overset{\overset{CH_3}{|}}{C}{=}CHCH_2CH_2\overset{\overset{CH_3}{|}}{C}{=}CHCH{=}O + CH_3\overset{\overset{O}{\|}}{C}CH_3 \xrightarrow{NaOC_2H_5} CH_3\overset{\overset{CH_3}{|}}{C}{=}CHCH_2CH_2\overset{\overset{CH_3}{|}}{C}{=}CHCH{=}CH\overset{\overset{O}{\|}}{C}CH_3}$$

脂肪酮 2 个烷基 α-碳可发生双缩合反应，如二亚苄基丙酮的合成。

$$\mathrm{CH_3\overset{\overset{O}{\|}}{C}CH_3 \xrightarrow[OH^-]{C_6H_5-CHO} C_6H_5-CH{=}CH\overset{\overset{O}{\|}}{C}CH_3 \xrightarrow[OH^-]{C_6H_5-CHO} C_6H_5-CH{=}CH\overset{\overset{O}{\|}}{C}CH{=}CH-C_6H_5}$$

（2）分子内缩合反应合成环状不饱和醛酮　含 α-氢的二羰基化合物当两个羰基在适当位置时可发生分子内羟醛缩合反应，用于合成五元或六元环状不饱和醛酮。

（3）分子间交叉缩合制备环状不饱和醛酮　芳香二醛与脂肪酮可以通过分子间的交叉缩合生成环状化合物。例如：

（4）鲁宾逊反应合成环状不饱和醛酮　含活泼 α-氢的环酮与 α,β-不饱和羰基化合物在碱存在下反应，环合形成一个二并六元环状化合物，此反应称为鲁宾逊（*Robinson*）环化反应。

2. 酯缩合反应在合成中的应用

（1）酯-酯缩合制备 β-羰基酸酯

$$\mathrm{CH_3CH_2\overset{\overset{O}{\|}}{C}-OC_2H_5 + CH_3CH_2\overset{\overset{O}{\|}}{C}-OC_2H_5 \xrightarrow[②H_3O^+]{①C_2H_5ONa} CH_3CH_2\overset{\overset{O}{\|}}{C}-\underset{\underset{CH_3}{|}}{C}H\overset{\overset{O}{\|}}{C}OC_2H_5}$$

有机合成上酯缩合反应用最多的是异酯间的缩合，含 α-氢的酯与另一个不含 α-氢的酯之间缩合，通常只生成一种主要缩合产物。常用于异酯缩合的不含 α-氢的酯有苯甲酸酯、甲酸酯、草酸酯、碳酸酯等。

$$\mathrm{C_2H_5O\overset{\overset{O}{\|}}{C}-OC_2H_5 + C_6H_5CH_2\overset{\overset{O}{\|}}{C}OC_2H_5 \xrightarrow[②H_3O^+]{①NaOC_2H_5} C_6H_5CH(COOC_2H_5)_2}$$

此反应可作为α-苯基丙二酸二乙酯的制备方法。不能由卤苯与丙二酸二乙酯烃基化来制取α-苯基丙二酸二乙酯，因为卤苯极其不活泼。

苯乙酸乙酯与草酸酯缩合，再脱羰也可得苯基丙二酸二乙酯。

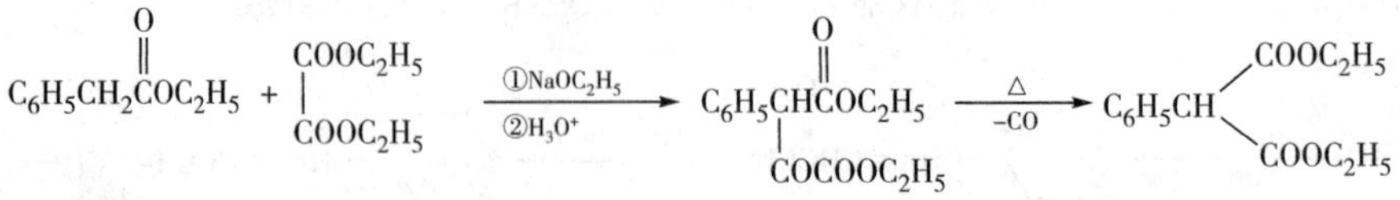

$$C_6H_5CH_2\overset{O}{\overset{\|}{C}}OC_2H_5 + \begin{array}{l}COOC_2H_5\\ |\\ COOC_2H_5\end{array} \xrightarrow[②H_3O^+]{①NaOC_2H_5} C_6H_5CH\overset{O}{\overset{\|}{C}}OC_2H_5 \text{（CH 上连 }COCOOC_2H_5\text{）} \xrightarrow[-CO]{\triangle} C_6H_5CH(COOC_2H_5)_2$$

甲酸酯的酯缩合反应生成活性很大的α-甲酰化产物，利用其活性可进一步使其发生缩合反应获得预期的产物。例如：

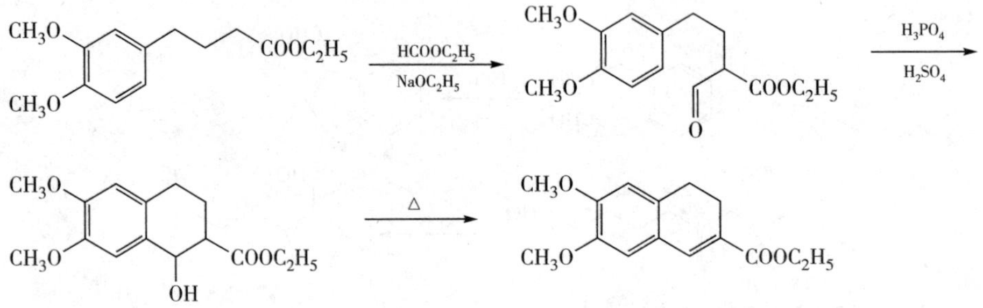

CH_3O，CH_3O，$COOC_2H_5$ $\xrightarrow[NaOC_2H_5]{HCOOC_2H_5}$ CH_3O，CH_3O，$COOC_2H_5$，O $\xrightarrow[H_2SO_4]{H_3PO_4}$

CH_3O，CH_3O，$COOC_2H_5$，OH $\xrightarrow{\triangle}$ CH_3O，CH_3O，$COOC_2H_5$

（2）二元酸酯分子内和分子间的酯缩合制备环状酮酸酯　二元酸酯当两个酯基被四个或四个以上碳原子隔开时，可发生分子内缩合反应，形成五元或更大环的酮酸酯，即狄克曼（Dieckmann）反应。

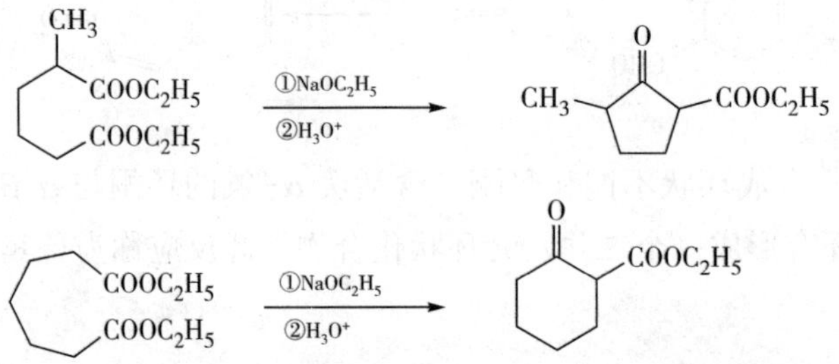

CH_3，$COOC_2H_5$，$COOC_2H_5$ $\xrightarrow[②H_3O^+]{①NaOC_2H_5}$ CH_3，O，$COOC_2H_5$

$COOC_2H_5$，$COOC_2H_5$ $\xrightarrow[②H_3O^+]{①NaOC_2H_5}$ O，$COOC_2H_5$

两个酯基间隔少于四个碳的二元羧酸酯，酯自身不能进行分子内缩合，但可以与其他不含α-氢的二元酸酯发生分子间缩合，得到环状酮酸酯。

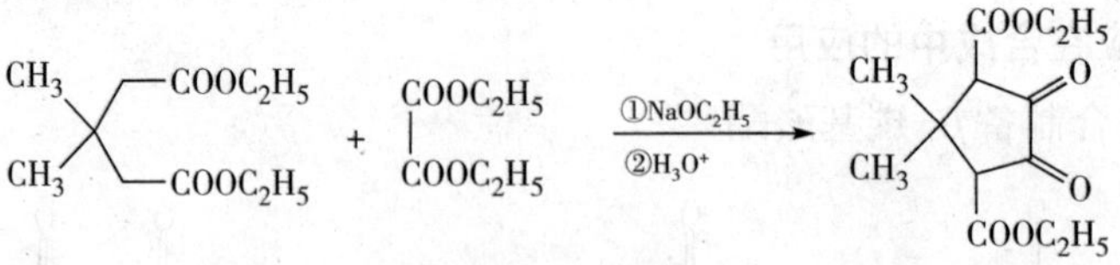

CH_3，CH_3，$COOC_2H_5$，$COOC_2H_5$ + $\begin{array}{l}COOC_2H_5\\ |\\ COOC_2H_5\end{array}$ $\xrightarrow[②H_3O^+]{①NaOC_2H_5}$ $COOC_2H_5$，O，CH_3，CH_3，O，$COOC_2H_5$

思考题

13-7　写出下列反应主要产物。

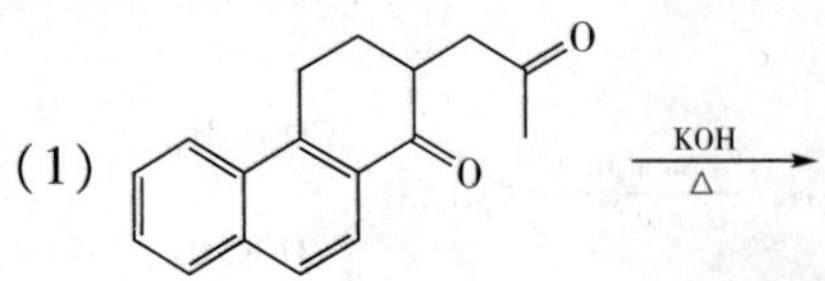

（2）

第四节　碳负离子反应在医药领域的应用

碳负离子反应在药物合成中广泛应用，比如丙二酸二乙酯在药物合成中常作为医药的原料，以丙二酸二乙酯为母体，在其活泼的亚甲基上引入乙基、乙酰氨基、丙基、苯基、丁基、甲氧基、甲基、异丙基等，可作为制备巴比妥、保泰松、氯喹、维生素 B_1 和 B_5、氨基酸等药物的原料。乙基丙二酸二乙酯是制造医药用巴比妥的中间体；苯基丙二酸二乙酯是生产长效镇静安眠药苯巴比妥的中间体。再如，丙二酸二乙酯经亚硝化、还原、乙酰化得到乙酰氨基丙二酸二乙酯，再与卤代烷反应，就可制得多种 α-氨基酸。

白藜芦醇（Resveratrol）是一种存在于植物中的天然多酚化合物，化学名为反式-3,4′,5-三羟基二苯乙烯，其化学结构式如下所示。

白藜芦醇具有明显的抗血小板凝聚、抗氧化、抗自由基、抗菌、抗癌、降血脂、延缓人体机能衰老、预防心脑血管疾病等药理作用。

白藜芦醇的化学合成法有多种，Wittig 法和 Wittig-Horner 法、Perkin 反应、Heck 反应及碳负离子与羰基化合物的缩合反应等。反应通过磷叶立德与醛、酮反应生成烯烃及氧化膦，是有机合成中常用的双键形成手段。碳负离子与羰基发生亲核加成反应，所得的羟基消除后可形成双键，这类反应也可用于白藜芦醇的合成。西班牙的 Alonso 等人，使用 3,5-二甲氧基苄醇的硅衍生物通过强碱作用形成碳负离子，该碳负离子再与茴香醛缩合得中间体Ⅰ，继而脱水，去甲基，最后得到单一的反式产物，总收率为 21%，合成路线如下。

还有利用 Perkin 反应合成白藜芦醇。Perkin 反应是有机化学中的一个经典反应，其反

应实质是羰基的α-活泼氢与羧酸缩合脱水形成α,β-不饱和酸。1941 年 Späth 和 Kromp 首次利用 Perkin 反应合成了白藜芦醇。2003 年，Solladié 等对 Perkin 缩合反应进行了改进，以3,5-二异丙氧基苯甲醛和对异丙氧基苯乙酸为原料通过 Perkin 反应，得到单一顺式构型的产物，经脱羧反应后，得到以顺式构型为主的混合构型产物，再经异构化、脱保护基得到反式构型的白藜芦醇，总收率为 55.2%，合成路线如下。

Et_3N, Ac_2O; $CuCr_2O$–$BaCr_2O$/Quinoline, 230℃; $(PnS)_2$, THF; BCl_3/CH_2Cl_2

重点小结

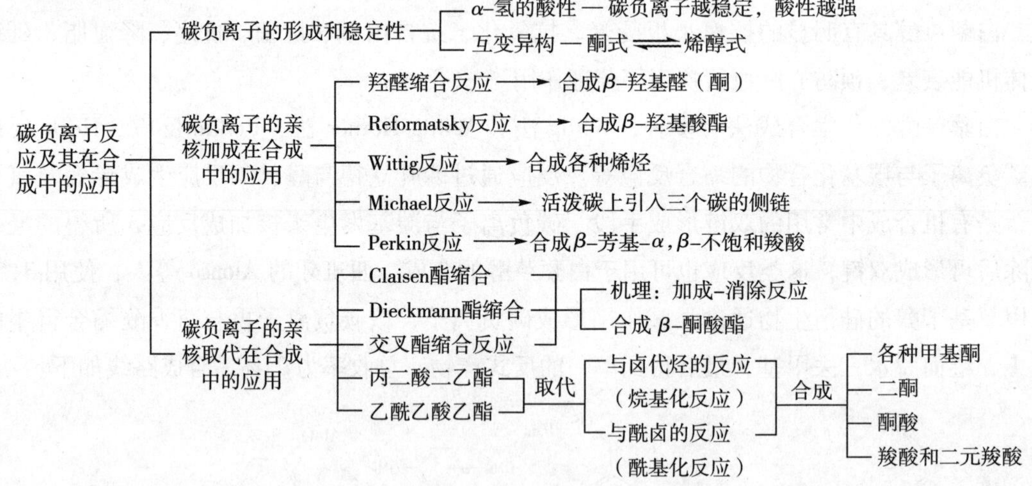

扫码“练一练”

第十四章　糖类化合物

要点导航

1. **掌握**　单糖特殊的化学性质（氧化、差向异构化、成脎、成苷等）。
2. **熟悉**　单糖的结构特征和糖类的显色反应及 D、L-构型及 α，β-构型的含义。
3. **理解**　还原糖和非还原糖的含义和结构特点以及糖的变旋光现象。
4. **了解**　糖的定义和分类，了解淀粉和纤维素的组成及结构特点（苷键类型）。

糖类（saccharide，sugar）是自然界中蕴藏量最大，与人类生命活动密切相关，且极具研究价值的一类化合物。糖不仅是人和动物赖以生存的食物能源，也是生命体内重要的信息物质，它能够在微克级甚至纳克级下起作用，在细胞之间的相互识别、相互作用，水和电解质的输送，癌症的发生和转移，机体的免疫和免疫抑制，受精和细胞凝集等生物过程中都起着关键作用。

糖类也称碳水化合物（carbohydrate），是因在早期的研究中发现该类化合物都含有 C、H 和 O 三种元素，而且绝大多数化合物中 H 和 O 的数量比为 2∶1，由于当时结构化学的知识还很薄弱，尚不知道羟基的存在，所以认为这类化合物是由若干碳原子与水分子结合而成的，可用通式 $C_x(H_2O)_y$ 来表示，由此取名为碳水化合物。尽管后来的研究已经证实糖类的元素组成并不总符合该比例，如脱氧核糖、氨基葡萄糖等，但碳水化合物这一名词却一直沿用至今。

从结构特征而言，糖类是多羟基醛（酮）及其缩聚物和它们的衍生物。如我们熟知的葡萄糖是五羟基醛，果糖是五羟基酮，蔗糖是一分子葡萄糖和一分子果糖缩去一分子水后形成的缩聚物，淀粉和纤维素则是由许多葡萄糖分子缩去若干个水分子后所形成的高聚物。

扫码“学一学”

第一节　糖的分类

根据糖类的组成或水解情况，通常将糖分为三类：单糖、寡糖和多糖。单糖（monsaccharide）是最简单的糖，是组成寡糖和多糖的基本结构单位，不能水解出更小分子的糖，以上所说的多羟基醛和多羟基酮都属于单糖。寡糖（oligosaccharide）常称低聚糖，通常是指由 2～10 个单糖分子形成的缩聚物，或者指水解时可释放出 2～10 个单糖分子的糖，如麦芽糖、乳糖和蔗糖等。多糖（polysaccharide）是指含有 10 个以上甚至几百、几千个单糖单位的糖，也称为高聚糖，如淀粉、纤维素和壳聚糖等。实际工作中，寡糖与多糖的分子量大小只是相对的，并无严格的界定。

自然界中的单糖多以结合态的形式存在于寡糖和多糖中。游离的单糖，其碳链的长度一般在 3～6 个碳原子之间，少数也有 7～9 个的。如果按照单糖碳链中所含的碳原子个数

可分为丙糖、丁糖、戊糖和己糖等。按照单糖所含羰基的类型可分为醛糖和酮糖，醛糖的醛基是在 C_1，而酮糖的羰基则总是在 C_2。如自然界中发现的重要的单糖——戊糖和己糖，它们的化学结构式分别如下。

戊醛糖	戊酮糖	己醛糖	己酮糖
		CHO	CH_2OH
CHO	CH_2OH	CHOH	C=O
CHOH	C=O	CHOH	CHOH
CHOH	CHOH	CHOH	CHOH
CHOH	CHOH	CHOH	CHOH
CH_2OH	CH_2OH	CH_2OH	CH_2OH

从以上分子结构可以看出，单糖分子中含有多个手性碳，普遍存在立体异构和旋光现象。

扫码“学一学”

第二节　单　糖

单糖是构成多糖的基本结构单位，要研究和认识糖类化合物，就必须先了解单糖的结构和化学性质，就好比只有认识了氨基酸才能更好地了解蛋白质是一个道理。在所有的单糖中己碳糖最重要，下面就以己醛糖和己酮糖为例来阐明单糖的化学结构及其化学性质。

一、单糖的结构

在自然界，葡萄糖是己醛糖中最重要的代表物，果糖是己酮糖中重要的代表物，下面以葡萄糖和果糖为例来讨论单糖的化学结构。

（一）己碳糖的开链结构和相对构型

葡萄糖（glucose）是从自然界发现最早的一个糖，研究资料最全。经元素分析和分子量测定，发现葡萄糖的分子式为 $C_6H_{12}O_6$。通过下述多步化学反应，确定了葡萄糖具有五羟基醛的结构：①葡萄糖能与 1 分子的 HCN 发生加成反应，并可与 1 分子羟胺缩合生成肟，说明它含有 1 个羰基；②葡萄糖能与过量的乙酐作用生成五乙酸酯，说明它的分子中含有 5 个羟基，并且这 5 个羟基应分别占据在 5 个碳原子上；③葡萄糖用钠汞齐还原得到己六醇，用氢碘酸进一步还原得到正己烷，说明葡萄糖的碳架是一个直链，没有支链；④葡萄糖可还原 Tollens 试剂和 Fehling 试剂，说明它是一个五羟基醛或五羟基酮；⑤用稀硝酸氧化后葡萄糖生成了四羟基二酸，说明葡萄糖是一个五羟基醛。

$$HOH_2C-\underset{OH}{\underset{|}{CH}}-\underset{OH}{\underset{|}{CH}}-\underset{OH}{\underset{|}{CH}}-\underset{OH}{\underset{|}{CH}}-CHO$$

在葡萄糖的构造式中含有 4 个手性碳，理论上存在 16 种旋光异构体，而自然界广泛存在且能够被人体利用的右旋葡萄糖仅是其中的一个，其开链式结构可用费歇尔投影式表示如下。

CHO
H—|—OH
HO—|—H
H—|—OH
H—|—OH
CH_2OH

(+)-葡萄糖

果糖与葡萄糖的分子式（$C_6H_{12}O_6$）相同。研究资料表明果糖是已酮糖，其酮羰基在第二个碳原子上。果糖分子结构中含有 3 个手性碳，理论上有 8 种旋光异构体，而天然存在的只有左旋果糖，其开链式结构如下。

CH_2OH
C=O
HO—|—H
H—|—OH
H—|—OH
CH_2OH

(−)- 果糖

每种单糖都有一对对映体，且具有相同的名称（一般采用俗名，即根据各自的来源取名）。果糖和葡萄糖的对映异构体分别如下。

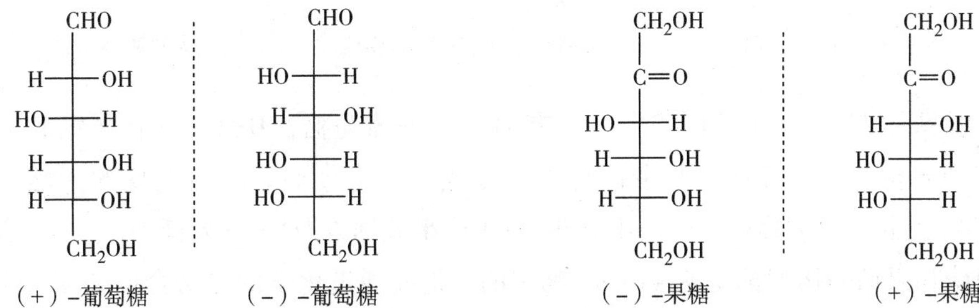

(+)-葡萄糖　(−)-葡萄糖　(−)-果糖　(+)-果糖

为了区分各种单糖的两个对映异构体，通常需要在单糖名称前面加上某种符号，以确定其构型异构。单糖分子中含有较多的手性碳，不便用绝对构型（*R/S*）表示法表示其构型，通常采用 D/L 相对构型表示法。费歇尔建议以甘油醛作标准，把单糖费歇尔投影式中编号最大的手性碳的构型与甘油醛中手性碳的构型进行比较，与 D-甘油醛构型相同者，规定为 D-型；与 L-构型相同者，规定为 L-型。例如：

CHO	CHO	CH_2OH	CHO
	H—|—OH	C=O	H—|—OH
	HO—|—H	HO—|—H	H—|—OH
	H—|—OH	H—|—OH	H—|—OH
H—|—OH	H—|—OH	H—|—OH	
CH_2OH	CH_2OH	CH_2OH	CH_2OH
D-(+)-甘油醛	D-(+)-葡萄糖	D-(−)-果糖	D-(−)-核糖

上述结构式中(+)-葡糖糖和(−)-果糖的 C_5、(−)-核糖的 C_4分别与 D-(+)-甘油醛的手性碳相似，都属于 D-系单糖，而它们的对映异构体则属于 L-系列。其他单糖的构型，

也都按此法确定。D-系列单糖中决定构型的手性碳均为 R 构型，因此，通常把单糖中编号最大的手性碳称作决定构型的手性碳。

下面分别列出己醛糖的 8 个 D-系结构，其余 8 个异构体均为 L-系列，并与此互为对映异构体。

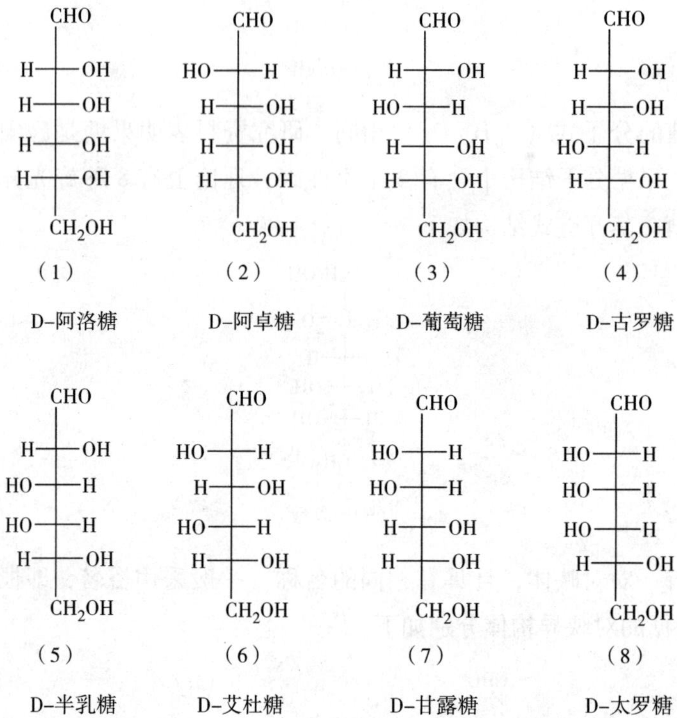

在己醛糖的 16 个旋光异构体中，只有 D-(+)-葡萄糖、D-(+)-甘露糖和 D-(+)-半乳糖三种异构体天然存在，其余都是人工合成的。迄今为止，所发现的天然单糖都是 D-系列，如上述(+)-葡萄糖、(+)-甘露糖、(+)-半乳糖以及(-)-果糖和(-)-核糖等。

葡萄糖和果糖的构型都是 E. Fischer 确定的，他还通过化学的方法合成了多个自然界中不存在的单糖。由于在糖类研究上的巨大贡献，E. Fischer 成为历史上第一位荣获诺贝尔化学奖的有机化学家。

比较葡萄糖和甘露糖的结构，不难发现，两者除 C_2 的构型相反外，其他手性碳的构型都相同，两者互为非对映体。像这种分子中含多个相同手性碳、仅一个手性碳构型不同的非对映体互称为差向异构体（epimer）。

(+)-葡萄糖　(+)-甘露糖　(+)-半乳糖

葡萄糖与甘露糖的 C_2 构型不一样，互称 C_2 差向异构体；葡萄糖与半乳糖的 C_4 构型不一样，互称 C_4 差向异构体。

14-1　下列四个戊醛糖中，哪些互为对映体？哪些互为差向异构体？

(1)	(2)	(3)	(4)
CHO	CHO	CHO	CHO
H—OH	HO—H	HO—H	H—OH
H—OH	H—OH	HO—H	HO—H
H—OH	H—OH	HO—H	H—OH
CH_2OH	CH_2OH	CH_2OH	CH_2OH

（二）己碳糖的环状结构和 α,β-异构体

葡萄糖和果糖的开链结构式，在很多情况下都可以用来表达结构与性能之间的关系，但是葡萄糖或果糖的某些现象仅用上述结构式却无法给予正确的解释。①D-葡萄糖在不同溶剂中处理，可以得到物理性质不同的两种结晶。用冷乙醇做溶剂时得到的D-葡萄糖的结晶，熔点为146℃，比旋光为+112°；用热吡啶做溶剂时得到的D-葡萄糖的结晶，熔点为150℃，比旋光为+18.7°。②D-葡萄糖的这两种结晶都存在变旋现象。当分别把上述两种不同的结晶配成水溶液时，其比旋光随时间的延长逐渐发生变化，前者的比旋光由+112°逐渐变低，后者的比旋光由+18.7°逐渐升高，经过一段时间后，两种水溶液的比旋光都恒定在+52.7°，不再发生变化。这种现象并不是溶质分解所引起的，因为把上述水溶液浓缩蒸发后再次用冷乙醇或热吡啶处理，仍然可得到相应的物理性质不同的两种结晶。把上述单糖水溶液放置后，比旋光发生自行改变并最后达到恒定数值的现象称作变旋现象（mutarotation）。③葡萄糖的醛基不同于普通的醛基。它和醇类化合物发生羟醛缩合反应时，仅需要消耗1分子的醇就能生成类似于缩醛结构的稳定化合物，而且葡萄糖的醛基也不能像普通羰基那样与亚硫酸氢钠发生加成反应。④固体D-葡萄糖在红外光谱中不出现羰基的伸缩振动峰；在核磁共振谱中也不显示醛基中氢原子（—CHO）的特征吸收峰。

1. 氧环式结构　为了解释D-葡萄糖上述的“异常现象”，人们从普通的醛可与醇相互作用生成半缩醛的反应中得到启示：D-葡萄糖分子内既有羟基又有醛基，它们之间有可能发生分子内的加成反应，生成环状半缩醛结构。葡萄糖分子中 C_4 或 C_5 羟基与醛基加成反应的可能性最大，因为通过加成可分别生成比较稳定的五元或六元环。研究证明游离的葡萄糖是以 C_5 羟基与醛基发生加成的，因为它的甲苷衍生物经高碘酸氧化得到了一分子甲酸，而无甲醛生成。

六元环甲苷		五元环甲苷	
H_3CO, H—C—		H, OCH_3—C—	
H—OH		H—OH	
HO—H	$\xrightarrow{2HIO_4}$ HCOOH	HO—H	$\xrightarrow{2HIO_4}$ HCHO
H—OH		H—O—	
H—O—		H—OH	
CH_2OH		CH_2OH	

下面以 C_5 羟基为例说明环加成反应。当开链的 D-葡萄糖分子中 C_5 羟基与醛基加成后，C_1 变成了手性碳原子，有两种构型，一种是 C_1 的羟基（即半缩醛羟基，也称苷羟基）与决定构型的 C_5 羟基在同侧，称之为 α-构体；另一种 C_1 的羟基与 C_5 羟基分占两侧，称之为 β-构体。在水溶液中，它们通过开链式结构相互转化，生成 α-和 β-构体的平衡混合物。

β-D-（+）-葡萄糖 　D-（+）-葡萄糖 　α-D-（+）-葡萄糖

[α] +18.7° 　+112°

64% 　<0.1% 　36%

平衡混合物 $[\alpha]_D$ = +52.7°

前面提到的 D-葡萄糖分子的两种晶体就是 α-D-葡萄糖和 β-D-葡萄糖，它们的差别在于 C_1 的构型相反，互为 C_1 差向异构体。葡萄糖的 α-构体和 β-构体为一对非对映体，也称作端基差向异构体（end-group-isomerism）或异头物（anomer）。

作为晶体，葡萄糖可能是 α-构体或 β-构体，当溶于水时，两者均可以通过开链式结构相互转变建立平衡，D-葡萄糖总是两种异构体的混合物，这就是产生变旋光现象的原因。

与葡萄糖相似，果糖也具有氧环式结构，在水溶液中也有变旋现象。所不同的是，果糖的环状结构为半缩酮，游离的果糖是通过分子中 C_6 羟基和 C_2 酮糖基加成的。果糖在水溶液中，氧环式与开链式结构也处于动态平衡之中。

α-D-(-)-果糖 　D-(-)-果糖 　β-D-(-)-果糖

2. 糖的哈沃斯（Haworth）式结构 　葡萄糖或果糖的氧环式结构可以解释单糖上述的各种异常现象，如变旋现象、波谱学特征等，但用费歇尔投影式直接表达的氧环式结构，还不能真实地反映单糖分子内原子或基团间的空间关系。如葡萄糖 C_5 原羟基并不是在横键的位置与 C_1 羰基加成的，而是向纸平面后方旋转 120°后，在竖键的位置与 C_1 羰基发生加成的。成环后的羟甲基也不再是竖键而是转到了右侧横键上去，如下：

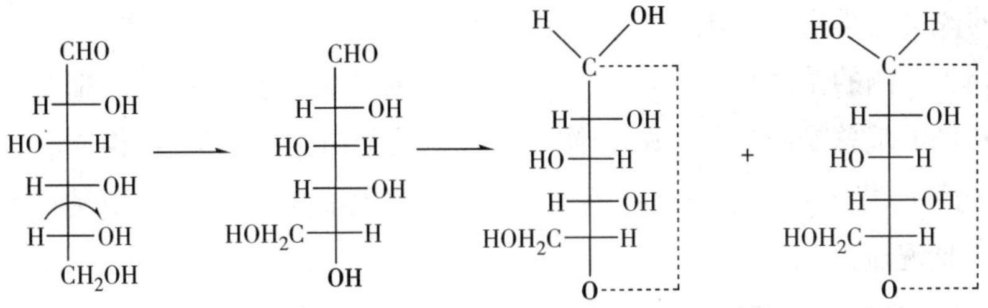

α-构体 β-构体

实际上，成环后葡萄糖 C_5 羟基参与 C_1 苷羟基并不在同一平面内。在葡萄糖的上述结构中，α-构体的苷羟基与羟甲基分占两侧，β-构体的苷羟基与羟甲基在同侧。

为了比较准确地表达单糖的环状结构，英国化学家哈沃斯（Haworth）建议采用平台式来表示，也称 Haworth 结构。单糖以六元环存在时，应该与环己烷或吡喃环结构相近；以五元环存在时，应该与环戊烷或呋喃环结构相近。由此葡萄糖的六元环状平台式结构及其名称如下所示。

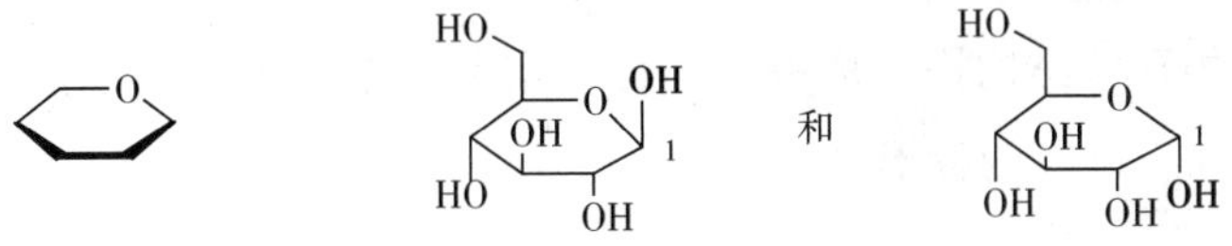

四氢吡喃 β-D-(+)-吡喃葡萄糖 和 α-D-(+)-吡喃葡萄糖

果糖在游离状态下通常以六元环形式存在，结合成多糖时，则多以五元环形式存在，例如在蔗糖中，果糖就以呋喃环形式存在。果糖的吡喃和呋喃环结构及其名称如下。

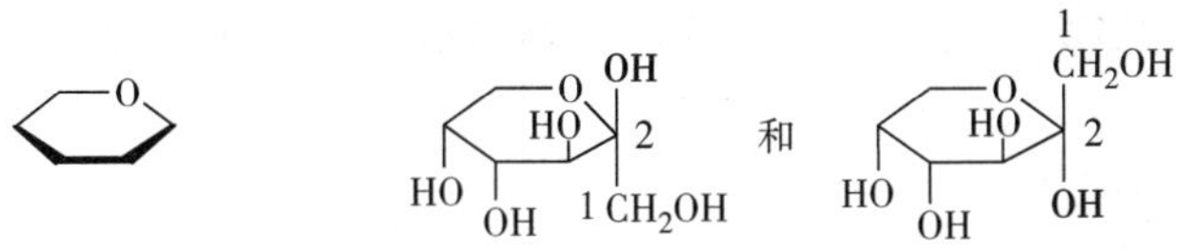

β-D-(-)吡喃果糖 和 α-D-(-)吡喃果糖

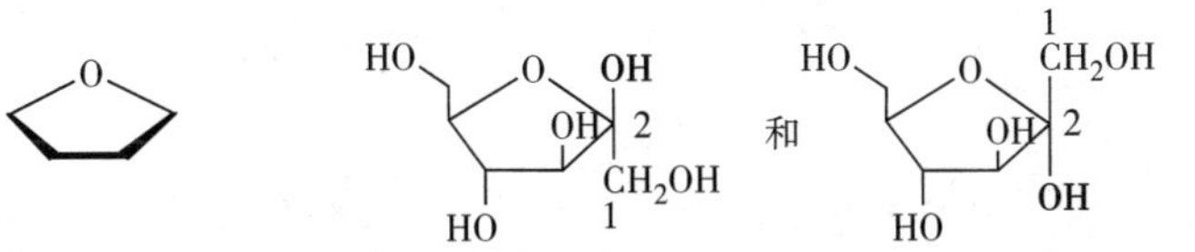

四氢呋喃 β-D-(-)-呋喃果糖 和 α-D-(-)-呋喃果糖

为了建立单糖的开链结构与哈沃斯式结构之间的联系，下面简单介绍将开链结构转换成哈沃斯式结构的改写过程。将单糖竖直的开链结构式模型向右水平放置，醛基在右；把 C_4 和 C_1 向后弯曲成环，C_2—C_3 边在前面；旋转 C_4—C_5 键使羟基靠近羰基。

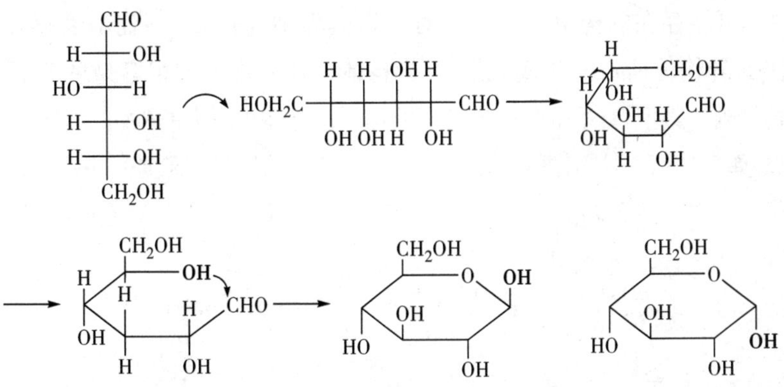

β-D-吡喃葡萄糖 α-D-吡喃葡萄糖

从单糖的改写过程可以看出，凡在费歇尔投影式中处于左侧的基团，将位于哈沃斯式的环上；凡处于右侧的基团将位于环下；因D-系单糖中决定构型的羟基都是在右侧，所以参与成环后其羟甲基总是向上的，β-构体的苷羟基也是向上的，但α-构体的苷羟基总是向下的，即β-构体的苷羟基与羟甲基在环的同侧，α-构体的苷羟基与羟甲基在环的异侧，在L-系列单糖中情况刚好相反。

在书写单糖结构时，羟基通常可用短线表示，氢原子可省略。当不需要强调C_1构型或仅表示两种异构体混合物时，可将C_1上的氢原子和羟基并列写出，或用虚线、波折号将C_1与羟基相连，如D-葡萄糖。

或

（三）己碳糖的构象及异头效应

哈沃斯式将糖的环状结构描绘成一个平面，实际上吡喃糖的构象颇似椅式环己烷。吡喃糖的椅式构象有$^4C_1$和$^1C_4$两种形式。

$^4C_1$式是指C_4在环平面上方，C_1在环平面下方。$^1C_4$式是指C_1在环平面上方，C_4在环平面下方。一个单糖究竟以哪一种椅式构象存在，与各碳原子上所连的取代基有关。D-葡萄糖采取的是$^4C_1$式构象。

β-D-吡喃葡萄糖　　α-D-吡喃葡萄糖

在D-葡萄糖的$^4C_1$式构象中，β-异构体的所有较大基团都处在平伏键位置，空间障碍比较小，是一种非常稳定的优势构象；α-构体除苷羟基外，其他大的基团也都处在平伏键上。在D-系己醛糖中，只有β-D-葡萄糖能保持这种最优势构象，其他任何一种都不具备这种结构特征。但是当D-葡萄糖采用$^1C_4$式构象时，所有的较大基团将会都占据直立键位置，那是一种不可能存在的构象。至此，对于自然界中为什么D-葡萄糖存在的数量最多、平衡水溶液中β-异构体所占的比例大于α-异构体，这一现象就很容易理解了。

除D-葡萄糖外，其他D-系吡喃糖较稳定的构象也是体积最大的基团（羟甲基）处在e键位置的那种构象，如半乳糖、甘露糖等，也有例外，艾杜糖的较优构象是羟甲基处在直立键上。

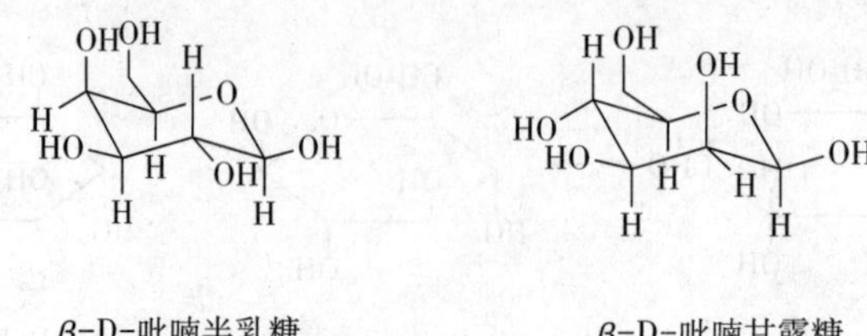

β-D-吡喃半乳糖　　β-D-吡喃甘露糖

决定糖类稳定构象的因素是多方面的。在吡喃己醛糖中，C_2～C_6羟基的甲基化或乙酰化取代，也倾向于占有 *e* 键位置。但当 C_1 苷羟基成为甲氧基、乙酰氧基或被卤素原子取代时，这些取代基处于 *a* 键的构象往往是优势构象，此时的 α-构体反而比 β-构体稳定。我们把异头物中 C_1 位上较大取代基处于 *a* 键为优势构象的反常现象，称为异头效应（anomeric effect）或端基效应（end-group effect）。

产生端基效应的原因是，糖环内氧原子上的未共电子对与 C_1 上的氧原子或其他杂原子的未共电子对之间相互排斥作用的结果，这种排斥作用类似于 1,3-干扰作用，也有人把这种 1,3-干扰作用称作兔耳效应。当甲氧基、乙酰氧基或卤素原子处于 *a* 键时，这种环内-环外氧原子未共电子对排斥作用比较小。

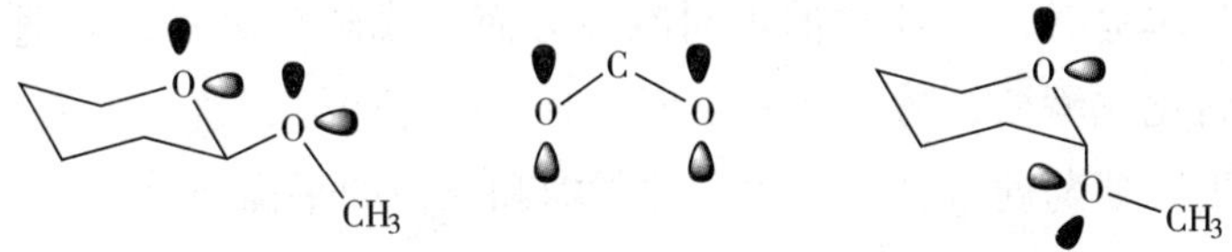

图 14-1　C_1 的端基效应图

溶剂对端基效应也有影响。介电常数较高的溶剂不利于端基效应，因为此时的溶剂可稳定偶极作用较大的分子状态。对易溶于水的游离糖来说，水的介电常数很高，对偶极作用较大的 β-异头物有较好的稳定作用，因此 D-葡萄糖在平衡水溶液中 β-异构所占的比例大于 α-构体。但是，当 C_1 羟基经甲基化或酰化生成脂溶性较大的化合物后，它们常溶于介电常数较小的有机溶剂，此时端基效应的影响相对增大。端基效应还受不同糖结构的影响，这里不再作详细讨论。

以上讨论了单糖的三种表示方法，虽然哈沃斯式和构象式更接近分子的真实形象，但在讨论单糖的某些化学性质尤其是醛基或酮羰基性质时，费歇尔投影式书写更为方便，工作中可根据情况任意采用，但要熟悉单糖结构三种表示法的相互关系。

二、单糖的性质

（一）物理性质

纯的单糖都是无色结晶，有甜味，易溶于水，不溶于弱极性或非极性溶剂。单糖溶于水后存在开链式与环状结构之间的互变，新配制的单糖溶液可观察到变旋光现象。下面列出一些常见糖的比旋光度和变旋后的平衡值（表 14-1）。

表 14-1　常见糖的比旋度 $[\alpha]_D^{20}$

名称	α-体	β-体	平衡值
D-葡萄糖	+112°	+18. 7°	+52. 7°
D-果糖	-21°	-113°	-92°
D-半乳糖	-151°	-53°	-84°
D-甘露糖	+29. 9°	-17°	+14. 6°
D-乳糖	+90°	+35°	+55°
D-麦芽糖	+168°	+112°	+136°

糖溶液浓缩时，容易得到黏稠的糖浆，不易结晶，说明糖的过饱和倾向很大，难

析出结晶。解决糖的结晶问题是一个难题，一般是采用物理或化学的方法促使糖结晶。物理方法是通过改变溶剂或冷冻，摩擦容器壁或引入晶种等，同时还要放置几天或更长时间，等候结晶长大。化学方法是将糖转变成合适的衍生物，如将羟基酰化，或制备成缩醛（酮）等，改变分子结构，增大分子量，以利于结晶析出。

（二）化学性质

单糖是多羟基醛或酮，它们应该具有羟基和羰基的固有性质；另一方面，多个官能团同处于一个分子内，由于相互影响，又会表现出某些特殊性质。以下我们主要讨论有关单糖的特殊化学性质和某些重要的化学反应。

1. 差向异构化　醛、酮分子中的α-H受羰基的影响表现出一定的活性，单糖与之类似。当以稀碱处理单糖时，α-H被催化剂碱夺去而形成碳负离子，并通过烯醇式中间体发生重排，部分转化成酮糖，另一部分成为一对差向异构体，这一过程叫作差向异构化。例如在稀碱存在下，葡萄糖可分别转化成甘露糖和果糖的平衡混合物。

CHO; H—OH; HO—H; H—OH; H—OH; CH_2OH
D-葡萄糖

⇌

HO—C—H; ‖ C—OH; HO—H; H—OH; H—OH; CH_2OH
1, 2-烯醇式葡萄糖

⇌

CHO; HO—H; HO—H; H—OH; H—OH; CH_2OH
D-甘露糖

CH_2OH; =O; HO—H; H—OH; H—OH; CH_2OH
D-果糖

用稀碱处理果糖或甘露糖，也得到同样的平衡混合物。因此，在碱性条件下酮糖时常与醛糖表现出相同的性质。

在生物体内，在异构酶的催化下，葡萄糖和果糖也会相互转化。现代食品工业中常利用淀粉，通过生物生化过程生产果葡糖浆，就是醛糖转化为酮糖的应用实例。

2. 氧化反应　单糖能被多种氧化剂氧化生成各种不同的产物。在此介绍几种特殊的氧化反应。

（1）碱性溶液中的氧化　醛糖或酮糖可还原吐伦（Tollens）试剂，产生银镜；也能还原斐林（Fehling）试剂或班氏（Benedict）试剂，生成砖红色的氧化亚铜沉淀。酮糖能与吐伦试剂或斐林剂发生阳性反应的原因是碱性条件下的差向异构化。吐伦试剂或斐林剂与已碳糖的反应如下。

$$Ag(NH_3)_2^+ + C_6H_{12}O_6 \longrightarrow C_5H_{11}O_5\text{—}COOH + Ag\downarrow$$

$$Cu(OH)_2 + C_6H_{12}O_6 \longrightarrow C_5H_{11}O_5\text{—}COOH + Cu_2O\downarrow\text{（砖红色）}$$

在糖化学中，将能发生上述反应的糖称为还原糖，不能发生此反应的糖称为非还原糖。此反应简单且灵敏，常用于单糖的定性检验。

（2）酸性或中性溶液中的氧化　在酸性或中性条件下，醛糖中的醛基可选择性地被溴或其他卤素氧化成羧基，生成糖酸，然后糖酸又很快生成内酯，如 Br_2 与葡萄糖的反应。

HO　O　OH　$\xrightarrow[H_2O]{Br_2}$　COOH　CH_2OH　⟶　HO　O　=O

葡萄糖酸　　葡萄糖酸内酯

反应的实际过程比较复杂，与半缩醛羟基有关。酸性或中性条件下酮糖不发生差向异构化，因此酮糖不能被弱氧化剂溴水氧化。该反应可用于醛糖和酮糖的鉴别。

在温热的稀硝酸作用下，醛糖的醛基和伯醇羟基可同时被氧化生成糖二酸。如D-半乳糖被硝酸氧化生成半乳糖二酸，通常称黏液酸。由于半乳糖二酸分子结构为内消旋体，在水中的溶解度小，析出结晶，因此常用此反应来检验半乳糖的存在。

CHO　CH_2OH　$\xrightarrow[\triangle]{稀硝酸}$　COOH　COOH

D-半乳糖　　D-半乳糖二酸

D-葡萄糖经稀硝酸氧化生成葡萄糖二酸，再经适当方法还原可得到葡萄糖醛酸。酮糖在上述条件下发生 C_2—C_3链的断裂，生成小分子二元酸。

CHO　CH_2OH　$\xrightarrow[\triangle]{稀硝酸}$　COOH　COOH　⟶　⟶　CHO　COOH　⇌　COOH　O　OH

D-葡萄糖　　D-葡萄糖二酸　　D-葡萄糖醛酸

在生物体内，葡萄糖在酶的作用下也可以生成葡萄糖醛酸。葡萄糖醛酸极易与醇或酚等有毒物质结合成苷，由于分子极性较大，易于排出。如在人体的肝脏中，葡萄糖醛酸可与外来性物质或药物的代谢产物结合排出体外，起到解毒排毒作用。因此，葡萄糖醛酸是临床上常用的保肝药，其商品名为“肝泰乐”。

（3）与高碘酸的反应　高碘酸对邻二醇具有氧化作用，该部分内容在醇一章中已有介绍。单糖具有邻二醇结构，也能被高碘酸氧化，如葡萄糖可与5分子高碘酸反应。

CHO　OH　HO　OH　OH　CH_2OH　$\xrightarrow{5HIO_4}$　$5\ HCO_2H$　+　HCHO

高碘酸氧化反应是测定糖结构的一种有效方法，利用该反应可以确定糖环的大小。例如，为确定葡萄糖是以呋喃环存在还是以吡喃环存在，可先将其甲苷化，然后与高碘酸反应。若是以吡喃环存在，则消耗 2 分子高碘酸，生成 1 分子甲酸；若是以呋喃环存在，消耗同样多的高碘酸，但生成 1 分子甲醛。甲基葡萄糖开环时生成了 1 分子的甲酸，因此葡萄糖为吡喃环系。

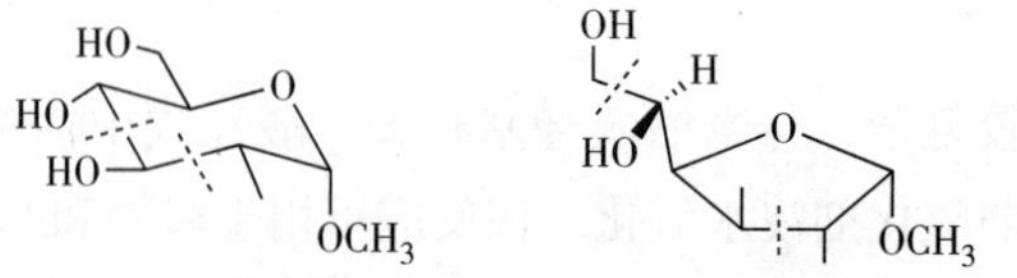

α-D-吡喃葡萄糖甲苷　　α-D-呋喃葡萄糖甲苷

除此之外，高碘酸氧化法还可用于多糖中苷键连接位置的确定。

3. 苷的生成 单糖的半缩醛（酮）羟基可与其他含有羟基、氨基或巯基等活泼氢的化合物发生脱水，生成糖苷（glycoside）。例如，D-葡萄糖在干燥的 HCl 作用下与甲醇反应，生成 D-葡萄糖甲苷，无论是 α 或 β-葡萄糖，均生成两种异构体的混合物，且以 α-构体为主。

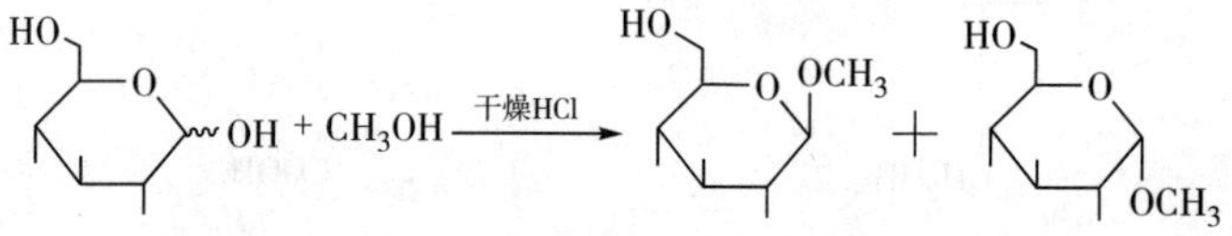

β-D-吡喃葡萄糖甲苷　　α-D-吡喃葡萄糖甲苷

糖苷由糖和非糖两部分组成，糖部分称为糖苷基，非糖部分称为苷元或糖苷配基。如甲基葡萄糖苷中的甲基就是苷元或糖苷配基。糖和非糖部分之间连接的键称为糖苷键，根据苷键原子的不同也称作氧苷键、氮苷键、硫苷键和碳苷键，见下列苷类化合物。

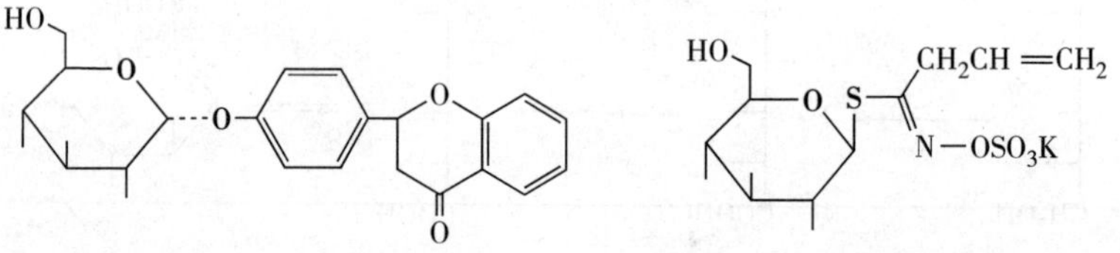

甘草苷（氧苷）　　黑芥子苷（硫苷）

腺苷（氮苷）　　伪尿嘧啶核苷（碳苷）

苷在自然界分布很广，很多具有生物活性。在糖苷中，糖分子的存在可增加水溶性。因此在现代药物研究中，常在某些难溶于水的药物分子中连上糖基，以提高其在水中的溶解度。

糖苷是一种缩醛（酮）结构，无半缩醛（酮）羟基，性质比较稳定，不能开环转变成链式结构，故无变旋光现象，不能成脎，也无还原性。它们在碱中比较稳定，但在酸或酶

作用下，可以断裂苷键，生成原来的糖和非糖部分而再次表现出单糖的性质。糖苷的酶促反应有极强的选择性，如 α-型葡萄糖苷只能用麦芽糖酶水解，β-型葡萄糖苷只能用苦杏仁苷酶进行水解；而酸催化下的糖苷水解无选择性。

14-2　糖苷在酸性溶液中长时间放置或加热后也有变旋光现象，为什么？

4. 成脎反应　单糖可与多种羰基试剂发生加成反应。如与等摩尔的苯肼在温和的条件下可生成糖苯腙；但在苯肼过量（1∶3）时，α-位羟基可被苯肼氧化（苯肼对其他有机物不表现出氧化性）成羰基，然后再与 1mol 苯肼反应生成黄色糖脎的结晶。该反应是 α-羟基醛或酮的特有反应，由于反应简单，常作为单糖的定性检验，如葡萄糖与苯肼的反应。

D-葡萄糖（CHO；H—OH；HO—H；H—OH；H—OH；CH_2OH）$+ 3H_2NHN—C_6H_5$ ⟶ D-葡萄糖脎（$HC{=}N—NH—C_6H_5$；$C{=}N—NH—C_6H_5$；HO—H；H—OH；H—OH；CH_2OH）

D-葡萄糖　　　　D-葡萄糖脎

无论醛糖或酮糖，反应都仅发生在 C_1 和 C_2 上，其余部分不参与反应。因此，对于可生成同一种糖脎的几种糖来讲，只要知道其中的一种糖的构型，则另几种糖 C_3 以下部分就不难推出。这在单糖构型测定中颇有意义。例如，D-葡萄糖、D-甘露糖和 D-果糖都形成同一种脎，可知三种糖 C_3 以下的构型是相同的。

不同的糖脎，晶形、熔点不一样；不同的糖成脎速度也不同。例如，D-果糖成脎比 D-葡萄糖快，所以常根据结晶析出的快慢、晶形和熔点的不同来区分或鉴别各种单糖。

成脎反应只涉及 C_1 和 C_2，而且产物不溶于水，可能是因为分子内形成了稳定的螯环氢键，阻碍反应继续进行，并降低了溶解度。

D-葡萄糖脎（$HC{=}N—NH—C_6H_5$；$C{=}N—NH—C_6H_5$；HO—H；H—OH；H—OH；CH_2OH）⟶ D-葡萄糖脎螯环结构

D-葡萄糖脎　　　　D-葡萄糖脎螯环结构

14-3　D-核糖具有下述结构，请写出能与它生成同一种糖脎的另外两种单糖的结构。

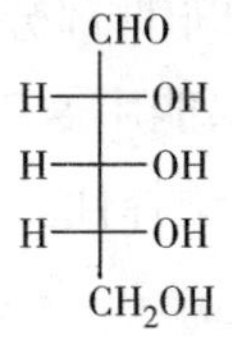

CHO
H—OH
H—OH
H—OH
CH_2OH

5. 还原反应 单糖的羰基可经催化氢化或硼氢化钠还原得到相应的醇，这类多元醇通称为糖醇。例如D-核糖的还原产物为D-核糖醇，是维生素B_2的组分；D-葡萄糖的还原产物是葡萄糖醇，也称作山梨醇，是制造维生素C的原料；甘露糖的还原产物是甘露糖醇；D-果糖的还原产物是D-葡萄糖醇和D-甘露糖醇的混合物。山梨醇和甘露醇在饮食疗法中常用于代替糖类，它们所含的热量与糖差不多，但山梨醇不易引起龋齿。

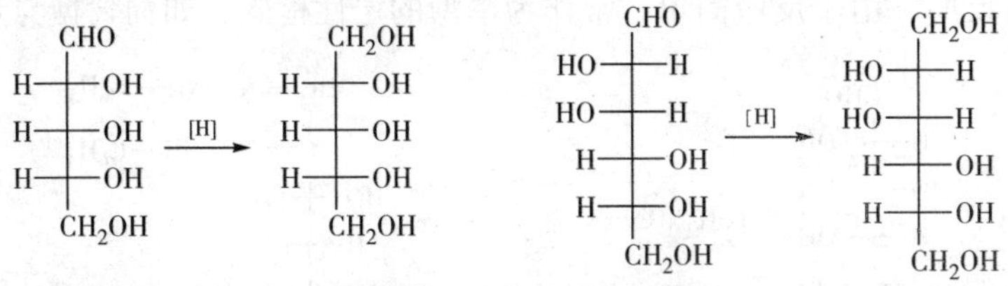

D-核糖 —[H]→ D-核糖醇　　D-甘露糖 —[H]→ D-甘露醇

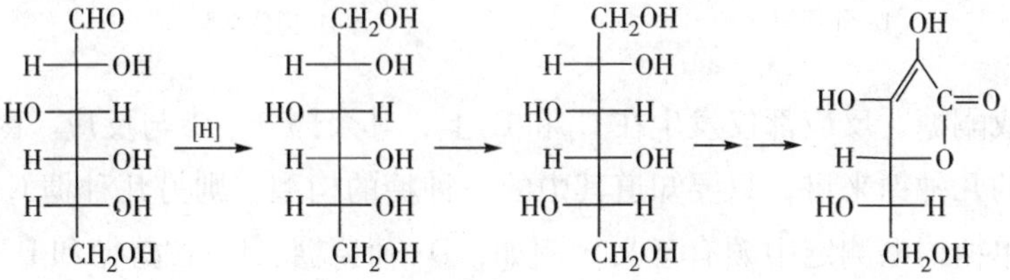

D-葡萄糖 —[H]→ D-山梨醇 → L-山梨醇 → → 维生素C

6. 成酯反应 糖分子中富含羟基，和普通醇一样易被有机或无机酸酯化，醇的磷酸酯具有重要生物学意义。在生物体内，很多糖类分子都是以磷酸酯的形式存在并参与生化反应，如D-6-磷酸葡萄糖、D-1，6-二磷酸果糖和D-1-磷酸核糖等。生物体内的磷酰化试剂是三磷酸腺苷（ATP）而不是磷酸，醇类的磷酰化用ATP要比用磷酸快得多。

糖分子中的羟基也可被乙酰化。由于糖的半缩醛羟基具有特殊的活性，即使C-1苷羟基被乙酰化后，仍比其他碳上的乙酰基活泼得多。如用无水溴化氢处理α-或β-五乙酰基葡萄糖时，可得到α-溴代四乙酰基葡萄糖，它是一个极活泼的重要中间体，由它可以方便地制备各种苷类衍生物，这在药物的化学修饰上非常重要。如含有羟基或羧基的药物可与溴代糖中间体反应生成糖苷或糖酯，以降低副作用或改善其溶解性能等。

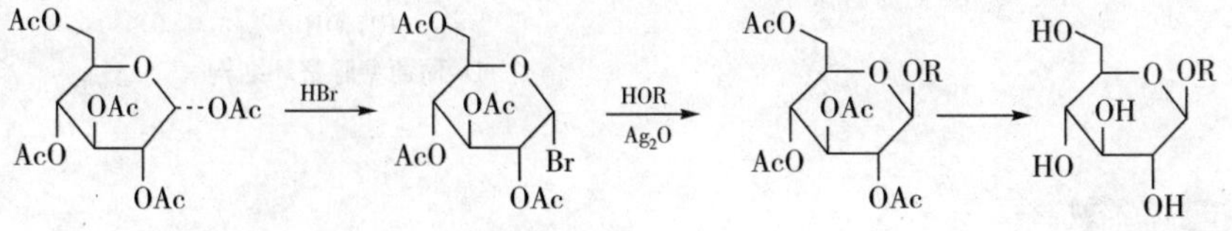

7. 环状缩醛或缩酮的形成 处于糖环上的顺式邻二羟基可与醛或酮生成环状的缩醛或缩酮，该性质常用于某些合成反应中糖上羟基的保护。反式邻二醇不能发生此类反应。

8. 单糖的脱水和显色反应　在强酸（硫酸或盐酸）作用下，戊糖或己糖经过多步脱水，分别生成糠醛或糠醛衍生物；多糖经过酸水解，也可发生此反应。

$$(C_5H_8O_4)n \xrightarrow[\triangle]{H_2O,\ H^+}$$ 糠醛

戊糖或多缩戊糖　　糠醛

$$(C_6H_{10}O_5)n \xrightarrow[\triangle]{H_2O,\ H^+}$$ 5-羟甲基糠醛

己糖或多缩己糖　　5-羟甲基糠醛

反应生成的糠醛及其衍生物可与酚类或芳胺类缩合，生成有色化合物，故常利用该性质进行糖的鉴别。经常使用的有莫立许（Molisch）反应和西里瓦诺夫（Seliwanoff）反应。

莫立许反应是用浓硫酸作脱水剂，使单糖或多糖脱水后，再与 α-萘酚反应，生成紫色缩合物。该反应简单灵敏，常用于糖类的检验。

西里瓦诺夫反应是以盐酸作脱水剂，生成的糠醛衍生物再与间苯二酚反应，生成鲜红色缩合物。由于酮糖的反应速度明显快于醛糖，故该反应常用于酮糖和醛糖的鉴别。

三、重要的单糖

前面提到葡萄糖、甘露糖、半乳糖和果糖等都是自然界中重要的己糖。下面介绍两个重要的戊糖和氨基葡萄糖。

1. D-核糖和 D-脱氧核糖　D-核糖和 D-脱氧核糖都是戊醛糖，它们也有 α-和 β-两种异构体，也存在还原性和变旋现象等，其化学结构分别如下。

α-D-呋喃核糖　　D-(-)-核糖　　β-D-呋喃核糖

α-D-2-脱氧呋喃核糖　　D-(-)-2-脱氧核糖　　β-D-2-脱氧呋喃核糖

它们在自然界不以游离状态存在，多数结合成苷类，如巴豆中含有巴豆苷，水解后释放出核糖。核糖是核糖核酸（RNA）的组成部分，脱氧核糖是脱氧核糖核酸（DNA）的一

个必要组分，它们在生命活动中起着非常重要的作用。

2. 氨基葡萄糖 氨基糖是单糖的衍生物，其结构与单糖十分相似。如生物贮存量极大的2-氨基葡萄糖和2-乙酰氨基葡萄糖，可以看成是葡萄糖的2-OH分别被氨基或乙酰氨基取代的衍生物，结构如下。

β-D-2-氨基葡萄糖　　*β*-D-2-乙酰氨基葡萄糖

它们常以结合状态存在于自然界。如有开发前景的壳糖胺和甲壳质分别是它们的高聚物。

扫码"学一学"

第三节　寡　糖

寡糖又称为低聚糖，是指由2～10个单糖分子形成的糖。根据寡糖中单糖的数目，又可将其分作双糖、三糖等。在寡糖中，最常见又重要的是双糖，如麦芽糖、蔗糖、乳糖等，环糊精也是近年来药学领域中倍受关注的一个寡糖。本节主要讨论双糖和环糊精。

双糖由两个单糖分子通过糖苷键结合而成，在结构上也可以看成是苷，不过苷元部分不是普通的醇而是另一分子的单糖。在双糖分子中，一个单糖提供的是半缩醛（酮）羟基，另一个单糖用醇羟基或半缩醛（酮）羟基与其发生缩水反应而得。根据双糖分子中是否含有半缩醛（酮）羟基，可将其分成还原糖和非还原糖两类。

一、非还原性双糖

形成双糖的糖苷键若是由两个单糖分子的半缩醛羟基或半缩酮羟基脱水缩合而成，则这种双糖就不再有半缩醛（酮）羟基，在水溶液中不能开环转化成开链式结构，故无还原性，不能成脎，无变旋现象，将这种结构的双糖称之为非还原糖，如蔗糖和海藻糖等。

1. 蔗糖 （+）-蔗糖（sucrose）为自然界分布最广的双糖，尤其在甘蔗和甜菜中含量最多，故有蔗糖和甜菜糖之称。

（+）-蔗糖由*α*-D-吡喃葡萄糖的半缩醛羟基与*β*-D-呋喃果糖的半缩酮羟基之间缩去1分子水，通过*α*,*β*-(1,2)-糖苷键连接而成，结构如下。

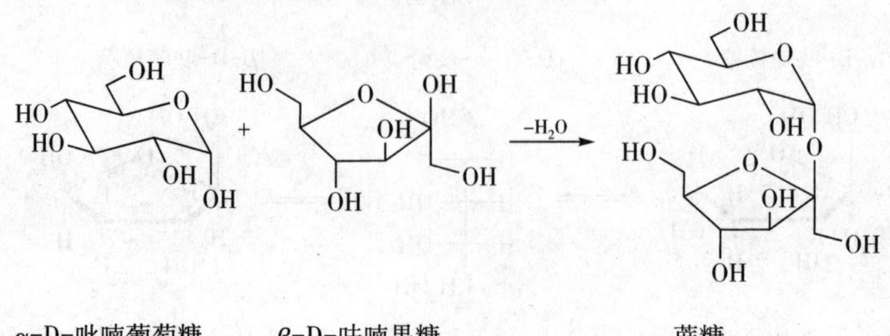

α-D-吡喃葡萄糖　　*β*-D-呋喃果糖　　蔗糖

蔗糖分子中，无论葡萄糖或果糖均不存在游离的半缩醛（酮）羟基，不能成脎，无变旋现象，不能还原吐伦试剂和斐林试剂，因此是非还原糖。蔗糖的化学名称为*α*-D-吡喃葡

萄糖基-β-D-呋喃果糖苷，或β-D-呋喃果糖基-α-D-吡喃葡萄糖苷。蔗糖的结构还可以如下表示。

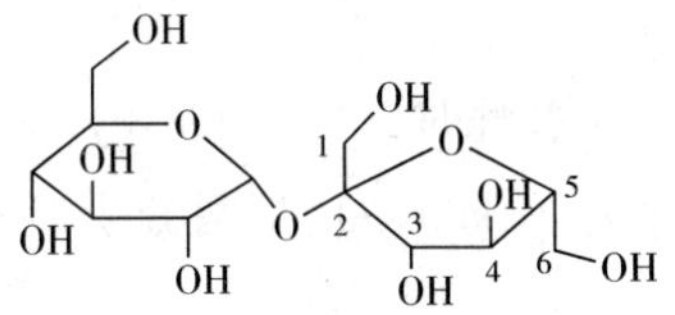

蔗糖是右旋糖，比旋度为+66.5°，当被稀酸或酶水解后，生成等量的(+)-D-葡萄糖（+52.7°）和(-)-D-果糖（-92°）的混合物，其比旋度为-19.7°，由于水解前后旋光方向发生了改变，因此常将蔗糖的水解产物［1∶1的(+)-D-葡萄糖和(-)-D-果糖混合产物］称为转化糖（invert sugar）。由于果糖的甜度高于其他糖，所以转化糖具有较大的甜味。蜂蜜中大部分是转化糖。蜜蜂体内含有能催化水解蔗糖的酶，这些酶称为转化酶。

2. 海藻糖 海藻糖（fucose）又叫酵母糖，在酵母中含量丰富，还存在于藻类、真菌、细菌及某些昆虫中。海藻糖是由两个葡萄糖分子通过α,α-(1,1)-糖苷键连接成的非还原性双糖。

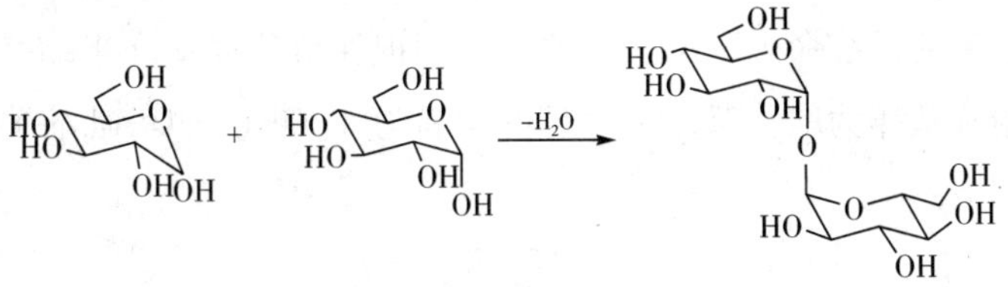

α-D-吡喃葡萄糖　　α-D-吡喃葡萄糖　　海藻糖

海藻糖的全名为α-D-吡喃葡萄糖基-α-D-吡喃葡糖苷，结构如下。

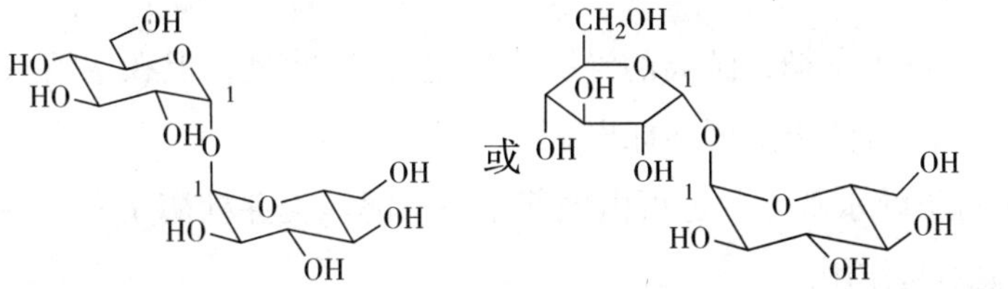

海藻糖分子中不存在游离的半缩醛羟基，性质非常稳定。海藻糖的全名为α-D-吡喃葡萄糖基-α-D-吡喃葡萄糖苷。

海藻糖是一种极具开发价值的二糖。海藻糖的甜味只有蔗糖的45%，味淡，但与蔗糖相比，甜味容易渗透，食后不留后味，不易引起龋齿，可代替高热量的蔗糖，尤其适合于减肥和糖尿病患者。海藻糖具有保护生物细胞、使生物活性物质（如各种蛋白质、酶等）在脱水、干旱、高温、辐射、冷冻等胁迫环境下活性不受破坏的功能。海藻糖作为一种新型的食品、药物和化妆品添加剂得到广泛的应用。目前，生物学家正通过生物技术构建含海藻糖的转基因植物，试图培育抗旱、抗冻、抗辐射等特性的转基因植物，为改造沙漠、绿化荒山作出贡献。

海藻糖的提取和制备很方便。如果能够开发出转化淀粉生产海藻糖的途径，将为淀粉类深加工及新的淀粉糖开发开辟新思路。

二、还原性双糖

双糖若是由一分子糖的半缩醛（酮）羟基与另一分子糖的普通醇羟基缩水而成，则这

种糖的分子中仍保留一个半缩醛（酮）羟基，在水溶液中依然存在氧环式与开链式的互变平衡，因而具有变旋现象，能够成脎，仍具有还原性，将这种结构的双糖称之为还原糖，如麦芽糖和乳糖等。

1. 麦芽糖 淀粉在稀酸中部分水解时，可得到(+)-麦芽糖，在发酵生产乙醇的过程中，也可得到(+)-麦芽糖。麦芽糖（maltose）是两分子 D-葡萄糖通过 α-1,4 糖苷键连接成的还原性双糖，结构如下。

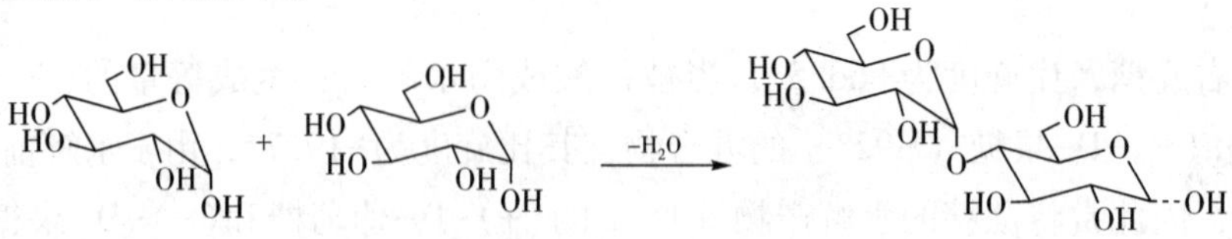

$\xrightarrow{-H_2O}$

α-D-吡喃葡萄糖　α-D-吡喃葡萄糖　麦芽糖

麦芽糖分子中的一个葡萄糖以 C_4 羟基参与了苷键的形成，这个葡萄糖仍保留有游离的半缩醛羟基，因此麦芽糖能够成脎，有变旋现象和还原性，当被溴水氧化时，麦芽糖只生成一元羧酸。

与非还原性双糖的系统命名不同，还原性双糖把保留苷羟基（半缩醛羟基）的糖单元，即苷元做母体，糖苷基作为取代基。麦芽糖的全名为 4-*O*-(α-D-吡喃葡萄糖苷基)-D-吡喃葡萄糖，结构如下。

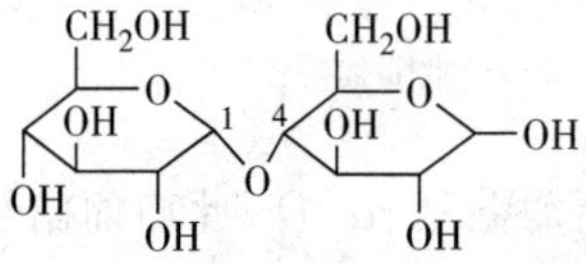

结晶状态的(+)-麦芽糖，游离的半缩醛羟基为 β-构型，但在水溶液中，变旋产生 α-异构体的混合物，故 C_1 的构型可不标出。

麦芽糖除了可被酸水解外，还可由麦芽糖酶水解。麦芽糖酶是专一性水解 α-糖苷键的酶，对 β-糖苷键不起作用。

2. 纤维二糖 (+)-纤维二糖（celloiose）是纤维素经一定的方法处理后部分水解的产物，化学性质与麦芽糖相似，有变旋现象和还原性。纤维二糖水解后也生成 2 分子 D-葡萄糖，但纤维二糖只能被苦杏仁酶（对 β-苷键有专一性）水解。纤维二糖是麦芽糖的同分异构体，其差别是纤维二糖为 β-1,4 苷键，麦芽糖为 α-1,4 苷键。纤维二糖的全名为 4-*O*-(β-D-吡喃葡萄糖苷基)-D-吡喃葡萄糖，结构如下。

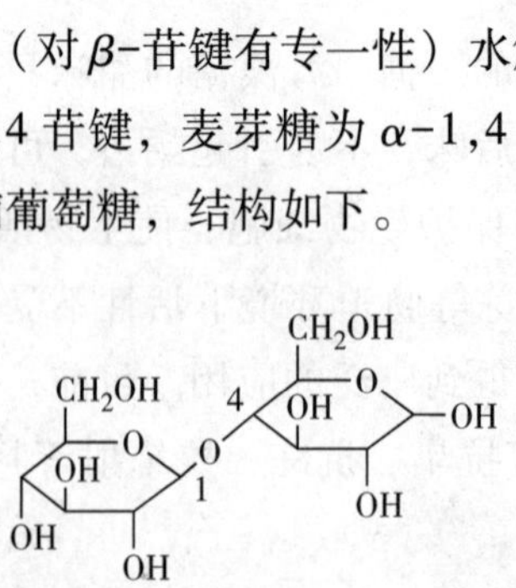

(+)-纤维二糖与(+)-麦芽糖虽然只是苷键的构型不同，但生理活性上却有很大差别。(+)-麦芽糖具有甜味，可在人体内分解消化，而(+)-纤维二糖无甜味，也不能被人体消化吸收。食草动物体内含有水解 β-苷键的酶，因而以纤维性植物为饲料。

3. 乳糖 (+)-乳糖存在于哺乳动物的奶汁中。工业上，可从制取乳酪的副产物乳清中

获得。乳糖（lactose）也是还原糖，有变旋现象。当用苦杏仁苷酶水解乳糖时，可得到等量的D-吡喃葡萄糖和β-D-半乳糖，说明乳糖是由一分子葡萄糖和一分子半乳糖结合而成的，且分子中的糖苷键为β-型。乳糖的全名为4-*O*-(β-D-吡喃半乳糖苷基)-D-吡喃葡萄糖，结构如下。

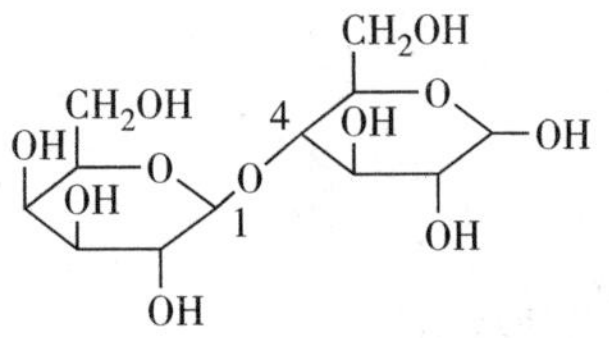

为了解糖类的研究方法，下面以乳糖为例，简单介绍糖结构是如何确定的。

制备乳糖脎并将其水解，生成了D-半乳糖和D-葡萄糖脎；用溴水氧化乳糖并水解乳糖酸，生成了D-葡萄糖酸和D-半乳糖，由此可知，还原糖部分是D-葡萄糖，糖苷基是D-半乳糖。将乳糖酸甲基化后生成八-*O*-甲基-D-乳糖酸，此酸再经酸水解，得到2,3,5,6-四-*O*-甲基-D-葡萄糖酸和2,3,4,6-四-*O*-甲基-D-半乳糖，过程如下。

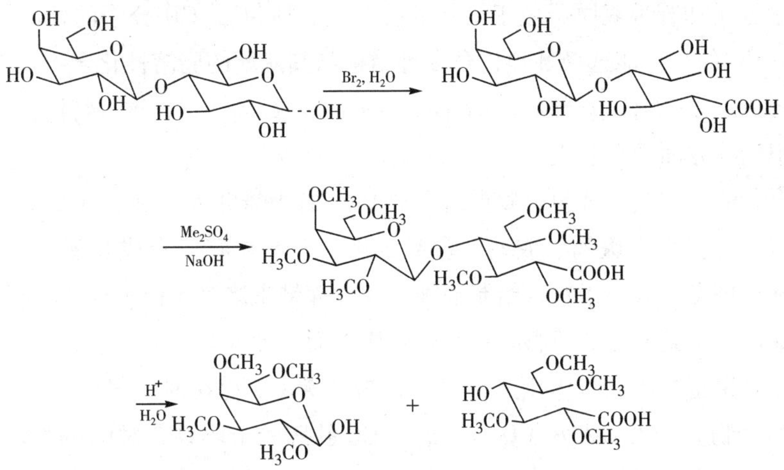

以上结果说明，乳糖中分子中葡萄糖是以C_4-羟基与半乳糖的苷羟基缩水结合的，D-葡萄糖和D-半乳糖都是以吡喃环形式存在，(+)-乳糖分子中的苷键为β-1,4连接。

14-4　麦芽糖和乳糖都具有α-异构体和β-异构体，试分别写出麦芽糖和乳糖的两种异构体。

三、环糊精

环糊精（cyclodextrin）简称CD，是由6、7、8个D-(+)-吡喃葡萄糖通过α-1,4糖苷键形成的一类环状寡糖。根据成环的葡萄糖数目，通常将其分为α、β和γ-环糊精三种，简称α、β和γ-CD。作为一种新型的药物载体，环糊精应用及其广泛，尤其是β-环糊精的应用最普遍。β-环糊精是由7个葡萄糖通过α-1,4苷键形成的筒状化合物，化学结构如下

（图 14-2）。

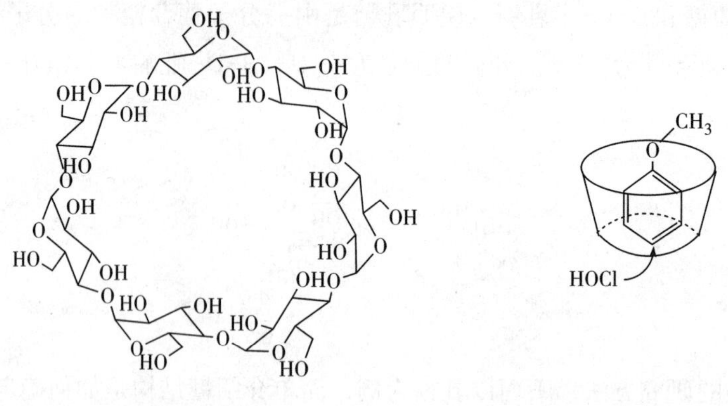

图 14-2　β-CD 的结构和催化反应示意图

β-CD 的分子结构比较特殊，每个葡萄糖单位上 C_2、C_3、C_6的羟基都处在分子的外部，C_3、C_5上的氢原子和苷键氧原子位于筒状的孔腔内，所以 β-CD 分子的外部呈极性，内腔为非极性。β-CD 的孔腔能选择性地包合多种结构与其匹配的脂溶性化合物，通过分子间特殊的作用力形成主体-客体包合物（host-guest inclusion complex），这一特性在药物制剂、络合催化、模拟酶等方面颇有意义。

形成包合物后能够改变被包合物的理化性质，如能降低挥发性、提高水溶性和化学稳定性等，所以包合技术在医药、农药、食品、化工以及在有机合成和催化方面多有应用。中药挥发油易于挥发，难溶于水，给制剂加工和贮存带来诸多不便。当将其制备成 CD 包合物后，上述缺陷可得到明显的改善。在有机合成方面，加入 CD 往往可以提高反应速度和反应选择性。如苯甲醚在次氯酸作用下的氯化反应，无 CD 存在时一般生成 33% 的邻氯产物和 67% 的对氯产物。但当加入 β-CD 后，进入 CD 孔腔的苯环只有对位不受 CD 屏蔽，因而反应可选择性地发生在对位，生成 96% 的对氯苯甲醚。

扫码"学一学"

第四节　多　糖

多糖泛指高聚糖，广泛存在于自然界，具有构成动植物机体组织的功能，也具有储存和转化食物能量的功效。与寡糖相比，多糖分子中含有更多数目的单糖单位，是高分子化合物。自然界大部分多糖都含有上百个单糖单位，也有分子量更大的。多糖主要有直链和支链两种结构，个别也有环状结构。连接单糖的苷键主要有 α-1,4、β-1,4 和 α-1,6 三种，前两种在直链多糖中常见，后者主要在支链多糖链与链的连接部位（分支点）。按照组成多糖的单糖是否相同，又可把多糖分为均多糖和杂多糖。由同一种单糖组成的多糖，称作均多糖，不同单糖组成的多糖称作杂多糖。

多糖的链端虽有苷羟基，但在整个分子中所占的比例微不足道，所以不显示还原性和变旋现象。多糖水解常经历多步过程，先生成分子量较小的多糖，再生成寡糖，最后才是单糖。

在生物体内，多糖的天然合成与酶催化的专一性有关。尽管单糖的异构体种类繁多，

构型各异，但所形成的天然多糖其结构却都有一定的重复性和规律性。杂多糖种类虽多，但存在量却比较少，组成天然多糖的单糖主要有 D-葡萄糖、D-甘露糖、D-果糖和 D-半乳糖等少数几种。

淀粉和纤维素与人类生活最密切，是最重要的均多糖。

1. 淀粉　淀粉（starch）是自然界蕴藏量最丰富的多糖之一，也是人类获取糖类的主要来源，主要存在于植物的根茎和种子中。淀粉是白色、无臭、无味的粉状物质，其颗粒的形状和大小因来源不同而异。天然淀粉可分为直链淀粉和支链淀粉两类。前者存在于淀粉的内层，后者存在于淀粉的外层，组成淀粉的皮质。直链淀粉难溶于冷水，在热水中有一定的溶解度。支链淀粉在热水中吸水膨胀生成黏度很高的溶液。

直链淀粉一般由 250～300 个 D-葡萄糖以 α-1,4 糖苷键连接而成，结构如下。

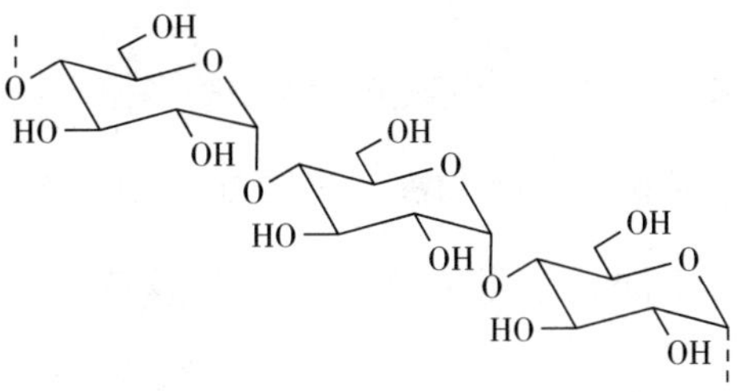

α-1,4 苷键的氧原子有一定的键角，且单键可相对转动，分子内适宜位置的羟基间能形成氢键，所以直链淀粉具有规则的螺旋状空间结构（图 14-3）。每个螺旋距间有六个 D-葡萄糖单位。淀粉与碘呈蓝紫色，是因碘分子与直链淀粉的孔腔匹配，钻入该螺旋圈中，借助范德化力而形成了一种分子复合物的缘故。

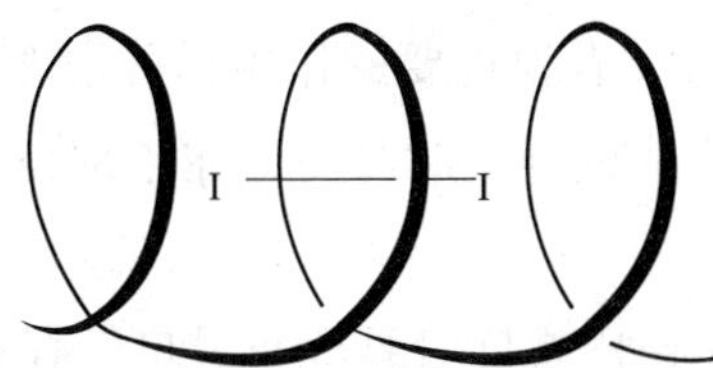

图 14-3　直链淀粉的旋螺示意图

支链淀粉的链上有许多分支，分子量比直链淀粉大，通常有 2000 个以上 α-D-葡萄糖单位。支链淀粉分子中，主链由 α-1,4 苷键连接，分支处为 α-1,6 苷键，大约每 20～25 个葡萄糖单位就具有一个支链，结构如下。

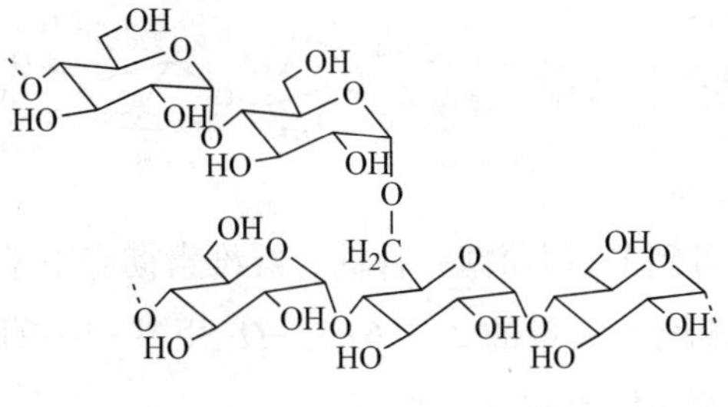

支链淀粉结构示意图见图 14-4。

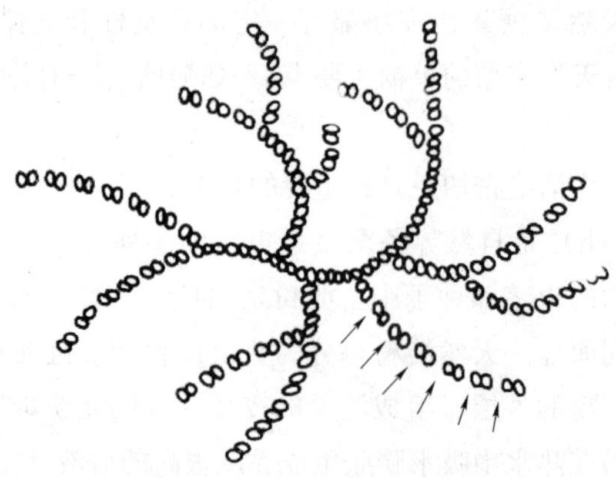

图 14-4　支链淀粉结构示意图

淀粉在酸或酶催化下水解，可逐步生成分子较小的多糖，最后水解成葡萄糖。

淀粉⟶各种糊精⟶麦芽糖⟶葡萄糖

碘与淀粉显蓝紫色，与不同分子量的糊精显红色或黄色，糖分子量太小时，与碘不显色。

2. 糖原　糖原（glycogen）是人和动物体内的葡萄糖经过一系列酶促反应组合而成的一种多糖，是生物体内葡萄糖的一种贮存形式。糖原主要贮存在肝脏和骨骼肌中，当人体的血糖浓度低于正常水平时（低血糖），糖原便分解出葡萄糖供机体利用（糖原分解）。

从结构上看，糖原和支链淀粉很相似，但分支更密，每隔 8～10 个葡萄糖残基就出现一个 α-1,6 苷键相连的分支。分支有很重要的作用，可增加溶解度；较多的分支会带来较多的还原性末端，它们是糖原合成或分解时与酶的作用部位，对提高糖原的合成与降解速度至关重要。

3. 纤维素　纤维素（cellulose）是自然界分布最广、存在数量最多的均多糖，是植物细胞的主要结构成分。棉花中纤维素含量最高，约含 98%，纯的纤维素最容易从棉纤维获得；木材中纤维素含量约 40%～50%，虽然少，但它的来源丰富，价格低廉，是工业用纤维素的最主要来源。在实验室里，滤纸是最纯的纤维素。

纤维素是 D-葡萄糖以 β-1,4 苷键连接而成的直链多糖，结构如下。

纤维素彻底酸水解只得到 D-葡萄糖一种糖，纤维素彻底甲基化后水解得到很少量的 2,3,4,6-四-*O*-甲基-D-葡萄糖和大量的 2,3,6-三-*O*-甲基-D-葡萄糖，说明前者是吡喃糖链的尾端，后者是重复的葡萄糖单位。

植物中的天然纤维素分子含有 1000～1500 个葡萄糖单位，分子量为 1.6×10^7～2.4×10^7。但在分离纤维素的过程中往往会发生降解。纤维素长长的分子链之间通过氢键聚集在一起，木材的强度主要取决于相邻长链间形成氢键的多少。

人体胃部含有很少分解纤维素的酶，因此不能消化利用纤维素；而反刍动物的消化道能产生消化纤维素的微生物，故动物能从纤维素中吸取和利用葡萄糖。

纤维素及其衍生物的用途很广，如醋酸纤维素、硝化纤维素、羧甲基纤维素等可制成人造丝、油漆、塑料和造纸等，在药物制剂中常用醋酸纤维素、羧甲基纤维素等作为制剂辅料。

4. 甲壳质和壳糖胺　甲壳质（chitin）也叫甲壳素、几丁质等，是甲壳类动物外壳、节肢动物表皮，低等动物细胞膜、高等植物细胞壁等生物组织中广泛存在的一种天然动物纤维，是继淀粉、纤维素之后正在开发的第三大生物资源，自然界中每年的生物合成量达1000亿吨之多。甲壳质是由2-乙酰氨基-D-葡萄糖通过β-1,4糖苷键连接而成的直链多糖，化学结构如下。

甲壳质脱乙酰基后，生成的产物叫作壳糖胺（chitosan），也称之为壳聚糖，化学结构如下。

与纤维素相比，壳糖胺只是把纤维素中葡萄糖的C_2-OH换为$-NH_2$。或者说，壳糖胺是由2-氨基葡萄糖通过β-1,4糖苷键而形成的动物性纤维素。

现代药理学研究表明，壳糖胺及其水解产物或部分水解产物，具有各种生理和药理活性。如壳糖胺具有调节人体生理生化功能的作用，能增强人体的免疫力，抑制肿瘤、降低血糖、血脂和胆固醇，能促进伤口愈合和断骨再生，并具有解毒排毒等功能。壳糖胺的水解产物是人体细胞或组织必需的生物活性物质，与人体组织有良好的生物相容性。目前对于它们的研究和开发利用，已经成为多糖研究的一个热点。

5. 香菇多糖和茯苓多糖　从香菇中分离出的香菇多糖（lentinan）是葡萄糖单位通过β-1,3-苷键聚合而成的直链多糖，沿主链随机分布着由β-1,6-苷键连接的葡萄糖基支链，呈梳状结构。香菇多糖具有显著的抗癌活性，对抑制异源的、同源的、甚至是遗传性的肿瘤都有效，且没有化疗药物的毒副作用。

从茯苓中提取的茯苓多糖（pachyman）也是葡萄糖的聚合体。分子中既有β-1,3-苷

键，还有β-1,6-苷键（支点处）。研究发现，茯苓多糖无明显的抗癌活性，经处理切断支链成为单纯的β-1,3-葡聚糖时，则具有显著的抗癌作用，由此说明结构与功能密切相关。

由于糖含有多个羟基，形成多糖时又有多种连接方式，所以它们携带的信息量无比巨大，对于具有生理活性的多糖进行深层次研究，有可能发现新型的活性结构，挖掘出生理活性更强、药用价值更高的产物。相信经过人们不懈的努力，糖类会给人类社会作出更大的奉献。

知识拓展

葡萄糖的构型确定

葡萄糖的构型确定是德国化学家 E. Fischer 完成的。迄今都没有提出另外的化学方法来挑战 Fischer 解决相对构型时采用的精巧无比的设计。下面来了解 Fischer 了不起的构思和精心设计。

为使问题简化，Fischer 首先假定葡萄糖是 8 种 D 构型（或 L 构型）中的一种（见 P325 结构所示），然后分析比较这 8 种构型的不同点，再用排除法进行印证，最终确认出葡萄糖的构型。

第一，葡萄糖的构型若为（1）和（5），则经强氧化后将会分别转变为下列内消旋的糖二酸。

CHO / H—OH / H—OH / H—OH / H—OH / CH_2OH → COOH / H—OH / H—OH / - - - / H—OH / H—OH / COOH

CHO / H—OH / HO—H / HO—H / H—OH / CH_2OH → COOH / H—OH / HO—H / - - - / HO—H / H—OH / COOH

但实际上，将天然葡萄糖氧化后却得到是了旋光性的糖二酸，故确认葡萄糖不是（1）或（5）的构型。

第二，葡萄糖如果为（2）、（4）或（6）构型，则将其降解后再分别氧化，所生成的戊糖二酸应为内消旋体。即：

CHO / HO—H / H—OH / H—OH / H—OH / CH_2OH → COO^- / HO—H / H—OH / H—OH / H—OH / CH_2OH $\xrightarrow[Fe^{2}]{H_2O_2}$ COOH / =O / H—OH / H—OH / H—OH / CH_2OH $\xrightarrow{-CO_2}$ CHO / H—OH / H—OH / H—OH / CH_2OH → COOH / H—OH / H—OH / H—OH / COOH

CHO / H—OH / H—OH / HO—H / H—OH / CH_2OH → → COOH / H—OH / HO—H / H—OH / COOH

CHO / HO—H / H—OH / HO—H / H—OH / CH_2OH → → COOH / H—OH / HO—H / H—OH / COOH

但实际上将天然葡萄糖降解并氧化后生成的戊糖二酸有旋光性，说明葡萄糖不具有（2）、（4）或（6）的构型，只可能是（3）、（7）或（8）中的某一种。

第三，葡萄糖若为（8）的构型，则将其降解后再进行升级，所得到的己醛糖应为 C_2 差向异构体，且将这两个差向异构体分别强氧化，所生成的糖二酸应该是一个有旋光性，另一个无旋光性。即：

但天然葡萄糖降解为戊糖后再升级得到两个差向异构体，经氧化后生成的糖二酸均有旋光性，说明葡萄糖不具有（8）的构型。

第四，葡萄糖究竟是（3）还是（7）？即：

（3）　　（7）

Fischer 认为，葡萄糖若为（7）的构型，则其氧化产物糖二酸的内酯还原后应该仍生成（7），即：

葡萄糖若为（3）的构型，则其氧化产物糖二酸的内酯还原后应该生成 *L*-古洛糖，即（4）的对映异构体：

	→		→		→		→		=	
CHO		CO—		CO—		CH_2OH		CH2OH		CHO
H—OH		H—OH		H—OH		H—OH		H—OH		HO—H
HO—H		HO—H		HO—H		HO—H		HO—H		HO—H
H—OH		H—OH		H—OH		H—OH		H—OH		H—OH
H—OH		H—O—		H—O—		H—OH		H—OH		HO—H
CH_2OH		CH_2OH		COOH		COOH		CHO		CH_2OH

当 Fischer 用钠汞齐还原葡萄糖二酸的酯时，得到了另一种己醛糖，即 D-古洛糖（4）的对映异构体，而不是葡萄糖本身。由此 Fischer 证实，右旋葡萄糖具有（3）的构型。

有关葡萄糖的构型确定工作是极其复杂和困难，因为 Fischer 当年并没有现代的分离方法和光谱分析手段，他的工作迄今仍然令人惊叹。即便从审美学的角度，Fischer 所采用的方法也是非常完美的。

重点小结

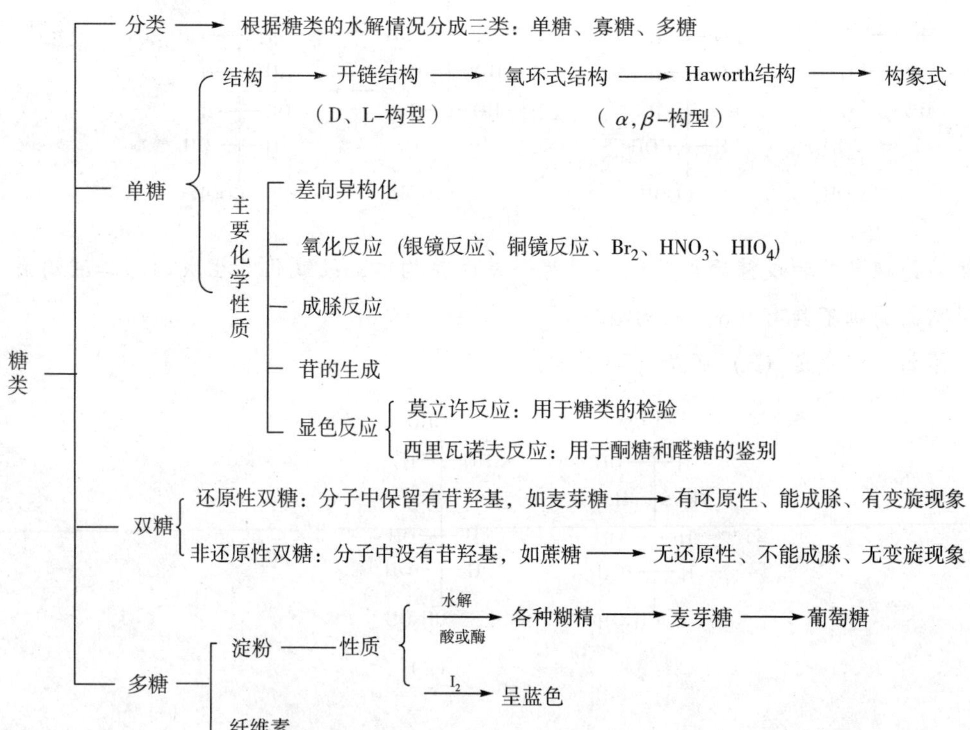

扫码“练一练”

第十五章　胺类化合物

要点导航

1. **掌握**　胺类、重氮盐类化合物的结构和重要化学反应及其在有机合成中的应用。
2. **熟悉**　胺类化合物的分类、命名。
3. **理解**　霍夫曼消除反应机理。
4. **了解**　偶氮化合物及有机物结构与颜色的关系及胺类化合物在医药领域的应用。

含氮有机化合物主要有胺、重氮和偶氮化合物、生物碱、硝基化合物和氨基酸等。胺类化合物广泛存在于自然界，氨基存在于许多具有生理活性的天然产物中，如蛋白质、核酸、天然激素、抗生素和生物碱等的官能团有氨基。最早的抗疟疾天然药物奎宁，是一种环状的三级胺。

在许多方面，胺的性质与醇和醚的性质相似，它们能形成氢键，具有亲核性。然而，由于氮的电负性比氧小，它的反应活性与氧有些不同，例如伯胺和仲胺的酸性比醇弱，形成的氢键也比醇弱，但碱性和亲核性却比醇强。本章将着重介绍胺的这些物理、化学性质以及制备胺的各种常用方法。

此外，胺衍生物中的重氮化合物是重要的有机活性中间体，在有机合成中有广泛应用，偶氮化合物则是一类重要的有机染料，本章也将对这两类化合物进行讨论。

扫码“学一学”

第一节　胺的分类、命名和结构

一、胺的分类

氨（NH_3）的烃基取代物称为胺（amines），胺的分类有多种。

（1）根据氨分子中的氢原子被烃基取代的数目，可将胺分为一级胺（primary amine）（伯胺）、二级胺（secondary amine）（仲胺）和三级胺（tertiary amine）（叔胺）。

NH_3	RNH_2	R_2NH	R_3N
氨	伯胺（1°级胺）	仲胺（2°级胺）	叔胺（3°级胺）

铵盐或氢氧化铵的四个氢原子被四个烃基取代生成季铵盐或季铵碱。

$$\left[R-\overset{\overset{R}{|}}{\underset{\underset{R}{|}}{N^+}}-R\right]X^- \qquad \left[R-\overset{\overset{R}{|}}{\underset{\underset{R}{|}}{N^+}}-R\right]OH^-$$

季铵盐　　　　季铵碱

（2）根据胺分子中与氮原子直接相连烃基的种类，可分为脂肪胺（aliphatic amine）（氮原子与脂肪烃基相连的）和芳香胺（aromatic amine）（芳香烃基直接相连的）。例如：

$CH_3CH_2NH_2$

脂肪胺（乙胺）

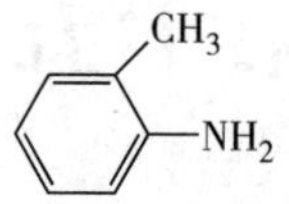

CH_3 NH_2

芳香胺（邻甲苯胺）

（3）根据胺分子中含有氨基数目，可分为一元胺、二元胺和多元胺。

$NH_2CH_2CH_2NH_2$

二元胺（乙二胺）

$NH_2CH_2CH(NH_2)CH_2NH_2$

三元胺（2-氨基丙-1, 3-二胺）

二、胺的命名

1. 伯胺（NH_2R） 将后缀“胺”字加到母体氢化物 RH 的名称后面，烷烃的“烷”字在不致混淆时可省略。如：

$CH_3CH_2NH_2$　　乙（烷）胺 ethanamine　　乙基胺 ethylamine

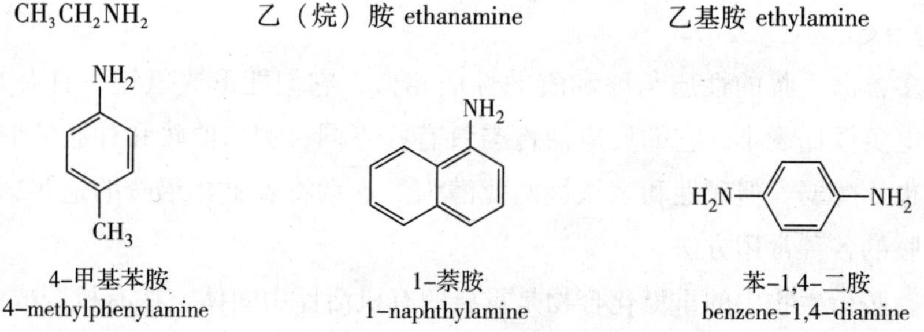

4-甲基苯胺 4-methylphenylamine　　1-萘胺 1-naphthylamine　　苯-1,4-二胺 benzene-1,4-diamine

当—NH_2不是母体时，—NH_2可用取代基（前缀）“氨基（amino）”命名。如：

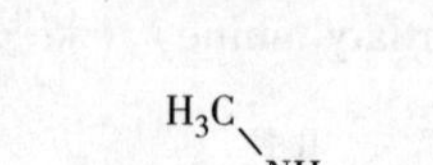

H_2N—C_6H_4—COOH

4-氨基苯甲酸 4-aminobenzoic acid

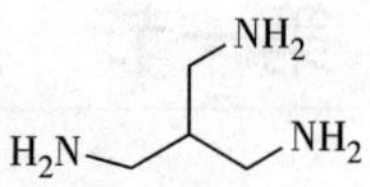

NH_2　H_2N　NH_2

2-（氨基甲基）丙烷-1,3-二胺 2-(aminomehtyl)propane-1,3-diamine

2. 仲胺和叔胺 对称的仲胺（NHR_2）和叔胺（NR_3）在取代基 R 的名称前面分别加上“二”或“三”构成前缀，后面加“胺”为后缀。如：

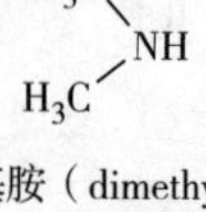

$(H_3C)_2NH$

二甲基胺（dimethylamine）

$(H_3C)_2N—CH_3$

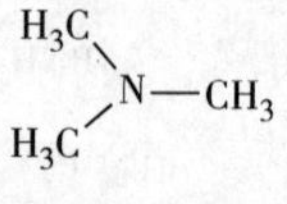

三甲基胺（trimethylamine）

不对称的仲胺（NHRR′）和叔胺（NR_2R'和 NRR′R″）将所有的取代基团 R、R′或 R″的名称加以相应的数字前缀后紧接着加上类名“胺”字。取代基团按英文字母顺序排列，并用括号分开。如：

$NHCH_3$

甲基苯基胺
methylphenylamine

$H_3C-N-CH_2CH_3$
$CH_2CH_2CH_3$

乙基（甲基）丙基胺
ethyl(methyl)propylamine

H_3C CH_2CH_3 N
CH_3

乙基（甲基）-4-甲基苯基胺
Ethyl(methyl)-4-methylphenylamine
（*N*-乙基-*N*-甲基-4-甲基苯胺）
N-ethyl-*N*-methyl-4-methylphenylamine

3. 铵盐　在胺名称后加与其成盐的酸名和盐字或按铵盐形式来命名，按中文习惯将负离子的名称加连缀词“化”置于之前。如：

C_2H_5
H_2N- $-NH_2 \cdot HCl$

2-乙基苯-1,4-二胺盐酸盐
2-ethylbenzene-1,4-diamine hydrochloride

$H_3C-\overset{+}{N}H_3Cl^-$

氯化甲铵
methylammonium chloride

$-\overset{+}{N}H_2-CH_3Br^-$

溴化-*N*-甲基苯铵
N-methylbenzenaminium bromide

$-CH_2-\overset{+}{N}(CH_3)_2-CH_3OH^-$

氢氧化苄基（三甲基）铵
benzyl(trimethyl)ammonium hydroxide

三、胺的结构

实验证明，胺与氨结构相似，分子呈三棱锥形。中心氮原子为不等性 sp^3 杂化，其中三个单电子分别占据三个 sp^3 杂化轨道，每一个轨道与一个氢原子的 1s 轨道或碳原子的杂化轨道重叠形成 σ 键。第四个 sp^3 杂化轨道被一孤对电子所占用，位于三棱锥的顶端（图 15-1）。

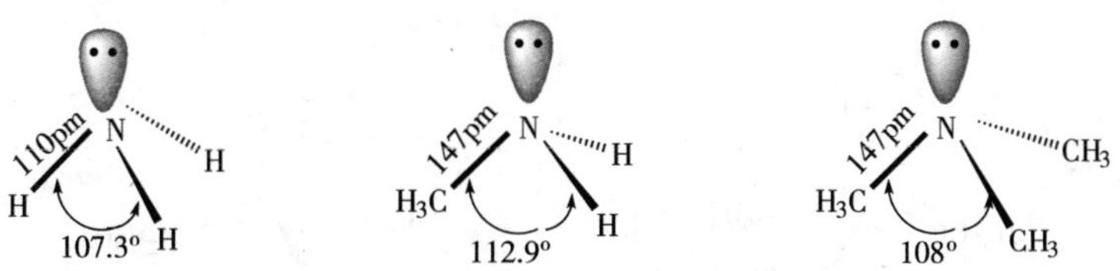

图 15-1　氨、甲胺和三甲胺的结构

苯胺的—NH_2仍是三棱锥结构，但其 H—N—H 键角较大，为 113. 9°，H—N—H 平面与苯环平面交叉的角度为 39. 4°（图 15-2a）。尽管苯胺分子中氮原子的孤对电子所占据的 sp^3杂化轨道与苯环上的 p 轨道不平行，但仍能与苯环的大 π 键部分重叠，使氮原子上的孤对电子离域到苯环形成共轭体系（图 15-2b）。正是这种共轭体系的形成使芳香胺和脂肪胺在性质上出现较大差异。

若胺分子中氮原子上连有三个不同的基团时，氮原子即为手性中心，理论上应存在一对对映异构体。但是，对于简单胺，这样的对映体至今尚未被分离出来。这是因为胺分子中氮原子上的孤对电子起不到一个基团的作用，胺的两种棱锥形可通过一个平面过渡态相

互转变（图 15-3）。这种转变的能垒较低（约 21kJ/mol）、转化速度很快（每秒钟大约 10^3～10^5次），目前的分离技术还不能把互变速度如此快的对应异构体拆分开来。

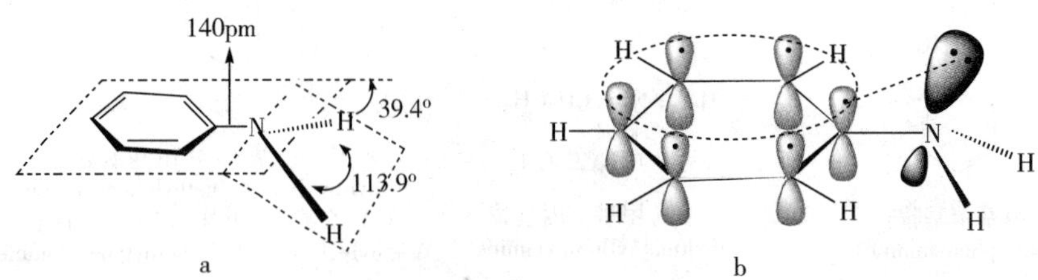

图 15-2　苯胺的结构

图 15-3　甲乙胺对映体相互转化图示

如果分子中存在某种因素可以阻碍氮原子通过平面过渡态相互转化，则可分离出单独的对映异构体。例如，1944 年普里劳格（Prelog）就将朝格尔（Tröger）碱拆分得到其左旋体和右旋体。

季铵盐（碱）是四个烃基以共价键与氮原子相连。当连接的四个基团不同时，则成为手性化合物，存在对映异构体。例如，碘化甲基烯丙基苄基苯基铵已经被拆分而得到右旋和左旋异构体。

思考题

15-1　命名下列化合物

(1)　(2)　(3)

扫码"学一学"

第二节　胺的物理性质

低级脂肪胺如甲胺、二甲胺、三甲胺和乙胺，在常温下为气体，丙胺至十一胺是液体，十二胺以上均为固体。低级脂肪胺具有氨的气味（三甲胺有鱼腥气味）。丁-1,4-二胺(腐胺）和戊-1,5-二胺（尸胺）具有恶臭味。胺和氨相似，是极性分子，因此，它们的沸点比相对分子质量相近的烷烃高。碳原子数相同的脂肪族胺，伯胺沸点最高，仲胺次之，叔胺最低。例如：

化合物	$CH_3CH_2CH_2NH_2$	$CH_3CH_2NHCH_3$	$(CH_3)_3N$
沸点/℃	47.8	36～37	2.87

上述三种异构体沸点不同，主要决定于它们能否形成分子间氢键及形成氢键能力的大小。叔胺没有 N—H 键，不能形成分子间氢键，沸点较低。但所有的胺都能与水形成氢键（O—H……N 和 N—H……O），因此低级胺能溶于水，但随着相对分子质量的增加，其溶解度迅速降低。

芳香胺是无色高沸点液体和低熔点固体，具有特殊的气味，毒性较大。例如，苯胺可导致再生障碍性贫血，也可通过消化道、呼吸道或经皮肤吸收而引起中毒。β-萘胺与联苯胺是能够引起恶性肿瘤的物质，因此应特别注意避免芳香胺接触皮肤或吸入体内而中毒。一些常见胺的物理常数见表 15-1。

表 15-1　一些常见胺的物理常数

名称	结构式	m. p. （℃）	b. p. （℃）	pK_b（25℃）
氨	NH_3			
甲胺	CH_3NH_2	-93.5	-6.3	3.35
二甲胺	$(CH_3)_2NH$	-93	7.4	3.27
三甲胺	$(CH_3)_3N$	-117.2	2.9	4.22
乙胺	$CH_3CH_2NH_2$	-80.6	16.6	3.29
二乙胺	$(CH_3CH_2)_2NH$	-48	56.3	3.06
三乙胺	$(CH_3CH_2)_3N$	-114.7	89.3	3.25
丙胺	$CH_3CH_2CH_2NH_2$	-83	47.8	3.39
丁胺	$CH_3CH_2CH_2CH_2NH_2$	-49.1	77.8	3.32
乙二胺	$NH_2CH_2CH_2NH_2$	8.5	117	4.0, 7.2
苯胺	$C_6H_5NH_2$	-6.3	184	9.28
N-甲基苯胺	$C_6H_5NHCH_3$	-57	194	9.20
N,*N*-二甲基苯胺	$C_6H_5N(CH_3)_2$	2.0	193	8.89
对甲基苯胺	p-$C_6H_5NH_2$	44	200	8.92
对硝基苯胺	p-$NO_2C_6H_5NH_2$	147.5	331.7	13.00
苯甲胺（苄胺）	$C_6H_5CH_2NH_2$			
二苯胺	$(C_6H_5)_2NH$	54	302	12.98

续表

名称	结构式	m. p. （℃）	b. p. （℃）	pK_b（25℃）
α-萘胺	NH_2	49	301	10.12
β-萘胺	NH_2	112	306	9.92

扫码“学一学”

第三节　胺的化学性质

一、碱性和成盐反应

1. 碱性　与氨相似，胺分子中氮原子上的孤对电子能接受质子，呈碱性，与大多数酸作用生成盐。

$$NH_3 + HCl \longrightarrow NH_4^+ Cl^-$$

$$RNH_2 + HCl \longrightarrow RNH_3^+Cl^-$$

$$R_2NH + H_2SO_4 \longrightarrow R_2NH_2^+HSO_4^-$$

胺是弱碱，其碱性强弱可用其解离常数 K_b 或其负对数 pK_b 来表示。

$$RNH_2 + H_2O \overset{K_b}{\rightleftharpoons} RNH_3^+ + OH^-$$

$$K_b = \frac{[RNH_3^+][OH^-]}{[RNH_2]}$$

$$pK_b = -\lg K_b$$

一些常见胺的 pK_b 值见表 15-1。K_b 值越大，pK_b 值越小，胺的碱性越强。胺的碱性强弱与其氮原子上电子云密度有关。氮原子电子云密度越大，接受质子能力越强，其碱性就越强。烷基是斥电子基，能增加氮原子的电子云密度，增强它对质子的吸引力，所以，脂肪胺的碱性比氨强。而芳香胺因氮原子上孤对电子参与苯环共轭而分散到苯环，使氮原子上的电子云密度减少，接受质子能力亦随之降低，因此碱性减弱，故芳香胺的碱性小于氨。若仅考虑电子效应，气态胺的碱性强弱顺序应为：

脂肪叔胺>脂肪仲胺>脂肪伯胺>氨>芳香胺

胺在水中的碱性还与水的溶剂化作用有关。胺在水溶液中离解生成胺正离子和 OH^-，胺正离子越稳定，离解平衡右移，碱性越强。胺正离子稳定性大小取决于它与水形成氢键的数目。伯胺氮原子上氢最多，与水形成氢键而溶剂化程度大，因此其正离子最稳定。

$$R-\overset{+}{N}(H\cdots:OH_2)_3 > R_2\overset{+}{N}(H\cdots:OH_2)_2 > R_3\overset{+}{N}-H\cdots:OH_2$$

若只考虑溶剂化效应，胺的碱性强弱顺序应为：伯胺>仲胺>叔胺。

胺的碱性主要取决分子中氮原子上的孤对电子接受质子能力，氮原子上连接的基团数目越多，基团半径越大，空间阻碍就越大，氮原子与质子的结合就越不易，碱性就越弱。因此胺的碱性强弱是由电子效应、溶剂化效应和空间立体效应综合作用的结果。综合以上因素，各类胺的碱性强弱顺序大致如下：

脂肪仲胺>脂肪伯胺>脂肪叔胺>氨>芳香胺

取代芳胺的碱性强弱，取决于取代基的性质。若取代基是斥电子基团，则碱性增强；若取代基是吸电子基团，则碱性降低。如：

碱性：$H_3CO-C_6H_4-NH_2$ > $C_6H_5-NH_2$ > $O_2N-C_6H_4-NH_2$

pK_b：　8.66　　9.3　　13.0

与胺类不同，季铵盐分子中氮原子上已连接四个烃基并带正电荷，不能再接受质子，其碱性由与季铵正离子结合的酸根负离子来决定。R_4N^+与OH^-以离子键结合形成季铵碱，其碱性相当于无机碱OH^-的碱性，其碱性与NaOH相近，故季铵碱是强碱。季铵碱与酸作用生成季铵盐。

$$R_4N^+OH^- + HCl \longrightarrow R_4N^+Cl^- + H_2O$$

$R_4N^+Cl^-$为强酸强碱盐，与强碱NaOH作用后不会置换出游离的季铵碱，而是建立如下平衡。

$$R_4N^+Cl^- + NaOH \rightleftharpoons R_4N^+OH^- + NaCl$$

2. 成盐　胺类一般为弱碱，与酸作用形成弱碱盐，遇NaOH或KOH等强碱溶液，会发生质子转移而生成水，释放出游离胺。实验室中，常利用此性质来分离和提纯胺。

$$R_2NH_3^+Cl^- + NaOH \longrightarrow R_2NH_2 + NaCl + H_2O$$

胺与强酸反应形成有晶形的胺盐，一般都是易溶于水和乙醇。医药上常将难溶于水的胺类药物制成盐，以增加其水溶性和稳定性。例如，局部麻醉药普鲁卡因的药用形式为盐酸普鲁卡因（Procaine Hydrochloride）。

$$H_2N-C_6H_4-\overset{O}{\overset{\|}{C}}-OCH_2CH_2N(C_2H_5)_2 + HCl \longrightarrow H_2N-C_6H_4-\overset{O}{\overset{\|}{C}}-OCH_2CH_2N(C_2H_5)_2 \cdot HCl$$

盐酸普鲁卡因（肌内注射用）

15-2　把下列各胺按其在水溶液中的碱性强弱顺序排列，并解释原因。

CH_3NH_2，$(CH_3)_2NH$，$(C_6H_5)_3N$，$C_6H_5-NH_2$，$C_6H_5-NHC_2H_5$，

$H_3C-C_6H_4-NH_2$，$O_2N-C_6H_4-NH_2$，NH_3

二、酰化和磺酰化反应

1. 酰化反应 伯胺、仲胺与氨一样，氮原子上的氢能被酰基取代，生成酰胺，即酰基化反应。叔胺氮原子上没有可以被取代的氢，不能发生酰基化反应。

$$C_6H_5-\overset{O}{\overset{\|}{C}}-X + H_2\ddot{N}CH_3 \longrightarrow C_6H_5-\overset{O^-}{\overset{|}{C}}(-X)(\,^+NH_2CH_3) \xrightarrow{-HX} C_6H_5-\overset{O}{\overset{\|}{C}}-NHCH_3$$

X = 卤素、$-OCOC_6H_5$或$-OR$

芳香族伯胺和仲胺与酰氯或相对分子质量较小的脂肪酸酐作用也可生成相应的酰胺，如苯胺和乙酸酐共热得到乙酰苯胺。

$$C_6H_5NH_2 + (CH_3CO)_2O \xrightarrow{\triangle} C_6H_5NHCOCH_3 + CH_3COOH$$

生成的酰胺是具有一定熔点的固体物质，它们在强酸或强碱水溶液中加热很容易水解生成原来的胺。因此，在有机合成和药物制备过程中，常将芳胺酰化，用来保护氨基，以避免芳胺在进行某些反应时被氧化，如对氨基苯甲酸的合成。

$$p\text{-}CH_3C_6H_4NH_2 + CH_3COCl \longrightarrow p\text{-}CH_3C_6H_4NHCOCH_3 \xrightarrow{[O]} p\text{-}HOOCC_6H_4NHCOCH_3 \xrightarrow{OH^-} p\text{-}HOOCC_6H_4NH_2$$

另外，由于芳胺毒性大，许多药物分子的芳胺基上引入酰基，可以降低其毒副作用，如解热镇痛药对羟基乙酰苯胺。

$$p\text{-}ClC_6H_4NO_2 \xrightarrow[②H_3O^+]{①H_2O/OH^-} p\text{-}HOC_6H_4NO_2 \xrightarrow{H_2/Pd} p\text{-}HOC_6H_4NH_2 \xrightarrow{(CH_3CO)_2O} p\text{-}HOC_6H_4NHCOCH_3$$

2. 磺酰化反应 伯胺、仲胺在碱存在下，也能跟苯磺酰氯（benzeneslfonyl chloride）或对甲苯磺酰氯（tosyl chloride）反应，生成苯磺酰胺，即磺酰化反应。伯胺生成的苯磺酰胺，氨基上的氢原子受磺酰基影响呈弱酸性，可与碱作用形成盐而溶于水；仲胺生成的苯磺酰胺，氨基上没有氢原子，不能与碱作用而在水溶液中呈固体析出；叔胺与苯磺酰氯不能反应。所以常利用苯磺酰氯（或对甲苯磺酰氯）来鉴别、分离伯、仲、叔三种胺类化合物，这个反应称为兴斯堡试验（Hinsberg test）。

$$RNH_2 \xrightarrow{C_6H_5SO_2Cl} C_6H_5SO_2NHR \xrightarrow{NaOH} [C_6H_5SO_2NHR]^- Na^+$$

$$R_2NH \xrightarrow{C_6H_5SO_2Cl} C_6H_5SO_2NR_2 \xrightarrow{NaOH} \text{不溶}$$

$$R_3N \xrightarrow{C_6H_5SO_2Cl} \text{无反应}$$

苯磺酰胺基是对氨基苯磺酰胺（Sulfanilamide）的基本结构单元。磺胺类药物是对氨基苯磺酰胺的衍生物，其结构通式如下。

$$\overset{2}{H_2N}-C_6H_4-\overset{1}{SO_2NH_2} \qquad H_2N-C_6H_4-SO_2NHR$$

对氨基苯磺酰胺（简称磺胺）　　磺胺类药物

对氨基苯磺酰胺分子中标记为 1 的 N 上的氢原子被某些基团取代后，其抑菌作用会增强；标记为 2 的 N 上的氢原子被其他基团取代后，其抑菌作用减弱甚至消失。磺胺类药物在临床上主要用于预防和治疗细菌感染性疾病。例如：

$$H_2N-C_6H_4-SO_2NH-(2\text{-嘧啶基}) \qquad H_2N-C_6H_4-SO_2NH-(5\text{-甲基异噁唑-3-基})-CH_3$$

磺胺嘧啶（SD）　　磺胺甲基异噁唑（SMZ）

三、与亚硝酸的反应

伯、仲、叔的脂肪胺和芳香胺与亚硝酸反应生成的产物及现象各不相同。

脂肪族伯胺与亚硝酸作用，通过重氮化反应，生成极不稳定的脂肪族重氮盐。该重氮盐即使在低温下也会立即自动分解，定量的释放出 N_2 而生成碳正离子。生成的碳正离子可以发生不同反应生成烯烃、醇、卤代烃等混合物。由于产物复杂，该反应在有机合成上用途不大。但是它能定量的释放出 N_2，在分析上可根据放出 N_2 的量来定量地测定脂肪伯胺。该反应常用于氨基酸和多肽的定量分析。

$$CH_3CH_2CH_2NH_2 \xrightarrow{NaNO_2+HCl} [CH_3CH_2CH_2-N\equiv N]^+Cl^- \longrightarrow N_2\uparrow + Cl^- + CH_3CH_2CH_2^+$$

芳香伯胺在强酸性溶液中与亚硝酸作用，在较低温度下生成芳香重氮盐。

$$C_6H_5-NH_2 + NaNO_2 + 2HCl \xrightarrow{0\sim5^\circ C} [C_6H_5-N\equiv N]^+Cl^-$$

氯化苯重氮盐

脂肪和芳香仲胺与亚硝酸作用，生成黄色油状或固体的 *N*-亚硝基化合物。例如：

$$R_2NH + HNO_2 \longrightarrow R_2N-N=O + H_2O$$

$$C_6H_5-NH-C_6H_5 + HNO_2 \longrightarrow C_6H_5-N(NO)-C_6H_5 + H_2O$$

N-亚硝基二苯胺（黄色固体）

$$C_6H_5-NH-CH_3 + HNO_2 \longrightarrow C_6H_5-N(NO)-CH_3 + H_2O$$

N-甲基-*N*-亚硝基苯胺（棕色油状液体）

N-亚硝基化合物又称亚硝胺，动物实验证明，*N*-亚硝基胺类可诱发动物的多种器官和组织的肿瘤，也是人类某些癌症的可疑病因。某些蔬菜、食品中的亚硝酸盐、硝酸盐在胃

肠道会和机体组织中的仲胺作用生成 *N*-亚硝基胺。此类化合物在体内合成致癌物，Mirvish 等发现维生素 C 能阻断 *N*-亚硝基胺类在体内的合成。

脂肪叔胺与亚硝酸作用，作为弱碱接受质子，生成不稳定易水解的盐。该盐遇碱重新游离析出叔胺。

$$R_3N + HNO_2 \underset{OH^-}{\overset{H^+}{\rightleftharpoons}} R_3NH^+NO_2^-$$

芳香叔胺若对位不含取代基，由于氨基活化芳环，与亚硝酸进行亲电取代，生成对亚硝基胺。

$$C_6H_5-N(CH_3)_2 + HNO_2 \longrightarrow ON-C_6H_4-N(CH_3)_2 + H_2O$$

N, *N*-二甲苯-4-亚硝基苯胺（绿色晶体）

综上所述，可以利用亚硝酸与脂肪和芳香族伯、仲、叔胺作用生成产物的不同来鉴别胺。

15-3　请根据胺的化学性质，选择两种不同的化学方法鉴别丁胺、甲丙胺、二甲乙胺。

四、胺的氧化

胺极易氧化，特别是芳香伯胺，甚至空气也使其氧化。此反应是工业上制备对苯醌的主要方法。

$$C_6H_5NH_2 \xrightarrow{MnO_2,\ 稀H_2SO_4} O=C_6H_4=O$$

脂肪族伯胺氧化产物复杂，仲胺被过氧化氢氧化生成羟胺，叔胺被过氧化氢或过氧化酸氧化生成氧化胺。

$$R_2NH + H_2O_2 \longrightarrow RNOH + H_2O$$

$$R_3N \xrightarrow{H_2O_2或RCO_3H} R_3N \rightarrow O\ (R_3N^+-O^-)$$

$$C_6H_5-N(CH_3)_2 \xrightarrow{H_2O_2} C_6H_5-\overset{+}{N}(O^-)(CH_3)_2$$

$$C_6H_{11}(H)-CH_2N(CH_3)_2 \xrightarrow{H_2O_2} C_6H_{11}(H)-CH_2\overset{+}{N}(O^-)(CH_3)_2$$

当氧化叔胺 β-C 上有氢时，加热到 150～200℃ 分解生成烯烃，这一反应称为科普（Cope）消除反应。

$$\text{C}_6\text{H}_{11}(\text{H})\text{CH}_2\overset{+}{\text{N}}(\text{O}^-)(\text{CH}_3)_2 \xrightarrow{160^\circ\text{C}} \text{C}_6\text{H}_{10}{=}\text{CH}_2 + (\text{CH}_3)_2\text{NOH}$$

Cope 消除通过五元环状过渡态进行的立体专一性的顺式消除。

$$\overset{+}{\text{R}_2\text{N}}(\text{O}^-)-\text{C}-\text{C}-\text{H} \xrightarrow{150\sim200^\circ\text{C}} [\text{五元环过渡态}] \longrightarrow \text{C}{=}\text{C} + \text{R}_2\text{N}-\text{OH}$$

五、胺的烷基化和季铵化合物

（一）胺的烷基化

胺也可以作为亲核试剂与卤代烃发生 S_N2 反应，生成仲、叔胺和铵盐混合物。

$$\text{RNH}_2 + \text{R'}-\text{X} \longrightarrow \text{RNH}_2\text{R'}^+\text{Br}^- \xrightarrow{\text{OH}^-} \text{RNHR'}$$

$$\text{RNHR'} + \text{R'}-\text{X} \longrightarrow \text{RNHR'}_2{}^+\text{Br}^- \xrightarrow{\text{OH}^-} \text{RNR'}_2$$

$$\text{RNR'}_2 + \text{R'}-\text{X} \longrightarrow \text{RNR'}_3{}^+\text{Br}^-$$

通过调节原料配比以及控制反应温度、时间等条件，可以得到主要为一种胺的产物。

$$\underset{4\text{mol}}{\text{C}_6\text{H}_5\text{NH}_2} + \underset{1\text{mol}}{\text{C}_6\text{H}_5\text{CH}_2\text{Cl}} \longrightarrow \underset{96\%}{\text{C}_6\text{H}_5\text{NHCH}_2\text{C}_6\text{H}_5}$$

$$\text{ClCH}_2\text{CH}_2\text{Cl} + \underset{\text{过量}}{\text{NH}_3} \longrightarrow \text{NH}_2\text{CH}_2\text{CH}_2\text{NH}_2$$

（二）季铵化合物

季铵化合物包括季铵盐和季铵碱，它们可以看作是铵正离子（NH_4^+）中四个氢原子被四个烃基取代后的产物。

1. 季铵盐和季铵碱 叔胺与卤代烷或活泼芳卤作用得到季铵盐（$R_4N^+X^-$）。

$$n\text{-C}_{16}\text{H}_{33}\text{Br} + (\text{CH}_3)_3\text{N} \longrightarrow n\text{-C}_{16}\text{H}_{33}\overset{+}{\text{N}}(\text{CH}_3)_3\text{Br}^-$$

溴化正十六烷基三甲基铵

$$\text{C}_6\text{H}_5\text{CH}_2\text{Cl} + (\text{CH}_3)_3\text{N} \xrightarrow{\triangle} \text{C}_6\text{H}_5\text{CH}_2\overset{+}{\text{N}}(\text{CH}_3)_3\text{Cl}^-$$

氯化苯甲基三甲基铵

季铵盐是离子型化合物，一般为白色结晶，熔点较高，易溶于水而不溶于乙醚等非极性有机溶剂。具有长碳链的季铵盐可作表面活性剂，有杀菌作用，常用作消毒剂，如新洁尔灭、杜灭芬等，临床上多用于皮肤、黏膜、创面、器具等的消毒。一些中药的有效成分（如盐酸小檗碱）也含有季铵盐的结构。

$$\left[n\text{-}C_{12}H_{25}-\overset{CH_3}{\underset{CH_3}{\overset{|}{\underset{|}{N^+}}}}-CH_2Ph \right] Br^-$$

溴化二甲基十二烷基苄基铵（新洁尔灭）

$$\left[n\text{-}C_{12}H_{25}-\overset{CH_3}{\underset{CH_3}{\overset{|}{\underset{|}{N^+}}}}-CH_2CH_2OPh \right] Br^-$$

溴化二甲基十二烷基-（2-苯氧乙基）铵（杜灭芬）

盐酸小檗碱

季铵盐受热分解为叔胺和卤代烷：

$$R_4N^+X^- \xrightarrow{\triangle} R_3N + RX$$

季铵盐与伯、仲、叔胺盐的不同之处在于它们对碱的行为，伯、仲、叔胺盐与碱作用，可使胺游离出来，季铵盐与NaOH（或KOH）作用，产生季铵碱（$R_4N^+OH^-$）。季铵碱是与NaOH、KOH同等的强碱，因此，形成下列平衡体系。

$$R_4N^+I^- + KOH \rightleftharpoons R_4N^+OH^- + KI$$

季铵碱的碱性与氢氧化钠和氢氧化钾相当。如欲制取季铵碱，常用湿的氧化银与季铵盐反应，由于形成卤化银沉淀，平衡右移，得到季铵碱。

$$2R_3N^+CH_3Br^- + Ag_2O \xrightarrow{H_2O} 2R_3N^+CH_3OH^- + 2AgBr$$

反应结束后，过滤除去卤化银沉淀，将滤液蒸干，得季铵碱固体。

2. 霍夫曼（Hofmann）消除反应 烷基无β-H的季铵碱加热至100～150℃分解，OH^-作为亲核试剂进攻受带正电荷的氮原子诱导而带部分正电荷的烃基碳原子，发生S_N2反应，生成叔胺和醇。例如：

$$OH^- + H_3C-\overset{CH_3}{\underset{CH_3}{\overset{|}{\underset{|}{N^+}}}}-CH_3 \xrightarrow{\triangle} (CH_3)_3N + CH_3OH$$

烷基含有β-H的季铵碱加热时，OH^-进攻并夺取β-H，同时C—N键断裂分解生成烯烃，此反应称为霍夫曼消除反应（Hofmann elimination）。

霍夫曼消除具有高的区域选择性，当与氮原子相连的烷基上有两种不同的β-氢时，反应通常以生成含烷基较少的烯烃为主，称为霍夫曼规则（与Saytzeff规则相反）。

$$OH^- + H-\overset{\beta}{CH_2}-CH_2-N^+(CH_3)_3 \xrightarrow{\triangle} H_2C=CH_2 + (CH_3)_3N + H_2O$$

$$\underset{\beta}{CH_3}\overset{N^+(CH_3)_3OH^-}{\overset{|}{CH}}\underset{\beta'}{CH_2}CH_3 \xrightarrow{\triangle} \underset{95\%}{H_2C=CHCH_2CH_3} + \underset{5\%}{CH_3CH=CHCH_3} + (CH_3)_3N$$

H_3C $N^+(CH_3)_3OH^-$（环己基）$\xrightarrow{\triangle}$ CH_2（亚甲基环己烷）+ CH_3（1-甲基环己烯）+ $(CH_3)_3N$

95%　　1%

季铵碱的 Hofmann 消除是按 E2 历程进行的消除反应，影响β-H 消除难易的因素主要有两个。

（1）β-H 的酸性　受带正电荷氮原子诱导效应的影响，β-H 的电子云密度有所降低（酸性增加），容易受到碱性试剂进攻。如果β-C 上连有斥电子基团，则其上的电子云密度得到增加，β-H 酸性降低，不易被碱性试剂进攻。当季铵碱化合物存在多个可消除的烃基时，β-H 消除难易顺序如下：

$$—CH_3 > RCH_2— > R_2CH—$$

Hofmann 消除适用于β-C 上的取代基是烷基的季铵碱。若β-C 上连有乙烯基、苯基、羰基等吸电子基团，由于这些基团的吸电子效应使β-H 的酸性增大，消除反应不服从 Hofmann 规则。例如：

$C_6H_5—CH_2CH_2N^+(CH_3)_2CH_2CH_3OH^-$ $\xrightarrow{\triangle}$ $C_6H_5—CH{=}CH_2$ + $H_2C{=}CH_2$

94%　　6%

（2）立体因素　按 E2 历程进行的消除反应要求被消除的两个基团处于反式共平面位置，空间位阻越小，越有利于消除。如 $\left[\overset{3}{C}H_3CH_2\overset{2}{C}H_2\overset{1}{C}HCH_3 \; N^+(CH_3)_3\right]OH^-$ 的 C_1-C_2 与 C_2-C_3 键纽曼投影如下。

（Ⅰ）H, H, H（C1）；$CH_2CH_2CH_3$, H, $N^+(CH_3)_3$（C2）

（Ⅱ）CH_2CH_3, H, H（C3）；CH_3, H, $N^+(CH_3)_3$（C2）

（Ⅲ）H, H, CH_3（C3）；CH_2CH_3, H, $N^+(CH_3)_3$（C2）

（Ⅳ）H, CH_3CH_2, CH_3（C3）；H, $N^+(CH_3)_3$（C2）

（Ⅰ）为 C_1-C_2 键的纽曼投影式，C_1 上的三个氢均可与 $N^+(CH_3)_3$ 成对位交叉构象进行反式消除，生成 1-戊烯。（Ⅱ）（Ⅲ）（Ⅳ）为 C_2-C_3 键的纽曼投影式，其中（Ⅱ）最稳定，但该构象中没有与 $N^+(CH_3)_3$ 处于反式的氢，（Ⅱ）不能发生消除反应；（Ⅲ）和（Ⅳ）中虽有与 $N^+(CH_3)_3$ 处于反式的氢，但二者都有一个 $—CH_2CH_3$ 与 $N^+(CH_3)_3$ 处于邻位交叉，这种构象远不如（Ⅱ）稳定，存在量也很少。因此从构象观点也可得到，上述反应物主要生成 Hofmann 烯烃。

3. Hofmann 消除反应的应用　Hofmann 消除反应常用来测定胺的结构。用足量碘甲烷处理胺，胺中氮原子上的氢被甲基逐个取代，得到三级胺，最后，三级胺与碘甲烷作用形成季铵盐，这个反应称为霍夫曼彻底甲基化反应（Hofmann exhaustive methylation）。由于不同级胺的氮原子上的氢数目不同，因此，氮上引入甲基的数目也不一样，从引入的甲基数

即可判断原来胺的级数。甲基化后的胺，用湿的氧化银处理得到季铵碱，将此季铵碱加热分解，发生 Hofmann 消除反应，生成三级胺和烯烃。从生成烯烃的结构可以推测原来胺的碳骨架。例如：

$$H_3C-CH(NH_2)-CH(CH_3)_2 + 3CH_3I \longrightarrow H_3C-CH(N^+(CH_3)_3I^-)-CH(CH_3)_2 \xrightarrow{Ag_2O,\ H_2O} H_3C-CH(N^+(CH_3)_3OH^-)-CH(CH_3)_2 \xrightarrow{\triangle} H_2O + (CH_3)_3N + H_2C=CH-CH(CH_3)_2$$

环状胺需要经过多次霍夫曼彻底甲基化反应才能完全得到开链烯烃。例如，毒芹活性成分毒芹碱（$C_8H_{17}N$）需经过两次霍夫曼彻底甲基化反应最终得到1,4-辛二烯。

$$\text{2-丙基哌啶} \xrightarrow{2CH_3I} [\text{N,N-二甲基-2-}CH_2CH_2CH_3\text{哌啶鎓}]I^- \xrightarrow{Ag_2O,\ H_2O} [\text{N,N-二甲基-2-}CH_2CH_2CH_3\text{哌啶鎓}]OH^-$$

$$\xrightarrow{\triangle} CH_2=CHCH_2CH_2CH(N(CH_3)_2)-CH_2CH_2CH_3 \xrightarrow[(2)\ Ag_2O,\ H_2O]{(1)\ CH_3I} [CH_2=CHCH_2CH_2CH(N^+(CH_3)_3)-CH_2CH_2CH_3]OH^- \xrightarrow{\triangle}$$

$$CH_2=CHCH_2CH=CH-CH_2CH_2CH_3 + (CH_3)_3N + H_2O$$

思考题

15-4 下列两个同分异构的烯烃均为胺彻底甲基化及 Hofmann 消除反应的产物，请推断原来胺的结构：

$$CH_2=CHCH_2CH=CH_2 \qquad CH_2=CH-C(CH_3)=CH_2$$

六、芳香胺环上的反应

芳香胺上氨基的斥电子共轭效应，使苯环上的电子云密度升高，芳香胺的苯环很容易发生亲电取代反应。

1. 卤代 苯胺与溴水在常温下立即定量生成白色的2,4,6-三溴苯胺沉淀，此反应很难停留在一元取代的阶段。

$$C_6H_5NH_2 + 3Br_2 \longrightarrow 2,4,6\text{-}Br_3C_6H_2NH_2\downarrow + 3HBr$$

为使反应停留在一元取代阶段，必须降低苯环反应活性，即降低氨基活性。降低氨基活性的方法之一是先将苯胺乙酰化，然后溴代，再水解除去乙酰基，得到邻和对位溴代苯胺。若此溴化在无水乙酸溶液中进行，则只生成对溴乙酰苯胺。

$$C_6H_5NH_2 + (CH_3CO)_2O \longrightarrow C_6H_5NHCOCH_3 + CH_3COOH$$

$$C_6H_5NHCOCH_3 \xrightarrow[\text{干燥}CH_3COOH]{Br_2} p\text{-}BrC_6H_4NHCOCH_3 \xrightarrow[OH^- \text{或} H^+]{H_2O} p\text{-}BrC_6H_4NH_2 + CH_3COOH$$

把苯胺的—NH_2用强酸转化成—NH_3^+，再进行溴化水解，则得间溴苯胺。

$$C_6H_5NH_2 + H_2SO_4 \longrightarrow C_6H_5NH_3^+SO_4^- \xrightarrow{Br_2} m\text{-}BrC_6H_4NH_3^+SO_4^- \xrightarrow{OH^-/H_2O} m\text{-}BrC_6H_4NH_2$$

碘的亲电性较弱，与苯胺作用直接生成对碘苯胺。

$$C_6H_5NH_2 + I_2 \xrightarrow{NaHCO_3} p\text{-}IC_6H_4NH_2$$

2. 硝化　芳香胺很容易被氧化，苯胺的硝化必须先把氨基保护起来，硝化后再除去保护基。

$$C_6H_5NH_2 + (CH_3CO)_2O \longrightarrow C_6H_5NHCOCH_3$$

$$C_6H_5NHCOCH_3 \xrightarrow[(CH_3CO)_2O]{HNO_3} o\text{-}O_2NC_6H_4NHCOCH_3 \xrightarrow{OH^-/H_2O} o\text{-}O_2NC_6H_4NH_2$$

$$C_6H_5NHCOCH_3 \xrightarrow[CH_3COOH]{HNO_3} p\text{-}O_2NC_6H_4NHCOCH_3 \xrightarrow{OH^-/H_2O} p\text{-}O_2NC_6H_4NH_2$$

3. 磺化　室温下，苯胺用发烟硫酸磺化生成邻、间和对氨基苯磺酸的混合物。若温度升高至180～190℃，与浓硫酸作用则生成对氨基苯磺酸。对氨基苯磺酸发生分子内质子转移形成内盐。

$$C_6H_5NH_2 + H_2SO_4 \longrightarrow C_6H_5NH_2^+HSO_4^- \xrightarrow[\triangle]{-H_2O} C_6H_5NHSO_3H \xrightarrow{180℃} p\text{-}HO_3SC_6H_4NH_2 \longleftrightarrow p\text{-}{}^-O_3SC_6H_4NH_3^+$$

扫码“学一学”

第四节　胺的制备

一、卤代烃氨解

脂肪族卤代烃与氨溶液共热，氨分子中的氢被烃基取代，得到伯、仲、叔胺的混合物，甚至还有季铵盐（见胺的烃基化）。

卤代芳烃如氯苯、溴苯在通常条件下很难与亲核试剂氨发生 S_N2 反应，但是在液氨中它们能与强碱 $NaNH_2$（或 KNH_2）作用，卤素被氨基取代生成苯胺。

$$C_6H_5Br + NH_2^- \xrightarrow[-33^\circ C]{NH_3} C_6H_5NH_2 + Br^-$$

此反应是通过消除-加成历程进行。反应的第一步是氨离子引起消除，生成一个极不稳定和非常活泼的苯炔中间体，接着氨离子对苯炔进行加成生成碳负离子，然后碳负离子从氨分子接受一个质子生成苯胺，其反应历程可表示如下。

$$C_6H_5Br + NH_2^- \longrightarrow C_6H_4\ (\text{苯炔}) + NH_3 + Br^-$$

$$C_6H_4 + NH_2^- \longrightarrow C_6H_4^-NH_2 \xrightarrow{NH_3} C_6H_5NH_2 + NH_2^-$$

芳环上卤素邻、对位连有硝基等强吸电子基团的卤代芳烃与氨可直接发生亲核取代反应。如：

$$2,4,6\text{-}(O_2N)_3C_6H_2Br + 2NH_3 \longrightarrow 2,4,6\text{-}(O_2N)_3C_6H_2NH_2 + NH_4Cl$$

二、含氮化合物的还原

硝基化合物、腈、酰胺等含氮化合物都易被还原为胺，常用的还原方法有催化氢化和酸性还原。

1. 硝基化合物还原　芳胺的制取最好是硝基化合物的还原。工业上用催化加氢的方法，常用的催化剂有镍、铂、钯等。

$$C_6H_5NO_2 + 3H_2 \xrightarrow{Pd} C_6H_5NH_2 + 2H_2O$$

二硝基化合物用催化加氢法生成二元胺。

$$\text{m-}C_6H_4(NO_2)_2 + 6H_2 \xrightarrow{Fe+HCl} \text{m-}C_6H_4(NH_2)_2 + 4H_2O$$

若要选择性还原其中一个硝基，则用硫化铵、二硫化铵、硫氢化铵或硫化钠水溶液等选择性还原剂。

$$\text{m-}C_6H_4(NO_2)_2 + 3(NH_4)_2S \longrightarrow \text{m-}NH_2C_6H_4NO_2 + 6NH_3 + 3S + 2H_2O$$

2. 腈的还原　腈在高温、高压下用镍催化氢化，或在室温、低压下用钯或铂催化得到伯胺，但同时产生少量仲胺和叔胺。

$$R—C\equiv N + H_2 \xrightarrow{Pt} R—CH═NH \longrightarrow RCH_2NH_2$$

$$R—CH═NH + RCH_2NH—H \longrightarrow R—\underset{NH_2}{CH}—\underset{H}{N}—CH_2R \xrightarrow{-NH_3}$$

$$RCH═NCH_2R \xrightarrow[Ni]{H_2} RCH_2NHCH_2R$$

当用氢化铝锂在无水乙醚或四氢呋喃中进行还原，反应产物水解只生成伯胺。

$$2RC\equiv N + LiAlH_4 \longrightarrow LiAl(NCH_2R)_2 \xrightarrow{H^+} 2RCH_2NH_3^+ \xrightarrow{H_2O} 2RCH_2NH_2$$

$$C_6H_5C\equiv N \xrightarrow{LiAlH_4} C_6H_5CH_2NH_2$$

酰胺用氢化铝锂还原也生成胺。

$$R—\overset{O}{\overset{\|}{C}}—N\begin{matrix}H(R^1)\\H(R^2)\end{matrix} \xrightarrow{LiAlH_4} RCH_2—N\begin{matrix}H(R^1)\\H(R^2)\end{matrix}$$

伯、仲、叔胺

3. 肟的还原　醛、酮与羟胺作用生成肟，肟可通过 $LiAlH_4$、B_2H_6、催化氢化、C_2H_5OH+Na 还原制备伯胺。

$$CH_3(CH_2)_4CHO \xrightarrow{NH_2OH} CH_3(CH_2)_4CH═NOH \xrightarrow{Ni/H_2} CH_3(CH_2)_4CH_2NH_2$$

$$\text{2,2-二苯基环己酮} \xrightarrow{NH_2OH} \text{2,2-二苯基环己酮肟} \xrightarrow[(2)\ H_2O]{(1)\ LiAlH_4/Et_2O} \text{2,2-二苯基环己胺}$$

三、盖布瑞尔合成法

盖布瑞尔（Gabriel）合成法是将邻苯二甲酰亚胺在碱性溶液中与卤代烃发生亲核取代反应，首先得到*N*-烷基邻苯二甲酰亚胺，然后将*N*-烷基邻苯二甲酰亚胺水解得到伯胺。由于邻苯二甲酰亚胺的氮上只有一个氢原子，只能引入一个烷基，盖布瑞尔法是制备纯净的伯胺的较佳方法。

$$C_6H_4(CO)_2NH \xrightarrow{OH^-} C_6H_4(CO)_2N^- \xrightarrow{RX} C_6H_4(CO)_2N-R \xrightarrow{H_2O/OH^-} RNH_2 + C_6H_4(COO^-)_2$$

有些情况下水解较困难，可用肼解代替。

$$C_6H_4(CO)_2N-R + NH_4NH_2\cdot H_2O \xrightarrow{C_2H_5OH} C_6H_4(CO)_2(NH)_2 + RNH_2 + H_2O$$

四、霍夫曼降解

在碱性溶液中，氮原子上不含取代基的酰胺与次卤酸钠作用，放出 CO_2，生成比原来酰胺少一个碳原子的伯胺，此反应称为霍夫曼（Hofmann）降解反应。

$$R-\overset{\overset{O}{\|}}{C}-NH_2 \xrightarrow{NaOBr} R-\overset{\overset{O}{\|}}{C}-\underset{\underset{H}{|}}{N}-Br \overset{OH^-}{\rightleftharpoons} R-\overset{\overset{O}{\|}}{C}-\ddot{N}: \longrightarrow RN=C=O$$

$$\xrightarrow{H_2O/OH^-} RNH_2 + CO_2$$

扫码“学一学”

第五节 重氮化反应和重氮盐在合成中的应用

一、重氮化反应

芳香伯胺与亚硝酸盐在过量强酸及低温条件下生成芳香重氮盐（diazonium salt）的反应称为重氮化反应（diazotization reaction）。

$$C_6H_5NH_2 + NaNO_2 + 2HCl \xrightarrow{0\sim5℃} C_6H_5N_2^+Cl^- + NaCl + 2H_2O$$

芳香重氮盐在较高温度下易分解，因此重氮化反应要控制温度在0～5℃，以利于获得高产率的重氮盐。若芳环上连有—X、—NO_2或—SO_3H等吸电子基的芳胺，重氮化温度可

提高至 40～60℃。

在重氮正离子中，中心 N 原子以 sp 杂化轨道成键，C—N—N 为 σ 键构成的直线型结构，N ≡ N 键上 π 轨道与苯环大 π 轨道形成共轭体系而分散 N 原子上的正电荷，形成稳定的重氮正离子。苯基重氮正离子的结构见图 15-4。

图 15-4　苯基重氮正离子的结构

纯的芳基重氮盐是无色结晶，易溶于水，但不溶于有机溶剂，在干燥情况下极不稳定，容易发生爆炸，所以通常都不将它从溶液中分离出来，而是直接用于下一步反应。在 0℃下，一般的重氮盐水溶液只能保持数小时。

二、重氮基被取代的反应及在合成中的应用

芳香重氮盐的重氮基（$-\overset{+}{N}\equiv N$）易被卤素、羟基、腈基、氢等基团取代，在有机合成中非常有用。

（一）被卤素取代

将重氮盐的水溶液与 KI 一起加热，重氮基被碘取代，生成芳香碘化物，同时放出 N_2。

$$ArN_2^+X^- + KI \xrightarrow{\triangle} Ar—I + N_2\uparrow + KX$$

Cl^-和 Br^-的亲核能力较弱，用上述方法很难将氯、溴直接引入苯环。1884 年，桑德迈尔（Sandmeyer）用氯化亚铜或溴化亚铜催化，重氮盐在氢卤酸溶液中加热，重氮基可分别被氯和溴原子取代，生成芳香氯化物和溴化物。这一反应称为 Sandmeyer 反应。

$$C_6H_5N_2^+Cl^- \xrightarrow[\triangle]{CuCl + HCl} C_6H_5Cl + N_2\uparrow$$

$$C_6H_5N_2^+Br^- \xrightarrow[\triangle]{CuBr + HBr} C_6H_5Br + N_2\uparrow$$

盖特曼（Gattermann）用精制铜粉和盐酸或氢溴酸替代氯化亚铜或溴化亚铜也可制得芳香氯化物或溴化物。这样进行的反应叫 Gattermann 反应。铜粉用催化量的即可，反应温度一般较 Sandmeyer 反应的低，操作也较简单。

芳香重氮盐和氟硼酸作用，得到氟硼酸重氮盐。氟硼酸重氮盐不溶于水，干燥状态下也比较稳定，加热下分解成氟代芳烃，此反应称为希曼（Schiemann）反应。此反应是由芳胺制取氟代芳烃最常用的方法。

$$C_6H_5N_2^+Cl^- \xrightarrow{HBF_4} C_6H_5\overset{+}{N}\equiv NBF_4^- \xrightarrow{\triangle} C_6H_5F + N_2\uparrow + BF_3$$

$$\text{1-}C_{10}H_7NH_2 \xrightarrow[0^\circ C]{NaNO_2+HCl} \xrightarrow{NaBF_4} \text{1-}C_{10}H_7N_2^+BF_4^- \xrightarrow{\triangle} \text{1-}C_{10}H_7F + N_2\uparrow + BF_3$$

氟硼酸重氮盐也可用氟硼酸亚硝（$NO^+BF_4^-$）直接与芳胺作用制得。

$$N_2O_3 + 2HBF_4 \longrightarrow 2NO^+BF_4^- + H_2O$$

$$C_6H_5NH_2 + NO^+BF_4^- \longrightarrow C_6H_5N_2^+BF_4^- + H_2O$$

（二）被氰基取代

在氰化亚铜作用下，芳香重氮盐和氰化钾在中性溶液中共热，重氮基被氰基（—CN）取代，生成芳香腈。例如：

$$p\text{-}CH_3C_6H_4NH_2 \xrightarrow[0\sim5^\circ C]{NaNO_2+50\%H_2SO_4} p\text{-}CH_3C_6H_4N_2^+HSO_4^- \xrightarrow{CuCN+KCN} p\text{-}CH_3C_6H_4CN$$

由于氰基很容易水解为羧基，因此，利用这个反应可从苯胺合成芳香族羧酸。

（三）被羟基取代

重氮盐的硫酸（40%～50%）水溶液不稳定，受热时会水解反应，重氮基被羟基取代生成酚，并放出 N_2。

$$p\text{-}CH_3C_6H_4N_2^+HSO_4^- + H_2O \xrightarrow[\triangle]{H^+} p\text{-}CH_3C_6H_4OH$$

此反应一般用硫酸重氮盐，因为用盐酸重氮盐或氢溴酸盐，可有副产物卤代芳烃生成。重氮盐生成酚反应产率较低（一般在50%～60%），因此这一反应可用来制备用其他方法不易得到的酚类。例如：

$$C_6H_6 \xrightarrow[\triangle]{HNO_3+H_2SO_4} m\text{-}C_6H_4(NO_2)_2 \xrightarrow{SnCl_2+HCl} m\text{-}O_2NC_6H_4NH_2 \xrightarrow[0\sim5^\circ C]{NaNO_2+50\%H_2SO_4} m\text{-}O_2NC_6H_4N_2^+HSO_4^- \xrightarrow[60^\circ C]{H_2O} m\text{-}O_2NC_6H_4OH$$

（四）被氢原子取代

重氮盐与许多还原性试剂如次磷酸水溶液、碱性甲醛等作用，重氮基可被氢原子取代。

这一反应提供了一个从芳环上脱去—NH_2或—NO_2的方法。

$$C_6H_5N_2^+Cl^- + H_3PO_2 + H_2O \longrightarrow C_6H_6 + N_2 + H_3PO_3 + HCl$$

$$C_6H_5N_2^+Cl^- + HCHO + 2NaOH \longrightarrow C_6H_6 + HCOONa + NaCl + H_2O$$

在某些合成中，可利用—NH_2的定位效应，在芳环上先引入，当达到特定的定位作用后再除去，从而制取一般不能用直接方法来制取的化合物。例如，由甲苯制取间溴甲苯，甲基和溴均是邻对位定位基，不可能用甲苯或溴苯直接溴代或甲基化，只能通过间接方法制取。

$$C_6H_5CH_3 \xrightarrow[H_2SO_4]{HNO_3} p\text{-}CH_3C_6H_4NO_2 \xrightarrow{Fe + HCl} p\text{-}CH_3C_6H_4NH_2 \xrightarrow{(CH_3CO)_2O} p\text{-}CH_3C_6H_4NHCOCH_3 \xrightarrow{Br_2} \text{4-CH}_3\text{-2-Br-}C_6H_3NHCOCH_3 \xrightarrow{H_3O^+}$$

$$\text{4-CH}_3\text{-2-Br-}C_6H_3NH_2 \xrightarrow[0\sim5℃]{NaNO_2 + 50\%H_2SO_4} \text{4-CH}_3\text{-2-Br-}C_6H_3N_2^+HSO_4^- \xrightarrow{H_3PO_2/H_2O} m\text{-}CH_3C_6H_4Br$$

又如1,3,5-三溴苯的制备：

$$C_6H_6 \xrightarrow[H_2SO_4]{HNO_3} C_6H_5NO_2 \xrightarrow{Fe + HCl} C_6H_5NH_2 \xrightarrow{Br_2} \text{2,4,6-Br}_3C_6H_2NH_2 \xrightarrow[0\sim5℃]{NaNO_2 + H_2SO_4}$$

$$\text{2,4,6-Br}_3C_6H_2N_2^+HSO_4^- \xrightarrow[\triangle]{C_2H_5OH} \text{1,3,5-Br}_3C_6H_3$$

三、偶合反应及偶氮染料

1. 偶合反应　重氮基正离子作为亲电试剂，在弱酸、中性或弱碱性溶液中，可与带有强给电子基团的芳香族化合物酚和叔芳胺等活性较高的芳环，发生亲电取代（C—N 键的偶联反应），生成偶氮化合物（azo-compound）。这一反应称为偶合反应，也称偶联反应（coupling reaction）。—N ═N—为偶氮基 。

苯重氮盐与酚在弱碱性条件下很快偶合生成对羟基偶氮苯。

$$C_6H_5\text{—}N{=}\overset{+}{N}: + C_6H_5OH \xrightarrow{pH\ 8\sim9} C_6H_5\text{—}N{=}N\text{—}C_6H_4\text{—}OH$$

对羟基偶氮苯（橘黄色）
4-羟基苯基（苯基）乙氮烯

在弱碱性溶液中，酚与碱作用形成苯氧负离子。带负电荷的氧负离子与苯环共轭，共轭效应使苯环的邻、对位电子云密度更大，利于亲电试剂进攻苯环，偶合反应容易进行。

$$C_6H_5-OH + OH^- \longrightarrow C_6H_5-O^- + H_2O$$

若在强碱性溶液（pH>10）中，重氮盐转变为不活泼的重氮氢氧化物或重氮酸盐，使偶合反应速率降低或反应中止。

$$C_6H_5-N{=}N^+ \underset{H^+}{\overset{OH^-}{\rightleftharpoons}} C_6H_5-N{=}N-OH \underset{H^+}{\overset{OH^-}{\rightleftharpoons}} C_6H_5-N{=}N-O^-$$

可偶合　　不偶合　　不偶合

重氮盐与萘酚在同样条件下也可直接偶合。

迎春红（红色染料）

苯重氮盐与芳香叔胺在中性或弱酸性溶液（pH 5～7）中偶合生成对氨基偶氮苯。

$$C_6H_5-N^+{\equiv}N + C_6H_5-N(CH_3)_2 \xrightarrow[CH_3COOH,\ 0^\circ C]{CH_3COONa} C_6H_5-N{=}N-C_6H_4-N(CH_3)_2$$

对二甲氨基偶氮苯（黄色）

反应体系溶液的酸性不能太强，若溶液的 pH<5，芳胺形成铵盐，带正电荷的—NH_3^+使芳环上电子云密度降低，不利于重氮正离子的进攻，偶合反应速率变慢或终止。

中性或弱酸性条件下，重氮盐与伯胺、仲胺作用，重氮正离子进攻芳胺氨基上的氮原子，生成重氮氨基化合物。

$$C_6H_5-N_2^+ + H_2N-C_6H_5 \xrightarrow[CH_3COOH,\ 0^\circ C]{CH_3COONa} C_6H_5-N{=}N-NH-C_6H_5 + H^+$$

重氮氨基苯

$$C_6H_5-N_2^+ + H_3CHN-C_6H_5 \xrightarrow[CH_3COOH,\ 0^\circ C]{CH_3COONa} C_6H_5-N{=}N-N(CH_3)-C_6H_5 + H^+$$

N-甲基重氮氨基苯

生成的重氮氨基化合物与盐酸或苯胺盐酸盐共热发生异构化，重排为对氨基偶氮苯。

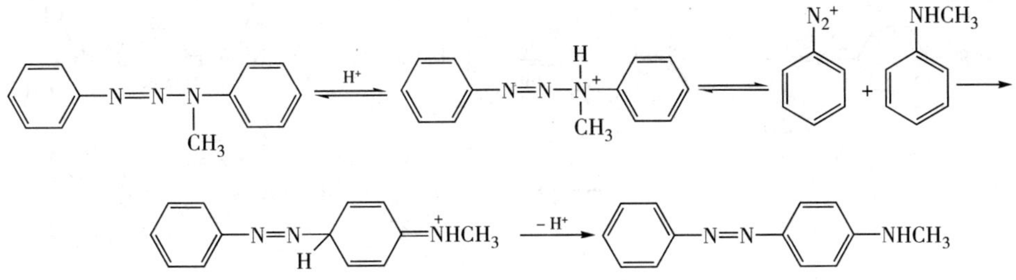

偶合反应通常发生在羟基或氨基的对位，当对位被其他基团占据时，则发生在邻位，一般不生成间位产物。

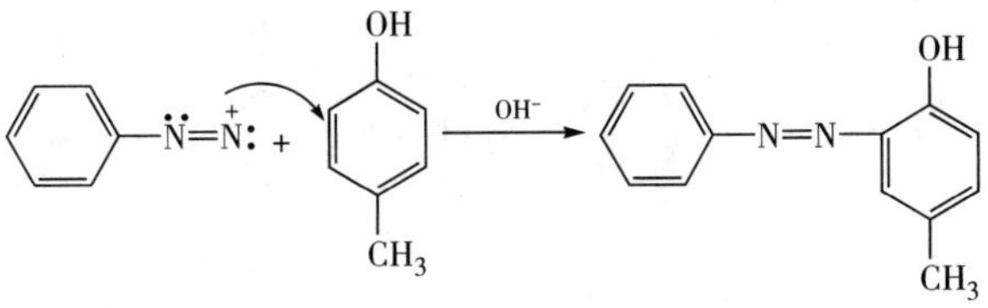

15-5 通常芳香重氮盐与酚的偶联是在弱碱性介质中进行；与芳胺偶联是在弱酸性或中性介质中进行，为什么？

2. 偶氮染料 染料是一种可以较牢固地附着在纤维上，耐光和耐洗性的有色物质。染料种类繁多，偶氮染料是其中之一。重氮盐与酚、芳胺的偶合反应是合成偶氮染料的基础。偶氮染料分子中一般含有一个或几个偶氮基，芳环通过偶氮基相连形成一大的共轭体系，π 电子有较大的离域范围，可吸收可见光，因而有颜色。随着分子中共轭体系的增长，化合物颜色加深。例如，对苯磺酸偶氮-4-羟基萘呈橙色，而对萘磺酸偶氮-4-羟基萘呈红色，因为后者共轭体系较前者增长，颜色加深。

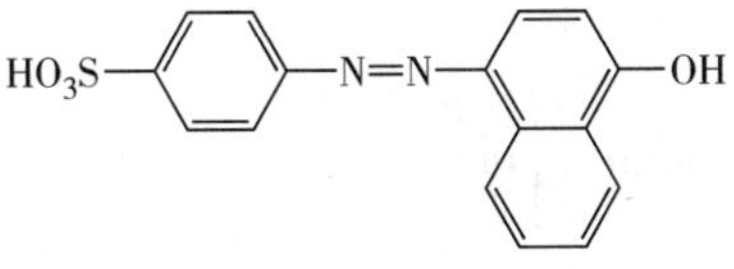

橙色

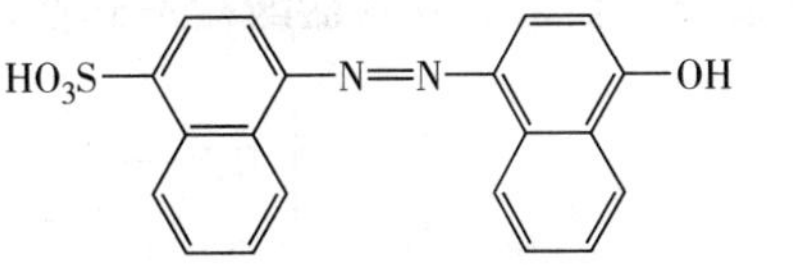

红色

甲基橙指示剂也是通过此类偶联反应来制备的。

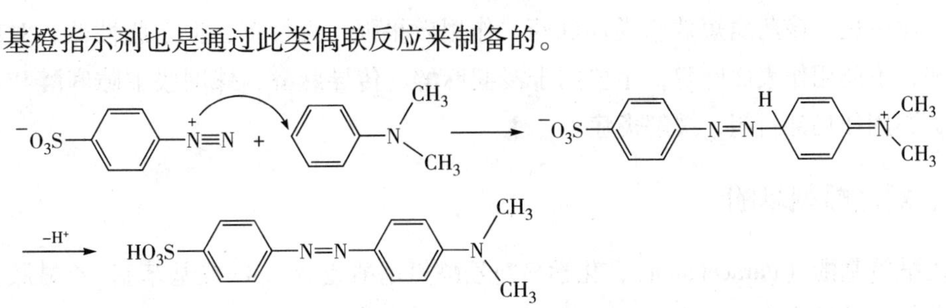

4-二甲胺苯基偶氮苯-4′-磺酸

甲基橙的变色范围为 pH 3.1～4.4，在中性或碱性介质中呈黄色，当溶液 pH<3.1 时，则转变成红色。这种颜色变化，是由可逆的两性离子结构引起的。如下式所示：

黄色　　红色

刚果红也是一种偶氮类化合物，常作酸碱指示剂，变色范围为 pH 3.5～5.2，碱态为红色，酸态为蓝紫色。

扫码“学一学”

第六节　胺在医药领域的应用

氨基是现代药物的关键活性基团，胺类化合物大多具有重要的生理和药理作用，是临床上应用很广的一类药物，在医药发展中起着举足轻重的作用。

一、普鲁卡因

普鲁卡因（Procaine）是常用的局部麻醉药之一，也称奴佛卡因（Novocaine），其结构中含有叔胺，临床上以其盐酸盐形式使用。

$$\left[H_2N-C_6H_4-COOCH_2CH_2\overset{+}{N}H(C_2H_5)_2 \right] Cl^-$$

普鲁卡因盐酸盐为无色、无臭小针状或小叶状结晶，味微苦。易溶于水，略溶于乙醇，微溶于三氯甲烷。该药属短效脂类局麻药，作用效果强，毒性低，但亲脂性低，对黏膜的穿透力弱，不能用作表面麻醉；主要用于浸润麻醉，传导麻醉，蛛网膜下隙麻醉和硬脊膜外麻醉；亦用作局部封闭，缓解炎症。

二、对乙酰氨基酚

对乙酰氨基酚（Paracetamol），化学名对乙酰氨基酚或 *N*-(4-羟基苯基)乙酰胺，属于苯胺类药物，其结构为：

$$HO-C_6H_4-NHCOCH_3$$

对乙酰氨基酚为白色结晶或结晶性粉末，无臭，味微苦。能溶于乙醇、丙酮和热水，微溶于水。饱和水溶液 pH 5.5～6.5。它是临床上最常用的非抗炎解热镇痛药，解热作用与阿司匹林相似，镇痛作用较弱，无抗炎抗风湿作用。

三、胆碱和乙酰胆碱

胆碱（Choline）属季铵碱，是卵磷脂和鞘磷脂的重要组成部分，在体内参与脂肪代谢，有抗脂肪肝的作用。胆碱为白色结晶，吸湿性强，易溶于水和乙醇，不溶于乙醚和三氯甲烷等。它广泛存在于生物体中，在脑组织和蛋黄中含量较多。

胆碱分子中醇羟基的氢原子被乙酰基取代生成的酯叫作乙酰胆碱（acetyl-choline）。在神经细胞中，乙酰胆碱是由胆碱和乙酰辅酶 A 在胆碱乙酰移位酶（胆碱乙酰化酶）的催化作用下合成的。乙酰胆碱是中枢及周边神经系统中常见的神经传导物质，能特异性地作用于各类胆碱受体，在组织内迅速被胆碱酯酶破坏，其作用广泛，选择性不高。临床上一般不作为药用。

$$[HOCH_2CH_2N^+(CH_3)_3\ OH]^- \qquad [CH_3COOCH_2CH_2N^+(CH_3)_3\ OH]^-$$

胆碱　　　　乙酰胆碱

四、新洁尔灭

新洁尔灭（Bromo-geramine）又名苯扎溴铵，是具有长链烷基的季铵盐，属阳离子型表面活性剂，其结构如下。

$$\left[C_6H_5-CH_2-\overset{CH_3}{\underset{CH_3}{N^+}}-C_{12}H_{25} \right] Br^-$$

新洁尔灭（溴化二甲基十二烷基苄基铵）在常温下，新洁尔灭为白色或微黄色胶状体或粉末，带有芳香气味，吸湿性强，易溶于水和醇，水溶液呈碱性。新洁尔灭具有较强的杀菌去污能力，对皮肤和组织无刺激，对金属、橡胶制品无腐蚀作用。临床上常用其 1∶1000～2000 溶液作皮肤、创面及手术器械的消毒剂。

知识拓展

食品中的杂环胺类化合物

杂环胺类化合物是富含氨基酸和蛋白质鱼肉、畜禽肉等肉类食品在高温加工过程中通过美拉德反应与自由基生成，在体内转变成 *N*-羟基化合物而具有致癌和致突变活性。1939 年，Widmark 将烤马肉涂布在小鼠的背上增加了诱发乳腺肿瘤的风险。20 世纪 70 年代，日本科学家 Nagao 和 Sigimura 等首次研究发现烤鱼和烤牛肉在 Ames 试验中检测出的杂环胺具有强烈的致突变性。

研究表明，香辛料富含抗氧化物质，肉制品烹调过程中添加香辛料可以抑制杂环胺的形成。TBHQ、BHA、BHT、抗坏血酸和维生素 E 均有抑制杂环胺化合物产生的作用。食用

肉制品时，可以配上红酒、绿茶、苹果、葡萄、接骨木果和菠萝等富含维生素和具有抗氧化性能的蔬果，或者撒上黑胡椒也能起到抑制杂环胺的作用。辣椒和萝卜也可以与肉制品一起烹制或者一同使用，也具有抑制杂环胺化合物形成的作用。

重点小结

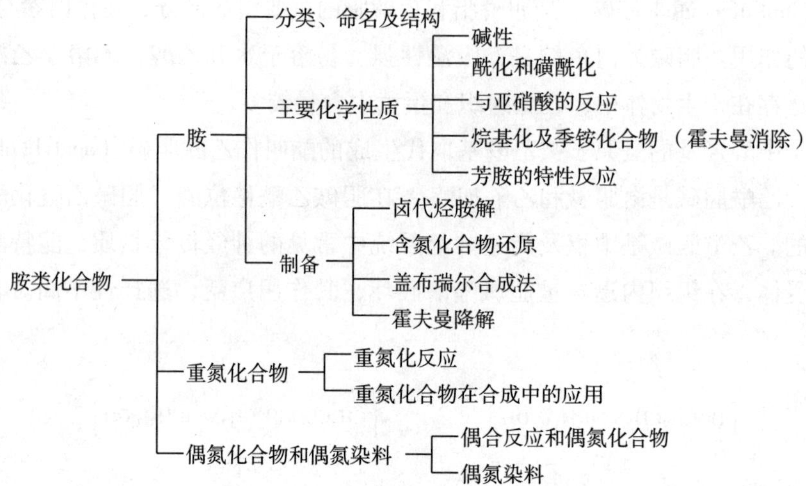

扫码“练一练”

第十六章　杂环化合物

要点导航

1. **掌握**　五元和六元杂环化合物的结构及主要理化性质。
2. **熟悉**　杂环化合物的命名方法和亲电取代定位规律。
3. **理解**　杂环化合物的分类以及杂环存在的互变异构现象。
4. **了解**　杂环化合物、生物碱在医药领域中的作用。

杂环化合物（heterocyclic compounds）是指由碳原子与氧、硫、氮等非碳杂原子组成环状结构的一类化合物。前面学习的环醚、环状酸酐、内酯、内酰胺等都属于杂环化合物，但这些环状化合物性质与同类的非环状脂肪化合物相近，π 电子数不符合休克尔规则，不具有芳香性，因此分散在相应的章节中进行学习。本章将主要学习的是具有相对稳定的环状共轭体系且具有一定芳香性的杂环化合物，即芳杂环化合物。

杂环化合物的种类繁多，数量庞大，在自然界分布极为广泛。许多天然杂环化合物在动、植物体内起着重要的生理作用。例如，植物进行光合作用的叶绿素（chlorophyll）、动物血液中的血红素（hemoglobin）、参与制造骨髓红细胞的维生素 B_{12}（cobalamin）等都含有杂环结构。在现有的药物（尤其是合成药物）中，90% 以上药物为杂环化合物，例如，特效抗结核药物异烟肼（Isoniazide）、灭滴虫药物甲硝唑（Metronidazole）、抗艾滋病药物奈韦拉平（Nevirapine）以及抗肿瘤药物 5-氟尿嘧啶（5-Fluorouracil）等。因此，杂环化合物在有机化学研究，尤其是有机药物研究和应用中占有重要地位。

异烟肼　　甲硝唑　　奈韦拉平　　5-氟尿嘧啶

扫码“学一学”

第一节　芳杂环化合物的分类和命名

一、芳杂环化合物的分类

杂环种类繁多，从不同角度可有不同的分类方法，常见的有以下几种。

1. 按环的个数分类　分为单杂环和稠杂环，单杂环根据环的大小主要分为五元杂环和六元杂环两大类；单杂环经稠合则成稠杂环，与苯稠合称为苯稠杂环，与非苯杂环稠合称为稠杂环。

2. 按杂原子的数目分类 分为单杂原子杂环和多杂原子杂环。

3. 按杂原子的种类分类 分为氧杂环、硫杂环和氮杂环等。

4. 按环上 π 电子云密度分类 分为多 π 电子芳杂环和缺 π 电子芳杂环等。

二、芳杂环化合物的命名

杂环化合物的命名比较复杂。现今广泛使用的是“音译法”，是在 IUPAC（2013）命名原则的基础上，结合汉字的特点，选用同音汉字加“口”字旁组成音译名而得，并根据《有机化合物命名原则》（2017 版）进行修正，目前还保留有特定的 45 个基本杂环化合物的俗名和半俗名，并以此作为命名的基础（表 16-1）。

表 16-1 常见基本杂环的结构、名称与编号

分类			基本杂环的结构、名称与编号
单杂环	五元环	单杂原子	funan 呋喃；thiophene 噻吩；pyrrole 吡咯
单杂环	五元环	两杂原子	imidazole 咪唑；thiazole 噻唑；oxazole 噁唑；pyrazole 吡唑；isothazole 异噻唑；isoxazole 异噁唑
单杂环	六元环	单杂原子	pyridine 吡啶；4*H*-pyran(e) 4*H*-吡喃；2*H*-pyran(e) 2*H*-吡喃
单杂环	六元环	两杂原子	pyrimidine 嘧啶；pyrazine 吡嗪；pyridazine 哒嗪
稠杂环	苯稠杂环		indole 吲哚；benzimdazole 苯并咪唑；quinoline 喹啉；isoquinoline 异喹啉

续表

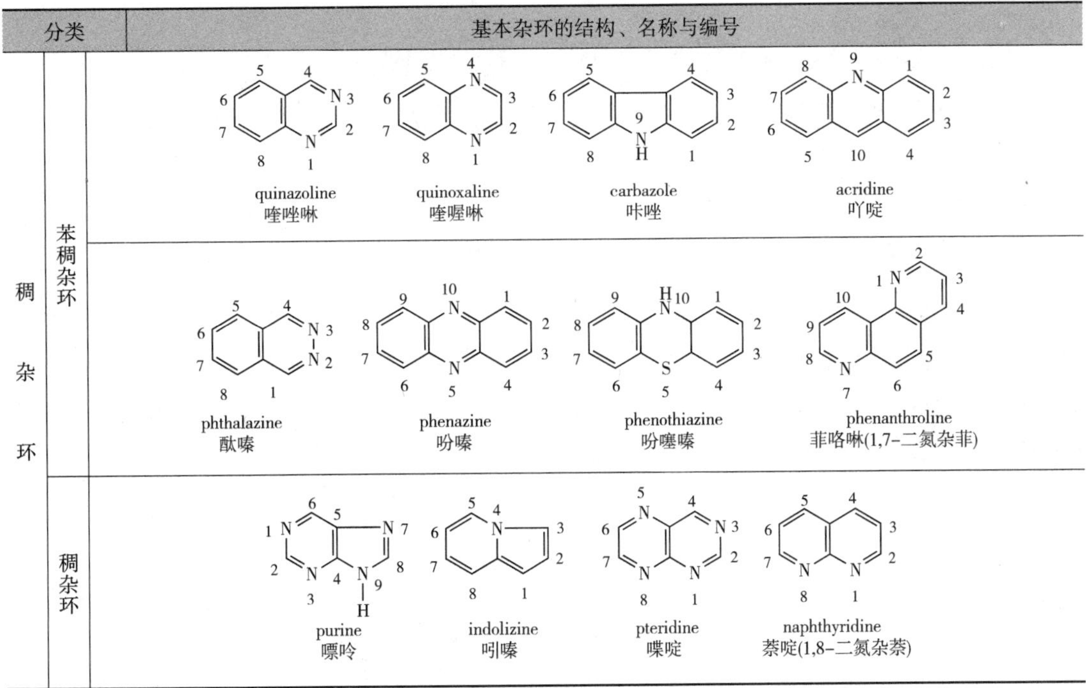

分类
基本杂环的结构、名称与编号
稠杂环
苯稠杂环
稠杂环
quinazoline
喹唑啉
quinoxaline
喹喔啉
carbazole
咔唑
acridine
吖啶
phthalazine
酞嗪
phenazine
吩嗪
phenothiazine
吩噻嗪
phenanthroline
菲咯啉(1,7–二氮杂菲)
purine
嘌呤
indolizine
吲嗪
pteridine
喋啶
naphthyridine
萘啶(1,8–二氮杂萘)

注：表 16–1 所列的基本杂环仅是一部分，未列入的部分参见《有机化学命名原则》（2017 年版）

（一）杂环母核的编号

1. 单杂环母环的编号 基本杂环母环的编号遵循一定的原则和规定，具体如下。

（1）对于单个杂原子的杂环从杂原子开始编号。见表 16–1 中吡咯、吡啶等编号。

（2）对于含两个或多个相同杂原子的杂环按照最低系列原则顺时针（或逆时针）编号，使杂原子位次尽可能小。有取代基（或氢原子）的杂原子则优先编号，如吡唑。如果取代基、氢原子同时存在，则有取代基的杂原子优先编号，例如 3–甲基–1–苯基吡唑–5–酮。

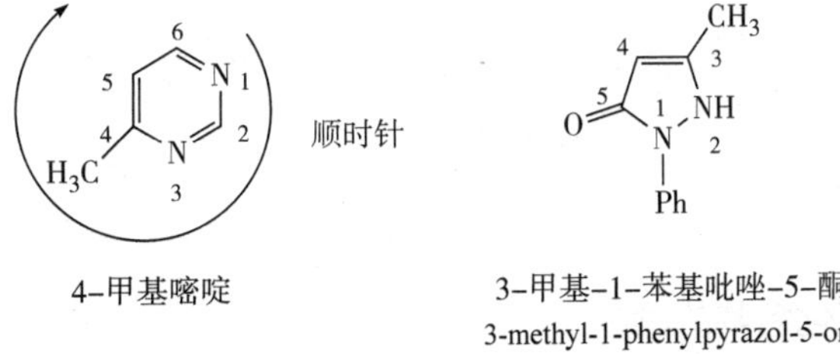

（3）对于含两个或多个不同杂原子的杂环先按 O、S、NH、N 的优先顺序决定优先的杂原子，再依照最低系列原则顺时针（或逆时针）编号，如噻唑、噁唑。

（4）还可采用希腊字母 α、β、γ 编号，杂原子的邻位为 α 位，依次是 β、γ 位，如果有两个取代基同在 α 或 β 位，则以 α、α′或 β、β′标明。

2. 稠杂环的编号 稠杂环编号有几种情况。①按其相应的稠环芳烃母环编号。见表 16–1 中喹啉、异喹啉、吖啶等。②通常按顺时针从右上最远的自由角（有时候习惯从右下角）开始编号，或逆时针从左上最远的自由角一端开始编号。共用的碳原子一般不编号，编号时注意杂原子的编号尽可能小，并遵守杂原子的优先顺序。见表 16–1 中蝶啶、吩嗪、吩噻嗪的编号。例如 2–甲基吩嗪、10–氟菲咯啉是顺时针编号，而 7–甲基喋啶是逆时针编号。③有特殊规定的杂环编号，如表 16–1 中的嘌呤。

顺时针　　　　顺时针　　　　逆时针

2-甲基吩嗪　　　　10-氟菲咯啉　　　　7-甲基喋啶

3. 指示氢　含活泼氢的杂环化合物存在着同分异构现象，这是由于环状共轭的杂环母核体系中的氢原子发生了共振迁移所致，并将环上存在的饱和碳原子或氮原子所连接的氢原子称为“指示氢”。为了区别这些异构体，需要标出“指示氢”的位置，用其编号加 *H*（大写斜体）表示。例如：

1*H*-吡咯　　2*H*-吡咯　　4*H*-吡喃　　2*H*-吡喃

9*H*-嘌呤　　7*H*-嘌呤

有些杂环存在氢化或部分氢化的情况，例如，四氢呋喃可以认为是呋喃全部氢化的产物。通常将部分氢化杂环上含有的饱和氢原子称为“外加氢”。命名时要指出“外加氢”的位置，全部氢化饱和时可不标明位置。例如：

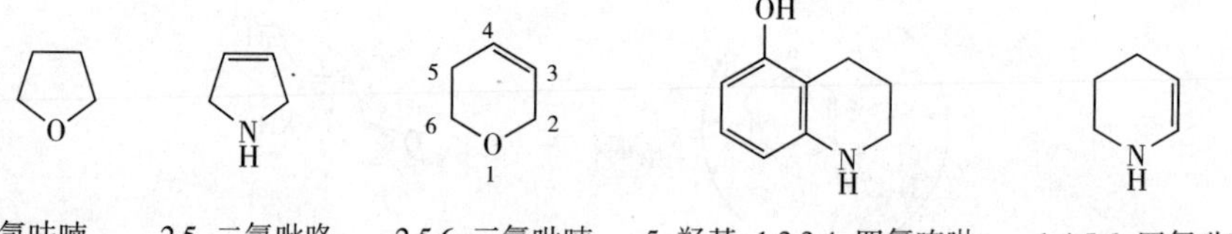

四氢呋喃　　2,5-二氢吡咯　　2,5,6-三氢吡喃　　5-羟基-1,2,3,4-四氢喹啉　　1,4,5,6-四氢吡啶

（二）取代杂环化合物的命名

当杂环上有取代时，取代杂环化合物的命名通常有两种情况，其一是以杂环为取代基，按照杂环编号原则，将杂环名称及其位置编号依次写在母体名称前面，组成取代杂环化合物的名称。其二是以杂环为母体，将取代基的位置编号及名称依次写在杂环母体前，组成取代杂环化合物的名称。比如，呋喃-2-甲醛是以甲醛为母体，呋喃环为取代基；5-羟基喹啉是以喹啉环为母体。在具体的命名过程中往往根据习惯灵活运用这两种命名方法。例如：

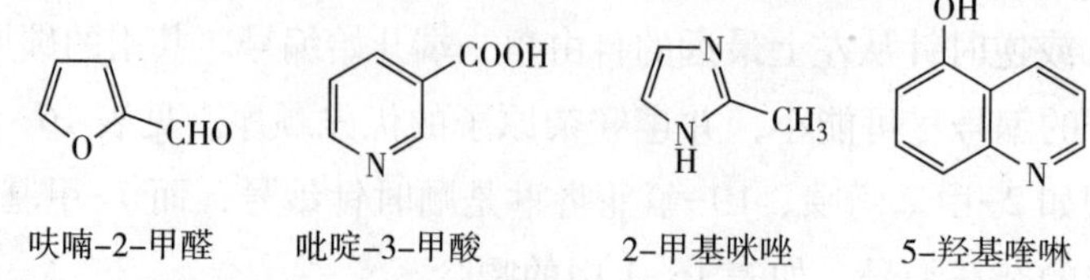

呋喃-2-甲醛　　吡啶-3-甲酸　　2-甲基咪唑　　5-羟基喹啉

16-1　命名下列杂环化合物。

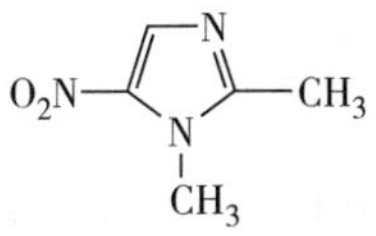

（1） 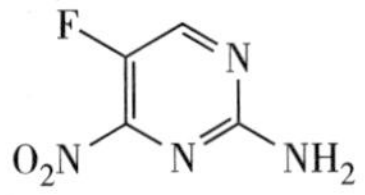　（2） 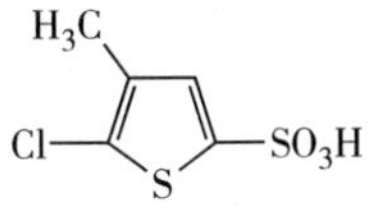　（3） 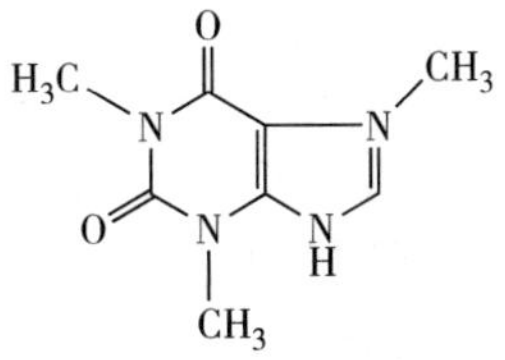　（4）

（三）组合稠杂环的编号和命名

对于大多数无特定名称的组合稠杂环，可将其分解成两个有特定名称的环系，其中一个定为基本环，另一个则定为附加环，并以此为基础进行命名。

1. 确定基本环的原则

（1）芳环与杂环构成的稠杂环，以杂环为基本环；由多个环构成的稠杂环，以环数最多的杂环组分作为基本环。例如：

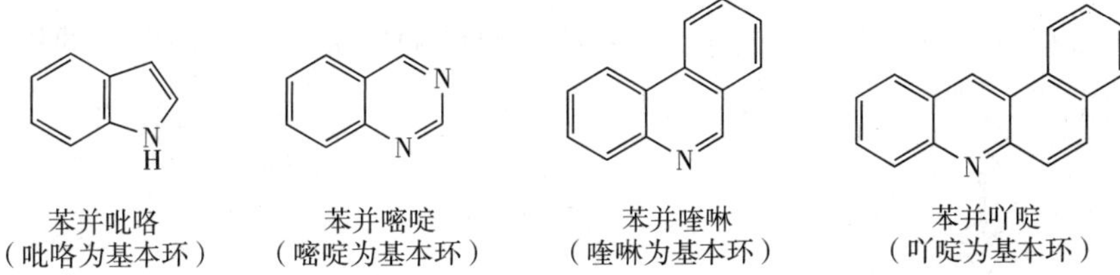

苯并吡咯（吡咯为基本环）　苯并嘧啶（嘧啶为基本环）　苯并喹啉（喹啉为基本环）　苯并吖啶（吖啶为基本环）

（2）大小不同的两个杂环构成的稠杂环，以大环为基本环。例如：

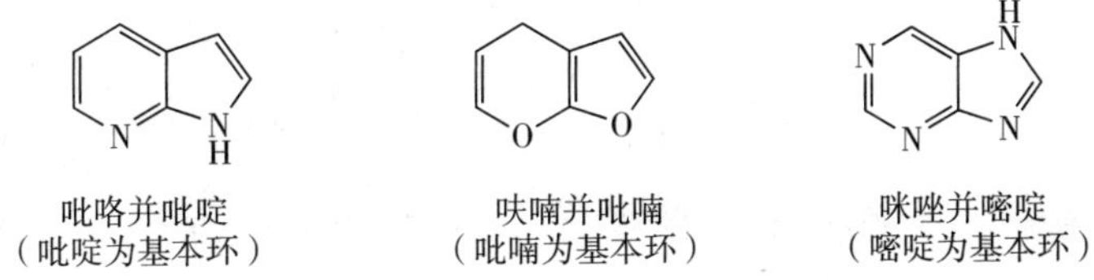

吡咯并吡啶（吡啶为基本环）　呋喃并吡喃（吡喃为基本环）　咪唑并嘧啶（嘧啶为基本环）

（3）大小相同的两个杂环组成的稠杂环，基本环按杂原子 N、O、S 先后顺序确定。例如：

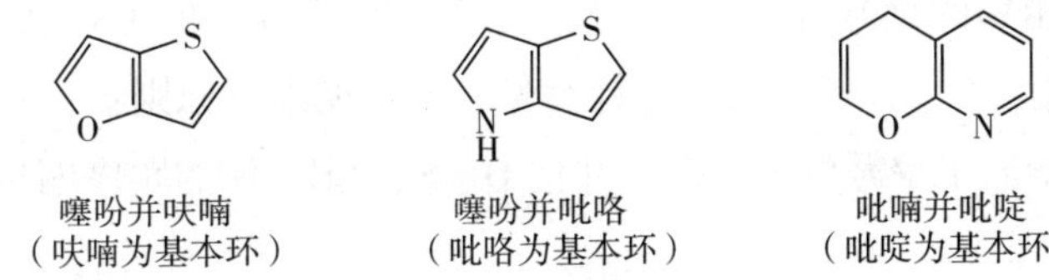

噻吩并呋喃（呋喃为基本环）　噻吩并吡咯（吡咯为基本环）　吡喃并吡啶（吡啶为基本环）

（4）两环大小相同，杂原子个数不同时，以杂原子多的为基本环；如果环大小相同且杂原子个数也相同时，以杂原子种类多的为基本环。例如：

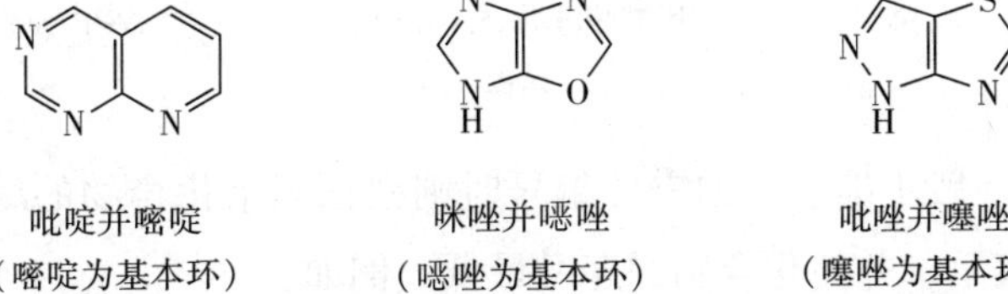

吡啶并嘧啶（嘧啶为基本环）　咪唑并噁唑（噁唑为基本环）　吡唑并噻唑（噻唑为基本环）

（5）当环大小、杂原子数目和种类都相同时，以稠合前杂原子编号较低者为基本环。例如：

吡啶并哒嗪
（哒嗪为基本环）

咪唑并吡唑
（吡唑为基本环）

噻唑并异噻唑
（异噻唑为基本环）

（6）当稠合边有杂原子时，共用杂原子同属于两个环；在确定基本环和附加环时，均包含该杂原子，再按上述规则选择基本环。例如：

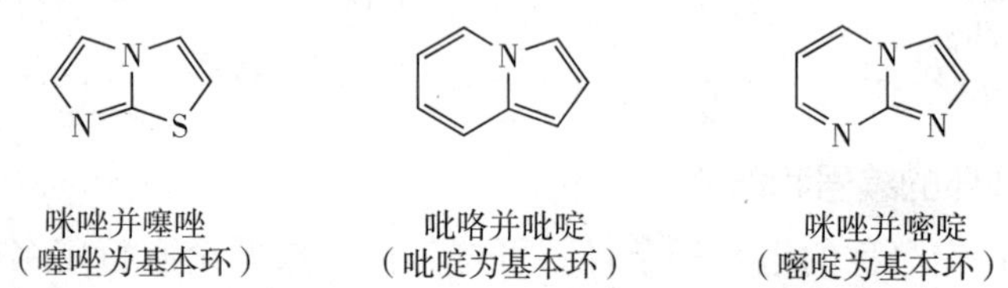

咪唑并噻唑
（噻唑为基本环）

吡咯并吡啶
（吡啶为基本环）

咪唑并嘧啶
（嘧啶为基本环）

2. 稠合边的表示方法　稠合边是用附加环和基本环的位置和编号来共同表示的，并使其编号尽可能小。基本环按照原杂环的编号顺序，将环上各边依次用拉丁字母（均用斜体）*a*、*b*、*c*、*d* …表示（即1，2位之间为*a*；2，3位之间为*b*…）。附加环按原来杂环的编号顺序，以阿拉伯数字标注环上各原子。稠合边位置的书写方式是在方括号内阿拉伯数字在前，拉丁字母在后，中间用短线相连。由拉丁字母的顺序决定阿拉伯数字的排列顺序，方向相同时数字从小到大，相反时从大到小。例如：

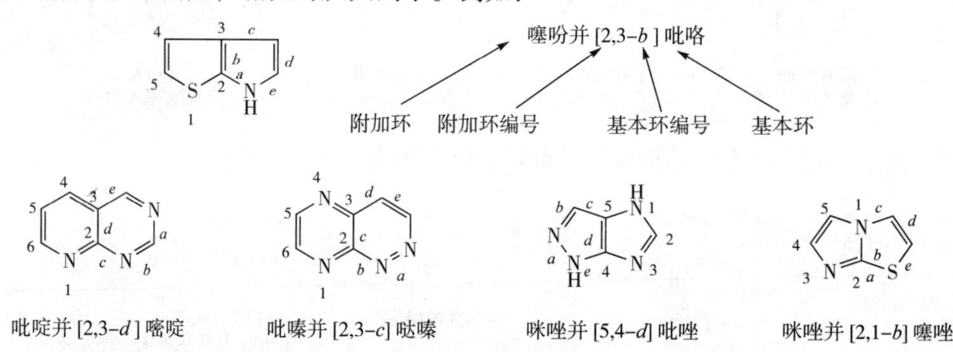

吡啶并[2,3-*d*]嘧啶　　吡嗪并[2,3-*c*]哒嗪　　咪唑并[5,4-*d*]吡唑　　咪唑并[2,1-*b*]噻唑

3. 稠杂环的周边编号　为了标示稠杂环上的取代基、官能团或氢原子的位置，需要对整个稠杂环化合物的环系进行编号，称为周边编号或大环编号。其通常做法是从右上最远的自由角（与稠边相邻的顶端原子）开始，按顺时针编号。也可以从左上最远的自由角（与稠边相邻的顶端原子）开始，按逆时针编号。并遵循以下原则：

（1）使所含的杂原子编号位次最低，并按O、S、NH、N的顺序编号。例如：

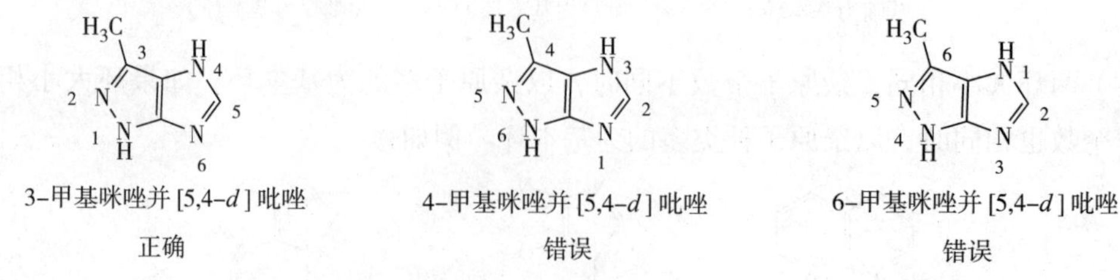

3-甲基咪唑并[5,4-*d*]吡唑
正确

4-甲基咪唑并[5,4-*d*]吡唑
错误

6-甲基咪唑并[5,4-*d*]吡唑
错误

（2）共用碳原子一般不编号，如需要编号时则根据整个化合物的编号方向用前面相邻的位次加注a、b …表示，并使化合物的序号最低。例如：

呋喃并 [2,3-*b*] 吲哚
对稠合边（共用边）编号

8-甲基呋喃并 [2,3-*b*] 吲哚
对整个化合物周边编号

（3）共用杂原子都要编号，在不违背上面两条规则的前提下，应使共用杂原子位次尽可能低，氢原子和指示氢的位次尽可能小。例如：

由上可见，稠杂环的命名有两种编号，一种是为了标明稠合位置（稠合边）的编号，另一种是为了表示整个化合物分子的编号（周边编号），两者无直接的关系，在命名时应该注意两者的区别，不能混淆。尽管杂环化合物的命名是一件比较复杂、难度很大的工作，但是杂环结构在药物分子中很常见，其重要性不言而喻，熟悉掌握杂环化合物的命名对药学工作者意义重大。例如：

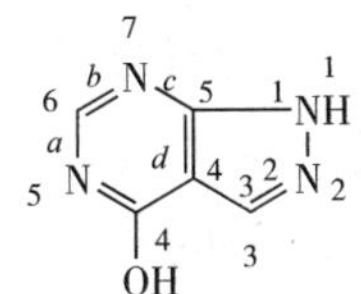

4-羟基-1*H*-吡唑并[5,4-*d*]嘧啶(别嘌醇, allopurinol)

10-甲基苯并[*h*]异喹啉

9-羟基吡啶并[3,2-*c*]咔唑

16-2　指出下列杂环化合物的基本环、附加环并对其进行编号。

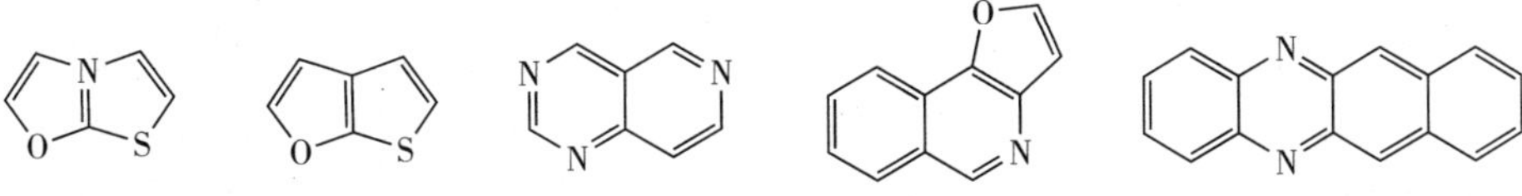

第二节　五元单杂环化合物

扫码“学一学”

五元单杂环包括含一个杂原子和含两个或多个杂原子的五元杂环；其中杂原子主要是氧、硫和氮。

一、呋喃、噻吩和吡咯

呋喃、噻吩和吡咯是非常重要的杂环化合物，它们都是含有一个杂原子的五元杂环，呋喃、噻吩和吡咯的衍生物广泛存在于自然界中，有些具有重要的生理作用，如血红素、叶绿素和维生素 B_{12} 等；有些则是构成合成药物的基本环，如呋喃唑酮（Furazolidone，痢特灵）、

头孢噻吩（Cephalothin）等；有些是重要的化工原料，如呋喃甲醛。

（一）结构

近代物理方法证实，呋喃、噻吩和吡咯都是平面型分子，碳原子与杂原子 O、S、N 是以 sp^2 杂化轨道与相邻的原子以 σ 键构成五元环。环上的每个原子都有一个未杂化的 p 轨道与环平面垂直，四个碳原子的 p 轨道中各有一个电子，杂原子 p 轨道中有两个电子。这五个 p 轨道彼此平行相互侧面重叠形成环状共轭的五中心、六个电子大 π 键，具有与苯环相似的结构特点，符合休克尔 $(4n+2)e$ 规则而具有一定的芳香性特征。并且 5 个 p 轨道中分布着 6 个电子，因此杂环上的电子云密度比苯环高，亲电取代比苯容易，所以又称这类杂环为“多 π”电子芳杂环。

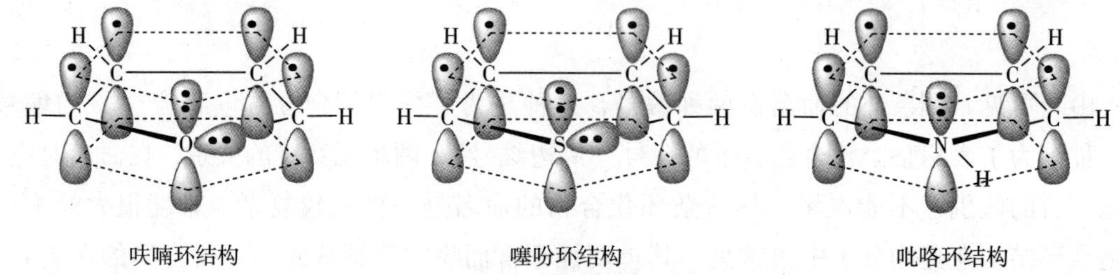

图 16-1　呋喃、噻吩和吡咯环的分子结构

由于成环原子（C、O、S、N）的电负性差异，使得呋喃、噻吩和吡咯分子键长各不相同，键长平均化和电子离域的程度比苯小，π 电子在杂环上的分布不是很均匀，因此，三个杂环的芳香性各有差异，且都比苯弱，强弱顺序为：苯>噻吩>吡咯>呋喃。呋喃、噻吩和吡咯的键长数据如下（单位 pm）。

呋喃：144，135，137；噻吩：145，135，172；吡咯：143，137，135

电负性：2.55（C）　2.58（S）　3.04（N）　3.50（O）

离域能（kJ / mol）：呋喃 66.9；噻吩121.3；吡咯87.8；苯150.7

在芳杂环中，由于杂原子的吸电子诱导效应与斥电子的共轭效应方向相反，致使呋喃和噻吩的偶极矩数值较小，而在吡咯中，氮原子的斥电子共轭效应大于吸电子的诱导效应，使偶极矩发生反向变化，与呋喃、噻吩的指向不同，因此，三个杂环的分子极性也不同，其偶极矩数值和方向分别如下。

2.33×10^{-30} C・m　　1.70×10^{-30} C・m　　6.03×10^{-30} C・m

（二）性质

1. 物理性质　呋喃主要存在于松木焦油中，为无色，有特殊气味的液体，沸点 31.4℃，相对密度 0.9360（20/4℃）。噻吩主要存在于煤焦油中，为无色、有难闻气味的液体。沸点 84.2℃，相对密度 1.0649；其沸点与苯接近而难与苯分离。吡咯主要存在于骨焦油内，为无色至带黄色液体，沸点 131℃，相对密度 0.9691，三者都难溶于水，而易溶于乙醇、乙醚、丙酮等多种有机溶剂。

呋喃、噻吩和吡咯都难溶于水是因为杂原子的孤对电子参与环状共轭体系，杂原子上的电子云密度降低，大大减弱了与水形成氢键的能力。由于吡咯氮上的氢可与水形成氢键，呋喃环上的氧与水也能形成氢键，但相对较弱，而噻吩环上的硫不易与水形成氢键，因此，水溶解度（体积比）顺序为：吡咯（1∶17）>呋喃（1∶35）>噻吩（1∶700）。

2. 化学性质

（1）颜色反应 呋喃、吡咯遇到盐酸浸湿的松木片分别呈现绿色和红色，而噻吩与靛红、硫酸共同作用呈蓝色，利用这些性质可区分这三种物质。

（2）环的稳定性 呋喃、噻吩和吡咯分子中的键长并未完全平均化，在一定程度上保留共轭二烯烃的性质，与苯环相比，环的稳定性顺序为：苯>噻吩>吡咯>呋喃。呋喃、吡咯对氧化剂和酸敏感，即容易氧化开环，也容易与酸发生质子化开环。例如，呋喃在空气中氧化就能缓慢开环；与稀酸作用容易开环生成不稳定的二醛并发生聚合；吡咯与浓硫酸作用也能发生聚合。这是因为参与环系共轭杂原子的电子对在一定程度上能与质子结合，破坏了环状大 π 键结构，致使环的稳定性下降以致开环。

（3）酸碱性 吡咯分子中虽有仲胺结构，但碱性却很弱（$pK_b = 13.6$），原因是氮原子的一对电子已参与共轭形成大 π 键，没有孤对电子，难以与质子结合。相反，吡咯氮上的氢原子却显示出弱酸性（$pK_a = 17.5$），能与强碱如氢氧化钾共热成盐，也能与格氏试剂发生反应。例如：

（吡咯钾盐，N⁻K⁺）+ H_2O ←KOH— 吡咯（N—H）—CH_3MgX / $C_2H_5OC_2H_5$→ N—MgX —CO_2→ —H_2O→ N—COOH

（4）亲电取代反应 呋喃、噻吩和吡咯都属于多 π 电子芳杂环，环碳原子的电子密度都比苯高，容易发生亲电取代，活性与苯酚、苯胺相当。按电负性大小比较，杂原子的吸电子诱导能力顺序为：O（3.5）>N（3.0）>S（2.6）；而斥电子共轭能力大小顺序为：N>O>S，总的结果是 N 贡献电子最多，O 其次，S 最少。亲电取代活性顺序为：吡咯>呋喃>噻吩>>苯。

呋喃、噻吩和吡咯的亲电取代体现出两个特点：一方面，由于在强酸性条件下，吡咯、呋喃易发生质子化而破坏环结构，会发生水解、聚合等副反应，因此，亲电取代需使用较弱的亲电试剂和温和的反应条件。另一方面，因为 α 位的 π 电子密度较 β 位高，更容易受到亲电试剂的进攻；亲电取代主要发生在 α 位上，β 位的产物较少。这种现象也可用共振论来解释，呋喃、噻吩和吡咯的亲电取代机理与苯环的大致类似。首先，亲电基团 E^+ 进攻芳杂环形成 σ 络合物（参见第六章），如果 E^+ 进攻 α 位，形成的碳正离子中间体 σ 络合物（Ⅰ）式存在三种的共振极限式，E^+ 进攻 β 位形成（Ⅱ）式只有两种共振极限式，根据共振论，形成较稳定的共振极限式越多，中间体越稳定；所以，α 位比 β 位活泼，亲电取代反应产物以 α 位取代产物为主。

3(β)　2(α)　Z ═ O,S,NH

E^+ 进攻 α 位 →（Ⅰ）

E^+ 进攻 β 位 →（Ⅱ）

卤代反应：反应比较强烈，易得到多卤取代物。要获得一卤代（Cl、Br）产物，需要采用低温、溶剂稀释等温和条件。例如：

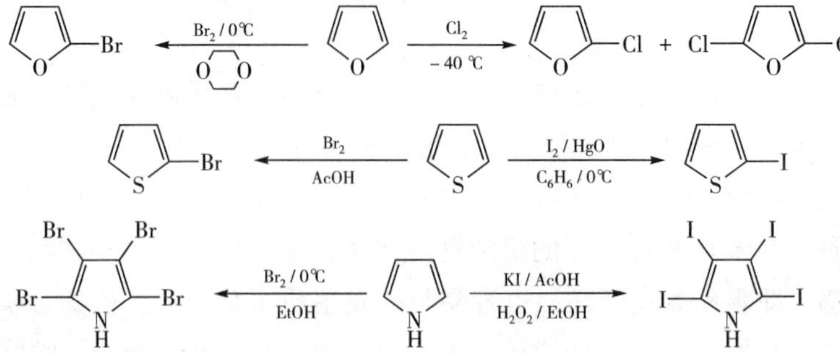

Br_2 / 0℃；Cl_2 / −40 ℃；-Br，-Cl，Cl-，-Cl

Br_2 / AcOH；I_2 / HgO，C_6H_6 / 0℃；-Br，-I

Br_2 / 0℃，EtOH；KI / AcOH，H_2O_2 / EtOH；四碘吡咯 伤口消毒剂

硝化反应：呋喃，噻吩和吡咯易氧化，一般不能用硝酸直接硝化；常使用较温和的非质子硝化试剂硝乙酐，并在低温条件下进行反应。例如：

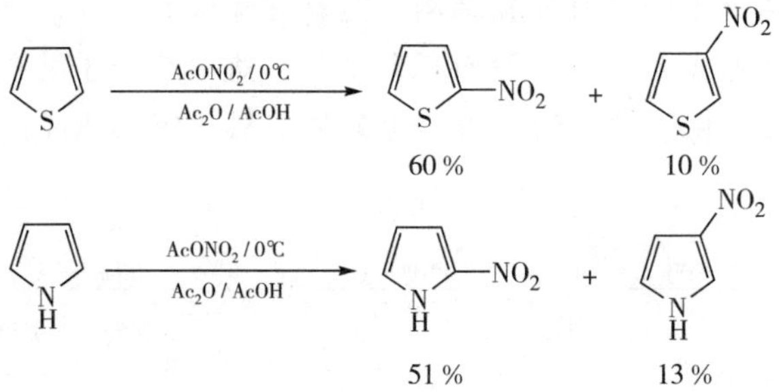

$AcONO_2$ / 0℃，Ac_2O / AcOH；$-NO_2$ 60 %，NO_2 10 %

$AcONO_2$ / 0℃，Ac_2O / AcOH；$-NO_2$ 51 %，NO_2 13 %

磺化反应：吡咯、呋喃不太稳定，需要使用较温和的非质子磺化试剂如吡啶三氧化硫进行磺化。而噻吩相对稳定，可直接用硫酸进行磺化。利用此反应可以将煤焦油中共存的苯和噻吩分离。例如：

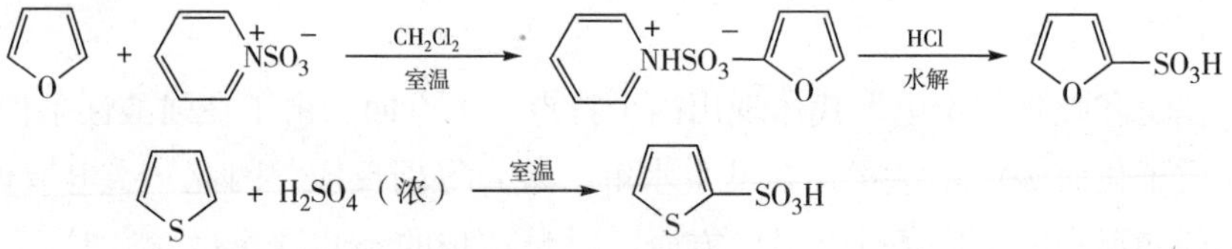

$+\ \overset{+}{N}SO_3^-$ —CH_2Cl_2，室温→ $\overset{+}{N}HSO_3^-$ —HCl，水解→ $-SO_3H$

$+\ H_2SO_4$（浓）—室温→ $-SO_3H$

傅-克反应：呋喃、噻吩和吡咯是富电子的芳杂环，很容易进行傅-克反应，但是其烷基化产物难以停留在一取代阶段，而酰基化可以发生在 α-C 和 N 上，使产物复杂化，在合成上无明显的实用价值。

（5）单取代呋喃、吡咯、噻吩的定位规律　当呋喃、吡咯、噻吩环上存在一个取代基时，再引入第二个取代基的位置由杂原子的 α 定位作用和第一个取代基的定位作用共同决定，取代杂环的定位规律具体如下表 16-2，从表中得出的规律是第二取代主要发生在 α 位，这种现象根据共振论解释也是因为 α 位的 π 电子密度较大，容易受到亲电试剂的进攻所至。

表 16-2　单取代呋喃、吡咯、噻吩的定位规律

第一取代	取代基类型	第二取代	实例
2（α）-取代	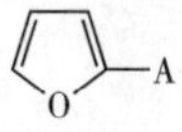 -A　A=*o*, *m*, *p*-位基团	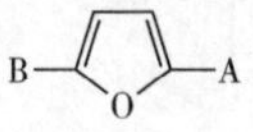 B- -A　B总是在5-位	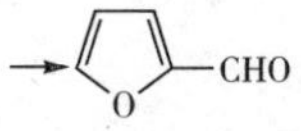 → -CHO

续表

第一取代	取代基类型	第二取代	实例
2（α）-取代	Z=S, N；A=o, p-位基团	B主要在5-位	N，CH_3
	Z=S, N；A=m-位基团	B主要在4-位	S，NO_2
3（β）-取代	Z=O, S, N；A=o, p-位基团	B主要在2-位	Z，Cl
	Z=O,S,N；A=m-位基团	B主要在5-位	Z，SO_3H

（6）加成反应　呋喃、吡咯的离域能较小，环稳定性差，具有较明显的共轭二烯烃性质，容易发生类似于烯烃的加氢、Diels-Alder 反应等。例如：

H_2/Pt　　H_2/Ni，50℃　四氢呋喃

△　H_2　去甲斑蝥素

（7）芳杂环的侧链反应　杂环上的侧链一般都保持原有官能团的性质，如呋喃甲醛（糠醛）就具有芳香醛的一些性质。例如：

—CHO $\xrightarrow{浓NaOH}$ —COONa + —CH_2OH

—CHO $\xrightarrow{H_2NOH}$ —CH═NOH

（三）呋喃、噻吩和吡咯的重要衍生物

1. 呋喃衍生物　呋喃-2-甲醛，是呋喃环系最重要的衍生物，它是用稀硫酸处理米糠、玉米芯等农作物制得的，故名糠醛。纯的糠醛为无色、有毒液体，沸点 162℃，相对密度 1.1598，可溶于水，能溶于多种有机溶剂，在光、热、空气中易聚合变成黄棕色。糠醛与苯胺盐酸盐作用即开环形成紫红色的戊二烯醛衍生物，这是鉴别糠醛的常用方法。

与苯甲醛相似，糠醛的化学性质活泼，可以通过歧化、氧化、缩合等反应制取众多的衍生物，广泛用于医药、农药等工业。如合成药物呋喃西林、呋喃唑酮（痢特灵）等。

O_2N—…—CH═NNHCONH$_2$　　O_2N—…—CH═N—

呋喃西林（Furacilin，抗菌药）　　呋喃唑酮（Furazolidone，痢特灵，抗菌药）

在自然界也存在不少可供药用的呋喃衍生物，例如白芷素、前胡素（Ⅱ）、补骨脂素等药物中含有稠并呋喃环或氢化呋喃环。

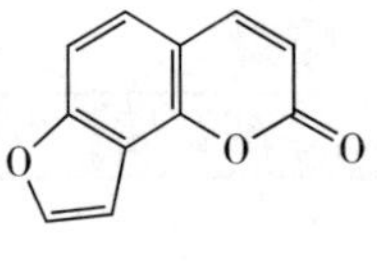

白芷素（angelicin） 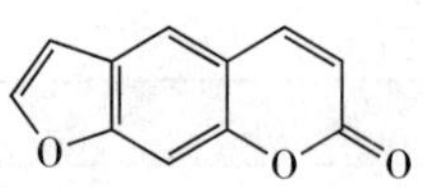　补骨脂素（psoralen） 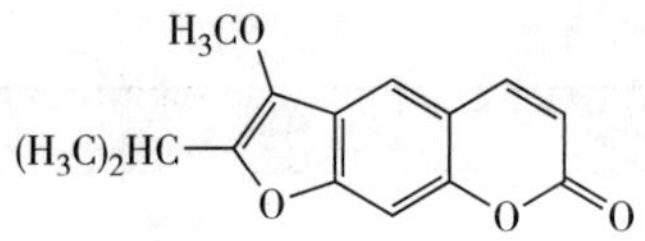　前胡素（peucedanin）

2. 吡咯衍生物　吡咯衍生物大多数是以卟吩环的形式存在。卟吩环是由四个吡咯环和四个次甲基交替相连组成的大环共轭体系。卟吩环碳上氢原子部分或全部被取代后形成的化合物，叫作卟啉（porphyrin），含卟吩环的化合物称卟啉化合物。

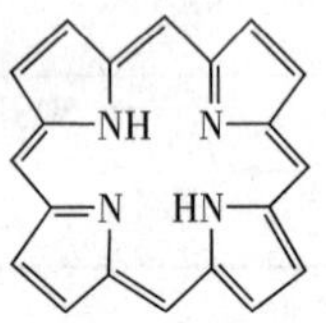

卟吩环

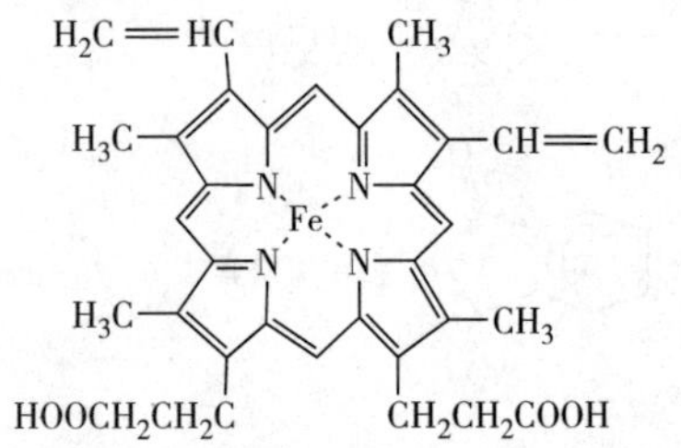

血红素

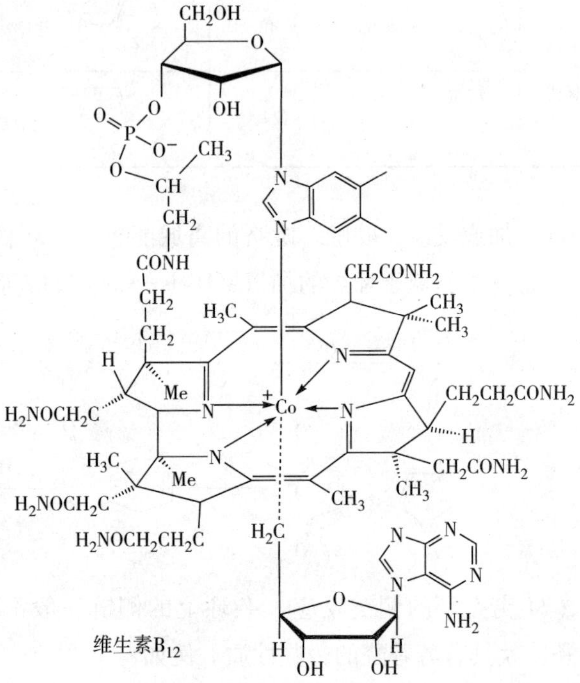

维生素B_{12}

卟吩化合物广泛分布于自然界，例如血红素、叶绿素和维生素 B_{12} 等。血红素是卟吩环与 Fe^{2+} 形成的络合物，它与蛋白质结合成血红蛋白质，存在于哺乳动物的红细胞中，参与生物体中氧的运载、传递和氧化还原作用。

维生素 B_{12} 又名钴胺素或氰钴素。是一种由含钴的卟啉类化合物组成的 B 族维生素，在动物肝脏中含量丰富。高等动植物不能制造维生素 B_{12}，自然界中的维生素 B_{12} 主要是微生物合成的。其主要生理功能是参与制造骨髓红细胞，防止恶性贫血；防止大脑神经受到破坏。

16-3　完成下列反应，写出反应主要产物。

（1）5-硝基-2-呋喃甲醛 $+ (CH_3CO)_2O \xrightarrow[\Delta]{CH_3COONa}$

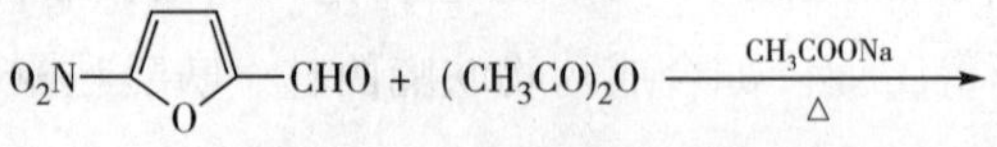

（2）3-乙酰基噻吩 $+ HNO_3 \xrightarrow[\Delta]{H_2SO_4}$

（3）3-甲基呋喃 $+ Br_2 \xrightarrow{CH_3COOH}$

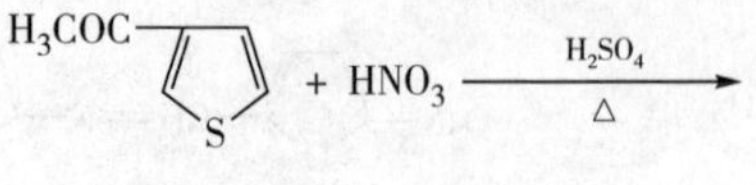

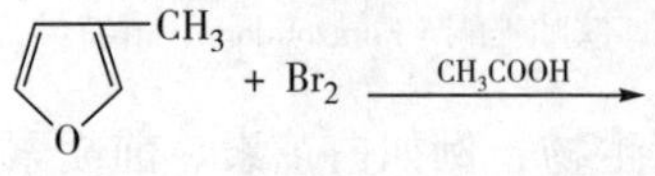

二、咪唑、吡唑和噻唑

含有两个或两个以上杂原子的五元杂环化合物中通常都含有一个氮原子，这类化合物通称为唑（azole）类。

（一）结构特点

含两个杂原子的五元杂环可以看成是吡咯、呋喃和噻吩的含氮取代物，根据两个杂原子的位置可分为 1,2-唑和 1,3-唑两类。例如：

1,3-唑：咪唑　噻唑　噁唑

1,2-唑：吡唑　异噁唑　异噻唑

唑类是呋喃、噻吩和吡咯环上的 2 位或 3 位的 CH 被氮原子所替代得到的，这个氮原子也是 sp^2杂化，在 sp^2杂化轨道中保留一对未共用电子对；未杂化的 p 轨道中有一个电子，通过 p 轨道侧面重叠参与形成五中心、六个电子的共轭大 π 键，因此具有芳香性，由于该氮原子的吸电诱导效应使环上的电子云密度降低，芳香性增强，环稳定性增加（图 16-2）。

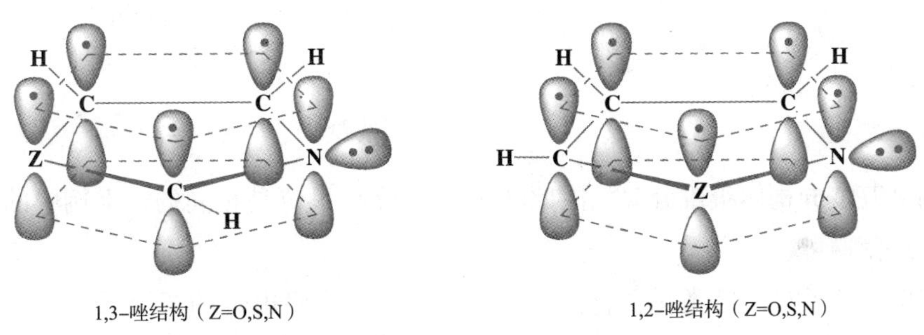

1,3-唑结构（Z=O,S,N）　　1,2-唑结构（Z=O,S,N）

图 16-2　唑环的分子结构

（二）性质

1. 物理性质　咪唑、吡唑和噻唑三个化合物的物理常数见表 16-3。

表 16-3　几种唑类杂环的物理常数

名称	分子量	沸点（℃）	熔点（℃）	水溶解度
咪唑	68	257	90~91	易溶
吡唑	68	186~188	69~70	1∶1
噻唑	85	117		微溶

从表 16-3 中看出，三种唑类化合物虽然分子量相近，沸点却有较大差别，其中咪唑和吡唑具有较高的沸点。这是因为咪唑和吡唑的两个氮原子存在永远的偶极作用，而且咪唑

可形成分子间的氢键；吡唑可通过氢键形成二聚体而使沸点升高。

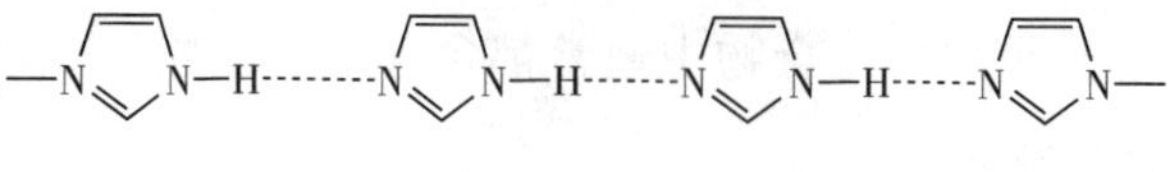

咪唑线型多聚体 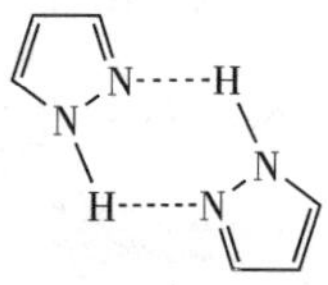　　吡唑二聚体

五元环唑类化合物的水溶度都比吡咯、呋喃、噻吩大，这是由于结构中增加了一个氮原子，其 sp^2 杂化轨道的未共用电子对可与水形成氢键的结果。

2. 化学性质

（1）酸碱性　唑类的碱性都比吡咯强，因为唑类环上的一个氮原子 sp^2 杂化轨道中保留一对未共用电子对，可以接受氢质子，碱性增强；其中以咪唑碱性最强（$pK_b \approx 7$），比吡啶和苯胺都强，原因是咪唑与质子结合后的正离子稳定，它有两种能量相等的共振极限式，使其共轭酸能量低，稳定性高。

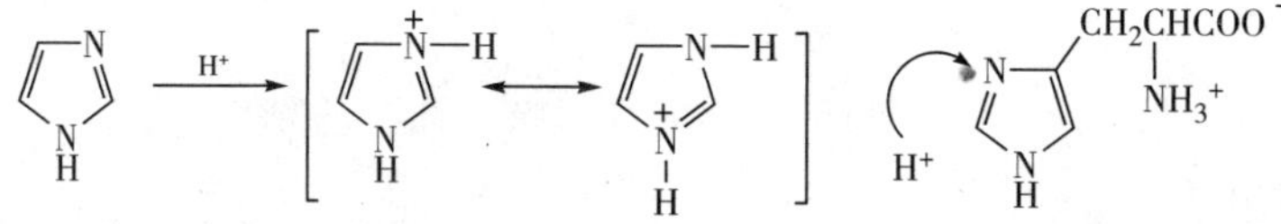

咪唑的碱性在生命过程中有重要意义，例如在酶的活性位置上，组氨酸中的咪唑环常作为质子的接受体。

（2）咪唑和吡唑环的互变异构　咪唑和吡唑环都有互变异构体，当环上有取代基时则互变异构现象很明显。例如：

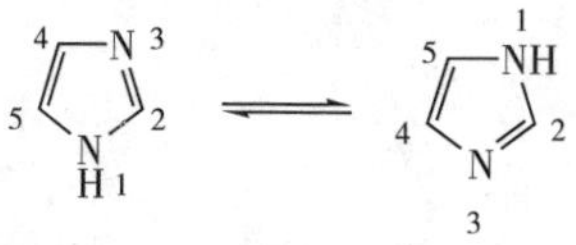

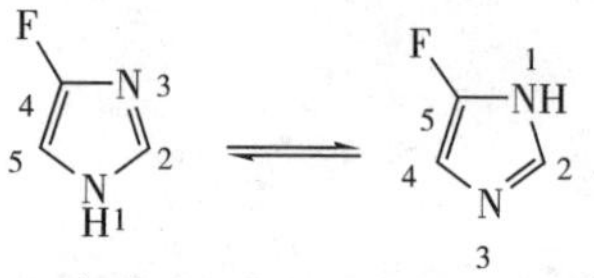

4-氟咪唑　　5-氟咪唑

由于两个互变异构体很难分离，因此咪唑的 4 位与 5 位是相同的，上例中的化合物可命名为 4(5)-氟咪唑。

（3）亲电取代反应　唑类化合物因分子中增加了一个吸电性的氮原子（类似于苯环上的硝基），其亲电取代活性明显降低。对 1,3-唑类如咪唑进攻 5 位得到的中间体正离子比较稳定，因此在 5 位亲电取代反应最快；对 1,2-唑类如吡唑则在 4 位最快。例如：

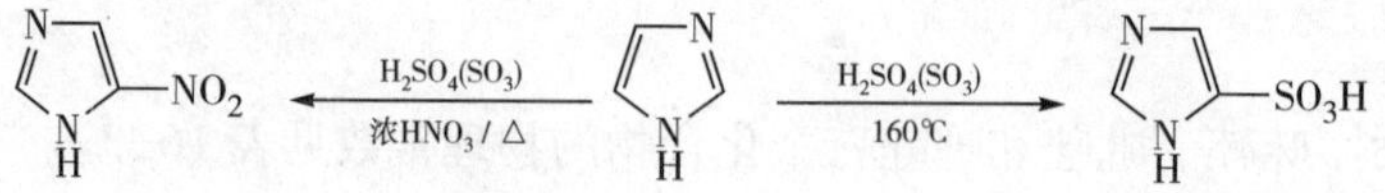

4(5)-硝基咪唑　　4(5)-咪唑磺酸，60 %

（三）唑类衍生物

唑类化合物在自然界中普遍存在，广泛应用于医药、农药和材料化学等多个方面。尤其在医药、农药行业中，作为一种重要的医药中间体和核心结构，用于合成抗菌、杀菌、除草和植物生长调节剂等。

咪唑分子具有酸、碱两性，其酸性（$pK_a = 14.5$）比苯酚弱，比醇强，可离解质子发生在 N-1 上。其碱性（$pK_b \approx 7$）比吡啶强约 60 倍以上，体现碱性的原子发生在 N-3 上，可

以和无机酸生成稳定且易溶于水的盐。这种独特的酸、碱两性使得咪唑环可以在生物体内发挥传递质子的重要作用，其衍生物被广泛用作药物，如咪康唑（Miconazole）、甲硝唑等。此外，许多重要的天然物质也含有咪唑环，如组成蛋白质的组氨酸、存在于毛果植物的毛果芸香碱（pilocarpine）等。例如：

咪康唑，抗真菌药　　　甲硝唑，抗菌、抗原虫药　　　毛果芸香碱

吡唑类化合物常具有杀虫、杀菌和除草活性。例如，安乃近作为急性高热、病情急重的解热镇痛药；苯吡唑草酮（Topramezone，苞卫）主要用于玉米田、水稻田除草，有良好的杀草效果。

安乃近（Analginum）　　　苯吡唑草酮（苞卫）

噻唑衍生物可作为多种新型药物中间体广泛用于医药工业中，例如，青霉素类以及治疗 2 型糖尿病的药物吡格列酮（Pioglitazone）等都含有噻唑环或氢化噻唑环结构。

阿莫西林（Amoxicillin）　　　吡格列酮，抗 2 型糖尿病药

16-4　按照从强到弱的顺序排列下列化合物的碱性。

a　b　c　d　e（CH_3NH_2）

扫码“学一学”

第三节　六元杂环化合物

六元杂环化合物是杂环类化合物的重要部分，尤其是含氮的六元杂环化合物，如吡啶、嘧啶等，其衍生物广泛存在于自然界，很多合成药物也含有吡啶环和嘧啶环。六元杂环化合物包括含一个杂原子和含两个杂原子的六元杂环以及六元稠杂环等。

一、吡喃

吡喃是含有一个氧原子的六元杂环，由于环上含有饱和的碳原子，不具备环状闭合共轭体系而没有芳香性。根据双键位置的不同，吡喃有两种异构体，2*H*-吡喃（α-吡喃）和4*H*-吡喃（γ-吡喃）。吡喃在自然界不存在，4*H*-吡喃可以由人工合成得到。自然界存在的是吡喃的羰基衍生物，称为吡喃酮。吡喃酮的苯稠杂环化合物是许多天然药物的结构成分。

2*H*-吡喃　　4*H*-吡喃　　α-吡喃酮
2*H*-吡喃-2-酮　　γ-吡喃酮
4*H*-吡喃-4-酮

结构上，α-吡喃酮为不饱和内酯，不稳定，室温放置会聚合。γ-吡喃酮是稳定的晶形化合物，但在碱性条件下也容易水解，可看成是插烯内酯。例如：

$\xrightarrow[H_2O]{NaOH}$ COONa, OH $\xrightarrow{H^+}$ CHO COOH

$\xrightarrow[H_2O]{NaOH}$ HO OH $\xrightarrow{H^+}$ CHO CHO

γ-吡喃酮不显示羰基的典型性质，不与羰基试剂反应，而能与质子及路易斯酸结合形成质子化盐。通常醚的质子化盐不稳定，遇水即分解，而γ-吡喃酮的质子化盐却比较稳定，能与硫酸二甲酯发生甲基化反应。是因为γ-吡喃酮的醚氧原子与羰基形成共轭体系，电子云密度重新分配，改变了正常羰基的性质。而吡喃酮成盐后变为一个芳香体系，从而增加其稳定性。例如：

$\xrightarrow{HCl}$ $[\ldots]Cl^-$ (OH)

$\xrightarrow{CH_3I}$ $[\ldots]I^-$ (OCH_3)

二、吡啶

吡啶存在于煤焦油中，是性能良好的溶剂和去酸剂。其衍生物广泛存在于自然界中，是许多天然药物、染料和生物碱的基本组成部分。

（一）吡啶的结构和物理性质

1. 结构特征　吡啶的结构与苯非常相似，近代物理方法测定，吡啶分子中的碳碳键长为139pm，介于C—C单键（154pm）和C═C双键（134pm）之间，碳氮键长137pm介于C—N单键（147pm）和C═N双键（128pm）之间，不存在一般的单双键，而且其

C—C 键与 C—N 键的键长数值也相近，键角约为 120°，这说明吡啶环上键的平均化程度较高，但没有苯完全。

吡啶环上的碳和氮原子均以 sp^2 杂化轨道相互重叠形成 σ 键，构成一个平面六元环。环上的每个原子上都有一个未杂化 p 轨道垂直于环平面，每个 p 轨道中有一个电子，这些 p 轨道侧面重叠形成环状共轭的六中心、六个电子的大 π 键，π 电子数符合 4n+2 规则，与苯环很相似，具有明显的芳香性。氮原子上的一个 sp^2 杂化轨道有一对未共用电子对占据，没有参与成键，可以接受氢质子，所以吡啶具有一定的碱性，能够成盐。吡啶环上氮原子的电负性较大，对环上电子云密度分布有很大影响，使 π 电子云向氮原子上偏移，在氮原子周围电子云密度高，而环的其他部分电子云密度降低，尤其是邻、对位上降低显著（图 16-3）。

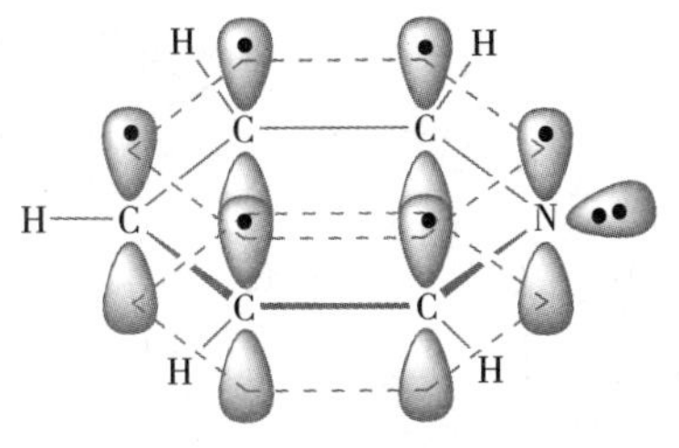

吡啶的分子结构示意图

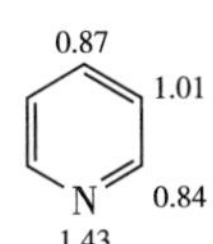

吡啶的电子云密度

图 16-3　吡啶的分子结构

在吡啶分子中，氮原子的作用类似于硝基苯的硝基，使环上碳原子的电子云密度远远少于苯环碳原子，因此吡啶这类芳杂环可称为“缺 π 电子”芳杂环。表现在化学性质上是亲电取代和氧化变难，亲核取代和还原反应变易。

2. 物理性质　吡啶为无色、有毒、有特殊臭味的液体，熔点 -42℃，沸点 115℃，相对密度为 0.982，吸入吡啶蒸气容易损伤神经系统。因为吡啶环中的氮原子具有较大的电负性，存在未共用的电子对能与水形成氢键、与金属离子（如 Ag^+、Ni^{2+}、Cu^{2+}等）配位，所以吡啶具有良好的溶解性能，能与水、乙醇、乙醚、石油醚等以任意比互溶，还可以溶解无机盐，是具有广泛应用价值的溶剂。

（二）化学性质

1. 碱性和成盐　吡啶氮原子上的未共用电子对可接受质子而显碱性。吡啶的 pK_b 8. 83，比氨（pK_b4. 76）和脂肪胺（pK_b3～4）都弱。原因是吡啶中氮原子上的未共用电子对处于 sp^2 杂化轨道中，给出电子的倾向较小，碱性较弱。但与芳胺（如苯胺，pK_b = 9. 4）相比，碱性稍强。吡啶与质子酸可以形成稳定的盐，可以用于分离、鉴定及精制工作中。正是由于吡啶的这些特性，它常具有无机碱无法比拟的催化活性，在许多化学反应中用作催化剂、去酸剂。此外，吡啶还可以与路易斯酸成盐，其中吡啶三氧化硫是一个重要的非质子磺化试剂。例如：

[吡啶] · SO_3 $\xleftarrow{SO_3}$ 吡啶 $\xrightarrow{HCl}$ [吡啶] · HCl

此外，吡啶还具有叔胺的某些性质，可与卤代烃反应生成季铵盐，也可与酰卤反应成盐，吡啶与酰卤生成的 N 酰基吡啶盐是良好的酰化试剂。例如：

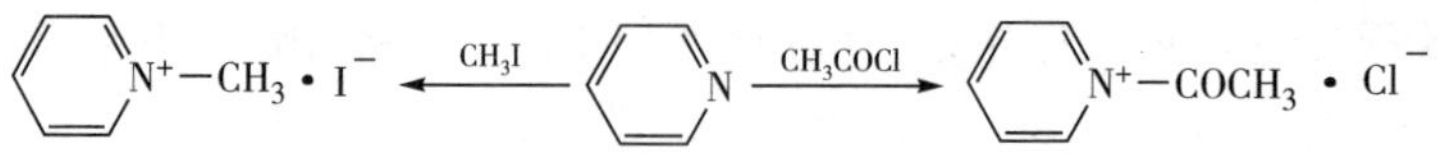

2. **亲电取代反应** 吡啶是"缺π电子"杂环，氮原子吸电子的钝化作用，使得环上电子云密度比苯低，因此其亲电取代反应的活性比苯低，与硝基苯相当。另外，由于亲电试剂为正离子或缺电子的路易斯酸（如 X^+、NO_2^+、H^+或 SO_3、BF_3等），优先进攻吡啶的氮原子形成吡啶盐，成盐后使得环上电荷进一步降低，使亲电取代的条件比较苛刻，而且取代基主要进入3（β）位，可以通过中间体的相对稳定性来加以说明。例如：

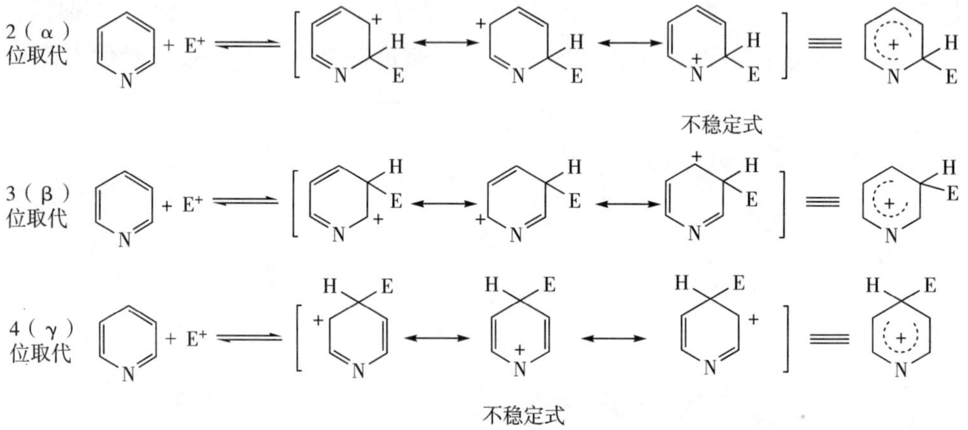

2（α）位取代

不稳定式

3（β）位取代

4（γ）位取代

不稳定式

由于吸电性氮原子的存在，中间体正离子都不如苯取代的相应中间体稳定，所以，吡啶的亲电取代比苯难。比较亲电试剂进攻的位置可以看出，当进攻2（α）位和4（γ）位时，形成的中间体有一个共振极限式是正电荷在电负性较大的氮原子上，这种极限式极不稳定，而3（β）位取代的中间体没有这种共振极限式，其中间体要比进攻2（α）位和4（γ）位的中间体稳定。所以，3（β）位的取代产物容易生成。例如：

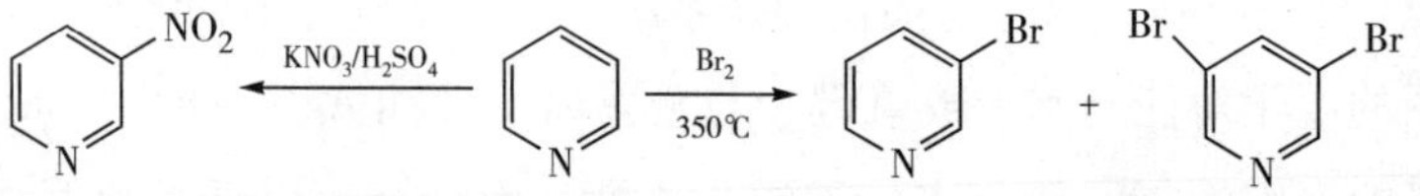

3. **亲核取代反应** 由于吡啶环上氮原子的吸电子作用，环上2（α）位和4（γ）位上的电子云密度比较低，容易发生亲核取代，反应主要发生在2（α）位和4（γ）位上。例如：

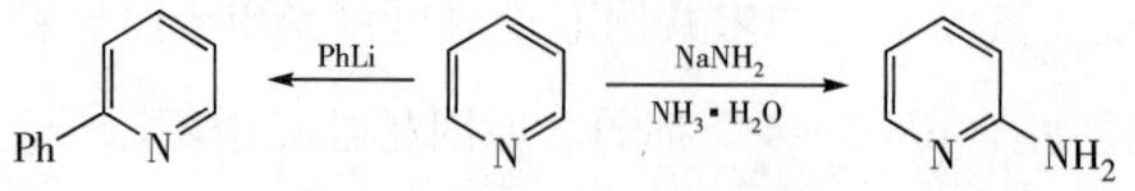

吡啶与氨基钠反应生成2-氨基吡啶，称为齐齐巴宾（Chichibabin）反应，如果2（α）位已经被占据，则反应发生4（γ）位，得到4-氨基吡啶，但产率低。

如果在吡啶环的2（α）位或4（γ）位存在较好的离去基团（如卤素、硝基）时，则很容易发生亲核取代。如α-卤代吡啶可以与氨（或胺）、烷氧化物、水等亲核试剂发生亲核取代反应。例如：

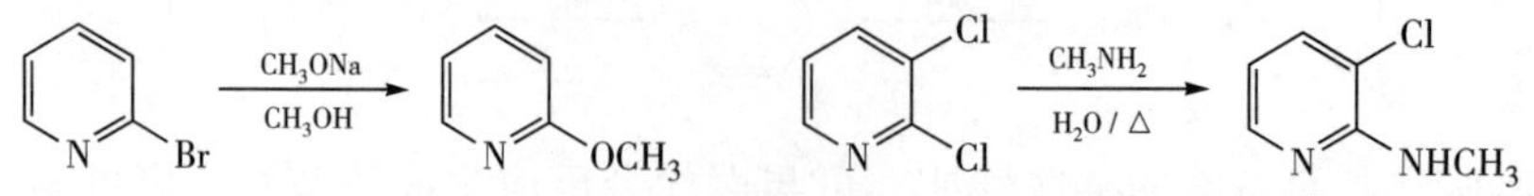

4. **氧化还原反应** 由于吡啶环上的电子云密度较低，一般不易被氧化，尤其在酸性条

件下，吡啶成盐后氮原子上带有正电荷，吸电子的诱导效应加强，使环上电子云密度更低，更难氧化。当吡啶环带有侧链时，则发生侧链的氧化反应。例如：

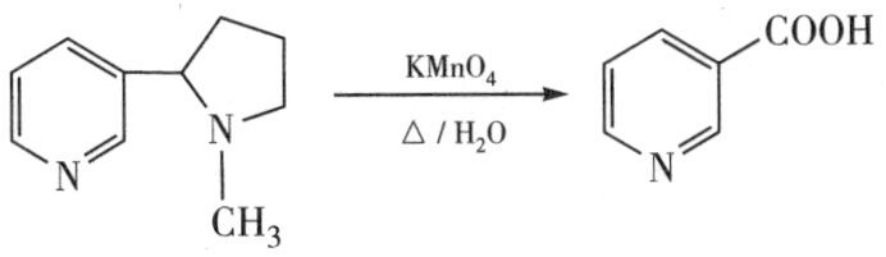

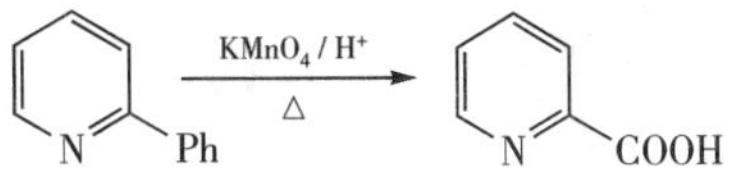

吡啶在特殊氧化条件下可发生类似叔胺的氧化反应，生成 *N*-氧化物，吡啶 *N*-氧化物同样可以还原脱氧。例如吡啶与过氧酸或过氧化氢作用时，可得到吡啶 *N*-氧化物。

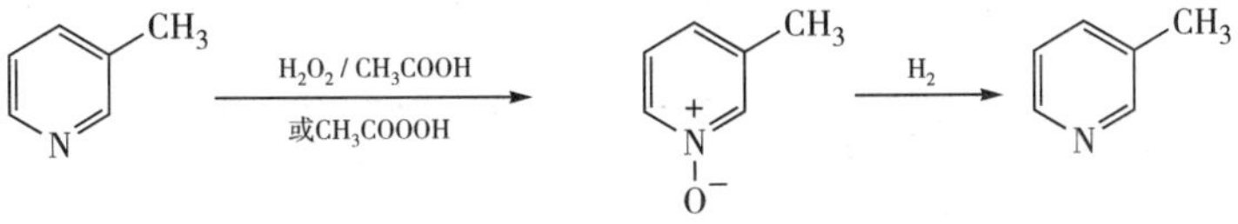

与氧化反应相反，吡啶环比苯环容易发生加氢还原反应，用催化加氢和化学试剂都可以还原，其还原产物为六氢吡啶（哌啶），具有仲胺的性质，碱性比吡啶强（pK_b2.9），很多天然产物具有此环系，是常用的有机碱。例如：

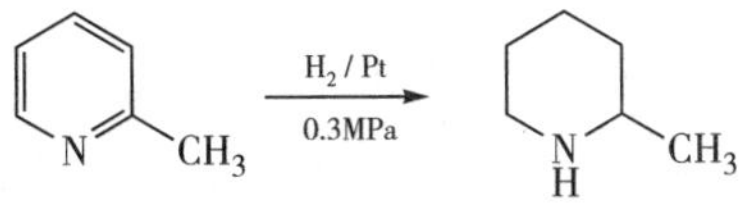

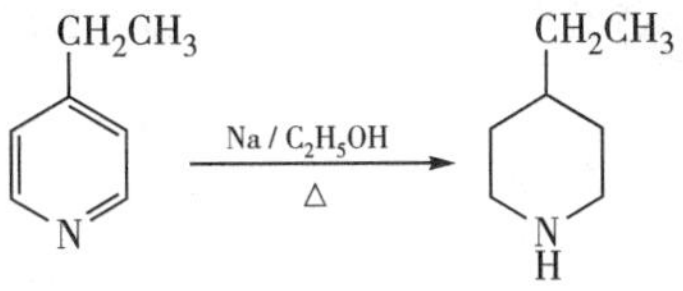

（三）吡啶衍生物与药物的关系

1. 烟酸和烟酰胺 烟酸（nicotinic acid），即吡啶-3-甲酸；曾称维生素 B_3，为无色、微有酸味针状结晶。熔点 236℃，相对密度 1.473，易溶于沸水和热醇，易溶于碳酸盐和氢氧化钠溶液，不溶于醚、三氯甲烷，它是人体必需的 13 种维生素之一。烟酸在人体内转化为烟酰胺（nicotinamide），烟酰胺为白色结晶性粉末，无臭，味苦，易溶于水和乙醇。熔点 128～131℃，沸点 150～160℃，是辅酶Ⅰ和辅酶Ⅱ的组成部分，参与体内代谢；缺乏时可影响细胞的正常呼吸和代谢而引起糙皮病。

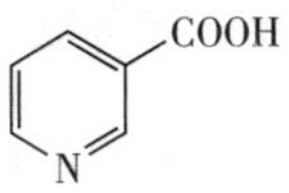

烟酸 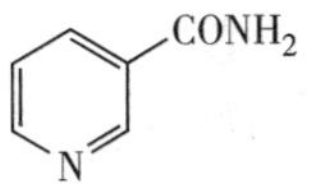　　烟酰胺 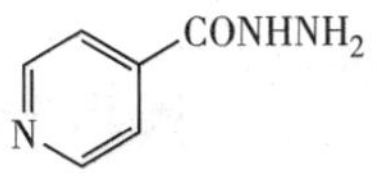　　异烟肼

2. 异烟肼 又称 4-吡啶甲酰肼，是异烟酸的酰肼，为白色、无臭、无味晶体或粉末。熔点 170～173℃，易溶于水，不溶于苯和乙醚。遇光渐变质，为毒性很小的抗结核药，用于肺结核、结核性脑膜炎等方面的治疗。

3. 维生素 B_6 又称吡哆素（pyridoxine），包括吡哆醇、吡哆醛及吡哆胺三种，为无色晶体，易溶于水和乙醇，在酸液中稳定，遇光或碱易破坏，不耐高温。维生素 B_6是人体脂肪和糖代谢的必需物质，参与多种代谢反应，和氨基酸代谢有密切关系，在体内以磷酸酯的形式存在；若维生素 B_6缺乏时会产生中间代谢物黄尿酸，此物质会在体内破坏胰脏 β 细胞，最后导致糖尿病的发生，临床上用于防治妊娠呕吐和放射病呕吐。

吡哆醇　　吡哆醛　　吡哆胺

16-5　与吡啶相比 2-氨基吡啶能在温和的条件下进行硝化反应，硝化位置主要发生在5-位，这是为什么？说明其原因。

三、嘧啶

含两个氮原子的六元杂环化合物主要有嘧啶、哒嗪和吡嗪三种，其中以嘧啶环系最为重要，它是许多重要杂环化合物的母核，广泛存在于动植物中，并在动植物的新陈代谢中起重要作用。如核酸中的碱基有三种是嘧啶衍生物，某些维生素及合成药物，如磺胺药物及巴比妥药物等都含有嘧啶环系。嘧啶分子结构见图 16-4。

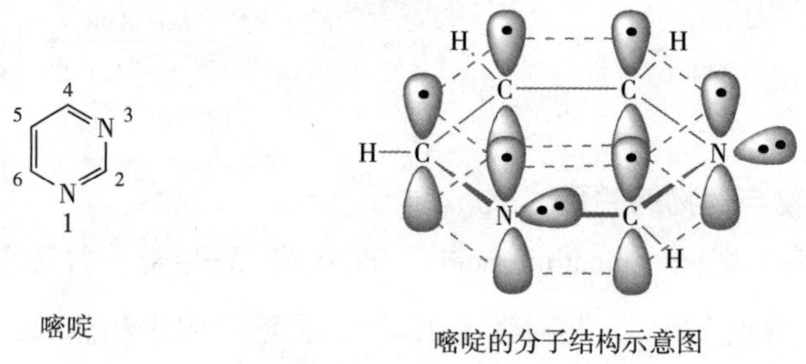

图 16-4　嘧啶的分子结构

1. 结构和物理性质　嘧啶是平面型分子，与吡啶相似。环上所有碳原子和氮原子都是 sp^2 杂化的，两个氮原子各有一对未共用电子对在 sp^2 杂化轨道中。每个原子未杂化的 p 轨道（每个 p 轨道有一个电子）侧面重叠形成环状共轭的六中心、六个电子的大 π 键，符合 4n+2 规则，具有芳香性，属于缺 π 电子芳香杂环化合物。

嘧啶为无色晶体，熔点 22℃，沸点 124℃，由于嘧啶环氮原子上含有未共用电子对，可以与水形成氢键，所以嘧啶易溶于水。

2. 化学性质

（1）碱性　嘧啶的碱性（$pK_b=12.7$）比吡啶（$pK_b=8.8$）弱得多。这是由于两个氮原子的吸电作用相互影响，使其电子云密度都降低，减弱了与质子的结合能力。嘧啶虽然含有两个氮原子，但它却是一元碱，因为当一个氮原子成盐变成正离子后，它的吸电子能力大大增强，致使另一个氮原子上的电子云密度大大降低，很难再与质子结合，不再显碱性，故为一元碱。

（2）亲电取代反应　嘧啶由于两个氮原子的强吸电子作用使环上电子云密度更低，亲电取代更难发生，活性相当于 1,3-二硝基苯，其硝化、磺化反应很难进行；但仍可以发生

卤代，卤素进入电子云密度相对较高的 5 位上。当环上连有羟基、氨基等供电子基时，由于环上电子云密度增加，反应活性增加，能发生硝化、磺化等亲电取代。例如：

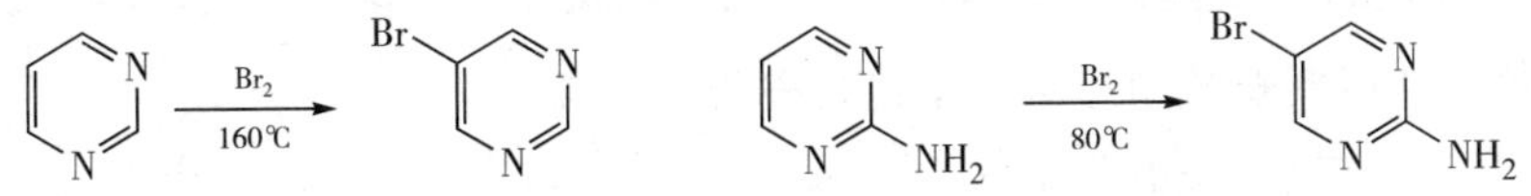

(3) 亲核取代反应　嘧啶可以与亲核试剂反应，如嘧啶的 2、4、6 位分别处于两个氮原子的邻位或对位，受双重吸电子的影响，电子云密度低，是亲核试剂进入的主要位置。例如：

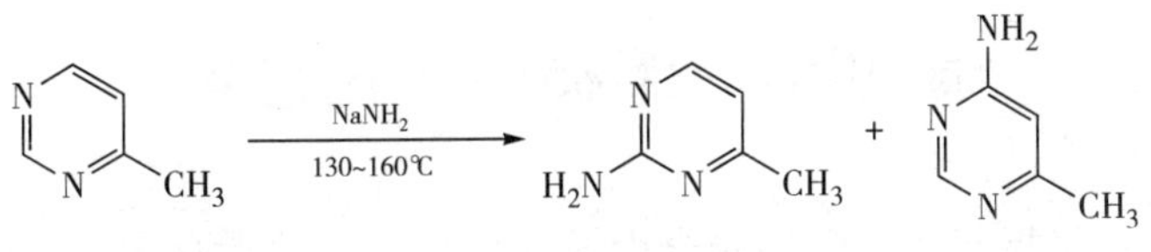

(4) 氧化反应　嘧啶母核受双重吸电子的影响，电子云密度很低，不易氧化，当有侧链及苯并嘧啶氧化时，侧链及苯环可氧化成羧酸及二羧酸。例如：

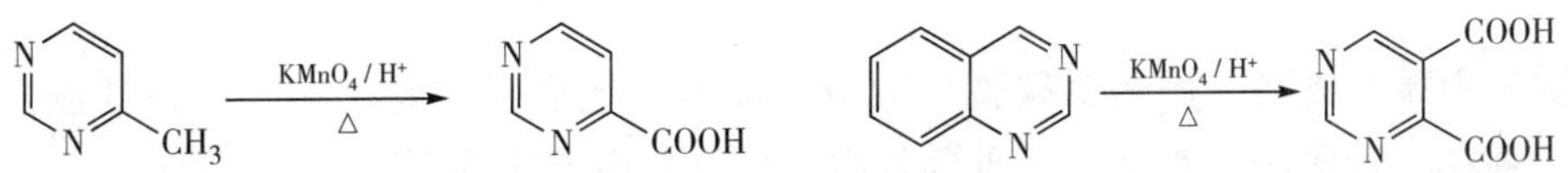

3. 嘧啶的衍生物　嘧啶是一个非常重要的杂环化合物。嘧啶的衍生物如胞嘧啶（cytosine）、尿嘧啶（uracil）、胸腺嘧啶（thymine）等是核酸中的嘧啶型碱基，存在于 DNA 和 RNA 中，是核酸的重要组成成分。它们三者都存在互变异构体，其含量受 pH 的影响而变化，在生理系统中主要以稳定的酮式存在。例如：

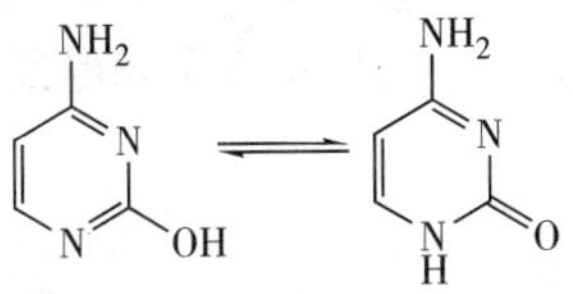

胞嘧啶 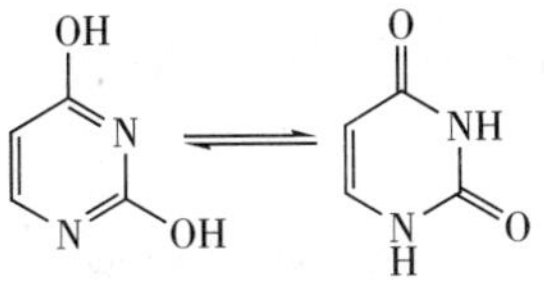　　尿嘧啶 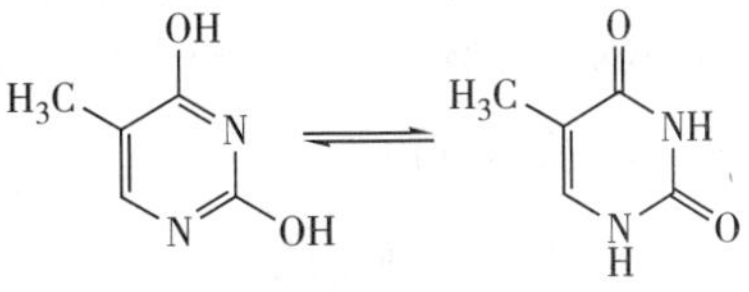　　胸腺嘧啶

胞嘧啶为白色片状结晶。100℃失水，320～325℃分解。能溶于水，微溶于乙醇，不溶于乙醚。胞嘧啶作为医药的重要中间体，主要用于合成抗艾滋病及抗乙肝药物拉米夫定，抗癌药物吉西他宾等，应用非常广泛。

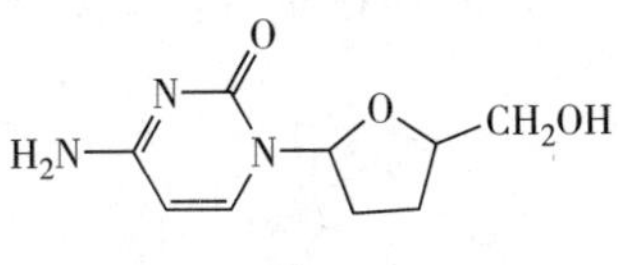

拉米夫定, Lamivudine 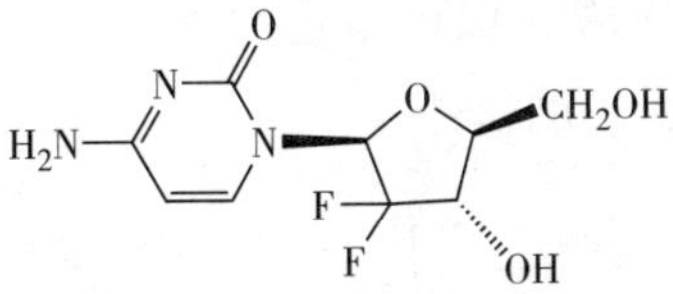　　吉西他宾, Gemcitabine 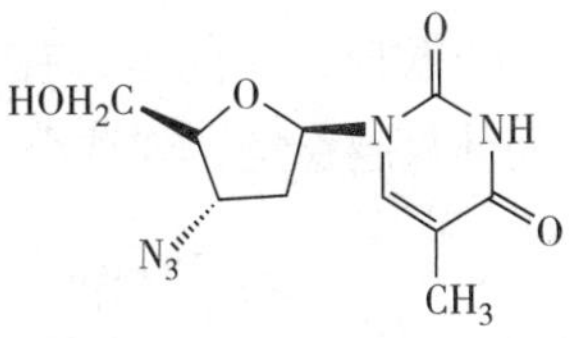　　齐多夫定, Zidovudine

尿嘧啶为白色或浅黄色针状结晶。熔点 338℃，微溶于冷水，易溶于热水，溶于稀氨水，不溶于乙醇。在临床上，5-氟尿嘧啶是目前应用最广的抗代谢、抗肿瘤药物。

胸腺嘧啶，即 5-甲基尿嘧啶，为白色结晶粉末，熔点 316～317℃，相对密度 1.226，易溶于热水，微溶于醇，溶于碱液、酸、甲酰胺、DMF 及吡啶。是合成抗艾滋病药物齐多夫定（Zidovudine，AZT）及相关药物的关键中间体。

思考题

16-6 按照从强到弱的顺序排列下列化合物的碱性。

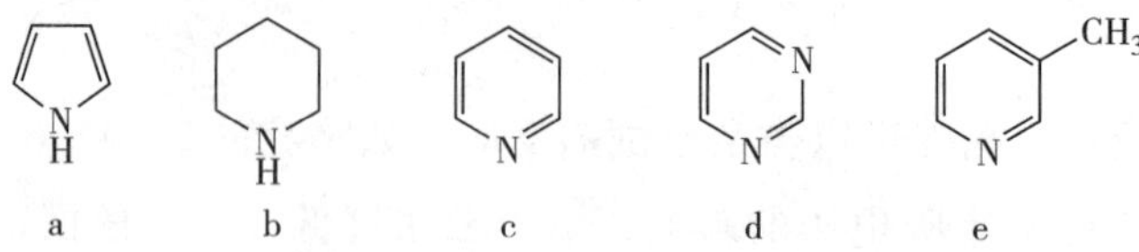

扫码“学一学”

第四节 苯稠杂环化合物

苯稠杂环化合物是指芳环与杂环稠合而成的化合物，种类众多，其中比较常见的有吲哚、苯并吡喃、喹啉、异喹啉等。

一、吲哚

吲哚是由苯与吡咯共用两个碳稠合而成，即苯并吡咯，主要存在于煤焦油以及天然花油，如茉莉花、苦橙花、水仙花、香罗兰中，最早是由靛蓝降解而得。

（一）结构和性质

吲哚为无色或浅黄色片状结晶，熔点 52℃，沸点 253℃，可溶于热水、乙醇、乙醚中。吲哚具有苯并吡咯结构，共轭体系延长，所以吲哚环比吡咯环稳定，芳香性随之增加。吲哚对酸、碱及氧化剂都比较稳定。吲哚（$pK_b=17.6$）的碱性比吡咯（$pK_b=13.6$）弱得多；酸性（$pK_a=16.2$）比吡咯（$pK_a=17.5$）强，这是由于氮原子上未共用电子对在更大范围内离域的结果。例如，吲哚与氨基钠和液氨作用得到 *N*-代产物，与格氏试剂反应得到高产率的 *N*-卤代镁吲哚。

Na / NH_3 ← 吲哚 → CH_3MgI / 乙醚

吲哚属于多 π 电子芳杂环，它的亲电取代反应活性低于吡咯，高于苯，反应主要发生在吡咯 3（β）位，而不是在 2（α）位。其原因可用反应中间体正离子的稳定性来解释。当亲电试剂 E^+ 进攻 3（β）位时，中间体有两个极限式保留着稳定的苯环结构，而进攻 2（α）位时，中间体只有一个极限式保留稳定的苯环结构。参与共振的稳定极限式越多，中间体就越稳定，就越容易生成。例如：

2(α)位取代　　3(β)位取代

$PhN_2^+Cl^-$ ← 吲哚 → $C_6H_5COONO_2$ / $CH_3CN/0℃$

（二）吲哚衍生物

吲哚衍生物在自然界分布很广，数目众多，如组成蛋白质成分的色氨酸，天然植物激素β-吲哚乙酸、蟾蜍素（Bufovarin）、利血平（Reserpine）、毒扁豆碱（eserine）等都是吲哚衍生物。许多吲哚衍生物具有明显的生理活性，如5-羟色胺（5-hydroxytryptamine，5-HT）、褪黑素（melatonin）等。

1. 5-羟色胺　5-羟色胺是一种重要的神经介质，在哺乳动物及人体中主要由色氨酸代谢生成。当人大脑中5-羟色胺的量突然改变时，就会出现神经失常症状，所以5-羟色胺是维持人体精神和思维正常活动不可缺少的物质。

2. 靛玉红　靛玉红（indirubin）是十字花科植物菘蓝（中药板蓝根、大青叶、青黛等的原植物）中的组成成分之一，具有明显的抗癌活性，临床上广泛使用。

3. 褪黑素　褪黑激素主要是由哺乳动物和人类的松果体产生的一种胺类激素。研究表明褪黑素具有促进睡眠、抗衰老、调节免疫、抗肿瘤等多方面生理功能，俗称“脑白金”。例如：

$CH_2CH_2NH_2$　HO　N H　　O　H N　N H　O　　$CH_2CH_2NHCOCH_3$　H_3CO　N H

5-羟基色胺　　靛玉红　　褪黑素

二、苯并吡喃

吡喃与苯环稠合得到苯并吡喃，有两种稠并方式：苯并α-吡喃酮（香豆素）和苯并γ-吡喃酮（色原酮），苯并吡喃衍生物在自然界中广泛存在，而且多数是中药的活性成分。例如，秦皮中含有的抗菌成分七叶内酯（aesculetin）为苯并α-吡喃酮结构，黄芩中含有的抗菌成分黄芩素（baicalein）为苯并γ-吡喃酮结构。

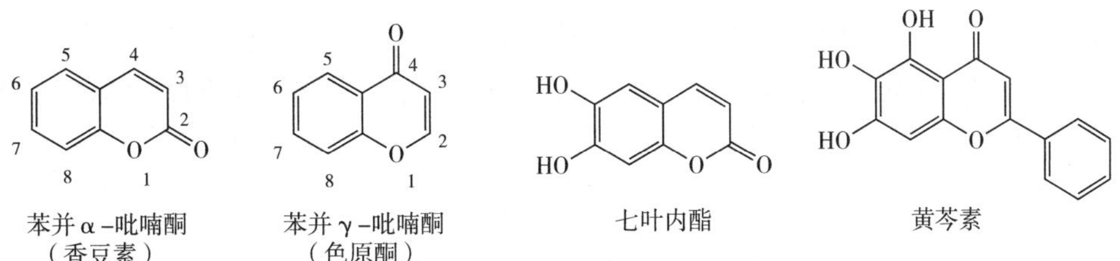

苯并α-吡喃酮（香豆素）　苯并γ-吡喃酮（色原酮）　七叶内酯　黄芩素

1. 香豆素　即苯并α-吡喃酮，由于香豆素具有吡喃环内酯结构，具有内酯的性质，不够稳定，遇碱水解容易开环，再遇酸又能环合生成不溶于水的香豆素，常利用该性质进行中药成分的提取分离。例如：

OCH_3　$(H_3C)_2C{=}HCOC$　H_3CO　O　O　$\underset{H^+/\triangle}{\overset{OH^-/\triangle}{\rightleftharpoons}}$　OCH_3　$(H_3C)_2C{=}HCOC$　COO^-　H_3CO　OH

当归素（angelicin）

2. 色原酮和黄酮体　色原酮即苯并γ-吡喃酮，在色原酮的2位和3位被苯环取代后的产物具有C_6—C_3—C_6的骨架结构，在阳光下（或紫外光照射下）显示黄色，称为黄酮（flavone）和异黄酮（isoflavone），黄酮和异黄酮及其衍生物组成了黄酮体。黄酮体是一种

分布很广的黄色色素，其中有很多是天然药物的有效成分，黄酮体常和它们的苷类共存于植物中。例如：中药黄芩中的黄芩素和黄芩苷（baicalin）；葛根中的大豆黄素（daidzein）和葛根素（puerarin）等。

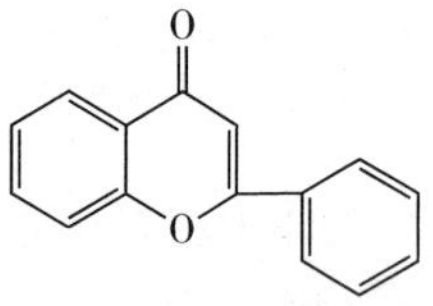

黄酮 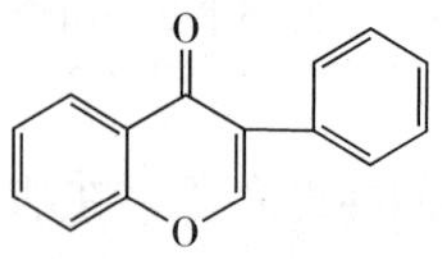　　异黄酮 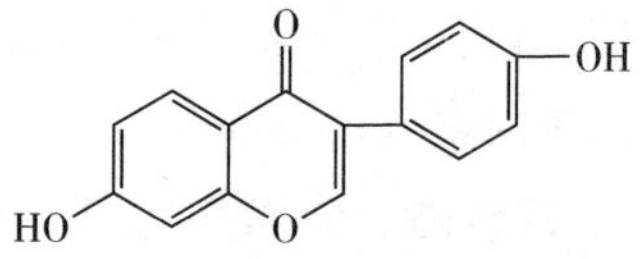　　大豆黄素

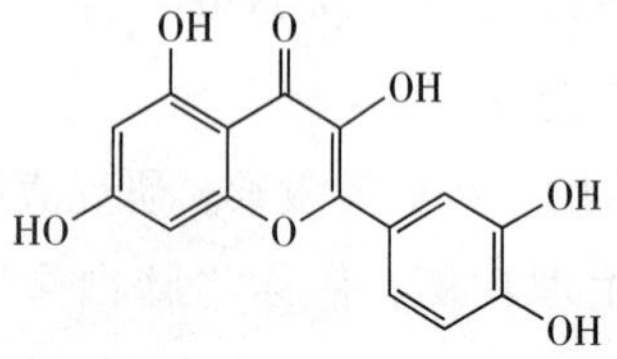

槲皮素 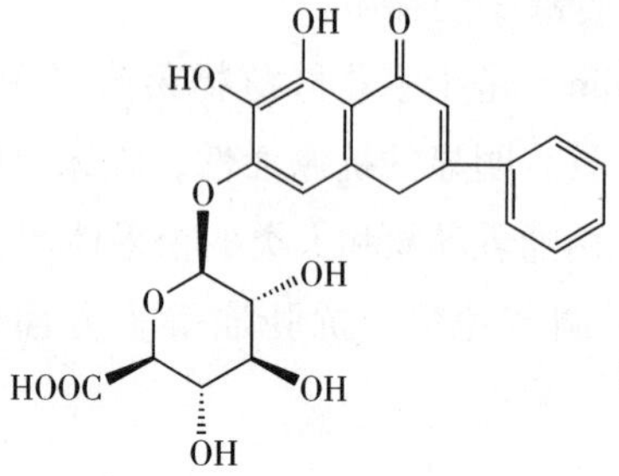　　黄芩苷 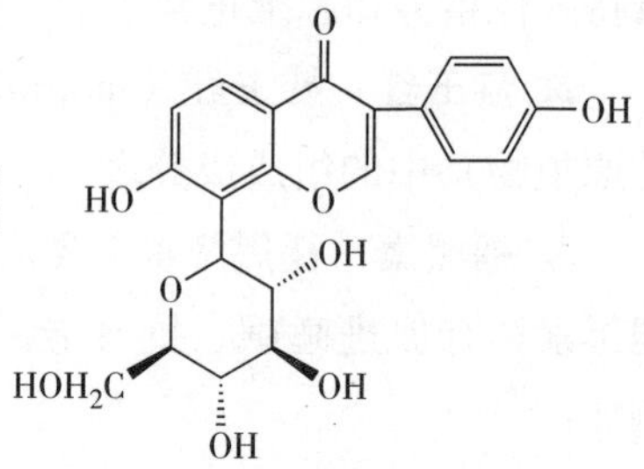　　葛根素

三、喹啉和异喹啉

喹啉和异喹啉都是由一个苯环和一个吡啶环稠合而成的化合物，1834 年首次从煤焦油中分离出喹啉，后来将抗疟药奎宁（Quinine）在碱条件下干馏也得到喹啉而因此得名。例如：

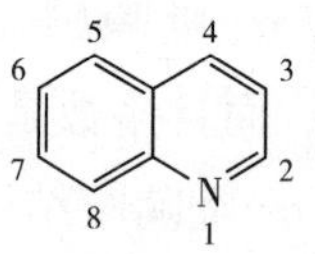

喹啉　苯并[*b*]吡啶　　异喹啉　苯并[*c*]吡啶

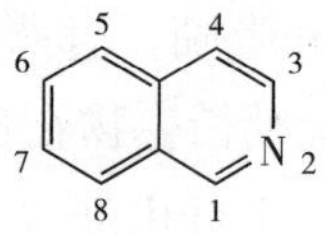

（一）喹啉、异喹啉的结构和物理性质

喹啉和异喹啉都是平面型分子，含有 10 个 π 电子的芳香大 π 键，结构与萘相似。其氮原子上均有一对孤对电子位于 sp^2 杂化轨道中，与吡啶的氮原子结构相同，其碱性与吡啶也相似。由于分子中增加了憎水基团的苯环，故水溶解度比吡啶大大降低，其主要的物理性质见表 16-4。

表 16-4　喹啉、异喹啉及吡啶的物理常数比较

名称	熔点（℃）	沸点（℃）	水溶解度	在苯中溶解度	pK_b
喹啉	-15.6	238	溶（热）	混溶	9.1
异喹啉	26.5	243	不溶	混溶	8.6
吡啶	-42	115.5	混溶	混溶	8.8

（二）喹啉与异喹啉的化学反应

喹啉与异喹啉属于苯并吡啶环，因为吡啶为缺电子芳杂环，吡啶环与苯环相互影响的结果使得喹啉和异喹啉进行亲电取代、亲核取代、氧化和还原反应时，具有以下的特点和规律。

1. 亲电取代　亲电取代发生在苯环上，其反应活性比萘低，比吡啶高；在酸性条件下，杂环氮接受质子带上正电荷，在杂环上难发生取代，取代基主要进入 5 位和 8 位，相当于

萘的 α 位。

硝化反应：

磺化反应：与萘的磺化反应类似，喹啉、异喹啉的磺化反应既是一个可逆反应又是 α 位与 β 位的竞争反应，磺酸基进入的位置与反应温度有关。在相对低的温度下反应，主要为 α 位取代产物，而在更高的温度条件下反应，主要产物为 β 位取代。

喹啉、异喹啉的亲电取代主要发生 5 位和 8 位，同样可用中间体的稳定性来解释：亲电试剂进攻 5 位（或 8 位）有两个保留吡啶环的稳定共振结构式，碳正离子中间体比较稳定，如果进攻 6 位时只有一个，碳正离子中间体不够稳定，所以亲电取代在 5 位和 8 位上。

2. 亲核取代　反应发生在吡啶环上，反应活性比吡啶高。喹啉取代主要发生在 C-2 位上，异喹啉取代主要发生在 C-1 位上。例如：

3. 氧化还原　氧化发生在苯环上（过氧化物氧化除外），还原主要发生在吡啶环上。例如：

（三）喹啉、异喹啉的衍生物

喹啉、异喹啉的衍生物在医药中起着重要作用，许多天然或合成药物都具有喹啉的环系结构，如 10-羟基喜树碱（10-hydroxycamptothecine）、氯喹（Chloroquine）、辛可宁（Cinchonine）等。而天然存在的一些生物碱，如小檗碱（berberine）、罂粟碱（papaverine）

等，均含有异喹啉的结构。

奎宁　　　　辛可宁，R=H；奎宁丁，R=OCH_3

氯喹（抗疟药物）　　　　10-羟基喜树碱

小檗碱　　　　罂粟碱

思考题

16-7　采用系统法命名下列化合物。

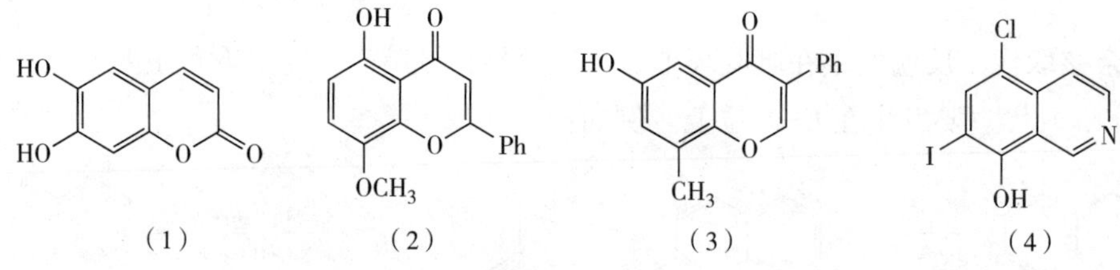

第五节　稠杂环化合物

由两个或两个以上杂环稠合而成的稠杂环在杂环化合物中占有较大的比例，比较简单常见的有嘌呤、蝶啶等，本章主要介绍嘌呤及其衍生物。

一、嘌呤

嘌呤是由嘧啶环和咪唑环稠合而成的。嘌呤杂环存在蛋白质和核酸中，在生命过程中起着非常重要的作用，如核酸中的两个碱基腺嘌呤和鸟嘌呤属于嘌呤衍生物。嘌呤衍生物广泛存在自然界中，比如具有兴奋作用的生物碱咖啡因（caffeine）、茶碱（theophylline）、可可碱（theobromine）都含有嘌呤环系。许多嘌呤环类化合物作为药物具有抗肿瘤、抗病

毒、强心、扩张支气管等作用，在临床上广泛应用。

（一）嘌呤的结构和性质

1. 嘌呤的结构　嘌呤的稠合方式为咪唑并［4,5-d］嘧啶，由于有咪唑环，嘌呤环存在着互变异构现象，存在 9*H*-和 7*H*-两种异构体。例如：

9*H*-嘌呤　　7*H*-嘌呤

2. 嘌呤的性质　嘌呤是无色针状晶体，沸点 216~217℃，易溶于水和醇，难溶于非极性有机溶剂。嘌呤具有弱酸、弱碱性，所以嘌呤可以与强酸、强碱成盐。其酸性（pK_a = 8.9）比咪唑（pK_a = 14.5）强；碱性（pK_b = 11.6）比嘧啶（pK_b = 12.7）强，但比咪唑（$pK_b \approx 7$）弱得多，这是因为嘧啶环能吸引咪唑环的电子，使得咪唑环氮上氢的酸性增强，碱性减弱。

嘌呤环存在着闭合共轭体系，具有芳香性，但是由于环上存在多个电负性较强的 N 原子，大大降低了环上的电子云密度，所以嘌呤很难发生亲电取代，而亲核取代相对比较容易。例如：

$POCl_3$

尿酸（2,6,8-三羟基嘌呤）　　2,6,8-三氯嘌呤

$NH_3 \cdot H_2O$　　HI

（二）重要的嘌呤衍生物

1. 腺嘌呤和鸟嘌呤　腺嘌呤（adenine，曾称为维生素 B_4）存在于茶叶和甜菜汁等食物中，为白色结晶性粉末。熔点 261～263℃（分解），溶于沸水和氢氧化钠溶液，微溶于稀盐酸，不溶于乙醇和三氯甲烷。它是核酸的组成成分之一，参与遗传物质的合成；能促进白细胞增生，使白细胞数目增加，用于防治各种原因引起的白细胞减少症，常使用其磷酸盐。

鸟嘌呤（guanine），即 2-氨基-6-羟基嘌呤，为白色结晶或无定形粉末。易溶于氨水、碱和稀酸溶液，微溶于乙醇和乙醚，不溶于水。360℃以上分解，相对密度为 2.19。作为组成核酸的碱基，与腺嘌呤同时存在于遗传物质 DNA 和 RNA 中，具有重要的生理功能，与环磷酸腺苷（cAMP）对代谢调控有拮抗效应。嘌呤衍生物作为药物在临床上广泛使用，如含有鸟嘌呤环的阿昔洛韦（Aciclovir）是最常用的抗病毒药物之一，主要用于治疗单纯疱疹病毒感染。

腺嘌呤、鸟嘌呤均存在互变异构体，并以稳定的酮式为主。例如：

腺嘌呤烯醇式　　酮式　　鸟嘌呤烯醇式　　酮式　　阿昔洛韦

腺嘌呤、鸟嘌呤与胸腺嘧啶、胞嘧啶以及尿嘧啶一样都是构成核苷酸的碱基，并要相互配对起作用，由核苷酸聚合形成核酸，核酸是具有重要作用的遗传物质。

2. 黄嘌呤及其衍生物　2,6-二羟基-7H-嘌呤称为黄嘌呤（xanthine），有两种互变异构形式，其衍生物常以酮式存在。黄嘌呤的甲基衍生物在自然界存在广泛，如咖啡因、茶碱和可可碱存在于茶叶或可可豆中。它们具有利尿和兴奋神经的作用，其中咖啡因和茶碱可供药用。例如：

黄嘌呤烯醇式　　酮式

咖啡因　　可可碱　　茶碱　　喘定（Dyphylline, 防治哮喘）

二、蝶啶

蝶啶（pteridine）由嘧啶环和吡嗪环稠合而成。因最早发现于蝴蝶翅膀色素中而得名，为黄色片状结晶，沸点 140℃，水溶解度为 1∶7.2，具有弱碱性（$pK_b \approx 10$）。其碱性比嘧啶强。蝶啶环系也广泛存在于动植物体内，是天然药物的有效成分；如叶酸（folic acid）及维生素 B_2（lactoflavin）的分子中都有蝶啶环的结构，叶酸参与氨基酸代谢，并与维生素 B_{12}（riboflavin）共同促进红细胞的生成和成熟，是制造红血球不可缺少的物质。有些蝶啶衍生物是重要的合成药物，如氨苯蝶啶（Triamterene）为保钾利尿药，临床上用于治疗心力衰竭和肝硬化等引起的顽固性水肿或腹水。例如：

维生素 B_2（核黄素）　　氨苯蝶啶（保钾利尿药）

扫码“学一学”

第六节　生物碱

生物碱（alkaloid）通常是指来源于生物界（以植物为主）具有显著的生物活性，结构比较复杂的一类含氮（大多数呈碱性）有机化合物。生物碱在植物中分布较广，绝大多数生物碱分布在高等植物，如毛茛科、罂粟科、防己科、豆科、小檗科等。生物碱种类众多，有些是由不同的氨基酸及其衍生物合成而来，是次生代谢物之一，对生物体有毒性或强烈的生理作用，许多生物碱是中药的有效成分之一。

生物碱通常具有本章所学的杂环结构，如菸碱（nicotine）、半边莲碱（lobeline）等含有吡啶环；小檗碱、吗啡（Morphine）等含有异喹啉环；利血平（Reserpine）、长春新碱（Vincristine）等含有吲哚环；咖啡因、茶碱等含有嘌呤环，这些生物碱与杂环的联系紧密，因此有必要在这里进行简单介绍，进一步认识杂环化合物的重要性及其在药学中的现实意义。

生物碱在植物中的含量高低不一，如金鸡纳树皮中含生物碱高达3%以上，而长春花中的长春新碱含量仅为0.0001%。

一、一般性质

（一）物理性质

一般来说，生物碱性质较稳定，大多数是无色结晶固体；有些是非结晶形粉末；还有少数在常温时为液体，如烟碱（nicotinamide）等。只有少数带有颜色，例如小檗碱、木兰花碱（magnoflorine）等均为黄色。生物碱及其盐类多数具有苦味，难溶于水，能溶于三氯甲烷、乙醚、苯等有机溶剂。大多数生物碱含有手性碳，有旋光性且多数为左旋。大多数生物碱具有碱性，能与酸反应形成盐。

（二）化学性质

1. 生物碱的沉淀反应 一般生物碱都可以与一些特殊的生物碱试剂作用生成不溶于水的盐而沉淀。利用此性质可以检查中草药是否含有生物碱或用于分离生物碱。生物碱沉淀试剂的种类很多，常用的有下面几种。

（1）碘化汞钾试剂（Mayer 试剂） 在酸性溶液中与生物碱反应生成白色或淡黄色沉淀。

（2）碘化铋钾试剂（Dragendorff 试剂） 在酸液中与生物碱反应生成橘红色沉淀。

（3）碘-碘化钾试剂（Wagner 试剂） 在酸性溶液中与生物碱反应生成棕红色沉淀。

（4）硅钨酸试剂（Bertrand 试剂） 在酸性溶液中与生物碱反应生成灰白色沉淀。

（5）磷钼酸试剂（Sonnenschein 试剂） 在中性或酸性溶液中与生物碱反应生成鲜黄色或棕黄色沉淀。在试验时，通常选用三种以上不同的生物碱沉淀试剂进行试验，如均为正反应则表示被检液中有生物碱存在。

2. 生物碱的显色反应 有些生物碱能和某些试剂通过氧化、脱水与缩合等反应生成特殊的颜色，称为显色反应，常用于鉴识某种生物碱。但显色反应受生物碱纯度的影响很大，生物碱愈纯，显色愈明显。常用的显色剂如下。

（1）矾酸铵-浓硫酸溶液（Mandelin 试剂） 为1%矾酸铵的浓硫酸溶液。该显色剂遇阿托品显红色，可待因显蓝色，士的宁显紫色到红色。

（2）钼酸铵-浓硫酸溶液（Frohde 试剂） 为1% 钼酸钠或钼酸铵的浓硫酸溶液，遇乌头碱显黄棕色，小檗碱显棕绿色。

（3）甲醛-浓硫酸试剂（Marquis 试剂） 为30% 甲醛溶液0.2ml与10ml浓硫酸的混合溶液。遇吗啡显橙色至紫色，可待因显红色至黄棕色。

（4）浓硫酸　浓硫酸遇乌头碱显紫色，遇小檗碱显绿色。

（5）浓硝酸　浓硝酸遇小檗碱显棕红色，遇秋水仙碱显蓝色。

二、几种常见重要的生物碱

（一）麻黄

中药麻黄（Ephedra），性辛温、微苦。有发汗、平喘、利水消肿等作用，麻黄中含有多种生物碱，以麻黄碱（ephedrine）和伪麻黄碱（pseudoephedrine）为主，麻黄碱和伪麻黄碱属仲胺衍生物，且互为立体异构体，它们的结构区别在于碳原子的构型不同。例如：

（－）-麻黄碱　　（＋）-伪麻黄碱　　盐酸小檗碱

(－)-麻黄碱有明显的中枢兴奋作用，能使心肌收缩力增强，心输出量增加。对支气管平滑肌有明显的松弛作用，对骨骼肌有抗疲劳作用。(+)- 伪麻黄碱有显著的利尿作用，还有轻微的兴奋血管作用。

（二）小檗碱

黄连（Coptis chinensis），苦寒，具有清热燥湿，清心除烦、泻火解毒的作用，其最主要的有效成分为小檗碱，含量 5%～8%。是含有异喹啉环的季铵型生物碱，为黄色针状晶体，熔点 145℃，溶于水，难溶于有机溶剂。小檗碱对痢疾杆菌、葡萄球菌和链球菌等均有抑制作用。临床主要用于治疗细菌性痢疾和肠胃炎，常用的是盐酸小檗碱。

（三）奎宁

奎宁，又名金鸡纳碱，是存在于金鸡纳树皮中的生物碱，含有喹啉环结构。奎宁为白色颗粒状或微晶性粉末，味微苦，熔点 173℃，微溶于水，易溶于乙醇、三氯甲烷、乙醚中，为左旋体。口服奎宁及其盐类是最早使用的特效抗疟药物。后来合成了药效良好的氯奎宁，其化学结构见第四节。

（四）吗啡碱

罂粟（Papaver somniferum）原产欧洲，其果实中的乳汁干燥后得到鸦片。我国对罂粟的种植严加控制，除药用科研外，一律禁植。鸦片内含有 20 多种生物碱，其中以吗啡含量最高（约 10%）。吗啡碱、大麻、古柯并称为三大毒品植物。吗啡的结构可以写成三种形式。例如：

其中，吗啡：R = R′ = H；可待因：R = CH_3，R′ = H；　海洛因：R = R′ = CH_3CO

1. 吗啡　吗啡（morphine）为无色结晶状粉末，味苦有毒，遇光易变质，易溶于水，

微溶于乙醇。具有强大的镇痛、催眠、止咳、兴奋平滑肌等作用，容易成瘾产生依赖，仅用于创伤、烧伤、心肌梗死等引起的剧痛。吗啡为麻醉药品，必须严格按国家有关规定管理，严格按适应证使用。其毒性是鸦片的 8～10 倍，吸食后会产生欣快感，长期使用会引起精神失常、谵妄和幻想，过量使用会导致呼吸衰竭而死亡。

2. 可待因 可待因（codeine）为吗啡的衍生物，与吗啡共存于鸦片中，为白色细小结晶，可溶于沸水，易溶于乙醇，具有镇咳、镇痛作用，其镇咳作用为吗啡的 1/4；镇痛作用仅为吗啡的 1/12～1/7，作用持续时间与吗啡相似；药物成瘾性弱于吗啡，使用相对比较安全。临床上多用其磷酸盐，常与对乙酰氨基酚或阿司匹林制成复方制剂使用。

3. 海洛因 海洛因（heroin）是吗啡二乙酰的衍生物，为白色结晶粉末，光照或久置则变为淡黄色；难溶于水，易溶于有机溶剂，海洛因是半合成的阿片类毒品，极纯的海洛因（俗称白粉）其成瘾性为吗啡的 3～5 倍，是危害人类最大的毒品之一。

（五）喜树碱

喜树碱是从产于中国的喜树树皮和枝干中分离出来的，在果实中含量更高。此外，印度的马比木中也存在，喜树碱为浅黄色针状晶体，熔点 264～267℃（分解），为右旋体，不容易成盐，其化学结构见第四节。喜树碱是一种抗癌药物，对肠胃道和头颈部癌等有较好的疗效。10-羟基喜树碱的抗癌活性超过喜树碱，而且副作用较少。为了降低喜树碱不良反应特性，增加抗癌的效果，药物化学家开发出多种喜树碱衍生物，例如拓扑替康（Topotecan）和伊立替康（Irinotecan）等。

16-8 生物碱常分为有机胺、吡咯烷、吡啶、异喹啉、吲哚、莨菪烷类以及嘌呤类等，请查阅相关资料对下列生物碱进行归类。

麻黄碱、秋水仙碱、千里光碱、菸碱、半边莲碱 、小檗碱、吗啡、利血平、长春新碱、阿托品、东莨菪碱、咖啡因、茶碱。

知识拓展

神奇的B族维生素

B族维生素全是水溶性的辅酶，是所有人体组织必不可少的营养素，是食物释放能量的关键，参与体内糖、蛋白质和脂肪的代谢，因此被列为一个家族。它包括维生素 B_1（硫胺素）、维生素 B_2（核黄素）、维生素 B_3（烟酸）、维生素 B_5（泛酸）、维生素 B_6（吡哆醇）、维生素 B_9（叶酸）、维生素 B_7（生物素）以及维生素 B_{12}（氰钴胺）等。

B族维生素对于维护人体健康、预防及治疗多种疾病都有着重要的作用。如果B族维生素缺乏或补充不完全，极容易出现多种病症，如脚气病、癞皮病、舌炎、皮炎、湿疹、脱发、恶性贫血、极度疲劳、脂肪代谢障碍、食欲不振、恶心、抑郁、消化道溃疡等。

由于盲目追求饮食的精细化，导致从食物中摄取到的B族维生素越来越少；另外，因摄入过多的糖类、脂肪而更加需要维生B族素促进代谢；还有，生活节奏快、压力大、熬

夜多也需要消耗大量的B族维生素。因此，目前人们缺乏B族维生素是非常普遍的。

B族维生素在体内滞留的时间只有数小时，必须每天补充。而且它们的作用是相辅相成的，单独摄取任何一种或其中之数种，只会增加其他未补充维生素B的需要量，使摄取不足的部分因为缺乏而造成身体异常，反而弄巧成拙。B族维生素是个庞大的家族，这些家族成员必须同时发挥作用，这种现象叫B族维生素共融现象。

重点小结

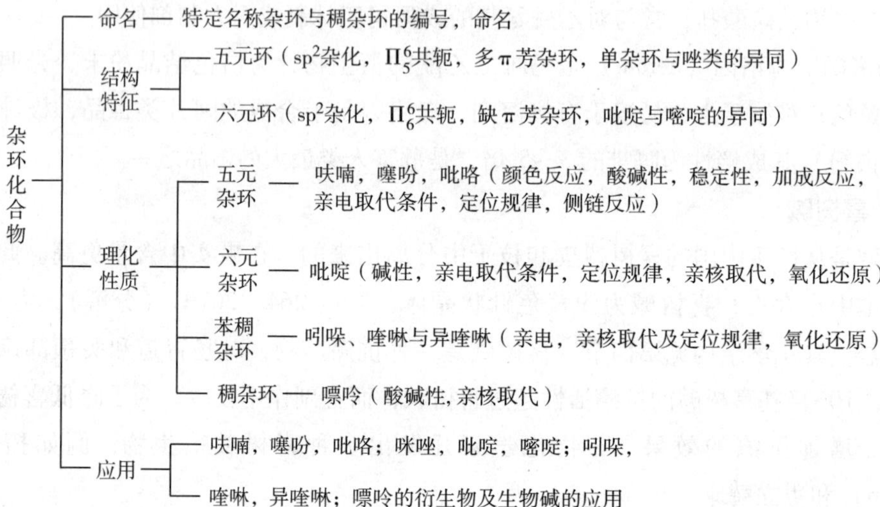

扫码“练一练”

第十七章　萜类和甾族化合物

1. **掌握**　萜类化合物的结构特点及分类方法。
2. **熟悉**　甾体化合物的基本结构和立体结构。
3. **理解**　甾体化合物母核的编号原则及构型。
4. **了解**　常见的萜类化合物及几种重要的甾体化合物。

萜类（terpenoids）和甾族（steroids）化合物大多数广泛存在于自然界，在生物体内有着重要的生理作用，其结构比较复杂。它们除了可以从自然界中获得外，也可人工合成。它们有的是药物的有效成分，有的是合成药物的原料，与药学关系密切。从结构上来看，萜类和甾族化合物并不属于同类化合物，但从生源途径上看有着密切的关系。因为在生物体内它们都是以醋酸为基础物质，通过一定的生源途径产生的，因而萜类和甾族化合物也称为醋源化合物。

扫码"学一学"

第一节　萜类化合物

一、定义和分类

萜类化合物广泛分布于植物、昆虫及微生物中，中草药中的许多色素、挥发油、树脂、苦味素等物质中大多含有萜类化合物。它们多是带有香味的液体或结晶固体，许多萜类化合物分子中都含有手性碳原子，所以有立体异构体存在，同时萜类化合物分子中含有多种不同的官能团，也能进行相应的加成、氰化、聚合、异构化等反应。

萜的名称是从外文"Terpene"一词音译而来。从结构上可以看成是由两个或两个以上的异戊二烯分子相连所形成的聚合物及其衍生物，其分子中的碳原子数都为5的整数倍，所以萜类化合物是指具有$(C_5H_8)_n$通式以及含氧和不同饱和程度的衍生物。

异戊二烯分子相互之间可连接成链状，也可连接成环状。例如罗勒烯（ocimene）是两个异戊二烯头尾连接而成的链状化合物。苧烯（limonene）是两个异戊二烯连接而成的环状化合物。其他的萜类化合物分子的碳架，也包含着两个或多个异戊二烯单位，这种结构特点叫作萜类化合物的异戊二烯规律。

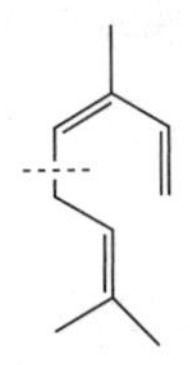
罗勒烯

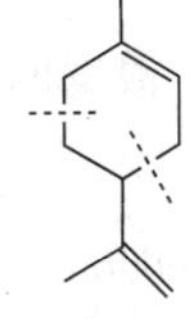
苧烯

尽管萜类化合物的碳架符合异戊二烯规律，而且也曾以异戊二烯为原料合成了苧烯，但在生物体内，萜类化合物并非是异戊二烯相互聚合而形成的，经同位素标记的生物合成实验证明，植物体内形成萜类的真正前体是由醋酸生成的甲戊二羟酸（mevalonic acid）。所以也可以说凡是由甲戊二羟酸衍生而成，且分子式符合$(C_5H_8)_n$通式的衍生物均称萜类化合物。

至于个别天然萜类化合物的结构不符合异戊二烯规律，甚至在组成上碳原子数不是5的倍数，这是因为在转变过程中产生异构化或发生降解反应等的结果。

萜类化合物数目巨大、种类繁多、骨架庞杂，为了便于学习，仍沿用经典的异戊二烯法则，即根据萜分子中异戊二烯单位的数目对萜类化合物进行分类。按这种分类方法可将萜类化合物分为以下几类（表17-1）。

表17-1　萜类化合物的分类

异戊二烯单位	碳原子数	萜烯分子式	类　别
2	10	$C_{10}H_{16}$	单萜（monoterpenoids）
3	15	$C_{15}H_{24}$	倍半萜（sesquiterpenoids）
4	20	$C_{20}H_{32}$	二萜（diterpenoids）
5	25	$C_{25}H_{40}$	二倍半萜（sesterterpenoids）
6	30	$C_{30}H_{48}$	三萜（triterpenoids）
8	40	$C_{40}H_{64}$	四萜（tetraterpenoids）
>8	>40	$(C_5H_8)_n(n>8)$	多萜（polyterpenoids）

萜类化合物大多来源于自然界，其命名一般采用俗名，例如，罗勒烯是从罗勒叶中提取得到的，又因分子中含有碳碳双键，所以根据来源叫罗勒烯。樟脑得自樟树的挥发油中，根据来源叫樟脑。也可用系统命名法，例如，罗勒烯是一个多烯烃类化合物，按多烯烃的命名原则其名称为3,7-二甲基辛-1,3,6-三烯；樟脑的名称按桥环命名原则为1,7,7-三甲基二环[2.2.1]庚-2-酮。

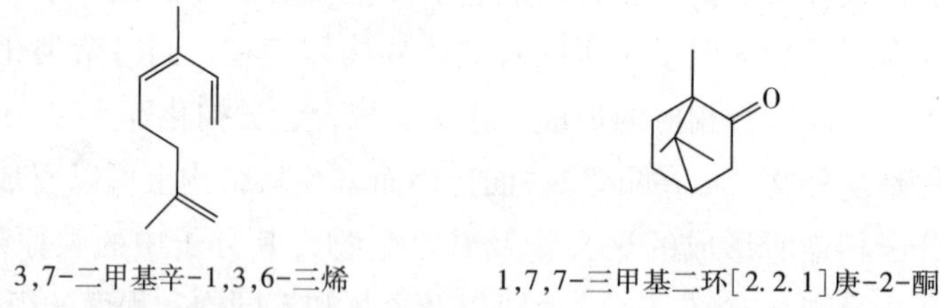

3,7-二甲基辛-1,3,6-三烯　　1,7,7-三甲基二环[2.2.1]庚-2-酮

二、萜及其含氧衍生物

（一）开链单萜

单萜（monoterpenoids）是挥发油的主要成分，能随水蒸气蒸馏出来的，其沸点在140～180℃之间，含氧衍生物沸点在200～300℃之间。基本骨架是由两个异戊二烯构成，含有10个碳原子的化合物。根据两个异戊二烯连接方式不同，单萜又分为开链单萜、单环单萜和双环单萜等。

开链单萜（open-chain monoterpenoids）是由两个异戊二烯单位首尾相连接，而成的开链化合物，具有如下的基本骨架。

或

C—C—C—C ¦ C—C—C—C
　 |　　　　　　　 |
　 C　　　　　　　 C

开链单萜主要有罗勒烯和月桂烯两种。两者碳架相同，差别只在双键的位置不同。

罗勒烯
b. p. 176~178℃

月桂烯
b. p. 171℃

罗勒烯也存在于中药和某些植物的挥发油中，是有香味的液体。月桂烯也叫香叶烯（geranene），是从月桂油中提取得到的具有香味的液体。二者碳架相同，只是双键位置不同，互为同分异构体；同时二者因分子结构中都含有双键，故不稳定，容易氧化、聚合。

开链单萜的含氧衍生物，它们都是珍贵的香料，是香精油的主要成分。如玫瑰油中的香叶醇（geraniol）又称“牻牛儿醇”（geraniol），橙花油中的橙花醇（nerol），柠檬草油中的 α-柠檬醛［α-citral，香叶醛（geranial）］和 β-柠檬醛［β-citral，（橙花醛 neral）］，香叶油中的香矛醇等，它们的结构如下。

CH_2OH H
香叶醇
b. p. 229~230℃

H CH_2OH
橙花醇
b. p. 224~225℃

* H CH_2OH
香矛醇
b. p. 244. 4℃

CHO H
α-柠檬醛
b. p. 229℃

H CHO
β-柠檬醛

这些化合物分子结构中除了含有链状单萜的基本碳架外，还含有多个双键和氧原子。从顺反异构现象来看：香叶醇烯键碳原子所连接的氢与甲基位于双键异侧，为 *E* 构型。橙花醇是香叶醇的顺反异构体，具有 *Z* 构型。柠檬醛是顺反异构体的混合物，具有 *E* 构型的是 α-柠檬醛，*Z* 构型的是 β-柠檬醛，其中 α-柠檬醛含量约占 90%，β-柠檬醛约占 10%。从旋光异构现象来看：香矛醇和橙花分子结构中有一个手性碳，所以存在对映异构体。

香叶醇、香矛醇是香叶油、玫瑰油、柠檬草油等的主要成分，具有类似玫瑰的香味。橙花醇存在于橙花油、柠檬草油和多种植物的挥发油中，也具有玫瑰香味，二者都是香料工业不可缺少的原料，其中橙花醇香气比较温和，更适合做香料。柠檬醛是由热带植物柠檬草中提取得到的柠檬油的主要成分，在柠檬油中含 70%～80%，也存在于橘皮油中，一般为无色或浅黄色液体，具有强烈的柠檬香味，是制造香料及合成维生素 A 的重要原料。

（二）单环单萜

单环单萜（monocyclic monoterpenoids）是由两个异戊二烯连接而成的具有一个六元碳

环的化合物，其基本骨架如下。

单环单萜种类较多，在 15 种以上，它们的主要差别在于分子中双键的数目和位置不同，其中比较重要的有 Δ^3薄荷烯、苧烯、α-松油烯及其含氧衍生物薄荷醇和薄荷酮等。

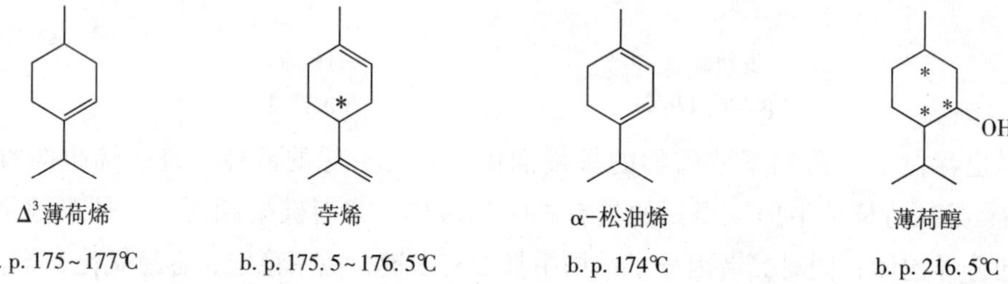

Δ^3薄荷烯 b. p. 175~177℃　　苧烯 b. p. 175. 5~176. 5℃　　α-松油烯 b. p. 174℃　　薄荷醇 b. p. 216. 5℃

苧烯（limonene）也称柠檬烯，化学名称为 1,8-萜二烯，与它相应的饱和环烃称萜烷，即单环单萜的母体，化学名为 1-甲基-4-异丙基环己烷。苧烯结构中有一个手性碳原子，因此有一对对映异构体，左旋体存在于松针中，右旋体存在于柠檬油中，都是无色液体，有柠檬香味，可作香料。外消旋体存在于松节油中。

薄荷醇（menthol）化学名 3-萜醇，分子中含有三个手性碳原子，即 C_1、C_3、C_4，应有四对对映异构体，即(±)-薄荷醇、(±)-异薄荷醇、(±)-新薄荷醇、(±)-新异薄荷醇，这 8 种立体异构体的构象都是椅式，分子中的异丙基都处在 *e* 键；薄荷醇和异薄荷醇的羟基是在 *e* 键；而新薄荷醇和新异薄荷醇的羟基则在 *a* 键；薄荷醇和新薄荷醇的甲基在 *e* 键；异薄荷醇和新异薄荷醇的则在 *a* 键。

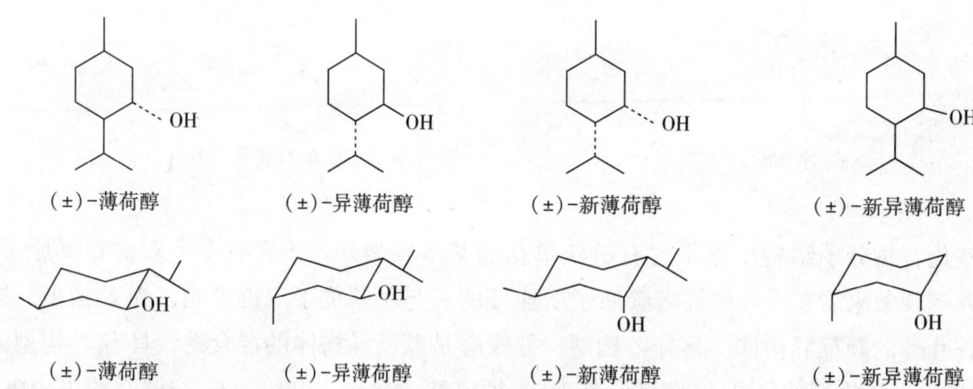

(±)-薄荷醇　　(±)-异薄荷醇　　(±)-新薄荷醇　　(±)-新异薄荷醇

(±)-薄荷醇　　(±)-异薄荷醇　　(±)-新薄荷醇　　(±)-新异薄荷醇

比较这几个构象式的能量可以看出，薄荷醇分子中几个大的取代基都处在 *e* 键上，应是能量最低的，所以薄荷中只有(-)-薄荷醇和(+)-新薄荷醇存在，并以(-)-薄荷醇为主，其他的异构体都是人工合成。

(-)-薄荷醇又称薄荷脑（mentha camphor 或 menthol）是无色针状结晶，难溶于水，易溶于有机溶剂。有强烈的芳香清凉气味，并有杀菌、防腐和局部止痒作用，被广泛用于医药、化妆品和食品工业，如清凉油、痱子粉、牙膏、饮料、糖果、化妆品等。

（三）双环单萜

双环单萜（bicyclic monoterpene）属于桥环化合物，是两个异戊二烯单位连接而成的一个六元环并桥合而成的三至五元环的桥环化合物。它们的种类很多，其基本母核的类型在15种以上，比较常见的有是蒈烷、蒎烷、莰烷、苧烷，它们都可视为薄荷烷在不同部位环合而形成的产物。这几个双环单萜基本骨架如下。

$C_3—C_8$ → 蒈烷（3,7,7-三甲基双环[4.1.0]庚烷）

$C_2—C_8$ → 蒎烷（2,6,6-三甲基双环[3.1.1]庚烷）

$C_1—C_8$ → 莰烷（1,7,7-三甲基双环[2.2.1]庚烷）

$C_4—C_2$ → 苧烷（4-甲基-1-异丙基双环[3.1.0]己烷）

从它们的优势构象来看，莰烷以船式构象存在时才有利于桥环的形成；蒎烷、蒈烷、苧烷则多为稳定的椅式构象。

莰烷　　蒎烷　　蒈烷　　苧烷

这几种母核本身并不存在于自然界，但它们的某些不饱和衍生物和含氧衍生物则是广泛存在于植物中的重要萜类化合物，其中蒎烷和莰烷的衍生物与药学关系比较密切。

蒎烯（pinene）是蒎烷的不饱和衍生物，分子中除六碳环和四碳环外，还有一个双键，根据双键位置不同，有α-、β-、δ-三种异构体。

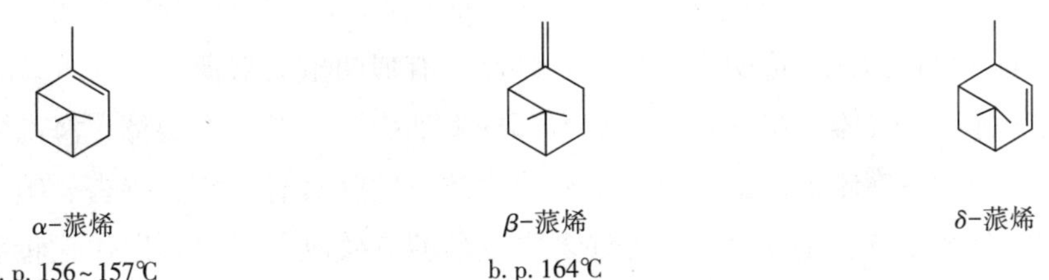

α-蒎烯 b. p. 156~157℃　　β-蒎烯 b. p. 164℃　　δ-蒎烯

α-蒎烯和β-蒎烯，它们都存在于松节油中，但以α-蒎烯为主，约含70%～80%。α-蒎烯是合成樟脑、龙脑、冰片等的重要原料。松节油有局部止痛作用，在医药上用作跌打摔伤肌肉、关节的局部止痛剂。

蒎烯经加工可制成樟脑和龙脑，合成通过下述变化。

蒎烯 ⟶ 莰烯 ⟶ 异冰片 ⟶ 樟脑

α-蒎烯 $\xrightarrow{H^+}$ [ ] ⟶ [ ] $\xrightarrow{-H^+}$ 莰烯 $\xrightarrow{H_3^+O}$

异冰片 $\xrightarrow{CrO_3}$ (±) 樟脑

樟脑（camphor）化学名 2-莰酮或称 1,7,7-三甲基二环[2.2.1]庚-2-酮，为无色透明结晶，难溶于水，易溶于乙醇、乙醚、三氯甲烷等。分子中 C_1 与 C_4 为手性碳原子，所以理论上樟脑应有四个（两对）对映异构体，但实际上只有一对稳定的顺式对映体，这是由于以桥相连的手性碳（C_1 和 C_4）上的氢和甲基只能在环的同一边，即顺式桥连，因而使异构体数目减少。

2-莰酮（樟脑）
m. p. 176~17

(+) -樟脑　(-) -樟脑

樟脑主要存在樟树中，我国台湾、福建、江西等地均有出产。自然界存在的樟脑主要是右旋体，人工合成的樟脑为外消旋体。樟脑能反射性的兴奋呼吸或循环系统，并有强心效能和愉快的香味，可用作强心剂、兴奋剂、祛痰剂和防蛀剂。樟脑也是制无烟火药的原料之一。樟脑经硼氢化钠还原后，生成龙脑与异龙脑，它们互为差向异构体，属于非对映异构体。龙脑即中药冰片，化学名 2-莰醇。

龙脑
m. p. 206~208℃

异龙脑
m. p. 214~217℃

龙脑（borneol）为无色透明六角形片状结晶，有似胡椒又似薄荷的香气。自然界存在的龙脑有左旋体和右旋体。在龙脑香树的木部挥发油中，一般为右旋体，海南省产的艾纳香全草中，一般为左旋体，人工合成的是外消旋体。龙脑具有发汗、兴奋、镇痛及抗氧化的药理作用，是冰硼散、速效救心丸等许多中成药的有效成分，也可用作化妆品和配制香精等。龙脑氧化也可得到樟脑。

$\xrightarrow{[O]}$

其他双环单萜还有斑蝥素（cantharidin），它存在于斑蝥、芫青干燥虫体中，可使皮肤发赤、可作发泡或生毛剂；经现代医学研究证明，还可用于治疗肝癌、肝腹水、肺癌、直

肠癌、乳腺癌等，现已广泛用于临床。其结构如下：

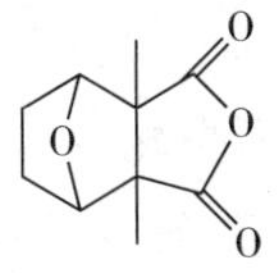

斑蝥素　m. p. 216~218℃

（四）倍半萜、二萜等衍生物

1. 倍半萜　倍半萜类（sesquiterpenoids）是含有15个碳原子的萜类，由三个异戊二烯单位构成。倍半萜类化合物种类繁多，结构复杂，其基本母核也分为链状、环状等，环可以是小环、普通环、中环以至大环。倍半萜类化合物主要分布在植物界和微生物界，在植物界中多以醇、酮、内酯或苷的形式存在。倍半萜类化合物的含氧衍生物多具有较强的香气和生物活性，是医药、食品、化妆品工业的重要原料。

倍半萜的代表化合物有金合欢烯（farnesene）、姜烯（zingiberene）等。金合欢烯又称麝子油烯，有α-和β-两种异构体，存在于藿香、枇杷叶、生姜及啤酒花等的挥发油中。姜烯是姜科植物姜根茎挥发油的主要成分，有祛风止痛作用，也可用作调味剂。

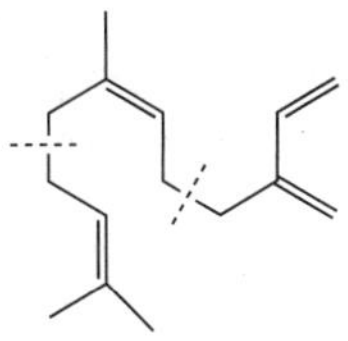

α-金合欢烯 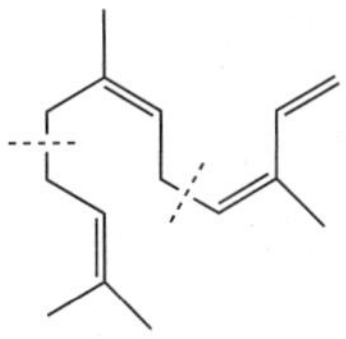　　β-金合欢烯 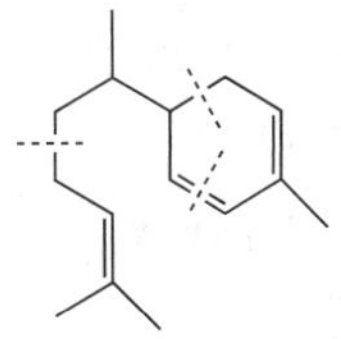　　姜烯

倍半萜的含氧衍生物有橙花叔醇（nerolidol）、金合欢醇（farnesol）、杜鹃酮（germacrone）、α-山道年（α-santonin）、青蒿素（qinhaosu）、愈创木薁（guaiazulene）等，其结构如下。

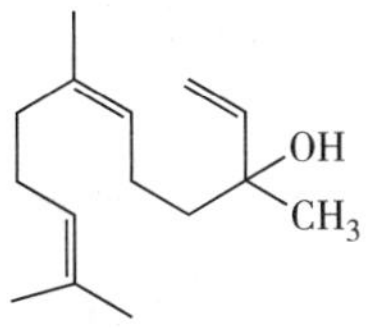

橙花叔醇 b. p. 276℃　　金合欢醇 b. p. 160℃　　杜鹃酮 m. p. 56~57℃

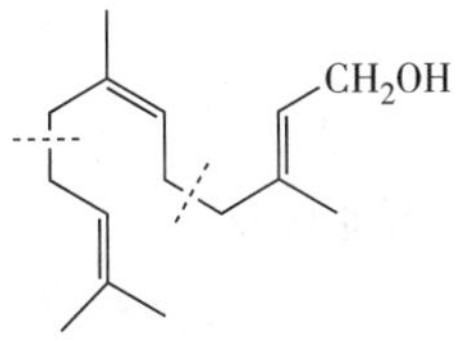

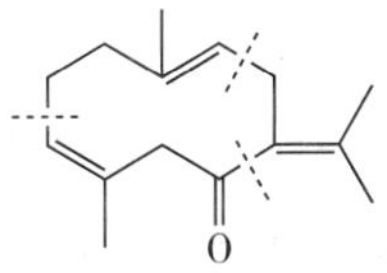

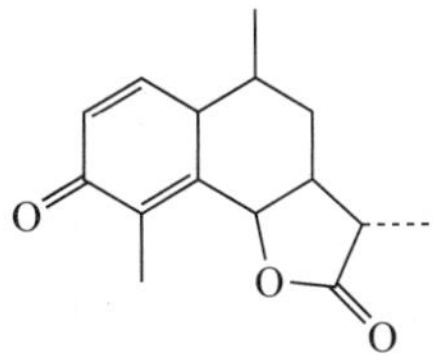

α-山道年 m. p. 170~173℃　　愈创木薁 b. p. 328℃　　青蒿素 m. p. 156~157℃

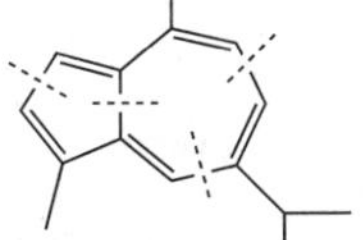

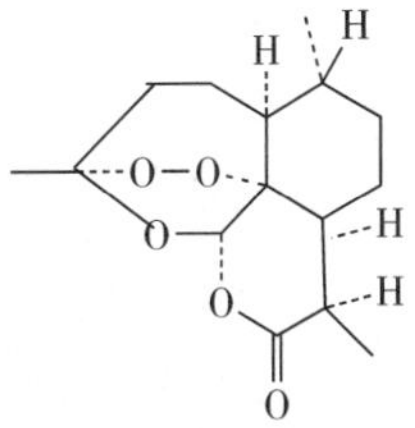

橙花叔醇是开链的醇，有水果的香气，用于调配香料。金合欢醇又称法尼醇，存在于香茅草、玫瑰等多种芳香植物的挥发油中，是一种名贵香料，也有昆虫保幼激素活性。杜鹃酮又称大牻牛儿酮，存在于满山红叶（兴安杜鹃）的挥发油中，具有平喘、止咳祛痰等疗效，可用于治疗急性或慢性气管炎。α-山道年是山道年草或茴蒿未开放的头状花序或全草的主要成分，是一种肠道驱虫药，可用于治疗肠道寄生虫。愈创木薁存在于香樟、老鹳草的挥发油中，具有抗菌消炎作用，能促进烫伤面的愈合，是国内烫伤药的主要成分之一。

青蒿素是我国首先发现的一种抗疟药，起效快、毒性低，是一种安全、有效的抗疟药。

2. 二萜 二萜类化合物（diterpenoids）是由四个异戊二烯单位构成，含有 20 个碳原子，也有链状、单环、双环等结构。二萜类化合物，因分子量较大，沸点较高，一般不具挥发性。二萜类化合物及衍生物广泛分布于植物界，在松柏科植物中分布尤为普遍。如植物醇为叶绿素的组成部分，植物分泌的乳汁、树脂等为二萜类衍生物。二萜的衍生物具有多方面的生物活性，如银杏内酯、丹参酮、穿心莲内酯等，有些已是重要的药物。除植物外，菌类代谢产物中也发现了二萜类化合物，并且从海洋生物中也分离得到很多二萜的衍生物。

植物醇（phytol）也称叶绿醇，在植物界中分布很广，是叶绿素的水解产物之一，也是合成维生素 E 和维生素 K_1 的原料。其结构为：

植物醇　b. p. 203~204℃

维生素 A（vitamin A）属脂溶性维生素，它是一个单环二萜类化合物。维生素 A 存在于动物的肝脏、奶油、蛋黄和鱼肝油中，以鱼肝油中的含量最为丰富。维生素 A 是哺乳动物正常生长和发育所必需的营养成分之一，能维持黏膜及上皮的正常机能，参与视紫质的合成。人体缺乏维生素 A 可以导致皮肤粗糙硬化、夜盲症和干眼症。

维生素 A

m. p. 62~64℃

紫杉醇（taxinol）化合物中存在一个三环二萜类结构。动物实验证实紫杉醇对多种癌症有效，且毒性较低，有希望成为高效低毒的抗癌新药。但紫杉醇在自然界中，主要存在于濒危植物红豆衫、紫松、红松等植物的树皮中，且含量甚微。如从植物中提取势必毁掉大片森林，目前正积极的研究从人工合成及细胞培养方法来获取紫杉醇，紫杉醇结构如下。

紫杉醇　m. p. 252℃

雷公藤内酯（triptolide）也属于三环二萜类化合物，又称雷公藤甲素。它具有抗炎、免疫抑制和抗肿瘤活性，对多种自身免疫性疾病显示出一定的疗效，是中药雷公藤的主要有效成分之一，雷公藤内酯结构如下。

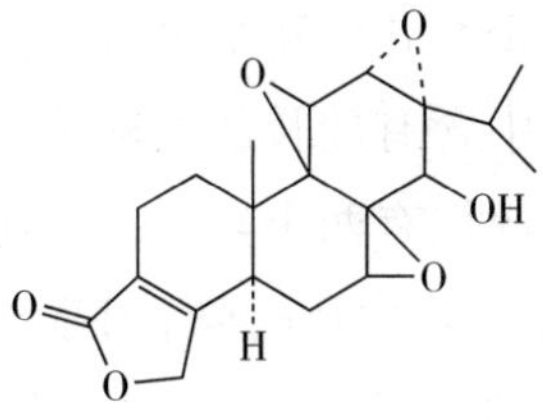

雷公藤内酯　m. p. 227℃

穿心莲内酯（andrographolide）是中药穿心莲（又名春莲秋柳，一见喜）中抗炎作用的主要活性成分，临床上用于治疗急性菌痢、胃肠炎、咽喉炎、感冒发热等，疗效显著。

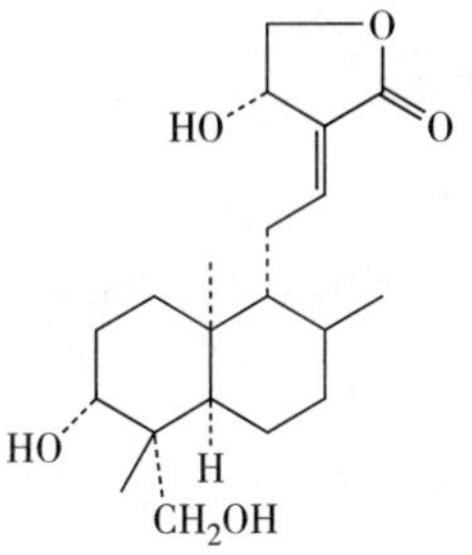

穿心莲内酯　m. p. 230~231℃

3. 三萜　三萜类（triterpenoids）化合物是由六个异戊二烯单位构成，含有 30 个碳原子的化合物。其基本骨架以四或五环最常见，链状和三环为数不多。三萜类化合物具有广泛的生理活性，如抗癌、抗炎、抗菌、抗病毒、抗生育、降低胆固醇等。三萜类化合物在自然界分布很广，菌类、蕨类、单子叶和双子叶等植物、动物及海洋生物中均有分布，它们以游离形式或者与糖结合成苷类或酯的形式存在。其代表化合物有鲨烯、齐墩果酸等。

鲨烯（squalene）或角鲨烯，又称鱼肝油烯，其结构特点是在分子的中心处两个异戊二烯尾尾相连。它有很弱的香气，存在于鲨鱼肝油及其他鱼类鱼肝油中的不皂化部分，在茶料油、橄榄油中也含有。在生物体内可转化为胆固醇，用作杀菌剂，其饱和物可用作皮肤润滑剂。

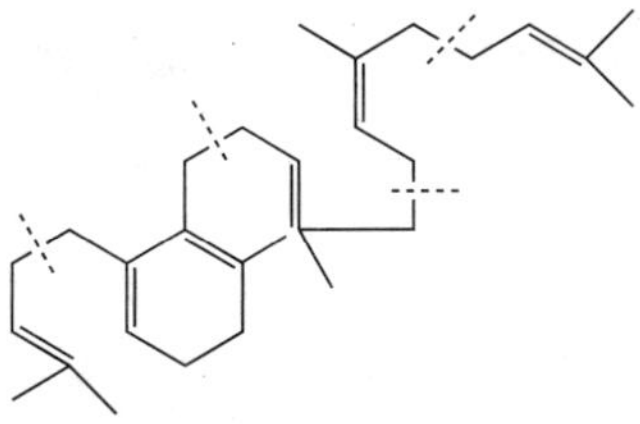

鲨烯　b. p. 240℃

齐墩果酸（oleanolic acid）主要来源木樨科植物齐墩果的叶、女贞的果实，另外，在中药人参、牛膝、山楂、山茱萸等中都含有该化合物。经动物实验证明其具有降低转氨酶作用，对四氯化碳引起的大鼠急性肝损伤，有明显的保护作用，可用于治疗急性黄疸型肝炎，对慢性肝炎也有一定的疗效。

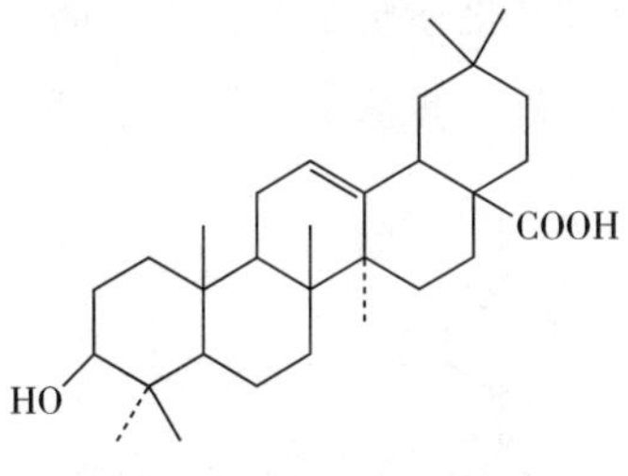

齐墩果酸　m. p. 308℃~310℃

4. 四萜 四萜类（tetraterpenoids）化合物是由八个异戊二烯单位构成，含有 40 个碳原子。该类化合物的结构特点是分子中含有较长的共轭体系，在其共轭多烯长链的两端，各有一个三甲基环己烯环，处于中间部位有两个异戊二烯尾尾相连。通常把这类化合物称胡萝卜素类，是因为胡萝卜素是 1831 年首次从胡萝卜中提取得到的。后来又发现很多结构与此类似的色素，所以通常把四萜称为胡萝卜类色素。其代表化合物有胡萝卜素、番茄红素等。

胡萝卜素（carotene）广泛存在于植物的叶、茎和果实中。胡萝卜素有多种，最常见的是 α-、β-、γ-三种异构体。其中 β-体含量最多为 85%，它在人体的肝脏内，受酶的作用后，裂解并被氧化成两个分子的维生素 A，也称它为维生素 A 源。

α-胡萝卜素　m. p. 188℃

β-胡萝卜素　m. p. 184℃

γ-胡萝卜素　m. p. 154℃

番茄红素（lycopene）结构与 γ-胡萝卜素相似，只是两端不是环，是开链化合物。可以从蕃茄中分离得到，其他许多果实中也存在。番茄红素在生物体内可以合成各种胡萝卜色素。

蕃茄红素　m. p. 172～173℃

17-1　什么是萜类化合物？萜类化合物是如何分类的？

17-2　下列化合物属于哪一类萜？其基本母核属于哪一类型？

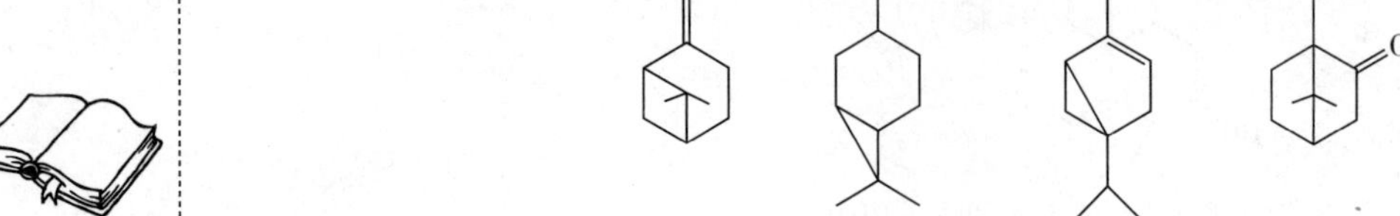

17-3　完成下列反应。

$\xrightarrow{LiAH_4}$　　　　$\xrightarrow{[O]}$

第二节　甾族化合物

一、定义、结构和位置编号

甾（音“灾”）是根据分子结构中含有四个环和三个侧链的形象称呼。甾族化合物（steroidal compound）因和固醇有关，又称为类固醇化合物。甾族化合物中很多具有重要的生理活性，如维生素、性激素、肾上腺皮质激素、植物强心苷等。其作用涉及生理、保健、医药、农业等诸多方面，对动植物生命起着重要的作用。它是一类很重要的天然产物，广泛存在于动植物体内。例如：

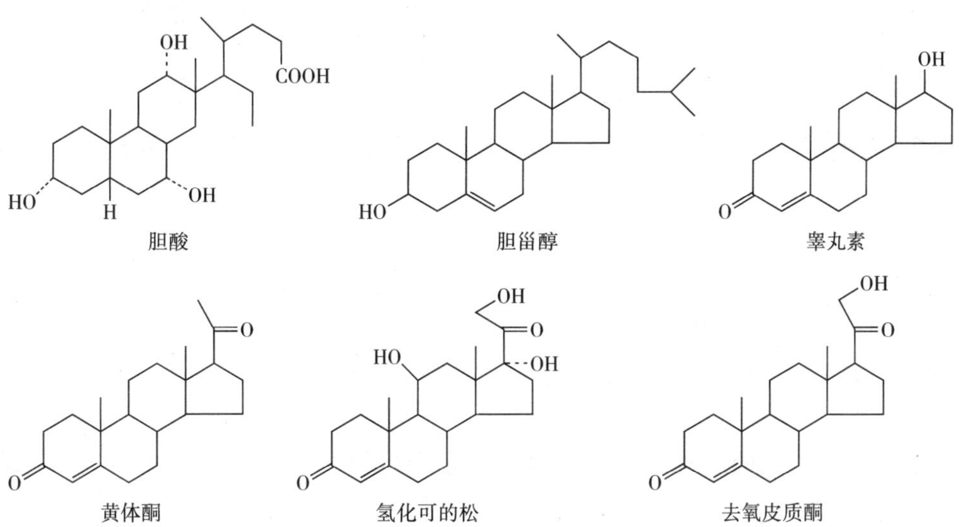

胆酸　胆甾醇　睾丸素

黄体酮　氢化可的松　去氧皮质酮

由上述各例的结构可知，甾族化合物的基本碳架具有一个“环戊烷并多氢菲”的母核和三个侧链，其通式如下。

其中 R_1，R_2一般为甲基，通常把这种甲基称为角甲基，R_3为具有 2、5、8、9、10 个碳原子的侧链或含氧基团如羟基、羰基。在不同的甾族化合物中 R_3链长短不同。“甾”字很形象地表示了这种基本碳架的特征：“田”表示四个互相稠合的环，“〈〈〈”则象征环上的三个侧链，即含有四个稠合环“田”字上连三个侧链。四个环用 A、B、C、D 编号，碳原子也按固定顺序用阿拉伯数字编号。

甾环母核的编号　　　　C-17 上支链编号

二、甾族化合物的命名

自然界存在的甾族化合物大多数都有其习惯名称。如果按系统命名法命名，则需先确定甾族母核的名称，然后在母核名称的前后分别加上构型、取代基的位置和名称。母核上 C_5-H 在纸平面前面的，称 5β 构型，用实线相连；在纸平面后面的，称 5α 构型，用虚线相连；若取代基构型未定的，则以～表示，用波纹线相连。甾族母核的名称主要是根据 C_{10}、C_{13} 及 C_{17} 上所连侧链的情况来确定，常见的有以下几类。

1. 甾烷　甾烷的结构特点是 C_{10}、C_{13} 上没有角甲基，C_{17} 上没有侧链，其结构如下。

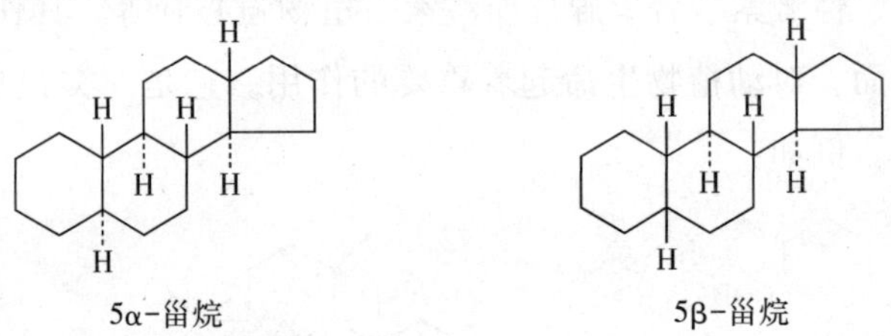

5α-甾烷　　　　5β-甾烷

2. 雌甾烷　雌甾烷的结构特点是 C_{10} 是没有角甲基，C_{13} 上有角甲基，C_{17} 上没有侧链，其结构如下。

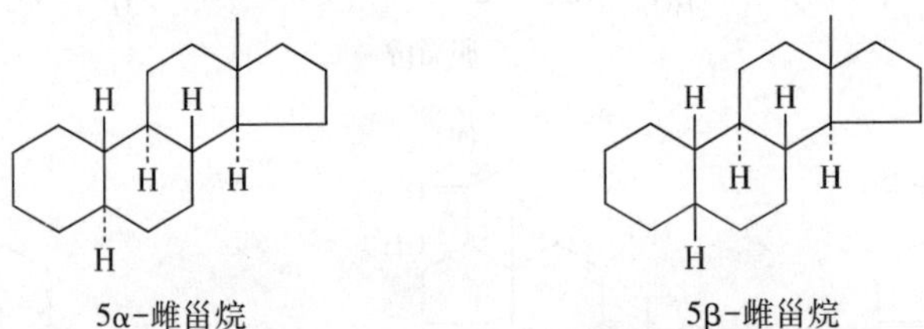

5α-雌甾烷　　　　5β-雌甾烷

3. 雄甾烷　雄甾烷的结构特点是 C_{10}、C_{13} 上都有角甲基，C_{17} 上没有侧链，其结构如下。

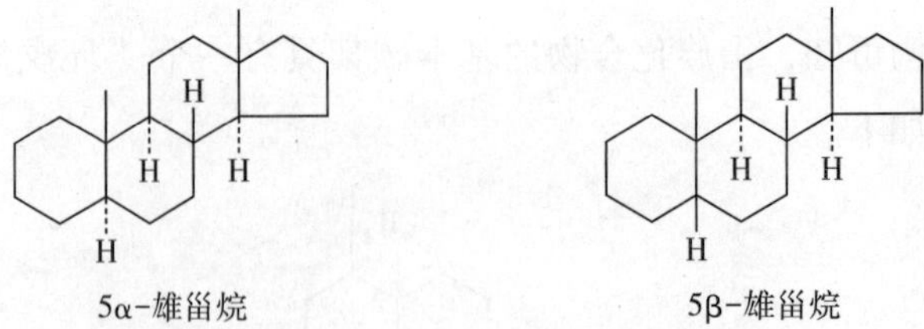

5α-雄甾烷　　　　5β-雄甾烷

4. 孕甾烷　孕甾烷的结构特点是 C_{10}、C_{13} 上都有角甲基，C_{17} 上有 β-构型的乙基，其结构如下。

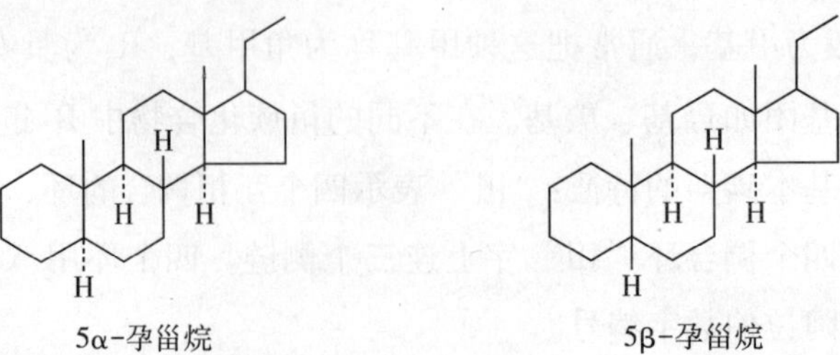

5α-孕甾烷　　　　5β-孕甾烷

5. 胆烷　胆烷的结构特点是 C_{10}、C_{13}上都有角甲基，C_{17}上有 β-构型五个碳原子的烷基。其结构如下。

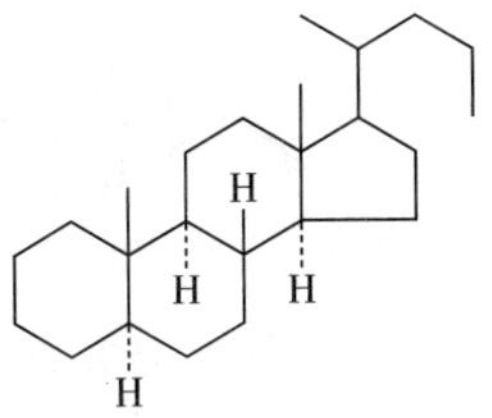

5α-胆烷 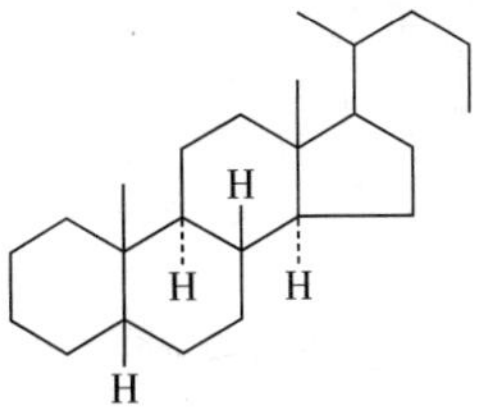　　5β-胆烷

6. 胆甾烷　胆甾烷的结构特点是 C_{10}、C_{13}上都有角甲基，C_{17}上有 β-构型八个碳原子的烷基，其结构如下。

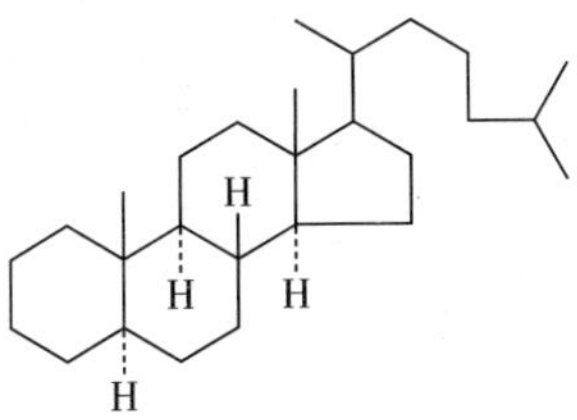

5α-胆甾烷 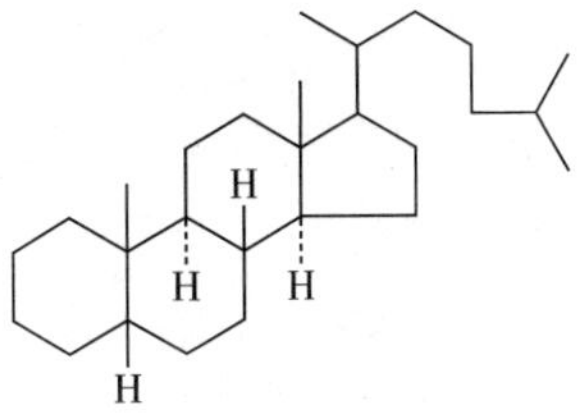　　5β-胆甾烷

7. 麦角甾烷　麦角甾烷的结构特点是 C_{10}、C_{13}处有角甲基，C_{17}处连有 β-构型九个碳原子的烷基，其结构如下。

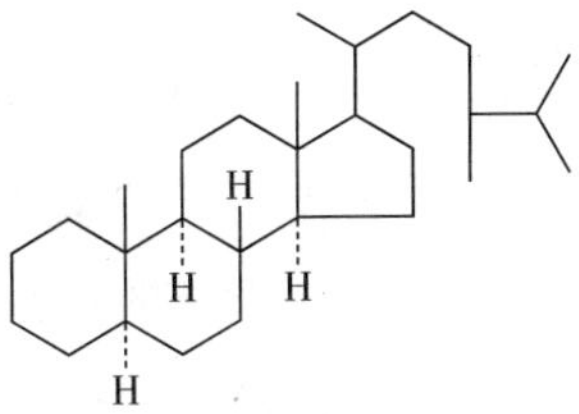

5α-麦角甾烷 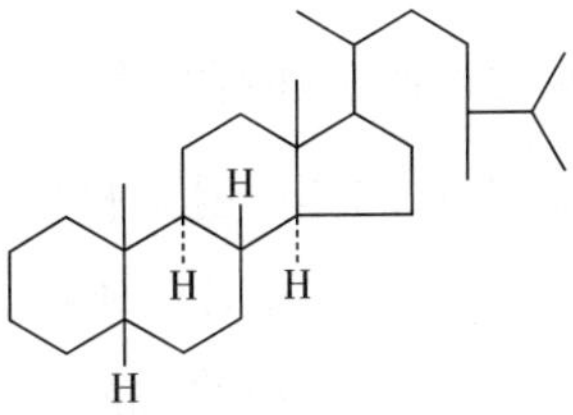　　5β-麦角甾烷

8. 豆甾烷　豆甾烷的结构特点是 C_{10}、C_{13}处有角甲基，C_{17}处连有 β-构型十个碳原子的烷基，其结构如下。

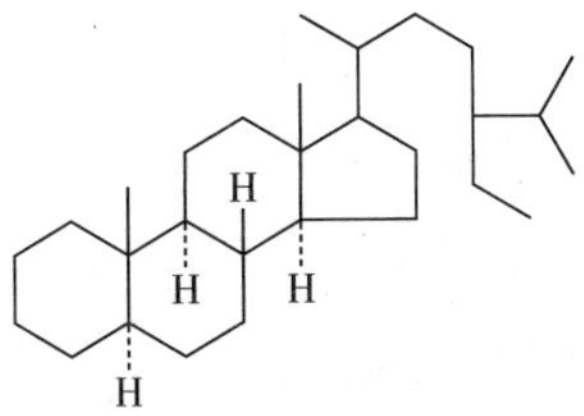

5α-豆甾烷 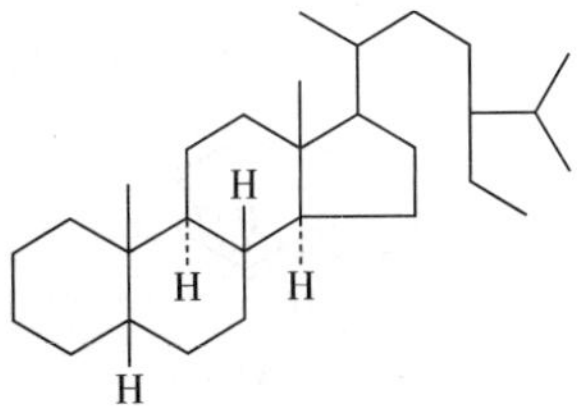　　5β-豆甾烷

在以上母核或其支链上出现烯键、羟基、羰基、羧基等其他官能团，则母核名称中的“烷”字相应的改成“烯”“醇”“酮”“酸”。例如：

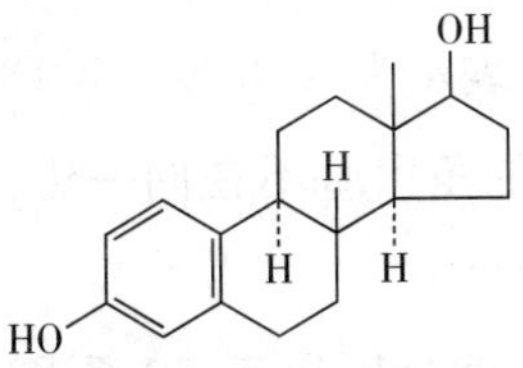

3,17β-二羟基-1,3,5(10)雌甾三烯
（β-雌二醇）

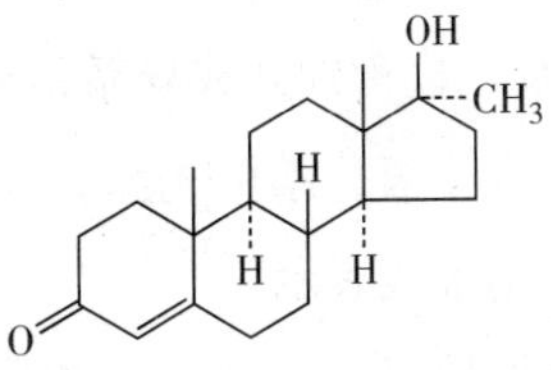

17α-甲基-17β-羟基雄甾-4-烯-3-酮
（甲睾酮）

6α-甲基-17α-乙酰氧基孕甾-4-烯-3,20-二酮
（甲孕酮）

3α,7α-二羟基-5β-胆烷-24-酸
（鹅去氧胆酸）

11β,17α,21-三羟基孕甾-4-烯-3,20-二酮
（氢化可的松）

3β-羟基胆甾-5-烯
（胆甾醇）

三、甾族化合物的立体化学

（一）母核的构型

甾族化合物母核四个环有六个手性碳原子（C_5、C_8、C_9、C_{10}、C_{13}、C_{14}），理论上应有 2^6（64）个旋光异构体。但甾核中四个环（A、B、C、D）是在手性碳处稠合的［C_5、C_{10}（A/B）环；C_9、C_8（B/C）环；C_{13}、C_{14}（C/D）环］，由于稠环的存在，而引起的空间位阻，所以使实际可能存在的异构体数目大大减少，一般只以稳定的构型存在。天然的甾族化合物现在只发现有两种构型，一种是 A 、B 环顺式稠合，表示为 A/B 顺，另一种是 A 、B 环反式稠合，表示为 A/B 反，其余三个环之间都是反式稠合。

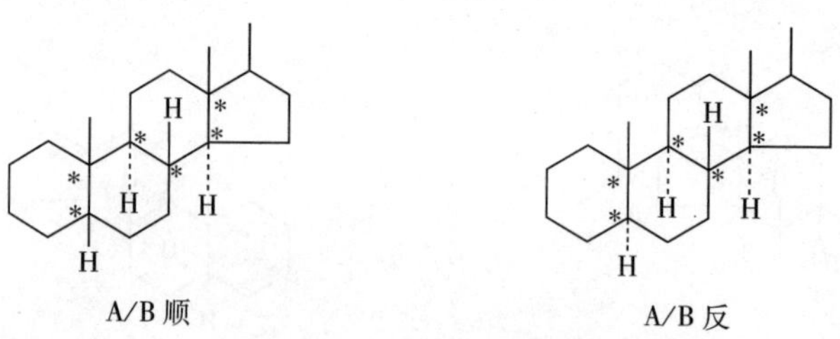

A/B 顺　　A/B 反

根据这些特点，可将甾族化合物分为 5α 系和 5β 系甾族化合物两种类型。

（1）5β 系　也称正系甾族化合物。其构型可表示为 A/B 顺、B/C 反、C/D 反。A/B 环相当于顺十氢化萘的构型，C_5上的氢原子和 C_{10}的角甲基都伸向环平面的前方，用实线表示。

（2）5α 系　也称别系或异系甾族化合物。其构型可表示为 A/B 反、B/C 反、C/D 反。A/B 环相当于反十氢化萘的构型，C_5上的氢原子和 C_{10}的角甲基不在同一边，而是伸向环平面的后方，用虚线表示。

例如：粪甾烷（coprostane）和胆甾烷（cholestane）就分别属于 5β 系和 5α 系甾体化合物。

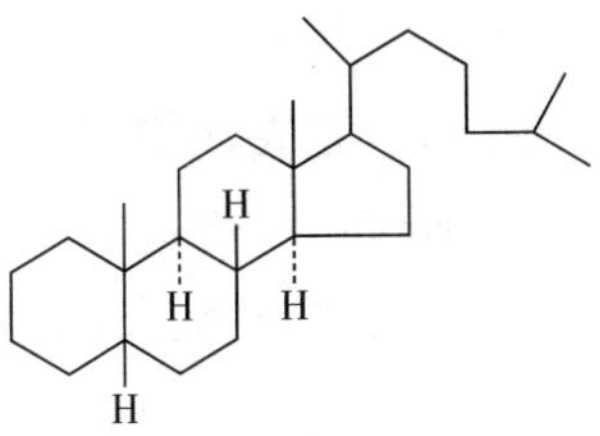

正系　5β 型 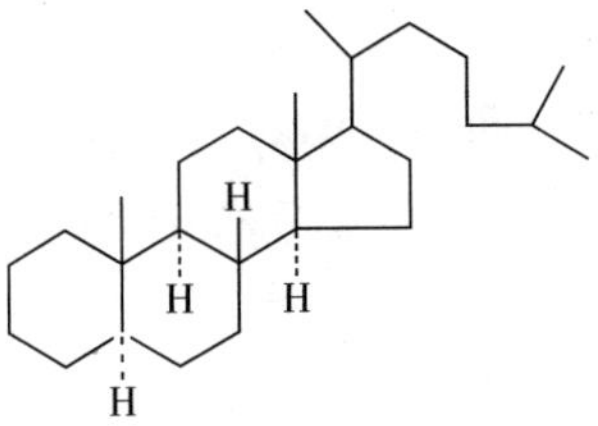　　　　别系　5α 型

（二）取代基构型

甾族化合物中甾环上所连的取代基在空间有两种取向，经 X 射线分析证明，天然甾族化合物中，C_{10}和 C_{13}上的角甲基互为顺式，都在环平面的同侧（前方），因而其余取代基的构型就以角甲基为判断标准：环上取代基与角甲基不在同侧的，叫 α-构型，用虚线（---）表示；环上取代基与角甲基在同一边，叫 β-构型，用实线（—）表示；环上取代基构型还未确定，叫 ξ-构型，用波纹线（〜）表示。例如：

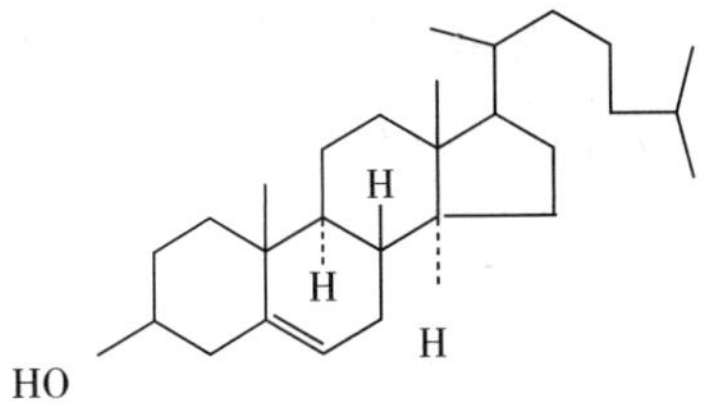

3β-羟基胆甾-5-烯 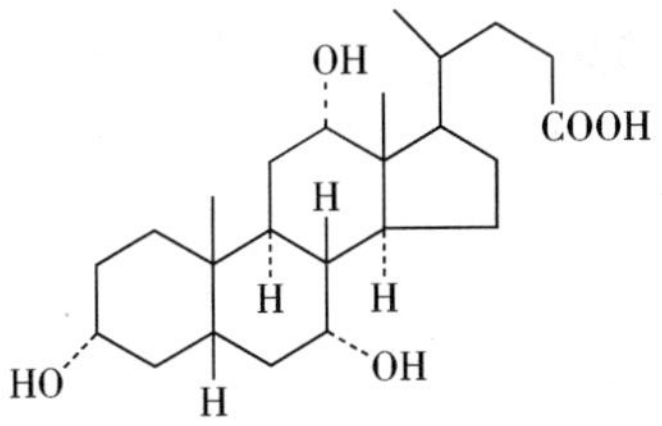　　　　3α,7α,12α-三羟基-5β-胆烷-24-酸

（三）甾族化合物的构象

甾族母核是由 3 个环已烷和一个环戊烷稠合而成，所以甾族化合物的分子实际上并不是平面的，而是具有较复杂的空间构型，可以不同的构象存在。一般情况下，5α 系甾族化合物和 5β 系甾族化合物的构象式如下。

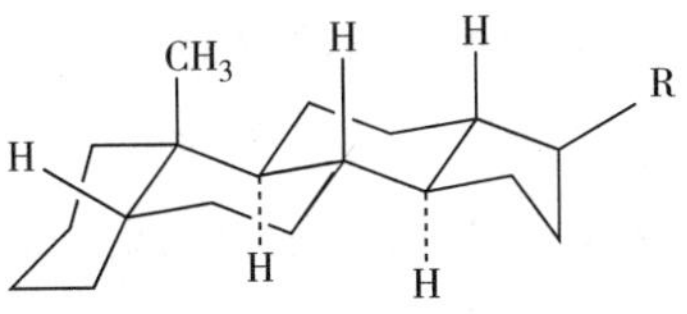

正系
A/B 环相当于顺十氢化萘的构型

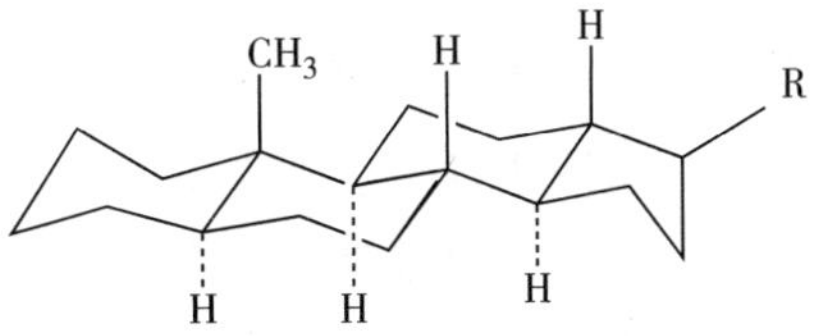

别系
A/B 环相当于反十氢化萘的构型

在 5α 系甾族化合物和 5β 系甾族化合物中四个环稠合在一起，而且都有反式稠合环，所以和反式十氢化萘一样，没有转环作用，分子中 *a* 键和 *e* 键不能互换，其构象是固定的。因为甾族化合物分子中 *a* 键基团和 *e* 键基团不能互换，所以处于不同键上的基团在化学性质上也表现不同。

四、常见的甾族化合物

甾族化合物种类很多，一般根据天然来源和生物活性，大致可以分为甾醇、胆甾酸、甾体激素、强心苷、甾体皂苷等。

（一）甾醇类

甾醇又称固醇类，是甾族化合物中最早发现的一类化合物，它们是一些饱和或不饱和的醇类，多是结晶固体。其结构特征是：C_3上有羟基，一般为 β-型，C_5上有不饱和键，C_{17}上连有 8～10 个碳原子的侧链。根据来源可分为动物甾醇和植物甾醇。其代表化合物有

胆甾醇、麦角甾醇和维生素 D 等。

1. 胆甾醇（cholesterol） 又称胆固醇，是一种动物甾醇，是在动物和人体组织中含量最多的甾族化合物，主要分布于动物的脂肪、脑、脊髓及血液中，蛋黄中含量也较多。胆甾醇是无色蜡状固体，不溶于水而易溶于有机溶剂。人体内含量过高，可引起胆结石、高血压和动脉粥样硬化。

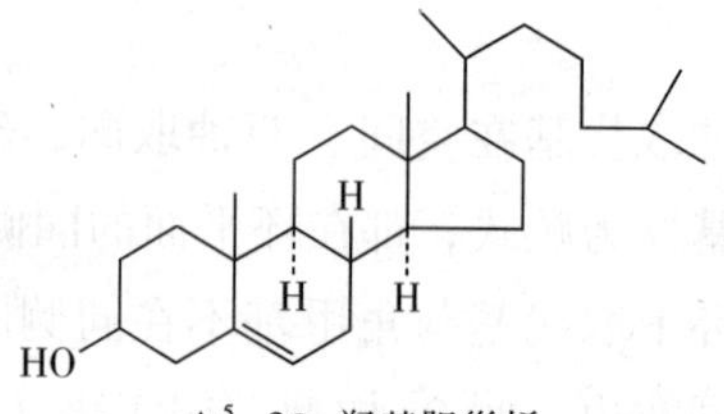

Δ^5-3β-羟基胆甾烯

m. p. 149℃

2. 麦角甾醇（ergostenol） 是一种植物甾醇，存在于麦角、酵母和一些植物中，在中药灵芝和茯苓中也含有，是一种重要的植物甾醇。麦角甾醇为白色片状结晶或针状结晶，是合成维生素 D_2的原料。

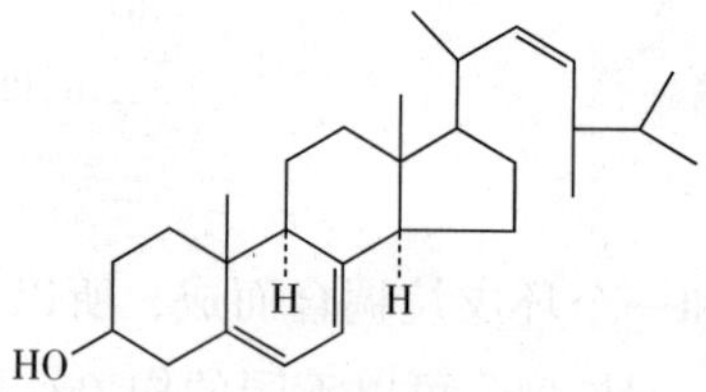

麦角甾醇

m. p. 168～169℃

3. 维生素 D（radiostol） 是甾醇的衍生物，可看作是甾醇类化合物 B 环破裂后形成的产物，属于类甾体化合物。维生素 D 广泛存在动物体内，含量最高的是鱼的肝脏，牛奶和蛋黄中也有。维生素 D 也叫抗佝偻病维生素，缺乏维生素 D，儿童会得佝偻病、成人会患软骨病。维生素 D 类化合物目前已知的至少有 10 钟，其中维生素 D_2和 D_3的生理活性最强，主要用于治疗佝偻病。二者结构上的差别仅在于 C_{22}处有无双键，C_{24}有无甲基，D_3的稳定性较 D_2高。

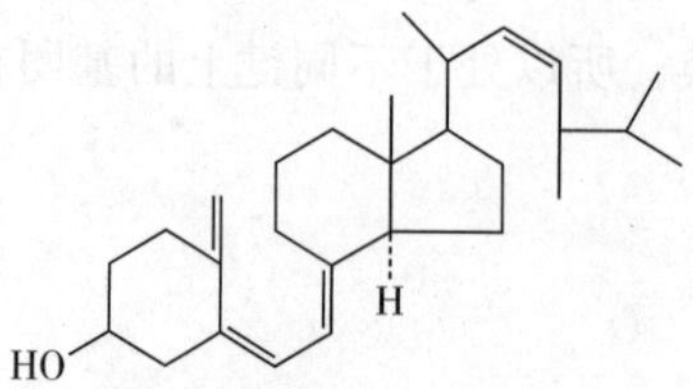

维生素 D_2

m. p. 115～117℃

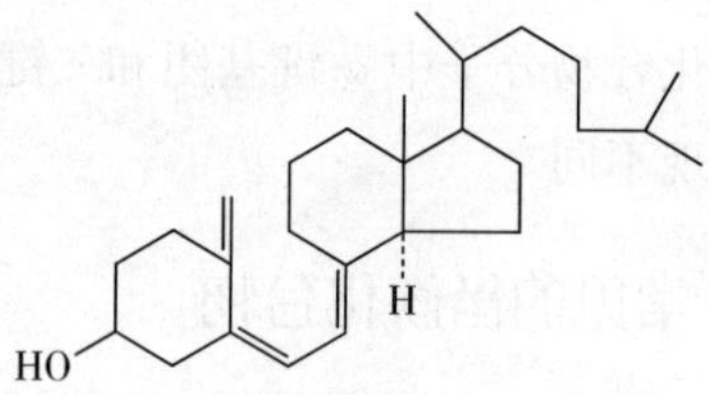

维生素 D_3

m. p. 82～83℃

（二）胆酸类

胆酸（bile acid）类或称胆甾酸类，是人和动物胆汁中存在的一类甾体化合物，其结构特征是它们都属于 5β 系甾体化合物，C_{17}上侧链含 5 个碳原子，链端有一羧基，分子内无双键，羟基多为 α 构型。例如：

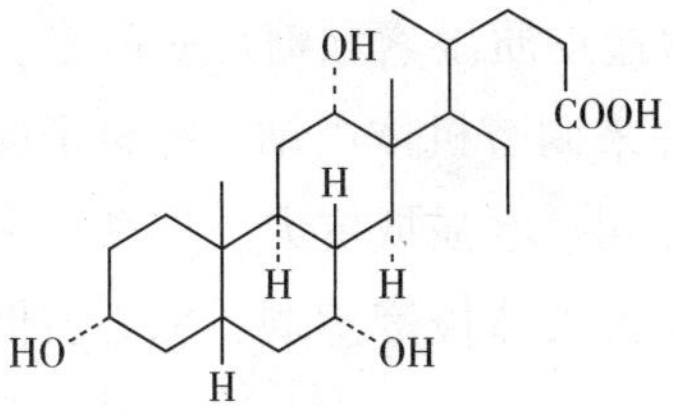

胆酸
m. p. 198℃

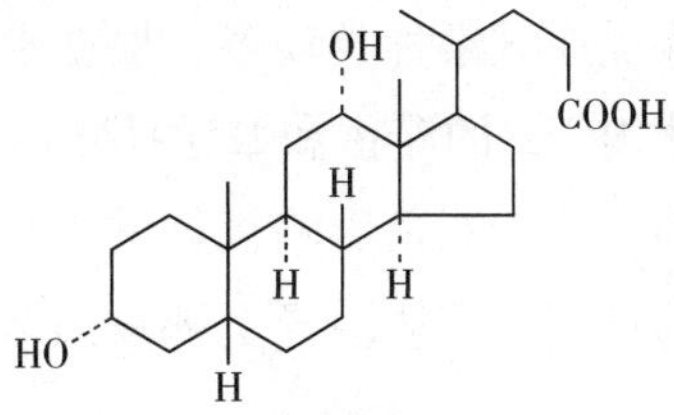

去氧胆酸
m. p. 196～197℃

在胆汁中，胆甾酸类并不是以游离的形式存在，而是以盐的形式存在。即胆酸中的羧基与甘氨酸或牛磺酸中的氨基以酰胺键结合，形成甘氨胆酸或牛磺胆酸，并以不同的比例存在于不同动物的胆汁中，总称胆汁酸。

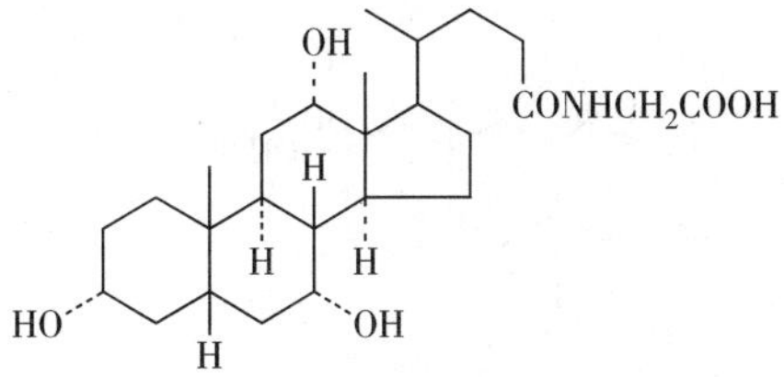

甘氨胆酸
m. p128℃

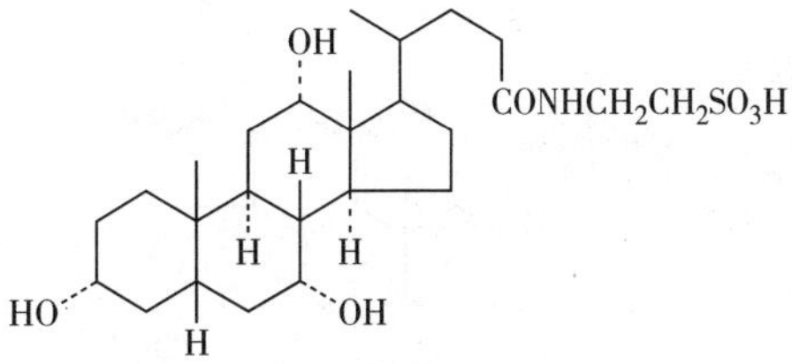

牛磺胆酸
m. p230℃

胆汁酸在人体及动物体内是以钠盐或钾盐的形式存在的，称为胆汁酸盐。胆汁酸盐具有良好的乳化作用，能使油脂乳化成细小微团，以便于机体对脂类的消化和吸收，还可以抑制胆汁中胆固醇的析出。它们的钠盐混合物是利胆药。

（三）甾体激素

激素又称荷尔蒙（hormone），它是生物体内存在的一类具有重要的生理活性的特殊化学物质，对生物的正常代谢和生长、发育及繁殖起着重要的调节作用。激素按化学结构不同，可分为含氮激素和甾体激素两类，甾体激素按其来源又可分为肾上腺皮质激素和性激素两类。

1. 肾上腺皮质激素与甾体抗炎药 肾上腺皮质激素（adrenal cortex hormone）是由肾上腺皮质部分所分泌的一类激素，其结构特点为甾体母核都是孕甾烷，C_3上都有酮基，在C_4和C_5之间有双键，C_{17}上都连有一个2-羟基乙酰基。主要的肾上腺皮质激素的结构如下。

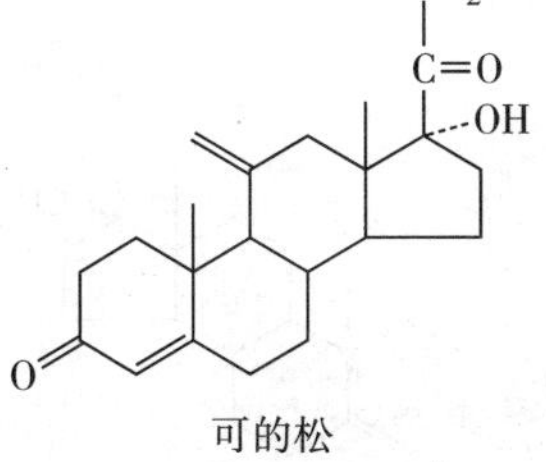

可的松
m. p220～224℃

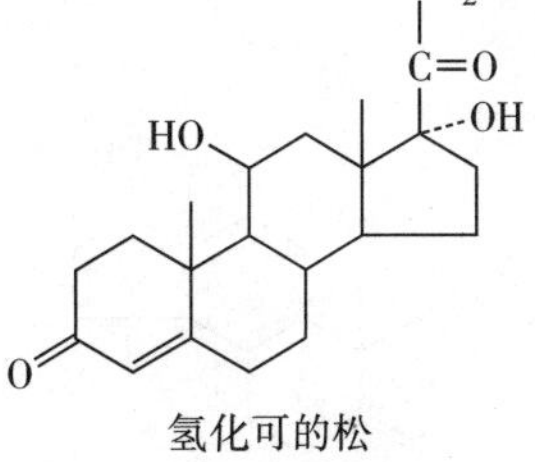

氢化可的松
m. p217～220℃

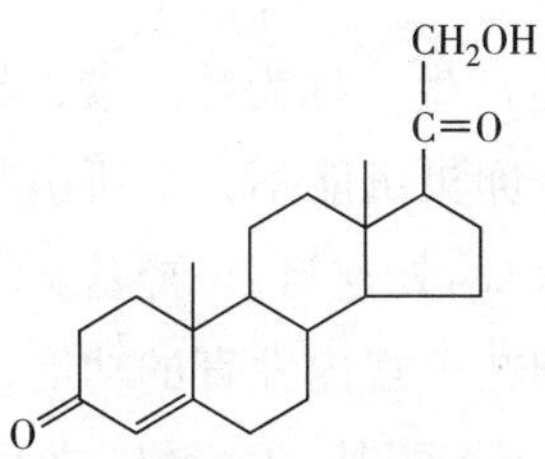

11-去氧皮质酮
m. p138～144℃

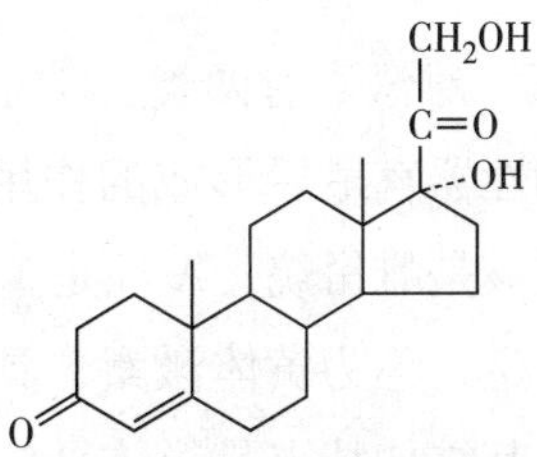

17α-羟基-11-去氧皮质酮

肾上腺皮质激素种类较多，根据生理功能又分为盐皮质激素和糖皮质激素。盐皮质激素能促进体内 Na^+的滞留和 K^+的排出，通过保钠排钾来调节机体内钠、钾离子的平衡。糖皮质激素的生理功能是影响机体的糖代谢、增加糖肝元、增强抵抗力、具有抗炎、抗过敏和抗风湿的作用。人体内肾上腺皮质激素减少，会导致人体极度虚弱、恶心、低血糖、低血压等。

根据肾上腺皮质激素性能，加以结构改造与构效关系的研究，为临床提供了不少新药。如氢化泼尼松的抗炎作用是氢化可的松的 4～5 倍，而钠潴留作用仅是其 80%，现已被各国药典收藏。另外一些 9α-氟-11β-羟基衍生物都具有显著的抗炎活性，如曲安西龙、地塞米松、氟轻松等。

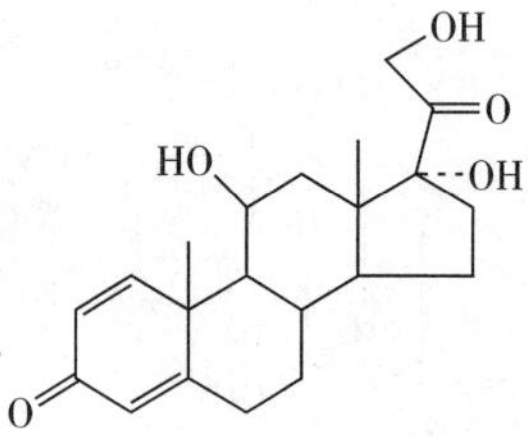

氢化泼尼松 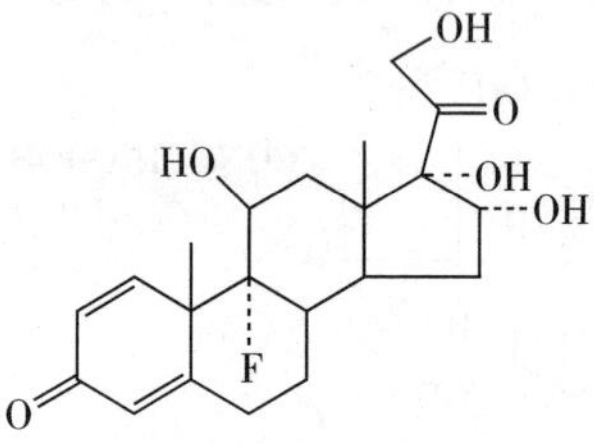　　曲安西龙

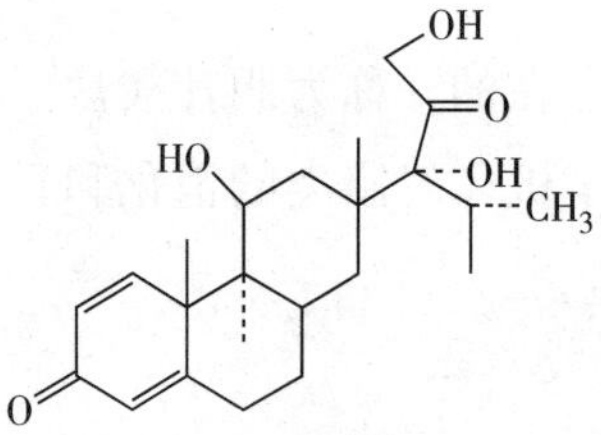

地塞米松 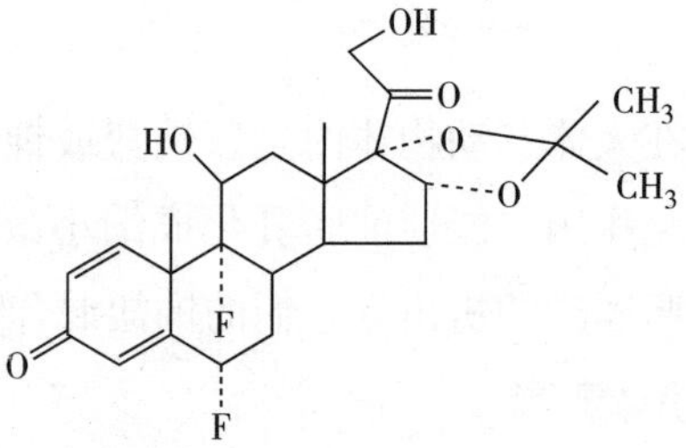　　氟轻松

2. 性激素　性激素（sex hormone）是由动物的性腺（睾丸和卵巢）分泌的甾体激素，具有促进性特征和性器官的发育，维持正常的生育功能。按其生理功能又分为雌激素和雄激素。

（1）雄激素　由睾丸间质细胞所分泌的激素，肾上腺皮质也分泌少量雄激素。雄激素具有促进肌肉生长，第二性征的发育和性器官最后形成的作用。其结构特点是甾体母核是雄甾烷，C_3上都有酮基，C_4和 C_5之间有双键，C_{17}上都连有一个 β-羟基。主要的雄激素的结构如下。

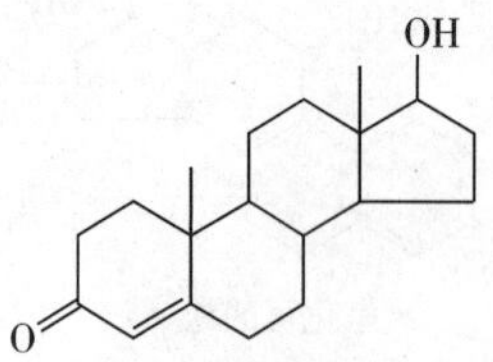

睾丸素 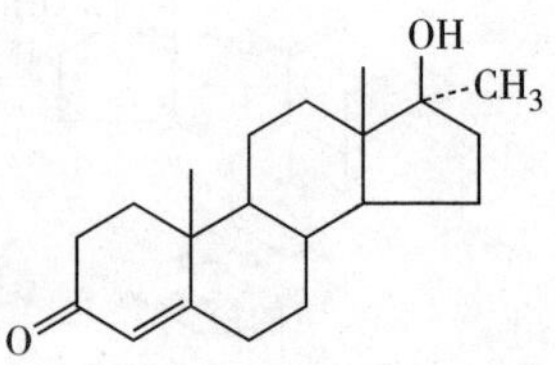　　甲睾酮

（2）雌激素　雌激素有两类：①是由成熟的卵泡产生，称为雌激素，具有促进雌性第二性征的发育和性器官最后形成的作用，临床上用于卵巢机能不完全所引起的疾病。其结构特点是甾体母核是雌甾烷，A 环是苯环结构，C_3和 C_{17}处连有 β-羟基。②由卵泡排卵后形成的黄体所产生，称为黄体激素，具有促进受精卵在子宫内发育的功能，临床上用于治疗习惯性流产。其结构特点是甾体母核是孕甾烷，C_3上有酮基，C_4和 C_5之间有双键，C_{17}上连有 β-乙酰基或其他基团。

β-雌二醇　　　　黄体酮

通过对生殖过程基础理论的研究，人们认识了排卵的机理和受孕的条件，以及这些生理现象与雌激素和黄体激素的关系。人们对天然的黄体激素与雌激素进行了结构改造与构效关系的研究，目前合成得到的效果较好，得到作用时间较长的避孕药。如甲地孕酮、炔诺酮、炔雌醇、醋炔醚等。

甲地孕酮　　　　炔诺酮

炔雌醇　　　　醋炔醚

（四）植物皂苷

一些动植物中，含有甾体和糖所成的苷类化合物，甾体皂苷就是其中的一类。甾体皂苷大多能溶于水形成胶体溶液，振荡而产生泡沫，有乳化作用，而且能溶解红细胞，引起溶血现象。甾体皂苷主要分布在百合科、玄参科、薯蓣科及龙舌兰科的植物体内。

甾体皂苷经酸水解后生成甾体皂苷元和各种糖类，如从薯蓣科植物中可提取到薯蓣皂苷，水解薯蓣皂苷后可得到薯蓣皂苷元和糖；从龙舌兰中得到的剑麻皂苷元和海可皂苷元。

薯蓣皂苷元　　　　剑麻皂苷元

海可皂苷元

甾体皂苷元经过裂解、氧化、消除反应制得相应的烯醇酮酯，它们是合成甾体药物的理想原料。例如从薯蓣皂苷元制得的孕甾双烯酮酯，它是合成某些黄体激素药物、女用避孕药及肾上腺皮质激素类抗炎药物的主要中间体。剑麻皂苷元经过类似的变化，分别制得中间体 5α-孕甾烯醇酮醋酸酯与表雄酮醋酸酯。它们都是 5α 型甾体化合物，适用于制备别系甾体药物。

17-4　下列甾体化合物属于哪个系？各羟基的构型？

17-5　完成下列反应。

$\xrightarrow{Br_2/CCl_4}$

知识拓展

甾族类化合物的生物合成

生物合成是指生物体利用一些小分子的有机物在生物体内经过酶的催化作用下形成复杂的有机物分子的过程。这些复杂的有机物有些是维生素、有些是激素，亦可是一些代谢物。这种在酶的作用下由小分子结合成大分子，其过程往往是实验室所做不到的。

甾族化合物在生物来源方面与萜类化合物等有密切关系。它们的生物合成途径不仅微妙，而且条件十分温和。同位素研究表明，用标记的醋酸分别放在肝脏切片培养液中，尚未死去的肝脏细胞组织就能用这种标记的醋酸合成有标记的胆固醇。又经生化证明，用标记的方法，可以在体外经酶的作用，醋酸经多步，生成角鲨烯。再经角鲨烯的 2,3-环氧化物的环化，可生成羊毛甾醇。羊毛甾醇在体内再经过一系列转化即形成胆甾醇和性激素等甾族物质。

重点小结

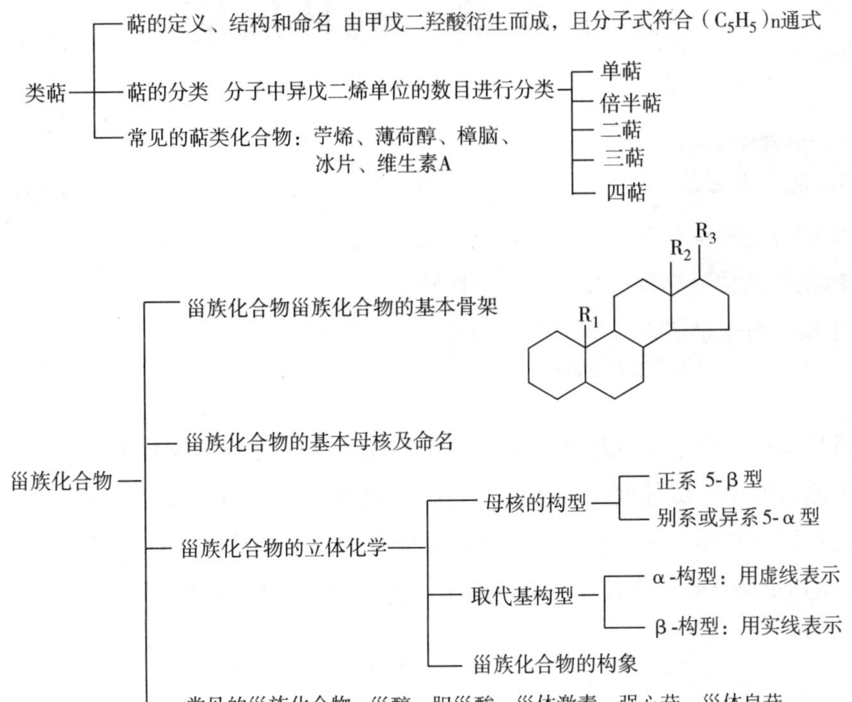
类萜
萜的定义、结构和命名 由甲戊二羟酸衍生而成，且分子式符合（C_5H_5）n通式
萜的分类 分子中异戊二烯单位的数目进行分类
单萜
倍半萜
二萜
三萜
四萜
常见的萜类化合物：苧烯、薄荷醇、樟脑、冰片、维生素A
甾族化合物
甾族化合物甾族化合物的基本骨架
R1
R2
R3
甾族化合物的基本母核及命名
甾族化合物的立体化学
母核的构型
正系 5-β型
别系或异系5-α型
取代基构型
α-构型：用虚线表示
β-构型：用实线表示
甾族化合物的构象
常见的甾族化合物 甾醇、胆甾酸、甾体激素、强心苷、甾体皂苷

扫码“练一练”

第十八章 周环反应

要点导航

1. **掌握** 三种周环反应（电环化、环加成、σ-迁移）的反应特点及规律。
2. **熟悉** 三种周环反应规律的理论解释。
3. **了解** 分子轨道对称守恒原理和前线轨道理论。

在有机反应中，除了自由基型反应和离子型反应外，还有第三种类型的反应，这类反应只经历过渡态而不生成任何活性中间体，称为协同反应（concerned reaction）。在反应过程中形成的过渡态是环状过渡态的一些协同反应称为周环反应（pericyclic reactions）。前面已经讨论过的 Diels-Alder 反应（见第四章第八节）就是一种典型的周环反应。

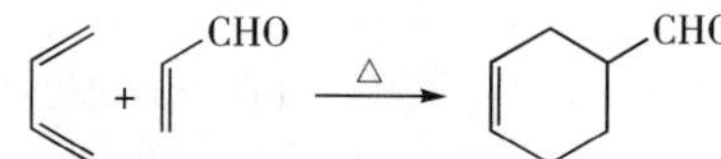

周环反应是指在反应过程中化学键的断裂和生成是同时发生、同步完成的，不形成自由基或离子等活性中间体，只经过多中心的环状过渡态的一类协同反应。周环反应一般受反应条件加热或光照的制约，而且加热和光照所产生的结果也是不同的；此外，周环反应还具有高度的立体专一性的特点。

周环反应主要包括电环化反应（electrocyclic reaction）、环加成反应（cycloaddition reaction）和σ-迁移反应（sigmatropic rearrangement）。周环反应在合成特定构型的环状化合物，特别是对结构复杂的天然产物如维生素 B、维生素 D、胆固醇、斑螯素等的合成有重要意义。

美国化学家伍德沃德（R · B · Woodward）、霍夫曼（R · Hofumann）和日本化学家福井谦一（K · Fukui）等学者的研究证明，周环反应是受分子轨道对称性控制的反应。1965 年伍德沃德和霍夫曼依据众多的实验事实，从量子化学的角度提出了解释周环反应机理的分子轨道对称性守恒（conservation of orbital symmetry）理论，1971 年日本化学家福井谦一提出了完整的前线轨道（ontier orbital）理论，这两个理论成功地阐明了周环反应的机理。

扫码“学一学”

第一节 周环反应理论基础

一、分子轨道对称性守恒原理

分子轨道对称守恒原理认为：化学反应是分子轨道重新组合的过程，即在反应过程中，当反应物和产物的分子轨道对称性特征一致时，反应就容易进行（对称允许），而不一致时，反应进行就有困难（对称禁阻）。或者说，反应物总是倾向于按照保持其分子轨道对称

性不变的方式发生反应，从而得到轨道对称性不变的产物。这种观点即为著名的“分子轨道对称性守恒原理”，简称为伍德沃德-霍夫曼规律（W-H 规则）。应用分子轨道对称守恒原理就是通过反应过程中所涉及的分子轨道对称性的变化，定性地判断反应发生的可能性和立体化学特征，以及反应进行的条件。

分子轨道对称守恒原理把分子轨道理论用于研究化学反应的动态过程，能够很好地解释和预测周环反应的立体化学过程以及反应进行的条件。

分子轨道（molecular orbital）和原子轨道（atomic orbital）一样，不仅在数学上能用波函数表示，也可用几何图形来表示。由于几何图形有可能把轨道的对称性表示得更加直观。因此，当应用分子轨道对称性守恒原理来解释化学反应时，通常要对分子轨道图形的对称性加以分析。

共轭二烯烃分子中有四个 π 分子轨道（见表 18-1），由于四个 p 原子轨道（p atomic orbital，pAO ）的不同位相的线性组合，必然导致分子轨道中会出现 pAO 反位相组合的状态，分子轨道中 pAO 反位相组合导致分子轨道相应部位出现电子云密度等于零的节面，分子轨道中的节面愈多，π 电子的离域性愈差，该分子轨道的能量也就愈高。能量依次为 $\psi_1<\psi_2<\psi_3<\psi_4$，从 ψ_1 到 ψ_4π 分子轨道的纵向节面数依次为 0、1、2、3，即链状共轭多烯的 π 分子轨道的节面数呈现 i-1（i 为 π 分子轨道的编号数）的规律。掌握共轭烯烃 π 分子轨道节面数的规律，有助于辨识共轭烯烃 π 分子轨道的能级高低。

表 18-1　共轭二烯的 π 分子轨道及轨道对称性

分子轨道波函数	π 分子轨道直线侧视图	节面数	m 对称
ψ_4		3	A
ψ_3		2	S
ψ_2		1	A
ψ_1		0	S

表 18-1 是具有 4 个 π 电子共轭体系的分子轨道及其能级。轨道中黑色的一叶表示它的位相与另一叶不同。轨道的对称性用 A 和 S 表示，其中 S（symmetry）表示对称，A（antisymmetry）表示反对称。4 个 π 轨道按能级升高的次序排列，分别为 π1，π2，π3 和 π4，其对称性依次为 S、A、S 和 A。其他的 π 电子共轭体系也是这样，能级最低的分子轨道的对称性为 S，能级相邻的两个分子轨道的对称性正好相反。并呈现“奇对（S）偶反（A）”交替变化的规律（奇、偶是指 π 分子轨道编号数的奇偶数）。分子轨道对称守恒原理对周环反应中分子轨道对称性的分析，就是基于共轭多烯 π 分子轨道对称面的对称性分析。表 18-1 表示了丁-1,3-二烯的分子轨道近似图形及轨道对称性，其他共轭多烯的 π 分子轨道图形和轨道对称性也可参考上述规律得出。

在应用分子轨道对称守恒原理分析周环反应的表述方法有多种，如前线轨道法、能级相关理论和芳香过渡态理论等。其中以前线轨道法较为简单而且形象直观，本书主要介绍前线轨道法。

二、前线轨道理论

当原子间发生化学反应时，价电子起关键作用，前线轨道理论认为，与原子的价电子

相似，分子轨道中能量最高的电子占据轨道（HOMO，highed occupied molecular orbital）和没有电子占据的分子轨道中能量最低的轨道（LUMO，lowest unoccupied molecular orbital）是周环反应中给出或接受电子形成共价键的前线轨道。分子轨道中 HOMO 电子能量最高、最活泼，最容易推动反应的进行。在基态反应中，分子的 HOMO 电子首先给出电子与反应对象分子的 LUMO 匹配形成新的共价键，在光照射下的激发态中，电子束缚得最疏松的 HOMO 电子最容易激发到自身分子轨道中的 LUMO，形成光化学周环反应中的新 HOMO。也就是说，发生化学反应时，这两种分子轨道处于电子转移授受成键的前线地位，它们对成键起到关键作用，所以称前线轨道。分析周环反应中反应物 π 分子轨道的对称性，不必对所有 π 分子轨道对称性进行全面考察，只需分析前线轨道的对称性即可。前线轨道理论抓住了周环反应的核心与实质，使繁杂深奥的量子化学数学处理方法转化为人们容易接受的形象直观的几何图形理论。

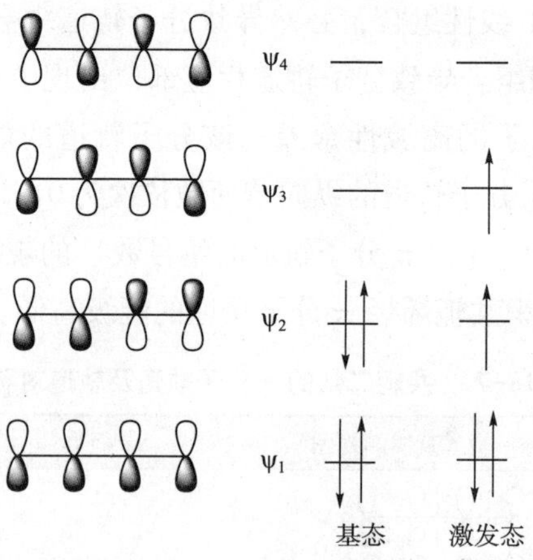

图 18-1　4π 体系的分子轨道

如图 18-1 中 4π 体系，在基态下 4 个 π 电子首先占据能级最低的两个分子轨道，即 π1 和 π2，π2 是能级最高的已占轨道，简称 HOMO，π3 是能级最低的未占轨道或空轨道，简称 LUMO。丁二烯及其他具有 4n 个 π 电子的体系，其 HOMO 的对称性都是 A，LUMO 的都是 S。但在激发态，由于一个 π 电子由 π2 跃迁至 π3，故 HOMO 变为 π3 轨道，其对称性为 S，而 LUMO 是 π4 轨道，其对称性为 A。

18-1　画出基态下已-2,4-二烯的 HOMO 的分子轨道图形。

扫码“学一学”

第二节　电环化反应

一、反应特点

开链的共轭烯烃在热或光照的作用下，π 键断裂的同时，共轭链的两端形成 σ 键，反应经过电子离域的环状过渡态，发生分子内环合转变为环状烯烃，以及它的逆反应（即环状烯烃开环变成共轭烯烃的反应）称为电环化反应。例如：*S*-顺-丁-1,3-二烯的环合及其逆反应。

光或热

S-顺-丁-1,3-二烯 环状过渡态 环丁烯

其主要的特征有：反应进行时，有两个以上的键同时断裂或形成，是多中心一步反应。反应不受溶剂极性的影响，不被碱或酸所催化，不需要任何引发剂。加热或光照是反应进行的推动力。并且在加热或光照的不同条件下得到具有不同立体选择性的产物，故电环化反应是高度空间定向反应，即在一定的反应条件下，只生成特定立体构型的产物。

这类反应实质上是一个共轭体系重新组合的过程，在组合过程中，通过电子围绕着环发生离域的环状过渡态，电环化反应之名由此而得。

电环化反应的显著特点是具有高度的立体专一性，即在一定的反应条件下（热或光），一定构型的反应物只生成一种特定构型的产物。例如，在光的作用下，(2*E*,4*E*)-己-2,4-二烯环化生成顺-3,4-二甲基环丁烯。但在加热条件下，同样的反应物则环化生成反-3,4-二甲基环丁烯。对于(2*Z*,4*E*)己-2,4-二烯，则反应结果相反，光作用下生成反-3,4-二甲基环丁烯，而在热作用下则生成顺-3,4-二甲基环丁烯。

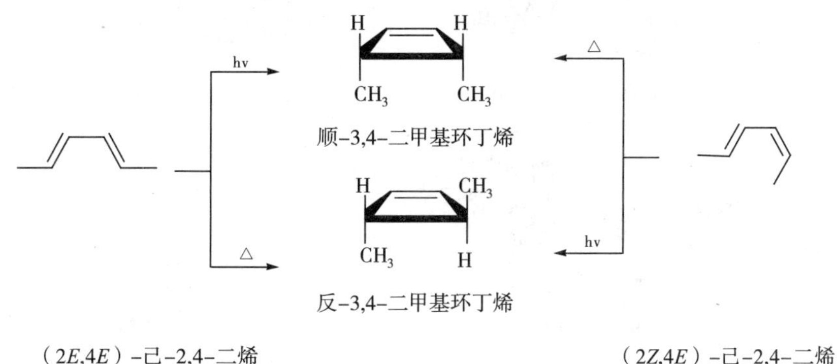

二、电环化反应的理论解释

电环化反应属于单分子反应，前线轨道只涉及 HOMO，HOMO 的对称性直接影响共轭多烯电环化（或开环）的立体专一性。在化学反应中，以热能作为化学变化能源的反应属于基态反应；在光的作用下发生的反应属于激发态反应，因为分子吸收特定波长的光能，分子中的一个电子将被激发到较高的能级。例如，在热作用下，丁-1,3-二烯的电环化反应是分子在基态下发生的化学反应，其前线轨道是 ψ_2。

ψ_2 A HOMO（基态）

根据“奇对偶反”的规律，丁-1,3-二烯基态下主要以反对称的 ψ_2 轨道的电子参与电环化反应。由于反对称的分子轨道中处于两端的 pAO 要以同位相方式才能重叠关环形成 σ 键，必然要使 C_1-C_2 和 C_3-C_4 发生同向顺旋（conrotatory）才能实现，若以反向对旋（disrotatory）方式关环，则两端的 pAO 将以反位相方式重叠，不能有效地形成 σ 键。也就是说，丁-1,3-二烯在加热状态下的电环化反应，顺旋关环的立体方式是对称允许的反应，对旋关环的立体方式为对称禁阻的（图 18-2）。

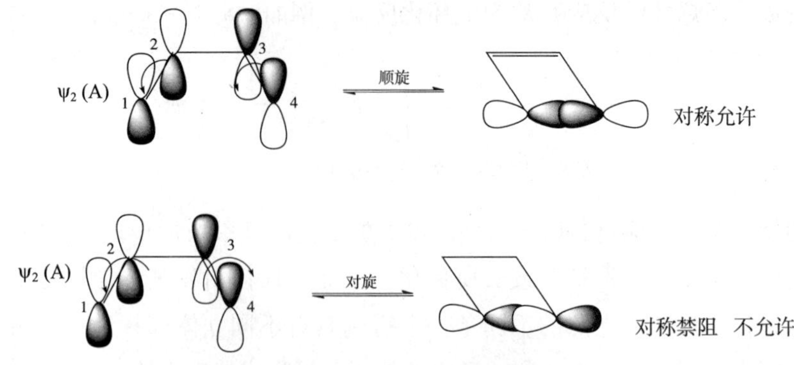

图 18-2 丁-1,3-二烯热作用关环

如果在共轭烯烃的两端碳原子上带有取代基时，不同构型的反应物，不同的反应条件，必然会产生不同的顺反异构体产物。(2*E*,4*E*)-己-2,4-二烯在加热条件下，之所以环化生成反-3,4-二甲基环丁烯；(2*E*,4*E*)-己-2,4-二烯，在热作用下之所以生成顺-3,4-二甲基环丁烯，都是由于其分子的 HOMO 发生顺旋所致（图 18-3）。

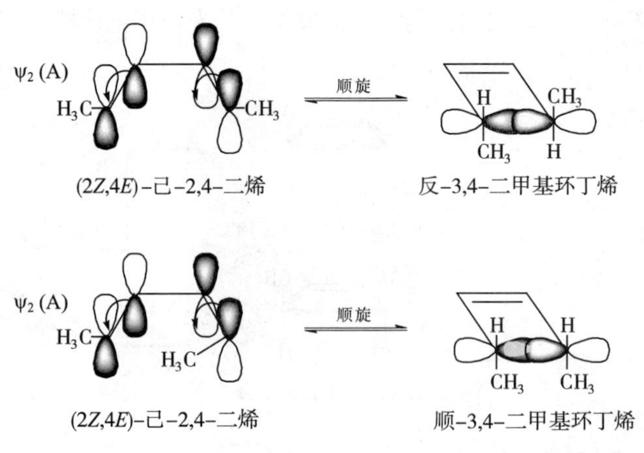

图 18-3 己-2,4-二烯加热下对称允许的顺旋关环产物

热反应只与分子的基态有关，在基态下，前(2*Z*,4*E*)-己-2,4-二烯的 HOMO 的对称性是 A，共轭体系两头的两个甲基的存在并不改变 π 轨道的对称性。己-2,4-二烯要变成 3,4-二甲基环丁烯，必须在 C_2和 C_5之间生成一个 σ 键，这就要求己-2,4-二烯分子两端分别绕 C_2-C_3和 C_4-C_5键轴旋转，同时 C_2和 C_5上的 p 轨道逐渐变成 sp^3轨道，并相互重叠生成 σ 键。根据轨道对称守恒原理，反应过程中 p 轨道相位为（+）的一叶应变为 sp^3轨道相位为（+）的一叶，那么 C_2-C_3和 C_4-C_5键向同一个方向旋转，即顺旋，可使得 C_2上的 p 轨道或 sp^3轨道一叶能够与 C_5上 p 轨道或 sp^3轨道相同相位的一叶接近，并重叠成键，随着 p 轨道逐渐变成 sp^3轨道，重叠程度逐渐加大，最终形成 σ 键，生成顺-3,4-二甲基环丁烯。如果 C_2-C_3和 C_4-C_5键是对旋，则 C_2上 p 轨道或 sp^3轨道的一叶能够只能与 C_5上 p 轨道或 sp^3轨道相位相反的一叶接近，故不能重叠成键而生成反-3,4-二甲基环丁烯。

在光照的情况下，电环化反应属于激发态反应，己-2,4-二烯分子中一个电子从 ψ_2 轨道跃迁到 ψ_3 中，这时己-2,4-二烯的 HOMO 为 ψ_3，LUMO 为 ψ_4。在成环状化合物的反应中起关键作用的为 ψ_3轨道，由于 ψ_3轨道为对称的，光照条件下对旋关环（开环）属于对称允许的反应，顺旋关环（开环）则属于对称禁阻的。因此，光照条件下两种异构体对称允

许的对旋电环化产物恰好与加热条件下的反应产物构型相反（图 18-4）。

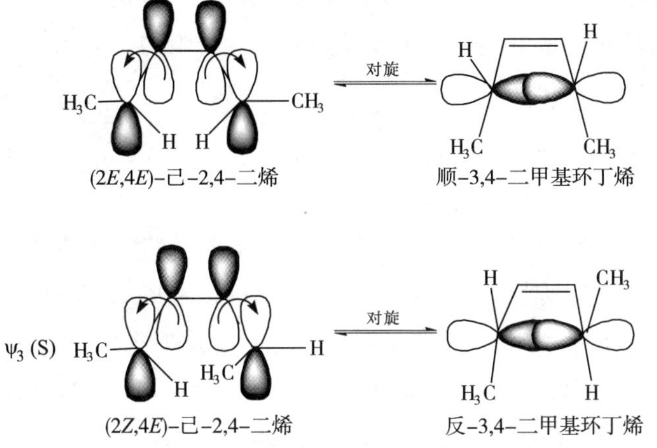

图 18-4　己-2,4-二烯在光照下对称允许的对旋关环产物

这里讲的对称禁阻反应是指按协同反应途径进行反应时所需活化能很大，不易进行。但不排除反应按其他途径，如自由基机理进行反应的可能性。

具有 $4n$（n=1，2，3，…）π 电子的共轭多烯烃，基态下的 HOMO 为 ψ_{2n}，均为偶数编号的 π 分子轨道，该分子轨道必为反对称（A）的；激发态下的 HOMO 为 ψ_{2n+1}，均为奇数编号的 π 分子轨道，该分子轨道必为对称（S）的。因此，可以预测 $4n\pi$ 电子的共轭多烯烃加热条件下的电环化反应均为顺旋允许的反应，光照条件下电环化反应均为对旋允许的反应。

具有 6 个 π 电子共轭体系的分子轨道及其能级图如图 18-5。6 个 π-轨道按能级升高的次序排列，其对称性依次为 S、A、S、A、S 和 A。在基态，其 HOMO 的对称性是 S，LUMO 的是 A，激发态的情况则相反。其他具有 $4n+2$ 个 π 电子体系的 HOMO 和 LUMO 的对称性也与 6π 体系相同。

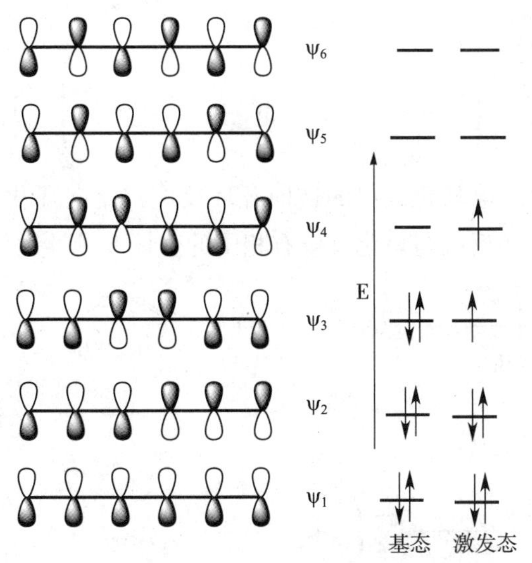

图 18-5　己-1,3,5-三烯分子轨道图

以己三烯为例讨论，处理方式同丁二烯。先看按线性组合的己三烯的六个分子轨道。

$4n+2\pi$ 电子体系的多烯烃在基态（热反应时）ψ_3 为 HOMO，电环化时对旋是轨道对称性允许的，C_1 和 C_6 间可形成 σ 键；顺旋是轨道对称性禁阻的，C_1 和 C_6 间不能形成 σ 键。

例如(2*E*,4*Z*,6*E*)-辛-2,4,6-三烯属于有 6 个 π 电子的共轭体系，其热电环化反应在基态进行，因 HOMO 的对称性是 S，故对旋关环成键，生成顺-5,6-二甲基环己-1,3-二烯，是轨道对称性允许的，顺旋则是禁阻的；光电环化反应在激发态进行，其 HOMO 的对称性是 A，故顺旋关环成键，生成反-5,6-二甲基环己-1,3-二烯，是轨道对称性允许的，对旋则是禁阻的。

同理，有 $4n+2$（n = 1，2，3，…）π 电子的共轭多烯烃，基态下的 HOMO 为 ψ_{2n+1}，均为奇数编号的 π 分子轨道，该分子轨道必为对称（S）的；激发态下的 HOMO 为 ψ_{2n+2}，均为偶数编号的 π 分子轨道，该分子轨道必为反对称（A）的。因此可以预测（$4n+2$）π 电子的共轭多烯烃的加热条件下，电环化反应均为对旋允许的反应，光照条件下电环化反应均为顺旋允许的反应。例如：

根据微观可逆性原理，电环化反应的逆向开环反应与正向环化反应经历相同的环状协同过渡态，因此电环化开环反应与环化反应有相同的立体专一性。例如：

从上面的例子中可以看出，在电环化反应中，共轭多烯电环化成键的旋转方式与其所含 π 电子的数目和反应条件（加热或光照）有密切关系，由此可以把电环化反应的一般选择规律概括如下表 18-2。

表 18-2　电环化反应的选择规律

共轭体系 π 电子数	反应实例	热反应	光反应
4n	丁二烯 ⇌ 环丁烯	顺旋　允许	对旋　允许
4n+2	己三烯 ⇌ 环己二烯	对旋　允许	顺旋　允许

18-2　完成下列反应式：

（1）H_3C H H CH_3（2,4-己二烯）$\xrightarrow{\triangle}$

（2）环癸五烯 $\xrightarrow{\triangle}$ ；$\xrightarrow{h\nu}$

第三节　环加成反应

一、反应特点

环加成反应是在光或热的条件下，两个或多个不饱和分子通过双键相互加成生成环状化合物的反应。环加成反应在反应过程中不消除小分子，无 σ-键的断裂，只有 σ 键的生成或同时伴随有 π 键移位。前面已经讨论过的 Diels-Alder 反应（见第四章第八节）就是一种环加成反应。

丁二烯 + 乙烯 $\xrightarrow{\triangle}$ [过渡态]‡ ⇌ 环己烯

丁二烯 + 丙烯醛（CHO） $\xrightarrow[\text{甲苯}]{115\ ℃ / 2\text{–}4\ h}$ 3-环己烯甲醛（CHO）　82%

丁二烯 + 马来酸酐 $\xrightarrow[\text{苯}]{100\ ℃ / 1\ h}$ 四氢邻苯二甲酸酐　90%

双烯合成反应也是经过一个环状过渡态然后形成产物的，反应是一步完成的，没有活性中间体生成，旧键的断裂和新键的形成同时进行。双烯体或亲双烯体的不饱和碳原子换成杂原子，仍能进行双烯加成，这也是合成杂环化合物的一个重要方法。

环戊二烯是很活泼的双烯体，很容易发生双烯合成反应，并生成桥环化合物。

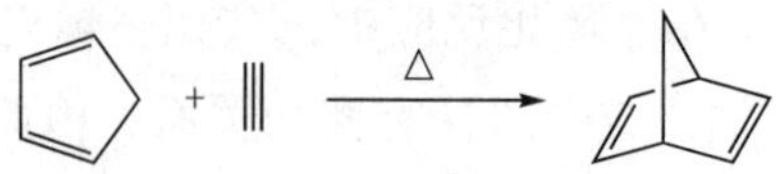

环戊二烯甚至自身也能进行双烯合成，一分子为双烯体，另一分子为亲双烯体，这个反应很容易进行。在室温下放置环戊二烯就变成二聚环戊二烯，加热蒸馏后又分解成环戊二烯。故环戊二烯应新蒸即用。

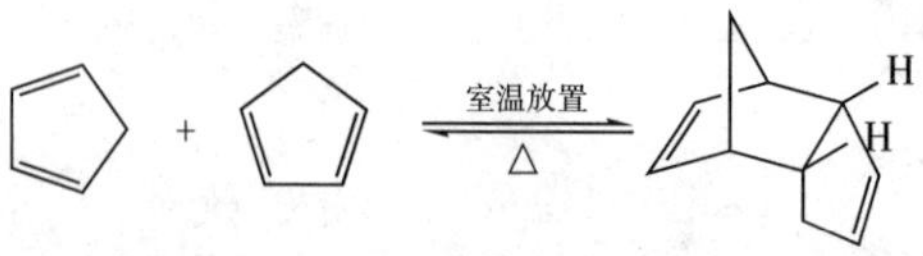

在电环化与双烯合成之类的周环反应中，环合特征决定了共轭烯烃在反应中必须以能量较高的S-顺式构象参加反应，若不能形成S-顺式构象，则反应不能进行。如2,3-二叔丁基-1,3-丁二烯，由于两个叔丁基体积很大，空间位阻的结果使之极难形成S-顺式构象，故不能发生环合反应。图18-6中的环状共轭二烯烃由于环的刚性，不存在S-顺式构象，故不能发生环合反应。

空间位阻较大

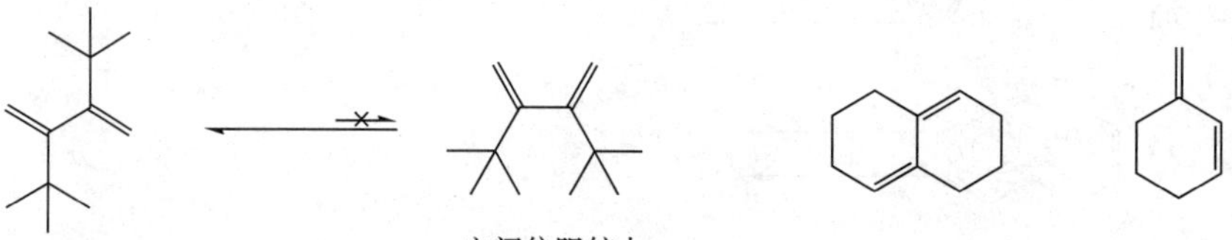

图18-6　不能发生周环反应的共轭二烯烃

此外，乙烯的二聚也属于环加成反应。

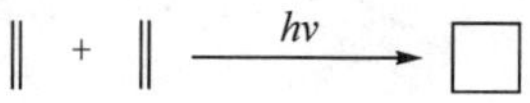

二、环加成反应的解释

根据加成时每个分子所提供的π电子的数目，可将环加成反应分为［2+2］环加成、［4+2］环加成等。在Diels-Alder反应中共轭双烯提供4个π电子，亲双烯提供2个π电子，故反应是［4+2］环加成。在乙烯二聚中，两个乙烯分子各提供2个π电子，反应属于［2+2］环加成。

1.［2+2］环加成反应　两个π体系发生双分子反应时，两个分子逐渐接近，达到一定距离后，它们的分子轨道之间相互作用产生新轨道，可以看作过渡状态轨道。对于协同反应，两个分子是面对面相互接近的，而且其中一个用HOMO与另一个的LUMO重叠成键。因此，如果一个π体系的HOMO与另一个的LUMO的对称性相同，它们可以在两端同时重叠成键，反应为轨道对称性允许的；如果HOMO与LUMO的对称性不同，不能重叠，反应是轨道对称性禁阻的。下面以乙烯的二聚为例讨论［2+2］环加成反应的选择规律。

两分子乙烯在加热条件下，则不能发生环加成反应，因为在基态反应条件下它们的前线轨道对称性是不匹配的（图18-7）。

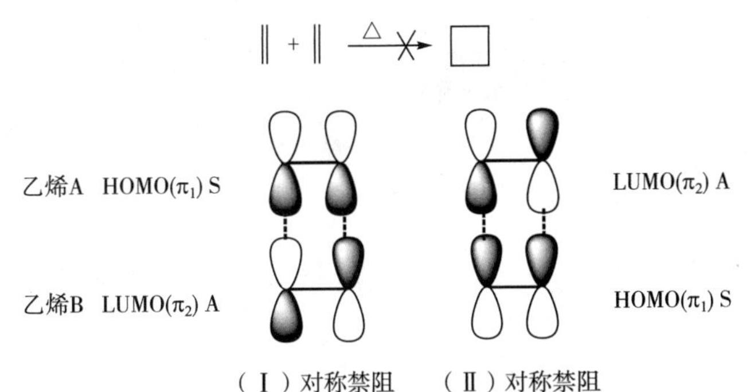

图 18-7　两分子乙烯热环加成的轨道对称情况

由于热化学反应与光化学反应有不同的前线轨道及其轨道对称性匹配情况，热化学反应中允许或禁阻的反应通常在光化学反应中会转变为禁阻或允许的相反结果。例如，热化学反应中难以的发生一些（2π+2π）环加成反应，在光照下却能顺利进行。

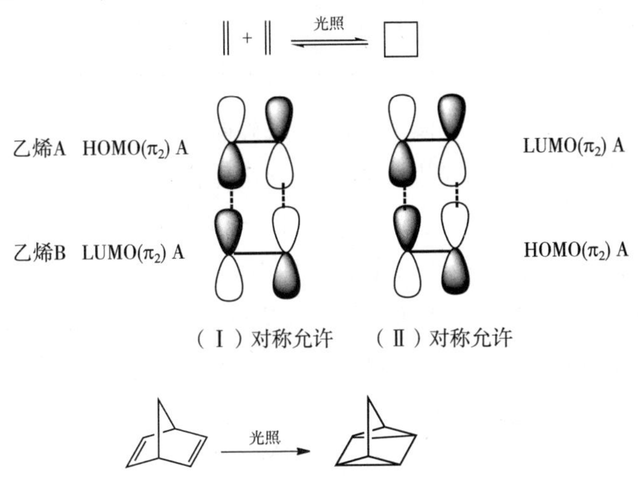

2. ［4+2］环加成反应　在 Diels-Alder 反应中，4π 体系与 2π 体系面对面地接近，在基态下，参与成键的 4π 体系的 LUMO（或 HOMO）与 2π 体系的 HOMO（或 LUMO）具有相同的对称性，可以在两端同时重叠成键，因此热反应是轨道对称性允许的。例如，在加热下，乙烯和丁-1,3-二烯的双烯加成反应属于对称允许的环加成反应。

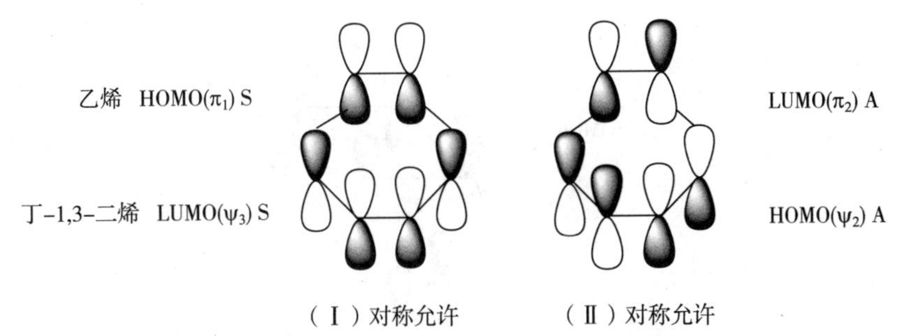

图 18-8　基态下 4π 和 2π 体系的 LUMO 与 HOMO 的对称性

在这个反应中，共轭双烯以 *s*-顺式构象参加反应，这样才有利于六元环状过渡态的形成。另外，由于双烯和亲双烯体是面对面地靠近，亲双烯体对双烯体的加成为立体专一性很强的顺式加成，反应前后双烯体和亲双烯体中取代基的构型保持不变。

由此可以把环加成反应的一般选择规律概括如下表 18-3。

表 18-3　环加成反应的选择规则

参加反应的 π 电子数（m+n）	反应实例	热反应	光反应
4n	‖ + ‖ ⇌ □	禁阻	允许
4n+2	丁二烯 + ‖ ⇌ 环己烯	允许	禁阻

在双烯加成反应中，若有生成内向（endo）或外向（exo）两种立体异构体可能时，一般来讲外向型异构体具有更大的稳定性，内向型异构体稳定性较小，而在双烯加成反应中，内向加成生成物总是占有极大的优势。这是双烯加成立体化学的另一重要特点。这种立体专一性实际上是由于前线轨道的次级效应决定的，即内向加成的过渡态可通过不直接成键的轨道间的相互成键性作用而更加稳定，从而降低了反应过程中的活化能（图 18-9）。而外向型加成时，因为有关轨道相距太远，不可能出现这样的次级成键作用，所以反应较慢。

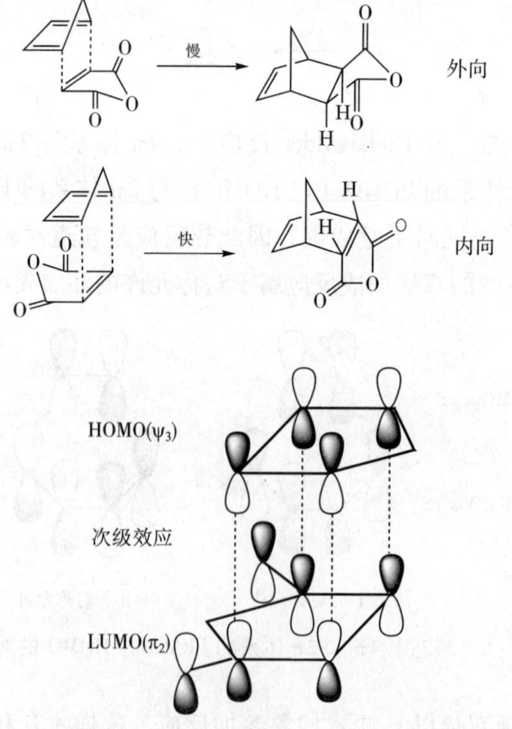

图 18-9　双烯加成中内向型加成过渡态的次级效应

实验证明：内向型加成产物是动力学控制的，而外向型加成产物是热力学控制的。内

向型产物在一定条件下放置一段时间，或通过加热等条件，可能转化为外向型产物。如呋喃与顺丁烯二酰亚胺的反应。

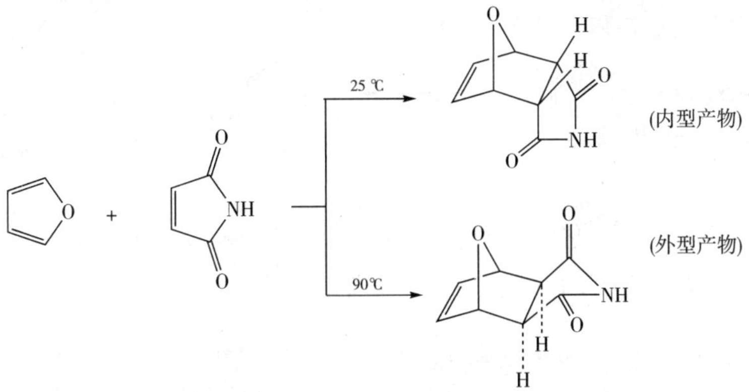

(内型产物)

(外型产物)

环加成反应的逆向开环反应与正向环化在相同反应条件下经历相同的环状协同过渡态，加热条件下的双烯加成反应的环化产物在更高的温度下可发生逆向开环反应。如环戊二烯室温发生双烯加成形成二聚环戊二烯，加热蒸馏又开环分解成游离的环戊二烯，就是逆向环加成反应。

在逆向环加成反应中，若反应物中的一个或两个是特别稳定的，则反应较易发生。

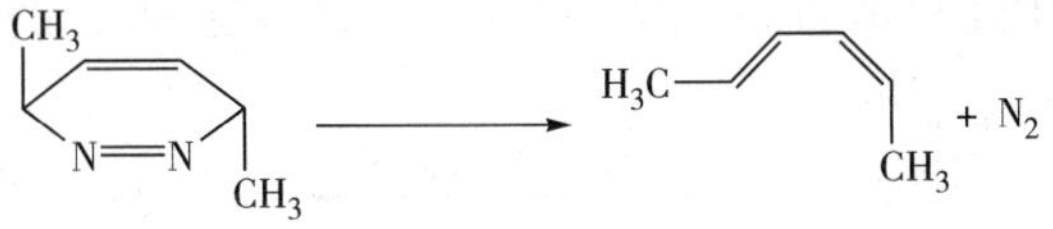

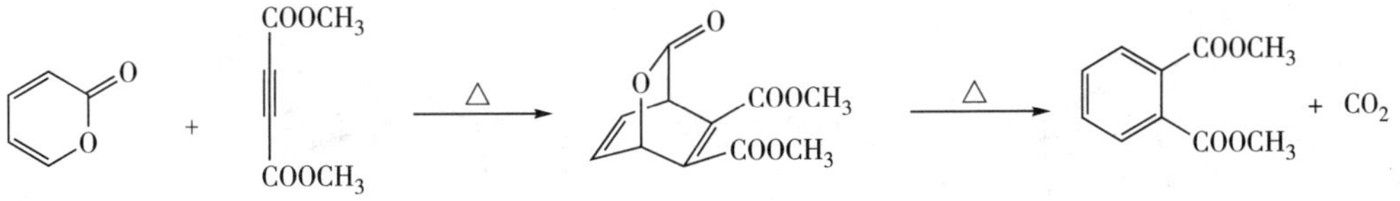

思考题

18-3　完成反应式。

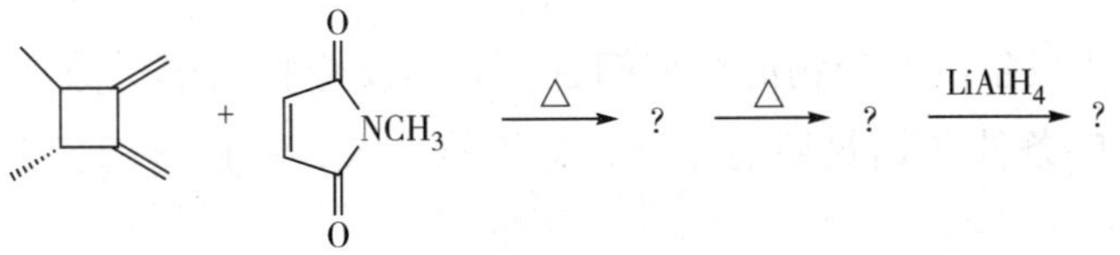

第四节　σ-迁移反应

扫码“学一学”

一、反应类型及实例

σ 迁移反应是指共轭体系中一个以 σ 键相连的原子或基团从体系的一端迁移到另一端上去，随之共轭链双键发生转移的反应。C—H 键、C—C 键和 C—O 键均可发生 σ 迁移。σ 迁移反应的表示方法是以反应物中发生迁移的 σ 键作为标准，从这个 σ 键的两端开始分别编号，把新生成的 σ 键所连接的两个原子的编号位置 i，j 放在方括号内，该 σ 迁移反应可

表达为[i,j] σ-迁移反应。如果发生迁移的原子是氢，则称为氢原子参加的[i,j]迁移或 H[i,j]迁移；若迁移的原子是碳，则称作碳原子参加的[i,j]迁移或 C[i,j]迁移。例如，下面的两个反应分别为 H[1,5]迁移和 C[3,3]迁移。

[1,5]氢迁移反应：

[3,3]碳迁移反应： 科普(Cope)重排

克莱森（Claisen）重排

这些反应都是协同反应，旧的 σ 键断裂与新的 σ 键的生成以及 π 键的移动是同时进行的。反应在加热或光照下进行，不需加催化剂。

如果 σ-迁移基团在迁移前后保持在共轭体系平面的同一面，这种方式称为同面迁移；另一方式是在迁移过程中迁移基团移向共轭体系的反面，这种方式称为异面迁移。

[1,3] 同面氢迁移

[1,3] 异面氢迁移

对于碳 σ-迁移，如果迁移基团具有手性，那么迁移后手性碳原子的构型是保持还是改变？

烷基迁移

σ 迁移反应能否发生以及产物的构型问题，均与反应物的电子数、迁移方式、迁移中心构型变化以及反应条件（加热还是光照）等因素有关，一般 σ-迁移反应的选择规则如（表 18-4）。

表 18-4 [i,j] σ 迁移反应的选择规则

(i+j) 电子数	同面迁移	异面迁移
$4n$	光照允许/构型保持 (加热禁阻/构型转变)	加热允许/构型保持 (光照禁阻/构型转变)
$4n+2$	加热允许/构型保持 (光照禁阻/构型转变)	光照允许/构型保持 (加热禁阻/构型转变)

二、理论解释

1. 氢迁移 对于[1,3]氢迁移，迁移的氢原子和一个烯丙基体系相关联，为了分析问题方便，通常假定 C—H 键均裂，形成氢原子和烯丙基自由基，烯丙基自由基是一个具有

三个 p 电子的 π 体系，根据分子轨道理论，它有三个分子轨道（图 18-10）。

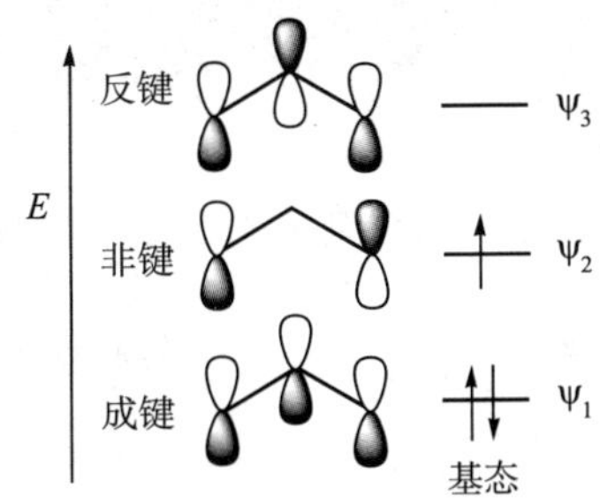

图 18-10　烯丙基自由基的分子轨道

对于处于基态的烯丙基自由基，其 HOMO 为分子轨道 Ψ_2，根据前线轨道理论，[1,3]氢迁移反应的同面迁移是对称性禁阻的；而[1,3]氢迁移反应的异面迁移则是对称性允许的。但是由于异面迁移所要求的几何形状是严重扭曲的，能量很高，因此这个协同过程在基态不大可能进行（图 18-11）。

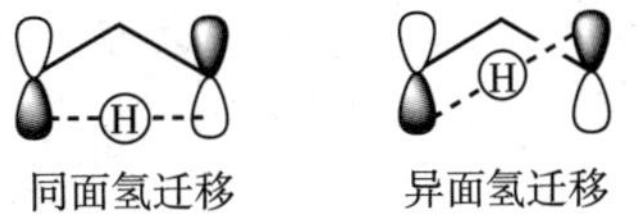

同面氢迁移　　异面氢迁移

图 18-11　基态时[1,3]氢迁移反应的前线轨道示意图

对于前面的例子[1,5]氢迁移，C_5 上的一个氢原子迁移到 C_1 上，假定 C—H 键断裂后生成一个氢原子和一个含 5 个碳的自由基，这个自由基是一个共轭体系，有 5 个 π 电子，其轨道能级如图 18-12 所示。对于处于基态的戊二烯基自由基，其 HOMO 为分子轨道 ψ_3，根据前线轨道理论，自由基的 HOMO 中 C_5 和 C_1 的 p 轨道在同一边的一叶位相相同，氢原子的 1s 轨道可以同时与 C_5 和 C_1 的 p 轨道重叠，当氢原子与 C_5 之间的键开始断裂时，它与 C_1 之间的键即开始生成，因此[1,5]氢迁移反应，同面迁移是对称性允许的；而[1,5]氢迁移反应，异面迁移则是对称性禁阻的(图 18-13)。

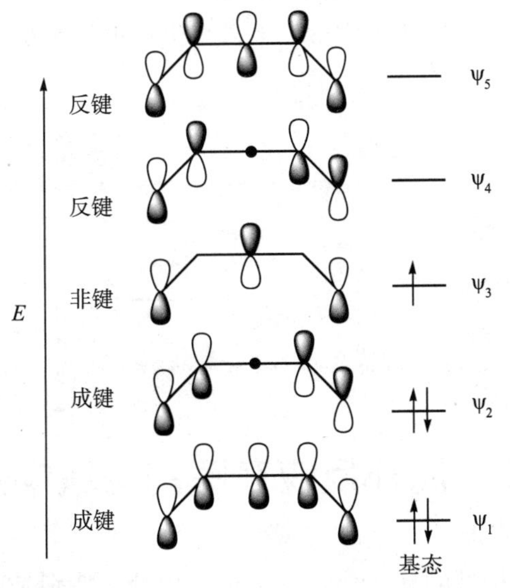

图 18-12　基态时[1,5]氢迁移反应的前线轨道示意图

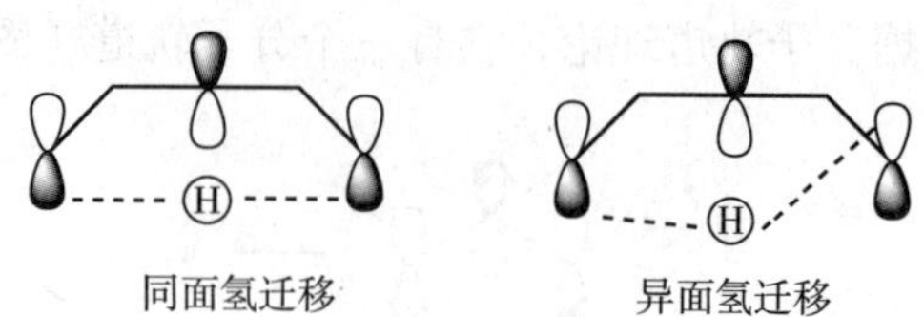

图 18-13 基态时[1,5]氢迁移反应的前线轨道示意图

如：1-氘茚在加热至 200℃时，可得到 2-氘茚，它是经过氘的 σ 键[1,5]迁移，而后又经过氢的 σ 键[1,5]迁移而得到的。

2. 碳迁移 当迁移基团是碳而不是氢时，迁移基团的 HOMO 不再是球形对称的 s 轨道，而是 sp^3杂化轨道。由于迁移基团本身也有一个同面和异面的问题，因此，在 C[1,3]迁移中，由于迁移的碳原子上 p 轨道的另一叶与 C_3 上 p 轨道的同面的一叶位相相同，可以重叠，迁移后碳原子的构型发生转化（图 18-14）。在 C[1,5]迁移中，碳原子的构型保持不变，同面迁移是轨道对称性允许的，但如果碳原子的构型转化，则是对称性禁阻的（图 18-15）。

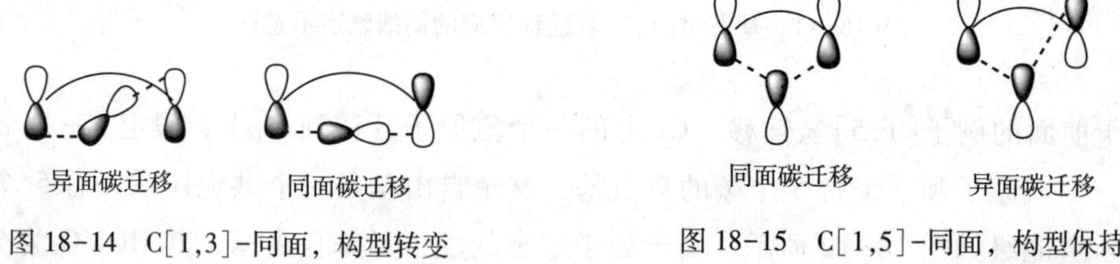

图 18-14 C[1,3]-同面，构型转变　　图 18-15 C[1,5]-同面，构型保持

从以上几类周环反应的实例，可以看出前线轨道理论抓住了周环反应中的主要矛盾，在许多情况下能正确地反映周环反应中轨道对称性控制的本质，阐明了周环反应的立体专一性与轨道对称性之间的必然联系。可以说伍德沃德、霍夫曼和福井谦一等学者提出的分子轨道对称守恒原理及其前线轨道理论的直观表述，揭开了周环反应的奥秘，是理论有机化学领域近几十年来取得的一次重大突破，也是当代有机化学发展中的重大成果之一。

18-4 完成下列反应式。

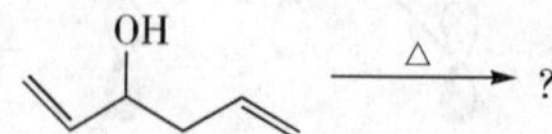

第五节 周环反应在医药领域中的应用

周环反应在合成特定构型的环状化合物上很有用处，特别是对结构复杂的天然产物如维生素 B、维生素 D、胆固醇、斑蝥素等的合成有重要意义，因而引起许多有机化学工作者

的重视，并积累了大量实验经验。

如维生素 D 的合成。维生素 D 有很多种，最主要的有两种维生素 D_2（麦角钙化醇）和维生素 D_3（胆骨化醇），它们合称为钙化醇，1932 年研究人员阐明了维生素 D_2的结构，而 1936 年，人们发现了维生素 D_3，并发现它可以由 7-脱氢胆固醇经紫外线照射转化而来。从化学结构上来说，维生素 D 都属于开环甾体化合物，也就是甾体激素的一个环状结构打开了，维生素 D_2和维生素 D_3结构不同之处在于其侧链，维生素 D_2的 22 和 23 位碳之间是双键，而且在 24 位碳上多了一个甲基。维生素 D_3（胆骨化醇）可以由其前体 7-脱氢胆固醇经紫外线照射变构形成，只要让皮肤暴露于充足的紫外光下就可以自然地产生足够的维生素 D_3，奶制品厂家通常将牛奶在紫外线光下，以强化其中的维生素 D_3。维生素 D_2是麦角固醇的衍生物，麦角固醇之所以以麦角命名，因为它是一种从名叫麦角菌的真菌的细胞膜上找到的固醇。麦角固醇同时也可以由浮游生物、无脊椎动物以及其他真菌合成，麦角固醇一经合成，在紫外线照射下就可以转化为麦角钙化醇。陆地之物和脊椎动物不能合成维生素 D_2，因为它们体内不能合成麦角固醇，但能合成维生素 D_3，但关于人类只吃维生素 D_2能不能代替维生素 D_3的摄入的讨论的争论还是很激烈。

知识拓展

斑蝥素的合成（D-A 反应的应用）

斑蝥素是从中药斑蝥中分离的抗肿瘤有效成分，为一单萜过氧化物。存在于芫青科地胆属甲虫斑蝥 Mylabris phalerata Pallas 的全虫，含量为 1%～1.2%。

斑蝥素对多种实验动物移植性肿瘤有明显的抑制作用。临床用于治疗原发肝癌、肺癌、食管癌、乳腺癌等，有一定近期疗效。与化疗药物合并使用有预防白细胞下降作用。1910 年首次从斑蝥中成功分离得到斑蝥素粗提物，由于两个甲基为供电子基，且立体障碍较大，很难直接合成。1951 年 GilbertStork 等首次在实验室采用 Diels-Alder 反应，经过 12 步反应得到全合成斑蝥素[1]，但由于该方法条件苛刻，很难用于大量工业生产。近年来，各国学者不断寻找斑蝥素及其衍生物的优良合成路线，其中刘晓玲等[2]通过呋喃环与马来酸酐的狄尔斯-阿尔德（Diels-Alder）环合反应获得氧环为外型的 7-氧杂-2-降冰片烯立体结构，然后进一步催化氢化还原烯键得到斑蝥素。该工艺避免了使用超高压条件，反应条件温和，转化率高，收率高，为工业生产提供了有利条件。其专利申请公布文书中的合成路线如下。

[1] Stork, G.; Tamelen, E. E.; Friedman, L. J. *J. Am. Chem Soc.* 1953, 75, 384.

[2] Liu, Xiaoling; Tan, Chunbin; Du, Hongfei. Novel environmentally-friendly synthesis process of Cantharidin. Peop. Rep. China.: CN 106674248, 2017-05-17.

重点小结

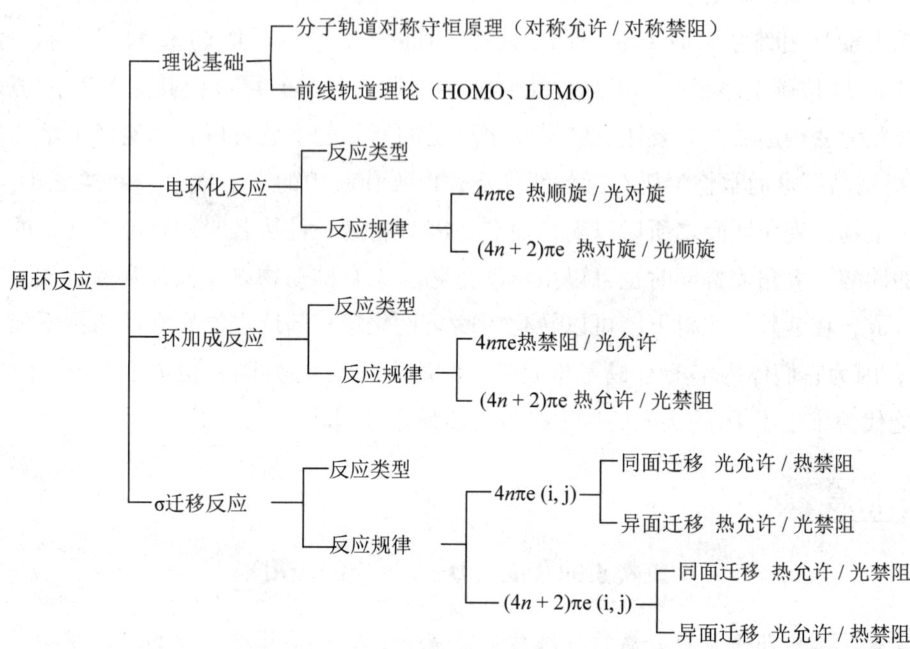

扫码“练一练”

附录　基础有机反应类型

一、取代反应

1. 自由基取代　通过自由基中间体完成的取代反应。如烷烃或脂环烃的卤代、烯烃或芳烃 α-H 的卤代等。

反应举例：

$$\triangle + Cl_2 \xrightarrow{\text{光照}} \triangle\text{-}Cl + HCl$$

$$CH_3CH(CH_3)CH_2CH_3 + Br_2 \xrightarrow{\text{光照}} CH_3CBr(CH_3)CH_2CH_3$$

$$C_6H_5CH_2CH_3 + Br_2 \xrightarrow{\text{光照}} C_6H_5CHBrCH_3$$

2. 亲电取代反应　由亲电试剂（带正电荷的阳离子）进攻芳环，通过碳正离子中间体完成的取代反应。如苯环或芳杂环与亲电试剂的反应。

反应举例：

$$C_6H_6 + HNO_3 \xrightarrow[\triangle]{H_2SO_4} C_6H_5NO_2$$

$$\text{呋喃} + (CH_3CO)_2O \xrightarrow[BF_3\ 0℃]{Et_2O} \text{2-}COCH_3\text{呋喃}$$

3. 亲核取代反应　亲核试剂（带负电荷的阴离子或含孤对电子的中性分子）进攻底物中带有正电荷的碳原子，使底物中某原子或基团被亲核试剂取代的反应。如卤代烃、醇、醚与亲核试剂的反应；醇的分子间脱水反应等。

S_N2 型反应举例：

$$CH_3Br + OH^- \xrightarrow[\triangle]{H_2O} CH_3OH + Br^-$$

$$CH_3CH_2OH + HI \xrightarrow{\triangle} CH_3CH_2I + H_2O$$

$$CH_3OCH_3 + HBr \xrightarrow{\triangle} CH_3Br + CH_3OH$$

$$CH_3CH_2OH + CH_3CH_2OH \xrightarrow[140℃]{H_2SO_4} CH_3CH_2OCH_2CH_3$$

S_N1 型反应举例：

$$H_3C-C(CH_3)_2-Br \xrightarrow{\text{极稀NaOH溶液}} H_3C-C(CH_3)_2-OH$$

二、加成反应

1. 亲电加成反应　由亲电试剂（带正电荷的阳离子）进攻 π 键，通过碳正离子中间体

完成的加成反应。如烯、炔、α,β-不饱和醛酮中碳碳双键与卤素等的反应。

反应举例：

$$CH_2{=}CHCH_3 + HBr \longrightarrow \underset{\displaystyle Br}{CH_3\overset{}{C}HCH_3}\ （加成取向符合马氏规则）$$

$$CH_3CH{=}CHCOCH_3 + HBr \longrightarrow CH_3\underset{}{\overset{Br}{C}}H{-}\underset{H}{C}HCOCH_3$$

2. 亲核加成反应 小分子试剂中带负电荷的阴离子或含孤对电子的分子进攻底物中带正电荷的碳原子，导致底物中的 π 键断裂，小分子试剂的两部分分别加在底物中的反应。如羰基与醇、NH_3、格氏试剂等反应；由羰基 α-H 的酸性引发（碳负离子）的亲核的加成。

反应举例：

$$CH_3{-}\overset{O}{\overset{\|}{C}}{-}CH_3 + HCN \longrightarrow CH_3{-}\overset{OH}{\underset{CN}{C}}{-}CH_3$$

$$CH_3CHO + CH_3CHO \xrightarrow{\text{稀NaOH溶液}} CH_3\underset{OH}{C}H{-}CH_2CHO \xrightarrow{\triangle} CH_3CH{=}CHCHO$$

3. 自由基加成反应 自由基（需引发）与 π 键发生碰撞导致 π 键发生均裂，通过碳自由基中间体完成的加成反应。如烯、炔与 HBr 在过氧化物存在下的加成。

反应举例：

$$CH_2{=}CHCH_2CH_3 + HBr \xrightarrow{\text{过氧化物}} \underset{Br}{C}H_2CH_2CH_2CH_3\ （加成取向为反马氏规则）$$

4. 先加成后消除的反应 亲核试剂首先与羰基发生亲核加成，历经四面体中间体，消除负离子的反应。如羧酸衍生物的水解、醇解、氨解；酯缩合反应等。

反应举例：

$$C_6H_5COCl + H_2O \longrightarrow C_6H_5COOH + HCl$$

$$CH_3COOCH_2CH_3 + CH_3COOCH_2CH_3 \xrightarrow[EtOH]{EtONa} CH_3COCH_2COOCH_2CH_3 + CH_3CH_2OH$$

三、消除反应

通过消除反应可在分子中引入不饱和键。如卤代烃、醇、季铵碱等的消除。

反应举例：

$$CH_3CH_2\underset{Cl}{C}HCH_3 \xrightarrow[\triangle]{\text{KOH醇溶液}} CH_3CH{=}CHCH_3 + KCl + H_2O$$

（消除取向遵循查依采夫规则）

$$CH_3\underset{\overset{+}{N}(CH_3)_3}{C}HCH_2CH_3\ OH^- \xrightarrow{\triangle} CH_2{=}CHCH_2CH_3 + N(CH_3)_3 + H_2O$$

（消除取向遵循霍夫曼规则）

四、氧化还原反应

1. 氧化反应 有机物分子中加氧或脱氢的反应。如烯、炔、芳烃侧链、醇、醛、酮等

的氧化，随氧化剂和反应条件的不同，氧化产物各异。

反应举例：

$$\text{环己烯} \xrightarrow{\text{冷而稀碱性}KMnO_4} \text{1,2-环己二醇(OH, OH)} \xrightarrow{HIO_4} OHC(CH_2)_4CHO \xrightarrow[H^+]{K_2Cr_2O_7} HOOC(CH_2)_4COOH$$

$$C_6H_5CH_2CH_3 \xrightarrow[H^+]{K_2Cr_2O_7} C_6H_5COOH$$

（α-C上需有α-H氧化才易发生，侧链通常被氧化为-COOH）

2. 还原反应　有机物分子中脱氧或加氢的反应。如烯、炔、羰基化合物、羧酸衍生物、硝基化合物等的还原，随还原剂和反应条件的不同，还原产物各异。

反应举例：

$$C_6H_5COCH_2CH_2CH_3 \xrightarrow[\triangle]{Zn\text{-}Hg/\text{浓}HCl} C_6H_5CH_2CH_2CH_2CH_3$$

$$\text{3-甲基-2-环己烯酮} \xrightarrow[\text{或}Li/\text{液}NH_3]{H_2,\ Pd/C} \text{3-甲基环己酮} \xrightarrow{LiAlH_4} \xrightarrow[H_2O]{H^+} \text{3-甲基环己醇}$$

$$CH_3\overset{O}{\overset{\|}{C}}-CH_2(CH_2)_5\overset{O}{\overset{\|}{C}}Cl \xrightarrow[\text{2,6-二甲基吡啶}]{H_2/Pd/BaSO_4} CH_3\overset{O}{\overset{\|}{C}}-CH_2(CH_2)_5\overset{O}{\overset{\|}{C}}H$$

五、周环反应

1. 电环化反应　开链共轭烯烃两端形成 σ 键并环合转变为环状烯烃及其逆反应。

$$\text{反-3,4-二甲基环丁烯} \underset{\text{光照}}{\rightleftharpoons} \text{2,4-己二烯} \underset{\text{加热}}{\rightleftharpoons} \text{顺-3,4-二甲基环丁烯}$$

2. 环加成反应　两个烯烃或共轭多烯或其他 π 体系的分子相互作用，形成稳定的环状物。

$$\text{2,3-二甲基-1,3-丁二烯（}S\text{-顺）} + C_6H_5N{=}O \longrightarrow \text{4,5-二甲基-2-苯基-3,6-二氢-1,2-噁嗪}$$

3. σ-迁移反应　一个以 σ 键相连的原子或基团，从共轭体系的一端迁移到另一端，同时伴随 π 键转移的协同反应。包括 H-迁移、C-迁移等。

$$C_6H_5O-CH_2-CH{=}\overset{*}{C}H_2 \xrightarrow{\text{加热}} o\text{-}HOC_6H_4\overset{*}{C}H_2CH{=}CH_2$$

六、重排反应

1. 碳正离子介导的重排反应　如某些烯烃亲电加成反应、某些卤代烃和醇的 S_N1 反应、邻二醇在酸性条件下的反应等。

反应举例：

$$CH_3\underset{\displaystyle Cl}{CH}CH{=}CH_2 \xrightarrow{EtOH} \left[CH_3\overset{+}{C}HCH{=}CH_2 \longleftrightarrow CH_3CH{=}CH\overset{+}{C}H_2 \right] \longrightarrow CH_3\underset{\displaystyle OEt}{CH}CH{=}CH_2 + CH_3CH{=}CH\underset{\displaystyle OEt}{CH_2}$$

不改变碳架的烯丙基重排

$$H_3C-\underset{CH_3}{\overset{CH_3}{C}}-CH_2OH \xrightarrow{H^+} H_3C-\underset{CH_3}{\overset{CH_3}{C}}-\overset{+}{C}H_2 \xrightarrow[\text{迁移}]{\text{邻位碳上甲基}} H_3C-\underset{CH_3}{\overset{+}{C}}-CH_2CH_3 \xrightarrow{Cl^-} H_3C-\underset{CH_3}{\overset{Cl}{C}}-CH_2CH_3$$

改变碳架的重排

$$H_3C-\underset{CH_3}{\overset{OH}{C}}-\underset{CH_3}{\overset{OH}{C}}-CH_3 \xrightarrow{H^+} H_3C-\underset{CH_3}{\overset{OH}{C}}-\underset{CH_3}{\overset{\overset{+}{O}H_2}{C}}-CH_3 \xrightarrow{-H_2O} H_3C-\underset{CH_3}{\overset{OH}{C}}-\underset{CH_3}{\overset{+}{C}}-CH_3 \xrightarrow[\text{迁移}]{\text{邻位碳上甲基}} H_3C-\overset{O}{\overset{\|}{C}}-\underset{CH_3}{\overset{CH_3}{C}}-CH_3$$

改变碳架的重排

2. 碳自由基介导的重排反应

反应举例：

$$CH_3CH_2CH{=}CH_2 \xrightarrow{Br\cdot} \left[CH_3\dot{C}HCH{=}CH_2 \longleftrightarrow CH_3CH{=}CH\dot{C}H_2 \right] \xrightarrow{Br_2} CH_3\underset{\displaystyle Br}{CH}CH{=}CH_2 + CH_3CH{=}CH\underset{\displaystyle Br}{CH_2}$$

不改变碳架的烯丙基重排

3. 缺电子氮原子介导的重排反应 酰胺的霍夫曼降解、肟的贝克曼重排等反应。

反应举例：

$$C_6H_5CONH_2 \xrightarrow[Br_2]{BrO^-} C_6H_5CONHBr \xrightarrow{OH^-} C_6H_5CO\overset{-}{N}Br \xrightarrow{\overset{-}{Br}\text{离去 同时苯基跃迁}} C_6H_5N{=}C{=}O \xrightarrow{H_2O} C_6H_5NH_2$$

$$\begin{matrix}H_3C\\C_2H_5\end{matrix}\!\!>C{=}\ddot{N}-OH \xrightarrow{H^+} \begin{matrix}H_3C\\C_2H_5\end{matrix}\!\!>C{=}\ddot{N}-\overset{+}{O}H_2 \xrightarrow[-\ H_2O]{\text{乙基跃迁}} CH_3-\overset{+}{C}{=}N-C_2H_5 \xrightarrow{H_2O}$$

$$CH_3\overset{\overset{+}{O}H_2}{C}{=}N-C_2H_5 \xrightarrow{-H^+} CH_3\overset{OH}{C}{=}N-C_2H_5 \xrightarrow{\text{重排}} CH_3\overset{O}{\overset{\|}{C}}NHC_2H_5$$

4. 缺电子氧原子介导的重排反应　异丙苯氧化法制备丙酮和苯酚等反应。

反应举例：

$$C_6H_5C(CH_3)_2\text{-}O\text{-}\ddot{O}H \xrightarrow{H^+} C_6H_5C(CH_3)_2\text{-}O\text{-}\overset{+}{O}H_2 \xrightarrow[-H_2O]{\text{苯基跃迁}} C_6H_5\text{-}O\text{-}\overset{+}{C}(CH_3)_2$$

$$C_6H_5\text{-}O\text{-}\overset{+}{C}(CH_3)_2 \xrightarrow{H_2O} C_6H_5\text{-}O\text{-}C(CH_3)_2\text{-}OH \xrightarrow{H_2O/H^+} C_6H_5OH + CH_3COCH_3$$

5. σ-迁移反应　见第五类周环反应。

参考答案

第一章　绪　论

1-1　这主要是由碳原子的成键特点决定的：碳原子之间成键的类型有单键、双键、叁键；碳原子之间的连接方式可以为直链，支链，也可成环；碳原子与杂原子之间也可以以不同的键型，不同的连接方式，不同的连接顺序以及不同的空间排列方式相连接。因此，虽然组成有机化合物的元素少（C、H、O、N、P、S、X 等），但可以形成成千上万的有机化合物。例如，同分异构现象是有机化合物中普遍存在的现象，也就是说即使有机化合物所含原子种类相同，每种原子数目也相同，其原子可能会有不同的结合方式，从而形成具有不同结构的分子。

1-2　具有极性共价键的分子不一定是极性分子。这是因为分子的极性是由分子的偶极矩表示的，而分子的偶极矩是分子中所有共价键偶极矩的矢量和。因此如果分子如具有对称性，即使在分子中具有极性共价键，分子的偶极矩也有可能为零，也就是说分子为非极性分子。例如四氯化碳分子中具有四个碳氯极性键，但分子中具有对称面，因此分子仍为非极性分子。

1-3　极性分子有 2，3，5，6，7，10，12。

1-4　丙酸的酸性小于乙酸，这是因为丙酸比乙酸多一个甲基，而甲基无论从诱导效应和超共轭效应来看都是给电子基团，给电子基团使质子电离后的负离子更加不稳定，从而使酸性减弱。

1-5　有机物从左到右酸性依次增强。

1-6　共轭酸的酸性与其对应碱的碱性相反。碱性越弱，说明其阴离子越不容易得到质子，而其分子更容易电离出质子，因此对应的共轭酸的酸性越强，因此 H_2O 的酸性强于 NH_3。

1-7　①为亲电试剂；② 为亲核试剂；③两者都是；④ 为亲电试剂。

第二章　烷　烃

2-1　烷烃分子中的每个碳原子都是 sp^3 杂化的，各个碳原子上所连的四个原子或原子团不完全相同，其键角稍有变化，但仍接近于 109°28′。以每一个碳为中心，都呈四面体构型；同时由于氢原子之间存在排斥力，必须要距离尽量远，所以，烷烃的碳链排列一般为锯齿形。

2-2　丙烷分子中的三个碳原子都是 sp^3 杂化的，1 号和 3 号碳原子各以一个 sp^3 杂化轨道与 2 号碳原子的 sp^3 杂化轨道相互重叠形成 C—Cσ 键，其余的三个 sp^3 杂化轨道分别与三个氢原子的 s 轨道重叠形成 6 个 C—H σ 键；2 号碳原子剩下的两个 sp^3 杂化轨道分别与两个氢原子的 s 轨道重叠形成两个 C—Hσ 键；丙烷分子中，以每一个碳为中心，都是四面体构

型，三个碳原子呈一条折线。

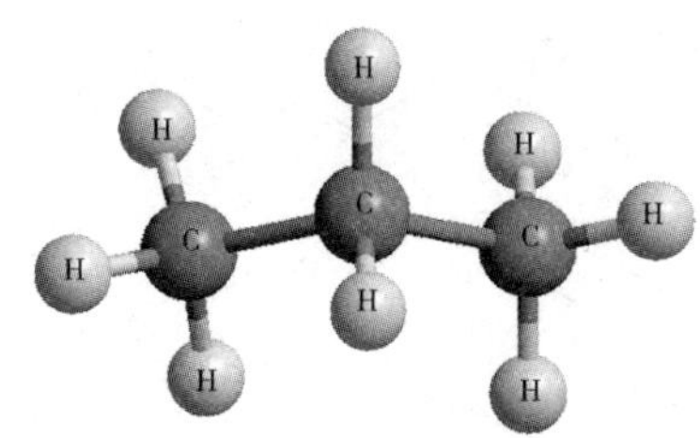

2-3　庚烷（C_7H_{16}）的同分异构体。

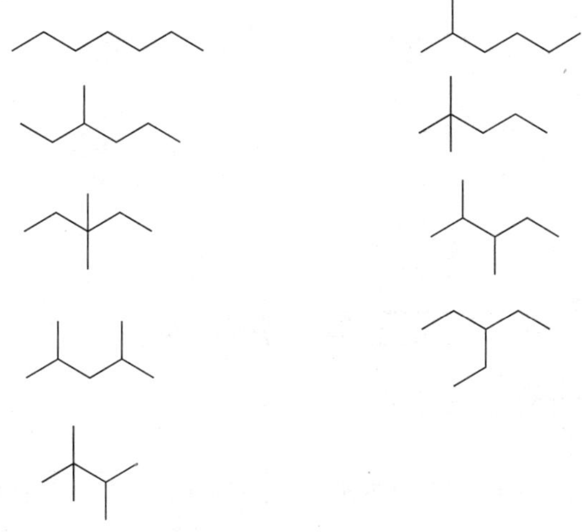

2-4　庚烷（C_7H_{16}）同分异构体的系统命名。

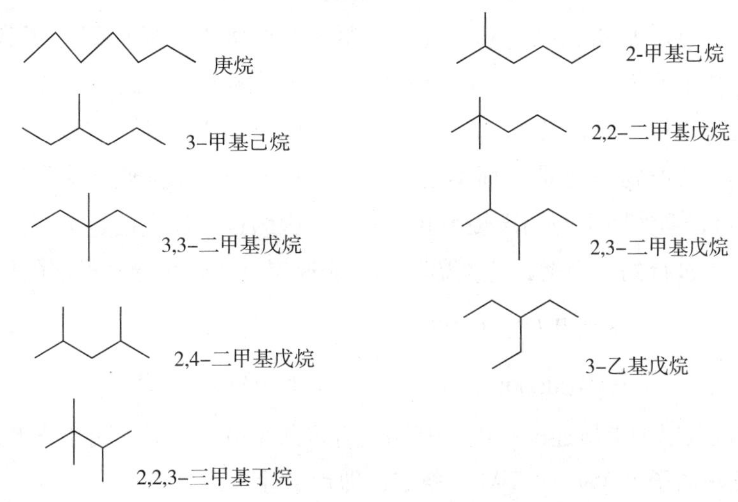

2-5　(Newman projections: CH_3/C_2H_5 anti; CH_3/C_2H_5 gauche; eclipsed and staggered forms)

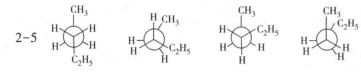

2-6　d > c > b > a

2-7　（1）戊烷

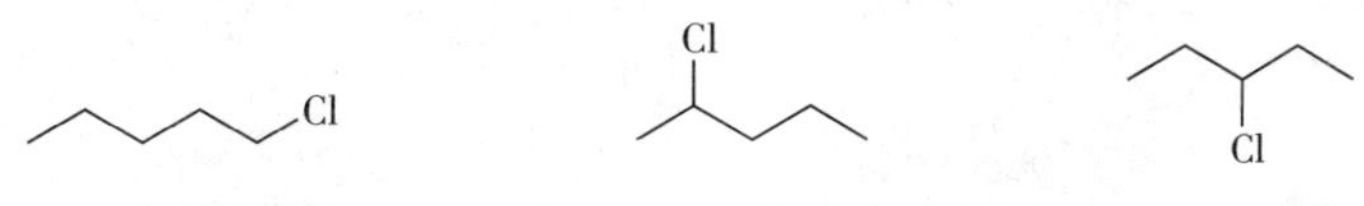

（2）2-甲基戊烷

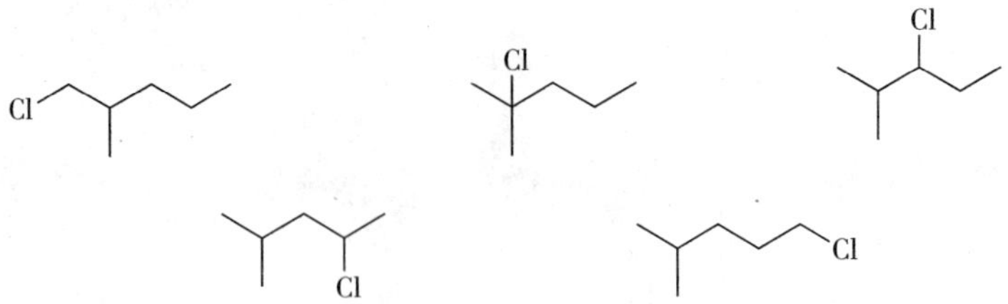

（3）2,2-二甲基丁烷

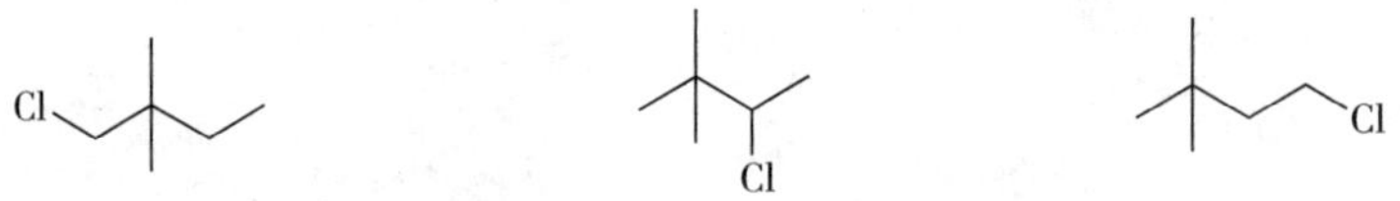

（4）2,3-二甲基丁烷

第三章 烯 烃

3-1 有，无，有，有。

3-2 (1) 反-2-氯-丁-2-烯；(2) 顺(*E*)-5-氯-3-甲基-己-2-烯；(3) (*E*)-5-溴-4,6-二甲基-庚-3-烯。

3-3 比较一下碳正离子（Ⅰ）与（Ⅱ）的结构即可看出：（Ⅱ）由于带正电荷的碳原子直接与强诱导吸电子基团三氟甲基相连，三氟甲基的吸电子倾向提高了其正电荷密度，从而使这一碳正离子变得很不稳定；而（Ⅰ）中正电荷的碳原子距离三氟甲基较远，三氟甲基的诱导吸电子作用减弱，因而稳定性要大于（Ⅱ）。所以三氟甲基取代的乙烯与不对称亲电试剂加成的主要产物是（Ⅲ）而不是（Ⅳ）。这一反应从表现上看是反马氏规则（氢加在氢少的碳上），但实际上与马氏规则并不矛盾，因为这一反应也是按着能生成更稳定的碳正离子的途径来进行的。当然，这类烯烃的反应速率会比较缓慢。类似的例子还有：

$$F_3C-CH=CH_2 + HBr \xrightarrow{AlBr_3} CF_3CH_2CH_2Br$$

$$H_2C=CHCOOH + HBr \longrightarrow BrCH_2CH_2COOH$$

3-4 当双键碳原子上所连的吸电子基团具有未共用电子对时，由于未共用电子对具有共轭效应，使碳正离子（Ⅴ）比（Ⅵ）稳定，即稳定性为：

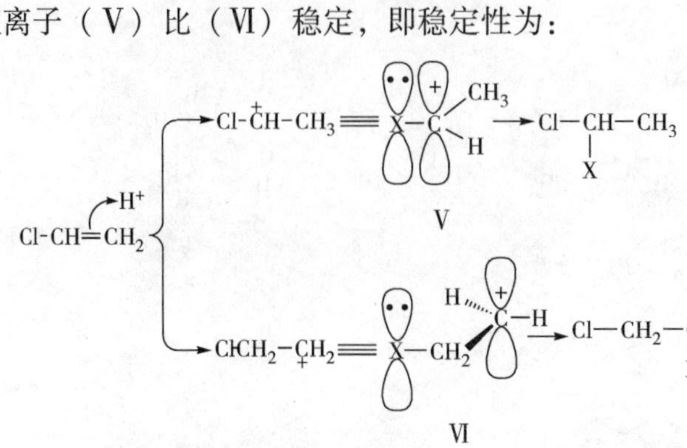

$$Cl-CH=CH_2 \xrightarrow{H^+} Cl-\overset{+}{C}H-CH_3 \equiv (Ⅴ) \longrightarrow Cl-CH(X)-CH_3$$

$$Cl-CH=CH_2 \xrightarrow{H^+} ClCH_2-\overset{+}{C}H_2 \equiv (Ⅵ) \longrightarrow Cl-CH_2-CH_2X$$

所以这类烯烃进行亲电加成的主要产物为马氏产物，但反应速率也比较慢。例如：

3-5 (环戊基)$=C(CH_3)_2$

第四章 炔烃和二烯烃

4-1 $CH_3CH_2CH_2C\equiv CH$　　$CH_3CH_2C\equiv CCH_3$　　$CH_3CHC\equiv CH$（3位上连 CH_3）

4-2 （1）4-氯-5-甲基己-1-炔　（2）3-甲基-戊-1-烯-4-炔

（3）己-1,5-二烯-3-炔

4-3 （1）$CH\equiv CH$　（2）$HC\equiv CNa+H_2$　（3）不能反应

（4）$CH\equiv CH+CH_3COONa$

4-4 先用$[Ag(NH_3)_2]NO_3$鉴别出丙炔，再用Br_2或$KMnO_4$鉴别丙烯。

4-5 利用$[Ag(NH_3)_2]NO_3$和HNO_3。

4-6 （1）$HC\equiv CCH_2CH_2CH_3$　　（2）$CH_2CH_3C\equiv CCH_2CH_3$

4-7 $HC\equiv CH \xrightarrow[2)C_2H_5Br]{1)NaNH_2} CH_3CH_2C\equiv CH \xrightarrow[2)CH_3Br]{1)NaNH_2} CH_3CH_2C\equiv CCH_3$

4-8 （1）$CH_3CH_2CH_2CH=CH_2 \xrightarrow{Br_2} \xrightarrow[\triangle]{NaNH_2} \xrightarrow{H_2O} CH_3CH_2CH_2C\equiv CH$

（2）$CH_3CH=CH_2 \xrightarrow[\text{过氧化物}]{NBS} BrCH_2CH=CH_2$

$CH_3CH=CH_2 \xrightarrow{Br_2} \xrightarrow[\triangle]{NaNH_2} CH_3C\equiv CNa$

$BrCH_2CH=CH_2 + CH_3C\equiv CNa \longrightarrow CH_3C\equiv CCH_2CH=CH_2$

4-9 （1）第一个共振结构式中共价键数目多，稳定。

（2）第二个共振结构式中所有原子满足八隅体，稳定。

（3）第一个共振结构式中的负电荷在电负性大的原子上，稳定。

4-10 己-1,3,5-三烯与Br_2或HBr反应，虽然可以发生1,2-加成、1,4-加成和1,6-加成，但1,2-加成和1,6-加成产物中保留了共轭二烯的结构而较稳定，故产物以1,2-加成和1,6-加成产物为主，但在较高温度则以热力学更为稳定的1,6-加成产物为主。

$H_2C=CH-CH=CH-CH=CH_2 + Br_2 \longrightarrow H_2C=CH-CH=CH-CH(Br)-CH_2(Br) + H_2C(Br)-CH=CH-CH=CH-CH_2(Br)$

$H_2C=CH-CH=CH-CH=CH_2 + HBr \longrightarrow H_2C=CH-CH=CH-CH(Br)-CH_3 + H_2C(Br)-CH=CH-CH=CH-CH_3$

第五章 脂环烃

5-1 1,3-二甲基环戊烷（H_3C 与另一甲基连于环戊烷1,3位）

5-2 （1）5-甲基二环［2.2.1］庚-2-烯

（2）5-甲基三环［2.2.1.$1^{2,6}$］辛-2-烯

（3）1-甲基螺［4.5］癸-6-烯

5-3　环的稳定性：环戊烷>环丁烷>环丙烷

5-4　Baeyer 假设所有成环原子在一个平面上形成平面多边形。而实际上除了三元环外，其他环都不是在一个平面上成环的，用 Baeyer 的方法计算出的张力随着环的增大而偏差亦越来越大，故不能用 Baeyer 张力学说解释六元及六元以上的环。

5-5　稳定性：椅式>扭船式>船式>半椅式、

5-6　(1) H_3C—(椅式环己烷，Cl，$CH(CH_3)_2$)　　(2) H_3C—(椅式环己烷，CH_3，$C(CH_3)_3$)

5-7　反十氢化萘分子为 *ee* 取代，顺十氢化萘分子为 *ae* 取代，故反式十氢化萘比顺式十氢化萘稳定。

第六章　芳香烃

6-1　芳烃亲电取代反应机理分两步进行：首先亲电试剂 E^+ 进攻苯环，与苯环的一个碳原子形成 σ 键而生成 σ-络合物。σ-络合物的能量比苯高，不稳定，负离子可以从 sp^3 杂化的碳原子上夺取一个质子而使其恢复原来的 sp^2 杂化，这样又形成了六 π 电子离域的闭合共轭体系，从而降低了体系的能量，生成取代苯。如果负离子不去夺取质子，而去进攻环上的正电荷，则反应与碳碳双键的加成相似，应得到非共轭体系的加成产物。实验结果证明：只有取代苯生成。其原因是，发生取代反应的过渡态势能较低，且产物的能量比原料的低；如果生成加成物，过渡态势能较高，且产物的能量比苯的能量高，整个反应是 吸热的，因此无论从动力学还是从热力学的观点考虑，进行加成反应都是不利的。故苯环容易发生取代而不易发生加成反应。

6-2

$C_6H_5C(CH_3)_3$，$(CH_3)_2CHCH_2Cl \xrightarrow{AlCl_3} (CH_3)_2CH\overset{+}{C}H_2 \longrightarrow (CH_3)_2\overset{+}{C}CH_3 \xrightarrow{C_6H_6} C_6H_5C(CH_3)_3$

6-3

$C_6H_5COCH_2CH_2COOH$，丁二酸酐 $\xrightarrow{AlCl_3}$ $\overset{+}{C}(=O)CH_2CH_2COOH$ $\xrightarrow{C_6H_6}$ $C_6H_5COCH_2CH_2COOH$

6-4

甲苯 $\xrightarrow{H_2SO_4}$ 对甲苯磺酸（CH_3，SO_3H） $\xrightarrow{混酸}$ （CH_3，NO_2，SO_3H） $\xrightarrow[\triangle]{Br_2,\ Fe}$ （Br，CH_3，NO_2，SO_3H）

$\xrightarrow[\triangle]{H_3O^+}$ （Br，CH_3，NO_2）

6-5

2-萘磺酸（SO_3H），　5-硝基-2-萘磺酸（SO_3H，NO_2）　8-硝基-2-萘磺酸（NO_2，SO_3H）

第七章 立体化学

7-1 （1）Newman 投影式：前 C_2H_5，H，Br；后 Br，H，CH_3，（2）Newman 投影式：前 $CH(CH_3)_2$，Cl，H；后 Cl，H，CH_3

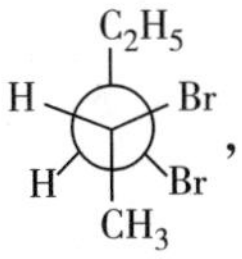

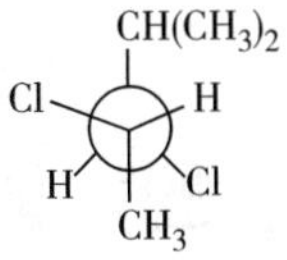

7-2 （1）对称轴、对称面；（2）对称轴、对称面；（3）对称中心、对称轴、对称面；（4）对称中心；（5）对称面、对称轴

7-3 （1）*S*；（2）*R*；（3）*S*；（4）2*R*，3*S*

7-4 （1）Br，H / CH_3，H；（2）Br，H / CH_3，H（R，S）　Br，H / H，CH_3（S，S）　H，Br / CH_3，H（R，R）；

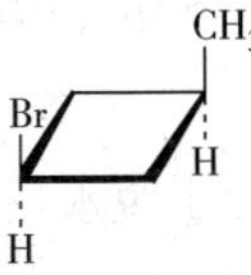

（3）OH，H / CH_3，H

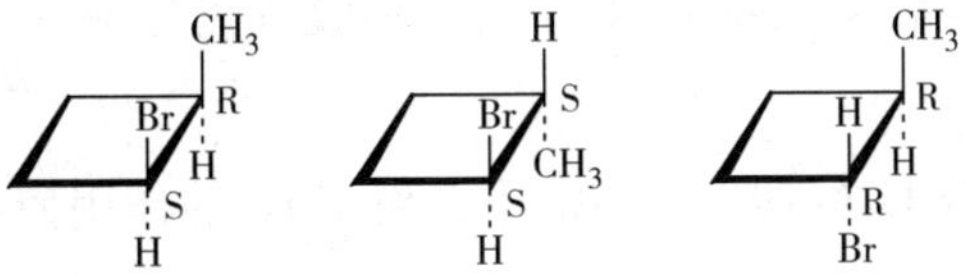

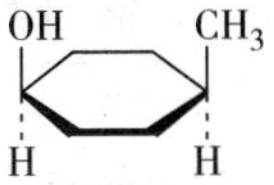

7-5 共有 6 个馏分，其中（2）无旋光性，（1）（3）（4）（5）（6）有旋光性。

（1）$CHCl_2$ / H_3C—H / C_2H_5；（2）CH_2Cl / ClH_2C—H / C_2H_5；

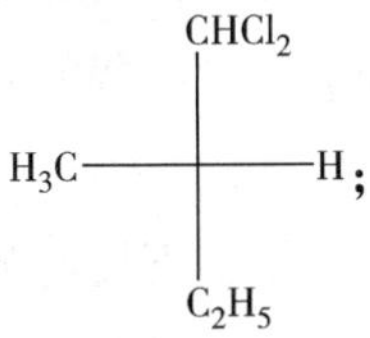

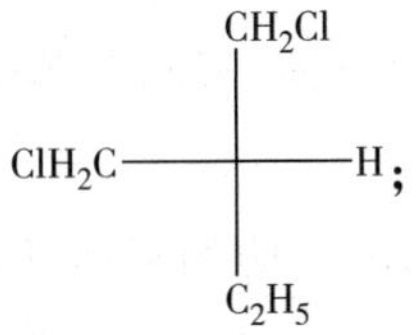

（3）CH_2Cl / H_3C—Cl / C_2H_5 ┆ CH_2Cl / Cl—CH_3 / C_2H_5；

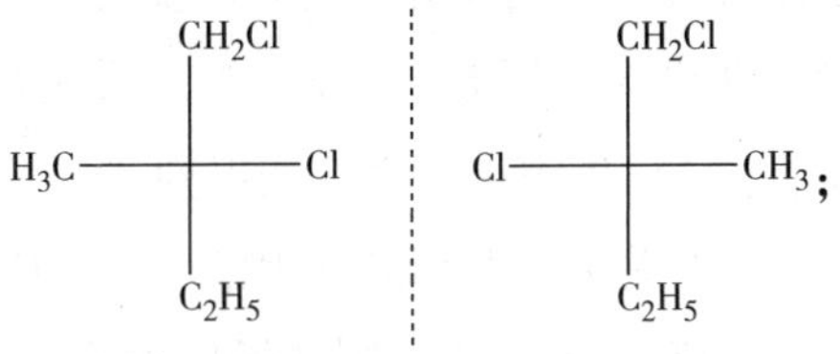

（4）CH_2Cl / H_3C—H / H—Cl / CH_3；（5）CH_2Cl / H_3C—H / Cl—H / CH_3；（6）CH_2Cl / H_3C—Cl / CH_2CH_2Cl

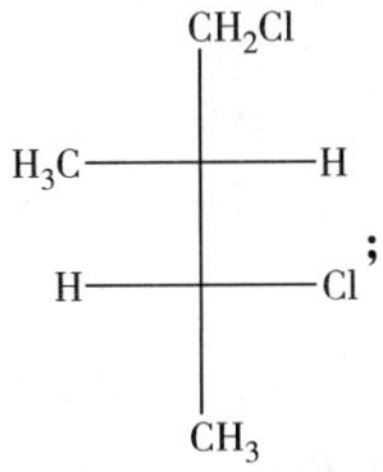

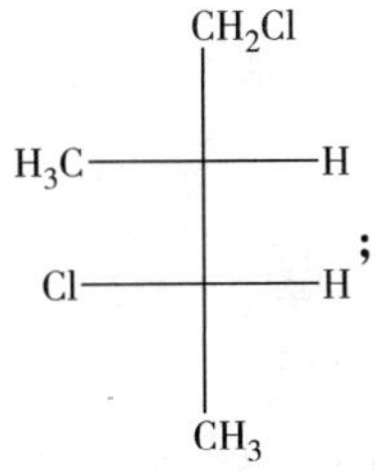

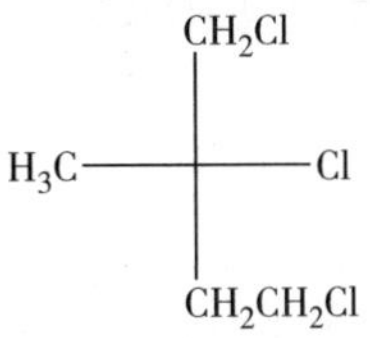

第八章 卤代烃

8-1 （1）2-氯丁烷；（2）(*R*)-3-溴-3-碘-2-甲基戊烷；（3）1-氟环丁烷

8-2 （1）$BrCH_2CH{=}CH_2$　（2）3-氯环己烯（Cl）　（3）$CHCl_3$

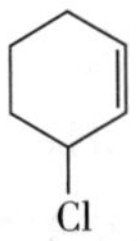

8-3 （1）$(CH_3)_2C{=}CH_2$　（2）N,N-二甲基吡咯烷鎓（N ⊕）$Br^{\ominus}$　（3）CH_3 取代环己烯　（4）CH_3CH_2MgBr

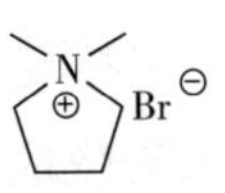

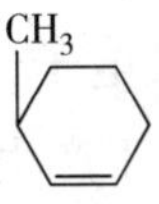

8-4 A. $CH_3CH_2CH_2Br$ B. $CH_3CH_2=CH_2$ C. $\underset{\large Br}{\overset{\large CH_3CHCH_3}{|}}$

8-5 属于S_N1反应的：(2)(4)(5)(8) 属于S_N2反应的：(1)(3)(6)(7)(9) 二者兼有的：(10)

第九章　醇、酚、醚

9-1 (3) > (5) > (2) > (6) > (4) > (7) > (1)。醇分子中含有极化的O—H键，具有弱酸性，当醇分子中连有吸电子基时酸性增强，反之，当连有斥电子基时酸性减弱；烃的偶极矩与碳原子的杂化有关，一般电负性顺序为 $sp>sp^2>sp^3$，电负性越大酸性越强。

9-2 在$K_2Cr_2O_7$的酸性水溶液中，由于H^+的作用使叔丁醇发生脱水反应而生成烯烃，烯烃在氧化剂$K_2Cr_2O_7$的作用下，可生成相应的羧酸或酮，因此，可以看到叔醇被氧化的假象。

9-3 因为硝基是很强的吸电子基团，从而使羟基氧原子的孤对电子向苯环转移，羟基氢原子更易离去，酸性更强，特别是受到三个硝基的影响，生成的氧负离子非常稳定，以致酸性比乙酸强，也比碳酸强，因而2,4,6-三硝基苯酚的pK_a值比乙酸的pK_a值小，而且能溶于碳酸氢钠水溶液。

9-4 因为酚的亲核能力弱，与羧酸反应的平衡常数较小，很难直接与羧酸成酯。只能选择在酸/碱存在的条件下，与反应活性较高的酰卤或酸酐作用方可实现。

9-5 因为芳环体积大，亲核试剂既不能进攻苯环的C，发生S_N2反应，也不能形成$C_6H_5^+$碳正离子，发生S_N1反应，因此，即便过量HI作用，也不能得到ArI。

9-6 含有过氧化物的醚，受热时可能发生爆炸，因此在使用前必须加以检验。检验过氧化物的一种简便方法是用KI-淀粉试纸，如有过氧化物，则试纸呈现蓝色。用$FeSO_4$溶液洗涤可除去醚中含的过氧化物。

第十章　醛、酮

10-1 (1) $R_2C=O>C_6H_5CH_2COR>C_6H_5COR>(C_6H_5)_2CO$

原因：羰基碳原子上的正电性越强，亲核反应越活泼。羰基碳原子连接烃基有斥电子诱导效应，而连接苯基存在p-π共轭效应，二者均使羰基碳原子上的正电性减弱，且苯环体积大，亲核试剂不易接近羰基碳。

(2) $HCHO>RCHO>R_2C=O$　原因：空间位阻：羰基上所连的基团位阻越大，亲核反应越不活泼。

(3) $CH_3CF_2CHO>ClCH_2CHO>BrCH_2CHO>CH_3CH_2CHO>CH_2=CHCHO$

原因：羰基碳原子上的正电性越强，亲核反应越活泼。羰基碳原子连接吸电子基，使亲核反应活性增强，吸电子基的吸电子性越强，亲核反应越活泼；吸电子基的数目越多，亲核反应越活泼。$CH_2=CHCHO$由于产生π-π共轭效应，双键上的电子云向羰基碳偏移，

降低羰基碳原子上的正电性，亲核反应活性降低。

10-2 加入饱和亚硫酸氢钠溶液，有白色结晶生成为1-苯基-丙-2-酮，无现象的为苯乙酮。

10-3 下列化合物中，哪些能与饱和亚硫酸氢钠加成？哪些能发生碘仿反应？写出反应产物。

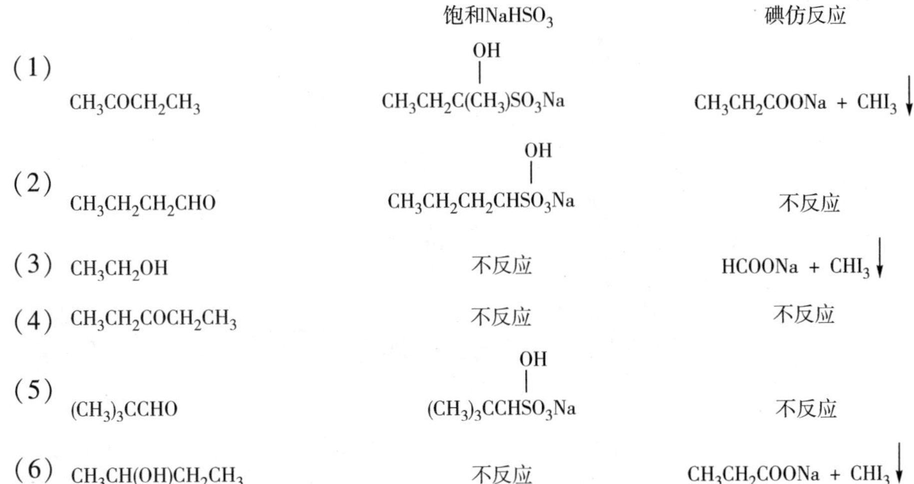

		饱和$NaHSO_3$	碘仿反应
(1)	$CH_3COCH_2CH_3$	$CH_3CH_2C(OH)(CH_3)SO_3Na$	$CH_3CH_2COONa + CHI_3\downarrow$
(2)	$CH_3CH_2CH_2CHO$	$CH_3CH_2CH_2CH(OH)SO_3Na$	不反应
(3)	CH_3CH_2OH	不反应	$HCOONa + CHI_3\downarrow$
(4)	$CH_3CH_2COCH_2CH_3$	不反应	不反应
(5)	$(CH_3)_3CCHO$	$(CH_3)_3CCH(OH)SO_3Na$	不反应
(6)	$CH_3CH(OH)CH_2CH_3$	不反应	$CH_3CH_2COONa + CHI_3\downarrow$

10-4 用化学方法鉴别下列化合物：苯甲醛、苯乙醛、苯乙酮、丙酮。

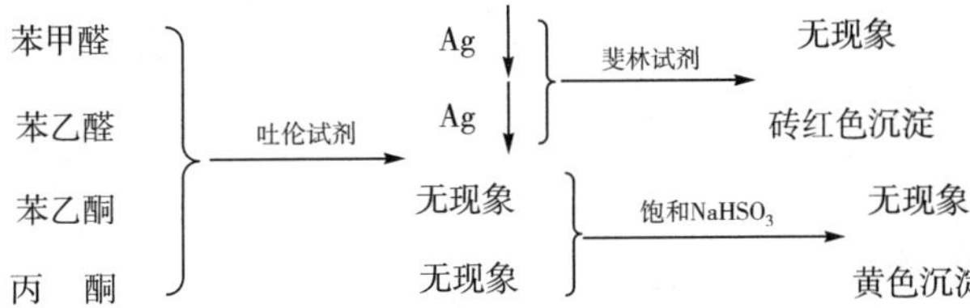

第十一章 羧 酸

11-1 （1）3-(4-溴苯基)丁酸　　（2）7-氧亚基壬-4-烯酸

11-2 羧酸 > 醇 > 醛酮 > 醚类

11-3 （1）A> C >B　（2）B > A > C　（3）A> C >B

11-4 在酸性条件下，烯烃首先形成碳正离子，再与羧酸羟基中的氧结合形成C-O键。

$$CH_2{=}C(CH_3)_2 \xrightarrow{H^+} (CH_3)_3C^+ \xrightarrow{C_5H_9-COOH} C_5H_9-C(=O)-O^+(H)-C(CH_3)_3 \xrightarrow{-H^+} C_5H_9-C(=O)-O-C(CH_3)_3$$

11-5 5>2>1<3>4

11-6

（1）邻羟基苯甲酸（苯环上 OH 与 COOH 相邻）　（2）$(CH_3ClCHCOO)_2Mg$

（3）[结构式：对异丁基苯基 $CH_3CHCOOH$]　（4）[结构式：3,4-二羟基苯基 $CH_2C(CH_3)(NH_2)COOH$]

11-7

[结构式：2,5-二甲基-1,4-环己二酮]

顺式，可拆分　　反式，内消旋体，不可拆分

第十二章　羧酸衍生物

12-1　乙酰氯水解产生氯化氢气体；乙酰氯溶液中存在有大量的氯离子，加入硝酸银溶液后会生成氯化银沉淀。

12-2　阿司匹林中含有酯基、青霉素类药物中含有酰胺基，二者均能水解而失效。

12-3

（1）$CH_3CH_2CONHCH_2Ph$　CH_3CH_2COOH　$(CH_3CH_2CO)_2O$
$CH_3CH_2CO_2C_2H_5$

（2）[结构式：$CO_2C_2H_5$ …OH]　[结构式：$CON(C_2H_5)_2$ …OH]

12.4　（1）$CH_3O_2CCH_2CH_2CHO$　（2）$HOCH_2CH_2CH_2CH_2OH$

12.5　B.　C.　E.　F.　G. 酯类化合物能与羟胺作用可生成异羟肟酸，再与三氯化铁作用即生成红色的异羟肟酸铁。

$$R^1-\overset{O}{\overset{\|}{C}}-OR^2 + NH_2OH \longrightarrow R^1-\overset{O}{\overset{\|}{C}}-NHOH + R^2OH$$

$$R^1-\overset{O}{\overset{\|}{C}}-NHOH + FeCl_3 \longrightarrow (R^1-\overset{O}{\overset{\|}{C}}-NHO)_3Fe + 3HCl$$

该反应是识别羧酸衍生物的一种常用的方法。

12.6

（1）$PhNH_2$　（2）[结构式：邻氨基苯甲酸，NH_2，CO_2H]　（3）$H-\overset{OH}{\underset{Ph}{C}}-Ph$　（4）[结构式：H_3C-苯基-C(=O)Ph]

12.7

[结构式：对硝基苯甲酸甲酯（CO_2CH_3，NO_2）] > [结构式：对氯苯甲酸甲酯（CO_2CH_3，Cl）] > [结构式：对甲基苯甲酸甲酯（CO_2CH_3，CH_3）] > [结构式：对甲氧基苯甲酸甲酯（CO_2CH_3，OCH_3）]

12.8

$C_2H_5O^-$; OC_2H_5, O^-, Ph, CH_2CH_2Br → OH, Br, Ph, $CO_2C_2H_5$

$\xrightarrow{-Br^-}$ Ph, $CO_2C_2H_5$ $\xrightarrow{H^+}$ Ph, $CO_2C_2H_5$

第十三章 碳负离子的反应及在合成中的应用

13-1 (2) > (3) > (1) > (5) > (4)

13-2 $C_6H_5\overset{O}{\overset{\|}{C}}CH_2\overset{O}{\overset{\|}{C}}OC_2H_5 \rightleftharpoons C_6H_5\overset{OH}{\overset{|}{C}}=CH\overset{O}{\overset{\|}{C}}OC_2H_5$

酮式 烯醇式

由于苯基参与共轭，苯甲酰乙酸乙酯的烯醇式结构较乙酰乙酸乙酯的烯醇式稳定。

13-3

(1) $C_6H_5-CH=CH-C_6H_5$ (2) 1-羟基环己基-$\overset{CH_3}{\overset{|}{C}}HCOOC_2H_5$

(3) $CH_3\overset{O}{\overset{\|}{C}}CH_2CH_2CH(COOC_2H_5)_2$

13-4

$CH_2(CH_2CH_2COOC_2H_5)(CH_2CH(CH_3)COOC_2H_5)$ $\xrightarrow{C_2H_5O^-}$ $\overset{-}{C}H$ 碳负离子 → 环状四面体中间体（$COOC_2H_5$, O^-, OC_2H_5, CH_3）→

2-甲基-6-乙氧羰基环己酮 + $C_2H_5O^-$ → 烯醇负离子（$COOC_2H_5$, CH_3）$\xrightarrow{H^+}$ ($COOC_2H_5$, CH_3)

13-5

(1) 环丁烷-1-$COCH_3$-1-$COOC_2H_5$ (2) $C_6H_5\overset{O}{\overset{\|}{C}}-CH(COOC_2H_5)_2$

(3) 环戊烷-1,1-$(COOC_2H_5)_2$ (4) $CH_3CO\underset{CH_2C_6H_5}{\underset{|}{C}}HCOOC_2H_5$

13-6

(1)

$CH_3\overset{O}{\overset{\|}{C}}CH_2\overset{O}{\overset{\|}{C}}OC_2H_5 \xrightarrow[(2)C_6H_5COCl]{(1)NaH} CH_3-\overset{O}{\overset{\|}{C}}-\underset{COC_6H_5}{\underset{|}{CH}}-\overset{O}{\overset{\|}{C}}-OC_2H_5 \xrightarrow[(2)H^+/\triangle]{(1)稀NaOH} CH_3-\overset{O}{\overset{\|}{C}}-CH_2-\overset{O}{\overset{\|}{C}}C_6H_5$

（2）

$$\mathrm{CH_3\overset{O}{\overset{\|}{C}}CH_2\overset{O}{\overset{\|}{C}}OC_2H_5 \xrightarrow[(2)\ CH_2{=}CHCH_2Br]{(1)\ C_2H_5ONa} CH_3\overset{O}{\overset{\|}{C}}\underset{CH_2CH=CH_2}{\underset{|}{C}H}\overset{O}{\overset{\|}{C}}OC_2H_5 \xrightarrow[(2)\ CH_3Br]{(1)\ C_2H_5ONa}}$$

$$\mathrm{CH_3CO-\underset{CH_2CH=CH_2}{\underset{|}{\overset{CH_3}{\overset{|}{C}}}}-\overset{O}{\overset{\|}{C}}-OC_2H_5 \xrightarrow[(2)H^+/\triangle]{(1)\ 稀NaOH} CH_3-\overset{O}{\overset{\|}{C}}-\overset{CH_3}{\overset{|}{C}}HCH_2CH=CH_2}$$

（3）

$$\mathrm{CH_3\overset{O}{\overset{\|}{C}}CH_2\overset{O}{\overset{\|}{C}}OC_2H_5 \xrightarrow[(2)Br(CH_2)_4Br]{(1)C_2H_5ONa} CH_3-\overset{O}{\overset{\|}{C}}-C(C_4H_8)-\overset{O}{\overset{\|}{C}}OC_2H_5 \xrightarrow[(2)H^+/\triangle]{(1)\ 稀NaOH} CH_3-\overset{O}{\overset{\|}{C}}-C_5H_9}$$

（4）

$$\mathrm{CH_2(\overset{O}{\overset{\|}{C}}OC_2H_5)_2 \xrightarrow[(2)\ ClCH_2CO_2C_2H_5]{(1)\ NaOC_2H_5} \underset{COOC_2H_5}{\underset{|}{\overset{CH_2COOC_2H_5}{\overset{|}{C}}H}}-COOC_2H_5 \xrightarrow[(2)H^+]{(1)\ OH^-} \underset{COOH}{\underset{|}{\overset{CH_2COOH}{\overset{|}{C}}H}}-COOH \xrightarrow[\triangle]{-CO_2} \underset{CH_2COOH}{\overset{CH_2COOH}{|}}}$$

13-7

（1）

（2）

第十四章　糖类化合物

14-1　（1）与（3）互为对映体；（2）与（1）互为 C_2 差向异构体，（4）与（1）互为 C_3 差向异构体。

14-2　糖苷在酸性溶液中长时间放置或加热，可水解出单糖，因而具有变旋光现象。

14-3

$$\begin{array}{c} CHO \\ HO-\!\!\!\!\!-\!\!\!\!\!-H \\ H-\!\!\!\!\!-\!\!\!\!\!-OH \\ H-\!\!\!\!\!-\!\!\!\!\!-OH \\ CH_2OH \end{array} \quad 和 \quad \begin{array}{c} CH_2OH \\ =O \\ H-\!\!\!\!\!-\!\!\!\!\!-OH \\ H-\!\!\!\!\!-\!\!\!\!\!-OH \\ CH_2OH \end{array}$$

14-4

α-麦芽糖　　β-麦芽糖

α-乳糖　　β-乳糖

第十五章　胺类化合物

15-1　（1）2-甲基环已胺；（2）N-甲基-4-甲基胺；（3）氯化四苄基胺。

15-2　碱性由强到弱：$(CH_3)_2NH$，CH_3NH_2，NH_3，$C_6H_5NHC_2H_5$，$H_3C-C_6H_4-NH_2$，$C_6H_5NH_2$，$O_2N-C_6H_4-NH_2$，$(C_6H_5)_3N$

15-3　方法一：Hinsberg 试验

$C_4H_9NH_2$、$CH_3NHCH_2CH_2CH_3$、$(CH_3)_2NCH_2CH_3$ $\xrightarrow{H_3C-C_6H_4-SO_2Cl}$

- $H_3C-C_6H_4-SO_2NHC_4H_9$、$H_3C-C_6H_4-SO_2N(CH_3)C_3H_7$ $\xrightarrow{NaOH}$ 固体溶解；固体不溶解
- 不反应

方法二：与亚硝酸反应

$C_4H_9NH_2$、$CH_3NHCH_2CH_2CH_3$、$(CH_3)_2NCH_2CH_3$ $\xrightarrow{HNO_2}$

- $C_4H_9OH + N_2 + H_2O$（定量放出N_2）
- $CH_3N(NO)CH_2CH_2CH_3$　（黄色油状液体）
- 不反应

15-4　（1）　（2）

第十六章　杂环化合物

16-1　（1）1,2-二甲基-5-硝基咪唑　（2）2-氨基-5-氟-4-硝基嘧啶

（3）5-氯-4-甲基-噻吩-2-磺酸　（4）1,3,7-三甲基-2,6-二氧嘌呤（咖啡因）

16-2　基本环分别为（噁唑环、呋喃环、嘧啶环、异喹啉环、吩嗪环）

附加环分别为（噻唑环、噻吩环、吡啶环、呋喃环、苯环）

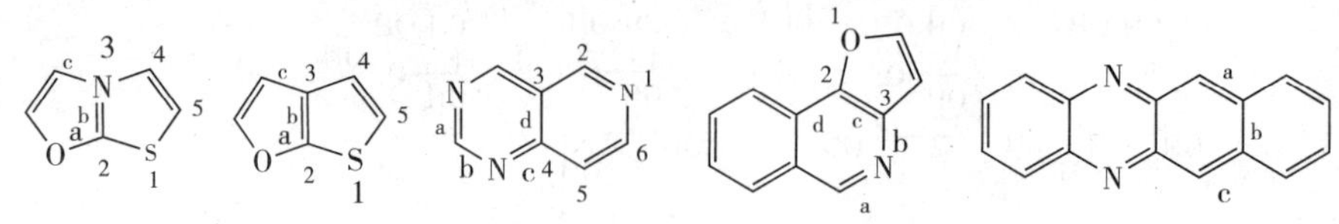

a　　b　　c　　d　　e

16-3 （1） 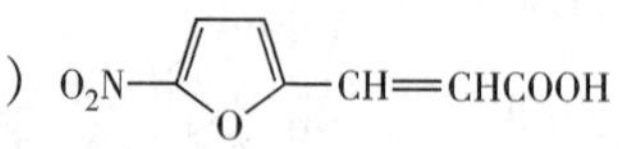　（2） 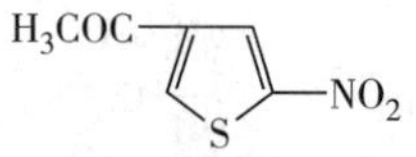　（3）

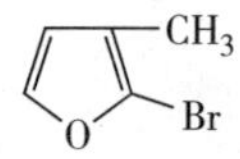

16-4 b>e>c>d>a

16-5 取代优先发生在位阻较小的 5 位和-NH_2 的对位，因为有-NH_2 的活化，反应条件比吡啶温和。

16-6 b>e>c>d>a

16-7 （1）6,7-二羟基苯并 α-吡喃酮　　（2）5-羟基-8-甲氧基-黄酮

（3）6-羟基-8-甲基-异黄酮　　（4）5-氯-8-羟基-7-碘异喹啉

16-8 有机胺类（麻黄碱、秋水仙碱）、吡咯烷类（千里光碱）、吡啶类（菸碱、半边莲碱）、异喹啉类（小檗碱、吗啡）、吲哚类（利血平、长春新碱）、莨菪烷类（阿托品、东莨菪碱）、嘌呤类（咖啡因、茶碱）。

第十七章　萜和甾体化合物

17-1 萜类化合物是指具有（C_5H_8）$_n$ 通式以及含氧和不同饱和程度的衍生物。根据萜分子中异戊二烯单位的数目对萜类化合物进行分类。

17-2 下列化合物属于双环单萜类。属于蒎烷；属于蒈烷；属于苧烷；

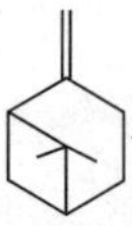

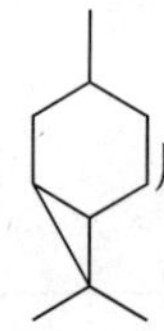

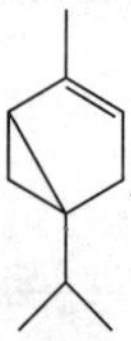

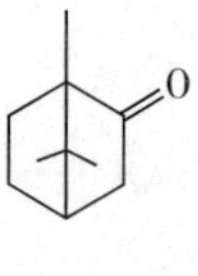

属于莰烷

17-3

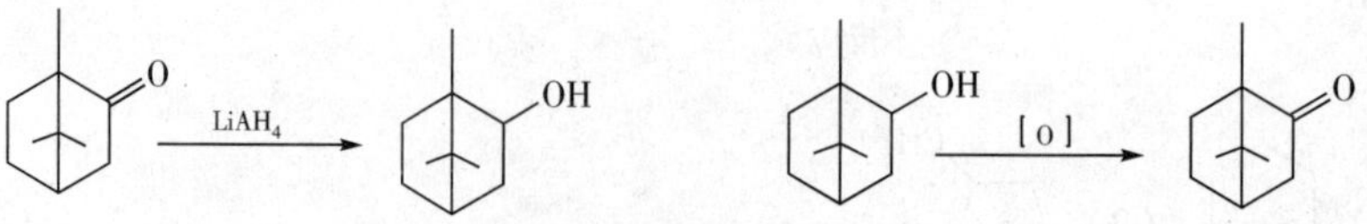

17-4 下列甾体化合物属于哪个系？各羟基的构型为？

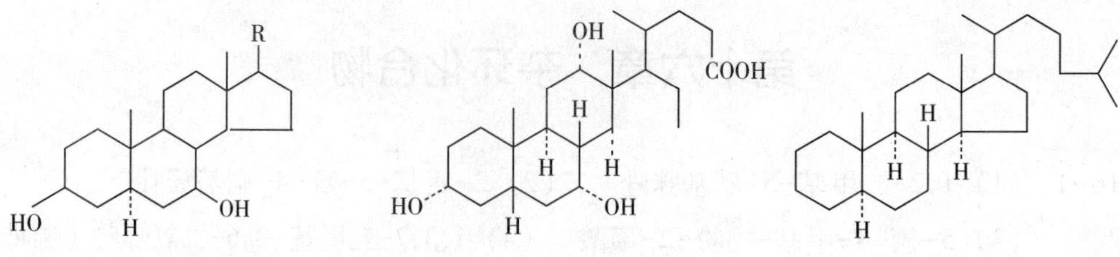

5α 系，3 和 7 羟基都为 β 构型　　5β 系，3、7 和 12 羟基都为 α 构型　　5α 系

17-5　完成下列反应

HO　$\xrightarrow{Br_2/CCl_4}$　HO Br Br

第十八章　周环反应

18-1

18-2　（1）CH_3 CH_3

（2）H H　光照 顺旋　加热 对旋　H H

18-3　O NCH₃ O　O NCH₃ O　OH NCH₃ OH

18-4　CHO （Cope 重排）

参考文献

1. 邢其毅．基础有机化学．二版. 北京：高等教育出版社，2005.
2. 王积涛．有机化学．二版. 南京：南开大学出版社，2003.
3. 胡宏纹．有机化学．四版. 北京：高等教育出版社，2013.
4. 倪沛洲．有机化学．六版. 北京：人民卫生出版社，2007.
5. Introduction to Organic Chemistry. th ed. Andrew Streitwieser；C. H. Heathcock.
6. LG. Wade，JR. 著．有机化学．万有志等译．北京：化学工业出版社，2006.
7. 洪筱坤．有机化学．北京：中国中医药出版社，2005.
8. 吉卯祉．有机化学．北京：科学出版社，2009.
9. 林辉．有机化学．北京：中国中医药出版社，2012.
10. 陆涛．有机化学．七版. 北京：人民卫生出版社，2011.